W. Menz, J. Mohr, O. Paul
Mikrosystemtechnik für Ingenieure

Weitere interessante Titel zu diesem Thema:

O. Brand, G. K. Fedder (Volume Editors)

CMOS-MEMS

(Vol. 2)

2005
ISBN 3-527-31080-0

H. Baltes, O. Brand, G. K. Fedder, C. Hierold, J. G. Korvink, O. Tabata
(Volume Editors)

Enabling Technology for MEMS and Nanodevices

(Vol. 1)

2004
ISBN 3-527-30746-X

M. Köhler, W. Fritzsche

Nanotechnology

An Introduction to Nanostructuring Techniques

2004
ISBN 3-527-30750-8

J. Marek, H.-P. Trah, Y. Suzuki, I. Yokomori (Volume Editors)

Sensors for Automotive Technology

2003
ISBN 3-527-29553-4

J. G. Korvink, A. Greiner

Semiconductors for Micro- and Nanotechnology

An Introduction for Engineers

2002
ISBN 3-527-30257-3

W. Menz, J. Mohr, O. Paul

Microsystem Technology

2000
ISBN 3-527-29634-4

Wolfgang Menz, Jürgen Mohr, Oliver Paul

Mikrosystemtechnik für Ingenieure

Dritte, vollständig überarbeitete und erweiterte Auflage

WILEY-VCH Verlag GmbH & Co. KGaA

Autoren

Prof. Wolfgang Menz
Institut für Mikrosystemtechnik IMTEK
Albert-Ludwigs-Universität
79110 Freiburg

Dr. Jürgen Mohr
Institut für Mikrotechnik
Forschungszentrum Karlsruhe
76201 Karlsruhe

Prof. Oliver Paul
Institut für Mikrosystemtechnik IMTEK
Albert-Ludwigs-Universität
79110 Freiburg

Titelbild:
Ein biblisches Problem ist mit Hilfe der Mikrosystemtechnik gelöst, denn es heißt in Matthäus, Kap. 19, Vers 24: Es ist leichter, dass ein Kamel durch ein Nadelöhr gehe, als dass ein Reicher ins Reich Gottes komme.
Die Kamelkarawane wurde aus 0,5 mm starkem Stahlblech mittels funkenerosiven Schneidens auf einer Drahterodiermaschine Charmilles Robofil-2020SI mit einem Draht von 50 µm Durchmesser ausgeschnitten. Die Struktur hat eine Höhe von 2 mm.

■ Alle Bücher von Wiley-VCH werden sorgfältig erarbeitet. Dennoch übernehmen Autoren, Herausgeber und Verlag in keinem Fall, einschließlich des vorliegenden Werkes, für die Richtigkeit von Angaben, Hinweisen und Ratschlägen sowie für eventuelle Druckfehler irgendeine Haftung.

1. Auflage 1992
2. Auflage 1997
3. Auflage 2005

Bibliografische Information
Der Deutschen Bibliothek
Die Deutsche Bibliothek verzeichnet diese Publikation in der Deutschen Nationalbibliografie; detaillierte bibliografische Daten sind im Internet über <http://dnb.ddb.de> abrufbar

© 2005 WILEY-VCH Verlag GmbH & Co. KGaA, Weinheim

Alle Rechte, insbesondere die der Übersetzung in andere Sprachen, vorbehalten. Kein Teil dieses Buches darf ohne schriftliche Genehmigung des Verlages in irgendeiner Form – durch Photokopie, Mikroverfilmung oder irgendein anderes Verfahren – reproduziert oder in eine von Maschinen, insbesondere von Datenverarbeitungsmaschinen, verwendbare Sprache übertragen oder übersetzt werden. Die Wiedergabe von Warenbezeichnungen, Handelsnamen oder sonstigen Kennzeichen in diesem Buch berechtigt nicht zu der Annahme, dass diese von jedermann frei benutzt werden dürfen. Vielmehr kann es sich auch dann um eingetragene Warenzeichen oder sonstige gesetzlich geschützte Kennzeichen handeln, wenn sie nicht eigens als solche markiert sind.

Printed in the Federal Republic of Germany
Gedruckt auf säurefreiem Papier

Cover Design SCHULZ Grafik-Design, Fußgönheim
Satz K+V Fotosatz GmbH, Beerfelden
Druck betz-druck GmbH, Darmstadt
Bindung J. Schäffer GmbH, Grünstadt

ISBN-13: 978-3-527-30536-0
ISBN-10: 3-527-30536-X

Inhalt

Vorwort XV

1	**Allgemeine Einführung in die Mikrostrukturtechnik** *1*	
1.1	Was ist Mikrostrukturtechnik? *1*	
1.2	Von der Mikrostrukturtechnik zur Mikrosystemtechnik *9*	
2	**Parallelen zur Mikroelektronik** *15*	
2.1	Herstellung von Einkristallscheiben *15*	
2.1.1	Herstellung von Silizium-Einkristallen *17*	
2.1.1.1	Tiegelziehverfahren (Czochralski-Verfahren) *19*	
2.1.1.2	Zonenziehverfahren (Float-Zone-Verfahren) *21*	
2.1.1.3	Segregation *23*	
2.1.1.4	Weiterverarbeitung der Ingots *25*	
2.1.2	Herstellung von GaAs-Einkristallen *28*	
2.1.2.1	Bridgman- und Gradient-Freeze-Verfahren *28*	
2.1.2.2	LEC-Verfahren (Liquid Encapsulated Czochralski) *30*	
2.2	Technologische Grundprozesse *31*	
2.2.1	Herstellung eines integrierten Schaltkreises *33*	
2.2.1.1	Reinigung *33*	
2.2.1.2	Oxidation *34*	
2.2.1.3	Photolithographie *34*	
2.2.1.4	Ionenimplantation und Diffusion *35*	
2.2.1.5	Ätzen *35*	
2.2.1.6	Beschichtung *36*	
2.3	Weiterverarbeitung der integrierten Schaltungen *36*	
2.3.1	Anforderungen an die Aufbau- und Verbindungstechnik *37*	
2.3.2	Hybridtechniken *38*	
2.3.2.1	Dickschichttechnik *38*	
2.3.2.2	Bestücken und Löten der Schaltung *39*	
2.3.2.3	Montage und Kontaktierung ungehäuster Halbleiterbauelemente *40*	
2.4	Reinraumtechnik *41*	
2.4.1	Partikelmessung im Reinraum *45*	
2.5	Punktfehler und Ausbeute bei Halbleiterbauelementen *45*	

Mikrosystemtechnik für Ingenieure, 3. Auflage. W. Menz, J. Mohr, O. Paul
Copyright © 2005 WILEY-VCH Verlag GmbH & Co. KGaA, Weinheim
ISBN: 3-527-30536-X

3	**Physikalische und chemische Grundlagen der Mikrotechnik** 49
3.1	Kristalle und Kristallographie 49
3.1.1	Gitter und Gittertypen 50
3.1.2	Stereographische Projektion 52
3.1.3	Silizium-Einkristall 56
3.1.4	Reziprokes Gitter und Kristallstrukturanalyse 58
3.2	Methoden zur Bestimmung der Kristallstruktur 65
3.2.1	Röntgenstrahlbeugung 65
3.2.2	Elektronenstrahlbeugung 67
3.3	Grundlagen der galvanischen Abscheidung 69
3.3.1	Phasengrenze Elektrode-Elektrolyt 72
3.3.1.1	Elektrisches und elektrochemisches Potential 72
3.3.2	Polarisation und Überspannung 75
3.3.3	Mechanismen der kathodischen Metallabscheidung 77
3.3.3.1	Migration 79
3.3.3.2	Diffusion 80
3.3.3.3	Konvektion 80
3.3.3.4	Stofftransportvorgänge während der Mikrogalvanoformung 83
3.4	Grundlagen der Vakuumtechnik 84
3.4.1	Mittlere freie Weglänge 84
3.4.2	Wiederbedeckungszeit 86
3.4.3	Geschwindigkeit von Atomen und Molekülen 87
3.4.4	Gasdynamik 89
3.4.5	Einteilung des technischen Vakuums 89
3.5	Vakuumerzeugung 91
3.5.1	Pumpen für Grob- und Feinvakuum 91
3.5.1.1	Verdrängervakuumpumpen 91
3.5.2	Hochvakuum- und Ultrahochvakuumpumpen 93
3.5.2.1	Treibmittelvakuumpumpen 95
3.5.2.2	Gas bindende Vakuumpumpen (Sorptionspumpen) 96
3.6	Vakuummessung 99
3.6.1	Druckmessdose 99
3.6.2	Wärmeleitungsvakuummeter 99
3.6.3	Reibungsvakuummeter 100
3.6.4	Ionisationsvakuummeter mit unselbständiger Entladung (Glühkathode) 100
3.6.5	Ionisationsvakuummeter mit selbständiger Entladung (Penning-Prinzip) 101
3.6.6	Leckage und Lecksuche 102
3.7	Eigenschaften von Dünnschichten 103
3.7.1	Strukturzonenmodelle 103
3.7.2	Haftfestigkeit der Schicht 106

4	**Materialien der Mikrosystemtechnik** *109*	
4.1	Materialeigenschaften *111*	
4.1.1	Thermische Eigenschaften *112*	
4.1.1.1	Wärmeleitfähigkeit *113*	
4.1.1.2	Spezifische Wärme *113*	
4.1.1.3	Latente Wärme *114*	
4.1.1.4	Wärmeausdehnungskoeffizient *114*	
4.1.2	Elektrische Eigenschaften *115*	
4.1.2.1	Elektrische Leitfähigkeit *115*	
4.1.2.2	Dielektrische Konstante *116*	
4.1.2.3	Thermoelektrizität *116*	
4.1.2.4	Piezoresistivität *117*	
4.1.3	Mechanische Eigenschaften *119*	
4.2	Kunststoffe *120*	
4.2.1	Ordnung der Makromoleküle *121*	
4.2.2	Polymere für die Lithographie *122*	
4.2.3	Flüssigkristalle *124*	
4.2.4	Flüssigkristalline Polymere *125*	
4.2.5	Gele *127*	
4.2.6	Elektrorheologische Flüssigkeiten *129*	
4.3	Halbleiter *131*	
4.4	Keramiken *134*	
4.4.1	Keramik als Substrat *134*	
4.4.2	Keramik als Material für Aktoren *135*	
4.4.3	Keramik als Material für Gassensoren *135*	
4.5	Metalle *136*	
4.5.1	Magnetostriktive Metalle *137*	
4.5.2	Anwendungen der Magnetostriktion *139*	
4.5.3	Formgedächtnis-Legierungen *140*	
4.5.3.1	Einwegeffekt *141*	
4.5.3.2	Zweiwegeffekt *142*	
4.5.3.3	Unterdrücktes Formgedächtnis *143*	
4.5.3.4	Einsatz als Aktoren *144*	
4.5.3.5	Herstellung *144*	
4.5.3.6	Eigenschaften der Formgedächtnislegierungen *145*	
5	**Basistechnologien der Mikrotechnik** *147*	
5.1	Schichtabscheidung *147*	
5.1.1	Physikalische Beschichtungstechniken *147*	
5.1.1.1	Aufdampfen *147*	
5.1.1.2	Sputtern (Kathodenzerstäuben) *151*	
5.1.1.3	Ionenplattieren *153*	
5.1.2	Chemische Beschichtungstechniken *154*	
5.1.2.1	CVD-Verfahren *154*	
5.1.2.2	Epitaxie *160*	

5.1.2.3	GaAs-Epitaxie	*163*
5.1.2.4	Plasmapolymerisation	*163*
5.2	Schichtmodifikation	*164*
5.2.1	Thermische Oxidation	*164*
5.2.2	Diffusion	*165*
5.2.3	Ionenimplantation	*167*
5.3	Schichtabtragung (Ätzen)	*168*
5.3.1	Physikalische und chemische Trockenätzverfahren	*170*
5.3.1.1	Plasmaquellen	*172*
5.3.1.2	Charakteristika der rein physikalischen Ätzprozesse	*173*
5.3.1.3	Kombination chemischer und physikalischer Ätzprozesse	*178*
5.3.1.4	Charakteristika des reaktiven Ionen- und Ionenstrahlätzens	*180*
5.3.1.5	Das rein chemische Ätzen	*181*
5.4	Analyse von Dünnschichten und Oberflächen	*184*
5.4.1	Elektronenstrahl-Mikroanalyse (Electron Probe Microanalysis, EPM)	*185*
5.4.2	Auger-Elektronenspektroskopie (AES)	*186*
5.4.3	Photoelektronenspektroskopie (Electron Spectroscopy for Chemical Analysis, ESCA)	*187*
5.4.4	Sekundärionen-Massenspektrometrie (SIMS)	*188*
5.4.5	Sekundär-Neutralteilchen-Massenspektrometrie (SNMS)	*188*
5.4.6	Ionen-Streuspektroskopie (ISS)	*189*
5.4.7	Rutherford-Rückstreuungsspektroskopie (Rutherford Backscattering Spectroscopy, RBS)	*189*
5.4.8	Rastertunnelmikroskop (Atomic Force Microscope, AFM)	*190*
6	**Lithographie**	*191*
6.1	Überblick und Historie	*191*
6.2	Resists	*196*
6.3	Verfahren der Lithographie	*198*
6.3.1	Computer Aided Design (CAD)	*199*
6.3.1.1	CAD-Entwurf	*200*
6.3.1.2	Justiermarken und Teststrukturen	*202*
6.3.1.3	Organisation des Entwurfs (Hierarchie, Layers)	*203*
6.4	Elektronenstrahllithographie	*205*
6.4.1	Gauß'scher Strahl	*206*
6.4.2	Geformter Strahl	*211*
6.4.3	Postprozessor	*213*
6.5	Proximity-Effekt	*214*
6.6	Optische Lithographie	*216*
6.6.1	Masken	*217*
6.6.2	Schattenprojektion	*218*
6.6.3	Abbildende Projektion	*221*
6.6.3.1	Ganzscheiben-Belichtung	*222*
6.6.3.2	Moderne Lithographiemaschinen	*223*

6.7	Weiterentwicklungen	224
6.7.1	Phasenmasken	224
6.7.2	Spezielle Resisttechnologien	225
6.7.3	Optische Lithographie für die Mikrostrukturtechnik	226
6.8	Ionenstrahllithographie	231
6.9	Röntgenlithographie	232
6.9.1	Masken für die Röntgenlithographie	233
6.9.2	Röntgenlichtquellen	234
6.9.3	Synchrotronstrahlung	235
6.9.4	Einsatz der Röntgenlithographie	240
7	**Silizium-Mikromechanik**	**241**
7.1	Siliziumtechnologie	242
7.1.1	IC-Prozesse und -Substrate	243
7.1.2	Foundry-Technologien	247
7.2	Silizium-Bulk-Mikromechanik	248
7.2.1	Einleitung	248
7.2.1.1	Ätzrate und Anisotropie	250
7.2.1.2	Selektivität	251
7.2.1.3	Prozesskompatibilität	251
7.2.1.4	Einfachheit der Verwendung und Sicherheit	252
7.2.1.5	Kosten	253
7.2.2	Nasschemisches Ätzen	253
7.2.2.1	HNA-Ätzlösungen	253
7.2.2.2	Alkalihydroxid-Ätzlösungen	255
7.2.2.3	Ammoniumhydroxid-Ätzlösungen	259
7.2.2.4	Ethylendiamin-Brenzkatechin-Ätzlösungen	260
7.2.3	Grundlegende Ätzformen	261
7.2.3.1	Ätzgruben und -gräben	262
7.2.3.2	Membranen	264
7.2.3.3	Mesas und Spitzen	264
7.2.3.4	Cantilever	265
7.2.3.5	Brücken	267
7.2.4	Ätzkontrolle	268
7.2.4.1	Ätzstoppmechanismen	268
7.2.4.2	Elektrochemisches Siliziumätzen	271
7.2.4.3	Elektrochemische Siliziumporosifizierung	273
7.2.5	Charakterisierung von anisotropen Nassätzmitteln	274
7.2.6	Trockenätzen	276
7.2.6.1	XeF_2-Ätzen	276
7.2.6.2	Fertigung von Mikrostrukturen mit hohem Aspektverhältnis	279
7.2.6.3	Anwendungen von trockenem Siliziumätzen	281
7.3	Oberflächenmikromechanik	285
7.3.1	Polysilizium-Mikromechanik	287
7.3.2	Opferaluminium-Mikromechanik	290

7.3.3	Opferpolymer-Mikromechanik	292
7.3.4	Sticking	293
7.4	Mikrowandler und -systeme in der Siliziumtechnologie	294
7.4.1	Mechanische Bauteile und Systeme	295
7.4.1.1	Drucksensoren	296
7.4.1.2	Beschleunigungssensoren	298
7.4.1.3	Drehratensensoren	300
7.4.1.4	Stresssensoren	302
7.4.2	Thermische Mikrobauteile und -systeme	304
7.4.2.1	Temperaturmessung	304
7.4.2.2	Durchflusssensoren	308
7.4.2.3	Vakuum- und Drucksensoren	311
7.4.3	Komponenten und Systeme für Strahlungssignale	313
7.4.3.1	Ungekühlte Infrarotdetektoren	313
7.4.3.2	Thermische Szenensimulatoren	316
7.4.3.3	Lichtschalter	316
7.4.4	Magnetische Bauteile und Systeme	319
7.4.5	Chemische Mikrosensoren	321
7.4.5.1	Mikrofluidische Komponenten und Systeme	324
7.4.6	Mikromechanische Bauteile für die Signalverarbeitung	326
7.5	Zusammenfassung und Ausblick	328
8	**LIGA-Verfahren** *329*	
8.1	Überblick	329
8.2	Maskenherstellung	331
8.2.1	Prinzipieller Aufbau einer Maske	331
8.2.1.1	Absorber	331
8.2.1.2	Trägerfolie	332
8.2.2	Herstellung der Trägerfolien	334
8.2.3	Strukturierung des Resists für Röntgenzwischenmasken	335
8.2.3.1	Optische Lithographie	335
8.2.3.2	Direkte Elektronenstrahllithographie	336
8.2.3.3	Reaktives Ionenätzen	337
8.2.3.4	Vergleich der Strukturierungsmethoden zur Herstellung von Zwischenmasken	337
8.2.4	Goldgalvanik für Röntgenmasken	337
8.2.5	Herstellung von Arbeitsmasken	339
8.2.6	Justieröffnungen in Röntgenarbeitsmasken	340
8.3	Röntgentiefenlithographie	341
8.3.1	Herstellung von dicken Resistschichten	341
8.3.1.1	Strahleninduzierte Reaktionen und Entwicklung des Resists	343
8.3.2	Anforderungen an die absorbierte Strahlendosis	347
8.3.3	Einflüsse auf die Strukturqualität	350
8.3.3.1	Fresnel-Beugung, Photoelektronen	351
8.3.3.2	Divergenz der Strahlung	353

8.3.3.3	Neigung der Absorberwände zum Strahl 354	
8.3.3.4	Fluoreszenzstrahlung aus der Maskenmembran 354	
8.3.3.5	Erzeugung von Sekundärelektronen aus der Haft- und Galvanikstartschicht 354	
8.3.3.6	Quellen des Resists 356	
8.4	Galvanische Abscheidung 356	
8.4.1	Galvanische Abscheidung von Nickel für die Mikrostrukturherstellung 357	
8.4.2	Formeinsatzherstellung für die Mikroabformung 361	
8.4.3	Galvanische Abscheidung weiterer Metalle und Legierungen 362	
8.5	Kunststoffabformung im LIGA-Verfahren 364	
8.5.1	Herstellung von Mikrostrukturen im Reaktionsgießverfahren 365	
8.5.2	Herstellung von Mikrostrukturen im Spritzgießverfahren 368	
8.5.3	Herstellung von Mikrostrukturen im Heißprägeverfahren 374	
8.5.4	Herstellung von metallischen Mikrostrukturen aus abgeformten Kunststoffstrukturen (zweite Galvanoformung) 377	
8.5.4.1	Zweite Galvanoformung geprägter Mikrostrukturen 377	
8.5.4.2	Zweite Galvanoformung mit Hilfe einer metallischen Angussplatte 377	
8.5.4.3	Zweite Galvanoformung mit Hilfe elektrisch leitfähiger Kunststoffe 379	
8.5.4.4	Zweite Galvanoformung durch Beschichtung der Kunststoffstrukturen 381	
8.6	Variationen und ergänzende Schritte des LIGA-Verfahrens 382	
8.6.1	Opferschichttechnik 382	
8.6.2	3D-Strukturierung 385	
8.6.2.1	Gestufte Strukturen 385	
8.6.2.2	Geneigte Strukturen 387	
8.6.2.3	Konische Strukturen und Strukturen mit sphärischer Oberfläche 388	
8.6.2.4	Herstellung von Strukturen mit beweglicher Maske 389	
8.6.3	Herstellung Licht leitender Strukturen durch Abformung 391	
8.7	Protonenlithographie (DLP) – ein weiteres Strukturierungsverfahren zur Herstellung von Mikrostrukturen mit großem Aspektverhältnis 394	
8.8	Anwendungsbeispiele 399	
8.8.1	Starre metallische Mikrostrukturen 400	
8.8.1.1	Filter für das Ferne Infrarot 400	
8.8.1.2	Mikrospulen 401	
8.8.1.3	Mikrozahnräder, Mikrogetriebe 403	
8.8.2	Bewegliche Mikrostrukturen, Mikrosensoren, Mikroaktoren 403	
8.8.2.1	Beschleunigungssensoren 404	
8.8.2.2	Elektrostatischer Linearantrieb 406	
8.8.2.3	Elektromagnetischer Linearaktor 407	
8.8.2.4	Mikroturbine, Strömungssensoren, Mikrofräser 412	

8.8.2.5	Mikromotoren	413
8.8.3	Fluidische Mikrostrukturen	416
8.8.3.1	Mikrostrukturierte Fluidplatten	416
8.8.3.2	Mikropumpen nach dem LIGA-Verfahren	416
8.8.3.3	Mikrofluidische Schalter	416
8.8.3.4	Mikrofluidische Linearaktoren	418
8.8.4	LIGA-Strukturen für optische Anwendungen	419
8.8.4.1	Einfache optische Elemente – Linsen, Prismen	420
8.8.4.2	Mikrooptische Bank	422
8.8.4.3	Mikrooptische Bänke mit Aktoren	426
8.8.4.4	Funktionsmodule mit optisch aktiven Elementen – modulares Aufbaukonzept	429
9	**Alternative Verfahren der Mikrostrukturierung**	**437**
9.1	Ultrapräzisionsmikrobearbeitung	438
9.1.1	Anwendungsbeispiele	443
9.1.1.1	Mikrowärmeüberträger	443
9.1.1.2	Mikroreaktoren	445
9.1.1.3	Retrospiegel	446
9.1.1.4	Mikropumpen	447
9.2	Mikrofunkenerosion (von R. Förster)	448
9.2.1	Physikalisches Prinzip	448
9.2.1.1	Aufbauphase	450
9.2.1.2	Entladephase	451
9.2.1.3	Abbauphase	451
9.2.2	Funkenerosive Bearbeitung keramischer Werkstoffe	452
9.2.2.1	Siliziuminfiltriertes Siliziumcarbid (SiSiC)	453
9.2.2.2	Siliziumnitrid (Si_3N_4)	454
9.2.2.3	Elektrisch nicht leitfähige Keramiken	454
9.2.3	Verfahrensvarianten	455
9.2.3.1	Funkenerosives Senken	455
9.2.3.2	Funkenerosives Schneiden	456
9.2.4	Anwendungsbeispiele	459
9.3	Präzisionselektrochemische Mikrobearbeitung (von R. Förster)	461
9.3.1	Vorgänge im Bearbeitungsspalt	462
9.3.1.1	Spannungsabfall	462
9.3.1.2	Anodische Metallauflösung	464
9.3.2	Elektrolytlösungen	466
9.3.2.1	Kenngrößen der Elektrolytlösungen	468
9.3.3	Untersuchungen verschiedener Werkstoffe	469
9.3.3.1	Eisen, Eisenlegierungen und Stähle	469
9.3.3.2	Titan und Titanlegierungen	470
9.3.3.3	Hartmetalle	470
9.3.4	ECM-Senken mit oszillierender Werkzeugelektrode	471
9.3.4.1	Prozesskenngrößen	471

9.3.4.2	Darstellung der Vorgänge im Arbeitsspalt	*472*
9.3.4.3	Werkzeugelektrodenwerkstoffe	*473*
9.3.5	Elektrochemische Bearbeitungsverfahren in der Mikrosystemtechnik	*474*
9.3.5.1	Elektrochemisches Mikrobohren	*474*
9.3.5.2	Elektrochemisches Mikrodrahtschneiden	*474*
9.3.5.3	Elektrochemisches Mikrofräsen	*475*
9.3.5.4	Weitere Anwendungsbeispiele des Verfahrens in der Mikrosystemtechnik	*476*
9.4	Replikationstechniken	*478*
9.4.1	Spritzgießen	*478*
9.4.2	Heißprägen	*480*
9.5	Laserunterstützte Verfahren	*482*

10 Aufbau- und Verbindungstechniken *485*

10.1	Hybridtechniken	*486*
10.1.1	Substrate und Pasten	*486*
10.1.2	Schichterzeugung	*489*
10.1.2.1	Trocknen und Einbrennen der Pasten	*490*
10.1.3	Bestücken und Löten der Schaltung	*490*
10.1.4	Montage und Kontaktierung ungehäuster Halbleiterbauelemente	*493*
10.2	Drahtbondtechniken	*493*
10.2.1	Thermokompressionsdrahtbonden (Warmpressschweißen)	*494*
10.2.2	Ultraschalldrahtbonden (Ultraschallschweißen)	*495*
10.2.3	Thermosonicdrahtbonden (Ultraschallwarmschweißen)	*495*
10.2.4	Ball-Wedge-Bonden (Kugel-Keil-Schweißen)	*496*
10.2.5	Wedge-Wedge-Bonden (Keil-Keil-Schweißen)	*497*
10.2.6	Vor- und Nachteile der einzelnen Drahtbondverfahren	*498*
10.2.7	Prüfverfahren und Alternativen	*499*
10.3	Alternative Kontaktierungstechniken	*500*
10.3.1	TAB-Technik	*500*
10.3.2	Flip-Chip-Technik	*501*
10.3.3	Entwicklung neuer Kontaktierungssysteme	*503*
10.4	Kleben	*503*
10.4.1	Isotropes Kleben	*504*
10.4.2	Anisotropes Kleben	*505*
10.5	Anodisches Bonden	*507*

11 Systemtechnik *511*

11.1	Definition eines Mikrosystems	*511*
11.2	Sensoren	*513*
11.3	Aktoren	*517*
11.4	Signalverarbeitung	*519*
11.4.1	Signalverarbeitung für Sensoren in Mikrosystemen	*519*

11.4.2	Neuronale Datenverarbeitung für Sensorarrays *523*
11.5	Schnittstellen eines Mikrosystems *528*
11.5.1	IE-Übertragung *531*
11.5.1.1	Elektrische Mikro-/Makroankopplungen *531*
11.5.1.2	Optische Mikro-/Makroankopplungen *533*
11.5.1.3	Lichtwellenleiter-Ankopplungen *533*
11.5.1.4	Mechanische Mikro-/Makroankopplungen *533*
11.5.1.5	Ultraschallübertragung *534*
11.5.2	S-Übertragung *535*
11.5.2.1	Fluidische Mikro-/Makroankopplungen *535*
11.5.2.2	Fluidische Mikrokomponenten *535*
11.6	Entwurf, Simulation und Test von Mikrosystemen *537*
11.7	Modulkonzept der Mikrosystemtechnik *540*

Literatur *545*

Stichwortverzeichnis *565*

Vorwort

Es ist heutzutage keine leichte Aufgabe, ein Buch über Mikrosystemtechnik zu schreiben, da die Technologie so rasant fortschreitet und ständig neue Varianten veröffentlicht werden. Wollte man aktuell bleiben, so müsste man das Manuskript ständig umschreiben, bevor es überhaupt gedruckt werden könnte. Hinzu kommt noch ein weiterer Grund, der die Herausgabe eines solchen Buches erschwert: Die Mikrosystemtechnik breitet sich mit großer Geschwindigkeit über immer neue Anwendungsgebiete aus. Waren es gestern Anwendungen in der allgemeinen Messtechnik z. B. auf dem Kraftfahrzeugsektor, so dominieren heute Problemlösungen in der minimal-invasiven Chirurgie oder der biochemischen DNA-Analyse. Da die Mikrosystemtechnik längst die Grenzen der Halbleitertechnologie überschritten hat, schien es uns angebracht, das Kapitel „Alternative Technologien" zu erweitern. Wir freuen uns, dass wir für die Abschnitte „Mikrofunkenerosion" und „Präzisions-Elektrochemische Mikrobearbeitung" Herrn Dr. Ralf Förster, einen bekannten Fachmann auf diesem Gebiet, gewinnen konnten.

Es war nicht unsere Intention, als wir uns daran machten, dieses Buch zu schreiben, die neuesten Ergebnisse der Forschung und Entwicklung zu präsentieren; das soll den Proceedings der entsprechenden Fachkonferenzen vorbehalten bleiben. Stattdessen wollten wir dem Studierenden und dem interessierten Ingenieur ein Buch an die Hand geben, das die notwendigen Grundlagen vermittelt und die grundsätzlichen Techniken zur Mikrostrukturierung beschreibt. Insbesondere lag uns daran, aufzuzeigen, wie sich diese Technologie aus der Mikroelektronik entwickelte, indem sie die Grenzen der Elektronik überschritt und neue physikalische, chemische und biologische Bereiche eroberte. Damit lassen sich Systeme aufbauen, die vielleicht einmal die wirtschaftlichen Erfolge der Mikroelektronik in den Schatten stellen.

Der Lehrstoff dieses Buches ist in vielen Vorlesungen an der Universität Karlsruhe, der ETH Zürich und schließlich am Institut für Mikrosystemtechnik (IMTEK) der Universität Freiburg an zahlreichen Studentengenerationen erprobt und optimiert worden. Nach einer englischen und einer chinesischen Übersetzung des Buches liegt nun die deutsche Version in der dritten Auflage vor. Wir hoffen, mit diesem Buch einen wertvollen Beitrag zur Proliferation dieses faszinierenden Gebietes hinzufügen zu können.

Mikrosystemtechnik für Ingenieure, 3. Auflage. W. Menz, J. Mohr, O. Paul
Copyright © 2005 WILEY-VCH Verlag GmbH & Co. KGaA, Weinheim
ISBN: 3-527-30536-X

Es bleibt uns die angenehme Pflicht, den vielen Studenten, Kollegen und Mitarbeitern zu danken, die mit Beiträgen, Vorschlägen und konstruktiver Kritik zu diesem Projekt beigetragen haben.

Freiburg, im März 2005
Wolfgang Menz
Jürgen Mohr
Oliver Paul

1
Allgemeine Einführung in die Mikrostrukturtechnik

1.1
Was ist Mikrostrukturtechnik?

Mit der Mikrosystemtechnik verlässt der Mensch die ihm gewohnten Dimensionen des „Begreifbaren" und begibt sich auf ein Gebiet, das nicht mehr seinen natürlichen Sinnesempfindungen entspricht. Er muss lernen, mit diesen neuen Möglichkeiten zu arbeiten, wohl seine Erfahrungen einzubringen, aber der neuen Technologie nicht unbedacht aufzuzwingen. Diese Entwicklung setzte bereits mit der Mikroelektronik ein, nur ist die Elektronik von sich aus schon für den normalen Menschen „abstrakt", und der Konflikt mit der persönlichen Erfahrung entstand erst bei der Auseinandersetzung mit mechanischen Mikrostrukturen.

Die Mikrosystemtechnik ist heutzutage in aller Munde. Leider trägt diese Tatsache nicht zur Versachlichung bei, sondern hat im Gegenteil zur Folge, dass die Begriffe häufig unklar erscheinen und Missverständnisse nicht ausbleiben. Zunächst soll der grundsätzliche Unterschied zwischen Mikrostrukturtechnik und Mikrosystemtechnik näher erläutert werden, obwohl eigentlich schon die Wortwahl Verwechslungen ausschließen sollte.

Die Mikrostrukturtechnik ist das Werkzeug, mit dem die geometrischen Strukturen eines Körpers, dessen Dimensionen im Mikrometerbereich liegen, erzeugt werden. In einigen Fällen erstreckt sich der Körper nur in *einer* Dimension im Bereich weniger Mikrometer, während die beiden anderen gar im Millimeterbereich liegen, in anderen Fällen bewegt man sich schon im „Submikrometerbereich". Wesentlich sind weniger die aktuellen Dimensionen als die Technologie, die von der Mikroelektronik abgeleitet ist und das Potential beinhaltet, in den Mikrometerbereich zu gehen. Wenn schon die „Mikrotechnik" schwierig zu definieren ist, so ergeben sich bei der „Nanotechnik" noch mehr Definitionsnöte. Sicherlich wäre es falsch, von Nanotechnik zu reden, wenn man eine Struktur darstellt, deren Dimensionen Bruchteile von Mikrometern ausmachen. Auch hier ist wieder von der Technologie auszugehen, die es ermöglicht, Nanostrukturen herzustellen oder zu vermessen. Diese Technologie hat wieder ganz andere Wurzeln und es wäre falsch, anzunehmen, dass die eine Technologie kontinuierlich in die andere überginge.

Mit Hilfe der Mikrostrukturtechnik besteht also die Möglichkeit, Mikrokörper oder Mikrokomponenten zu erzeugen. Tatsache ist, dass in den meisten Fällen, wenn von Mikrosystemtechnik gesprochen wird, in Wirklichkeit Mikrostrukturtechnik gemeint ist. Mikrosystemtechnik bedeutet dann konsequenterweise die Verknüpfung von Komponenten zu einem System. Ein Beispiel aus der Mikroelektronik soll dies verdeutlichen: Die intelligente Verknüpfung von Hunderten oder Tausenden von „dummen" Transistoren führt zum Mikrosystem, dem Mikroprozessor, der erst die Leistungsfähigkeit der Mikroelektronik ausmacht.

In diesem Buch sollen also zunächst die Grundlagen der Mikrostrukturtechnik behandelt werden, bevor in weiteren Kapiteln die Mikrosysteme und die dazu notwendigen technologischen Voraussetzungen diskutiert werden.

Eine grundsätzliche Frage zur Mikrosystemtechnik soll an den Anfang des Buches gestellt werden:

Aus welchem Grund wurde die Mikrosystemtechnik entwickelt?

Zur Beantwortung dieser Frage ist es notwendig, sich mit der Entwicklung der Mikroelektronik während der letzten fünf Jahrzehnte auseinanderzusetzen. Was ist während dieser Zeit geschehen? Vor der Mikroelektronik gab es konventionelle elektrische und elektronische Bauelemente, wie Widerstände, Kondensatoren, Elektronenröhren. Diese Komponenten wurden zu Schaltkreisen zusammengefügt, geprüft und durch Veränderung der Komponentenparameter abgeglichen, bis die Schaltung die geforderte Spezifikation erfüllte. Dadurch wurde jede Schaltung zu einer Art Unikat. Durch die Größe der individuellen Bauelemente war die Packungsdichte begrenzt und die Funktionsdichte einer elektronischen Schaltung war es ebenfalls.

Mit der Mikroelektronik trat ein einschneidender Wandel in der Elektronik ein. Bauteile wurden nicht mehr mechanisch hergestellt und gefügt, sondern durch Photolithographie auf das Werkstück, den Siliziumwafer, optisch übertragen und vervielfacht. Bemerkenswert ist die Tatsache, dass durch die optische Abbildung nur zweidimensionale Strukturen übertragen werden können. Zunächst sieht das wie ein schwerwiegender Nachteil für die Technologie aus, weil wir es gewohnt sind, dreidimensional zu konzipieren, zu entwerfen und zu fertigen. Da die optischen Abbildungen uns aber die Möglichkeit bieten, zum einen Strukturen zu übertragen, deren Strukturdetails im Wesentlichen nur durch die Wellenlänge des Lichtes limitiert sind, zum anderen wegen der Verschleißfreiheit der optischen Abbildungen mit extrem hoher Wiederholgenauigkeit zu arbeiten und wegen der Parallelität der optischen Übertragung außerdem sehr hohe Informationsflüsse zu erreichen, wird dieser Nachteil durch die technologischen Vorteile bei weitem aufgewogen.

Im Laufe der letzten Jahrzehnte der Entwicklung der Mikroelektronik konnten so die Dimensionen der Bauelemente um Zehnerpotenzen verringert werden. Heute befindet man sich mit den kritischen Dimensionen weit im Submikrometerbereich. Da im Fertigungsprozess in einem „Batch", also mit einer Charge von Wafern, auf denen sich jeweils viele Millionen von Transistoren befinden, viele integrierte Schaltungen parallel hergestellt werden, konnte man die Herstellkosten wegen der Erhöhung der Packungsdichte um mehrere Zehnerpotenzen senken. Ein wichtiges Qualitätsmerkmal einer Schaltung, wie sie etwa für einen Rechner gebraucht wird, ist die Schaltgeschwindigkeit. Durch die Verkürzung der internen Leitungswege konnte auch dieser Parameter um viele Größenordnungen verbessert und damit die Qualität eines integrierten Schaltkreises erhöht werden.

Heutzutage beherrscht die Mikroelektronik unser Leben. Alle technischen Bereiche wurden wesentlich durch die Mikroelektronik bereichert, zum Teil überhaupt erst möglich gemacht. Für die Entwicklung unserer Zivilisation zur „Informationsgesellschaft" hat die Mikroelektronik die Voraussetzungen geschaffen. Diese Einflüsse lassen sich schwerlich in Zahlen fassen. Für die technologische Entwicklung der Mikroelektronik soll ein kleines Gedankenexperiment dienen: Definiert man etwa einen Bewertungsfaktor, der aus dem Produkt „Qualitätsverbesserung" und „Kostenreduzierung" über eine gewisse Zeitspanne, etwa vier Jahrzehnte, gebildet wird, so wäre dieser Faktor in der Mikroelektronik etwa 10 000 000. Nun nehme man zum Vergleich irgendeine andere Technologie, etwa die Stahlgewinnung oder den Fahrzeugbau, so kann man den gewaltigen Unterschied zu dieser Entwicklung ermessen.

Die Frage lag nun auf der Hand, wenn die Mikroelektronik derartige Erfolge zu verzeichnen hat, kann man diese Entwicklung nicht auch auf anderen, nichtelektronischen Bereichen nachvollziehen und ähnliche technologische Schübe erwarten? Kann man die Entwicklungskonzepte, die Prozesse, die Materialien nicht auch auf mechanische, optische, fluidische oder chemische und biochemische Verhältnisse übertragen? Diese Fragestellung schließlich hat zur Mikrosystemtechnik geführt. Es lässt sich also konstatieren:

Die Mikrosystemtechnik kann als die konsequente Weiterentwicklung der Mikroelektronik auf nichtelektronische Gebiete angesehen werden.

Die Mikrosystemtechnik baut also auf dem gewaltigen technologischen und theoretischen Erfahrungsschatz der Mikroelektronik, die diese in mehreren Jahrzehnten mit hohem Aufwand erarbeitet hat, auf. Viele Technologien, die uns heute eine Selbstverständlichkeit sind, wurden mit hohem finanziellen und personellen Aufwand von der wirtschaftlich blühenden Mikroelektronik entwickelt. An hervorragender Stelle steht hier die Photolithographie, von der an zahlreichen Stellen in diesem Buch noch die Rede sein wird. Aber auch die Dünnschichttechnik, die Oberflächenanalyse und die Simulation sind Bereiche, die entscheidende Impulse aus der Mikroelektronik gewonnen haben.

Um auf diesen Erfahrungen eine neue Technologie aufbauen zu können, ist es zunächst nötig, die grundlegende „Philosophie" der Mikroelektronik zu ergründen, oder, um es mit einfachen Worten zu sagen, die „Erfolgsrezepte" der Mikroelektronik zu definieren, um sie, entsprechend modifiziert, auch für andere Technologien nutzbar zu machen.

Dazu lassen sich aus der Vielzahl von Verfahren und Denkansätzen drei Schwerpunkte herausschälen, die im Folgenden näher erläutert werden sollen.

Der Entwurf eines integrierten Schaltkreises geschieht ausschließlich auf dem Rechner. Das traditionelle Vorgehen, sich durch Versuch, Abprüfung und

Wiederholung (trial and error) iterativ an eine optimale Lösung heranzuarbeiten, lässt sich wirtschaftlich in der Mikroelektronik nicht mehr vertreten. Diese Entwicklungsstufe muss durch aufwendige Entwurfs- und Simulationsverfahren bereits auf dem Rechner geleistet werden. In der Tat wird eine Schaltung (zumindest eine digitale Schaltung) nach der Entwurf- und Optimierungsphase auf dem Rechner bereits beim ersten Fertigungslauf die vorbestimmten Parameter erfüllen, wenn es sich um einen etablierten Prozess handelt. Nur in wenigen Fällen bedarf es eines zweiten Fertigungsdurchlaufes, um das Produkt zu optimieren. Die Simulationsprogramme sind mit großem Aufwand in vielen Tausenden von Personen-Jahren entwickelt worden. Bemerkenswert und neu ist hierbei auch, dass Erkenntnisse der theoretischen Physik, die Quantenmechanik, unmittelbar in die Produktgestaltung einfließen. Nirgendwo sonst kommen naturwissenschaftliche Grundlagenforschung und Fertigungsgestaltung in so engen Kontakt wie in der Mikroelektronik. Ein Begriff, der diesen Zustand beispielhaft beschreibt, ist das „band gap engineering", ein Vorgang also, bei dem sich Erkenntnisse der theoretischen Festkörperphysik und ingenieurmäßiges Fertigungswissen unmittelbar berühren.

Man kann also als ersten Schwerpunkt der Mikroelektronik den Entwurf, die Simulation und die Optimierung eines Produktes auf dem Rechner benennen.

Ein weiterer Schwerpunkt betrifft die Realisierung der auf dem Rechner ermittelten Struktur auf dem Werkstück. Die Übertragung der geometrischen Daten geschieht hier auf optischem Wege. Die Vorteile dabei sind: Die Übertragung ist verschleißfrei und unterliegt dadurch keiner Abnutzung. Durch die Abbildung lassen sich die Strukturen in einem Maße verkleinern, das nur durch die Wellenlänge des verwendeten Lichtes und durch Fehler des übertragenden optischen Systems begrenzt ist.

Diese optische Übertragung oder „Photolithographie" (das Wort ist angelehnt an eine alte Drucktechnik, bei der ein glatt geschliffener Stein (griech.: $\lambda\iota\theta o\sigma$) entsprechend geätzt wird, so dass er an bestimmten Teilen Druckfarbe annimmt, an anderen diese abstößt) hat wohl den größten technologischen Einfluss auf die Mikroelektronik, wenn man einmal von der Herstellung des Grundmaterials, dem Silizium-Einkristall, absieht.

Durch die Verkleinerung der Strukturen bis in den Submikrometerbereich lässt sich die Packungsdichte von Komponenten, die pro Flächeneinheit auf dem Werkstück unterzubringen sind, gegenüber konventionellen Techniken der Übertragung um viele Größenordnungen erhöhen. Dadurch ist es erklärlich, dass trotz steigender Prozesskosten die Kosten für das Einzelelement ständig gesenkt werden konnten. Gelingt es, durch Verbesserung der Photolithographie die linearen Dimensionen zu halbieren, kann man auf dem Substrat viermal so viele Strukturen herstellen und parallel prozessieren. Selbst wenn sich die Aufwendungen für die Photolithographie dabei um den Faktor drei erhöhen, hat man unter dem Strich für die Fertigung einen Gewinn erzielt. Neben diesem Kostenvorteil bringt die Miniaturisierung aber auch einen wesentlichen Qualitätsvorteil. Integrierte Schaltungen werden im Allgemeinen an ihrer Funktionsdichte und ihrer Schaltgeschwindigkeit gemessen. Durch die Miniaturisierung werden die elektrischen

Wege innerhalb der Schaltung entsprechend verkürzt, was sich unmittelbar auf die Geschwindigkeit der Signalverarbeitung auswirkt. Eine einfache Rechnung zeigt, dass bereits die freie Lichtgeschwindigkeit 0,3 mm pro Pikosekunde beträgt. Die Laufwege pro Pikosekunde eines Signals auf einer mit Kapazitäten und Induktivitäten behafteten Leitung sind aber noch wesentlich kürzer und kommen in die geometrischen Dimensionen der Schaltung selbst.

Die optische Abbildung bedeutet eine parallele Informationsübertragung. Mit einem hochwertigen Objektiv, wie es in der Lithographie verwendet wird, lassen sich Strukturen mit Minimalabmessungen von 0,13 µm über ein Feld von 1 cm^2 übertragen, das entspricht einem parallelen Fluss von $5 \cdot 10^9$ Pixel. Der Vorgang der Übertragung ist dabei natürlich unabhängig davon, welche Muster übertragen werden. Eine komplexe Struktur benötigt keinen höheren Aufwand als eine einfache, solange man die Minimalabmessungen einer gegebenen Technologie nicht unterschreitet. Gelingt es also, durch geschickten Entwurf Strukturen ineinander zu verschachteln, hat man damit Packungsdichte ohne zusätzlichen technologischen Aufwand gewonnen.

Eine Einschränkung bildet die optische Übertragung zunächst in ihrer Zweidimensionalität. Da die Abbildung stets eine begrenzte Tiefenschärfe aufweist, sind alle übertragenen Muster zweidimensional. Eine mikroelektronische Schaltung mag sich mehrere Millimeter oder gar Zentimeter lateral – also in x- und y-Richtung – ausdehnen, in z-Richtung, d. h. in die Tiefe, erstreckt sie sich nur selten über 10 µm hinaus. Man kann also mit gutem Recht behaupten, dass die gesamte Mikroelektronik quasizweidimensional ist. Sicherlich kann man mit weiteren Verfahren erreichen, dass eine Schaltung aus mehreren Ebenen übereinander aufgebaut ist, das ändert aber nichts an der Tatsache, dass die Strukturen im Prinzip nur zweidimensional übertragen werden. Das ist eigentlich verwunderlich, verzichtet man doch hier gegenüber der konventionellen Elektronik auf 1/3 der Gestaltungsmöglichkeiten. Dennoch hat die optische Übertragung der Strukturen derartige Vorteile, dass dieser Nachteil um ein Vielfaches kompensiert werden kann. Die eindrucksvolle Überlegenheit der Mikroelektronik sei hier Beweis genug.

Der zweite Schwerpunkt der Mikroelektronik ist daher zweifelsfrei die Anwendung der Photolithographie.

Durch die hohe Packungsdichte der Bauelemente auf dem Wafer unterliegen nun Millionen von Strukturelementen genau den gleichen Prozessbedingungen. Dadurch ist wiederum die Fertigungsstreuung sehr klein. Prozesse, die im Laufe der Entwicklung immer aufwendiger wurden, lassen sich durch das Herunterbrechen auf Millionen von Bauelemente auf einem Wafer kostenmäßig abfangen oder gar überkompensieren. Durch geringe Fertigungsstreuung und hohe Ausbeute lassen sich wiederum die Prozesse immer besser beschreiben und simulieren. Dadurch werden die Aussagen, die man mit den Software-Werkzeugen zum Entwurf der Schaltungen machen kann, besser und realistischer, so dass sich hier der Kreis wieder schließt.

Den dritten Schwerpunkt bilden also die Fertigungsverfahren, die gleichzeitig auf viele Wafer angewendet werden (Batch-Verfahren).

Was hat sich nun parallel zur Fertigungstechnologie grundsätzlich in der Entwicklungsphilosophie der Elektronik auf ihrem Wege zur Mikroelektronik verändert? An die Stelle der Vielfalt individueller Bauelemente sind wenige, standardisierte, eng tolerierte Baugruppen getreten, wobei allerdings durch Fokussierung der Forschungs- und Entwicklungsarbeiten auf diese vergleichsweise wenigen Standardtypen die Leistungsmerkmale gegenüber konventionellen Grundschaltungen um Größenordnungen gesteigert werden konnten.

Durch geeignete, rechnergestützte Auswahl und Verknüpfung von Bausteinen aus Bibliotheken lassen sich diese Grundbausteine zu fast beliebig komplexen Schaltungen kombinieren. Durch Verbesserung der Design-Werkzeuge, ebenso wie durch ständige Erhöhung der Qualität der Bauelemente können heute Funktionen, die noch vor wenigen Jahren technisch nicht möglich waren, dargestellt werden. Als Beispiel seien nur die Personal Computer angeführt, die die Leistungsfähigkeit von Großrechnern der siebziger Jahre bereits um viele Größenordnungen übertreffen.

Die gleichen grundlegenden Konzepte der Mikroelektronik liegen nun auch der Mikrostrukturtechnik zugrunde. Wir haben hierbei den großen Vorteil, aus dem riesigen Technologievorrat der Mikroelektronik schöpfen zu können. Wenn auch einige Prozesse neu entwickelt werden mussten, kann doch im Wesentlichen auf den theoretischen und technologischen Grundlagen, die mit der Mikroelektronik erarbeitet wurden, aufgebaut werden.

Zusammenfassend kann man also für die Mikrostrukturtechnik fordern:

Die Mikrostrukturtechnik muss, um ähnlich erfolgreich wie die Mikroelektronik zu sein, dem Pfad folgen, der von dieser vorgezeichnet wurde.

Auch in der Mikrostrukturtechnik muss also die Entwicklungsphilosophie heißen:

- Bereitstellung leistungsfähiger Software-Entwicklungswerkzeuge für Mikrokomponenten; Entwicklung, Simulation und Optimierung der Strukturen auf dem Rechner; Vermeidung unnötiger Prozessdurchläufe.

- Übertragung der auf dem Rechner entwickelten Strukturen auf das Werkstück mittels Photolithographie; Nutzung der Möglichkeiten hoher Packungsdichte und Verkleinerung der Strukturen.

- Fertigung im Nutzen mit engen Fertigungstoleranzen durch präzise Prozesssteuerung und Prozessüberwachung.

- Entwicklung weniger, durchkonstruierter Grundstrukturen, die durch hohe Packungsdichte und Miniaturisierung kostengünstig auf dem gleichen Substrat vervielfältigt werden können und durch geeignete Verknüpfung zu einem „intelligenten" System zusammengefügt werden können.

Natürlich führt das – ebenso wie seinerzeit in der Elektronik – zu einem völligen Umdenken in der Sensorik, der Aktorik, in der Feinwerktechnik und schließlich auch im Maschinenbau.

Wenn sich auch die Verfahren der Mikrostrukturtechnik aus guten Gründen eng an die der Mikroelektronik anlehnen, so waren doch einige Modifikationen nötig, die von der Mikroelektronik nicht geleistet werden konnten, um vor allem die dritte Dimension für die geometrischen Mikrokörper zu erschließen. Es mussten also Verfahren entwickelt werden, die trotz Nutzung der Photolithographie die Herstellung dreidimensionaler Körper ermöglichen. Das hat im Laufe der Jahre zu mehreren Varianten geführt, deren zwei wichtigste an dieser Stelle nur kurz skizziert werden sollen, da jede von ihnen ein ganzes Kapitel dieses Buches füllt.

Die *Silizium-Mikromechanik* folgt in jeder Beziehung sehr eng der Mikroelektronik. Es werden nicht nur sehr ähnliche Herstellungsprozesse übernommen, auch der Silizium-Einkristall ist hier wie dort das Grundmaterial für die Mikrostruktur. Als maßgeblicher Entwickler dieses Verfahrens ist hier K. E. Petersen, damals Mitarbeiter von IBM, zu nennen, der bereits Anfang der 1980er Jahre darüber eine grundlegende Veröffentlichung geschrieben hat: „Silicon as Mechanical Material" [Pete82]. Zur Erschließung der dritten Dimension wurde ein anisotropes Ätzverfahren entwickelt, mit dem man subtraktiv den Einkristall bearbeiten kann, um zur gewünschten Form zu kommen. Spezielle Ätzlösungen tragen das Material des Einkristalls anisotrop, also entsprechend der Kristallmorphologie, ab. Durch so genannte Resistmasken werden Teile der Siliziumoberfläche dem Ätzmittel ausgesetzt, um so zur gewünschten Geometrie zu kommen. Außerdem können in den Kristall künstliche Schichten eingebracht werden, die als zusätzliche Ätzstoppschichten dienen. An dieser Ebene bleibt der Ätzvorgang stehen. Durch Anwendung geeigneter Ätzmasken, Ätzstoppschichten und den Einsatz von isotropen und anisotropen Ätzlösungen können fast beliebige dreidimensionale Strukturen aus der Siliziumscheibe herausgearbeitet werden. Diese bilden dann die Basiselemente für Sensoren, Aktoren oder sonstige Komponenten (Abb. 1.1-1). Der besondere Vorteil der Silizium-Mikromechanik liegt in der Möglichkeit, durch Kombination von Ätzverfahren und den üblichen Prozessen der Mikroelektronik auf dem gleichen Substrat sowohl Mikrostrukturkörper (z. B. Sensorelemente) als auch passende elektronische Auswerteschaltungen unterzubringen [Heub89].

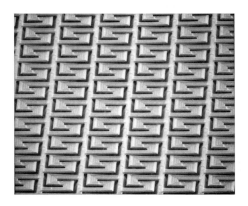

Abb. 1.1-1 Beispiel einer dreidimensionalen Mikrostruktur in Silizium. Bei dem gezeigten Objekt handelt es sich um ein Array von CMOS-compatiblen thermoelektrischen Infrarot-Detektoren (siehe Kap. 7).

Abb. 1.1-2 Mikrostruktur in LIGA-Technik, die als mechanischer Filter verwendet werden kann. Die „Schlüsselweite" der Löcher beträgt 80 µm, die Wandstärke ist 8 µm bei einer Strukturhöhe von ca. 200 µm. Zum Größenvergleich dient ein menschliches Haar (siehe Kap. 8).

Das zweite wichtige Strukturierungsverfahren stellt das so genannte *LIGA-Verfahren* dar, das im Kernforschungszentrum Karlsruhe (heute Forschungszentrum Karlsruhe) unter der Leitung von Erwin Becker am Institut für Kernverfahrenstechnik (heute Institut für Mikrostrukturtechnik) und von Wolfgang Ehrfeld als maßgeblichem Wissenschaftler zu Beginn der achtziger Jahre entwickelt wurde, um damit Komponenten zur Isotopentrennung von Uranhexafluorid UF_6 herstellen zu können [Beck86].

Die Abb. 1.1-2 zeigt eine Anordnung identischer geometrischer Formen, die als mechanischer Filter verwendet werden kann. Dieser Mikrokörper wurde im LIGA-Verfahren hergestellt, einem Strukturierungsverfahren, das auf den Grundprozessen Röntgen-**L**ithographie, **G**alvanik und **A**bformung beruht und das Inhalt des Kapitels 8 ist. Eine auf dem Rechner erzeugte Struktur wird mittels eines Elektronenstrahlschreibers auf eine Maske übertragen, die Struktur dieser Maske wird durch paralleles Röntgenlicht (Synchrotronstrahlung) als „Schattenwurf" auf eine für diese Strahlung empfindliche Kunststoffschicht abgebildet. Durch die geringe Absorption der Röntgenstrahlung an diesen Kunststoffschichten dringt die Strahlung ohne merkliche Streuung tief in die Schicht ein, so dass Schichtdicken von mehreren hundert Mikrometern ohne Strukturverfälschung „belichtet" werden können. Im Gegensatz dazu werden in der Mikroelektronik bei der Photolithographie mit Licht im sichtbaren Bereich oder im nahen Ultraviolett nur Schichtdicken von weniger als einem Mikrometer des photoempfindlichen Materials (so genannter Photoresist) verwendet. Der parallele Strahlengang der Röntgenquelle und die extreme Schichtdicke lassen die Fertigung von Strukturen mit einem Aspektverhältnis (d. h. Verhältnis von Strukturhöhe zu kleinstmöglicher lateraler Struktur) von über 100 zu. In der Mikroelektronik sind dagegen Aspektverhältnisse um 1 üblich.

In diesem ersten Schritt erhalten wir also einen Strukturkörper mit den Lateralstrukturen der Maske und einer Strukturhöhe, die durch die Schichtdicke des Resists vorgegeben ist. In weiteren Verfahrensschritten kann die so erzeugte Struktur galvanisch mit Metall aufgefüllt werden. Wird der verbliebene Kunststoff aus der Metallstruktur herausgelöst, so erhält man das negative Abbild der Struktur in Metall. Diese Metallstruktur dient als Abformwerkzeug für weitere Kopien der Mikrostruktur mittels Spritzguss oder durch Prägeverfahren.

Abb. 1.1-3 Beispiel einer Struktur, die in mechanischer Mikrofertigung hergestellt wurde, und als Werkzeug zum Heißprägen lichtoptischer Reflektoren dient (siehe Kap. 9).

Neben diesen beiden grundsätzlichen Verfahren gibt es eine Vielzahl von Varianten, in denen Teilschritte der oben genannten Fertigungstechnologien verwendet werden und die für spezielle Anwendungen ihre besonderen Vorzüge haben. Auch diese alternativen Verfahren werden in diesem Buch ausführlich besprochen (siehe Kap. 9). An dieser Stelle sei als ein Beispiel die mechanische Mikrofertigung (Abb. 1.1-3) genannt [Bier89]. In eine ebene Metalloberfläche wird mit einem entsprechend geformten Diamanten ein Mikroprofil in die Oberfläche gefräst. Durch die Herstellung regelmäßiger Strukturen und durch geeignetes Stapeln mikrogeformter Folien lassen sich relativ kostengünstig dreidimensionale Mikrostrukturkörper aufbauen [Bier90]. So unterschiedlich auch die Herstellungsmethode gegenüber den beiden vorgenannten Verfahren ist, so können doch Teilschritte der anderen Verfahren angewendet werden, wie etwa das galvanische Auffüllen der Strukturen zur Herstellung eines Abformwerkzeuges für die Mengenfertigung von Mikrokörpern durch Spritzguss oder Heißprägen.

1.2
Von der Mikrostrukturtechnik zur Mikrosystemtechnik

Die bisher beispielhaft gezeigten Strukturen wären technologisch nur von mäßigem Interesse, wäre nicht das Potential der Integration zu einem System, also zur Mikrosystemtechnik, gegeben. Erst dann kann sich die Mikrosystemtechnik zu ihrer vollen Leistungsfähigkeit entwickeln. Als Beispiel gelte hier wiederum die Mikroelektronik, bei der die Erfindung des Transistors zwar die grundlegende Voraussetzung für wirtschaftlichen Erfolg war, als Triebfeder der ganzen Technologie aber erst die Entwicklung des Mikroprozessors wirkte. Auch in der Mikrosystemtechnik ist die Herstellung von Mikrokomponenten die Basis, auf der die Systemtechnik aufbaut. Würde man allerdings auf diesem Stadium stehen bleiben, bliebe die Technologie auf den Ersatz konventioneller Komponenten beschränkt. Von einer technologischen Revolution könnte man in diesem Falle sicher nicht sprechen. Erst die Integration mehrerer Sensoren zu einem Array, die Verknüpfung mit Aktoren und die Steuerung aller Vorgänge durch eine leistungsfähige Signalverarbeitung an Ort und Stelle macht aus einer Menge „dummer" Komponenten ein „intelligentes" System.

Mikrokörper, die mit den Mitteln der Mikrostrukturtechnik gefertigt wurden, müssen auf einem gemeinsamen Substrat zueinander gefügt werden. Zunächst soll nur das rein mechanische Befestigen einer Struktur auf einem geeigneten Träger betrachtet werden. Dies ist kein triviales Problem, denkt man etwa an die optische Nachrichtentechnik. Eine Monomode-Glasfaser langzeitstabil und kostengünstig zu einem optoelektronischen Bauteil auf Bruchteile eines Mikrometers genau auszurichten, ist ein komplexes Problem, zu dessen Lösung eine kostenintensive Entwicklung nötig war. Ein anderes Problem stellt die Verbindung zweier Komponenten mit unterschiedlichen Wärmeausdehnungskoeffizienten dar.

In der Sensorik besteht ein spezielles Problem darin, zum einen den mechanisch empfindlichen Mikrostrukturkörper vor Beschädigung und korrosivem Einfluss zu schützen, andererseits aber die physikalische oder chemische Größe, die der Sensor erfassen soll, möglichst verlust- und störfrei an das Sensorelement heranzuführen, also den Sensor möglichst intensiv der Umwelt auszusetzen. Die Aufbau- und Verpackungstechnik spielt insbesondere in der Mikrosystemtechnik eine Schlüsselrolle, wie später an vielen Beispielen zu sehen sein wird.

Neben dem rein mechanischen Aufbau besteht ein Mikrosystem aber auch aus einer Vielzahl von Schnittstellen zwischen den einzelnen Komponenten oder von der makroskopischen Außenwelt zum Mikrosystem und umgekehrt. Diese Schnittstellen sind von unterschiedlichster Art. Die elektrische Schnittstelle, die in der Mikroelektronik vorherrscht, ist nur eine unter vielen anderen. Nur für diese hält die Mikroelektronik auch Verfahren bereit, wie das Löten, das Drahtbonden, die TAB-Technik (TAB = Tape Automated Bonding) oder das Flip-Chip-Verfahren. Gerade weil das Mikrosystem aber über die Elektronik hinausgeht, müssen auch optische, mechanische, fluidische oder akustische Schnittstellen betrachtet werden. Die Techniken hierfür sind zum Teil noch nicht entwickelt. Sie unterscheiden sich von den elektrischen Schnittstellen so sehr, dass es angebracht ist, einen neuen Namen dafür zu finden, da der Begriff „Schnittstelle" eigentlich von der Mikroelektronik mit ihrer elektrischen Verbindungstechnik besetzt ist. Ein Vorschlag wäre, den Begriff „Koppelstelle" einzuführen.

Eine wichtige Methode für den mechanischen Schutz der empfindlichen Mikrostrukturen ist das Abdecken mit einer Glasplatte. Ein geeignetes Verfahren hierfür ist das Anodische Bonden. Die zu fügenden Oberflächen (vorzugsweise Silizium und Glas) werden in engen Kontakt zueinander gebracht. Durch Erwärmung auf etwa 400°C und mit Hilfe eines elektrischen Feldes werden Ionen im Dielektrikum des Glases irreversibel verschoben. Die dabei auftretenden elektrostatischen Kräfte sind groß genug, die beiden Oberflächen dauerhaft zusammenzuhalten und im Endeffekt eine chemische Bindung einzuleiten.

Mit den vorgestellten Verfahren sind die technologischen Voraussetzungen geschaffen, Mikromechanik, Mikrooptik, Mikrofluidik usw. und Mikroelektronik monolithisch oder in Hybridlösungen zu komplexen Systemen zu integrieren und damit ein Tor aufzustoßen für grundlegend neue Konzepte der Sensorik, der Mess- und Regeltechnik, der Kommunikationstechnik, der Umwelt- und Medizintechnik und anderer Anwendungen, die vielleicht noch nicht einmal angedacht wurden.

Bisher war von den technologischen Voraussetzungen, die für die Realisierung eines Mikrosystems gegeben sind, die Rede. Im Folgenden soll nun die Bedeutung diskutiert werden, welche die Informatik und die Softwareentwicklung in der Mikrosystemtechnik spielen werden.

Die wohl wichtigste Eigenschaft eines Mikrosystems ist die Möglichkeit, statt eines individuellen Sensors ein ganzes Array von Sensoren mit hoher Packungsdichte und geringen Kosten zu fertigen. Während ein konventioneller Aufbau den analogen Messwert eines Sensors verstärkt und am Ausgang des Verstärkers zur Weiterverarbeitung „abliefert", hat das intelligente System die Fähigkeit, die Signale mehrerer Sensoren parallel aufzunehmen und bereits an Ort und Stelle aufzubereiten. Jeder Sensor besitzt Querempfindlichkeiten auch für Einflussgrößen, die nicht gemessen werden sollen. Ein Drucksensor etwa hat meist auch einen Temperaturgang. In einem Sensorarray lassen sich unerwünschte Einflussgrößen herausrechnen, wenn es gelingt, für jeden einzelnen Sensor des Arrays den Einfluss der Querempfindlichkeiten mathematisch zu beschreiben. Die Aufgabe für den Mikrocomputer, der eine notwendige Komponente des Mikrosystems darstellt, besteht nun darin, ein n-dimensionales Gleichungssystem mit m Unbekannten zu lösen, wenn n die Anzahl der unterschiedlichen Sensoren und m die Zahl der erfassten Einflussgrößen (Messparameter) ist. In vielen Fällen wird allerdings die Qualität einer Messung schon signifikant erhöht, wenn es gelingt, die ein oder zwei einflussreichsten Störgrößen herauszurechnen.

Mit dem gleichen Ansatz könnte man auch die Selektivität eines Sensorsystems verbessern. Hätte beispielsweise ein Gassensor die Aufgabe, ein Gas komplexer Zusammensetzung in geringer Konzentration zu detektieren, so würde ein einzelner Sensor, etwa ein CHEMFET (=Chemical Field Effect Transistor), dieser Aufgabe im Allgemeinen nicht gerecht werden können. Ein ganzes Array von CHEMFETs mit jeweils unterschiedlicher Selektivität der Einzelelemente könnte durch geeignete Verknüpfung und unter Anwendung geeigneter Algorithmen zur Mustererkennung jedoch eine solche Aufgabe lösen. Das Besondere dieses Sensorsystems wäre zudem, dass es bei unveränderter Hardwarekonfiguration in der Lage wäre, nacheinander unterschiedliche Gase mit hoher Trennschärfe zu detektieren.

Die Kombination von Sensorelementen mit Analog-digital-Wandlung der Messwerte, einem Mikroprozessor und einer Schnittstelle nach außen ist also wesentliche Voraussetzung für ein Mikrosystem. Andere Komponenten, wie Multiplexer, ROM und RAM, vervollständigen die Systemfähigkeiten (Abb. 1.2-1).

Mit Hilfe eines eingespeicherten Kennfeldes entfällt der kostenintensive Laserabgleich des Sensors bei Erstbetrieb und beim Ersatz eines Sensorelementes. Alterungsvorgänge können durch die aufgezeichnete „thermische Historie" des Sensors festgestellt und kompensiert werden. Aus mehreren gleichartigen Sensoren

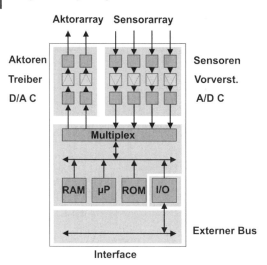

Abb. 1.2-1 Prinzipieller Aufbau eines Mikrosystems. Die Hauptbereiche gliedern sich in Sensorarray, Aktorarray, Signalverarbeitung, Speicher und Schnittstellen nach außen.

lassen sich Mittelwerte bilden, mit „gestuften" Sensoren kann der jeweils optimale Empfindlichkeitsbereich ausgewählt werden, mit statistischen Methoden ist es möglich, die Messwerte „vor Ort" zu interpretieren und zu gewichten. Mit Mikroaktoren, die wiederum auf die Sensoren einwirken, lassen sich rückgekoppelte und bewegungskompensierte physikalische Messsysteme verwirklichen.

Die Liste der Möglichkeiten ließe sich noch beliebig fortsetzen, würde aber den Rahmen dieser Einführung sprengen. Dennoch soll an dieser Stelle die Adaptionsfähigkeit eines solchen intelligenten Systems an eine gestellte Aufgabe noch einmal gesondert hervorgehoben werden. Das Mikrosystem kann sich damit einer zunächst unbekannten Umgebung anpassen, ohne dass es eines Eingriffs von außen bedürfte. Diese Eigenschaft wäre bei Anwendungen zur Umweltüberwachung, bei Explorationsaufgaben, bei Weltraummissionen und bei medizinischen Implantaten von großem Vorteil.

In vielen Fällen muss ein Mikrosystem mit anderen Systemen kommunizieren können. Es besteht also für das Mikrosystem die Aufgabe, Daten senden und empfangen zu können. Diese Daten müssen fehlertolerant in zum Teil stark gestörter Umgebung übermittelt werden. Von Bedeutung ist auch die Kompatibilität mit anderen Systemen oder einem übergeordneten Rechner, mit dem das System kommuniziert. Mit Simulationsmethoden ist zu prüfen, ob das System das Zusammenspiel mit seiner Umgebung beherrscht und nicht etwa in undefinierte (chaotische) Zustände läuft.

Welche Aufgaben stellt nun die Mikrosystemtechnik an die Informatik? Wichtige Voraussetzungen für die Konzeption eines Mikrosystems sind die Systemspezifikation und die Simulation der Eigenschaften auf dem Rechner. Sind diese Eigenschaften nicht oder nicht in dem gewünschten Maße zu realisieren, muss man das Systemkonzept variieren, bis man iterativ das optimale Konzept gefunden hat.

Neben der Systembeschreibung sind die geeigneten Datenverarbeitungsalgorithmen von Bedeutung. Hier müssen Konzepte entwickelt werden, um komplexe Mess- und Regelaufgaben mit höchster Rechnereffizienz für Mikroprozessoren in Echtzeit lösen zu können.

Ein weiteres Feld ist die Bereitstellung von Testroutinen für den Selbsttest der Mikrosysteme. Bei einigen Aufgaben sind die Anforderungen in Bezug auf Zuverlässigkeit derart hoch, dass es nicht ausreicht, ein System vor dem Einsatz zu prüfen und sich dann auf die zuverlässige Funktion während der Lebensdauer des Systems zu verlassen. Hier braucht man Programme, mit denen sich das System in regelmäßigen Abständen, oder besser noch kontinuierlich, selbst überprüft und im Falle eines Fehlers diesen entweder korrigiert oder sich selbst in einer definierten Weise abschaltet. Damit bleibt das Bussystem arbeitsfähig und andere Teilnehmer am gleichen Bus können die Aufgaben des abgeschalteten Systems in Notlaufeigenschaft mit übernehmen.

Es wurde bereits weiter oben ausgeführt, dass eine wichtige Eigenschaft des Mikrosystems die Kommunikationsfähigkeit sein muss. Allerdings findet diese Kommunikation teilweise in stark gestörter Umgebung, etwa an einem Schweißautomaten oder im Kraftfahrzeug in der Nachbarschaft der Zündkerzen, statt. Deshalb müssen hierfür fehlertolerante Übertragungscodes entwickelt oder vorhandene Methoden für die Mikrosystemtechnik modifiziert werden.

Herstellungsverfahren und Leistungsspektrum einer Mikrostruktur sind eng miteinander verknüpft. Auch hier ist wieder die enge Parallele zur Mikroelektronik gegeben. Die moderne Halbleiterfertigung bedient sich der rechnergeführten Prozesssteuerung, bei der ein ständiger Soll-Ist-Vergleich zwischen den Simulationsprogrammen und den gemessenen Fertigungsparametern die Fertigungslinie im idealen „Null-Ausschuss"-Zustand hält. Dazu müssen Expertensysteme sowohl für die Produktentwicklung als auch für die Prozesskontrolle entwickelt werden. Auch die Mikrosystemtechnik muss diesen aufwendigen Weg gehen, wenn sie die zukünftigen technologischen Herausforderungen meistern soll.

Die Möglichkeiten der Mikrosystemtechnik sind so vielfältig, dass nur ein kleiner Teil davon an dieser Stelle aufgezählt werden konnte. Wohin sich letztlich die Mikrosystemtechnik bewegen wird, kann noch niemand abschätzen. In den Anfängen der Mikroelektronik hat schließlich auch niemand voraussagen können, dass diese Entwicklung etwa den Personal Computer ermöglichen und die gesamte Datenverarbeitung revolutionieren würde. Die Zukunft wird sicher auf diesem Gebiet noch manche Überraschung bringen.

Wichtig ist es für den Studierenden, sich ein breites Grundlagenwissen anzueignen, und für den Fachmann, den Dialog mit Kollegen aus anderen Disziplinen zu führen und stets bereit zu sein, neue Wege zu gehen.

2
Parallelen zur Mikroelektronik

Wie schon erwähnt, schöpft die Mikrostrukturtechnik aus dem gewaltigen Technologievorrat, der im Rahmen einer über Jahrzehnte erfolgreichen Mikroelektronik erarbeitet, verbessert und schließlich fast zur Perfektion gebracht wurde. Bei einem eingehenden Studium der Verfahren der Mikrostrukturtechnik und der Mikrosystemtechnik ist es daher unerlässlich, zunächst die Methoden der Mikroelektronik kennen zu lernen. In den folgenden Abschnitten werden zum einen die Fertigungskonzepte der Mikroelektronik erläutert, zum anderen die zukünftigen Entwicklungsrichtungen in Bezug auf die Fertigungstechnologie als auch auf das Produkt, den integrierten Schaltkreis (Integrated Circuit=IC), diskutiert. Die Aufbau- und Verbindungstechnik, ebenso wie die Reinraumtechnik, sind im Rahmen dieser Entwicklung überhaupt erst als eigenständige Technologiebereiche geschaffen worden. Sie sind unverzichtbare Bestandteile einer Schaltkreisfertigung und sollen ebenfalls in den einführenden Kapiteln behandelt werden. Die Techniken, derer sich die Mikrosystemtechnik bedient, werden in späteren Kapiteln wieder aufgegriffen und dort im Detail diskutiert.

2.1
Herstellung von Einkristallscheiben

Das Grundmaterial für die Mikroelektronik, wie auch für einen überwiegenden Teil der Mikrosystemtechnik, ist das Silizium. Im ersten Falle sind die elektronischen Eigenschaften des Silizium-Einkristalls ausschlaggebend, im zweiten Falle die mechanischen, optischen und chemischen. Obwohl Silizium einer der am meisten untersuchten Werkstoffe ist – die Veröffentlichungen darüber gehen in die Zehntausende –, waren die besonderen mechanischen Parameter darüber fast in Vergessenheit geraten, bis die berühmte Veröffentlichung von K. E. Petersen mit dem Titel „Silicon as a Mechanical Material" 1982 einer breiten Öffentlichkeit vor Augen führte, welche Möglichkeiten im Silizium-Einkristall stecken und wie man diese in der Silizium-Mikromechanik für industrielle Produkte nutzbar machen könnte. Diese Arbeit wird von vielen Wissenschaftlern als der Beginn der Mikrosystemtechnik angesehen.

Mikrosystemtechnik für Ingenieure, 3. Auflage. W. Menz, J. Mohr, O. Paul
Copyright © 2005 WILEY-VCH Verlag GmbH & Co. KGaA, Weinheim
ISBN: 3-527-30536-X

Tab. 2.1-1 Vergleich der physikalischen Eigenschaften verschiedener Einkristalle mit Edelstahl

Parameter	Einheit	Silizium	GaAs	Quarz	Edelstahl
Dichte	g/cm^3	2,33	5,32	2,65	7,9–8,2
Schmelzpunkt	°C	1420	1238	1650	
Härte	GPa	8,5–11		8,2	5,5–9
E-Modul	GPa	130–186	85,5	107	206–235
Zugfestigkeit	GPa	2,8–6,8		0,5–0,7	0,5–1,5
Gitterkonstante	nm	0,543	0,565	0,49/0,54	
Bandabstand	eV	1,12	1,42		
Elektronenbeweglichkeit	cm^2/V·s	1500	8500		
Wärmeleitfähigkeit	W/cm·K	1,57	0,55	0,13	0,15

Silizium hat seitdem eine breite Verwendung als Konstruktionswerkstoff für Mikrosysteme gefunden, zum einen wegen der oben erwähnten Eigenschaften, zum anderen aber auch, weil es zu erschwinglichen Preisen in der Halbleiterindustrie zur Verfügung stand. In der Zwischenzeit ist die Silizium-„Monokultur" einer breiten Werkstoffpalette, die von Metallen über Keramik bis zu den Polymeren reicht, gewichen. In der Tabelle 2.1-1 werden einige physikalische Eigenschaften des Siliziums aufgelistet und anderen geläufigen Werkstoffen gegenübergestellt (siehe auch Tab. 4.3-1).

Allgemein sind Halbleiter Festkörper, deren elektrische Leitfähigkeit zwischen denen der Metalle ($8 \cdot 10^{-2}$ S·cm^{-1}) und denen der Dielektrika (10^{-12} S·cm^{-1}) liegt. Die Leitfähigkeit lässt sich im Halbleiter durch geeignete Fremddotierung um Zehnerpotenzen verändern und ist zudem stark von der Temperatur abhängig. Der Leitungsmechanismus ist grundsätzlich unterschiedlich zu dem der Metalle. Während sich beim Metall stets genügend viele Elektronen im Leitfähigkeitsband befinden und so einen hohen Stromtransport gewährleisten, müssen beim Halbleiter die Elektronen durch thermische Stöße (oder andere Maßnahmen von außen) in das Leitfähigkeitsband gehoben werden. Man kann also vereinfachend sagen: Bei der metallischen Leitung bewirken thermische Stöße der Elektronen mit dem Gitter und untereinander eine Reduzierung der Leitfähigkeit, während beim Halbleiter diese thermischen Stöße erst eine (wenn auch gegenüber den Metallen geringere) Stromtransportfähigkeit ermöglichen. Daraus ergibt sich die Faustformel: Erwärmt man einen Halbleiter, nimmt der spezifische Widerstand ab, erwärmt man ein Metall, so nimmt er zu.

Obwohl es eine Vielzahl von Werkstoffen gibt, die zu den Halbleitern gezählt werden können, sind die meisten in technischer Hinsicht bedeutungslos. Halbleiter werden in Element- und Verbindungshalbleiter unterschieden. Zu den Elementhalbleitern gehören Bor (B), Diamant (C), Silizium (Si), Germanium (Ge), Schwefel (S), Selen (Se) und Tellur (Te). Beispiele für Verbindungshalbleiter sind die binären Verbindungen Galliumarsenid (GaAs), Indiumphosphid (InP) und Cadmiumsulfid (CdS). Es gibt aber auch eine Vielzahl ternärer Halbleiter, wie $Hg_{1-x}Cd_x Te$ oder $Ga_{1-x}Al_x As$, und schließlich auch quarternäre Systeme, wie $Ga_{1-x}In_x As_{1-y}P_y$.

Wenn auch die oben genannten Halbleiter für spezielle Anwendungen eingesetzt werden können, ist doch Silizium – auch in absehbarer Zukunft – der bestimmende Halbleiterwerkstoff für die Mikroelektronik. Kein anderer Halbleiter vereinigt in sich ähnlich ausgezeichnete physikalische, mechanische und chemische Eigenschaften. Insbesondere die Tatsache, dass Silizium ein Oxid bildet (SiO_2), das besondere physikalische und chemische Qualitäten besitzt, hat diesem Halbleiterwerkstoff zu seiner bevorzugten Stellung in der Halbleitertechnik verholfen.

Die meisten Verbindungshalbleiter sind wegen ihrer Eigenschaften, aber auch aufgrund ihrer begrenzten Verfügbarkeit, der hohen Kosten und ihrer aufwendigeren Technologie auf spezielle Anwendungen begrenzt, allerdings bildet GaAs eine Ausnahme. Wegen seiner speziellen elektronischen Bandstruktur hat es einen breiten Einsatz in der Optoelektronik, für Mikrowellenschaltungen und spezielle Sensoranwendungen gefunden. Als mechanischer Werkstoff findet GaAs in einigen wenigen Fällen Anwendung, in denen der gegenüber Silizium niedrigere E-Modul von GaAs nutzbar gemacht wird. Die technologischen Schwierigkeiten bei der Darstellung hochreiner GaAs-Einkristalle lassen allerdings das Silizium in seiner Führungsrolle unangefochten.

Andere Verbindungshalbleiter, wie InSb, PbS, PSe, PbTe, CdS, CdSe und CdTe, werden wegen ihrer photoelektrischen Eigenschaften, bei denen Silizium nicht konkurrenzfähig ist, verwendet.

2.1.1
Herstellung von Silizium-Einkristallen

Da Silizium nicht nur in der Mikroelektronik, sondern auch in der Mikrosystemtechnik das meistverbreitete Grundmaterial ist, soll hier auf die technische Gewinnung des äußerst reinen Materials und das „Ziehen" des fast perfekten Einkristalls eingegangen werden. In diese Entwicklungen wurde im Laufe der letzten Jahrzehnte ein enormer Aufwand investiert. Das Ergebnis ist ein Einkristall, der in seiner chemischen und kristallographischen Reinheit jeden „natürlichen" irdischen Werkstoff bei weitem übertrifft. Dazu muss man sich klar machen, dass in einer kommerziell erhältlichen Einkristallscheibe auf etwa 10 Milliarden Siliziumatome nur ein ungewolltes Schwermetallatom kommt. Der besondere Erfolg liegt aber nicht nur in der Tatsache, dass man ein derart hochreines Material im Prinzip herstellen kann, sondern es auch in großen Mengen zu industriegerechten Preisen auf dem Markt anbieten kann.

Die Fertigungsschritte, die zu einer Einkristall-Siliziumscheibe oder zu einem Silizium-„Wafer" führen, werden in die folgenden Prozessgruppen aufgeteilt:

- Aufbereitung und Reinigung des Rohmaterials,
- Herstellung von hochreinem, polykristallinem Silizium,

- Ziehen der Einkristalle,
- mechanische Bearbeitung der einkristallinen Siliziumstäbe.

Aus dem Rohmaterial Quarzsand wird durch Reduktion Rohsilizium gewonnen. Obwohl 25% der Erdkruste aus SiO_2 bestehen und dieses Material in fast unbegrenzter Menge zur Verfügung stehen sollte, sind die Anforderungen in Bezug auf Verunreinigungen, insbesondere durch Arsen, Phosphor und Schwefel, derart streng, dass nur wenige Fundstellen ausgebeutet werden können. Dieser Reduktionsprozess ist der energieintensivste in der gesamten Prozesskette. Dabei müssen 13 kWh pro kg Silizium aufgebracht werden. Die Gewinnung erfolgt in Lichtbogenöfen mit Kohleelektroden nach folgender Gesamtformel:

$$SiO_2 + 2C \rightarrow Si + 2CO \quad \text{[bei Temperaturen zwischen 1700 und 2300 K]} \qquad (2.1)$$

Der Vorgang des Aufschließens ist wesentlich komplizierter, als es sich aufgrund der Gesamtformel darstellt, da sich in verschiedenen Tiefen des Reaktionsofens und bei unterschiedlichen Temperaturen verschiedene Zwischenprodukte bilden. Das so gewonnene Silizium hat einen Reinheitsgrad von etwa 99% und wird „Metallurgic Grade Silicon" (MG-Si) genannt. Die Verunreinigungen bestehen überwiegend aus Aluminium und Eisen, die durch das Graphit miteingebracht werden. Nur etwa 2% der Siliziumproduktion werden von der Halbleiterindustrie angefordert, der weitaus größere Anteil geht in die Metallverhüttung oder in andere Silizium- oder Silikonprodukte.

Die weitere Reinigung des Siliziums für elektronische Anwendungen erfolgt durch fraktionierte Destillation. Dazu muss das MG-Si in eine flüssige Form überführt werden. Das geschieht durch eine Reaktion mit HCl. Dabei entsteht Trichlorsilan ($SiHCl_3$) mit einem Siedepunkt von 31,8 °C. Die Reaktionsgleichung lautet:

$$Si + 3HCl \rightarrow SiHCl_3 + H_2 \uparrow \quad \text{[bei 600 K]} \qquad (2.2)$$

Bei der anschließenden fraktionierten Destillation werden die elektrisch störenden Beimengungen auf einen Anteil von unter 10^{-9} gedrückt (d.h. unter 1 ppba oder unter 1 „part per billion atoms").

Nach dieser Reinigungsstufe wird die Reaktion umgekehrt durchlaufen, um wieder zum festen, elementaren Silizium zu kommen. Dabei muss die Prozesstemperatur geändert werden, um das Reaktionsgleichgewicht in die entgegengesetzte Richtung gegenüber der Reduktion zu verschieben:

$$SiHCl_3 + H_2 \rightarrow Si + 3HCl \quad \text{[bei 1400 K]} \qquad (2.3)$$

Unter vermindertem Druck verdampft das Trichlorsilan und wird in einem „Chemical Vapor Deposition"-Prozess (siehe Abschn. 5.1.2) unter Einwirkung thermischer Energie dissoziiert. Bei diesem Verfahrensschritt scheidet sich hochreines polykristallines Silizium aus der Gasphase auf geheizten stabförmigen Si-Substraten ab. So entstehen in einem Prozess, der sich über mehrere Tage hinzieht, Stäbe mit Durchmessern bis über 200 mm und Längen von einigen Metern. Die Stäbe bilden das Ausgangsmaterial, so genanntes „Electronic Grade Silicon" (EG-Si), für die Herstellung von einkristallinem Silizium.

Damit gelangt man zur dritten Prozessgruppe in der Herstellungskette, dem „Ziehen" oder Züchten der Einkristalle. Zwei Verfahren haben sich hierbei großtechnisch durchgesetzt:

- das Tiegelziehverfahren und
- das Zonenziehverfahren.

2.1.1.1 Tiegelziehverfahren (Czochralski-Verfahren)

Bei diesem Verfahren (abgekürzt: CZ für Czochralski-Ziehen) wird in einem Quarztiegel polykristallines Silizium (EG-Si) durch Induktions- oder Widerstandsheizung bei Temperaturen über 1420 °C, dem Schmelzpunkt von Silizium, in einer Inertgasatmosphäre aufgeschmolzen (Abb. 2.1-1).

Der innere Schmelztiegel besteht aus Quarz. Da Quarz bei den angegebenen Temperaturen bereits erweicht, wird der innere Tiegel durch eine äußere Form aus Graphit gestützt. Die Reinheit des Tiegels spielt eine wichtige Rolle für die Qualität des gezogenen Kristalls, da das geschmolzene Silizium mit der Tiegelinnenwand wie folgt reagiert:

$$Si + SiO_2 \rightarrow 2SiO \qquad (2.4)$$

Das SiO löst sich in der Schmelze und wird später als unerwünschte Dotierung in den Kristall miteingebaut. Beim Aufschmelzen des polykristallinen Materials wird die Tiegeltemperatur kurzfristig auf 1550 °C angehoben. Bei dieser Temperatur reagiert die Tiegelaußenwand mit der Graphitumfassung und es bildet sich CO, das ebenfalls in den Kristall eingebaut wird. Durch Senken der Temperatur auf 1430 °C nach dem Aufschmelzen ist dieser Störeffekt allerdings von untergeordneter Bedeutung.

Nun wird ein Keimkristall (Impfling) aus einkristallinem Silizium in der gewünschten Kristallorientierung mit der Oberfläche der Schmelze in Kontakt gebracht. Unter langsamer Rotation wird nun der Keimkristall aus der Schmelze gezogen, wobei sich der Tiegel in entgegengesetzter Richtung dreht, so dass – von einem „Halsbereich" abgesehen – ein Einkristall einer vorbestimmten Orientierung mit konstantem Durchmesser entsteht.

Während des Ziehens kann der Kristall „dotiert", d.h. mit einer definierten Menge von Fremdstoffen versetzt werden, die seine elektronischen Eigenschaften in vorbestimmter Weise verändern. Als Dotierstoffe kommen dreiwertige Elemente wie Bor, oder fünfwertige wie Phosphor, Arsen und Antimon, zum Einsatz. Dadurch erhält man grunddotierte p- oder n-leitende Ausgangsmaterialien. Die Dotierstoffkonzentrationen liegen hier in den Bereichen 10^{14} bis 10^{17} [Atome · cm^{-3}] im festen Kristall. Für einen Ingenieur ist es im Allgemeinen schwer, sich vorzustellen, dass ein Dotieratom auf 100 000 000 Siliziumatome bereits einen entscheidenden Einfluss auf die elektronischen Eigenschaften des Festkörpers hat.

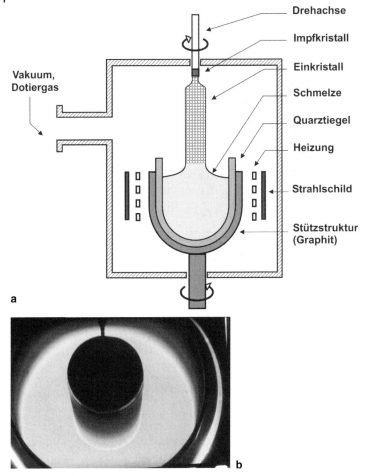

Abb. 2.1-1 Tiegelzieh- oder Czochralski-Verfahren zur Darstellung von Silizium-Einkristallen.
a) Prinzipskizze des Verfahrens.
b) Blick in den Tiegel mit einem sich formenden Ingot.
(Mit freundlicher Genehmigung von Wacker-Silitronic, Burghausen).

Die maximal zulässige Ziehgeschwindigkeit hängt einerseits von Materialwerten, wie Schmelzenthalpie und Wärmeleitkoeffizienten, andererseits von technischen Parametern, wie der Einstellung einer möglichst ebenen Isothermenfläche in der Schmelze und im Kristall, ab. Übliche Ziehgeschwindigkeiten liegen bei 1–3 mm/min.

Nach dem Ziehen werden die Einkristalle, die bis zu 500 kg schwer und bis zu 3 m lang sein können, an den Enden abgeschnitten. Die Dotierung, die sich im spezifischen Widerstand [$\Omega \cdot$ cm] des Materials äußert, wird mittels einer 4-Spitzen-Probe auf der schräg angeschliffenen Stirnseite gemessen. Tiegelgezogenes Material ist heute bis zu Durchmessern von 300 mm verfügbar. Die Abb. 2.1-2

Abb. 2.1-2 Fertiger Ingot, der aus der Ziehanlage genommen wird. Zu beachten ist der dünne Halsbereich, an dem der Ingot mit seinen 60 kg Gewicht hängt. (Mit freundlicher Genehmigung von Wacker-Silitronic, Burghausen).

zeigt die Entnahme eines Ingots aus der Ziehanlage, aus dem Wafer von 8 Zoll Durchmesser gefertigt werden.

Die weitaus größte Fremdstoffkomponente im Silizium-Einkristall ist Sauerstoff aus der oben genannten Reaktion mit dem Tiegelmaterial und erreicht etwa 10^{18} A · cm^{-3}. Allerdings nimmt der Sauerstoff im Gitter nur Zwischengitterplätze ein und bleibt dadurch relativ leicht beweglich. Bei der so genannten extrinsischen Getterung wird die Rückseite der Kristallscheibe mechanisch aufgeraut und bildet somit für die diffundierenden Sauerstoffatome eine Senke, in der sie angesammelt werden. Dadurch gelingt es, in den Funktionsschichten der Einkristallscheibe die Sauerstoffkonzentration zu reduzieren.

2.1.1.2 Zonenziehverfahren (Float-Zone-Verfahren)

Das zweite wichtige Verfahren zur Herstellung von großen Silizium-Einkristallen ist das Zonenzieh- oder Float-Zone-Verfahren (abgekürzt FZ). Ein Stab von polykristallinem Silizium, der bereits die Außenabmessungen des späteren Einkristalls aufweist, wird so in eine Halterung eingespannt, dass das untere Ende auf einem Keimkristall aufsitzt. Mit einer Induktionsspule, die nur jeweils einen schmalen Bereich des polykristallinen Stabes aufschmilzt und die axial verschiebbar ist, lässt man eine Schmelz- und Wiedererstarrungszone vom Impfkristall über die Länge des Siliziumstabes bis zum oberen Ende laufen. Die Schmelze wird dabei nur durch die Oberflächenspannung der aufgeschmolzenen Zone in Position gehalten. Bei größeren Durchmessern würde die Schmelze allerdings ausbrechen und am Kristall herunterlaufen. Damit käme der Zieh-

2 Parallelen zur Mikroelektronik

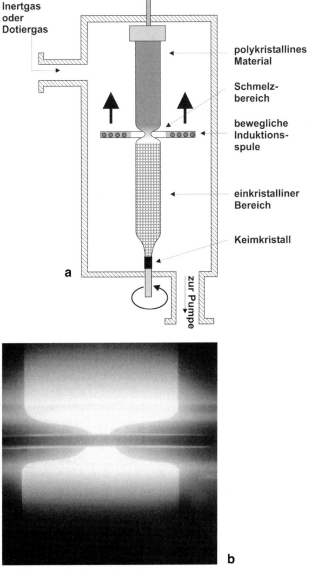

Abb. 2.1-3 Zonenzieh- oder Float-Zone-Verfahren.
a) Prinzip des Verfahrens.
b) Ansicht der Schmelzzone und der verschiebbaren Induktionsspule.
(Mit freundlicher Genehmigung von Wacker-Silitronic, Burghausen).

prozess natürlich zu einem abrupten Ende. Der Innendurchmesser der Induktionsspule ist deshalb kleiner als der Durchmesser des festen Stabes. Die Spule wird am unteren Halsbereich, kurz oberhalb des Impfkristalls, eingesetzt und sukzessive nach oben geschoben. Diese Methode ist unter dem Namen „needle-eye technique" bekannt. Die Fest-Flüssig-Phasengrenze läuft vom Impfkristall in Richtung Stabende. Bei der Erstarrung wächst das Material einkristallin in der Orientierung des Keimkristalls weiter. Damit wird das polykristalline Material zonenweise in einen Einkristall, der die gleiche Orientierung wie der Keimkristall aufweist, umgewandelt (Abb. 2.1-3).

Da die Schmelzzone keine mechanische Festigkeit mehr hat, müssen die beiden Enden des Stabes oberhalb und unterhalb der Schmelzzone präzise gehaltert werden. Die Auslegung der Induktionsspule und des entsprechenden Feldes spielt eine große Rolle für die Qualität des Einkristalls. Die Schmelzzone darf in der Länge nicht zu ausgedehnt sein, da ja die Oberflächenspannung der Schmelze und die induzierten Wirbelströme verhindern müssen, dass die Schmelze „ausbricht" und am Kristall herunterläuft.

Von ausschlaggebender Bedeutung für die Qualität des Einkristalls und die Homogenität der Dotierung ist die Konvektion der Schmelze. Neben der Auftriebskonvektion durch die Erwärmung spielt auch die Marangoni-Konvektion, die durch unterschiedliche Oberflächenspannung auf der Schmelze entsteht, eine Rolle. Bei Ziehversuchen im schwerelosen Raum kommt nur noch die Marangoni-Konvektion zum Tragen.

Bei diesem Verfahren, wie auch beim Tiegelziehen, wird im Hochvakuum oder unter Schutzgasatmosphäre (im Allgemeinen Argon) gearbeitet, die je nach Bedarf mit einem Dotiergas versetzt ist, um den Kristall schon beim Ziehen mit einer Grunddotierung zu versehen. Typische Dotierstoffe, die der Inertgasatmosphäre beigegeben werden, sind Phosphin (PH_3) oder Diboran (B_2H_6).

2.1.1.3 Segregation

Als Segregation bezeichnet man die Abhängigkeit der Löslichkeit eines Fremdstoffes in einer Wirtsmatrix vom Phasenzustand der Wirtsmatrix. Die Löslichkeit in der festen Phase ist also unterschiedlich zu der in der flüssigen Phase. Diese Segregation wird beim Kristallziehen genutzt, um den Kristall von Fremdstoffen zu reinigen.

Der Gleichgewichts-Segregationskoeffizient k_0 ist definiert als das Verhältnis der Gleichgewichtslöslichkeit von Fremdstoffen in einer Matrix zu beiden Seiten einer Phasengrenze, also:

$$k_0 = \frac{C_s}{C_l} \tag{2.5}$$

mit
C_s (s = solidus) Löslichkeit in der festen Phase
C_l (l = liquidus) Löslichkeit in der flüssigen Phase, weitab von der Phasengrenze

Nehmen wir den Fall, dass für ein bestimmtes Dotiermaterial gilt: $k_0 < 1$. Dann werden an der Phasengrenze fest-flüssig Dotieratome ständig zurückgewiesen. Dadurch steigt in einer Schmelze in einer oberflächennahen Schicht der Dicke δ die Konzentration der Dotieratome an gegenüber der Schmelze, die

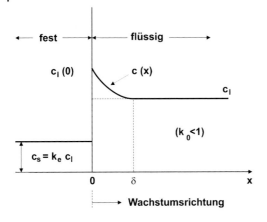

Abb. 2.1-4 Dotierkonzentrationen nahe der Phasengrenze fest-flüssig für einen Dotierstoff mit einem Segregationskoeffizienten <1.

weitab von der Phasengrenze liegt (Abb. 2.1-4). Man unterscheidet deshalb einen Gleichgewichts-Segregationskoeffizienten k_0, wie in Gl. (2.5) definiert, und zusätzlich einen effektiven Segregationskoeffizienten k_e, der diesem Sachverhalt Rechnung trägt. Der effektive Segregationskoeffizient berechnet sich wie folgt:

$$k_e = \frac{C_s}{C'_l} = \frac{k_0}{k_0 + (1-k_0)e^{-v\delta/D}} \qquad (2.6)$$

Dabei ist C'_l die Konzentration der Dotieratome in der flüssigen Phase direkt an der Phasengrenze, v die Kristallwachstumsgeschwindigkeit, δ die Dicke der oberflächennahen Diffusionsschicht und D der Diffusionskoeffizient des Dotierstoffes in der Schmelze.

Dieser Segregationseffekt spielt bei der Herstellung hochreiner Kristalle eine entscheidende Rolle. Ein Reinigungseffekt beim Zonenschmelzen wird dann erreicht, wenn k_0 kleiner als 1 ist. Die Tab. 2.1-2 zeigt die Segregationskoeffizienten für die meisten Fremdstoffe, die bei der Herstellung hochreiner Siliziumkristalle eine Rolle spielen. Über den Wert für Sauerstoff herrscht bis heute keine eindeutige Meinung. Die Werte schwanken zwischen 0,5 und 1,2. Offensichtlich ist es schwierig, hier zwischen dem Eindiffundieren von Sauerstoff durch Segregation und anderen Mechanismen zu unterscheiden. Dieser Reini-

Tab. 2.1-2 Segregationskoeffizienten k_0 einiger Elemente in Silizium

Element	k_0	Element	k_0
Al	$2 \cdot 10^{-3}$	Fe	$8 \cdot 10^{-6}$
As	$3 \cdot 10^{-1}$	Ga	$8 \cdot 10^{-3}$
Au	$2,5 \cdot 10^{-5}$	Mg	$8 \cdot 10^{-6}$
B	$8 \cdot 10^{-1}$	Na	$1,6 \cdot 10^{-3}$
Cu	$4 \cdot 10^{-4}$	O	0,7–1,25

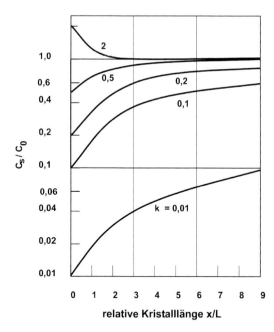

Abb. 2.1-5 Fremdstoffkonzentration in einem Ingot für verschiedene Segregationskoeffizienten, aufgetragen über die normierte Kristalllänge [Pfan 66].

gungseffekt spielt sowohl beim Czochralski-Verfahren als auch beim Zonenziehen eine Rolle. Beim Zonenschmelzen wird die flüssige Phase durch den Ingot bewegt, dabei sammeln sich die Fremdstoffe, für die $k_0 < 1$ gilt, in der Schmelze an und werden an das Stabende befördert. Die Abb. 2.1-5 zeigt die Fremdstoffkonzentration über die Länge des Ingots bei einem Schmelzdurchgang für verschiedene Segregationskoeffizienten. Hier sieht man auch, dass bei Segregationskoeffizienten über 1 die Fremdstoffkonzentration im Festkörper höher als in der Schmelze ist. Durch den wiederholten Prozess des Zonenschmelzens, also durch mehrfache Durchgänge der Induktionsspule durch den Kristall, können beim Zonenziehen hochreine Einkristalle erzeugt werden, wie aus Abb. 2.1-6 ersichtlich ist.

2.1.1.4 Weiterverarbeitung der Ingots

Diese Einkristallbarren, auch „Ingots" genannt, müssen weiter zu Scheiben oder „Wafern" verarbeitet werden. Dazu werden die Barren zunächst exakt zylindrisch geschliffen und mittels eines Röntgendiffraktometers in ihrer kristallographischen Orientierung vermessen. Sowohl die Orientierung wie auch die Dotierungsart werden mittels so genannter „Flats" auf der Zylinderfläche eingeschliffen. Die Kodierung für Wafer ist aus Abb. 2.1-7 ersichtlich.

Darauf werden die Ingots mittels Innenlochsägen in Scheiben geschnitten (Abb. 2.1-8a). Bei dieser Art von Sägen kann die Schnittkante am Innenloch des Sägeblattes unter Zugspannung gesetzt und dadurch besonders stabil und flatterfrei gehaltert werden. Die minimale Schnittbreite hat natürlich einen un-

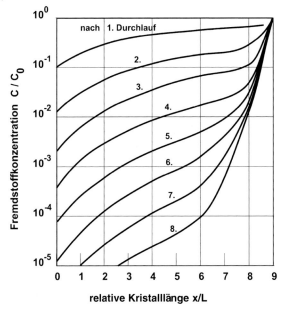

Abb. 2.1-6 Fremdstoffkonzentration in einem Ingot in Abhängigkeit von der Anzahl der Schmelz- und Rekristallisationsdurchgänge [Pfan 66].

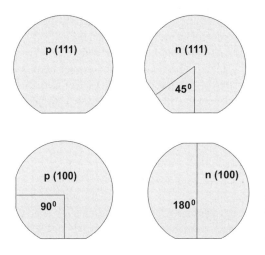

Abb. 2.1-7 Kodierung der Kristallorientierung und der Grunddotierung durch die Anordnung der „Flats".

mittelbaren wirtschaftlichen Aspekt, da man beim Zersägen des Ingots nur einen möglichst geringen Anteil des kostbaren Einkristalls wieder zerspanen will. Bei den großen Wafern mit einem Durchmesser von 300 mm erreicht man jedoch die Grenzen des Innenloch-Sägeverfahrens und verwendet hier zum Schneiden eine Drahtsäge, wie sie in Abb. 2.1-8 b dargestellt ist.

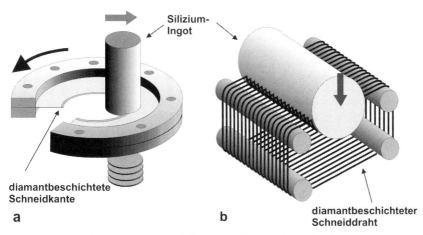

Abb. 2.1-8 Prinzipskizze (a) einer Innenlochsäge (für kleine und mittelgroße Wafer) und (b) einer Drahtsäge für große Wafer (300 mm Durchmesser).

Nach dem Zersägen folgen weitere Arbeitsschritte zur Verbesserung der Scheibenoberfläche, wie mechanisches Läppen, Abätzen der durch die mechanische Bearbeitung gestörten Kristallschicht sowie als Abschluss ein mechanisch-chemisches Polierverfahren (MCP). Wichtig ist auch eine Randkonturierung der Scheiben, d.h. ein „Entgraten" der Kanten, um winzige Siliziumsplitter vom Randbereich der Scheibe im Fertigungsprozess zu vermeiden.

Wie bereits beim Abschnitt Kristallziehen beschrieben, diffundiert je nach Ziehverfahren ein relativ hoher Anteil Sauerstoff in den Kristall. Häufig wird deshalb die Rückseite des Wafers mechanisch oder elektrochemisch aufgeraut. In einem anschließenden Temperprozess migrieren diese Sauerstoffatome im Kristall und werden von den mechanischen „Traps" an der Rückseite festgehalten, wo sie keinen Einfluss auf das elektronische Verhalten der Funktionsschicht mehr haben (extrinsische Getterung).

Um den rasant ansteigenden Bedarf an Siliziumfläche befriedigen zu können, musste in der Vergangenheit der Scheibendurchmesser etwa alle vier Jahre um einen Zoll (2,54 cm) erweitert werden. Mit der Einführung größerer Waferdurchmesser (heutzutage in der Mengenfertigung 12 Zoll oder 300 mm, so genannte „Pizza"-Wafer) sind kostspielige Umstellungen in der Prozesstechnik nötig geworden. Die gleichförmige Beschichtung etwa eines 12-Zoll-Wafers erfordert eine erheblich bessere Beherrschung des Beschichtungsprozesses als bei einem 4-Zoll-Wafer.

Mit dem Produktivitätszuwachs durch immer größere Scheiben ging eine Miniaturisierung der Strukturen einher, mit der die Packungsdichte um viele Größenordnungen gesteigert werden konnte. Allerdings erfordert die Feinheit der Strukturen unter anderem auch eine immer bessere Ebenheit der Siliziumscheiben. Wurde vor zehn Jahren noch eine Ebenheit von 1 µm auf 8-Zoll-Scheiben gefordert, so müssen heute Ebenheiten von 0,3 µm auf 12-Zoll-Scheiben eingehalten werden.

2.1.2
Herstellung von GaAs-Einkristallen

Die Herstellung von GaAs-Einkristallen ist komplizierter als die von Silizium. Das liegt an den folgenden Fakten:

- Gallium und Arsen haben unterschiedliche Dampfdrücke, insbesondere bei der Schmelztemperatur von GaAs (1238 °C).
- Der Dampfdruck von Arsen erreicht bei Schmelztemperatur einen Wert von 80 atm (ca. $8 \cdot 10^6$ Pa!). Geräte zum Kristallziehen müssen also für diesen Druck ausgelegt sein.
- Die Reaktivität der Schmelze ist sehr hoch. Quarztiegel werden bei der hohen Schmelztemperatur nach der Formel: $4Ga + SiO_2 \rightarrow 2Ga_2O + Si$ angegriffen, und Si wird in das GaAs eingelagert. Der Si-Gehalt eines in einem Quarztiegel gezogenen GaAs-Kristalls übersteigt 1 ppma. Bewährt haben sich dagegen Tiegel aus pyrolytischem Bornitrid (pBN), die allerdings sehr teuer sind.

Vier Herstellungsmethoden sind heutzutage dominierend und sollen im Folgenden kurz erläutert werden:

- das horizontale Bridgman-Verfahren (HBV),
- das horizontale Gradient-Freeze-Verfahren (HGF),
- das vertikale Gradient-Freeze-Verfahren (VGF) und
- das modifizierte Tiegelziehverfahren mit Sperrflüssigkeit nach Czochralski oder Liquid Encapsulated Czochralski (LEC).

2.1.2.1 Bridgman- und Gradient-Freeze-Verfahren

Die Ausgangskomponenten werden durch chemische Verfahren gereinigt und in ein so genanntes Boot aus pyrolytischem Bornitrid im stöchiometrischen Verhältnis eingefüllt. Wegen der unterschiedlichen Dampfdrücke der beiden Komponenten Ga und As in der Schmelze werden die Ausgangsstoffe – nebst einem gesonderten Reservoir von Arsen – in eine Quarzampulle eingeschmolzen. Auch hier muss an einer geeigneten Stelle ein Impfkristall angebracht sein, von dem aus sich das Kristallwachstum ausbreitet. Das Gemisch in der Ampulle wird nun durch eine Heizung von außen aufgeschmolzen, ohne dass dabei der Impfkristall verloren gehen darf. Wegen der unterschiedlichen Dampfdrücke der beiden Komponenten wird außerhalb des Bootes ein Zusatzquantum von Arsen in die Ampulle gegeben, um so das stöchiometrische Verhältnis in der Schmelze zu erhalten (Abb. 2.1-9).

Nun wird die Ampulle durch einen Durchlaufofen gefahren, dessen Temperaturgradient so eingestellt ist, dass sich während des Durchfahrens in der Schmelze eine Erstarrungsfront vom Impfkristall zum entgegengesetzten Ende der Schmelze bewegt. Beim horizontalen Bridgman-Verfahren (HBV) liegt die Ampulle horizontal und wird langsam aus dem Schmelzbereich des Ofens herausgefahren (Abb. 2.1-10a).

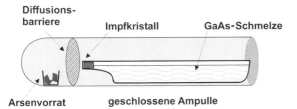

Abb. 2.1-9 Skizze des Bootes (boat) für das Bridgman- oder Gradient-Freeze-Verfahren zur Herstellung von GaAs-Einkristallen.

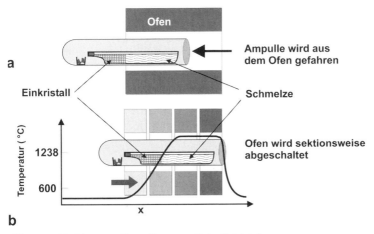

Abb. 2.1-10 Verfahren zur Herstellung von GaAs-Einkristallen.
a) Horizontales Bridgman-Verfahren (HBV), bei dem die Schmelze aus dem Ofen gefahren wird.
b) Horizontales Gradient-Freeze-Verfahren (HGV), bei dem der Ofen sektionsweise abgeschaltet wird.

Durch Erschütterungen, die während der Bewegung auf den wachsenden Kristall übertragen werden, können leicht Versetzungen eingebaut werden. Deshalb wird in einer Verfahrensvariante nicht die Ampulle bewegt, sondern der Ofen sektionsweise abgeschaltet. Dieses Verfahren heißt horizontales Gradient-Freeze-Verfahren (HGV) (Abb. 2.1-10b). Mit einer horizontalen Ampulle lassen sich nun aber keine runden Ingots und damit auch keine runden Wafer herstellen. Daher hat sich im Laufe der letzten Jahre das vertikale Gradient-Freeze-Verfahren (VGF) durchgesetzt. Hierbei stehen die Ampulle und der Ofen mit seinen Sektionen senkrecht. Auch das Bridgman-Verfahren kann senkrecht betrieben werden, wenn die Ampulle an einen Draht gehängt und nach unten aus dem Ofen gefahren wird. Wie beim Zonenziehen in der Siliziumtechnik kann der Kristall durch mehrfaches Zonenschmelzen noch weiter gereinigt werden. Mit diesem Verfahren hergestellte Wafer werden bis zu einem Durchmesser von 4 Zoll angeboten.

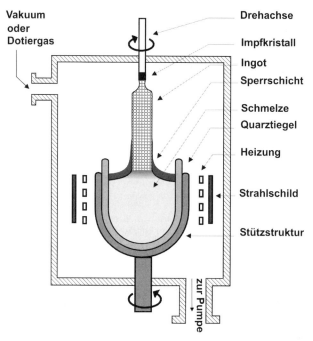

Abb. 2.1-11 Schema einer Tiegelziehanlage nach dem LEC-Verfahren. Um das Ausdampfen des Arsens aus der Schmelze und dem noch heißen Ingot zu vermeiden, ist diese mit einer Sperrflüssigkeit (Boroxid) überschichtet.

2.1.2.2 LEC-Verfahren (Liquid Encapsulated Czochralski)

Das LEC-Verfahren (Abb. 2.1-11) ähnelt dem Czochralski-Verfahren für Silizium. Allerdings muss hierbei zur Einhaltung des stöchiometrischen Verhältnisses der Komponenten einem Abdampfen der flüchtigeren Komponente (in diesem Falle des Arsens) durch Überdecken der Schmelze und des noch heißen Einkristalls durch eine gasdichte Sperrschicht vorgebeugt werden. Als Sperrschicht dient eine – bei diesen Temperaturen flüssige – Schicht aus B_2O_3, die chemisch inert ist und zudem als Getterstoff wirkt. Das Verfahren des Kristallziehens ist ansonsten dem bei der Silizium-Einkristallherstellung identisch. Der auf dem Einkristallstab zurückbleibende Film von Boroxid muss vor dem Zersägen des Ingots abgeschliffen werden. Die Qualität der Kristalle, die nach dem LEC-Verfahren gefertigt werden, ist niedriger als bei den zuvor beschriebenen Verfahren, da die beim LEC-Verfahren auftretenden Temperaturgradienten eine hohe Dichte von Versetzungslinien im Kristall verursachen. Dennoch hat sich dieses Verfahren als Standard für die Massenfertigung von GaAs-Wafern durchgesetzt. Heutzutage sind Waferdurchmesser von 2 Zoll und 3 Zoll routinemäßig erhältlich.

2.2
Technologische Grundprozesse

Der Herstellungsablauf eines integrierten Schaltkreises lässt sich auf relativ wenige grundlegende Technologieschritte, die im Gesamtprozess mehrfach wiederholt werden, zurückführen. Ein üblicher IC hat etwa 16 strukturierte Ebenen, die mittels Photolithographie von Masken auf den Wafer übertragen werden. Ebenso oft wiederholen sich also auch die entsprechenden Lithographieschritte. Diese Technologieschritte lassen sich zu vier Prozessgruppen zusammenfassen:

Schichtabscheidung

Bei den Beschichtungsverfahren kann man weiter unterteilen in:

- Chemische Abscheidung (Chemical Vapor Deposition, CVD)
  Reaktionsgase werden über die zu beschichtenden Wafer geleitet. Durch Energieeintrag über die beheizten Wafer werden die Gasmoleküle dissoziiert. Dabei lagert sich eine Feststoffkomponente auf dem Wafer ab, während die anderen Reaktionspartner gasförmig vorliegen und aus dem Reaktionsraum abgepumpt werden. Die bevorzugten Materialien für die Abscheidung sind polykristallines Silizium, Siliziumdioxid (SiO_2) und Siliziumnitrid (Si_3N_4) für Isolation und Maskierschritte (siehe Kap. 5, Abschn. 5.1.2).

- Epitaxie
  Die Epitaxie kann als ein Spezialverfahren der CVD betrachtet werden. Die Schichten wachsen hierbei in der gleichen Orientierung auf wie das einkristalline Substratmaterial. Das Verfahren wird genutzt, um auf einem Wafer weitere einkristalline Schichten aufwachsen zu lassen oder in einen Einkristall „vergrabene" Dotierschichten einzubringen. Bei der Homoepitaxie sind Substratmaterial und aufwachsendes Schichtmaterial identisch, bei der Heteroepitaxie sind sie unterschiedlich. Allerdings müssen die Gitterkonstanten beider Materialien sehr gut übereinstimmen (siehe Kap. 5, Abschn. 5.1.2).

- Aufdampfen und Sputtern (Physical Vapor Deposition, PVD)
  Beim Aufdampfen wird das Beschichtungsmaterial aus einer Quelle verdampft und kondensiert auf dem Substrat, beim Zerstäuben wird durch Ionenbeschuss Material aus einem „Target" herausgeschleudert und kondensiert ebenfalls auf dem gegenüberliegenden Substrat. Diese Verfahren laufen im Vakuum ab, sie werden in der Halbleitertechnologie überwiegend für das Aufbringen von Metallschichten verwendet (siehe Kap. 5, Abschn. 5.1.1).

Schichtmodifikation (Oxidieren, Dotieren)

- Thermische Oxidation
  Die Siliziumwafer werden aufgeheizt, Sauerstoff wird über die Oberfläche geleitet und lässt eine Oxidschicht aufwachsen. Dies ist die bevorzugte Methode für die Präparation von dielektrischen Schichten sowie Isolations- und Passivierschichten (siehe Kap. 5, Abschn. 5.2.1).

- Diffusion
  Dieses Verfahren ist auch heute noch das „Arbeitspferd" der Halbleiterdotierung in oberflächennahen Bereichen. Dotieratome werden mittels Wärme in den Wafer getrieben (siehe Kap. 5, Abschn. 5.2.2).

- Ionenimplantation
  Dieses Verfahren wird für anspruchsvollere Aufgaben zunehmend eingesetzt. Hierbei werden beschleunigte Ionen unter die Halbleiteroberfläche geschossen. Damit kann man Dotierprofile erzeugen, die mittels Diffusion nicht möglich sind. Allerdings ist die Methode für eine ganzflächige Dotierung weniger geeignet (siehe Kap. 5, Abschn. 5.2.3).

Schichtstrukturierung (Lithographie)

Strukturinformationen werden mittels optischer Verfahren in eine photoempfindliche Schicht (Photoresist), die sich auf der Waferoberfläche befindet, geschrieben. Je nach Anforderung an das Auflösungsvermögen unterscheidet man zwischen der Photolithographie im sichtbaren oder UV-Bereich sowie der Röntgenlithographie mit den Verfahren:

- Contact Printing
- Proximity Printing
- Projection Printing

und der Röntgenlithographie, zu der im Allgemeinen Synchrotronstrahlung verwendet wird (siehe Kap. 6).

Schichtabtragung (Ätzen)

Mit den hier betrachteten Ätzverfahren werden entweder unstrukturiert Hilfsschichten wieder abgetragen (z. B. Photoresist) oder Strukturinformation in den Wafer eingeprägt. Hierbei unterscheidet man wieder zwischen

- isotropen Ätzverfahren und
- anisotropen Ätzverfahren (siehe Kap. 5, Abschn. 5.3.1).

Nach der Fertigung der integrierten Schaltkreise auf Waferlevel kommen die Verfahrensschritte (siehe Kap. 10):

- Vereinzeln,
- Kontaktieren,
- Verpacken.

2.2.1
Herstellung eines integrierten Schaltkreises

Die Herstellung eines CMOS-Schaltkreises besteht aus mehr als 150 Einzelprozessen. Die ausführliche Schilderung aller dieser Schritte würde bei weitem den Rahmen dieses Buches sprengen. Daher sollen in diesem Abschnitt nur einige wenige Prozessschritte am Anfang der Fertigung behandelt werden. Alle weiteren Schritte sind im Wesentlichen eine Wiederholung mit anderen Prozessparametern. Wann immer diese Prozesse eine Bedeutung auch für die Mikrosystemtechnik erlangt haben, werden sie in späteren Kapiteln eingehender behandelt.

Anhand dieser kurzen Einführung soll dem Leser noch einmal deutlich vor Augen geführt werden, welche „Philosophie" hinter der Fertigungsmethodik steckt. Während Technologien wie die Erzverhüttung, der Hausbau, der Fahrzeugbau, der Messgeräte- und Uhrenbau zunächst empirisch entwickelt und von Generation zu Generation weitergegeben wurde, ist die Halbleiterindustrie aus der Quantentheorie entstanden und hat sich – immer in enger Verbundenheit zur theoretischen Physik – in wenigen Jahrzehnten zur Perfektion entwickelt. Anders als bei den traditionellen Technologien spielt das experimentelle Erproben (im Englischen gibt es den treffenden Ausdruck „trial and error") eines neuen Produktes eine untergeordnete Rolle. Die Entwicklung eines IC-Produktes geschieht überwiegend am Rechner. Der Technologiedurchlauf ist langwierig und teuer. Eine Halbleiterfabrik könnte es sich schon aus Kostengründen nicht erlauben, eine Neuentwicklung durch immer wiederkehrende Prozessdurchläufe zu optimieren.

Die Forschungsarbeit in der Halbleiterbranche konzentriert sich überwiegend auf die Weiterentwicklung der Prozesse einschließlich des Gerätebaus und auf das tiefere theoretische Verständnis der Prozesse. Dadurch lässt sich wiederum die Fertigung von Produkten (ICs) genauer steuern. Ein besseres Verständnis der Prozesse führt zu besseren Simulationsmodellen und zu zielgenauen Entwicklungswerkzeugen auf dem Rechner und damit wieder zu besseren Produkten.

2.2.1.1 Reinigung
Jede Produktion beginnt mit der Herrichtung des Werkstückes, in der Halbleiterproduktion also mit der Siliziumscheibe oder dem Wafer. Ein Prozess, der sich ständig in der Fertigung wiederholt, ist das Reinigen der Waferoberfläche von Partikeln und das Entfernen von Fremdschichten. Ein moderner Schaltkreis hat minimale Dimensionen von etwa 0,2 µm und ein Schmutzpartikel dieser Größenordnung auf der Waferoberfläche kann bereits die Ursache für den Ausfall der Schal-

tung sein. Ein großer Kostenfaktor in einer Halbleiterfabrik ist deshalb die Forderung nach Staubfreiheit in der Umgebungsluft und Partikelfreiheit (oder korrekter: Partikelarmut) in den Medien, mit denen der Wafer in Berührung kommt. Die Fertigung findet daher in so genannten Reinräumen statt, in denen die Luft möglichst gut von schädlichen Partikeln gereinigt ist. Umgebungstemperatur und Luftfeuchtigkeit sind weitere Parameter, die innerhalb enger Toleranzgrenzen eingehalten werden müssen. Trotz dieser Vorsorge muss eine Waferoberfläche ständig kontrolliert und gereinigt werden. Auch in einem qualitativ hochwertigen Reinraum verschmutzt eine offene Waferoberfläche innerhalb von Minuten.

Da auch bei der Herstellung von Mikrosystemen die Partikelbelastung ständig überwacht werden muss, werden dem Reinraum und der Partikelproblematik die Abschn. 2.4 und 2.5 gewidmet.

2.2.1.2 Oxidation

Nach der Reinigung wird der Wafer mit einer Oxidschicht versehen. Die Wafer werden in Kassetten (Trays) eingesetzt und in eine Quarzröhre geschoben. Die Trays werden nun von außen durch einen Strahler auf 900–1200 °C erhitzt und einem Sauerstoffstrom ausgesetzt. Dabei wird die Oberfläche des Siliziumwafers oxidiert. Um dickere Oxidschichten zu erreichen, müssen die Sauerstoffatome durch eine ständig wachsende Schicht bereits gebildeten Oxids dringen, um weitere freie Siliziumatome zu oxidieren. Dies ist daher ein sehr langsamer Prozess. Um das Oxidwachstum zu beschleunigen, wird dem Sauerstoff Wasserdampf hinzugesetzt. Die Schichten, die aufwachsen, sind zwar lockerer, haben aber einen größeren Diffusionskoeffizienten.

2.2.1.3 Photolithographie

Auf die Waferoberfläche muss nun eine erste Strukturebene übertragen werden. Dazu projiziert man die Strukturinformation mittels einer Maske auf eine lichtempfindliche Schicht, dem „Resist", die vorher auf den Wafer aufgebracht wird. Diese lichtempfindliche Schicht besteht aus einem Polymer, das je nach Lichteinfall seine chemischen Eigenschaften ändert, vergleichbar mit den Vorgängen beim photographischen Film in einer Kamera. Anders allerdings als bei der Photographie werden die belichteten Bereiche nicht geschwärzt, sondern ändern ihre Löslichkeit gegenüber bestimmten Entwicklern, beim so genannten Positiv-Resist werden die belichteten Bereiche löslich gegenüber den unbelichteten, beim Negativ-Resist werden die belichteten Stellen durch Polymerisation unlöslich, während alle unbelichteten Bereiche gelöst werden können. Diese Polymerschichten werden auf den rotierenden Wafer aufgeschleudert und getrocknet. Damit erhält man sehr dünne (<1 µm) und gleichmäßige Schichten, die allerdings noch getrocknet und „eingebacken" werden müssen. Das Wort „Photoresist" oder kurz „Resist" leitet sich übrigens aus „resistent" her, denn das Polymer muss nach der Belichtung und Entwicklung fest auf der Waferoberfläche haften und resistent gegen anschließende Prozesse sein.

2.2.1.4 Ionenimplantation und Diffusion

Der Ionenimplanter ist eine Maschine, die mittels einer Gasentladung Ionen eines gewünschten Typs (bei der Schaltkreisherstellung überwiegend Ionen der 3. und 5. Gruppe im periodischen System, also Bor, Arsen und Phosphor) erzeugt, diese beschleunigt und unter die Waferoberfläche injiziert. Durch die Resistmaske erhält man z. B. n-dotierte Bereiche innerhalb des p-dotierten Wafers, die so genannten Wannen.

Müssen größere Flächen auf dem Wafer dotiert werden, ist es wirtschaftlicher, die Dotieratome durch Diffusion in die Waferoberfläche einzutreiben. Dazu werden die Wafer auf ca. 1100 °C erhitzt und einem Inertgasstrom, in dem die Dotierstoffe beigemengt sind, ausgesetzt. In diesem Falle spricht man von einer unerschöpflichen Dotierstoffquelle, weil beliebig viele Dotieratome durch den ständigen Gasstrom nachgeliefert werden können.

Der Dotierstoff kann allerdings auch durch eine dünne Schicht auf die Waferoberfläche aufgebracht werden. Durch Erhitzen werden auch hier die Dotieratome in den Festkörper getrieben, allerdings ist durch die endliche Schichtdicke der Vorrat begrenzt. Man spricht dann von einer erschöpflichen Dotierstoffquelle.

Anders als bei der Ionenimplantation können bei der Diffusion nur Dotierprofile erzeugt werden, die an der Oberfläche ein Maximum haben und nach innen zu monoton abfallen, andernfalls wäre das eine Verletzung der thermischen Hauptsätze, da man hier im Gegensatz zur Ionenimplantation im thermodynamischen Gleichgewicht arbeitet.

2.2.1.5 Ätzen

Bevor weitere Prozessschritte zur Anwendung kommen, muss die Resistschicht, die für eine strukturierte Dotierung aufgebracht wurde, wieder entfernt werden. Da diese durch das Einbacken und den Ionenbeschuss gehärtet wurde, ist sie mit organischen Lösungsmitteln nicht so einfach zu entfernen. Üblicherweise wird sie durch Plasmaätzen wieder vollständig vom Wafer entfernt. Dabei werden in einer Plasmaentladung chemisch sehr reaktive Radikale erzeugt, die den Resist angreifen und entfernen, ohne die anderen Strukturen auf dem Wafer anzugreifen. Ein wichtiger Parameter beim Ätzen ist also die Selektivität. Da die Radikale mittels Diffusion aus dem Plasma heraus an die zu bearbeitende Strukturoberfläche gelangen, kann man keine bevorzugte Ätzrichtung feststellen, was bei diesem Prozessschritt durchaus erwünscht ist, da der Resist in seiner Gesamtheit rückstandsfrei abgetragen werden soll.

Anders sehen die Anforderungen an einen Ätzprozess aus, wenn eine Struktur bleibend in die Waferoberfläche eingeätzt werden soll. Dann muss der Abtrag möglichst anisotrop erfolgen. Dabei sollen dann die Wände dieser Struktur möglichst senkrecht oder unter einem vorbestimmten Winkel zur Oberfläche erscheinen. Leider haben die anisotropen Ätzverfahren im Allgemeinen eine geringere Selektivität als die isotropen, bei denen die Chemie so gewählt werden kann, dass nur die gewünschte Materialklasse angegriffen wird. Geringe Selektivität heißt also, dass auch die Ätzmaske mit angegriffen wird und sich im Laufe des Ätzprozesses verbraucht.

Bei der CMOS-Fertigung müssen einkristalline Schichten, dielektrische Schichten und metallische Schichten mit unterschiedlichen Spezifikationen nach unterschiedlichen Verfahren geätzt werden.

2.2.1.6 Beschichtung

Die letzte Prozessgruppe der vier angesprochenen Technologien ist das Beschichten. In der CMOS-Fertigung werden in unterschiedlichen Stadien der Fertigung z. B. Si_3N_4-Schichten benötigt. Diese werden in einem chemischen Beschichtungsprozess ganzflächig aufgebracht. Man unterscheidet grundsätzlich bei den Beschichtungsprozessen zwischen physikalischen Verfahren (PVD = Physical Vapor Deposition) und chemischen Verfahren (CVD = Chemical Vapor Deposition). Die Siliziumnitrid-Schichten werden nach folgender Formel im CVD-Verfahren aufgebracht:

$$3SiCl_2H_2 + 4NH_3 \rightarrow Si_3N_4 + 6HCl + 6H_2 \qquad (2.7)$$

Das Prozessgas $SiCl_2H_2$ wird in einen Behälter geführt, in dem sich die zu beschichtenden Wafer befinden. Durch Zuführung von thermischer Energie, die durch die heiße Oberfläche der Wafer geliefert wird, werden die Moleküle dissoziiert, das Silizium reagiert mit dem Stickstoff des Ammoniaks und scheidet sich als Si_3N_4 auf dem Wafer ab. Die anderen Reaktionsprodukte sind gasförmig und werden wieder durch den ständigen Gasfluss aus der Reaktionskammer getragen.

Neben diesen dielektrischen Schichten, die auch als Isolations-, Schutz- und Passivierungsschichten Verwendung finden, spielen metallische Schichten zur elektrischen Verbindung der Einzelkomponenten und zum Kontaktieren der Schaltung nach außen eine wichtige Rolle. Diese Schichten (meist Aluminium oder Aluminiumlegierungen) werden mit PVD-Verfahren aufgebracht, insbesondere mit dem Zerstäubungs- oder Sputterverfahren. Da die Beschichtungsverfahren ebenfalls in der Mikrosystemtechnik eine wichtige Rolle spielen, werden sie im Kap. 5, Abschn. 5.1.1 eingehend behandelt.

Der CMOS-Schaltkreis wird nun Schicht um Schicht weiter aufgebaut, wobei im Wesentlichen die oben erwähnten Verfahren zur Anwendung kommen. Die einzelnen Prozessschritte sind natürlich im Detail den Spezifikationen des Prozesses angepasst. Der ständige Zwang nach Verkleinerung der Strukturen und der hohe Kostendruck stellen eine große technische und organisatorische Herausforderung dar. Große Aufwendungen an Forschungs- und Entwicklungsmitteln gehen deshalb in die Weiterentwicklung und Perfektionierung dieser Prozesse.

2.3
Weiterverarbeitung der integrierten Schaltungen

Nachdem ein Wafer die Prozesslinie zur Herstellung von integrierten Schaltkreisen (ICs) vollständig durchlaufen hat, wird der Wafer in „Chips" oder „Dies" zersägt (siehe Abb. 2.3-1). Dazu wird der Wafer auf eine Klebefolie montiert und so zersägt, dass die Chips auf der Folie hängen bleiben, bis sie gezielt abgenommen und weiterverarbeitet werden. Die nun folgenden Schritte sind unter dem Oberbegriff „Aufbau- und Verbindungstechnik (AVT)" zusammengefasst.

„Aufbau- und Verbindungstechnik" beinhaltet alle technologischen Teilprozesse zur Herstellung von Systemuntergruppen [Reic88]. Hierunter sind das Die-, Draht-, Flip-Chip- und TAB-Bonding, die Gehäusungstechniken, die Schichtschaltungstechniken und die Leiterplattentechnik einzuordnen.

2.3.1
Anforderungen an die Aufbau- und Verbindungstechnik

Die moderne Aufbau- und Verbindungstechnik stellt eine Schlüsseltechnologie für die Entwicklung höchstintegrierter Schaltkreise dar. Hand in Hand mit der Strukturverkleinerung konnte die Informationsverarbeitung auf dem Chip sowohl bezüglich Funktionsdichte als auch Verarbeitungsgeschwindigkeit erheblich gesteigert werden. Die VLSI-Schaltkreise (VLSI = very large scale integration = Höchstintegration) sind durch hohe Arbeitsfrequenzen, kurze Signalanstiegszeiten, aber auch durch hohe Verlustleistungen und zahlreiche Anschlussleitungen nach außen gekennzeichnet. Bei Schaltungen der Nachrichtentechnik, sowie bei Gate Arrays, Standardzellen und Mikroprozessoren ist eine steigende Anzahl von Eingangs- und Ausgangssignalanschlüssen zu beherrschen. Ein DRAM (Dynamic Random Access Memory) hat heute üblicherweise eine Chipfläche von 147 mm^2, 40 W Verlustleistung, eine Leistungsdichte von 25 W/cm^2 und ca. 40 Anschlüsse nach außen. Die Steigerung der Verlustleistung, ebenso wie die dichte Anordnung der Kontaktflächen auf dem Chip, stellen höchste Anforderungen an die Aufbau- und Verbindungstechnik.

Durch die Integration einer großen Anzahl logischer Funktionen hat ein einzelner integrierter Schaltkreis einen wesentlichen Anteil an der Gesamtfunktion eines Gerätes. Damit steigen die Anforderungen nach höchster Zuverlässigkeit bei integrierten Schaltungen. Moderne ICs enthalten viele Millionen Transistoren. Die Verlustleistung eines Chips steigt mit der Anzahl der Transistoren und der Arbeitsfrequenz. Obwohl durch technologische Maßnahmen die Verlustleistung pro Transistor immer weiter herabgesetzt werden konnte, stieg sie pro Chip stetig an. Aus dem Bereich der Nachrichtentechnik werden integrierte Schaltungen mit 200 W Verlustleistung erwartet.

Die Verlustleistung im Chip bewirkt eine höhere Temperatur. Dies führt zu einem exponentiellen Anstieg der Ausfallrate. Deshalb muss die Temperatur der Chips durch Verringerung der Wärmeübergangswiderstände klein gehalten werden. Ein weiterer Faktor für Ausfallerscheinungen ist der mechanische Stress. Bei Ermüdungsbrüchen in Lötverbindungen existiert der empirische Zusammenhang, dass die Anzahl der Temperaturzyklen, bei der 50% der untersuchten Objekte ausgefallen sind, umgekehrt proportional zum Quadrat der Dehnung des Kontaktes ist. Dies ist eine wichtige Bedingung für die Verbindungstechnik: Die verwendeten Materialien der Fügepartner sollten „thermische

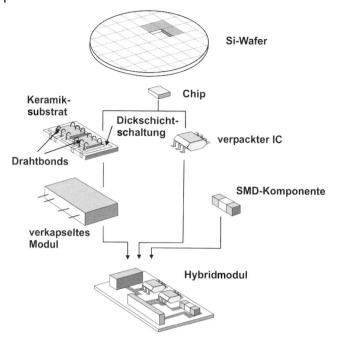

Abb. 2.3-1 Schema der verwendeten Hybridtechniken in der Mikroelektronik.

Spitzen" durch hohe Wärmeleitfähigkeit möglichst schnell abbauen können und die Wärmeausdehnungskoeffizienten aller beteiligten Komponenten sollen möglichst gut aneinander angepasst sein, um Scherspannungen an den Fügestellen so klein wie möglich zu halten.

2.3.2
Hybridtechniken

Bei der hybriden Schaltungsintegration werden Komponenten, die in unterschiedlichen Technologien gefertigt wurden, durch Fügetechniken zu Systemen vereinigt. Ein Schema der für den Aufbau eines Gerätes notwendigen Hybridtechniken ist in Abb. 2.3-1 dargestellt.

2.3.2.1 Dickschichttechnik

Ein wichtiger Bestandteil der Hybridtechnik ist die Dickschichttechnik. Dabei werden die Schichten im Siebdruckverfahren auf keramische Träger aufgebracht und eingebrannt. Die Technik des Siebdruckens, insbesondere für dekorative Zwecke, ist sehr alt. Allerdings ist die Maßgenauigkeit der allgemeinen Siebdrucktechnik um Größenordnungen geringer als bei der Anwendung für mikroelektronische Schichtschaltungen. Als Standardmaterialien werden Al_2O_3-Keramiksubstrate und verschiedene Siebdruckpasten verwendet. Bei der Schichterzeugung elektronischer Schaltungen müssen Strukturen mit Maximalabmessungen im Zentimeterbereich und Minimalabmessungen bis in den Bereich von etwa 50 µm und Schichtdicken von 1–80 µm reproduzierbar hergestellt werden.

Beim Siebdruck wird während des Druckprozesses ein viskoses Material (die Paste) mittels einer elastischen Leiste (die Rakel) durch ein sehr feinmaschiges, an bestimmten Stellen offenes Gewebe (Sieb) gepresst. Auf dem darunterliegenden Substrat entsteht ein Druckbild, das als Komplement der Siebmaskierung erscheint.

Einer der wesentlichen Prozessschritte beim Herstellen einer Dickschichtschaltung ist der Einbrennprozess, da erst durch ihn die elektrischen Eigenschaften der Schichten festgelegt werden. Damit die geforderten Brennbedingungen bei hohem Stückdurchsatz erfüllt werden können, kommen vorrangig Durchlauföfen zum Einsatz. Da die Dickschichttechnik auch in der Mikrosystemtechnik eine bedeutende Rolle spielt, wird sie im Abschn. 10.1.1 detailliert behandelt.

2.3.2.2 Bestücken und Löten der Schaltung

Oberflächenmontierbare Bauteile (Surface Mounted Devices, SMD) sind in der Hybridtechnik heute Stand der Technik. Allerdings sind Fertigungsautomaten hierzu für kleine Serien relativ aufwendig und teuer. Prinzipiell ist es natürlich möglich, eine Schaltung mit der Pinzette zu bestücken, die kleinen Abmessungen der Bauteile machen das aber zu einer sehr mühevollen und kostenintensiven Aufgabe. Zum Löten von Hybridschaltungen werden heutzutage im Wesentlichen zwei Verfahren angewendet (Abb. 2.3-2):

- Reflowlöten

und neuerdings immer häufiger

- Laserlöten.

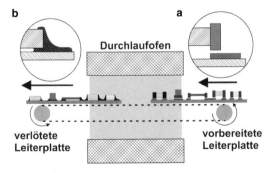

Abb. 2.3-2 Reflow-Lötverfahren, wie es heute noch überwiegend in der Halbleiterindustrie eingesetzt wird. Die Kontaktflächen werden verzinnt, die Fügepartner mit Klebstoff positioniert auf dem Substrat fixiert und die Schaltung (meist im Durchlaufofen) wird auf die notwendige Löttemperatur gebracht.

Nicht jedes Lötverfahren ist für die Hybridtechnik gleich gut geeignet. Die mittlere Verdrahtungs- und Kontaktdichte nimmt bei oberflächenmontierbaren Bauteilen erheblich zu. Dies bedeutet eine große Zahl von Anschlüssen und teilweise sehr kleine Kontaktflächen. In der Fertigung ist deshalb ein Wechsel von den traditionellen Lötverfahren zu neuen Techniken erforderlich.

2.3.2.3 Montage und Kontaktierung ungehäuster Halbleiterbauelemente

Im Gegensatz zu Halbleitern im Gehäuse, die beim Löten zugleich elektrisch und mechanisch mit dem Substrat verbunden werden, sind bei der so genannten Drahtbond- oder Chip-and-Wire-Technik zwei Arbeitsgänge erforderlich. Der erste Arbeitsschritt dient zur mechanischen Befestigung des Bauteils auf dem Substrat, die anschließende Drahtkontaktierung stellt die elektrischen Verbindungen her. Neben der mechanischen Festigkeit wird von der Chip-Substrat-Verbindung thermische und elektrische Leitfähigkeit gefordert, um Verlustleistungen abführen zu können und Rückseitenkontaktierungen herzustellen. Ein besonderes Problem der Halbleitermontage stellt die Anpassung an die unterschiedlichen Temperaturausdehnungskoeffizienten der Substratmaterialien dar.

Im Anschluss an die mechanische Befestigung des Halbleiterchips auf dem Substrat erfolgt die Herstellung der elektrischen Verbindungen zwischen dem Halbleiter und den Leiterbahnen der Schichtschaltung. Beim Drahtbonden werden dünne Drähte mit den Anschlüssen verschweißt (Abb. 2.3-3). Einzelheiten dieser Verfahren werden ebenfalls im Kap. 10 eingehend behandelt, weil die Drahtbondtechnik auch für die Mikrosystemtechnik ein wichtiges Verfahren darstellt.

Das Drahtbondverfahren ist ein serielles Verfahren. Daneben wurden auch Verfahren entwickelt, mit denen ein Bauteil in einem Arbeitsgang montiert und kontaktiert werden kann. Diese Simultankontaktierungsverfahren sind:

- Flip-Chip-Bonding,
- Tape-Automated-Bonding (TAB),
- isotropes Kleben,
- anisotropes Kleben.

Auch diese Verfahren werden im Abschn. 10.3 detailliert beschrieben.

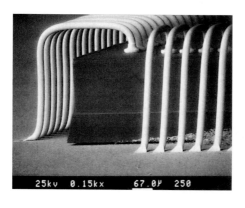

Abb. 2.3-3 Kontaktierung eines IC-Bausteins mit dem Substrat durch Drahtbonden.

2.4 Reinraumtechnik

Bei der Fertigung von Strukturen im Mikro- oder gar im Submikrometerbereich, mit Ausbeuten für den Einzelprozess von 99,99% oder darüber, müssen auch die Umweltparameter der Fertigungsumgebung extrem genau kontrolliert werden. Dazu gehören neben der Raumtemperatur die Luftfeuchtigkeit und in bevorzugtem Maße die Partikeldichte in der Luft und in den verwendeten Medien. Ein Schmutzpartikel von 0,1 µm kann, wenn es sich auf eine kritische Stelle der integrierten Schaltung absetzt, bereits zu einer erheblichen Störung, wenn nicht gar zum Ausfall, der Schaltung führen. Halbleitertechnologie – somit auch Mikrostrukturtechnik – und Reinraumtechnik sind deshalb Begriffe, die untrennbar miteinander verknüpft sind [Seit88].

Die Abb. 2.4-1 zeigt, wie ein Reinraum grundsätzlich aufgebaut ist. Wichtigste Forderung für eine Atmosphäre mit geringer Partikeldichte ist der ständige Austausch verschmutzter Luft mit aufbereiteter, partikelarmer Luft. Hochwertige Reinräume mit einer geringen Partikeldichte werden laminar beströmt. Jede Turbulenz der Luft erhöht die Verweildauer von Partikeln in der Laborumgebung. Der eigentliche Reinraum ist schalenartig von einer zweiten Hülle, dem „Grauraum", umgeben, in welcher die abgeströmte Luft in Bezug auf Temperatur und Luftfeuchtigkeit neu aufbereitet und – nach dem Zumischen von Frischluft – wieder durch die Filterdecke in den Reinraum gedrückt wird.

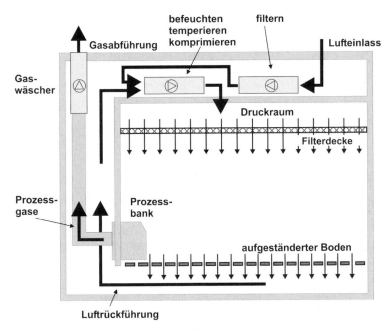

Abb. 2.4-1 Grundsätzlicher Aufbau eines Reinraumes.

Die laminar senkrecht durch den Reinraum strömende Luft wird durch einen gelochten Bodenbelag abgeführt und in Luftführungskanälen wieder in den Aufbereitungsraum oberhalb der Filterdecke transportiert. Die Prozessabluft bestimmter chemischer Prozesse wird direkt am Prozesstisch abgesaugt und gesondert entsorgt, die Umluft mit Frischluft vermischt, befeuchtet, temperiert und wieder dem Druckraum oberhalb der Filterdecke zugeführt. Je nach Feinheit der Filter, der Menge des Luftumsatzes und anderer Parameter der Fertigungsumgebung erhält man eine Atmosphäre, die entsprechend dem Gehalt von Schwebepartikeln in Qualitätsklassen eingeteilt ist. Die Tab. 2.4-1 zeigt die Klassifizierung des Reinraumes nach dem US Federal Standard 209 D. Die Einteilung geschieht nach Teilchengröße und Anzahl von Teilchen in einem Luftvolumen von einem Kubikfuß.

In dem allgemeinen Bestreben nach „Metrifikation" setzte sich in den letzten Jahren ein neuer Standard durch, der auf metrischen Parametern und einer Verteilungsfunktion der Partikelgrößen beruht. Dieser neue Standard läuft unter der Bezeichnung ISO 14644-1 (ISO = International Standards Organization). Die neue Klassifizierung wird in Tab. 2.4-2 gezeigt.

Das Referenzpartikel in Standard 209 D hat einen Durchmesser von 0,5 µm. Die Reinraumklasse wird nach der Anzahl der Partikel ≥0,5 µm in einem Kubikfuß vorgenommen. Das ist im neuen Standard ISO 14644-1 anders. Das Referenzpartikel ist hier 0,1 µm im Durchmesser, und die Klassifizierung wird in Zehnerpotenzen von Partikeln ≥0,1 µm pro Kubikmeter angegeben. Wie korreliert nun der alte Standard mit dem neuen? Klasse 1 des alten Standards entspricht 1 Teilchen ≥ 0,5 µm pro Kubikfuß, also etwa 35 Partikeln pro m³. Setzt man im Staub eine Quasi-Standardverteilung nach folgender Beziehung voraus:

$$\frac{n_1}{n_2} = \left(\frac{d_1}{d_2}\right)^{-2,2} \tag{2.8}$$

mit

n_1 = Teilchendichte von Teilchen des Durchmessers d_1
n_2 = Teilchendichte von Teilchen des Durchmessers d_2

Tab. 2.4-1 Reinraumklassen nach dem US Federal Standard 209 D.

Reinraumklasse	Teilchendichte (Partikel/ft³)				
	≥0,1 µm	≥0,2 µm	≥0,3 µm	≥0,5 µm	≥5 µm
1	35	7	3	1	nicht def.
10	350	75	30	10	nicht def.
100	nicht def.	750	300	100	nicht def.
1 000	nicht def.	nicht def.	nicht def.	1 000	7
10 000	nicht def.	nicht def.	nicht def.	10 000	70
100 000	nicht def.	nicht def.	nicht def.	100 000	700

Tab. 2.4-2 Einteilung der Reinraumklassen nach ISO/TC209 14644-1.

Reinraumklasse	Teilchendichte (Partikel/m³)					
	≥0,1 μm	≥0,2 μm	≥0,3 μm	≥0,5 μm	≥1 μm	≥5 μm
ISO Klasse 1	10	2				
ISO Klasse 2	100	24	10	4		
ISO Klasse 3	1 000	237	102	35	8	
ISO Klasse 4	10 000	2 370	1 020	352	83	
ISO Klasse 5	100 000	23 700	10 200	3 520	832	29
ISO Klasse 6	1 000 000	237 000	102 000	35 200	8 320	293
ISO Klasse 7				352 000	83 200	2 930
ISO Klasse 8				3 520 000	832 000	29 300
ISO Klasse 9				35 200 000	8 320 000	293 000

Tab. 2.4-3 Korrelation des alten Standards 209D zum neuen Standard ISO 14644.

FS 209D	ISO 14644
Klasse 0,01	ISO Klasse 1
Klasse 0,1	ISO Klasse 2
Klasse 1	ISO Klasse 3
Klasse 10	ISO Klasse 4
Klasse 100	ISO Klasse 5
Klasse 1 000	ISO Klasse 6
Klasse 10 000	ISO Klasse 7

so erhält man aufgrund der Verteilungsfunktion eine Teilchendichte von 1207 m^{-3} für die Teilchengröße 0,1 μm. Wie aus der Tab. 2.4-2 zu entnehmen ist, entspricht also die Klasse 1 des Standards 209D ungefähr der Klasse 3 des Standards ISO 14644.

Die Umrechnung des alten Standards (FS 209D) auf den neuen Standard (ISO 14644) zeigt die Tab. 2.4-3.

In Abb. 2.4-2 sind die Klassen noch einmal graphisch dargestellt. Die untere Grenze des schraffierten Bereichs repräsentiert die Verhältnisse bei reiner Umgebungsluft. Eine belebte Straße in einer Großstadt würde etwa einer „Reinraumklasse" von 1 000 000 (FS 209) bzw. Klasse 9 (ISO) entsprechen.

Auch bei eingestelltem Luftvolumenstrom und Filtertyp ist die Reinraumklasse eines Arbeitsraumes keine Konstante, sondern ändert sich stark nach den äußeren Umständen im Arbeitsbereich. Der Mensch, der sich im Reinraumbereich aufhält, ist dabei die stärkste Partikelquelle. Durch entsprechendes Verhalten im Reinraum kann man wesentlichen Einfluss auf die Reinraumqualität und damit auch auf das Arbeitsergebnis nehmen. Schon das Anlegen der Reinraumkleidung muss in einer bestimmten Reihenfolge geschehen, damit nicht Staubpartikel in den Reinraum verschleppt werden. Ebenso sollen hastige und

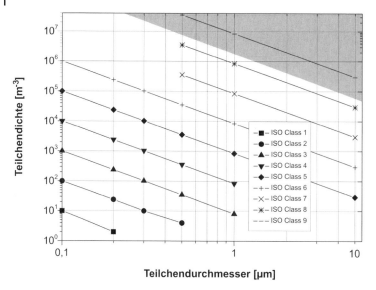

Abb. 2.4-2 Reinraumklassen nach ISO 14644-1.

Tab. 2.4-4 Richtlinien für den Luftdurchsatz bei Reinräumen.

Reinraumklasse		Reinraumtyp	Luftwechsel/h
ISO 14644	(209D)		
ISO 8	100 000	turbulent	5–48
ISO 7	10 000	turbulent	60–90
ISO 6	1 000	turbulent	150–240
ISO 5	100	laminar	240–480
ISO 4	10	laminar	300–540
ISO 3	1	laminar	360–540

unkontrollierte Bewegungen vermieden werden. Weiterhin ist die Handhabung der Wafer genau vorgeschrieben, um den Partikelbefall der Waferoberfläche möglichst zu vermindern.

Wie schon weiter oben erwähnt, muss die Luft zur Erreichung der vorgeschriebenen Klasse laufend erneuert werden. Die zugeführte Luft muss nicht nur frei von Partikeln sein, sondern auch innerhalb enger Grenzen in Bezug auf Temperatur und Luftfeuchtigkeit kontrolliert werden. Die Tab. 2.4-4 zeigt die Luftwechsel pro Stunde in Abhängigkeit von der Reinraumklasse.

Um einen kleinen Begriff zu bekommen, welche Betriebskosten in einer Halbleiterfertigung allein für den Reinraum anfallen, sei folgende Überschlagsrechnung angestellt: Die Arbeitsfläche eines Produktionsreinraumes der Klasse ISO 4 (Klasse 10) sei 1000 m^2 und habe eine Höhe von 3 m. Bei 500 Luftwechseln/h müssen dafür etwa 1 500 000 m² Luft pro Stunde gefiltert, temperiert und entfeuchtet werden.

Um Kosten zu sparen, kann man den Reinraum in einen allgemeinen Arbeitsraum von niederer Qualität und in spezielle Arbeitsplätze (so genannte Flow Boxes), die laminar mit höheren Luftdurchsätzen beströmt werden, unterteilen. Allerdings muss hier besonders auf die Luftführung und die Druckverhältnisse geachtet werden, damit sich nicht unkontrollierte Luftströmungen, die die Waferoberflächen kontaminieren könnten, ausbilden.

2.4.1
Partikelmessung im Reinraum

Voraussetzung für einen geordneten Reinraumbetrieb ist die Messung der Partikeldichte in unterschiedlichen Bereichen des Reinraums. Mittels einer Pumpe wird die zu analysierende Luft durch eine Messkammer gesaugt. Die Luftmenge beträgt dabei 28 l/min (1 ft³/min). Mittels einer Laserdiode oder eines HeNe-Lasers wird die Messkammer senkrecht zur Strömungsrichtung durchstrahlt. Die Partikel im Luftstrom streuen einen Teil des Lichtes. Dieses Streulicht wird auf eine Photodiode kollimiert und nach Impulsfrequenz und Amplitude ausgewertet. Daraus ergibt sich eine Information über Teilchenzahl und Teilchengröße. Um eine statistisch aussagefähige Messung zu machen, muss ein Reinraum an unterschiedlichen Stellen vermessen werden. Über Anzahl der Messstellen und Anzahl der gezählten Ereignisse macht ebenfalls die ISO 14644 präzise Aussagen.

Es ist zu beachten, dass ein Reinraum in drei Zuständen vermessen werden muss: „as built", d.h. im betriebsfertigen Zustand, aber ohne Geräte und ohne Personal, „at rest", d.h. mit zum Teil laufendem Equipment, aber ohne Personal, vergleichbar mit einem Nachtbetrieb, und schließlich „operational", d.h. alle Funktionen in Betrieb und mit vollständigem Personal. Zwischen diesen drei Zuständen kann sich bei gleichem Reinraum die Reinraumklasse um zwei Stufen ändern.

2.5
Punktfehler und Ausbeute bei Halbleiterbauelementen

Im vorigen Abschnitt war die Rede davon, mit welchem Aufwand jede Halbleiterfabrik eine möglichst partikelfreie Umgebung in der Fertigung schafft. In diesem Abschnitt soll nun abgeschätzt werden, welchen Einfluss die Fremdpartikel auf die Ausbeute einer Chipfertigung haben. Die Frage, die sich hierbei stellt, lautet: Kann man Partikeldichte und Ausfallursache in einen bestimmten Zusammenhang setzen und lassen sich einfache mathematische Beziehungen zwischen Partikeldichte und Chipausbeute in einer Halbleiterfertigung herleiten.

Bestimmte Prozesse, wie etwa die Photolithographie, sind in Hinsicht auf Fremdpartikel besonders störanfällig. Dabei sollen hier der Einfachheit halber zwei Fälle behandelt werden. Im ersten Fall bewirkt ein Fremdpartikel die Unterbrechung einer Leitung, im zweiten den Kurzschluss zwischen zwei Leitun-

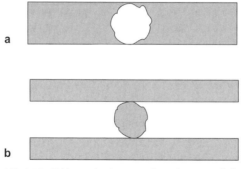

Abb. 2.5-1 Fehlermechanismus aufgrund von Partikelbefall in einem Schaltungsnetzwerk. a) Leitungsunterbrechung, b) Kurzschluss zwischen zwei Leitungen.

gen (Abb. 2.5-1). In beiden Fällen führt das zu einem Ausfall der elektronischen Komponente und, wenn in der Schaltung keine Redundanz eingebaut ist, zu einem Ausfall des gesamten IC.

In der vereinfachten Theorie von Hilberg [Hilb86] geht man davon aus, dass ein Chip aus einer Vielzahl von Elementen (Transistoren, Dioden, Speicherelementen), die entweder gut oder schlecht sind, besteht. Ein Chip ist nur gut, wenn alle Elemente des Chips gut sind, d.h., der Chip soll keine redundanten Elemente enthalten. Besteht der Chip aus n Elementen und gilt für jedes Element die Wahrscheinlichkeit Y_E, gut zu sein, so gilt für die Wahrscheinlichkeit Y_C, dass der gesamte Chip gut ist, die Beziehung:

$$Y_C = Y_E^n \tag{2.9}$$

Wenn die Wahrscheinlichkeit für ein gutes Element Y_E und für ein schlechtes Element $\bar{Y}_E$ ist, dann gilt nach der obigen Voraussetzung:

$$Y_E + \bar{Y}_E = 1 \tag{2.10}$$

In einem Chip, der n Elemente enthält und im Mittel z Fehler aufweist, ist die Wahrscheinlichkeit für ein Element, schlecht zu sein:

$$\bar{Y}_E = z/n \tag{2.11}$$

Einsetzen von Gl. (2.11) in Gl. (2.9) unter Berücksichtigung von Gl. (2.10) führt zu:

$$Y_C = \left(1 - \frac{z}{n}\right)^n \tag{2.12}$$

Bei sehr großen Elementzahlen n, wie etwa bei Speicherbausteinen mit mehreren Millionen Elementen pro Chip, lässt sich dann schreiben:

2.5 Punktfehler und Ausbeute bei Halbleiterbauelementen

$$\left(1 - \frac{z}{n}\right)^n \to e^{-z} \text{ (für } n \to \infty\text{)} \tag{2.13}$$

Wenn D die bekannte Fehlerdichte in einer Fertigung ist und A_C die Chipfläche, so kann man Gl. (2.13) umschreiben auf die allgemeine Ausbeuteformel:

$$Y_C = e^{-z} = e^{-DA_C} \tag{2.14}$$

Man ersieht aus obiger Gleichung, dass die Ausbeute für $z=1$ oder $DA_C=1$, also im Mittel für einen fatalen Fehler pro Chip, immer noch 37% beträgt. Das gilt für einen Prozess, etwa einen Lithographieschritt. Zur Herstellung eines IC werden allerdings 10 bis 20 Masken und entsprechende Lithographieschritte benötigt. Die Ausbeuteformel für den gesamten Lithographieprozess lautet dann:

$$Y_c = e^{-MDA_c} \tag{2.15}$$

mit M = Anzahl der Prozessschritte, bei denen fatale Punktfehler in den Chip eingebaut werden können. Besonders kritisch sind in dieser Hinsicht die Lithographieschritte. Bei einer IC-Fertigung stehen üblicherweise zwischen 10 bis 20 solcher Prozessstufen an.

Die Abb. 2.5-2 gibt einen Überblick über die Ausbeute für einen Fertigungsprozess mit jeweils 10 oder 20 Lithographieschritten und unterschiedlicher Fehlerdichte D. Bei $M=10$ und einem Fehler pro Chip, also bei $z = D \cdot A_C = 1$ beträgt die Ausbeute nur noch 0,0045%; die Fertigung kommt also völlig zum Erliegen. Hieran lässt sich ermessen, welche Rolle die Reinraumtechnik in einer Halbleiterfertigung spielt.

Nun zeigt jedoch die Praxis, dass die Annahme statistisch verteilter Punktdefekte bei der Chipherstellung nicht den Tatsachen entspricht und daher zu ungenaue Vorhersagen ergibt. Wie die Erfahrung zeigt, treten die Fehler in Clustern auf. Im Allgemeinen ist z.B. der Randbereich eines Wafers aus Gründen der Prozessführung und der Handhabung mit mehr Fehlern pro Flächeneinheit behaftet als der Mittelbereich. Die prinzipielle Verteilung von Fehlerclustern ist in Abb. 2.5-3 gezeigt [Hilb87].

Nach einer Rechnung, die hier nicht weiter ausgeführt werden soll, ergibt sich die allgemeine Gleichung für die Chipausbeute:

$$Y_C = e^{-D_a A_C}(1 - A_{CL}/A_W)^{N_{CL}} + e^{-D_i A_C}[1 - (1 - A_{CL}/A_W)^{N_{CL}}] \tag{2.16}$$

Dabei ist:

N_{CL} = Anzahl der Cluster
D_a = Fehlerdichte in der Fläche außerhalb der Cluster
D_i = Fehlerdichte innerhalb der Cluster

Die Bestimmung der Fehlerdichte ist mit hohem apparativem und personellem Aufwand verbunden, für die Beherrschung eines Fertigungsprozesses und die Einkreisung von Fehlerquellen ist sie dennoch notwendig.

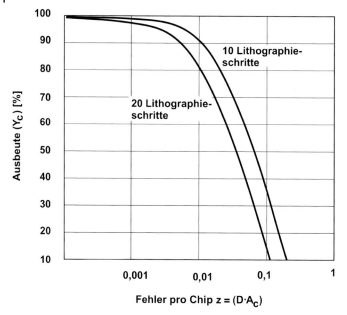

Abb. 2.5-2 Ausbeute einer Chipfertigung mit 10 und 20 Lithographieschritten in Abhängigkeit von der Fehlerzahl pro Chip $z = D \cdot A_C$.

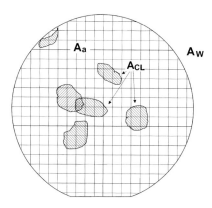

Abb. 2.5-3 Verteilung von Fehlerclustern auf einem Wafer.
A_W = Waferfläche, A_{CL} = Fläche eines Clusters, A_a = Fläche außerhalb der Cluster, A_i = gesamte Clusterfläche.

Diese Ergebnisse lassen sich allerdings nicht unmittelbar auf die Mikrosystemtechnik übertragen, da die Fehlermechanismen, die zum Ausfall von Komponenten führen, anders gelagert sind. Für eine effiziente Mengenfertigung von Mikrokomponenten ist es dennoch von großer Bedeutung, hierfür entsprechende Modellvorstellungen zu entwickeln. Leider sind bisher keine Arbeiten zu diesem Thema bekannt, um so mehr stellt diese Thematik ein dringliches Forschungsgebiet dar.

3
Physikalische und chemische Grundlagen der Mikrotechnik

Die modernen Technologien bauen auf einer breiten Basis theoretischer Grundlagen auf, ohne die eine rationelle Fertigung nicht möglich wäre. Damit unterscheiden sie sich wesentlich von den traditionellen Verfahren, die in Jahrzehnten oder gar Jahrhunderten empirisch entwickelt wurden. Die Mikroelektronik ist nicht denkbar ohne eine profunde Kenntnis der theoretischen Physik und insbesondere der Quantenphysik. Auch für den Ingenieur der Mikroelektronik oder der Mikrosystemtechnik ist es daher keine intellektuelle Spielerei, sich mit den Erkenntnissen der theoretischen Festkörperphysik und hier insbesondere mit der Quantenphysik auseinanderzusetzen, sondern die Voraussetzung, die Fertigungsprozesse zu verstehen, zu beherrschen und schließlich zu optimieren. Wie eng theoretische Physik und ingenieurmäßige Praxis zusammengerückt sind, erkennt man an dem Begriff „band gap engineering". Hierbei werden grundlegende quantenphysikalische Erkenntnisse angewendet, um technologische Parameter von Halbleiterkomponenten gezielt zu verändern.

Neben der Quantenphysik, die eine Basis der Mikroelektronik darstellt, sind die Grundlagen der Festkörperphysik Voraussetzung, die Technologien der Mikrostrukturierung und den Aufbau von Mikrosystemen zu verstehen. Das wohl bedeutendste Verfahren zur Herstellung von Mikrokörpern ist das anisotrope Ätzen des Silizium-Einkristalls. Eine gründliche Kenntnis der Kristallmorphologie des Siliziums und anderer Halbleiter-Einkristalle ist deshalb für die Mikrosystemtechnik unerlässlich. Der folgende Abschnitt soll die wichtigsten Gesetzmäßigkeiten der Kristallographie skizzieren.

3.1
Kristalle und Kristallographie

Ein Kristall ist eine Erscheinungsform des Festkörpers und entsteht durch periodische Wiederholung einer Struktureinheit im dreidimensionalen Raum. Diese Struktureinheit kann aus einem einzelnen Atom oder aber aus einem äußerst komplexen Makromolekül aus jeweils Tausenden von Atomen bestehen. Zum Verständnis der grundlegenden Gesetzmäßigkeiten der Kristallographie sollen zunächst einige Vereinfachungen eingeführt werden:

Mikrosystemtechnik für Ingenieure, 3. Auflage. W. Menz, J. Mohr, O. Paul
Copyright © 2005 WILEY-VCH Verlag GmbH & Co. KGaA, Weinheim
ISBN: 3-527-30536-X

- Der Kristall sei unendlich ausgedehnt, so dass Randeffekte nicht berücksichtigt zu werden brauchen.

- Die Atome oder Moleküle des Kristalls seien zunächst auf Punkte reduziert. Wir erhalten somit eine mathematische Abstraktion des Kristalls und wollen diese „Gitter" nennen. Zum physikalischen Modell des Kristalls gelangt man dann, indem man den Punkten des Gitters wieder Atome oder Moleküle, auch „Basis" genannt, zuordnet.

Man kann also formulieren:

**Gitter (mathematische Abstraktion) + Basis (Atome, Moleküle) =
Kristall (physikalische Realisierung).**

3.1.1
Gitter und Gittertypen

Ein Gitter lässt sich durch eine Punkttransformation aufbauen, indem man in jeder Dimension jeweils um eine Gittereinheit a_1, a_2 und a_3 voranschreitet. Die Gittereinheiten oder Gittervektoren $\vec{a}_1$, $\vec{a}_2$, $\vec{a}_3$ spannen somit ein Koordinatensystem auf.

Wählt man einen beliebigen Gitteraufpunkt, so lässt sich mit ganzzahligen Vielfachen der Gittervektoren jeder andere Gitterpunkt erreichen:

$$\vec{r} = u_1\vec{a}_1 + u_2\vec{a}_2 + u_3\vec{a}_3 = \sum_{i=1}^{3} u_i\vec{a}_i \tag{3.1}$$

wobei u_i ganze Zahlen sind. $\vec{r}$ nennt man den Translationsvektor des Gitters.

Das Parallelepiped, welches die Gittervektoren aufspannen, nennt man Elementarzelle des Gitters. Der gleiche Sachverhalt, mit anderen Worten formuliert, lautet:

Das Parallelepiped mit dem kleinsten Volumen, mit dem sich durch periodische Wiederholung ein unendliches, den Raum füllendes Gitter aufbauen lässt, nennt man Elementarzelle.

Die Elementarzelle eines gegebenen Gitters kann man auch durch die folgende Vorschrift finden: Man ziehe von einem Gitter-Aufpunkt Verbindungsgeraden zu den identischen Nachbarpunkten. Nun errichtet man auf der halben Distanz Ebenen senkrecht zu den Verbindungsgeraden. Das kleinste Volumen, das von den Ebenen umschlossen werden kann, heißt Wigner-Seitz-Zelle und ist die Elementarzelle. In Abb. 3.1-1 ist diese Vorschrift für den zweidimensionalen Fall skizziert.

Wird die Elementarzelle von nur einem Atom belegt, spricht man von einer primitiven Elementarzelle. Es lassen sich nicht immer primitive Elementarzellen finden, nämlich dann nicht, wenn der Kristall noch eine „innere Struktur"

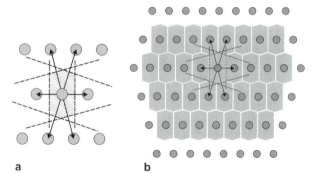

Abb. 3.1-1 Konstruktion der Elementarzelle in einem Punktgitter nach Wigner-Seitz.

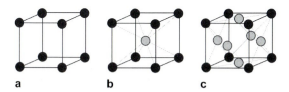

Abb. 3.1-2 Die drei Varianten des kubischen Gitters:
a) das einfache kubische Gitter (simple cubic = sc),
b) das kubisch raumzentrierte Gitter (body centered cubic = bcc),
c) das kubisch flächenzentrierte Gitter (face centered cubic = fcc).

hat. Ein Beispiel hierfür ist das kubisch raumzentrierte Gitter (Abb. 3.1-2b), dessen Elementarzelle durch zwei Atome besetzt ist. Werden die Gitterpunkte eines primitiven Gitters etwa durch Makromoleküle belegt, so kann man von einem Aufpunkt aus nicht mehr alle Atome des Kristalls mittels des Translationsvektors $\vec{r}$ erreichen. Dennoch können wir bei jedem Kristall Struktureinheiten ermitteln, mit denen sich der Kristall durch periodische Wiederholung dieser Struktureinheit aufbaut. Wir sprechen dann von einer nichtprimitiven Elementarzelle. Diese enthält stets mehr als ein Atom pro Elementarzelle.

Ein Kristall lässt sich durch gewisse Symmetrieoperationen auf sich selbst abbilden. Eine mögliche Operation ist die Translation mit Hilfe des Translationsvektors $\vec{r}$. Es sind auch Punktoperationen, wie Drehung und Spiegelung, oder eine Kombination mehrerer Symmetrieoperationen möglich.

Die Zahl der möglichen Gitter ist unbegrenzt, da es keine natürliche Beschränkung in Bezug auf die Länge der Vektoren und die Winkel, die sie miteinander einschließen, gibt. Teilt man jedoch die Winkel- und Längenverhältnisse in Gruppen ein, die hinsichtlich der möglichen Symmetrieoperationen invariant sind, so erhält man die 14 Gittertypen nach Bravais, die in der Tab. 3.1-1 aufgeführt sind.

Im Folgenden sollen ausschließlich die kubischen Gittertypen behandelt werden, da die für die Mikrotechnik relevanten Materialien, wie Silizium, Germani-

Tab. 3.1-1 Gittertypen nach Bravais

Systembezeichnung	Achsen- und Winkelverhältnisse	Anzahl der möglichen Gitter
Triklin	$a_1 \neq a_2 \neq a_3$ $\alpha \neq \beta \neq \gamma$	1
Monoklin	$a_1 \neq a_2 \neq a_3$ $\alpha = \gamma = 90° \neq \beta$	2
Orthorhombisch	$a_1 \neq a_2 \neq a_3$ $\alpha = \beta = \gamma = 90°$	4
Tetragonal	$a_1 \neq a_2 \neq a_3$ $\alpha = \beta = \gamma$	2
Kubisch	$a_1 \neq a_2 \neq a_3$ $\alpha = \beta = \gamma = 90°$	3
Rhomboedrisch	$a_1 \neq a_2 \neq a_3$ $\alpha = \beta = \gamma \neq 90°$	1
Hexagonal	$a_1 \neq a_2 \neq a_3$ $\alpha = \beta = 90°$ $\gamma = 120°$	1

um und Galliumarsenid im Diamantgitter, also kubisch, kristallisieren. Wie man sieht, besteht das kubische Gittersystem aus drei Varianten (Abb. 3.1-2):

- das kubisch einfache Gitter (auch sc für simple cubic),
- das kubisch raumzentrierte Gitter (auch bcc für body-centered cubic) und
- das kubisch flächenzentrierte Gitter (auch fcc für face-centered-cubic).

Das kubisch einfache Gitter hat eine primitive Elementarzelle. An jedem Eckpunkt des Würfels befindet sich ein Atom, das aber von acht benachbarten Einheitszellen gleichermaßen beansprucht wird. Die Zählung der Atome pro Einheitszelle ergibt also: $8 \cdot 1/8 = 1$. Das kubisch raumzentrierte Gitter hat die gleiche Anzahl Eckatome und zusätzlich das raumzentrierte Atom. Das ergibt zwei Atome pro Elementarzelle. Hier liegt also eine nichtprimitive Elementarzelle vor. Für das kubisch flächenzentrierte Gitter ergibt die Zählung: $8 \cdot 1/8$ Eckatome und $6 \cdot 1/2$ flächenzentrierte Seitenatome. Die Gesamtzahl pro Einheitszelle ist also 4.

3.1.2
Stereographische Projektion

Bei einem Kristall bildet sich die atomare Struktur auch in der makroskopischen Morphologie ab. Die Winkel der Gittervektoren untereinander erscheinen also auch als messbare Größe im makroskopischen Kristall (z. B. die unter 90° stehenden Flächen eines kubischen NaCl-Kristalls oder die 120°-Winkel des hexagonalen Bergkristalls).

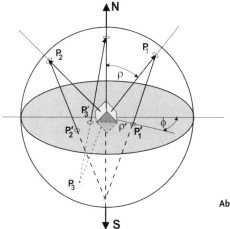

Abb. 3.1-3 Die stereographische Projektion.

Zur Charakterisierung eines Kristalltyps könnte man die Winkelbeziehung der Flächen zueinander messen und in einer Tabelle auflisten. Für einen schnellen Überblick wäre das allerdings nicht sehr bequem, eleganter ist da eine graphische Repräsentation. Dazu bedient man sich der stereographischen Projektion. Man denke sich eine Kugel, in deren Mittelpunkt man den zu bestimmenden Kristallpolyeder bringe. Die Kugel sei im Vergleich zum Kristallpolyeder so groß, dass dieser als punktförmig betrachtet werden kann. Auf die einzelnen Flächen des Polyeders errichte man die Flächennormalen, die an bestimmten Stellen die Kugeloberfläche durchstoßen. Die Durchstoßpunkte werden die Pole der Flächen genannt. Auf diese Weise werden die Flächen des Kristalls als Punkte auf die Kugeloberfläche transformiert. Um mit einer solchen Projektion vernünftig arbeiten zu können, muss man die Kugeloberfläche in einem zweiten Schritt in eine Ebene transformieren. Es gibt verschiedene Methoden, eine Kugeloberfläche auf eine Ebene zu projizieren, wie aus der Kartographie bekannt ist.

Bei der stereographischen Projektion wird die Äquatorebene der Kugel als Projektionsebene gewählt (Abb. 3.1-3). Als Zentralpunkt wird der „Südpol" S der Kugel angenommen. Wenn man nun den Flächenpol P auf der Nordhalbkugel mit dem Südpol S verbindet, erhält man in der Äquatorebene den Durchstoßpunkt P' als Projektion des Flächenpols P. Der Winkel Φ bleibt bei dieser Projektion erhalten, der Höhenwinkel oder die Poldistanz ρ stellt sich in der Projektion als eine Strecke $\rho' = \tan \rho/2$ dar.

Bei der stereographischen Projektion bildet sich die obere Hälfte der Polkugel innerhalb des Äquatorkreises ab, die untere Hälfte würde außerhalb dieses Kreises fallen. Deshalb ist es üblich, die untere Hälfte der Kugel auf den Nordpol zu projizieren.

Eine besondere Rolle spielen die Großkreise, also die Kreise auf der Kugel, deren Mittelpunkte mit dem Kugelmittelpunkt zusammenfallen. Der Großkreis ist der geometrische Ort der Pole aller Flächen, deren Normalen in einer Ebene

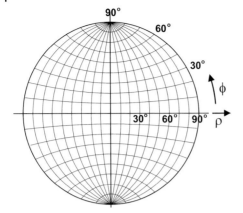

Abb. 3.1-4 Das Wulff'sche Netz als Hilfsmittel zur Bestimmung der Winkel zwischen den einzelnen Kristallflächen.

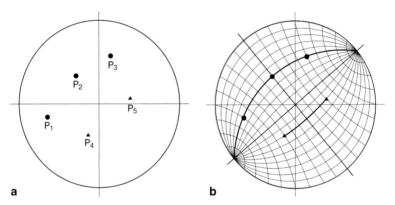

Abb. 3.1-5 Beispiel der Analyse eines unbekannten Kristalls mit dem Wulff'schen Netz.
a) Stereogramm einiger Flächen des unbekannten Kristalls.
b) Mit Hilfe des Wulff'schen Netzes erkennt man die Tautozonalität dreier Flächen.

(nämlich der Ebene des Großkreises) liegen. Die Menge dieser Flächen nennt man Zone, die Flächen, die einer Zone angehören, heißen tautozonal.

Für das Arbeiten mit der stereographischen Projektion wird ein Netz aus Meridianen und Breitenkreisen verwendet. Die Projektion dieses Gradnetzes wird Wulff'sches Netz genannt (Abb. 3.1-4). Mit dieser Hilfe kann man jeden Pol nach Φ und ρ in dieses Netz eintragen. Der Wert der stereographischen Projektion ist aus folgendem Beispiel leicht zu erkennen: In Abb. 3.1-5a ist ein unbekannter Kristall mit einigen seiner Flächen dargestellt. Die Fragen lauten nun, welchen Winkel bilden die Flächen miteinander und welche Flächen sind unter Umständen tautozonal zueinander? Durch Auflegen des Wulff'schen Netzes und Drehen um den Mittelpunkt kann man versuchen, die Pole mit einem Großkreis zur Deckung zu bringen. Im vorliegenden Beispiel liegen die Pole

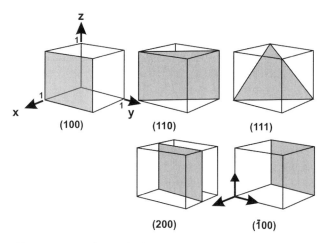

Abb. 3.1-6 Einige Ebenen des kubischen Kristalls und ihre Miller'schen Indizes.

P_1, P_2 und P_3 auf einem Großkreis, sind also tautozonal. Die Winkelabstände der tautozonalen Pole lassen sich ebenfalls mit Hilfe des Netzes einfach abzählen. Die Winkelabstände zwischen zwei beliebigen Flächen kann man stets bestimmen, wenn man beide Pole mit einem Großkreis verbindet, wie man aus Abb. 3.1-5 b erkennt.

Für viele Zwecke ist es nützlich, die Ebenen im Kristall durch eine Kennzahl zu bezeichnen. Dafür sind die Miller'schen Indizes geeignet. Zur Ermittlung der Indizes beachte man die folgende Vorschrift:

- Bestimme die Schnittpunkte der Ebene mit den Gittervektoren $\vec{a}_1$, $\vec{a}_2$, $\vec{a}_3$ und drücke das Ergebnis in Einheiten der Gitterkonstanten aus.

- Bilde die Kehrwerte dieser Zahlen. Erhält man keine ganzen Zahlen, so multipliziere man das Zahlentripel mit dem kleinsten gemeinsamen Nenner. Das Ergebnis wird in Klammern gesetzt: *(hkl)* und heißt Indizierung der Ebene.

Für eine Ebene mit den Schnittpunkten 3, 1, 2 heißen die Kehrwerte und die Miller'schen Indizes (263). Liegt der Schnittpunkt im Unendlichen, ist der zugehörige Index 0. In Abb. 3.1-6 sind die Miller'schen Indizes einiger Ebenen im kubischen Kristall gezeigt.

Die Indizes *(hkl)* legen nicht eine einzige Ebene fest, sondern eine Schar zueinander paralleler Ebenen, die voneinander den Abstand einer Elementarzelle haben. Schneidet die Ebene eine Achse im Negativen, ist der zugehörige Index negativ. Das wird durch ein Minuszeichen über dem Index angezeigt: $(h\bar{k}l)$.

Ebenen, die aus Symmetriegründen gleichwertig sind, wie das bei den Außenflächen eines Kubus der Fall ist, werden durch geschweifte Klammern um die Miller'schen Indizes gekennzeichnet; also:

{100}: (100), (010), (001), ($\bar{1}$00), (0$\bar{1}$0), (00$\bar{1}$)

Die zugehörigen Flächennormalen werden ebenfalls in Miller'schen Indizes angegeben, jedoch mit einer eckigen Klammer [hkl] versehen. Die Familie der symmetrieäquivalenten Normalen wird mit spitzen Klammern gekennzeichnet, also:

<100>: [100], [010], [001], [$\bar{1}$00], [0$\bar{1}$0], [00$\bar{1}$]

3.1.3
Silizium-Einkristall

Der Silizium-Einkristall spielt sowohl in der Mikroelektronik als auch in der Mikrosystemtechnik eine überragende Rolle. Es soll deshalb im Folgenden etwas detaillierter auf die Eigenschaften des Siliziumgitters, das mit dem Diamantgitter identisch ist, eingegangen werden.

Den Aufbau des Siliziumgitters kann man sich auf zwei unterschiedliche Arten denken:

1. Man nehme zwei flächenzentrierte kubische Gitter und bringe sie miteinander vollständig zur Deckung. Dann ziehe man das zweite Gitter längs der Raumdiagonalen um ein Viertel der Raumdiagonalen aus dem ersten Gitter heraus. Man erhält so das Siliziumgitter wie in Abb. 3.1-7a skizziert.

2. Man starte wieder mit einem flächenzentrierten kubischen Gitter. Nun ersetze man jeden Gitterpunkt durch eine Basis aus zwei Atomen. Dabei nimmt das eine Atom die Position des ursprünglichen Punktes ein, während das zweite Atom relativ zum ersten die Koordinaten 1/4, 1/4, 1/4 hat (Abb. 3.1-8).

Trotz des prinzipiell einfachen Aufbaus stellt der Umgang mit dem Kristall einige Anforderungen an das räumliche Vorstellungsvermögen des Betrachters.

In den Abb. 3.1-7, 3.1-8 und 3.1-9a schaut man in <100>-Richtung, d.h. in Richtung der Normalen einer {100}-Ebene, auf den Kristall. Die kubische Struktur ist

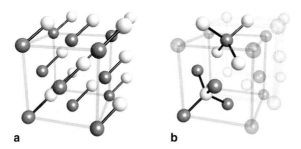

Abb. 3.1-7 Konstruktion des Siliziumgitters:
a) Man lege zunächst zwei kubisch flächenzentrierte Gitter übereinander, dann verschiebe man die Gitter um 1/4 der Raumdiagonalen zueinander.
b) Verbindet man jeweils die nächsten Nachbarn eines Aufatoms miteinander, so erhält man Tetraeder, die „Bausteine" des Siliziumkristalls. Auch das Diamantgitter ist in dieser Konfiguration aufgebaut.

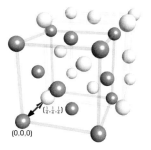

Abb. 3.1-8 Konstruktion des Siliziumgitters nach der zweiten Methode: Jedem Gitterpunkt des flächenzentrierten Gitters wird eine Basis zugeordnet, bei der ein Atom genau am Ort des Gitterpunktes sitzt und das zweite in einer Position 1/4, 1/4, 1/4 relativ zum ersten Atom.

hierbei sehr deutlich zu erkennen. Bei näherer Betrachtung der Kristallansicht in Abb. 3.1-7 kann man auch eine tetraedrische Grundstruktur erkennen. Ein Tetraeder ist in der Zeichnung graphisch besonders hervorgehoben. Man kann leicht weitere Tetraeder im Kristall ausmachen. Dies sind physikalisch wie chemisch besonders stabile Baueinheiten, die u. a. die besondere Härte des Diamanten erklären. Bei Abb. 3.1-9 b schaut der Betrachter in Richtung <110> in den Kristall. In Abb. 3.1-9 c schließlich schaut man in <111>-Richtung. Dabei tritt eine hexagonale Struktur in den Vordergrund. In der perspektivischen Abbildung erkennt man hexagonale Kanäle, durch die z. B. Ionen sehr tief in den Kristall eingeschossen werden können. Diesen Effekt nennt man „channelling". Er wird entweder bewusst eingesetzt, um Ionen tief im Kristall abzusetzen oder bewusst vermieden, um ein möglichst schmales Dotierprofil bei der Ionenimplantation zu erreichen.

Die Abbildungen geben einen Eindruck von der Anisotropie des Aufbaus in Abhängigkeit von der Blickrichtung. Daraus erklärt sich die Anisotropie der physikalischen und chemischen Parameter, die eine inhärente Eigenschaft des Kristalls darstellt.

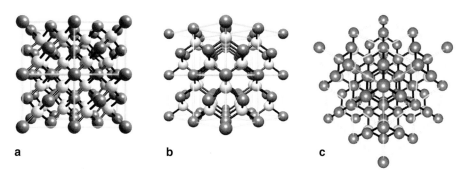

Abb. 3.1-9 Silizium-Einkristall in
a) <100>-Sicht,
b) <110>-Sicht,
c) <111>-Sicht. Bei dieser Ansicht tritt die hexagonale Struktur des Kristalls deutlich zutage.

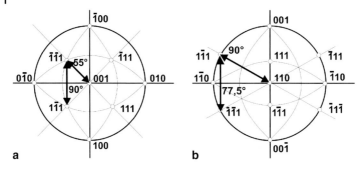

Abb. 3.1-10 Die stereographische Projektion des Siliziumkistralls in a) [100]-Richtung, b) [110]-Richtung.

In Abb. 3.1-10 ist die stereographische Projektion des Silizium-Einkristalls in den beiden Orientierungen (a) [001]-Normale in Richtung Nordpol und (b) [110]-Normale in Richtung Nordpol gezeigt.

Im Stereogramm erkennt man die vierzählige Symmetrie der {111}-Ebenen in [100]-Blickrichtung. Die Schnittkanten der beiden Ebenenscharen bilden untereinander rechte Winkel. Daher bestehen die Ätzstrukturen auf (100)-Wafern aus pyramidenartigen Gruben mit rechtwinkeliger Basis und einem Winkel zwischen den Normalen der (100)-Ebene und der (111)-Ebene von 54,7°. Der Öffnungswinkel der Pyramide bzw. V-Grube beträgt dann 70,6° (nämlich 180°– (2 · 54,7°)).

In Teil (b) des Stereogramms liegt die (110)-Ebene parallel zur Äquatorialebene. Man sieht hier, dass die {111}-Ebenen senkrecht zu den {110}-Ebenen stehen, aber untereinander die Winkel 70,55° bzw. 35,3° bilden. Ätzstrukturen, bei denen die {111}-Ebenen einen Ätzstopp bilden, haben daher bei (110)-Wafern senkrechte Wände, sind aber nicht rechtwinklig.

Diese Details werden bei der Besprechung des nasschemischen anisotropen Ätzens noch einmal aufgegriffen. Sie spielen eine entscheidende Rolle bei der Strukturierung von Mikrokörpern im Rahmen der Silizium-Mikromechanik.

3.1.4
Reziprokes Gitter und Kristallstrukturanalyse

Ein wesentliches Hilfsmittel bei der Strukturanalyse unbekannter Kristalle ist die Beugung von Partikeln (Elektronen, Protonen, Neutronen) und Photonen (Röntgenquanten). Die Wellen werden an der unbekannten Struktur gebeugt und können miteinander interferieren. Sind zwei sich überlagernde Wellenzüge in Phase, so verstärken sie sich gegenseitig und bewirken eine erhöhte Intensität. Sind sie nicht in Phase, so löschen sie sich im Mittel gegenseitig aus und die Intensität wird zu null. Gehen zwei Wellen von der gleichen Quelle aus so hängt ihr Phasenverhältnis nur von dem zurückgelegten optischen Weg der beiden Wellen ab.

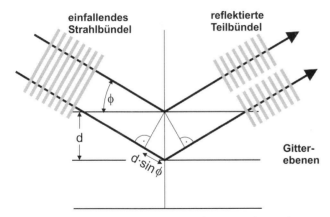

Abb. 3.1-11 Zur geometrischen Herleitung der Bragg'schen Bedingung.

In einem Gitter betrachten wir die zueinander parallelen Gitterebenen als Reflexionsebenen, wobei jede Ebene einen Teil der einfallenden Lichtintensität unter Berücksichtigung des Reflexionsgesetzes (Einfallswinkel = Ausfallswinkel) reflektiert. Die teilreflektierenden Ebenen haben den Abstand d (Gitterkonstante) voneinander. Bei einer konstruktiven Interferenz (also einem hellen Reflex) müssen alle reflektierten Teilstrahlen die Bragg'sche Bedingung (Abb. 3.1-11) erfüllen:

$$2d \cdot \sin \Phi = n \cdot \lambda \tag{3.2}$$

Da $\sin \Phi$ maximal den Wert 1 annehmen kann, ist die maximale Wellenlänge, die noch die Bragg'sche Bedingung erfüllt: $\lambda_{max} = 2\,d$.

Da die Gitterabstände d der Kristalle in der Größenordnung einiger Å liegen, ist ersichtlich, dass man mit sichtbarem Licht (mit Wellenlängen von einigen tausend Å) keine Strukturanalyse an Kristallen vornehmen kann, sondern dass es dazu der Röntgenstrahlung oder Korpuskularstrahlung bedarf. Die Wellenlänge von Elektronen mit einer Energie von 1 keV beträgt 0,39 Å.

Im Folgenden werden wir versuchen, die elementare Bragg'sche Bedingung in verschiedenen Darstellungsweisen zu entwickeln.

Eine monochromatische ebene Welle falle auf einen Kristall. Dessen Gitter ist definiert durch den Translationsvektor:

$$\vec{r} = \sum_{i=1}^{3} u_i \vec{a}_i \tag{3.3}$$

Zunächst soll der Einfluss des reinen Punktgitters auf das Beugungsbild untersucht werden. Die Streuung sei elastisch, d.h., die Energie und damit die Frequenz der einkommenden Welle sei gleich derjenigen der gestreuten.

Die einfallende Welle werde durch den Wellenvektor $\vec{k}$ und die Kreisfrequenz ω beschrieben. Ebenso gelte für die gestreute Welle $\vec{k}'$ und ω'. Der k-Vektor steht senkrecht auf der Wellenfront in Ausbreitungsrichtung und sein Betrag ist:

$$|\vec{k}| = \frac{2\pi}{\lambda} = |\vec{k'}| \tag{3.4}$$

Ebenso ist $\omega = \omega'$, weil wir elastische Streuung voraussetzen.

Die Welle wird dargestellt durch:

$$E = E_0 \sin(\vec{k}\vec{x} - \omega t) \tag{3.5}$$

oder:

$$E = E_0 \cdot e^{i(\vec{k}\vec{x} - \omega t)} \tag{3.6}$$

Der Gangunterschied der gestreuten Teilwellen muss bei einer konstruktiven Interferenz ganzzahlige Vielfache von 2π betragen, andernfalls löschen sich die Wellenzüge gegenseitig aus. Wenn man eine Teilwelle vom Gitter-„Aufpunkt" P in die Richtung $\vec{k'}$ laufen lässt, die andere Teilwelle von einem Gitterpunkt P', der von P den Abstand $\vec{r}$ hat, so errechnet sich der Gangunterschied zwischen beiden Teilwellen wie folgt: Die ankommende Welle muss bis zum Punkt P' gegenüber dem Punkt P um die Strecke $\vec{r} \cdot \vec{k}$ länger laufen, spart aber zum Schirm die Distanz $\vec{r} \cdot \vec{k'}$ wieder ein (Abb. 3.1-12).

Der Gangunterschied ist also:

$$(\vec{k'} - \vec{k}) \cdot \vec{r} = \overrightarrow{\Delta k} \cdot \vec{r} \tag{3.7}$$

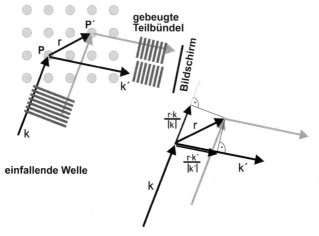

Abb. 3.1-12 Herleitung der Bragg'schen Beziehung mit Hilfe der Vektoralgebra.

Alle Teilwellenamplituden addieren sich, wenn dieser Gangunterschied für alle Gitterpunkte ein ganzzahliges Vielfaches von 2π ist, d.h., wenn

$$\vec{\Delta k} \cdot \vec{r} = \vec{\Delta k} \cdot \sum u_i \vec{a}_i = 2\pi \cdot n \tag{3.8}$$

mit ganzzahligen n für alle Tripel u_i ist.

Gleichung (3.8) ist eine andere Formulierung der Bragg'schen Bedingung. Wenn diese Bedingung nicht eingehalten wird, verteilen sich die Phasen der Teilwellen gleichmäßig über das ganze Intervall $(0, 2\pi)$, d.h., die Teilwellen interferieren einander vollständig weg.

Die Bragg'sche Bedingung soll aber im Folgenden auf eine weitere elegante Weise dargestellt werden. Dazu muss zunächst der Begriff des reziproken Gitters eingeführt werden.

Das reziproke Gitter ist ein Translationsgitter mit den Gittervektoren $\vec{b}_k$, die mit den Grundvektoren $\vec{a}_i$ des eigentlichen Gitters in folgender Beziehung stehen:

$$\vec{b}_k \cdot \vec{a}_i = \delta_{ik} = \begin{pmatrix} 0 & (k \neq i) \\ 2\pi & (k = i) \end{pmatrix} \tag{3.9}$$

Die Gittervektoren des reziproken Gitters werden nach folgender Vorschrift gebildet:

$$\vec{b}_1 = 2\pi \cdot \frac{\vec{a}_2 \times \vec{a}_3}{\vec{a}_1 \cdot \vec{a}_2 \times \vec{a}_3} \quad \text{usw.} \tag{3.10}$$

Der Vektor $\vec{b}_1$ steht also orthogonal auf $\vec{a}_2$ und $\vec{a}_3$. Der Nenner ist das so genannte „Spat-Produkt". Er ist gleichzeitig das Volumen der primitiven Elementarzelle des Kristallgitters und hat somit die Einheit [Länge^3]. Das Kreuzprodukt im Zähler stellt die Fläche dar, die von den Vektoren $\vec{a}_i$ und $\vec{a}_j$ aufgespannt wird. Der reziproke Gittervektor hat somit die Dimension [Länge^{-1}].

Der Translationsvektor des reziproken Gitters hat die allgemeine Form:

$$\vec{g} = \sum_{k=1}^{3} l_k \vec{b}_k \tag{3.11}$$

Man kann hier mit Recht fragen, warum dem realen Gitter ein reziprokes Gitter hinzugefügt wird, das doch zunächst recht unanschaulich wirkt. Ohne dass es hier bewiesen werden soll, wird mit dem Bildungsgesetz Gl. (3.10) das reale Gitter in den Fourier-Raum transformiert. Jeder Translationsvektor $\vec{g}$ des reziproken Gitters stellt ein mögliches Beugungsbild des realen Gitters dar. Die Transformation des realen Gitters in das reziproke Gitter ist also ebenso sinnvoll wie die Transformation einer realen Abbildung in den Fourier-Raum. Man sollte das reziproke Gitter als eine mathematische Unterstützung sehen, mit der man die Beugungserscheinungen am Kristall elegant erklären kann.

Als Produkt eines Translationsvektors $\vec{r}$ des realen Gitters mit dem Translationsvektor $\vec{g}$ des reziproken Gitters ergibt sich:

$$\vec{r} \cdot \vec{g} = \sum_{i=1}^{3} u_i \vec{a}_i \cdot \sum_{k=1}^{3} l_k \vec{b}_k = 2\pi \sum_{i,k=1}^{3} u_i l_k = 2\pi \cdot n \qquad (3.12)$$

Kehren wir nun zur Bragg'schen Bedingung in Gl. (3.8) zurück und multiplizieren beide Seiten mit dem entsprechenden Translationsvektor des reziproken Gitters $\vec{g}$, so erhalten wir:

$$\vec{\Delta k} \cdot \vec{r} \cdot \vec{g} = \vec{\Delta k} \cdot \sum_{i=1}^{3} u_i \vec{a}_i \cdot \sum_{k=1}^{3} l_k \vec{b}_k = \vec{\Delta k} \cdot 2\pi \cdot m = 2\pi \cdot n \cdot \vec{g} \qquad (3.13)$$

Man beachte, dass m und n keine Konstanten, sondern laufende ganzzahlige Indizes sind. Damit die Gleichung für alle $\vec{r}$ des realen Gitters und alle $\vec{g}$ des reziproken Gitters erfüllt wird, gibt es zu jedem m ein entsprechendes n, so dass n/m stets 1 ist. Damit ergibt sich die kürzeste und eleganteste Form der Bragg'schen Beziehung:

$$\vec{\Delta k} = \vec{g} \qquad (3.14)$$

Eine graphische Interpretation der Interferenzbedingung ist die Ewald-Konstruktion (Abb. 3.1-13). Man zeichne das reziproke Gitter des betreffenden Gitters und lege den k-Vektor so hinein, dass seine Spitze auf einen Gitterpunkt fällt. Nun schlage man einen Kreis um den Anfangspunkt des Vektors mit dem Radius k. Schneidet dieser Kreis noch andere Gitterpunkte des reziproken Gitters, so sind grundsätzlich konstruktive Interferenzreflexe möglich. Der Vektor $\vec{k}'$ wäre dann so in die Graphik hineinzulegen, dass er einen gemeinsamen Fußpunkt mit $\vec{k}$ hat und mit seiner Spitze auf diesen zweiten Schnittpunkt zeigt. In diesem Fall entspricht die Differenz zwischen den Endpunkten von $\vec{k}$ und $\vec{k}'$ einem reziproken Translationsvektor $\vec{g}$ und man erhält unter diesen Bedingungen einen Beugungsreflex in Richtung von $\vec{k}'$. Damit ist die Bragg'sche Beziehung der Gl. (3.14) erfüllt.

Die Wahrscheinlichkeit, mit dem Ewald-Kreis einen weiteren Gitterpunkt zu schneiden, ist im Allgemeinen recht gering. Wie aber kann man die „Trefferquote" erhöhen? Grundsätzlich gibt es dazu drei Methoden:

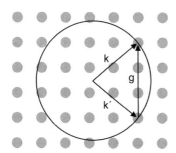

Abb. 3.1-13 Ewald-Konstruktion.

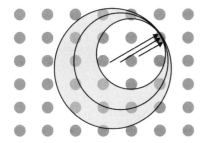

Abb. 3.1-14 Laue-Methode.

Laue-Methode

Statt einer monochromatischen Welle lässt man ein ganzes Bündel unterschiedlicher Wellen $\vec{k}_1 \ldots \vec{k}_i \ldots \vec{k}_n$ (sozusagen „weißes" Röntgenlicht) parallel in den Kristall einlaufen. Für jedes $\vec{k}_i$ können wir einen Ewald-Kreis konstruieren. Die Summe aller Kreise bildet dann einen Bereich, wie er in Abb. 3.1-14 skizziert ist. Die Trefferwahrscheinlichkeit ist damit erheblich gesteigert. Allerdings wurde dies nur mit dem Verlust der genauen Wellenlängenkenntnis erreicht. Für eine erste grobe Strukturanalyse mag dies aber ausreichen.

Bragg-Methode

Eine andere Möglichkeit, die Trefferchance mit dem Ewald-Kreis zu erhöhen, stellt sich dar, wenn man den Kristall relativ zum Wellenvektor k dreht, wie das in Abb. 3.1-15 angedeutet ist. Mit dem Kreis überstreicht man im Laufe einer 360°-Drehung ein großes Gebiet des reziproken Kristalls und findet mit Sicherheit zahlreiche Gitterpunkte, die den Ewald-Bedingungen genügen.

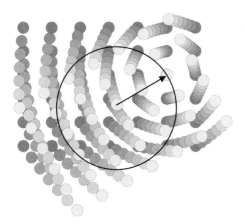

Abb. 3.1-15 Bragg-Methode.

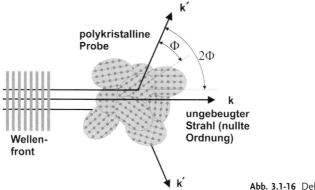

Abb. 3.1-16 Debye-Scherrer-Methode.

Debye-Scherrer-Methode

Statt den Kristall zu drehen, kann man ihn auch pulverisieren. Dadurch erfasst das Lichtbündel, das von $\vec{k}$ repräsentiert wird, viele Kristallite, die statistisch in allen Orientierungen angeordnet sind. Es wird darunter immer einige geben, die in „Bragg-Orientierung" liegen (Abb. 3.1-16). Diese Methode wird im nächsten Abschnitt eingehender behandelt, da sie eine einfache Methode darstellt, schnell zu einer ersten Strukturanalyse zu gelangen.

Der Einfachheit halber wurde bei der Ewald-Konstruktion immer nur das zweidimensionale reziproke Gitter betrachtet. Im realen Fall muss natürlich das dreidimensionale Gitter herangezogen werden und die Ewald-Konstruktion erweitert sich auf eine Ewald-Kugel.

Die Bragg-Beziehung zur Bestimmung einer Beugungsrichtung bezieht sich auf das abstrahierte Punktgitter. Diese Erfüllung der Bragg-Beziehung ist also notwendig, aber nicht hinreichend für die Charakterisierung eines Reflexes. Die Intensität eines Reflexes hängt von der Struktur der Basis des Gitters (also dem „physikalischen" Teil des Kristalls) ab. Für die Berechnung der Intensität benötigt man Kenntnis über die folgenden Parameter:

- die Anordnung der Atome in der Basiseinheit,
- die Struktur der Elektronenhülle jedes Atoms der Basis und schließlich
- die Oszillation des Gitters und der Basis aufgrund der thermischen Energie.

In allen drei Fällen handelt es sich um eine Intensitätsschwächung durch Interferenz der Teilstreuwellen von den einzelnen Strukturelementen der Basis.

Die Basiseinheit bestehe aus m Atomen an den Orten:

$$b_j = x_j a_1 + y_j a_2 + z_j a_3 \text{ mit } j = 1, 2, 3, \ldots m \tag{3.15}$$

Die vom j-ten Atom ausgehende Kugelstreuwelle habe die relative Amplitude A_j. Ihr Beitrag zum gebeugten Bündel (Wellenvektor $\vec{k}'$) ist gegeben durch den Gangunterschied bzw. durch den Phasenfaktor $e^{ib_j \Delta k}$.

Die Streuamplitude der Basis leistet also einen Beitrag, der durch den Strukturfaktor B gegeben ist:

$$B = \sum_{j=1}^{m} a_j \cdot e^{ib_j \Delta k} \tag{3.16}$$

Der Beitrag durch die Elektronenhülle des j-ten Atoms der Basis wird wiederum durch den atomaren Streufaktor A_j gegeben. Dieser Streufaktor ist übrigens unterschiedlich, je nachdem ob die Beugung mit Photonen oder Partikeln durchgeführt wird, da natürlich je nach Natur der streuenden Partikel die Wechselwirkung mit dem Atom eine andere ist.

Die folgende Diskussion soll auf Photonen beschränkt bleiben, deren Streuung also Rückschlüsse auf die Elektronen-Dichteverteilung im Kristall zulässt. Die Elektronendichte des j-ten Atoms am Ort x (gemessen vom Atomschwerpunkt b_j aus) sei $n(x)$. Ein Volumenelement dV streut proportional zur darin enthaltenen Elektronenanzahl $n(x)\, dV$. Der Gesamtbeitrag des Atoms zur Streuamplitude ist dann:

$$\int e^{ib_j + x\Delta k} \cdot n(x) dV = e^{ib_j \Delta k} \cdot \int e^{ix\Delta k} n(x) dV \tag{3.17}$$

Damit ist der weiter oben eingeführte Atom-Strukturfaktor definiert zu:

$$A_j = \int e^{ix\Delta k} n(x) dV \tag{3.18}$$

Für eine vergleichsweise große Wellenlänge oder ein sehr kleines Δk ist der Exponent in obiger Formel 0 und A_j wird gleich Z, der Ordnungszahl des Atoms oder der Gesamtzahl der Elektronen in der Hülle. Daraus sieht man, dass mit zu großem λ eine genaue Strukturanalyse nicht mehr möglich ist. Jede ausgedehnte Elektronenverteilung schwächt die Amplitude durch innere Interferenz um so stärker, je größer Δk, also im Allgemeinen, je kürzer λ ist. Das heißt aber mit anderen Worten, je kürzer die Wellenlänge der Photonen, desto detaillierter ist eine Strukturanalyse der Elektronendichteverteilung.

3.2 Methoden zur Bestimmung der Kristallstruktur

3.2.1 Röntgenstrahlbeugung

Im vorigen Abschnitt wurde die Methode von Debye und Scherrer bereits vorgestellt. Dabei ist das zu analysierende Medium ein polykristallines Pulver, in dem die winzigen Kristalle in allen nur möglichen Orientierungen zur Richtung des untersuchenden Röntgenstrahls vorliegen. Eine Untermenge von ihnen wird sich immer in einer Position befinden, die die Bragg'sche Bedingung erfüllt. Die Pulvermethode eignet sich gut für die qualitative Analyse einer Probe und für eine erste Abschätzung der Größe und Symmetrie einer Elementarzelle und die mittlere Größe der Kristallite; sie kann aber natürlich nicht mit der Bragg'schen Methode, bei der mit monochromatischem Röntgenlicht genaue Informationen über die Elektronendichteverteilung in einem Einkristall gewonnen werden, konkurrieren.

Bei der pulverförmigen Probe werden einige Kristallite so orientiert sein, dass ihre {hkl}-Ebenen mit dem Abstand d_{hkl} im Winkelabstand 2Φ vom ursprünglichen Strahl zu einer Beugungsintensität führen. Die Reflexbedingung gilt nun für alle Kristallebenen, die zur „optischen Achse" den Winkel Φ bilden. Sie liegen dabei rotationssymmetrisch um die optische Achse und bilden somit einen Beugungskegel mit dem Öffnungswinkel 2Φ. Für jede Kristallebene {hkl} ergibt sich ein bestimmter Öffnungswinkel, so dass sich schließlich ein Debye-Scherrer-Diagramm aus einer Schar von ineinander geschobenen Beugungskegeln für alle Netzebenen ergibt.

Das Prinzip einer Debye-Scherrer-Kamera ist in Abb. 3.2-1 dargestellt. Die Probe befindet sich in einem Röhrchen, das während der Aufnahme um seine Längsachse gedreht wird, damit die zufällige Orientierung der Kriställchen sichergestellt ist. Die Beugungskegel werden als Schnittlinien mit der Filmebene photographisch registriert.

Um den Winkel Φ eines Reflexes zu ermitteln, misst man auf dem Filmstreifen den Abstand – und damit den Winkelabstand – zur nullten Ordnung in Ge-

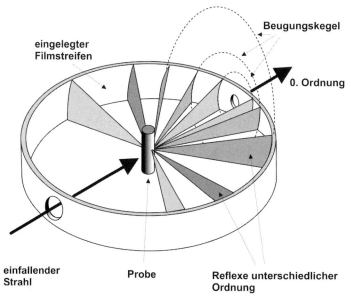

Abb. 3.2-1 Prinzipskizze einer Debye-Scherrer-Kamera.

Tab. 3.2-1 Mögliche Reflexe des kubischen Gitters und die zugehörigen Quadratsummen der Miller'schen Indizes

(hkl)	$h^2+k^2+l^2$
(100)	1
(110)	2
(111)	3
(200)	4
(210)	5
(211)	6
(220)	8
(300)	9
(221)	9

radeaus-Richtung. Wenn die Zahlenwerte (hkl) bekannt sind, kann man nach der Bragg'schen Beziehung d_{hkl} berechnen. In einem kubischen Gitter mit einer Elementarzelle der Seitenlänge a ist der Abstand der Ebenen gegeben durch:

$$d_{hkl} = \frac{a}{\sqrt{h^2 + k^2 + l^2}} \tag{3.19}$$

Daraus folgt für die Winkel, bei denen die (hkl)-Ebenen die Beugungsbedingungen erfüllen:

$$\sin \Phi_{hkl} = \frac{\lambda}{2a} \sqrt{h^2 + k^2 + l^2} \tag{3.20}$$

Die möglichen Reflexe kann man berechnen, indem man für h, k und l Zahlen einsetzt. Bei der Summenbildung für $h^2+k^2+l^2$ gibt es Lücken in der Zahlenreihe, wie man Tab. 3.2-1 entnehmen kann. Es fällt auf, dass z. B. die Zahl 7 fehlt und dafür die Zahl 9 doppelt besetzt ist. Das Beugungsmuster hat also Lücken, die für eine primitive kubische Struktur charakteristisch sind. In Abb. 3.2-2 sind die Debye-Scherrer-Pulverdiagramme und ihre systematischen Lücken schematisch aufgezeichnet. Man beachte jedoch dabei, dass hier die Positionen der theoretisch möglichen Reflexe, jedoch nicht ihre Intensitäten dargestellt sind. Trotz einer möglichen Position kann die Intensität an dieser Stelle 0 sein, so dass kein Reflex zu bemerken ist. Andererseits ist es nicht möglich, dass ein Reflex an einer Stelle auftaucht, die nicht durch die Bragg'sche Reflexionsbedingung gegeben ist.

3.2.2
Elektronenstrahlbeugung

Neben der Analyse durch Photonen kann man auch Elektronenstrahlen zur Strukturanalyse nutzen. Elektronenstrahlen haben sehr viel kürzere Wellenlängen

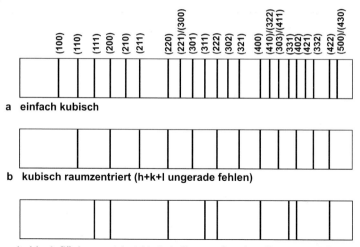

Abb. 3.2-2 Theoretisch mögliche Reflexe der drei kubischen Kristalltypen:
a) einfach kubisch, b) kubisch raumzentriert, c) kubisch flächenzentriert.

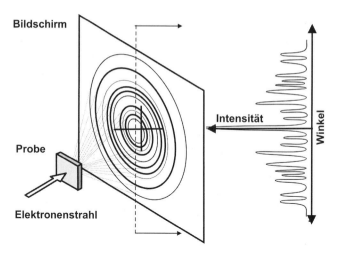

Abb. 3.2-3 Anordnung zur Messung der Elektronenstrahlbeugung nach Debye-Scherrer.

als Photonen (Elektronen, die auf eine Energie von 10 keV beschleunigt werden, haben eine Wellenlänge von 0,12 Å). Die Wechselwirkung mit der Elektronenhülle und dem Kern des zu analysierenden Atoms ist wesentlich intensiver. Das hat allerdings zur Folge, dass die Eindringtiefe geringer ist als bei Röntgenstrahlung. Daher sind die Untersuchungsmöglichkeiten und die Präparation der Proben signifikant unterschiedlich. Elektronenstrahlung wird bevorzugt zur Analyse dünner Schichten, von Oberflächen und sogar Gasen angewendet.

Bei der Analyse dünner Schichten ist die Debye-Scherrer-Methode ein geläufiges Verfahren. Dabei verwendet man polykristalline Filme auf amorphen Trägerfolien aus Kohlenstoff oder Al_2O_3. Die Untersuchung muss natürlich im Vakuum stattfinden (Abb. 3.2-3).

Mit der Elektronenstrahlbeugung kann noch genauer als mit Photonen die innere Struktur eines komplexen Kristalls analysiert werden. Für wenige Atome in einer Basis ist dieses Verfahren noch relativ überschaubar, für ein Makromolekül ist die Strukturanalyse jedoch extrem unübersichtlich und nur mit hohem mathematischen Aufwand durchzuführen.

3.3
Grundlagen der galvanischen Abscheidung

Grundsätzlich ist jede chemische Substanz in flüssiger oder fester Phase, die in Ionen dissoziiert ist, ein Elektrolyt. Unter dem Einfluss eines elektrischen Feldes können diese Ionen elektrische Ladungen von einer Elektrode zur anderen tragen und somit einen elektrischen Strom erzeugen.

Wenn ein Molekül wie NaCl in Wasser aufgelöst wird, kann die Dissoziationsenergie nicht vom thermischen Energieinhalt des Lösungsmittels aufgebracht werden. Stattdessen versammeln sich um das Kation Wassermoleküle, die eine Art Schild bilden. Dieser Prozess wird Hydratation oder Solvatation genannt und liefert als Hydratationsenergie den nötigen Beitrag zur Dissoziation. Wegen der besonderen polaren Struktur der Wassermoleküle ist die negative Ladungsdichte größer als die positive, wie man aus Abb. 3.3-1a ersehen kann. Daher haben Kationen im Lösungsmittel im Allgemeinen eine stabilere Hydratschicht als Anionen (Abb. 3.3-1b).

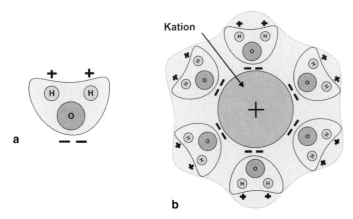

Abb. 3.3-1
a) Wassermolekül mit unterschiedlichen Ladungsdichten für positive und negative Ladungen.
b) Modell eines solvatisierten Kations mit einem Hydratschild von Wassermolekülen.

In einem elektrolytischen Tank bewegen sich die positiv geladenen Ionen auf die Kathode zu und werden deshalb Kationen genannt, entsprechend heißen die negativen Ionen Anionen (Abb. 3.3-2a). Diese Ionen erfahren im elektrischen Feld die Kraft:

$$|\vec{F}_e| = z \cdot e \cdot |\vec{E}| \tag{3.21}$$

wobei z die Ladungszahl und e die Einheitsladung ist.

Da sich diese Ionen nicht im Vakuum bewegen, sondern in einer Flüssigkeit, erfahren sie eine Reibungskraft, die proportional mit der Geschwindigkeit der Ionen ansteigt. Diese Reibungskraft kann mit Hilfe der Stokes-Gleichung berechnet werden zu:

$$|\vec{F}_f| = 6\pi r \eta |\vec{v}| \tag{3.22}$$

mit r dem Ionenradius, $\vec{v}$ der Geschwindigkeit und η der Viskosität des Lösungsmittels.

Nach einer kurzen Startphase, in der die Ionen nach dem Anlegen eines Feldes beschleunigt werden, bewegen sie sich mit konstanter Geschwindigkeit:

$$|\vec{v}| = \frac{z \cdot e \cdot |\vec{E}|}{6\pi r \eta} \tag{3.23}$$

Die so genannte elektrische Beweglichkeit der Ionen ist eine Funktion der Materialparameter der Ionen und des Lösungsmittels und ist definiert zu:

$$u = \frac{|\vec{v}|}{|\vec{E}|} = \frac{z \cdot e}{6\pi r \eta} \tag{3.24}$$

Im Folgenden soll der Strom in einem Elektrolyten berechnet werden, wenn an die beiden Elektroden eine Spannung angelegt wird. Dazu betrachte man einen Tank wie in Abb. 3.3-2c dargestellt mit den beiden Elektroden im Abstand l.

Die Stoffmenge des Elektrolyten c ist definiert zu $c = n/V$. Dabei ist n die Teilchendichte des betreffenden Stoffes und V ist das Volumen des Elektrolyten. Der Einfachheit halber wählen wir einen Elektrolyten mit nur einem Kation-Typ mit der Ladungszahl $z^+ = 1$ und einem Anion-Typ mit der Ladungszahl $z^- = 1$. Der Strom in Anwesenheit eines elektrischen Feldes besteht somit aus allen Kationen, die die Fläche A innerhalb der Zeit t in Richtung Kathode durchqueren und allen Anionen, die in gleicher Zeit die Fläche A in Richtung Anode durchqueren.

Die Zahl der Kationen, die an dem Strom beteiligt sind, ist dann:

$c \cdot N_A \cdot A \cdot v^+ \cdot t$ mit der Ladung $z^+ \cdot e$

und für die Anionen gilt entsprechend:

$c \cdot N_A \cdot A \cdot v^- \cdot t$ mit der Ladung $z^- \cdot e$

Dabei ist N_A die Avogadro-Zahl ($N_A = 6{,}02214 \cdot 10^{23}\,\text{mol}^{-1}$).

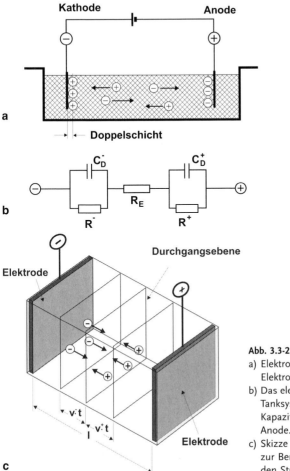

Abb. 3.3-2
a) Elektrolytischer Tank mit den zwei Elektroden (Kathode und Anode).
b) Das elektrische Ersatzschaltbild des Tanksystems; C_D^- und C_D^+ sind die Kapazitäten der Kathode und der Anode.
c) Skizze des elektrolytischen Tanks zur Berechnung des durchgehenden Stromes.

Der Gesamtstrom ist dann:

$$I = \frac{Q}{t} = N_A \cdot e \cdot A \cdot c \cdot (z^+ \cdot v^+ + z^- \cdot v^-) \tag{3.25}$$

Mit den Beziehungen $E = U/l$ und $N_A \cdot e = F$ (Faraday-Konstante $F = 9{,}648456 \cdot 10^4$ C mol^{-1}) und Gl. (3.24) lässt sich die Gl. (3.25) umformen zu:

$$I = \frac{F \cdot A \cdot c}{l}(u^+ \cdot z^+ + u^- \cdot z^-) \tag{3.26}$$

Der spezifische Widerstand ρ eines leitfähigen Stoffes ist definiert zu:

$$\rho = r \cdot \frac{A}{l} \tag{3.27}$$

In der Elektrochemie ist der Ausdruck Leitfähigkeit geläufiger:

$$\kappa = \frac{1}{\rho} = F \cdot c(u^+ \cdot z^+ + u^- \cdot z^-) \tag{3.28}$$

Es stellt sich nun die Frage, ob das Ohm'sche Gesetz auch für einen Elektrolyten anwendbar ist oder nicht. Selbst wenn man den Elektrolyten als einen reinen Ohm'schen Widerstand ansehen könnte, so gilt doch für das Gesamtsystem Kathode-Elektrolyt-Anode das Ohm'sche Gesetz nicht, wie man leicht aus dem Ersatzschaltbild der Abb. 3.3-2b sehen kann. An der Grenzschicht Elektrode-Elektrolyt bildet sich eine Doppelschicht von Ladungsträgern aus, die wie ein nichtlinearer Widerstand in Reihe mit dem Elektrolyten wirkt. Der Gesamtwiderstand des elektrolytischen Systems ergibt sich daher zu:

$$R_{total} = \frac{R^-}{1 + i\omega C^- R^-} + R_E + \frac{R+}{1 + i\omega C^+ R^+} \tag{3.29}$$

Um den elektrolytischen Widerstand allein zu messen, legt man eine Wechselspannung an die Elektroden. Bei entsprechend hoher Frequenz (gewöhnlich 50 kHz) wird der kapazitive Widerstand kurzgeschlossen, d.h., in der Gl. (3.29) werden die Impedanzen von Kathode und Anode sehr klein gegenüber R_E und damit ist eine recht genaue Messung des Widerstandes bzw. der Leitfähigkeit des Elektrolyten möglich.

3.3.1
Phasengrenze Elektrode-Elektrolyt

3.3.1.1 Elektrisches und elektrochemisches Potential
Das in der Abb. 3.3-2 gezeigte Elektrode-Elektrolyt-System ist zu vereinfacht dargestellt, um daraus Details für die galvanische Abscheidung ableiten zu können. Deshalb sollen im Folgenden zunächst einige elektrochemische Definitionen eingeführt werden, um dann sukzessive ein realistischeres Modell des Elektrode-Elektrolyt-Systems zu entwickeln.

An der Grenze zweier Phasen (Metall-Elektrolyt) entsteht immer eine elektrische Doppelschicht. Dafür gibt es viele Gründe, etwa eine ausgerichtete monomolekulare Deckschicht aus polaren Molekülen oder die selektive Adsorption nur eines Typs von Ionen (etwa Kationen) an der Metalloberfläche, wobei sich dann die zurückgewiesenen Anionen in der Nähe der Kationen ansammeln und sich so eine elektrische Doppelschicht bildet. Das gesamte elektrische Potential zwischen der Phase α (Metallelektrode) und der Phase β (Elektrolyt) wird inneres Potential oder Galvani-Potential genannt. Das Galvani-Potential φ ist dabei die Summe vom so genannten äußeren Potential ψ und dem Oberflächenpotential χ:

$$\varphi = \psi + \chi \tag{3.30}$$

In der Abb. 3.3-3 ist eine graphische Darstellung der unterschiedlichen Potentiale an der Phasengrenze gegeben.

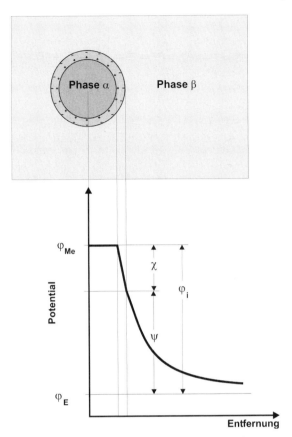

Abb. 3.3-3 Graphische Darstellung der unterschiedlichen Potentiale an der Phasengrenze. φ_E stellt das innere Potential der Phase β (im Elektrolyten) dar, während φ_{ME} das innere Potential der Phase α (im Inneren der Metallelektrode) bezeichnet.

Wie bereits weiter oben erwähnt, sind die Kationen im Elektrolyten von einer Schicht polarisierter Wassermoleküle umgeben und bilden somit einen Molekül-Cluster. Diese Cluster bilden an der Elektrodenoberfläche eine kapazitive Doppelschicht, bei der sich die Elektronen des Metalls den angelagerten Kationen gegenüberstehen. Nach dieser Modellvorstellung, die auf Helmholtz zurückgeht, besteht der Elektrolyt an der Phasengrenze aus einer monomolekularen Schicht von positiv geladenen Ionen, während im Innern des Elektrolyten Kationen und Anionen in gleicher Zahl vorliegen, so dass der Elektrolyt nach außen neutral erscheint. Die Dicke der Doppelschicht ist $d_{äH}$, wie man aus Abb. 3.3-4a ersehen kann. Die zweidimensionale Schicht der geladenen Teilchen (oder genauer die Ebene der Ladungsschwerpunkte der hydratisierten Ionen) wird „äußere Helmholtz-Ebene" genannt. Die Doppelschicht kann wie ein Parallelplatten-Kondensator behandelt werden. Die Kapazität lässt sich berechnen zu:

74 | 3 Physikalische und chemische Grundlagen der Mikrotechnik

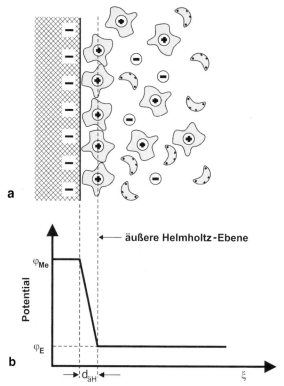

Abb. 3.3-4
a) Struktur der Helmholtz-Doppelschicht,
b) zugehörige Potentialfunktion $\varphi(\xi)$.

$$C = \frac{\varepsilon_r \varepsilon_0 \cdot A}{d_{0H}} \quad (3.31)$$

mit ε_r der Dielektrizitätskonstanten (dimensionslos), ε_0 der Influenzkonstanten ($\varepsilon_0 = 8{,}8542 \cdot 10^{-12}$ [AsV^{-1}m^{-1}]) und A der Elektrodenfläche.

Die entsprechende Potentialfunktion ist dann:

$$\Delta\varphi = \frac{Q}{C} = \frac{Q \cdot d(\xi)}{\varepsilon_r \varepsilon_0 \cdot A} \quad (3.32)$$

Trägt man diese Funktion gegen ξ auf, ergibt sich eine Gerade, wie aus Abb. 3.3-4 b ersichtlich.

In diesem einfachen Modell findet der gesamte Potentialsprung innerhalb der Strecke $d_{äH}$ zwischen Elektrodenoberfläche und äußerer Helmholtz-Ebene statt. Setzt man ein Potential von 1 V an, dann ergibt sich zwischen Elektrode und Helmholtz-Ebene ein Feld von etwa 10^7 [Vcm^{-1}]. Dieses extrem hohe Feld beeinflusst die molekulare Struktur des Ionen-Clusters so, dass beim Durchtritt durch diese Region das Ion seine Hydratschicht abstreifen kann.

Diese Modellansicht, dass der Potentialsprung nur zwischen Elektrode und äußerer Helmholtz-Schicht stattfindet, entspricht nicht den physikalischen Verhältnissen und muss entsprechend verfeinert werden. Es ist unrealistisch anzunehmen, dass die äußere Helmholtz-Schicht eine starre Wand bildet, da stets Brown'sche Wärmebewegung und Diffusion dem entgegenwirken. Gouy und Chapman haben unabhängig voneinander ein Modell entwickelt, bei dem Brown'sche Bewegung und Diffusion durch die Einführung einer „diffusen Doppelschicht" berücksichtigt werden. Diese Schicht erstreckt sich in den Elektrolyten hinein und bewirkt einen allmählichen Abfall des Potentials in Richtung des Elektrolytinnern. Mit Hilfe der Poisson-Gleichung kann dieser Potentialverlauf berechnet werden:

$$\nabla^2 \varphi(\xi) = -\frac{\rho(\xi)}{\varepsilon_r \varepsilon_0} \tag{3.33}$$

Löst man die Differentialgleichung (3.33) und setzt die Randbedingungen ein, so erhält man die Potentialgleichung:

$$\varphi(\xi) - \varphi_E = (\varphi_{0H} - \varphi_E) \cdot e^{-\frac{\xi}{\beta}} \tag{3.34}$$

mit β als einem Maß für den Radius der Ionenwolke.

Stern führte die beiden Modelle von Helmholtz, Gouy und Chapman zusammen zu einem System mit einer äußeren Helmholtz-Ebene und einer diffusen Doppelschicht. Bockris, Devanathan, und Mueller schließlich führten eine weitere Ebene ein, die aus einer Mischung aus Wassermolekülen, neutralen Atomen, Molekülen und sogar Anionen besteht und unmittelbar an der Elektrodenoberfläche anliegt. Das ist möglich, weil an der Oberfläche nicht nur elektrostatische Kräfte wirksam sind, sondern auch chemische und Van-der-Waals-Kräfte. Auch diese Ebene wird durch die Ladungsschwerpunkte der angelagerten Ionen gelegt und heißt „innere Helmholtz-Ebene". Dieses Modell und das korrespondierende Potential $\varphi(\xi)$ sind in Abb. 3.3-5 skizziert. Wie man sieht, schließt sich dem linearen Abfall des Potentials zwischen innerer und äußerer Helmholtz-Ebene ein Potentialgefälle in das Innere des Elektrolyten an, das je nach Konzentration des Elektrolyten steiler oder flacher ausfällt.

3.3.2
Polarisation und Überspannung

Bisher wurde nur der statische Fall behandelt, bei dem außer einem anfänglichen Verschiebungsstrom bei Einschalten des Feldes der äußere Strom zwischen Anode und Kathode null ist.

Beim Prozess der galvanischen Abscheidung müssen jedoch Ionen aus dem Inneren des Elektrolyten zur Elektrode transportiert werden, wo sie durch La-

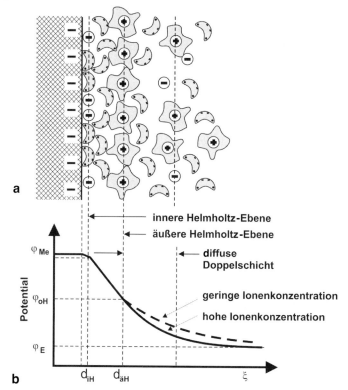

Abb. 3.3-5 (a) Vollständiges Bild der Elektroden-Elektrolyt-Grenzschicht nach den Modellvorstellungen von Helmholtz, Gouy und Chapman, Stern, Bockris, Devanathan und Müller. (b) zeigt den Potentialfall in das Innere des Elektrolyten für hohe Konzentration (durchgezogene Linie) und für schwache Konzentration (gestrichelt).

dungsaustausch (Elektronen) neutralisiert werden und in die kristallographische Struktur des Festkörpers eingebaut werden.

Das thermodynamische Gleichgewicht wird durch das Gleichgewichtspotential $\varphi(0)$, bei dem theoretisch der Austausch von Elektronen zwischen Elektrode und Elektrolyt stattfindet, bestimmt. In Wirklichkeit findet dieser Austausch (im thermodynamischen Ungleichgewicht) aber erst bei einem höheren Potential, dem Überpotential statt. Dieses Überpotential η (auch Polarisation genannt) ist definiert als die Differenz zwischen dem Gleichgewichtspotential $\varphi(0)$ und dem Potential $\varphi(j)$ im stromführenden Zustand:

$$\eta(j) = \varphi(j) - \varphi(0) \tag{3.35}$$

Das Überpotential entsteht aus einer Kombination verschiedener Ursachen, die im Folgenden aufgelistet sind:

- Das Elektronen-Transfer-Überpotential η_r, bedingt durch einen behinderten Ladungsaustausch. Der Austausch von Elektronen zwischen der Elektrode und dem adsorbierten Ion, der Übergang zum neutralen Atom sowie der Übergang vom freien Atom zum Adatom an der Oberfläche der Elektrode ist das entscheidende Glied in der Prozesskette der galvanischen Abscheidung. Das ist gleichzeitig der Übergang vom elektronischen Strom zum ionischen Massentransport an die Elektrode.
- Das Diffusionsüberpotential η_{diff}, hervorgerufen durch einen behinderten Massentransport. Zwischen Anode und Kathode können Konzentrationsunterschiede des Elektrolyten auftreten, die durch Hydratation, Dehydratation, Komplexbildung und andere konkurrierende Reaktionen nahe den Elektroden bewirkt werden. Dadurch entsteht eine Diffusionshemmung an der Elektrode, die sich in einem Überpotential η_{diff} äußert. Diese Diffusionshemmung wird im folgenden Abschnitt 3.3.3 im Detail behandelt.
- Das Reaktionsüberpotential η_r, bedingt durch eine vorhergehende oder anschließende zeitbestimmende Reaktion.
- Das Adsorptionsüberpotential η_{ad}, das durch das Abstreifen der Hydrathülle und durch die Adsorption an der Elektrodenoberfläche hervorgerufen wird.
- Das Kristallisationsüberpotential η_{crist}, das durch die Oberflächenmigration der angelagerten Atome zu energetisch günstigen Plätzen auf der Festkörperoberfläche hervorgerufen wird (siehe Abb. 3.3-6).

3.3.3
Mechanismen der kathodischen Metallabscheidung

Wie kommt es an einer Metallkathode zur Abscheidung von Metall aus einer Elektrolytlösung? Es soll versucht werden, den möglichen Weg des solvatisierten Metallions aus dem Elektrolytinnern bis zur Aufnahme in das Gitter des Kathodenmetalls zu verfolgen. Dabei sind folgende Teilschritte zu unterscheiden:

- Überführung zur Reaktionszone durch Migration des Ions aus dem Elektrolytinnern und Eintritt in die Randschichten an der Phasengrenze.
- Durchquerung der diffusen Doppelschicht.
- Einlagerung in die äußere Helmholtz-Schicht (Außenbelegung), Desolvation, Eintritt in die innere Helmholtz-Schicht.
- Wanderung des Me^+ innerhalb der Außenbelegung bis zu einer Stelle, die einer Aktivstelle (Wachstumsstelle) auf der Elektrode gegenüberliegt.
- Durchtritt durch die innere Helmholtz-Schicht und Neutralisation.
- Eintritt in das Metallgitter.

Bei der Wanderung zur Wachstumsstelle auf der Oberfläche der Kathode innerhalb der Außenbelegung der Doppelschicht stößt das Metallion auf Hindernisse. Sie zu überwinden, kostet einen gewissen Energieaufwand, der sich in der Überspannung oder Polarisation ausdrückt.

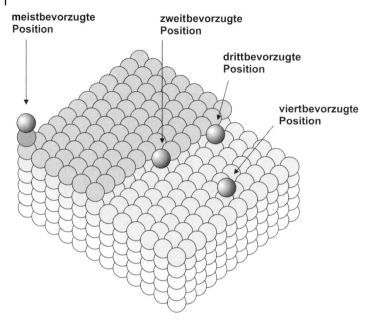

Abb. 3.3-6 Energetisch bevorzugte Plätze für das kristalline Wachstum. Der günstigste Platz für die Anlagerung eines Atoms ist ein bereits existierender Nukleus. Den zweitgünstigsten Platz stellt eine Ecke in einer bereits angefangenen neuen Schichtlage dar, gefolgt von einer neuen Reihe. Energetisch am ungünstigsten ist die Schaffung eines neuen Nukleus auf einer perfekt glatten Kristalloberfläche.

Beim Durchtritt durch die Helmholtz-Schicht steht dem Abscheidungsprozess die größte Energiebarriere entgegen. Das Metallion muss sich durch die dicht aneinander gelagerten Bestandteile der Helmholtz-Schicht hindurchzwängen. In der Helmholtz-Schicht findet sich deshalb auch der Hauptanteil des Spannungsabfalls, der im Wesentlichen die Abscheidungs-Galvani-Spannung an der Kathode bestimmt. Bei diesem Spannungsabfall dürfte das Kation völlig dehydratisiert durch die Schicht treten.

Das Metallion tritt nun aber nicht an einer beliebigen Stelle in das Gitter ein. Die submikroskopische Oberfläche setzt sich aus Bereichen mit unterschiedlicher spezifischer Oberflächenenergie zusammen. In der Regel bilden nur die aktiven Bereiche, d. h. die Bereiche mit der höchsten spezifischen freien Oberflächenenergie, die Eingangspforte zum Metallgitter. Gemessen an der Zahl der überhaupt verfügbaren Gitterplätze ist die Zahl solcher Aktivstellen gewöhnlich relativ klein.

Ein Kristall wird deshalb nicht etwa unter stetigem Aufnehmen von Atomen oder Molekülen wachsen, sondern quasi periodisch, wobei sich aufeinander folgend Netzebenen aufbauen. Im idealen Fall wird eine neue Netzebene erst angefangen, wenn die darunterliegende fertig gestellt ist. Um sich an eine Kristalloberfläche anzulagern, muss das Metallatom durch Oberflächenmigration die energetisch günstigste Stelle in seiner Umgebung finden (Abb. 3.3-6).

Erreicht das primär angelagerte Metallatom keine Wachstumsstelle, sei es, dass es weder bei der Migration eine solche Stelle trifft, noch dass es von einer solchen Stelle aufgenommen werden kann, weil diese Stelle schon durch einen anderen Reaktionspartner besetzt ist, so tritt der im Allgemeinen seltenere Fall ein, dass ein Keim entsteht. Ein neuer Keim benötigt aber zur Bildung eine wesentlich höhere Energie, als wenn sich Metallatome an bereits vorhandene Wachstumsstellen anlagern, was sich in der Höhe der Kristallisationspolarisation offenbart. Die Höhe der notwendigen Keimbildungsenergie hängt vom Entstehungsort des Keimes ab. An Metalloberflächen fällt die Keimbildungsarbeit auf perfekt glatten Kristallflächen am größten, auf Kristallecken oder auf aktiven Fehlstellen des Kristalls am geringsten aus.

Inhibitoren beeinflussen die Galvani-Spannung und sind oft Ursache starker Polarisation. Zur Inhibition fähig sind nicht bloß Elektrolytbestandteile, namentlich organische oder kolloidale Substanzen, sondern auch Reaktionsprodukte der Elektrodenreaktionen. Ebenso tragen auch erhöhte Elektrolytkonzentration, Ansäuern oder Hinzufügen so genannter Leitsalze zur Inhibition bei.

Inhibitoren hemmen das Wachstum und verringern die Keimbildungsarbeit, dadurch fördern sie die Bildung von Keimen auf der Oberfläche. Es entsteht eine konkurrierende Belegung der energetisch günstigen Stellen durch die Metallatome und die Inhibitoren, wobei die Letzteren, da ihre Bindungsenergie grundsätzlich geringer ist als die metallische Bindung der Kationen, letzten Endes von den Metallatomen von ihren Plätzen verdrängt werden. Sie werden also nicht in das Gitter miteingebaut. Wichtig ist, dass die zeitliche Abfolge des Gitteraufbaus mit Inhibitoren gesteuert wird und damit das Kristallgefüge verändert werden kann. Dazu müssen die Stofftransportmechanismen im Elektrolyt näher untersucht werden. In der Praxis überlagern sich verschiedene Mechanismen, wobei der langsamste Prozess die Gesamtgeschwindigkeit bestimmt. Die abzuscheidenden Ionen können grundsätzlich auf drei Arten an die Elektrode transportiert werden:

3.3.3.1 Migration

Mit Migration bezeichnet man den Ionentransport in einem elektrischen Feld. Wie weiter oben bereits besprochen, bewegen sich die Ionen mit der konstanten Geschwindigkeit

$$|\vec{v}| = \frac{z \cdot e \cdot |\vec{E}|}{6\pi r \eta} \tag{3.36}$$

die ein Gleichgewicht zwischen der treibenden Kraft des elektrischen Feldes und der Reibungskraft durch die Viskosität des Lösungsmittels darstellt. Bei einem hohen Leitsalzüberschuss im Elektrolyten oder einer hohen Konzentration der abzuscheidenden Ionen kann sich wegen der hohen Leitfähigkeit kein Feld im Elektrolyten ausbilden und der Einfluss der Migration kann vernachlässigt werden.

3.3.3.2 Diffusion

Durch den Verbrauch der Ionen an der Elektrodenoberfläche entsteht in der elektrodennahen Elektrolytschicht ein Konzentrationsgefälle der an der Reaktion beteiligten Ionen. Aufgrund dieses Konzentrationsgefälles diffundieren Ionen zur Elektrode. Der Ionenstrom wird durch das 1. Fick'sche Gesetz bestimmt:

$$N = -D \cdot \frac{dn}{dx} \tag{3.37}$$

wobei N die Anzahl der Ionen ist, die in einer bestimmten Zeiteinheit die Elektrode erreicht. dn/dx beschreibt das Konzentrationsgefälle über der Diffusionsschicht dx und D stellt einen Diffusionskoeffizienten dar, der auch die Ionenradien der beteiligten Partner enthält. Je dicker die Diffusionsschicht, desto geringer ist natürlich die Anzahl der Ionen, die die Elektrode erreichen. Diese Diffusion ist die Ursache für die Diffusionsüberspannung η_{diff}, die im vorhergehenden Abschnitt besprochen wurde. Eine genauere Betrachtung der Verhältnisse führt zu folgender Gleichung für die Diffusionsüberspannung:

$$\eta_{diff} = \frac{RT}{zF} \cdot \ln\left(1 + \frac{j\delta}{c_\infty zFD}\right) \tag{3.38}$$

Dabei ist R die universelle Gaskonstante ($R = 8{,}31451$ [J $\cdot$ K^{-1}mol^{-1}]), F die Faraday-Konstante ($F = 9{,}648456 \cdot 10^4$ [C mol^{-1}]), δ die Nernst'sche Diffusionsschichtdicke, j die Stromdichte und c_∞ die Ionenkonzentration im Innern des Elektrolyten.

3.3.3.3 Konvektion

Die Diffusionsschicht kann man durch forcierte Konvektion verkleinern. Je stärker die Konvektion im Elektrolyten ist, desto kleiner wird die Diffusionsschichtdicke und desto steilere Konzentrationsgefälle, und somit höhere Ionenströme, sind erreichbar. Die maximal mögliche Stromdichte der Metallabscheidung ist erreicht, wenn die Konzentration der Ionen an der Elektrode $c_0 = 0$ ist. Dabei wird vorausgesetzt, dass die Reaktionskinetik an der Elektrode nicht der geschwindigkeitsbestimmende Schritt ist, dass also alle durch die Diffusionsschicht tretenden Ionen sofort an die Elektrode angelagert werden.

In Abb. 3.3-7 sind die Verhältnisse noch einmal graphisch dargestellt [Leye95]. Die Kurve 1 repräsentiert die diffusionsbegrenzte Reaktion, bei der also an der Elektrode die Konzentration $c_0 = 0$ herrscht. Der Schnittpunkt zwischen der Geraden, die an die Gefällstrecke angelegt wird, mit derjenigen, die die Konzentration der Elektrolyten weitab von der Elektrode darstellt, markiert die Nernst'sche Diffusionsschicht d_N.

Die Kurve 2 in Abb. 3.3-7 zeigt die Form, wenn reaktionsbegrenzte (gemischte) Verhältnisse herrschen. Die Diffusionsschicht wird hierbei hydrodynamische Grenzschicht genannt.

Um definierte Strömungsverhältnisse zu erreichen, werden rotierende Scheibenelektroden verwendet. Ein Metallzylinder ist zentrisch in ein Isolationsmate-

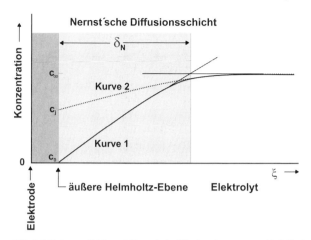

Abb. 3.3-7 Ionendichteverteilung bei diffusionsbegrenzten Verhältnissen (Kurve 1) und bei reaktionsbegrenzten Verhältnissen (Kurve 2).

rial eingebettet und nur die Stirnfläche ist dem Elektrolyten ausgesetzt. Während der Rotation wird der Elektrolyt längs der Rotationsachse angesaugt und radial weggeschleudert. Die Diffusionsschichtdicke ergibt sich dabei zu:

$$\delta_N = 1{,}61 \cdot \frac{1}{\sqrt{\omega}} \cdot \eta^{1/6} \cdot D^{1/3} \tag{3.39}$$

Dabei ist η die kinematische Viskosität des Elektrolyten, ω die Winkelgeschwindigkeit der Scheibenelektrode und D der Diffusionskoeffizient der an der Abscheidung beteiligten Spezies.

Als Mikroelektroden werden Elektroden mit lateralen Abmessungen im Mikrometerbereich bezeichnet. Während sich an planen makroskopischen Elektroden ein lineares Diffusionsfeld ausbildet, existiert im Gegensatz hierzu an Mikroelektroden ein sphärisches, nichtlineares Diffusionsfeld (Abb. 3.3-8). Die Seitendiffusion ist größer als die lineare Diffusion, d. h., pro Zeiteinheit diffundieren mehr Ionen zur Elektrodenoberfläche als im makroskopischen Fall. Dadurch werden höhere Grenzstromdichten erreicht. Die Diffusionsgrenzstromdichte ist hierbei gegeben durch

$$i_{grenz} = 4nFD \cdot \frac{c_\infty}{\pi a} \tag{3.40}$$

dabei ist c_∞ die Konzentration im Innern des Elektrolyten, F die Faraday-Konstante, a der Durchmesser der Scheibe und n die Teilchendichte.

Im Falle einer zurückgesetzten Mikroelektrode befindet sich die Elektrode am Grunde einer Vertiefung in einem nichtleitenden Material. Innerhalb dieser Kavität müssen die Ionen ein lineares Diffusionsfeld durchwandern, an das sich am offenen Ende bei fehlender Konvektion noch ein sphärisches Diffusionsfeld

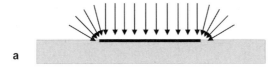

Abb. 3.3-8 Unterschied zwischen (a) einer makroskopischen planaren Elektrode mit überwiegend linearem Diffusionskoeffizienten und (b) Mikroelektroden mit sphärischem Diffusionskoeffizienten.

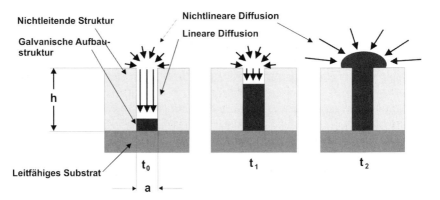

Abb. 3.3-9 Der diffusionsgetriebene Massetransport an einem Mikrosackloch.

anschließt (Abb. 3.3-9). Die Diffusionsgrenzstromdichte für die zurückgesetzte Mikroelektrode ohne äußere Konvektion ist somit gegeben durch:

$$i_{grenz} = 4nFD \cdot \frac{c_\infty}{4h + \pi a} \tag{3.41}$$

dabei ist h die Tiefe des Sackloches und a der Lochdurchmesser.

Bei erzwungener Konvektion muss unterschieden werden, ob die Strömung merklich in die Kavität eindringt oder nicht. Bei größeren lateralen Abmessungen wird Elektrolyt durch die eindringende Strömung ausgetauscht und so die effektive Diffusionsstrecke vermindert. Die Berechnung der Grenzstromdichte wird dadurch schwieriger, weil sie von der individuellen Form der Kavität abhängt.

Bei kleinen lateralen Abmessungen dringt die Elektrolytlösung nicht in die Kavität ein. Die lineare Diffusionsstrecke hat also die Größe der gesamten Strukturhöhe h. Damit lässt sich die Grenzstromdichte bestimmen zu:

$$i_{grenz} = nFD \cdot \frac{c_\infty}{h} \tag{3.42}$$

Da bei einer metallischen Abscheidung, wie Nickel aus einem Nickelsulfamat-Elektrolyten, immer auch Wasserstoff mitabgeschieden wird, steigt der pH-Wert an der Elektrodenoberfläche und in der Diffusionsschicht. Da Wasserstoff aber einen höheren Diffusionskoeffizienten ausweist als die beteiligten Metallionen, verläuft das Diffusionsgefälle flacher als für die Metallionenkonzentration. Eine zu geringe Wasserstoffionenkonzentration bewirkt die kolloidale Ausfällung der Nickelkationen als Hydroxid. Das geschieht ab pH-Werten zwischen 5 und 6. Diese Hydroxide werden in die abgeschiedene Schicht miteingebaut und bewirken eine erhöhte Härte und Sprödigkeit der Schichten.

3.3.3.4 Stofftransportvorgänge während der Mikrogalvanoformung

Während der Mikrogalvanoformung einer beliebigen Struktur soll das Schichtwachstum über das gesamte Substrat möglichst gleichmäßig erfolgen. Das Schichtwachstum wird durch zwei Komponenten entscheidend beeinflusst, zum einen durch die lokale Stromdichteverteilung, zum anderen durch die Stofftransportbedingungen. Die unterschiedlichen Verhältnisse, die an einer beliebigen Mikrostruktur auftreten können, waren bereits Gegenstand der Betrachtungen im vorigen Abschnitt. Während des Wachstums kommt noch eine zeitliche Komponente hinzu. Bei einer Mikrostruktur, deren Stofftransport sich aus einer linearen und einer sphärischen Diffusionsstrecke zusammensetzt, werden nach dem Ausfüllen der Kavität (also der linearen Diffusionsstrecke) die Transportbedingungen sehr schnell drastisch geändert.

Deshalb entstehen beim „Übergalvanisieren" von zylindrischen Strukturen, also beim Übergang von linearer Diffusion im Sackloch zu sphärischer Diffusion oberhalb des Loches, pilzartige Gebilde, wie in Abb. 3.3-10 zu sehen.

Elektrolyte enthalten häufig noch Additive, wie Netzmittel, Glanzbildner, Einebner und Reaktionsprodukte. Der Einfluss dieser Parameter ist häufig theoretisch noch nicht voll verstanden. Die LIGA-Technik, die in Kap. 8 noch genau behandelt wird, stützt sich wesentlich auf die galvanische Abscheidung im Mikrobereich. Deshalb wird die Mikrogalvanik in der Mikrosystemtechnik mit großem Aufwand theoretisch und experimentell weiterentwickelt. Spezielle Probleme der Mikrogalvanik, wie Mikro- und Makrostreuverhalten, die Beherrschung der intrinsischen Spannungen in dicken Galvanikschichten und der Aufbau von galvanischen Mikrostrukturen auf prozessierten Siliziumwafern sind Themen von laufenden Forschungsarbeiten.

Für ein tieferes Studium der Elektrochemie wird das Buch von Bockris und Ready, „Modern Electrochemistry", empfohlen [Bock98].

Abb. 3.3-10 Pilzartige Struktur, die durch „Übergalvansieren" eines zylindrischen Loches entstanden ist.

3.4
Grundlagen der Vakuumtechnik

Die meisten Verfahren zur Erzeugung und Charakterisierung von Dünnschichten sowie ein Großteil der Strukturierungsverfahren werden im Vakuum durchgeführt. Das Wort „Vakuum" stammt aus dem Lateinischen und bedeutet den Idealfall eines materiefreien Raumes, den es in exakter Form allerdings in der Natur nicht – noch nicht einmal im interstellaren Weltall – gibt. In der Vakuumtechnik meint man hingegen einen Raum, der gegenüber der Außenwelt einen verminderten Druck aufweist. Da man in früheren Zeiten zum Experimentieren mit Vakuum (z. B. Otto von Guericke, 1602–1686) große Glasbehälter aus der Apotheke verwendete, die „Rezipienten", hat sich dieser Ausdruck bis heute für Vakuumgefäße erhalten.

Da im Vakuum die Wechselwirkung von Gasteilchen untereinander und mit dem Festkörper in der Gesamtheit zwar geringer wird als unter Normaldruck, im Einzelprozess aber besser kontrollierbar ist, kann man im Vakuum Prozesse ablaufen lassen, die unter Normaldruck nicht möglich sind.

Die Vakuumtechnik ist ein unverzichtbarer Teil der Fertigung von Halbleiterschaltkreisen wie auch von Mikrosystemen. Um ein besseres technisches Verständnis für die Verfahren zu bekommen, ist es unerlässlich, sich mit einigen physikalischen Grundlagen der Vakuumtechnik sowie der Erzeugung und Messung technischer Vakua auseinanderzusetzen.

3.4.1
Mittlere freie Weglänge

Die Gasatome in einem Behälter bewegen sich aufgrund der thermischen Energie geradlinig in eine Richtung, bis sie entweder auf die Behälterwand oder auf ein anderes Gasatom treffen.

Die mittlere freie Weglänge λ ist diejenige Strecke, die im Mittel ein Atom frei, d. h. ohne Zusammenstoß mit einem anderen Atom, zurücklegen kann. Grundsätzlich gilt, je weniger Gasteilchen vorhanden sind, desto weiter kann ein Atom geradlinig fliegen, d. h. desto größer ist die mittlere freie Weglänge. In einem vereinfachten Modell betrachten wir die Gasatome als harte Billardku-

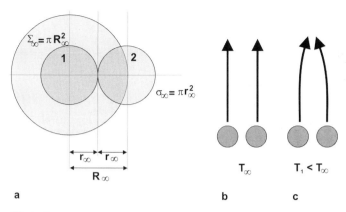

Abb. 3.4-1
a) Wirkungsquerschnitte für die Teilchen 1 und 2.
b) Weg zweier benachbarter Teilchen bei unendlich hoher Geschwindigkeit (Temperatur T_∞).
c) Berücksichtigung der Anziehung zweier benachbarter Teilchen bei endlicher Geschwindigkeit (Temperatur T_1).

geln, die sich stoßen, wenn sie einander bis auf $2r$ nähern, wenn r der Radius der Kugeln ist. Die Verhältnisse sind in Abb. 3.4-1 skizzenhaft dargestellt. Auf dem Weg Δl eines Teilchens durch ein Gas der Teilchendichte n wird das Teilchen alle anderen Teilchen treffen, die sich im Zylinder $\Delta V = \sum_\infty \cdot \Delta l$ befinden. Dabei ist $\sum_\infty = 4\sigma_\infty$ durch die Fläche $\pi \cdot (2r)^2$ bestimmt und wird „Wirkungsquerschnitt" genannt. Die Zahl der Teilchen in dem Zylinder ist daher $\Delta N = n \cdot \Delta V = n \cdot \sum_\infty \cdot \Delta l$. Die mittlere freie Weglänge wäre daher in erster Näherung:

$$\lambda = \frac{\Delta l}{\Delta N} = \frac{1}{n \cdot \sum_\infty} \tag{3.43}$$

Bei dieser Überlegung wurde allerdings die Tatsache vernachlässigt, dass auch alle anderen Teilchen in Bewegung sind. Berücksichtigt man diese Relativbewegung, so muss die mittlere freie Weglänge um den Faktor $\sqrt{2}$ verkleinert werden. Dadurch ergibt sich die mittlere freie Weglänge zu:

$$\lambda = \frac{1}{\sqrt{2} \cdot n \cdot 4 \cdot \sigma_\infty} \tag{3.44}$$

Berücksichtigt man nun noch, dass sich die Atome nicht völlig unabhängig voneinander im Raum bewegen, sondern sich auch über größere Entfernungen gegenseitig anziehen können und daher auch keine geradlinigen Bahnen bei der Annäherung beschreiben, so muss eine weitere Korrektur angebracht werden. Die Krümmung der Bahn hängt nun von der Geschwindigkeit der Teilchen bzw. von der Temperatur ab. Ist R_T der Stoßradius bei der Temperatur T und R_∞ derjenige bei $T \to \infty$, so gilt die Sutherland-Korrektur:

Tab. 3.4-1 Mittlere freie Weglänge von Molekülen bei verschiedenen Drücken

Druck		Luft	Wasserstoff
1000 mbar	(10^5 Pa)	$6 \cdot 10^{-6}$ cm	$2 \cdot 10^{-5}$ cm
1 mbar	(10^2 Pa)	$6 \cdot 10^{-3}$ cm	$2 \cdot 10^{-2}$ cm
10^{-3} mbar	(10^{-1} Pa)	6 cm	20 cm
10^{-6} mbar	(10^{-4} Pa)	60 m	200 m
10^{-9} mbar	(10^{-7} Pa)	60 km	200 km

$$R_T^2 = R_\infty^2 (1 + T_d/T) \tag{3.45}$$

T_d ist die „Verdoppelungstemperatur", d.h., bei $T = T_d$ ist $\sigma_T = 2 \cdot \sigma_\infty$. Die korrigierte Formel für die mittlere freie Weglänge ist somit:

$$\lambda = \frac{1}{\sqrt{2} \cdot 4\pi\sigma(1 + T_d/T)} \tag{3.46}$$

Einige Werte für die mittlere freie Weglänge bei Raumtemperatur sind in Tab. 3.4-1 angegeben.

3.4.2
Wiederbedeckungszeit

Treffen Gasatome auf eine feste Wand, so bleiben sie dort mit einer bestimmten Wahrscheinlichkeit an der Oberfläche hängen, sie werden adsorbiert. Konkurrierend dazu ist der Vorgang des Abgebens von Atomen an das Gas, die Desorption. Die ungewollte Desorption in einem Vakuumbehälter verschlechtert das Vakuum und verlängert die Pumpzeiten, die zum Evakuieren eines Behälters benötigt werden. Ist die Oberfläche in dichtest möglicher Packungsweise von adsorbierten Gasatomen bedeckt, so spricht man von einer monomolekularen Schicht oder einer Monoschicht mit einer Belegungsdichte $\tilde{n}_{mono}$. Bei geringerer Bedeckung als der Monoschicht spricht man von einem Bedeckungsgrad ϑ:

$$\vartheta = \frac{\tilde{n}}{\tilde{n}_{mono}} \tag{3.47}$$

Bei Stickstoffmolekülen mit einem Atomradius $r = 1{,}6 \cdot 10^{-10}$ m ist die Fläche pro Molekül $A_1 = 2\pi \cdot r^2 = 1{,}6 \cdot 10^{-20}$ m². Die Belegungsdichte einer Monoschicht ist dann:

$$\tilde{n}_{mono} \approx 6 \cdot 10^{18} [\text{m}^{-2}] = 6 \cdot 10^{14} [\text{cm}^{-2}] \tag{3.48}$$

Nun lässt sich auch eine Monozeit definieren, also die Zeit, die nötig ist, um eine vormals freie Oberfläche mit einer Monoschicht zu bedecken. Die Rechnung soll hier nicht ausgeführt werden, sie lässt sich aus der Zustandsgleichung für Gase und der Maxwell'schen Geschwindigkeitsverteilung herleiten:

$$t_{mono} = 3,8 \cdot 10^{-27} \cdot \frac{\tilde{n}_{mono}}{p} \sqrt{M_r \cdot T} \qquad (3.49)$$

mit M_r = relative Atommasse

Setzt man die Werte für Stickstoff ein, so ergibt sich eine Abschätzungsformel:

$$t_{mono} = \frac{3,6 \cdot 10^{-6}}{p} \qquad (3.50)$$

mit p in mbar und t_{mono} in s

In der Tab. 3.4-2 werden einige Werte für die Monozeit aufgelistet.

Tab. 3.4-2 Einige Werte für die Wiederbedeckungszeit t_{mono} in Abhängigkeit vom Druck

Druck (mbar)	1	10^{-3}	10^{-7}	10^{-11}
t_{mono} (s)	$3,6 \cdot 10^{-6}$	$3,6 \cdot 10^{-3}$	~36	~100 h

3.4.3
Geschwindigkeit von Atomen und Molekülen

Ein wichtiger Parameter für die Fertigung dünner Filme ist die Geschwindigkeit der Partikel bei der Schichtherstellung. Allerdings ist die Geschwindigkeit eines einzelnen Partikels von geringem Interesse, da diese sich durch Stöße und Energieaustausch mit benachbarten Teilchen dauernd ändert. Technisch relevant ist nur die mittlere Geschwindigkeit einer großen Zahl von Teilchen. Wie man aus Abb. 3.4-2 ersehen kann, ist die so genannte Maxwell-Verteilung durch

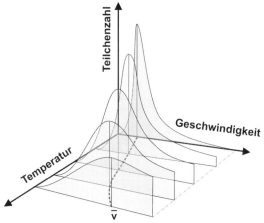

Abb. 3.4-2 Die Maxwell-Verteilung für Gasatome in Abhängigkeit von der Temperatur.

die Temperatur bestimmt. Der Maximalwert der Kurve repräsentiert die Durchschnittsgeschwindigkeit der Teilchen. Mit höherer Temperatur verbreitert sich die Verteilung und die mittlere Geschwindigkeit (das Maximum) verschiebt sich zu höheren Werten.

Die mittlere kinetische Energie eines Teilchens kann in erster Näherung durch die folgende Beziehung bestimmt werden:

$$\frac{1}{2}m\overline{v^2} = \frac{3}{2}kT \tag{3.51}$$

Daraus folgt für das gemittelte Geschwindigkeitsquadrat

$$\sqrt{\overline{v^2}} = \sqrt{\frac{3kT}{m}} \tag{3.52}$$

und nach einer Rechnung, die hier nicht ausgeführt werden soll, für die mittlere Geschwindigkeit:

$$\bar{v} = \sqrt{\frac{8kT}{\pi m}} = \sqrt{\frac{8RT}{\pi M}} \tag{3.53}$$

Dabei ist:

m die relative Atommasse und
M die relative Molekülmasse

Setzt man Zahlenwerte für die Konstanten ein, so erhält man:

$$\bar{v} = 145\sqrt{\frac{T}{M}} \text{ in ms}^{-1} \tag{3.54}$$

In Tab. 3.4-3 sind einige Werte für die mittlere Geschwindigkeit bei Raumtemperatur aufgelistet.

Tab. 3.4-3 Thermische Geschwindigkeiten für einige Moleküle bei 20 °C (293 K).

Gasart	Relative Molekülmasse	Mittlere Geschwindigkeit (ms^{-1})
H_2	2	1762
He	4	1246
H_2O	18	587
N_2	28	471
Luft	29	463
Ar	40	394
CO_2	44	376

3.4.4
Gasdynamik

Der Zustand eines Gases, d.h. der Druck p, die Temperatur T und die Geschwindigkeit v, kann aus der kinetischen Gastheorie berechnet werden. Diese Theorie betrachtet dabei das Gas als ein komprimierbares Kontinuum. Die Gültigkeitsgrenzen dieser Theorie werden durch die Knudsen-Zahl angegeben, die wie folgt definiert ist:

$$Kn = \frac{\lambda}{D} \quad (3.55)$$

wobei λ die mittlere freie Weglänge der Moleküle und D eine für das betrachtete System relevante Länge darstellt.

D kann dabei den Durchmesser eines Rohres, die Abmessung einer Vakuumpumpe oder die typische Kantenlänge eines Rezipienten darstellen. Die Gültigkeit der gasdynamischen Kontinuumstheorie ist bis zu einer Knudsen-Zahl von $Kn < 0{,}01$ gewährleistet. In diesem Falle ist die mittlere freie Weglänge der Moleküle wesentlich kleiner als die Abmessungen des betrachteten Systems oder mit anderen Worten, die Anzahl der Moleküle in dem betrachteten System ist so groß, dass das Verhalten eines einzelnen Moleküls statistisch gemittelt und das Gas in seiner Gesamtheit als Fluid betrachtet werden kann.

Für eine Knudsen-Zahl $Kn > 0{,}5$ ist dagegen die mittlere freie Weglänge viel größer als die Systemdimensionen, in denen das Teilchen betrachtet wird. In diesem Falle ist die Wechselwirkung des Teilchens mit der Behälterwand wesentlich wahrscheinlicher als mit benachbarten Teilchen. Hierbei ist die Kontinuumstheorie nicht mehr anwendbar, sondern muss durch die Molekularstrahltheorie ersetzt werden. Diese spielt bei der Berechnung von Hochvakuumpumpen eine wichtige Rolle. Ein kleines Beispiel soll das oben Gesagte noch einmal verdeutlichen: Das Verhalten eines Gases bei einem Druck von 10^{-4} mbar, das in einem Rezipienten von 50 l Inhalt eingeschlossen ist, muss mit Hilfe der Molekularstrahltheorie berechnet werden, betrachtet man das Gas allerdings unter meteorologischen Gesichtspunkten in der Stratosphäre, kommt die gaskinetische Kontinuumtheorie zum Tragen.

Der Bereich $0{,}5 > Kn > 0{,}01$ ist theoretisch nicht genau definiert und wird von Fall zu Fall entweder aus dem einen oder anderen definierten Bereich durch Extrapolation berechnet.

3.4.5
Die Einteilung des technischen Vakuums

Das technische Vakuum wird in verschiedene Druckbereiche eingeteilt. Dabei werden als Unterscheidungsmerkmale die mittlere freie Weglänge der Gasmoleküle λ und die Wiederbedeckungszeit oder Monozeit t_{mono} der Behälterwände benutzt [Lamp89]. Diese Einteilung ist in Tab. 3.4-4 verdeutlicht.

Tab. 3.4-4 Unterteilung der technischen Vakuumbereiche (b = Behälterdimension)

Druckbereich	Druck		Freie Weglänge	Monozeit (s)
	(mbar)	(Pa)		
Grobvakuum	10^{13}–1	10^5–10^2	$\lambda \ll b$	$t_{mono} \ll 1$
Feinvakuum	1–10^{-3}	10^2–10^{-1}	$\lambda \approx b$	$t_{mono} \ll 1$
Hochvakuum	10^{-3}–10^{-7}	10^{-1}–10^{-5}	$\lambda \gg b$	$t_{mono} \approx 0{,}5$
Ultrahochvakuum	$<10^{-7}$	$<10^{-5}$	$\lambda \gg b$	$t_{mono} \gg 1$

Im ersten Bereich, dem Grobvakuum, ist die freie Weglänge noch sehr klein gegen die Behälterabmessungen, die im Laborbereich üblicherweise unter einem Meter liegen. Von Feinvakuum spricht man bei einer mittleren freien Weglänge, die in der Größenordnung der Behälterabmessungen liegt. Ein Gasmolekül kann dann bereits einige Dezimeter weit fliegen, bis es im Mittel zu einem Stoß mit einem anderen Gasteilchen kommt. In beiden genannten Fällen ist die Wiederbedeckungszeit noch wesentlich kleiner als eine Sekunde.

Beim Hochvakuum ist die mittlere freie Weglänge bereits sehr groß gegenüber den Behälterabmessungen, die Wiederbedeckungszeit kommt allmählich in den Sekundenbereich. Die freie Weglänge λ nimmt bei einem Druck von 10^{-6} mbar je nach Gasart Werte zwischen 60 und 200 m an. Beim Ultrahochvakuum sind die freien Weglängen in der Größenordnung von Kilometern und die Wiederbedeckungszeit ist sehr viel länger als eine Sekunde. Für Oberflächenanalysen und zur Herstellung sehr reiner Schichten braucht man also das Ultrahochvakuum, um nicht nach der Freilegung der zu untersuchenden Oberfläche nach sehr kurzer Zeit nur wieder eine „undurchsichtige" Gasmolekülschicht vorliegen zu haben.

Die Zahl der Moleküle pro Mol wird durch eine Naturkonstante, Loschmidt'sche Zahl oder auch Avogadro'sche Konstante genannt, beschrieben und beträgt $6{,}0252 \cdot 10^{23}$ Teilchen pro Mol. Das Molvolumen eines idealen Gases bei Normbedingungen, d.h. bei einem Druck von 10^{13} mbar und 273,2 K beträgt 22413,6 cm^3. Dividiert man die Loschmidt'sche-Zahl durch das Molvolumen, so erhält man die Teilchenzahl pro Kubikzentimeter bei Normbedingungen zu $n_0 = 2{,}688 \cdot 10^{19}$ Teilchen pro cm^3.

Für einen gegebenen Druck p in mbar ist die Teilchendichte n [cm^{-3}] leicht zu berechnen:

$$n = n_0 \cdot \frac{p}{p_0} = \frac{2{,}7 \cdot 10^{19}}{1013} \cdot p \qquad (3.56)$$

Daraus kann man ersehen, dass sich selbst bei Ultrahochvakuum von 10^{-9} mbar immer noch $2{,}7 \cdot 10^7$ Teilchen pro cm^3 im Vakuumrezipienten befinden. Selbst im interstellaren Raum findet man im Mittel noch 1 Teilchen pro cm^3.

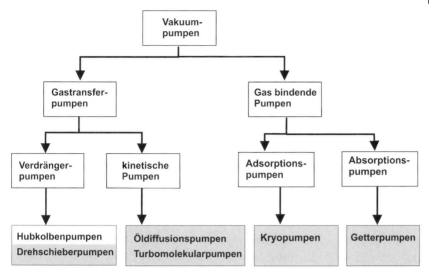

Abb. 3.5-1 Einteilung der Vakuumpumpen.

3.5 Vakuumerzeugung

Im Folgenden sollen nun die verschiedenen technischen Methoden und Geräte beschrieben werden, mit denen man Vakuum erzeugen kann.

Die Vakuumpumpen werden, je nach Art der Arbeitsweise und des Teilchentransportes in unterschiedliche Klassen geteilt. Wie man der Abb. 3.5-1 entnehmen kann, unterscheidet man zunächst Gastransferpumpen, bei denen die Gasmoleküle aus dem Rezipienten hinaustransportiert werden. Hierbei kann man wiederum zwischen Verdrängerpumpen für den niederen Vakuumbereich und kinetische Pumpen für den höheren Vakuumbereich differenzieren. Bei den Gas bindenden oder Speicherpumpen werden die Gasmoleküle durch Sorption oder Kondensation an den Innenflächen festgehalten. Diese Pumpen arbeiten diskontinuierlich, d.h., nach einer bestimmten Betriebszeit müssen sie ausgeheizt werden, um die adsorbierten oder kondensierten Gasmoleküle wieder abzugeben. Im Folgenden werden die wichtigsten Pumpentypen, die in der Abb. 3.5-1 grau unterlegt sind, in ihrer Arbeitsweise und ihren Leistungsdaten beschrieben.

3.5.1 Pumpen für Grob- und Feinvakuum

3.5.1.1 Verdränger-Vakuumpumpen

Als Verdränger-Vakuumpumpe wird eine mechanische Pumpe bezeichnet, die das zu fördernde Gas mit Hilfe von Rotoren, Kolben oder Schiebern ansaugt, verdichtet und ausstößt. Hierbei unterscheidet man ölüberlagerte und trockene Vakuumpumpen. Verdränger-Vakuumpumpen können gegen den Umgebungs-

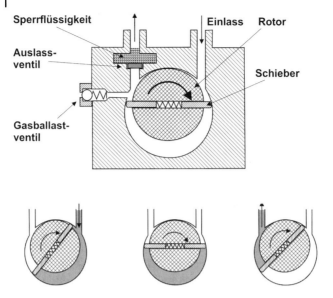

Abb. 3.5-2 Prinzipieller Aufbau einer Drehschieberpumpe.

druck direkt verdichten, sie sind daher als Vorvakuumpumpen (Atmosphärenstufen) z. B. für Diffusions-, Turbomolekular- und Kryopumpen unerlässlich.

Unter den Verdränger-Vakuumpumpen sind die Drehschieber-Vakuumpumpen die heute am häufigsten verwendeten Vakuumpumpen überhaupt. Für fast alle Hochvakuumpumpen dienen sie zum Vorevakuieren des Rezipienten. Es gibt eine große Vielzahl von Bautypen in den unterschiedlichsten Größen bezüglich Saugvermögen und erreichbarem Enddruck. Der grundsätzliche Aufbau einer Drehschieberpumpe ist aus Abb. 3.5-2 zu erkennen.

Die Öffnung des Ausstoßventils ist mit einer Schicht Öl abgedichtet (ölüberlagert), um Rückströmung zu vermeiden. Ebenso wird durch konstruktive Maßnahmen erreicht, dass sich stets ein Dichtfilm von Öl zwischen Pumpengehäuse und Rotordichtung befindet. Dadurch wird eine gute Abdichtung zwischen Verdichtungs- und Saugraum erreicht. Bei sehr kleinen Gasdurchsätzen sammelt sich allerdings das Dichtöl am Ausstoßkanal an. Da keine Gaspolster mehr zwischen den einzelnen Ölschüben liegen, entstehen starke Geräusche beim Aufeinandertreffen der geförderten Ölmengen, der so genannte Ölschlag. Um dies insbesondere beim Betrieb im Bereich des Enddruckes zu verhindern, kann man den Pumpen durch eine kleine Düse (Gasballast-Ventil) etwas Zusatzgas zuführen, das dann als Druckpolster zwischen den aufeinander prallenden Ölschüben wirkt. Dieser Gasballast hat aber noch eine wichtige weitere Funktion. Werden mit der Pumpe kondensierbare Gase, etwa Wasserdampf, gefördert, so kann in der Kompressionsphase Kondensation stattfinden. Die kondensierte Flüssigkeit dringt durch den Dichtspalt zwischen Saugraum und Kompressionsraum und verschlechtert damit den erreichbaren Enddruck der Pumpe. Zudem kann das Wasser zum Abreißen des Ölfilms und damit zu Korrosion und schließlich zur Zerstörung der Pumpe führen. Der Gasballast bewirkt in diesem Falle ein Öffnen des Auslassventils, bevor eine Kondensation der Gase eintritt.

Das typische Saugvermögen der Pumpen ist:
- einstufig bis 630 000 l/h,
- zweistufig bis 300 000 l/h.

Die Enddrücke sind:
- einstufig bis 10^{-2} mbar (1 Pa),
- zweistufig bis 10^{-4} mbar (10^{-2} Pa).

3.5.2
Hochvakuum- und Ultrahochvakuumpumpen

In den letzten zwei Jahrzehnten sind in der Vakuumtechnik erhebliche Fortschritte, insbesondere im Ultrahochvakuumbereich, erzielt worden. Mit technischen Verbesserungen bei den Turbomolekular-, Kryo-, Ionengetter- und Titansublimationspumpen ist es heute möglich geworden, Vakua im „Superultrahochvakuum"-Bereich (Druck unterhalb von 10^{-12} mbar) zu erzeugen.

Die wichtigste Vertreterin der mechanisch-kinetischen Vakuumpumpe ist die Turbomolekularpumpe. Sie arbeitet im Bereich der molekularen Strömung. Die zu pumpenden Atome müssen eine freie Weglänge mindestens im Bereich der Rotorabmessungen haben, deshalb benötigt die Pumpe einen Anfangsdruck von etwa 10^{-1} bis 10^{-2} mbar. Die Turbomolekularpumpe arbeitet stets im Verbund mit einer Vorpumpe, etwa einer Drehschieberpumpe.

Die wichtigsten Komponenten der Turbomolekularpumpe sind der Rotor und der Stator. Die Flügel des Rotors und die korrespondierenden Flügel des Stators sind ähnlich wie bei einer Turbine angeordnet (Abb. 3.5-3).

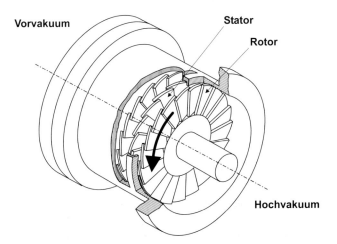

Abb. 3.5-3 Schnittbild einer Turbomolekularpumpe.

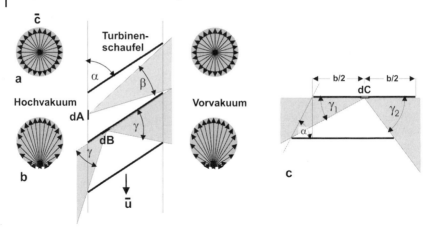

Abb. 3.5-4 Prinzipielle Arbeitsweise einer Turbomolekularpumpe.
a) Isotrope Verteilung der Gasteilchen im Rezipienten.
b) Verteilung der Gasteilchen aus der Sicht eines Beobachters mit Blick von der Turbinenschaufel.
c) Raumwinkel für Teilchen, die, von dC startend, nicht mit dem Rotor kollidieren.

Anhand der Abb. 3.5-4 lässt sich die prinzipielle Arbeitsweise einer Turbomolekularpumpe erläutern. Schematisch sind dort die Flügel des Pumpenrotors in der Seitenansicht gezeigt. Vereinfachend werde angenommen, dass die zu pumpenden Gasteilchen alle nur eine isotrope mittlere Geschwindigkeit c besitzen und dass c und die Rotorblattgeschwindigkeit u vom Betrag her gleich sind. Aus Tab. 3.4-3 ist zu entnehmen, dass diese Geschwindigkeit etwa 500 m/s beträgt. In Abb. 3.5-4a ist die Geschwindigkeitsverteilung der Atome mit dem Rezipienten als Bezugsraum aufgetragen. In Abb. 3.5-4b ist die Geschwindigkeitsverteilung dargestellt, wie sie ein Beobachter, der auf dem Rotorblatt säße, messen würde. Auf der linken Seite des Rotors befinde sich die Hochvakuumseite, auf der rechten die Vorvakuumseite. Anhand der Skizze kann man sich vorstellen, dass alle Teilchen, die von dA in Richtung Vorvakuum starten und deren Geschwindigkeitsvektoren im Winkelbereich liegen, den Rotor ohne Kollision durchfliegen können. Teilchen, die von dB (also von der Vorvakuumseite) in Richtung Hochvakuum starten, können den Rotor nur durchfliegen, wenn deren Geschwindigkeitsvektoren im Winkelbereich γ liegen. Wie aber aus der Geschwindigkeitsverteilung (Abb. 3.5-4b) zu ersehen ist, gibt es in diesem Bereich keine Teilchen. Es findet also eine allgemeine Driftbewegung der Teilchen vom Hochvakuum zum Vorvakuum statt.

Teilchen, die den Rotordurchflug nicht schaffen, werden an den Rotorblättern adsorbiert und nach einer Verweilzeit wieder desorbiert. Sie starten von den Rotorblättern mit isotroper Geschwindigkeitsverteilung, wobei auch hier die Rotorgeschwindigkeit u dem Spektrum überlagert ist. Durch die Schränkung der Rotorblätter um den Winkel α sieht ein Teilchen, das von der Rotorblattmitte in dC wieder startet, einen größeren Raumwinkel zur Vorvakuumseite (γ_2) als zur

Hochvakuumseite (γ_1), wie Abb. 3.5-4c zeigt. Also auch in diesem Falle findet eine Driftbewegung in Richtung Vorvakuum statt.

Es sei darauf hingewiesen, dass der hier vorgestellte Pumpeffekt die wahren Verhältnisse nur sehr pauschal wiedergibt. Eine genauere Analyse und Simulation der Turbomolekularpumpe erfordert eine sehr aufwendige mathematische Modellierung.

Das Saugvermögen einer Turbomolekularpumpe ist im Druckbereich zwischen 10^{-10} und 10^{-3} mbar annähernd konstant und unterscheidet sich für die unterschiedlichen Gase – mit Ausnahme von Wasserstoff und Helium – nur sehr wenig. Turbomolekularpumpen haben Saugvermögen bis 10 000 l/s für Stickstoff. Das große Kompressionsverhältnis der Turbomolekularpumpen für Gase mit hohem Molekulargewicht (für Stickstoff etwa 10^8) ist der Grund dafür, dass es kaum Rückströmung gibt und dass das erzeugte Vakuum sehr rein von Kohlenwasserstoffen ist.

3.5.2.1 Treibmittelvakuumpumpen

Für die Hoch- und Ultrahochvakuumtechnik ist aus dem Bereich der Treibmittelvakuumpumpen nur die Diffusionspumpe interessant.

Bei diesem Pumpentyp wird durch Erhitzen von Öl im Siederaum ein Dampfdruck von 1–10 mbar erzeugt. Der Dampf steigt im Innern des Pumpenkörpers auf und wird durch spaltförmige Umlenkdüsen schräg nach unten abgelenkt. Der Dampfstrom erreicht an dieser Stelle mehrfache Schallgeschwin-

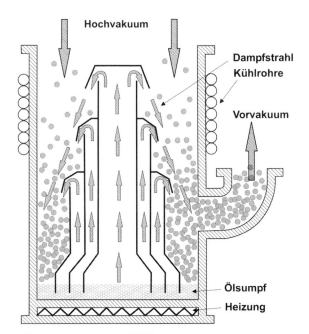

Abb. 3.5-5 Schema einer Öldiffusionspumpe.

digkeit. In diesen Treibmittelstrahl diffundieren die Gasteilchen aus der Hochvakuumseite ein (Abb. 3.5-5). Durch Impulsübertrag aus dem Treibmittelstrahl entsteht auch hier eine gerichtete Bewegung der Gasmoleküle aus dem Ansaugkanal hinaus. Der Treibmittelstrahl verbreitet sich zum Pumpengehäuse und kondensiert an den gekühlten Wänden, von denen das Öl in den Siederaum zurückläuft. Die gepumpten Gasmoleküle werden an die Vorvakuumpumpe übergeben und von dort weiter in die Atmosphäre gefördert.

Der erreichbare Enddruck ergibt sich durch den Dampfdruck des verwendeten Öles und reicht bis in den Ultrahochvakuumbereich. Ein großer Nachteil von Diffusionspumpen ist die Treibmittelrückströmung. Es besteht immer die Wahrscheinlichkeit, dass Reste des Treibmittels nicht kondensieren und nicht in den Vorvakuumraum der Diffusionspumpe strömen, sondern in die entgegengesetzte Richtung, d.h. in das Vakuumsystem, gelangen. Selbst mit komplizierten Dampfsperren kann man die Treibmittelrückströmung nicht vollständig unterbinden.

Diffusionspumpen gibt es in einem großen Spektrum mit Saugvermögen zwischen 10 und 100 000 l/s.

3.5.2.2 Gas bindende Vakuumpumpen (Sorptionspumpen)

Adsorptionspumpen

Die Adsorptionspumpe [Wutz88] gehört zur Gruppe der Gas bindenden Pumpen. Hierbei werden die zu pumpenden Gase durch ein Adsorbens an eine große poröse Oberfläche gebunden, die zudem noch durch flüssigen Stickstoff auf tiefer Temperatur gehalten wird. Im Allgemeinen werden bei Adsorptionspumpen Aktivkohle oder Zeolithe verwendet. Diese Stoffe besitzen durch ihre siebartige Struktur eine extrem hohe spezifische Oberfläche von etwa 10^6 m^2 pro kg. Wie im Abschn. 3.4.2 aufgeführt, bindet eine Oberfläche, die vollständig bedeckt ist, etwa 10^{19} Atome/m^2. Dem entspricht eine flächenbezogene adsorbierte Stoffmenge:

$$\bar{v}_{mono} = \frac{\tilde{n}_{mono}}{N_A} \approx 1{,}6 \cdot 10^{-5} \, \text{mol/m}^2 \tag{3.57}$$

dabei ist N_A wieder die Avogadro'sche Konstante mit $6 \cdot 10^{23}$ mol^{-1}.

Zunächst wird die Pumpe bei 200–300 °C angeheizt, um Fremdstoffbelegung des Adsorbens aus früheren Pumpzyklen auszutreiben. Dann wird bei geschlossenem Vakuumventil die Zeolith-Schüttung abgekühlt. Um die Kühlzeit zu verringern, ist das Adsorbens von Kühlschlangen durchdrungen (Abb. 3.5-6). Nach dem Erreichen der Kühltemperatur wird das Ventil zum Rezipienten geöffnet und das Gas strömt in die Pumpe. Mit Ausnahme von Wasserstoff werden alle Gase gepumpt, die Edelgase Helium und Neon allerdings nicht sehr gut. Wenn sich auch rein rechnerisch Enddrücke von 10^{-7} mbar einstellen sollten, so verhindert dies der Edelgasgehalt in der normalen Luft. Der Partialdruck von Neon mit etwa $2 \cdot 10^{-2}$ mbar bleibt dann die bestimmende Größe für den erreichbaren Enddruck. Wenn jedoch der Rezi-

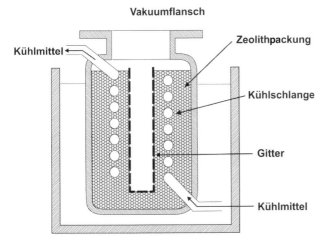

Abb. 3.5-6 Schema einer Kryopumpe.

pient mit einem anderen Pumpentyp vorevakuiert wird, lassen sich Enddrücke von 10^{-6} bis 10^{-7} mbar mit einer Adsorptionspumpe erreichen.

Der Vorteil einer Adsorptionspumpe ist in ihrer einfachen Bauart zu sehen und in der Tatsache, dass man ein Vakuum erzeugen kann, das absolut frei von Kohlenwasserstoffen aus Treibmitteln ist. Der Nachteil besteht in der nichtkontinuierlichen Arbeitsweise und – bei einer Füllung mit Aktivkohle – in der Explosionsgefahr bei versehentlichem Lufteinbruch.

Ein weiterer Typ einer Gas bindenden Vakuumpumpe ist die Kryopumpe. In der Kryopumpe werden die im Rezipienten befindlichen Gase an tiefgekühlten Flächen (Temperatur unter −120 °C) kondensiert oder an tiefgekühlten Adsorptionsmitteln (Aktivkohle) adsorbiert.

Die Kryopumpe liefert ein sehr sauberes, trockenes und ölfreies Ultrahochvakuum bis zu einem Arbeitsdruck von 10^{-10} mbar. Man braucht eine Vorpumpe nur zum Start der Kryopumpe, anschließend kann die Vorpumpe ausgeschaltet werden. Da die Kryopumpe eine Gas bindende Vakuumpumpe ist, muss sie in regelmäßigen Abständen regeneriert werden. Dazu wird sie auf Zimmertemperatur erwärmt. Die kondensierten und adsorbierten Gase werden wieder frei und müssen mit der Vorpumpe abgepumpt werden. Diese Regenerationsintervalle hängen von der kondensierten Gasmenge ab und variieren dadurch sehr stark mit der Art der Benutzung.

Die Kryopumpe hat das höchste spezifische Saugvermögen aller Hochvakuumpumpen. Einige typische Saugvermögenswerte für eine Pumpe mit 500 mm Flanschdurchmesser sind [Barf89] für:

- Wasser 28 000 l/s,
- Stickstoff 10 000 l/s,
- Wasserstoff 9 000 l/s.

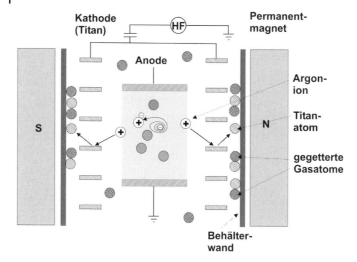

Abb. 3.5-7 Prinzip einer Ionengetterpumpe. Mittels eines elektrischen Feldes werden Ionen erzeugt, die ein Titantarget absputtern. Beim Kondensieren der Titanatome auf der Pumpenwand werden die freien Gasatome gegettert.

Absorptionspumpen

Bei der Absorptionspumpe werden die Gasatome oder -moleküle zunächst wie bei der Adsorptionspumpe an der Oberfläche des Absorbens gesammelt. Das kondensierte Gas diffundiert dann durch chemische Reaktion oder thermische Diffusion in das Absorbens hinein und wird dort gebunden. Im Gegensatz zur Adsorptionspumpe kann hierbei auch H_2 gepumpt werden, da Wasserstoff, der auf die Oberfläche des Absorbens trifft, einen hohen Diffusionskoeffizienten hat und leicht in den Festkörper eingebaut werden kann.

Getterpumpen

Die Getterpumpen sind eine wichtige Variante der Absorptionspumpen. Hierbei wird das zu pumpende Gas von einem meist metallischen Niederschlag, der auf einem Substrat kondensiert, „zugeschüttet". Meist wird als Gettermaterial Titan verwendet, weil es eine hohe Bindungskapazität hat. Durch stetes Verdampfen des Titans und Kondensation auf dem Substrat kann die Pumpwirkung über lange Zeit aufrechterhalten werden.

Ein besonderer Typ von Getterpumpen wird durch die Ionengetterpumpe repräsentiert. In dieser Pumpe werden Argonionen auf ein Titantarget gelenkt. Dabei wird die Titanschicht abgesputtert. Die Titanatome kondensieren auf der Pumpenwandung und gettern dabei die zu pumpenden Gasteilchen. In Abb. 3.5-7 ist die Funktionsweise dieser Pumpe skizziert. Mit einer Ionengetterpumpe können auch Edelgase und andere chemisch inerte Gase gepumpt werden.

3.6 Vakuummessung

Der technisch erschlossene Vakuumbereich umfasst etwa 15 Größenordnungen des Druckbereiches. Es ist unmittelbar einsichtig, dass dieser große Bereich nicht mit einem Messprinzip oder mit einer Messanordnung erfasst werden kann. Im Wesentlichen gibt es für technische Vakuumanlagen fünf Messprinzipien, die von Interesse sind. Es sind dies:

- Druckmessdose,
- Wärmeleitungsvakuummeter,
- Reibungsvakuummeter,
- Ionisationsvakuummeter mit unselbständiger Entladung (Glühkathodenprinzip) und schließlich
- Ionisationsvakuummeter mit selbständiger Entladung (Penning-Prinzip).

Im Folgenden sollen die fünf Prinzipien kurz diskutiert, die Vor- und Nachteile geschildert und der Messbereich abgeschätzt werden.

3.6.1 Druckmessdose

Das älteste Messprinzip für Drücke von etwa 10^{13} mbar bis 1 mbar ist die Druckmessdose, ein geschlossener Behälter, dessen eine Wand eine meist korrugierte Membran bildet. Je nach Differenzdruck wölbt sich diese Membran in die Dose hinein oder aus der Dose heraus. Mit einem geeigneten Hebelwerk kann diese Aufwölbung abgetastet und auf einen Zeiger übertragen werden. Durch geeignete elektronische Auswertung kann der Anzeigefehler solcher Anordnungen auf wenige Prozent minimiert werden. Statt einer Membrandose kann auch ein gekrümmtes Röhrchen genommen werden, das mit Druck beaufschlagt wird und sich in einem evakuierten Behälter befindet. Je nach Druck versucht sich das Röhrchen zu strecken. Diese Streckbewegung kann wiederum auf ein Hebelwerk und eine Anzeige übertragen werden.

3.6.2 Wärmeleitungsvakuummeter

Ein Wärmeleitungsvakuummeter besteht aus einem Röhrchen, das an das zu messende Vakuum angeflanscht wird, und einem konzentrischen Draht, der mittels einer elektrischen Quelle beheizt wird. Die abgeführte Wärmeleistung besteht aus drei Komponenten, aus der durch Wärmeleitung mit dem umgebenden Gas abgeführten Leistung, aus der Wärmeableitung an den Drahtenden über die Drahthalterung und schließlich aus der Wärmestrahlung des gegenüber der Umgebung wärmeren Drahtes. Die Wärmeleitung durch das Gas ist der Term, der druckabhängig ist und deshalb zur Messung herangezogen wird. Die beiden anderen Terme können konstant gehalten werden, wenn auch die

Drahttemperatur konstant gehalten wird. Der Messbereich für ein Wärmeleitungsvakuummeter liegt je nach Konstruktion etwa im Bereich 10^{-3} mbar bis zu einigen Hundert mbar.

3.6.3
Reibungsvakuummeter

Ein neuartiges und über einen großen Messbereich sehr genaues Messprinzip stellt das Reibungsvakuummeter dar. Hierbei wird eine Stahlkugel, die magnetisch in einem Messvolumen aufgehängt ist, zur Rotation gebracht (Abb. 3.6-1). Durch die Reibung mit dem umgebenden Gas wird die Drehzahl allmählich geringer. Diese Drehzahlverminderung wird gemessen und zur Druckbestimmung herangezogen. Aus messtechnischen Gründen ist es einfacher, die Kugel auf eine bestimmte Drehzahl zu bringen und dann die Zeitintervalle zu messen, die für eine bestimmte Anzahl von Umdrehungen benötigt werden. Die Verzögerung ergibt sich dann als Differenz der Reziprokwerte zweier aufeinander folgender Zeitintervalle und wird zur Druckberechnung herangezogen. Wegen der mathematisch-physikalischen Berechenbarkeit der Anordnung ist ein Nachkalibrieren nicht nötig, es lässt sich mit dieser Methode der Absolutdruck in einem Behälter messen. Der Messbereich für Absolutdruckmessungen bei dieser Methode reicht von einigen 10^{-7} mbar bis etwa $2 \cdot 10^{-2}$ mbar und überstreicht somit den technisch interessanten Bereich des Aufdampfens und des Kathodenzerstäubens.

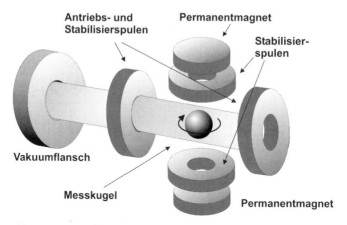

Abb. 3.6-1 Prinzipskizze eines Reibungsvakuummeters.

3.6.4
Ionisationsvakuummeter mit unselbständiger Entladung (Glühkathode)

Die Anordnung eines solchen Messgerätes besteht aus einer Glühkathode, aus der Elektronen, die auf eine die Kathode spiralförmig umgebende Anode fallen, emittiert werden (Abb. 3.6-2). Auf dem Weg zur Anode stoßen die Elektronen

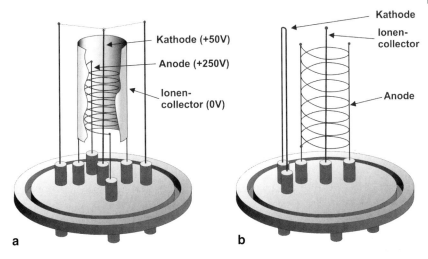

Abb. 3.6-2 Ionisationsvakuummeter:
a) normales Vakuummeter, b) Vakuummeter nach Bayard-Alpert.

mit neutralen Gasatomen zusammen und ionisieren diese. Die Ionen fliegen durch das Anodengitter hindurch und werden von einem Ionensammler aufgefangen. Der Ionenstrom ist ein direktes Maß für die Anzahl der Atome im Einheitsvolumen und somit für den Druck in der Messkammer.

Bei Ionisationsvakuummetern tritt ein Fehlerstrom I_R auf, der seine Ursache im so genannten Röntgeneffekt hat. Wenn die Elektronen auf die Anode auftreffen, können sie Photonen auslösen, die wiederum beim Auftreffen auf den Ionenfänger Elektronen auslösen können und damit den eigentlichen Ionenmessstrom verfälschen. In der Messanordnung nach Bayard-Alpert sitzt deshalb die Kathode außerhalb von Anode und Ionenfänger. Dadurch ist der Raumwinkel, unter dem die Kathode Photonen empfangen kann, wesentlich kleiner. Entsprechend kleiner ist dann auch der Fehlerstrom. Zusätzlich kann die Kathode noch optisch gegen die Photonen abgeschattet werden. Je nach Anordnung ergibt sich für das Ionisationsvakuummeter mit Glühkathode ein Messbereich von etwa 10^{-10} bis 1 mbar. Dieses Messprinzip hat somit den größten Messbereich.

3.6.5
Ionisationsvakuummeter mit selbständiger Entladung (Penning-Prinzip)

Beim Penning-Ionisationsvakuummeter wird zwischen zwei Elektroden eine Gasentladung gezündet. Der Gasentladungsstrom ist druckabhängig und dient als Messgröße. Um die Ionisationswahrscheinlichkeit für Elektronen auf dem Wege zur Anode zu vergrößern, wird ein magnetisches Feld mittels Permanentmagneten angelegt. Durch dieses Feld bewegen sich die Elektronen auf Spiralbahnen und haben damit eine größere Ionenausbeute. Der Messbereich lässt sich damit auf etwa 10^{-8} bis 10^{-2} mbar vergrößern. Wenn auch das Penning-Meter nicht besonders präzise arbeitet, so ist es doch durch seinen unkomplizierten Aufbau in der Vakuumtechnik sehr weit verbreitet.

3.6.6
Leckage und Lecksuche

Es gibt keine Vakuumanlage ohne Lecks. Man unterscheidet hierbei zwischen „realen" und „virtuellen" Lecks. Bei einem realen Leck dringt Luft durch feine Spalten von außen in den Rezipienten. Die Gasquelle ist daher unerschöpflich. Bei einem virtuellen Leck stammt das Gas entweder von der Innenwand des Rezipienten oder von Einbauten innerhalb des Rezipienten, von denen es durch Desorption frei wird. Einzelne Materialien, wie z.B. viele Kunststoffe, geben leicht Gase ab, die von Weichmachern und anderen Zusätzen stammen und die das Vakuum im Rezipienten verschlechtern. Schließlich sind auch kleine Hohlräume (Lunker) an den Wänden des Rezipienten Quellen für Gase. Häufig werden auch Fehler bei inneren Aufbauten durch nicht belüftete Sacklöcher oder schlechte Schweißnähte gemacht, die, wenn der Rezipient gepumpt wird, die eingeschlossenen Gasmengen allmählich wieder abgeben.

Die Lecksuche wird meist durch Beobachtung des Druckanstiegs im Rezipienten bei geschlossenem Hochvakuumventil durchgeführt. Die Leckrate wird durch die folgende Beziehung definiert:

$$Q_1 = V \cdot (dp/dt) \tag{3.58}$$

wobei V das Volumen des Rezipienten ist.

Die Leckrate wird in $[\text{mbar} \cdot l \cdot s^{-1}]$ angegeben. In Abb. 3.6-3 ist der typische Druckanstieg bei einem realen Leck (a), bei einem virtuellen Leck (b) und bei einer Kombination beider Lecktypen (c) gezeigt.

Gewöhnlich ist es nicht einfach, die genaue Position eines Lecks zu finden, das gilt besonders bei virtuellen Lecks. Der erfahrene Experimentator kennt allerdings die Schwachstellen seines Systems. Alle Dichtungen sind potentielle Quellen für Leckage. Gewissheit über ein Leck kann man sich sehr schnell verschaffen, wenn die mögliche Leckstelle von außen mit Helium abgesprüht wird. Da Helium ei-

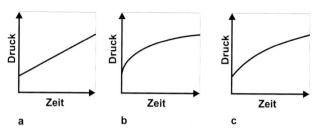

Abb. 3.6-3 Das Druck-Zeit-Diagramm eines realen Lecks (a), eines virtuellen Lecks (b) und einer Kombination beider Lecktypen (c) [Cham98].

nen sehr großen Diffusionskoeffizienten hat, dringt das Gas leicht durch das Leck und erzeugt auf einem angeschlossenen Massenspektrometer eine unmittelbare Reaktion. Auf diese Weise lassen sich alle potentiellen Schwachstellen auf Lecks prüfen.

3.7 Eigenschaften von Dünnschichten

In der Mikroelektronik, aber auch in der Mikromechanik, der Mikrooptik und der chemischen Mikrosensorik werden zum Aufbau funktionstüchtiger Strukturen in großem Maße dünne Schichten aus den verschiedensten Materialien benötigt. Diese Schichten übernehmen entweder die gewünschten Funktionen (z. B. metallische Leiterbahnen bei integrierten Schaltungen oder bei mikromechanischen Sensoren bzw. Aktoren, chemisch sensitive Schichten) oder dienen als Hilfsschichten (z. B. Isolations- und Schutzschichten, Haftvermittlungs- oder Galvanikstartschichten, entfernbare „Opferschichten"). Die Dicke dieser Schichten reicht je nach Anwendungsgebiet von wenigen Nanometern bis zu einigen Mikrometern. Die an die Schichten gestellten Anforderungen sind sehr unterschiedlich, meist dürfen in ihnen jedoch keine Verunreinigungen vorhanden sein, da selbst kleinste Anteile fremder Substanzen die Funktionsfähigkeit wesentlich verschlechtern oder verändern können. Meist müssen diese dünnen Schichten eine gute Haftung auf der Unterlage besitzen.

Daher werden diese Schichten im Hochvakuum bzw. Ultrahochvakuum auf die Substrate aufgebracht. Dazu werden die aufzubringenden Materialien z. B. verdampft oder durch Ionenbeschuss zerstäubt und schlagen sich auf dem Substrat nieder, so dass die gewünschten Schichten in atomaren Lagen auf der Oberfläche der Substrate aufwachsen. Daneben ist auch das Aufwachsen dünner Schichten auf dem Substrat durch im Vakuum ablaufende chemische Reaktionen möglich.

Im Kap. 5 werden verschiedene Möglichkeiten der Schichterzeugung durch Aufdampfen, Aufsputtern, Ionenplattieren, Plasmapolymerisation und chemische Gasphasenbeschichtung beschrieben. Da die innere Struktur und die Eigenschaften der aufgewachsenen Schichten besonders stark von der Temperatur während der Aufwachsphase abhängen, wird zunächst dieser Temperatureinfluss anhand von theoretischen Modellen beschrieben und es wird auf die Bindungsenergien zwischen Substrat und Dünnschicht eingegangen, da diese die Haftfestigkeit der aufgewachsenen Schichten bestimmen.

3.7.1 Strukturzonenmodelle

Die Qualität einer Schicht, die durch Vakuumprozesse auf einem Substrat aufwächst, ist im Wesentlichen von drei Parametern bestimmt [Haef87]:

- der physikalische Zustand der Substratoberfläche, also die Rauigkeit,
- die Aktivierungsenergien für die Oberflächen- und die Volumendiffusion der Schichtatome und schließlich
- die Bindungsenergie zwischen adsorbiertem Atom und Substratoberfläche.

Die Rauigkeit des Substrats ist der Grund für Abschattungen der im Allgemeinen aus einer Vorzugsrichtung einfallenden Atome oder allgemein für eine lateral diskontinuierliche Beschichtung des Substrates. Das Ergebnis ist eine poröse Schicht mit geringer Haftung zur Oberfläche. Demgegenüber steht die Oberflächendiffusion, die einen Teil des Abschattungseffektes kompensieren kann. Die Energien, die hierfür benötigt werden, sind für viele reine Metalle ihrer absoluten Schmelztemperatur T_m proportional. Die Hypothese ist daher berechtigt, dass von den drei Effekten – Abschattung, Oberflächendiffusion und Volumendiffusion – jeweils einer in einem bestimmten Bereich von T/T_m, d.h. der auf T_m normierten Substrattemperatur T, dominiert und in diesem Bereich die Mikrostruktur des Schichtsystems maßgeblich prägt. Dies ist die theoretische Basis für die beiden folgenden Strukturzonenmodelle.

Movchan und Demchishin [Movc69] untersuchten die Struktur von im Hochvakuum (bei 10^{-6} bis 10^{-7} mbar) aufgedampften, relativ dicken Schichten (bis zu 2 mm) aus Ti, Ni, W, ZrO_2 und Al_2O_3 als Funktion von T/T_m. Die Ergebnisse lassen sich durch ein Dreizonenmodell nach Abb. 3.7-1a beschreiben. Dieses M.-D.-Modell wurde von Thornton aufgrund von Experimenten mit einer Hohlkathoden-Sputteranordnung bei Drücken im Bereich von 10 bis 400 mbar Argon erweitert. Thornton fügte als weiteren Parameter den Partialdruck des Argons hinzu, um den Einfluss einer Gasatmosphäre (allerdings ohne Ionenbombardement) auf die Schichtstruktur zu beschreiben. Zum anderen wurde eine Übergangszone T zwischen den Zonen 1 und 2 eingefügt. Diese Übergangszone ist bei Schichten aus Metallen und einphasigen Legierungen nicht deutlich ausgeprägt, wohl aber bei Schichten aus refraktären Verbindungen und mehrphasigen Legierungen, die durch Aufdampfen im Hochvakuum oder in Gegenwart von inerten oder reaktiven Gasen durch Sputtern oder Ionenplattieren hergestellt werden. Die Zonen 1, 2 und 3 beider Modelle stimmen in ihren Merkmalen überein.

Die Zone 1 umfasst die sich bei niedrigem T/T_m bildende Struktur. Hier reicht die Oberflächendiffusion nicht aus, um die abschattierten Bereiche zu überdecken. An den wenigen Keimstellen wachsen nadelförmige Kristallite auf, die mit zunehmender Höhe durch Einfangen von Schichtatomen breiter werden und sich zu auf der Spitze stehenden Kegeln mit balligen Basisflächen ausbilden. Diese Struktur wird „dendritisch" (von $\delta \varepsilon \nu \delta \rho o \nu$ = Baum) genannt. Die Schicht ist porös, von geringer Haftfestigkeit zur Unterlage und die Kristallite haben bei einer gegenseitigen Distanz von einigen 10 nm eine hohe Dislokationsdichte und hohe innere Spannungen.

In der Zone T können die adsorbierten Atome durch erhöhte Oberflächendiffusion die Wirkung der Abschattungen zum Teil ausgleichen. In diesem Bereich ist die Schichtstruktur faserförmig und gegenüber der vorangehenden Struktur dichter.

3.7 Eigenschaften von Dünnschichten

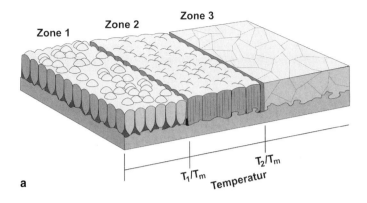

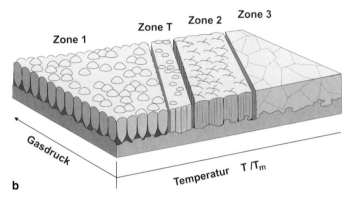

Abb. 3.7-1 Strukturzonenmodelle:
a) nach Movchan und Demchishin, b) Erweiterung des Modells nach Thornton bei Anwesenheit eines Inertgases.

Die Zone 2 ist durch einen Temperaturbereich definiert, in dem die Oberflächendiffusion stark zunimmt und für das Wachstum bestimmend ist. Die Schicht hat eine kolumnare Struktur (von columna = Säule), wobei mit wachsender Substrattemperatur der Durchmesser der Säulen zunimmt. Die Schichten sind dichter und die Haftfestigkeit wächst.

Die Zone 3 schließlich umfasst den T/T_m-Bereich, in dem das Wachstum durch die Volumendiffusion bestimmt wird. Es entsteht ein rekristallisiertes Gefüge von hoher Dichte. In diesem Temperaturbereich laufen auch die Prozesse für das epitaktische Wachstum von Halbleitern durch Aufdampfen, Sputtern und CVD ab.

Nach dem erweiterten Modell von Thornton (Abb. 3.7-1b) steigen die Übergangstemperaturen T_1 und T_2 mit wachsendem Inertgasdruck P. Durch Kollision mit den Atomen des Inertgases geben die Metallatome einen Teil ihrer kinetischen Energie an das umgebende Gas ab. Dadurch steht weniger Energie für die Oberflächenmigration zur Verfügung. Das wirkt sich dann so aus, als ob die Substrattemperatur gegenüber dem Fall eines fehlenden Inertgases niedriger wäre. Dem wirkt allerdings der Effekt entgegen, dass bei hinreichender Druckerhöhung die Schichtatome durch Streuung im Gasraum isotrop auf das Substrat einfallen und dadurch die Wirkung der Abschattung überwunden wird. Allerdings haben diese Schichten dann wegen der niedrigeren kinetischen Energie der einfallenden Teilchen eine reduzierte Haftfestigkeit.

Ein Ionenbombardement erzeugt auf dem Substrat Punkteffekte und erhöht damit die Keimdichte, zum anderen wird durch Energieübertragung auf die Atome deren Beweglichkeit erhöht. Daher entsteht bei gegebenem T/T_m gegenüber dem Fall ohne Ioneneinwirkung eine Struktur aus Kristalliten, die dichter gepackt sind und größere Durchmesser haben. Das Ionenbombardement beeinflusst die Struktur in dem Sinne, dass sich die Zonengrenzen zu tieferen T/T_m-Werten hin verschieben.

Allerdings besteht ein wichtiger Unterschied zwischen dem Gefüge der Aufdampfschichten und dem der Ionenplattierschichten: Die durch Aufdampfen bei entsprechend hoher Temperatur entstandene Struktur ist das Ergebnis von Rekristallisation und Kornwachstum durch Volumendiffusion. Beim Ionenplattieren spielt die Volumendiffusion wegen der tieferen Substrattemperatur eine geringere Rolle, hingegen werden bei intensivem Ionenbombardement kontinuierlich neue Keime gebildet, so dass ein feinkörniges, aber dichtes Gefüge entsteht. Weiterhin bewirkt das Ionenbombardement auf die Oberfläche eine Reinigung von schlecht haftenden Gas- und Schmutzschichten. Die folgenden Atome finden somit bessere Oberflächenverhältnisse vor und können engere Bindungen mit der Oberfläche eingehen.

3.7.2
Haftfestigkeit der Schicht

Die Haftfestigkeit einer Schicht hängt vom Zustand der Oberfläche und von dem Bindungstyp ab, den das hereinkommende Atom mit der Oberfläche einzugehen fähig ist. Es gibt chemische, elektrostatische, Van-der-Waals-Bindungen oder eine Kombination aus diesen. Unter allen Bindungstypen ist die chemische mit einer Bindungsenergie von 0,5 eV bis etwa 10 eV die stärkste. Im Fall der kovalenten, der Ionen- und der metallischen Bindung hängen die Bindungskräfte vom Grad des Elektronentransfers ab. In den beiden ersten Fällen entstehen Verbindungen, die im Allgemeinen spröde und brüchig sind, im letzten Fall meistens jedoch duktile Legierungen.

Die Van-der-Waals-Bindung beruht auf einer Polarisationswechselwirkung, die keinen besonders innigen Kontakt der Partneratome verlangt, aber schwächer (0,1–0,4 eV) als die chemische Bindung ist und mit wachsender Distanz rasch abnimmt.

Die elektrostatische Bindung setzt die Bildung einer elektrischen Doppelschicht zwischen Film und Substrat voraus. Bevorzugt sind hierbei Metall-Isolator-Zonen. Eine solche Doppelschicht, die eine mit der Van-der-Waals-Bindung vergleichbare Bindungsenergie ergibt, wurde an Schichten aus Al, Ag und Au auf Polymersubstraten nachgewiesen.

Es lässt sich theoretisch zeigen, dass eine typische chemische Bindung (4 eV) eine mechanische Spannung von maximal $1 \cdot 10^4$ [Nmm^{-2}] kompensieren kann und eine typische Van-der-Waals-Bindung (0,2 eV) einer Spannung von maximal $5 \cdot 10^2$ [Nmm^{-2}] widersteht. Messungen der Haftfestigkeit ergeben oft geringere Werte als theoretisch vorausgesagt. Häufig werden dabei die inneren Spannungen einer Schicht, die sich den äußeren Spannungen überlagern können, unterschätzt. Des Weiteren können Defekte in der Mikrostruktur der Schicht sowie zu kleine Kontaktflächen bei kolumnarem Wachstum zu Haftfestigkeiten, die weit unter den theoretisch berechneten Werten liegen, führen.

Da durch Ionenbombardement die Keimdichte und damit die Kontaktfläche auf dem Substrat erhöht werden kann, ist die Haftfestigkeit von Schichten, die durch Sputtern erzeugt werden, höher als die von Aufdampfschichten. Noch höhere Haftfestigkeiten besitzen Schichten mit einer durch Diffusion oder chemische Reaktion erzeugten Interfacezone, wie z. B. durch CVD-Verfahren hergestellte Schichten.

Die Messung der Haftfestigkeit von dünnen Schichten auf ihrer Unterlage ist ein wichtiges, aber häufig nicht exakt zu lösendes Problem. Für eine grobe qualitative Untersuchung eignet sich der Tesafilm-Test. Dabei wird ein Bereich der zu untersuchenden Schicht mit einem Skalpell kreuzweise in kleine Quadrate unterteilt. Darüber wird ein Streifen Tesa- oder Scotchfilm (deshalb wird der Test auch „Scotch-Test" genannt) geklebt und senkrecht wieder abgezogen. Die Anzahl der Quadrate, die auf der Unterlage haften und nicht mit dem Film abgezogen werden, ist ein Maß für die Haftfestigkeit. Eine etwas präzisere Methode wird mit einem aufgeklebten Stempel erreicht. Wichtig ist dabei, dass beim senkrechten Abziehen des Stempels keine Scherkräfte auftreten, die das Ergebnis verfälschen würden. Der Stempel wird deshalb kardanisch gelagert und mittels einer Zugprüfmaschine abgezogen.

Bei Hartstoffschichten wird häufig der Ritztest angewendet. Hierbei wird eine Diamantspitze mit wachsender Auflagekraft über die Probe gezogen. Ab einer bestimmten Auflagekraft bricht der Film ein, wie eine dünne Eisschicht auf einer weichen Grundlage. Die Spur kann unter einem Mikroskop optisch vermessen werden. In einem anderen Verfahren wird das Knistern der brechenden Schicht auch akustisch vermessen und mit der Grenzkraft in Bezug gesetzt.

4
Materialien der Mikrosystemtechnik

In der Mikrosystemtechnik spielen Werkstoffe eine übergeordnete Rolle, da sie mehrere Funktionen miteinander vereinigen. Zum einen haben sie die traditionelle Rolle der geometrischen Formgebung. Zum anderen sind die Oberflächeneigenschaften der Werkstoffe von entscheidender Bedeutung, da das Verhältnis Oberfläche/Volumen mit der Verkleinerung von Strukturen ansteigt. Dieser Anstieg ist linear mit dem Maßstab, wenn man eine „mathematische", also unendlich dünne Schicht voraussetzt. Das Verhältnis steigt aber überproportional mit dem Maßstab an, wenn man von einer „physikalischen" Oberfläche ausgeht, d.h., wenn man berücksichtigt, dass sich Oberflächeneigenschaften, wie etwa Härte, Korrosionsfestigkeit oder elektrische Durchschlagfestigkeit, aus einer gewissen Tiefe des Festkörpers heraus ergeben.

Häufig werden die Oberflächeneigenschaften auch durch eine gewollte oder ungewollte Fremdbelegung verändert. Ein Mikrobiegebalken, der mit einer Oxidschicht versehen ist, hat andere elastische Eigenschaften als ein solcher mit „sauberer" Oberfläche. Mit anderen Worten heißt dies aber, dass die mechanischen Eigenschaften bestimmter Mikrostrukturen von ihrer technologischen Vorgeschichte abhängen. Ein Biegebalken, der mit einem Ätzmittel hergestellt wurde, hat also unter Umständen einen anderen effektiven Elastizitätsmodul als einer, der mit einem alternativen Ätzmittel behandelt wurde.

Die Werkstoffe und die Bestimmung ihrer Eigenschaften spielen in der Mikrosystemtechnik eine äußerst wichtige Rolle. In den konventionellen Ingenieurwissenschaften ist man daran gewöhnt, Materialeigenschaften in Tabellen zu sammeln, die dann nach Bedarf abgerufen werden können. Dabei handelt es sich in den meisten Fällen um die Volumeneigenschaften des Materials. Die Mikrostruktur des Materials ist von den Probengrößen um Größenordnungen entfernt. Korngröße oder Versetzungslänge finden in anderen Dimensionen statt als Werkstückdimensionen. Daher sind im makroskopischen Fall die Werkstoffeigenschaften mit einiger Berechtigung als unabhängig von der Probenform und -größe anzusehen.

Diese natürliche Abgrenzung ist in der Mikrotechnik aufgehoben. Ein Probenkörper in der Größenordnung eines Kristalls in einem polykristallinen Werkstoff wird andere Eigenschaften haben als einer, der noch Tausende von Kristallen beinhaltet. In einem makroskopischen Körper wird eine dünne Oxidschicht auf der Oberfläche keinen merklichen Einfluss auf die elastischen Eigenschaften des Körpers haben. In einer Mikrostruktur hingegen ist das „Volumen" der Oberflächenschicht nicht mehr vernachlässigbar und muss bei Berechnungen der elastischen Eigenschaften durchaus mit berücksichtigt werden. Schlimmer noch, die Eigenschaften ändern sich je nachdem, ob die Oberflächenschicht eine Oxidschicht oder eine Nitridschicht ist. Dies wiederum hängt von der technologischen Vorgeschichte des Mikrokörpers ab. Man sieht hier schon, dass die Bestimmung der Materialeigenschaften eines Mikrokörpers eine ungleich kompliziertere Aufgabe ist als die von makroskopischen Objekten.

Wie eingangs bereits vermerkt wurde, nehmen die Einflüsse der Oberflächeneigenschaften der Materialien in der Mikrotechnik überproportional zu. Hierin liegt aber auch eine besondere Chance der Materialwissenschaften. Dünne Schichten sind zum Teil mit Eigenschaften versehen, die im Makroskopischen nicht erreicht werden können. Man denke nur etwa an die außergewöhnliche elektrische Durchschlagfestigkeit von dünnen Oxidschichten, an die extreme mechanische Härte von „diamantartigen" Dünnschichten oder an die hohe Korrosionsfestigkeit und „pin-hole-Freiheit" plasmapolymerisierter Filme.

Abgesehen von den physikalischen und chemischen Eigenschaften der Materialien, die zur mechanischen Konstruktion von Mikrokomponenten benötigt werden, ist die Materialforschung in hohem Maße gefordert bei der Erforschung und Entwicklung neuer Sensor- und Aktorprinzipien, die auf physikalischen, chemischen und biochemischen Eigenschaften der Materie beruhen.

Nun würde eine eingehende Beschäftigung mit der Materialforschung für die Mikrosystemtechnik allein ganze Werke füllen, deshalb sollen hier nur einige Werkstoffklassen skizziert werden, die ein Potential auch für zukünftige Entwicklungen darstellen. Allgemein kann in den Materialwissenschaften unterschieden werden zwischen:

- organischen Materialien, die in der täglichen Sprache auch als Kunststoffe oder Polymere bezeichnet werden,
- anorganisch-nichtmetallischen Werkstoffen, einschließlich der Keramiken und Gläser, sowie
- Metallen.

Die Grenzen zwischen diesen Klassen sind nicht scharf. So werden die Halbleiter gelegentlich zwischen den Metallen und Keramiken/Gläsern angesiedelt. Aufgrund ihres kovalenten oder ionisch-kovalenten Bindungstyps würden sie eher zu den Letzteren gehören. Andererseits haben sie aufgrund ihrer hohen Leitfähigkeit – zumindest bei hoher Dotierung oder hoher Temperatur – eher metallischen Charakter. Ebenso könnte man zwischen den Metallen und den Polymeren die leitfähigen Polymere ansiedeln.

Für Anwendungen in der Mikrosystemtechnik werden Materialien nach mehreren Gesichtspunkten ausgewählt. Einerseits spielen die Materialeigenschaften eine hervorragende Rolle. Auf eine Art und Weise soll das Mikrosystem schließlich ein Messsignal umwandeln und dies gelingt nur durch den Einsatz von Materialien mit der entsprechenden Fähigkeit. Es ist daher natürlich, wenn für eine Wärmeisolation glasartige oder polymerische Werkstoffe eingesetzt werden, vielleicht auch poröse Keramiken oder Halbleiter, um den Wärmetransport zu minimieren. Andererseits wäre es ungeschickt, selbst ein leitfähiges Polymer als Leiterbahn für nennenswerte Ströme einzusetzen, da Metalle wesentlich besser für diese Aufgabe geeignet sind. Soll drittens eine Temperaturdifferenz ohne Umweg direkt in ein elektrisches Signal umgewandelt werden, so bieten sich Metalle mit hohem Seebeck-Koeffizienten und Halbleiter als Materialien der Wahl an.

Die Auswahl über die Materialeigenschaften kann aber nicht das alleingültige Kriterium sein, solange das in Betracht gezogene Mikrosystem nicht nur ein akademisches Beispiel bleiben soll, sondern sich auch in der Anwendung und auf dem Markt behaupten soll. Anwendungsbedingungen können sich drastisch voneinander unterscheiden. So stellt die Forderung nach dem wartungsfreien Betrieb eines Sensors in einer Automobilanwendung hohe Anforderungen an die Materialien. Bei Betriebsbedingungen zwischen −80 und +200 °C sind Polymere für viele Komponenten weniger geeignet als Keramiken, Halbleiter und Metalle. Ausgewählte Polymere werden jedoch auch bei erhöhten Temperaturen erfolgreich eingesetzt. In biomedizinischen Anwendungen stehen im Gegensatz dazu mehr die Flexibilität, Biokompatibilität und Korrosionsbeständigkeit in elektrolytischen und biologischen Umgebungen im Vordergrund. Die Anforderungen sind hier bezüglich des Temperaturbereichs weniger kritisch. Polymerische Werkstoffe sind hier prädestiniert, sensorische Funktionen, aber auch die Rolle der Grenzfläche zwischen dem Organismus und dem Mikrosystem zu übernehmen und dadurch nichtbiokompatible Komponenten zu schützen.

Die Herstellbarkeit der gewünschten Komponenten in dem Werkstoff der Wahl sowie ökonomische Fragen stellen eine weitere Hürde dar, an der schon manches Material letztendlich gescheitert ist. Verfahren zur Verarbeitung verschiedener Materialtypen hinsichtlich mikrosystemtechnischer Anwendungen werden in diesem Buch an zahlreichen Stellen beschrieben, insbesondere in den Kap. 3 und 5 bis 9.

Im Folgenden wird in Abschn. 4.1 detaillierter auf wesentliche Materialeigenschaften, auf denen zahlreiche Mikrosysteme beruhen, eingegangen. Danach werden einzelne Materialkategorien und ausgewählte Materialien näher beschrieben. Es sind dies die Kunststoffe in Abschn. 4.2, die Halbleiter in Abschn. 4.3, die Keramiken in Abschn. 4.4 und die Metalle in Abschn. 4.5.

4.1
Materialeigenschaften

Im Gegensatz zu fundamentalen Konstanten können die Eigenschaften von Materialien von Fall zu Fall stark variieren. Diese Tendenz ist dem Konzept des *Materials* inhärent, welches nur in den seltensten Fällen einen idealen Zustand mit eindeutig definierten Eigenschaften annimmt. Einkristallines Silizium ist ein Beispiel für solch ideale Materialien: bei genügend hoher Reinheit oder

Temperatur nehmen seine Eigenschaften ideale Werte an, wie z. B. eine allein von der Temperatur abhängige Ladungsträgerkonzentration. Hingegen ergeben sich die Eigenschaften realer Materialien aus einem breiten Spektrum von Imperfektionen, vom atomaren Niveau bis zur makroskopischen Längenskala. Diese Imperfektionen machen aus einem idealen Stück Materie eine breite Klasse von technisch interessanten und nützlichen Materialien, welche die Lösung einer Reihe von technischen Problemen ermöglichen. Imperfektionen umfassen eine nichtstöchiometrische Zusammensetzung, Verunreinigungen, Legierungselemente, verzerrte Bindungen, die Abwesenheit von langreichweitiger Ordnung, Präzipitate, Lunker, Korngrenzen, Zwillingsbildung, Textur usw. Die Materialwissenschaft ist die Kunst, diese Aspekte durch grundlegende Einsicht oder auf experimentellem Weg unter Verwendung geeigneter Prozesse miteinander zu kombinieren.

Werkstoffeigenschaften auch nur annähernd enzyklopädisch zu behandeln, muss daher den großen Standardwerken der Werkstoffkunde vorbehalten bleiben. Im Folgenden konzentrieren sich die Verfasser nur auf Eigenschaften und Phänomene, die für spezielle Anwendungen der Mikrosystemtechnik interessant sind. Da auf diesem Gebiet sehr viel Forschung betrieben wird, ist für die neuesten Entwicklungen stets die aktuelle Literatur zu Rate zu ziehen.

Eigenschaften von reinen Bulkmaterialien sowie Legierungen sind in der Literatur ausführlich dokumentiert. Für thermische Eigenschaften kann z. B. [Toul70] herangezogen werden. Zahlreiche Daten sind auch im Handbook of Chemistry and Physics [Hand04] zu finden. Elektrothermomechanische Eigenschaften von Halbleiter- und Dünnschichtmaterialien sind in [Paul04b] zusammengefasst. Ferner sind auch viele wertvolle Informationen über Materialien der Mikrosystemtechnik aus dem Internet zu erhalten, z. B. aus [Clea04].

4.1.1
Thermische Eigenschaften

Thermische Eigenschaften umfassen einerseits Eigenschaften, die den thermodynamischen Zustand bzw. Zustandsänderungen beschreiben, wie spezifische und latente Wärmen sowie Wärmeausdehnungskoeffizienten; andererseits sind auch Transporteigenschaften, wie die Wärmeleitfähigkeit, gemeint.

Thermische Eigenschaften betreffen vor allem thermische Mikrosysteme [Herw86, Herw94, Balt96, Balt98]. Dazu gehören Infrarotdetektoren, Gasflusssensoren, thermische Drucksensoren und Strahlungsquellen. Aber auch in nichtthermisch-basierten Mikrosystemen spielen thermische Eigenschaften eine wichtige Rolle. In der Tat ist jeder Effekt zu einem gewissen Grad temperaturempfindlich. Diesem Umstand ist bei der Auslegung und bei der Planung des Betriebsmodus des Bauteils Rechnung zu tragen.

Tab. 4.1-1 Wärmeleitfähigkeiten wichtiger Elemente, Halbleiter, Keramiken und Polymere bei Raumtemperatur.

Material	κ (Wm^{-1}K^{-1})	Material	κ (Wm^{-1}K^{-1})
Ag	428	Al$_2$O$_3$	28
Al	247	AlN	150
Au	291	BeO	230
Cu	398	BN	39
Ni	90	SiC	85
Pb	34	Si$_3$N$_4$	16–33
Pt	73	amorphes SiO$_2$	1,45
Stahl	14,6–67		
Ti	15,7	Epoxy	0,2
W	178	Nylon	0,24
		Polyethylen	0,38
Galliumarsenid	46	Polystyrol	0,13
Germanium	60	Teflon	0,25
Diamant	630		
Silizium	156		

4.1.1.1 Wärmeleitfähigkeit

Die Wärmeleitfähigkeit κ eines Materials verbindet einen Temperaturgradienten ∇T, dem das Material ausgesetzt ist, mit dem Wärmefluss j_W, der durch ∇T verursacht wird, gemäß

$$j_W = \kappa \nabla T \tag{4.1}$$

Metallschichten und Halbleiter, wie kristalline Materialien im Allgemeinen, weisen eine hohe Wärmeleitfähigkeit auf. Im Gegensatz dazu besitzen Gläser und Polymere mit ihrer teilweise oder sogar durchgehend amorphen Struktur eine vergleichsweise niedrige Wärmeleitfähigkeit und eignen sich somit zur Wärmeisolation. Die Wärmeleitfähigkeit kristalliner Materialien erreicht bei einigen 10 K ein Maximum und nimmt darüber kontinuierlich ab. Bei Raumtemperatur haben die Materialien einen so genannten negativen κ-Temperaturkoeffizienten. Anders verhält es sich bei amorphen Materialien, wo κ mit steigender Temperatur stetig, wenn auch schwach zunimmt und diese Materialien somit einen positiven κ-Temperaturkoeffizienten aufweisen.

Typische Werte von κ von ausgewählten Materialien sind in Tab. 4.1-1 zusammengefasst.

4.1.1.2 Spezifische Wärme

Grob gesprochen, bezeichnet die spezifische Wärme die Energie, die benötigt wird, um die Temperatur eines Materials um ein Grad pro Masseneinheit zu erhöhen. Im Gegensatz zur Thermodynamik der Gase, wo zwischen den spezifischen Wärmen c_p und c_v unter konstanten Druck- bzw. Volumenbedingungen unterschieden wird, liegen die entsprechenden Werte für Festkörper so nahe bei einander, dass mit einem einzigen Wert c gerechnet wird. Ferner ist es in vielen Fällen günstiger, die spezifische Wärme auf die Volumeneinheit anstatt auf die Masseeinheit zu beziehen. Die volumenbezogene spezifische Wärme ergibt sich aus dem Produkt der massebezogenen spezifischen Wärme c und der Dichte ρ des Materials. Der Parameter ρc beeinflusst den thermischen Response von Strukturen inklusive Mikrostrukturen gemäß

$$\rho c \frac{\partial}{\partial t} T + \nabla \cdot j_W = g_W \tag{4.2}$$

wobei g_W die Wärmegenerations- bzw. -absorptionsdichte pro Volumen darstellt. Wird j_W durch $\kappa \nabla T$ ersetzt und wird die Temperaturabhängigkeit von κ vernachlässigt, so ist leicht einzusehen, dass neben g_W die thermische Diffusivität $a = \kappa/\rho c$ der einzige für die Temperaturverteilung in der Struktur verantwortliche Parameter ist.

Für grobe Abschätzungen dient der Wert von 24,93 J/K aus dem Dulong-Petit-Gesetz gut als erster Näherungswert für die spezifische Wärme einer Menge einer Substanz mit insgesamt $N_A = 6{,}022 \cdot 10^{23}$ Atomen (d.h. gleich der Avogadrozahl). Dies ist ein Mol für Körper aus nur einem Element bzw. ein ganzer Bruchteil davon für chemische Verbindungen. Genauere Werte für kristalline Festkörper ergeben sich aus der Theorie von Debye über die Thermodynamik der phononischen Anregungszustände der Festkörper [Kitt02]. Diese beschreibt eine wie T^3 wachsende spezifische Wärme bei niedrigen Temperaturen und eine asymptotische Annäherung an den Wert von Dulong-Petit bei hohen Temperaturen.

4.1.1.3 Latente Wärme

Die latente Wärme eines Materials beschreibt die bei dessen Phasenumwandlungen frei werdende bzw. absorbierte Wärmemenge pro Mengeneinheit des Materials. Eine Faustregel zur Abschätzung der latenten Schmelzwärme liefern die Richards-Regeln. Für Metalle besagen diese, dass die Schmelzwärme durch das Produkt von 8 J K^{-1} Mol^{-1} mit der Schmelztemperatur T_m in Einheiten von K einen akzeptablen Näherungswert liefert. Für biatomare ionisch-kovalente Verbindungen des Typus AB liefert das Produkt von T_m mit 30 J K^{-1} Mol^{-1} eine entsprechende nützliche Approximation. Typische Werte von elementaren Metallen liegen zwischen 3,5 und 35 kJ Mol^{-1}, entsprechend der breiten Spanne ihrer Schmelztemperaturen.

4.1.1.4 Wärmeausdehnungskoeffizient

Der Wärmeausdehnungskoeffizient a_{th} eines Materials ist definiert als seine Längenänderung pro Grad Temperaturerhöhung pro Längeneinheit. Als nützliche Approximationen erweisen sich in diesem Fall die Grüneisen-Regeln. Diese beschreiben den Wärmeausdehnungskoeffizienten von Metallen mit der Approximation $a_{th} \approx 0{,}02/T_m$ und jene von Keramiken mit $a_{th} \approx 0{,}038/T_m - 7 \cdot 10^{-6}$. Höhere Schmelztemperaturen bedeuten somit niedrigere Wärmeausdehnungen. Typische Werte liegen bei Raumtemperatur im Bereich von 10^{-6} K^{-1} bis einige 10^{-5} K^{-1}. Silizium weist ein a_{th} von $2{,}59 \cdot 10^{-6}$ K^{-1} bei Raumtemperatur auf. Typische Metallwerte liegen im Bereich von 10^{-5} K^{-1}. Daraus resultiert z. B. die Schwierigkeit der spannungsfreien Aufbau- und Verbindungstechnik von siliziumbasierten Mikrokomponenten auf Metallsubstraten. Oft wird bei dieser Kombination zwischen dem Siliziumelement und dem metallischen Unterbau noch eine Pufferkomponente mit einem dem Siliziumwert ähnlichen a_{th} gewählt, z. B. aus Pyrex 7740 von Dow Corning.

4.1.2
Elektrische Eigenschaften

4.1.2.1 Elektrische Leitfähigkeit

Die elektrische Leitfähigkeit von Festkörpern wird durch das Ohm'sche Gesetz $E = \rho j$, oder äquivalent $j = \sigma E$, beschrieben, mit dem elektrischen Feld E, der elektrischen Stromdichte j, dem Resistivitätstensor ρ und dessen Inversem, dem Leitfähigkeitstensor $\sigma = \rho^{-1}$. Je höher die Leitfähigkeit, desto mehr Strom durchfließt den Körper somit unter einem gegebenen elektrischen Feld.

In zahlreichen Materialien inklusive Metallen und Halbleitern kann von isotroper Leitung ausgegangen werden, durch die sich der Resistivitäts- und Leitfähigkeitstensor zu den Skalaren ρ und σ vereinfachen lassen. In Halbleitern ist ρ gegeben durch $\rho = \{q(\mu_n n + \mu_p p)\}^{-1}$, mit der Elementarladung q, den Konzentrationen der Elektronen und Löcher n bzw. p sowie den entsprechenden Mobilitäten μ_n und μ_p (siehe Abschn. 4.3). Sowohl die Ladungsträgerkonzentrationen als auch die Mobilitäten hängen von den Dotierstoffkonzentrationen und der Temperatur ab, wie dort beschrieben ist. Da die Temperaturabhängigkeit von ρ in der thermischen Sensorik oft ausgenutzt wird oder als unerwünschter Nebeneffekt kompensiert werden muss, ist der lineare Resistivitäts-Temperaturkoeffizient (temperature coefficient of resistance, TCR) β_R definiert als

$$\beta_R = \rho^{-1} \partial \rho / \partial T \tag{4.3}$$

eine wichtige Größe. In Anbetracht seiner Definition lassen sich gemessene Widerstandsänderungen ΔR gemäß der Näherung $\Delta R \approx R_0 \beta_R \Delta T$ leicht in eine Temperaturänderung ΔT umrechnen.

Der spezifische Widerstand äußert sich selbstverständlich auch als ohmscher Verlust in stromdurchflossenen Leitern. Die von einer Stromdichte j freigesetzte Wärmegenerationsdichte (Wärmeleistung pro Volumen) ist $g_W = \rho j^2$.

Metalle zeigen bei weitem die höchsten spezifischen Leitfähigkeiten σ. Mit einem Wert von $5{,}93 \cdot 10^5$ Ω^{-1}cm^{-1} wird reines Kupfer nur noch von Silber ($6{,}16 \cdot 10^5$ Ω^{-1}cm^{-1}) und Supraleitern übertroffen. Neben Kupfer sind in der Mikrosystemtechnik unter anderem auch Au, Ni, Al, und Ti im Einsatz mit folgenden Leitfähigkeiten bei 300 K: $\sigma_{Au} = 4{,}2 \cdot 10^7\ \Omega^{-1} m^{-1}$, $\sigma_{Ni} = 1{,}4 \cdot 10^5\ \Omega^{-1} cm^{-1}$, $\sigma_{Al} = 3{,}8 \cdot 10^5\ \Omega^{-1} cm^{-1}$, $\sigma_{Ti} = 4 \cdot 10^4\ \Omega^{-1} cm^{-1}$. Der Temperaturkoeffizient der Resistivität von Metallen ist positiv, bei Raumtemperatur in der Größenordnung von 0,0035 K^{-1}. Hierbei ist allerdings zu beachten, dass diese Zahlen nur für Reinmetalle gelten und extrem stark von der Verunreinigungskonzentration abhängen, insbesondere wenn Mischkristallbildung vorliegt. Constantan, eine Legierung aus Kupfer und Nickel mit etwa 41% Nickelanteil, weist bei Raumtemperatur z. B. einen verschwindenden β_R-Wert auf.

4.1.2.2 Dielektrische Konstante

Die dielektrische Konstante ε_r eines nichtleitenden Materials beschreibt seine Tendenz, sich durch ein angelegtes elektrisches Feld polarisieren zu lassen. Kapazitives Übersprechen zwischen Leiterbahnen in integrierten Schaltungen wächst z. B. mit zunehmendem ε_r. Für die Isolation zwischen den Ebenen von Leiterbahnen versucht die IC-Industrie daher, das heute größtenteils noch übliche Siliziumoxid durch polymerische oder poröse Schichten mit niedrigerem ε_r zu ersetzen. Im Bereich der Feldeffekttransistoren hingegen, wo zwischen dem Gate und dem darunterliegenden Kanalbereich ein Dielektrikum mit hohem ε_r günstig wäre, wird versucht, Siliziumoxid durch Schichten aus Siliziumnitrid und Hafniumoxid zu ersetzen. Gebräuchliche ε_r-Werte von Silizium liegen zwischen 11,7 und 11,9, jene von Siliziumdioxid bei 3,9 und jene von Dünnschichtsiliziumnitrid bei 7.

Piezo- und pyroelektrische Keramiken weisen in der Nähe ihrer Phasenübergangstemperatur extrem hohe ε_r-Werte auf.

4.1.2.3 Thermoelektrizität

Wird ein Leiter einem Temperaturgradienten ∇T ausgesetzt, so wird in ihm ein elektrisches Feld, genannt das thermoelektrische Feld, auftreten. Zwischen seinem heißen und seinem kalten Ende wird somit eine messbare Spannungsdifferenz auftreten. Da diese Spannung nur unter Verwendung eines weiteren Materials abgegriffen werden kann, in dem ebenso ein thermoelektrisches Feld, jedoch mit anderer absoluter Größe, auftreten wird, lässt sich nur die Differenz der thermoelektrischen Felder zweier Materialien bestimmen. Daher spricht man üblicherweise vom thermoelektrischen Effekt eines Material*paares*. Ein derart verschaltetes Materialpaar bildet ein so genanntes Thermoelement. Für eine schematische Darstellung siehe Abb. 7.4-14. Die zwischen den beiden Materialien an den kalten Kontakten auf derselben Referenztemperatur T_0 gemessene Spannung ist $V_{te} = a_S \cdot \Delta T$, wobei a_S den so genannten Seebeck-Koeffizienten oder thermoelektrischen Koeffizienten des Materialpaares bezeichnet und ΔT die Temperaturdifferenz zwischen den kalten Enden und dem warmen Kontakt darstellt.

Metalle besitzen üblicherweise kleine Seebeck-Koeffizienten mit Werten von maximal einigen µV/K. Paare aus Speziallegierung, wie NiCr/AlCr (sog. Chromel/Alumel-Thermoelemente), Cu/CuNi (sog. Kupfer/Constantan-Thermoelemente) und Fe/CuNi, weisen bei Raumtemperatur einen Seebeck-Koeffizienten von 40 µV/K und höher auf. Halbleiter, wie Silizium und Germanium, bieten dem Sensorentwickler weit bessere Perspektiven, was den Seebeck-Koeffizienten anbelangt. Bei n-Dotierung bis zur Sättigungsgrenze liegt der thermoelektrische Koeffizient von Silizium bei etwa 100 µV/K; er nimmt mit abnehmender Dotierung bis zu ca. 10^{15} cm^{-3} auf Werte von bis zu 1,6 mV/K zu [Midd94].

Eine weitere wichtige Kennziffer von thermoelektrischen Materialien ist die thermoelektrische Effizienz $Z = a_S^2/\kappa\rho$, mit der thermischen Leitfähigkeit κ und dem spezifischen Widerstand ρ. Die Größe $Z\Delta T^2/4$ bezeichnet die thermoelektrische Umwandlungseffizienz des Materials. Dies ist der theoretisch maximal erreichbare Bruchteil der durch das Element aus einer Wärmequelle entzogenen Gesamtleistung, der in elektrische Leistung umgewandelt werden kann. Die Erfüllung dieses Idealwerts bedingt allerdings, dass das Material mit einem idealen zweiten Element mit verschwindendem thermoelektrischem Effekt und verschwindend geringer thermischer und/oder beliebig hoher elektrischer Leitfähigkeit kombiniert wird. Für die Kombination von zwei realistischen Materialien mit relativem Seebeck-Koffizienten a_S^2 und individuellen thermischen Leitfähigkeiten κ_1 und κ_2 sowie spezifischen Widerstandswerten ρ_1 und ρ_2 lautet die Kennziffer $Z = a_S^2/(\sqrt{\kappa_1\rho_1} + \sqrt{\kappa_2\rho_2})^2$. Wieder bezeichnet die Größe $Z\Delta T^2/4$ die maximale thermisch-elektrische Umwandlungseffizienz, die genau dann erreicht wird, wenn die Querschnitte A_1 und A_2 der beiden Thermoschenkel im Verhältnis von $A_1/A_2 = \sqrt{\kappa_2\rho_1/\kappa_1\rho_2}$ stehen. Eine hohe Umwandlungseffizienz bedarf daher eines hohen thermoelektrischen Koeffizienten, einer geringen Wärmeleitfähigkeit bei gleichzeitig geringem elektrischen Widerstand. Diese Bedingungen sind in Halbleitern mit relativ hohen Dotierungen um 10^{19} cm^{-3} am besten erfüllt. Einige Spezialllegierungen auf der Basis von Wismut, Antimon und Tellur mit komplexer Bandstruktur weisen ebenso relativ hohe thermoelektrische Kennziffern auf und sind daher für thermoelektrische Mikrosysteme verwendet worden [Völk04].

Verwandt mit dem thermoelektrischen Effekt sind der Peltier-Effekt und der Thomson-Effekt [Midd94]. Der Erstere ist als inverser Seebeck-Effekt zu sehen: Ein Strom durch ein thermoelektrisches Paar setzt an den Kontaktstellen eine Wärmeleistung frei bzw. absorbiert bei umgekehrter Stromrichtung dieselbe Leistung aus der Umgebung. Dies eröffnet die Möglichkeit für rein elektrisch betriebene Kühlelemente. Der Thomson-Effekt resultiert aus der Temperaturabhängigkeit von a_S und äußert sich als geringer Wärmequellterm zusätzlich zur ohmschen Wärmedissipation in inhomogen warmen Leitern.

4.1.2.4 Piezoresistivität

Als letzte wichtige Eigenschaft mit elektrischer Komponente sei hier die Piezoresistivität erwähnt, d.h. die Änderung des Widerstand eines elektrischen Leiters unter mechanischer Belastung. Sowohl Metalle als auch Halbleiter zeigen den piezoresistiven Effekt. In Metallen fällt er jedoch ca. zwei Größenordnungen geringer aus als in Halbleitern. Bei metallischen Leitern hat der piezoresistive Effekt vor allem eine geometrische Bedeutung: Wird der Leiter einer uniaxialen mechanischen Längsspannung σ_L unterworfen, so ändert sich seine

Länge relativ um $\Delta L/L = \sigma_L/E$. Ebenso schrumpft sein Querschnitt relativ um $\Delta A/A = -\nu\sigma_L/E$. Drittens wird sich seine Ladungsträgerdichte relativ um $\Delta n/n = -(\Delta A/A + \Delta L/L)$ ändern. Wird nun angenommen, dass sich die Mobilität der Ladungsträger nicht ändert, so wird der Widerstand $R = (qn\mu)^{-1}L/A$ durch die mechanische Spannung relativ insgesamt um $\Delta R/R = 2\Delta L/L = 2\sigma_L/E$ variiert. Der Quotient $(\Delta R/R)/(\Delta L/L)$ aus relativer Widerstandsänderung und Dehnung, der hier 2 beträgt, wird oft als piezoresistiver Eichfaktor bezeichnet.

In Halbleitern kommt zu diesem geometrischen Effekt noch ein wesentlich stärkerer, festkörperphysikalischer hinzu, der dafür sorgt, dass die piezoresistiven Eichfaktoren im Bereich von 100 bis 200 liegen. Der Ursprung dieses starken und in der Mikrosystemtechnik in mechanischen Sensoren (siehe Abschn. 7.4) intensiv genutzten Effekts liegt in der Beeinflussung der Bandstruktur durch die angelegten Kräfte. Der Effekt lässt sich in Elektronen leitendem Silizium folgendermaßen – stark vereinfacht – deuten: Die Elektronen im Leitungsband von Silizium bevölkern Zustände um sechs verschiedene Minima im k-Raum. Die Leitfähigkeiten dieser sechs Unterpopulationen sind anisotrop, mitteln sich aber im unbelasteten Silizium zur bekannten, gesamthaft isotropen Leitfähigkeit des Materials. Wird die Probe nun einer mechanischen Spannung unterworfen, so ändert sich die Energielage der Minima zueinander, worauf es zu einer thermodynamischen Umbesetzung der einzelnen Populationen kommt. Als Resultat mitteln sich die sechs anisotropen Leitfähigkeiten nicht mehr zu einem isotropen Ganzen. Somit ändert sich die Leitfähigkeit des Kristalls zu einer anisotropen Eigenschaft. In p-dotiertem Silizium ist die Lage etwas weniger leicht in ein griffiges Bild zu fassen. Hier bewirkt aber genauso die Verformung der Bandstruktur unter mechanischer Belastung eine Umbesetzung von Ladundsträgern mit einer damit verbundenen Änderung des Leitfähigkeitstensors.

Technisch wird der piezoresistive Effekt in drei Varianten genutzt. Erstens und am häufigsten wird beim so genannten longitudinalen Effekt, wie oben für Metalle beschrieben, die Änderung des spezifischen Widerstandes ρ in der Längsrichtung unter einer uniaxialen Längsbelastung σ_L ausgenutzt. Für ein kubisches Material, wie Silizium, mit Widerstand längs einer Kristallrichtung wird der Zusammenhang geschrieben als

$$\Delta \rho_\| = \rho_0 \pi_{11} \sigma_L \tag{4.4}$$

mit dem spezifischen Widerstandswert ρ_0 im unbelasteten Zustand und dem piezoresistiven Koeffizienten π_{11}. Analog erleidet derselbe Widerstand bei unixialer Belastung in einer zu ihm senkrecht stehenden Kristallrichtung die transversale Widerstandsänderung

$$\Delta \rho_\perp = \rho_0 \pi_{12} \sigma_L \tag{4.5}$$

Dies ist der transversale piezoresistive Effekt. Drittens tauchen im Resistivitätstensor auch nichtdiagonale Terme auf, welche dazu führen, dass in einem Leiter unter Scherspannung σ_{Scher} die Richtung des Stromdichtevektors $j_\|$ und des ihn verursachenden elektrischen Feldes nicht mehr übereinstimmen. Die Führung des Stroms in dem Widerstand in Längsrichtung bedarf daher einer dazu senkrechten Feldkomponenten $E_\perp$ gemäß

$$E_\perp / j_\| = 2\rho_0 \pi_{44} \sigma_{\text{Scher}} \qquad (4.6)$$

Dieser so genannte Pseudo-Hall-Effekt oder piezoresistive Schereffekt wird neuerdings in multidimensionalen und miniaturisierten mechanischen Spannungssensorsystemen eingesetzt [Bart04, Doel04]. Die Koeffizienten π_{11}, π_{12} und π_{44} sind allgemein als Elemente des Tensors piezoresistiver Koeffizienten zu verstehen [Nye85]. Für Silizium sind folgende Werte im Gebrauch. Bei n-Dotierung zu $\rho_0 = 11{,}7\ \Omega\text{cm}$: $\pi_{11} = -102{,}2 \cdot 10^{-11}\ \text{Pa}^{-1}$, $\pi_{12} = 53{,}4 \cdot 10^{-11}\ \text{Pa}^{-1}$ und $\pi_{44} = -13{,}6 \cdot 10^{-11}\ \text{Pa}^{-1}$; bei p-Dotierung zu $\rho_0 = 7{,}8\ \Omega\text{cm}$: $\pi_{11} = 6{,}6 \cdot 10^{-11}\ \text{Pa}^{-1}$, $\pi_{12} = -1{,}1 \cdot 10^{-11}\ \text{Pa}^{-1}$ und $\pi_{44} = 138{,}1 \cdot 10^{-11}\ \text{Pa}^{-1}$. Weitere Werte sind in [Paul04b] aufgeführt.

4.1.3
Mechanische Eigenschaften

Mechanische Eigenschaften von Materialien mit Relevanz in der Mikrosystemtechnik umfassen elastische Koeffizienten, Bruchspannung und -festigkeit, sowie die Vorspannung, wenn es sich um dünne Schichten auf Substraten handelt. Die Werkstoffmechanik unterscheidet aber noch wesentlich mehr Parameter, bezüglich derer aber auf die Fachliteratur verwiesen sei [Aske96].

Bei den elastischen Koeffizienten handelt es sich um die Werte der Elemente von Tensoren 4. Stufe, welche den Zusammenhang zwischen den an einem Körper anliegenden Spannungen und den dadurch verursachten Verzerrungen liefern. Im kompliziertesten Fall eines Körpers mit trikliner Kristallstruktur bedeutet dies, dass das Verhalten des Körpers durch 81 verschiedene Parameter beschrieben wird, welche den besagten Tensor bilden. Hingegen wird der Zusammenhang im einfachsten Fall eines isotropen Materials durch zwei wohlbekannte Parameter beschrieben, nämlich den Elastizitätsmodul E und die Poisson-Zahl ν. Der E-Modul, im englischen Sprachgebiet auch „Young's modulus" genannt, lässt sich anhand eines uniaxial belasteten Stabs am einfachsten darstellen. Er ist definiert als die anliegende Spannung pro relativer Längenänderung. Ein weiches Material, das sich leicht verformen lässt, wird somit einen niedrigen E-Modul aufweisen. Typische E-Module von Metallen liegen zwischen einigen 10 GPa und einigen 100 GPa, jener von Diamant wird mit 1200 GPa von keinem anderen Material übertroffen; Blei liegt mit 16 GPa am unteren Ende der Skala für Metalle. Keramiken und Gläser, insbesondere Hartstoffschichten auf Kohlenstoff-, Stickstoff- und Bor-Basis, können mehrere 100 GPa aufweisen. Polymere liegen mit ihrem E-Wert typischerweise zwischen 0,1 und 6 GPa, wobei das untere Ende der Skala von Elastomeren, d.h. gummiartigen Kunststoffen, eingenommen wird.

Neben der longitudinalen Verformung erfährt das longitudinal belastete Material aber auch eine Querverformung. Bei Zugspannung ist dies eine Querverjüngung, bei Druckspannung umgekehrt eine Querverdickung. Dieser Effekt wird durch die Poisson-Zahl beschrieben, welche definiert ist als das negativ gerechnete Verhältnis der relativen Querverzerrung und der relativen Längsverzerrung. Aus thermodynamischen Gründen darf sie nur im Intervall zwischen -1 und $+1/2$ liegen. Bei herkömmlichen Materialien liegen die Poisson-Zahlen typischerweise zwischen 0,15 und 0,45. Materialien mit negativen ν-Werten ließen sich bisher nur in Gedankenexperimenten konstruieren.

Bei einkristallinen Materialien, wie den in der Mikrosystemtechnik gebräuchlichen Halbleitern, ist die Lage etwas komplexer. Diese zeigen einen richtungsabhängigen mechanischen Respons, der nur mit den Methoden der Tensorrechnung [Nye85] beschrieben werden kann. Im Fall von Materialien mit kubischer Symmetrie, wie Silizium, Germanium, GaAs und zahlreichen Metallen in einkristalliner Form, kommt zusätzlich zum E-Modul und zur Poisson-Zahl noch der Schubmodul G hinzu, welcher die Antwort eines solchen Körpers auf Scherbelastungen, bezogen auf das durch die Kristallachsen definierte Koordinatensystem, beschreibt.

Die Zugfestigkeit σ_f eines Materials ist die uniaxiale Spannung, unter der es versagt, d.h. durch einen Bruch zerstört wird. Insbesondere bei spröden Materialien hängt σ_f von der Größe des Bauteils ab. Die Bruchzähigkeit K_C stellt hingegen einen Materialparameter dar, der die Vorhersage des Bruchverhaltens von Werkstücken verschiedener Größe unter den Hut eines einzigen Parameters bringt. Der Grund für die Notwendigkeit der Definition eines K_C liegt darin, dass größere Werkstücke eine größere Anzahl von Defekten enthalten, von denen der Bruch ausgehen kann. Größere Werkstücke weisen daher eine höhere Bruchwahrscheinlichkeit und somit eine niedrigere Bruchfestigkeit auf als Komponenten desselben Materials im mikrosystemtechnischen Maßstab. Auf der Basis der Bruchzähigkeit und der tatsächlich vorliegenden Dimensionen lässt sich die Ausfallstatistik eines Bauteils beliebiger Dimensionen vorhersagen.

Sowohl die Zugfestigkeit als auch die Bruchzähigkeit hängen extrem von den Verarbeitungsbedingungen ab, welche sich in unterschiedlichen Korngrößen, Texturen, Ausscheidungen, Verunreinigungs- bzw. Legierungskonzentrationen, Partikelgrößen usw. äußern. Alle diese Strukturparameter beeinflussen die Bewegung von Versetzungen, welche letztlich für das Versagen des Bauteils verantwortlich sind.

4.2
Kunststoffe

Die geläufigen Kunststoffe oder Polymere sind von den atomaren Bausteinen her auf relativ wenige Elemente beschränkt. Den Hauptteil bestreiten die Elemente Wasserstoff und Kohlenstoff. Mit großem Abstand in der Häufigkeit folgen Sauerstoff und die für das jeweilige Polymer spezifischen Elemente Chlor, Fluor und andere.

Kunststoffe oder Polymere sind technische Werkstoffe, die aus Makromolekülen mit organischen Gruppen bestehen und durch chemische Umsetzung gewonnen wurden. Ihre Molmasse liegt etwa zwischen 8 000 und 6 000 000 g/mol [Bied77, Fran88].

Makromoleküle bestehen aus sehr vielen Monomereinheiten. Die Eigenschaften des Polymers ändern sich nicht mehr messbar, wenn man einige wenige Monomere hinzufügt oder wegnimmt. Anders ist dies bei so genannten Oligomeren, die aus wenigen ($λιγοι$, $λιγα$=wenige) Monomeren (etwa 10 bis 20) bestehen. Hier hat die Veränderung des Polymerisationsgrades um eine Monomereinheit noch eine messbare Veränderung der chemischen und physikalischen Eigenschaften zur Folge.

Ein großes Polymermolekül entsteht aus vielen Monomer-„Bausteinen", die nach mindestens zwei Seiten freie Bindungen herausstecken müssen, um eine fortlaufende Kette bilden zu können. Je nach Monomer und Initiierung kann man verschiedene Polymerisationsverfahren ausführen. Die beiden wichtigsten Verfahren sind:

- Die Additionspolymerisation als Kettenreaktion
  Hierunter versteht man die Verknüpfung von vielen Monomeren zu Makromolekülen in einer Kettenreaktion ohne Abspaltung niedermolekularer Stoffe.

- Die Kondensationspolymerisation
  Hierbei werden meist zwei verschiedene Monomere unter Abspaltung eines niedermolekularen Stoffes miteinander verknüpft.

4.2.1
Ordnung der Makromoleküle

Polymere können amorph oder teilkristallin vorliegen (Abb. 4.2-1) [Feit91, Bied77, Fran88]. Amorphe Polymere sind mit dem Knäuelmodell zu beschreiben. Die Makromoleküle sind spaghettiartig ineinander verschlauft. Teilkristalline Polymere sind mit einem Zweiphasenmodell zu beschreiben. Sie bestehen aus amorphen und kristallinen Bereichen. Die Kristalle können nur in zwei Grundformen vorliegen, als Lamellen- oder Nadelkristalle. Die Erscheinungsform hängt von den Herstellungsbedingungen ab. Die an der Oberfläche der

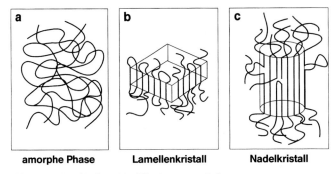

a amorphe Phase   **b** Lamellenkristall   **c** Nadelkristall

Abb. 4.2-1 Verschiedene Modifikationen von Polymeren.

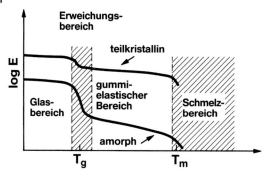

Abb. 4.2-2 Mechanische Eigenschaften (Elastizitätsmodul E) von Polymeren in Abhängigkeit von der Temperatur.

Kristalle austretenden Moleküle bilden die amorphe Phase. Die zwischenkristallinen Bereiche sind von Kettenenden, Verbindungsmolekülen, regulären oder losen Schlaufen sowie Verschlaufungen gekennzeichnet.

Polymere nehmen in Abhängigkeit von der Temperatur verschiedene Zustände ein. Im Allgemeinen sind vier Hauptbereiche zu unterscheiden, zu denen bei teilkristallinen Polymeren noch ein fünfter hinzukommt:

- Glasbereich,
- Erweichungsbereich,
- gummielastischer Bereich,
- viskoser Bereich,
- Schmelzbereich (für teilkristalline Polymere).

Der Erweichungsbereich wird mit der Glasübergangstemperatur T_g, der Schmelzbereich mit der Schmelztemperatur T_m charakterisiert (Abb. 4.2-2).

Im Glasbereich sind die Moleküle eingefroren. Es liegt ein Festkörper mit einer gewissen Nahordnung vor. Lediglich lokale Schwingungen und Rotationen von Molekülgruppen sind möglich.

Die Glasübergangstemperatur T_g ist eine der wichtigsten Kenngrößen zur Charakterisierung von Polymeren. Viele physikalische und mechanische Eigenschaften erfahren am Glasübergangspunkt eine spezielle Änderung. Die Erklärung dafür liegt in der kooperativen Bewegung von Molekülketten im Erweichungsbereich. Durch Ermitteln dieser Kenngröße ist es möglich, Aussagen über eine Reihe von physikalischen, chemischen und morphologischen Einflussparametern zu machen.

4.2.2
Polymere für die Lithographie

Eine weitere Materialgruppe gewinnt Bedeutung in der Mikrosystemtechnik durch die Möglichkeit, sie durch Einwirkung von Photonen oder elektrisch geladenen Partikeln zu strukturieren: die Gruppe der Photolacke oder Resists.

Polymethylmethacrylat (PMMA)

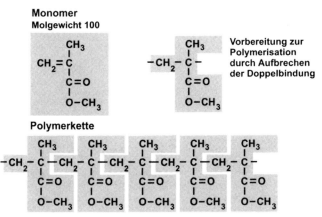

Abb. 4.2-3 Monomerbaustein und Polymerkette des Methylmethacrylates.

Ein für die Mikrosystemtechnik, insbesondere die LIGA-Technik (siehe Kap. 8), wichtiges Polymer ist das Polymethylmethacrylat, abgekürzt PMMA, dessen Monomer- und Polymerstruktur in Abb. 4.2-3 wiedergegeben ist.

Das Monomer hat, wie man leicht nachrechnen kann, ein Molekulargewicht von 100 g/mol. Das Polymer kann Ketten von mehreren 1000 Einheiten bilden und erreicht so Molekulargewichte von 100 000 g/mol. Die chemischen und physikalischen Eigenschaften des Polymers, etwa die Löslichkeit gegenüber bestimmten Entwicklern, hängen stark vom Molekulargewicht ab.

Mittels energiereicher Strahlung können die Bindungen, die zu einer Polymerkette führen, aufgebrochen werden. Damit ändern sich wiederum das Molekulargewicht und somit die Löslichkeit. PMMA ist daher empfindlich gegenüber energiereicher Strahlung im Bereich von $\lambda = 1$ nm und kürzer oder auch gegenüber Elektronenstrahlung von 20 keV oder höher.

Für diesen Energiebereich lassen sich daher PMMA und ähnliche Polymere als „Resist" verwenden. Die Bedeutung des Resists in der Mikrotechnik wird eingehend im Kap. 6 erläutert, daher soll hier eine kurze Erklärung ausreichen: Die Oberfläche eines Werkstückes wird mit dem Polymer beschichtet. Daraufhin wird mittels einer geeigneten Maske und eines parallelen Strahlenbündels die Absorberstruktur der Maske in die Polymerschicht übertragen. In den belichteten Bereichen wird durch Kettenbrüche das Molekulargewicht des Polymers vermindert und damit wird die Löslichkeit erhöht.

Nach der Behandlung mit einem Lösungsmittel entsteht also auf der Oberfläche ein Reliefbild, das der Absorberstruktur der Maske entspricht. Unter der Voraussetzung, dass die unlösliche Struktur des stehen gebliebenen Polymers die darunterliegende Oberfläche schützt, also resistent gegenüber einem angewendeten Ätzmittel ist (daher der Name „Resist"), kann die Oberfläche eines Werkstückes strukturiert angeätzt werden.

Die breite Verwendung des PMMAs stützt sich allerdings auf eine weitere Eigenschaft. Das Polymer ist auch für eine Formgebung durch Spritzguss bestens geeignet. So können vorgeformte PMMA-Schichten ein weiteres Mal belichtet werden, um so mehrere Strukturebenen zu bilden. Allerdings müssen hierbei Kompromisse bezüglich des optimalen Molekulargewichtes gemacht werden, da PMMA, das als Resist optimiert wurde, nicht gleichzeitig beste Ergebnisse beim Spritzguss liefert.

Im Gegensatz zu den oben beschriebenen „Röntgenresists" gibt es eine Vielzahl von „Photoresists", die in der optischen Lithographie bei Lichtwellenlängen von 193 nm bis etwa 400 nm eingesetzt werden. Der Mechanismus der Belichtung ist hier ein grundsätzlich anderer. Der Positivresist besteht aus einem Harz, in dem ein Inhibitor, meist Diazonaphthochinon (DNQ), eingelagert ist, der die Lösungsgeschwindigkeit in einem Entwickler hemmt. Durch die Belichtung werden der Inhibitor neutralisiert und die Lösungsgeschwindigkeit drastisch erhöht. Beim Positivresist werden also die belichteten Bereiche im Entwickler bevorzugt gelöst.

Beim Negativresist hingegen findet durch die Belichtung eine zusätzliche duroplastische Vernetzung statt, was die Lösungsgeschwindigkeit erheblich vermindert. Beim Negativresist werden also die unbelichteten Stellen des Resists herausgelöst, während die belichteten stehenbleiben.

4.2.3
Flüssigkristalle

Im Jahr 1888 entdeckte der österreichische Botaniker Friedrich Reinitzer organische Substanzen, die zwischen kristallin-festem und isotrop-flüssigem Aggregatzustand noch eine kristallin-flüssige Phase, eine so genannte Mesophase, besitzen.

Flüssigkristallphasen werden typischerweise von langgestreckten, stäbchenförmigen organischen Molekülen gebildet. In der nematischen Phase sind die Moleküllängsachsen weitgehend parallel ausgerichtet, während die Molekülschwerpunkte regellos im Raum verteilt sind (Abb. 4.2-4).

Beim Abkühlen der nematischen Phase oder auch direkt aus der isotrop-flüssigen Phase können verschiedene smektische Phasen entstehen, bei denen die Moleküle zusätzlich in Schichten angeordnet sind.

Verschiedene smektische Phasen unterscheiden sich durch die Ordnung der Molekülschwerpunktlagen innerhalb der Schichten beziehungsweise deren Korrelationen von Schicht zu Schicht. Darüber hinaus gibt es neben den so genannten orthogonalen smektischen Phasen, bei denen die Moleküllängsachsen im Mittel senkrecht zu den Schichten angeordnet sind, auch geneigte smektische Phasen, bei denen die Moleküllängsachsen schräg zur Schicht stehen. Eine technisch wichtige Variante ist die in Abb. 4.2-4 gezeigte smektische C-Phase. Eine weitere, auch technisch interessante Phase ist der cholesterische Zustand.

Die beschriebenen Ausrichtungen und Anordnungen der Moleküle in flüssigkristallinen Phasen führen zu einer mehr oder weniger stark ausgeprägten Richtungsabhängigkeit der physikalischen Eigenschaften. Die optische Anisotropie

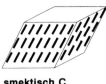

nematisch   **smektisch C**   **smektisch**   **cholesterisch**

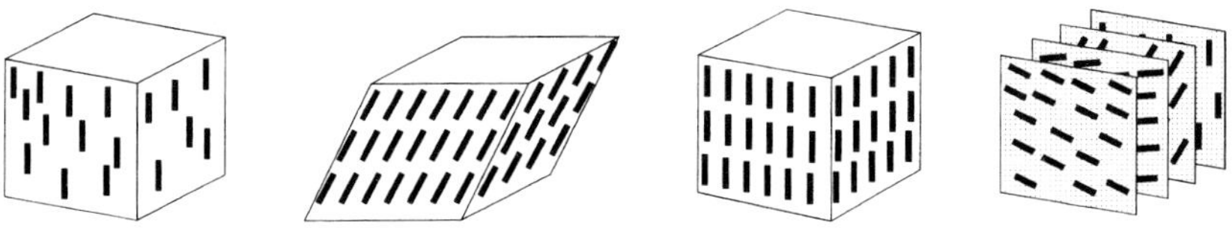

Abb. 4.2-4 Verschiedene Typen von Flüssigkristallen.

führt zu einer Doppelbrechung des Lichtes. In den Flüssigkristall einfallendes Licht wird in zwei Teilstrahlen zerlegt, deren Lichtvektoren senkrecht zueinander schwingen und sich im Allgemeinen mit verschiedener Geschwindigkeit im Flüssigkristall fortpflanzen. Beim Austritt des Lichtes aus dem Flüssigkristall werden die beiden nun phasenverschobenen Teilstrahlen wieder zusammengeführt.

Aufgrund der anisotropen dielektrischen Eigenschaften versuchen sich die Flüssigkristallmoleküle parallel oder senkrecht zu einem von außen angelegten elektrischen Feld auszurichten, je nachdem, ob das größte dielektrische Moment parallel zur Moleküllängsachse oder senkrecht dazu vorliegt. Dieser Mechanismus wird zum Schalten der konventionellen nematischen Flüssigkristallzellen benutzt.

Die Erscheinung der flüssigkristallinen Ordnung ist bei niedermolekularen Verbindungen relativ häufig zu finden und wurde auch zuerst bei niedermolekularen Stoffen entdeckt. Sie tritt bei Substanzen auf, die aus stabförmigen steifen Molekülen bestehen, die sich im flüssigen Zustand aneinanderreihen und parallel ausrichten. Man bezeichnet Moleküle, die sich zu mesomorphen Strukturen ordnen, als Mesogene.

4.2.4
Flüssigkristalline Polymere

Flüssigkristalline Polymere (LCP = liquid crystal polymer) entstehen, wenn mesogene Einheiten in geeigneter Weise in ein Polymer eingefügt werden [Flei88]. Diese Mesogene sind wie bei den niedermolekularen Verbindungen vorzugsweise aromatische Bausteine. Dabei gibt es zwei verschiedene Bauprinzipien, die sich in ihrem Eigenschaftsspektrum stark unterscheiden. In den so genannten Seitenketten-LCP sind mesogene Einheiten seitlich über flexible Abstandhalter (Spacer) an eine flexible Polymerkette angehängt (Abb. 4.2-5). Bei den Hauptketten-LCP sind die mesogenen Einheiten dagegen Bausteine der Polymerkette, die durch das Aneinanderreihen der starren stabförmigen Mesogene selbst starr und stabförmig wird.

Die mechanischen, thermischen und rheologischen Eigenschaften von Seitenketten-LCPs entsprechen weitgehend denen von konventionellen Polymeren. Die mesogenen Seitenketten sorgen für zusätzliche optische und elektrische Eigenschaften, die mit denen von niedermolekularen Flüssigkristallen vergleichbar sind. Durch die Anbindung der Mesogene an die Hauptkette ist die Beweg-

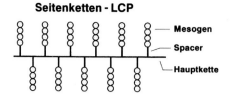

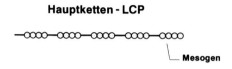

Abb. 4.2-5 Flüssigkristalline Polymere (LCP=engl.: liquid crystal polymer) in zwei verschiedenen Bauprinzipien: a) Seitenketten-LCP, b) Hauptketten-LCP.

lichkeit der Ersteren eingeschränkt. Dennoch lassen sich im flüssigen Zustand „eingeschriebene" Informationen durch Abkühlen einfrieren. Die Seitenketten-LCPs sind deshalb interessante optische Speichermedien, die in der Lage sind, riesige Datenmengen auf geringstem Raum zu speichern.

Aus der Kenntnis molekularer Parameter, wie Bindungswinkel und Bindungskraftkonstanten, können die theoretisch maximal erreichbare Festigkeit und Steifheit eines Polymers berechnet werden. Man erhält für Polymere, deren Ketten linear gestreckt und parallel dicht gepackt sind, Werte, die um ein Vielfaches höher liegen als die an Polymerproben tatsächlich gemessenen. So übertrifft z. B. die berechnete Zugfestigkeit von linear gestrecktem Polyethylen deutlich die Festigkeit von Stahl, auch seine Steifheit ist höher. In konventionell verarbeitetem Polyethylen sind die Moleküle aber nicht durchgehend linear gestreckt, sondern in den amorphen Bereichen geknäuelt, so dass Polyethylen eine weit unter dem theoretischen Maximum liegende Steifheit und Zugfestigkeit besitzt.

Es war deshalb naheliegend, Polymere zu synthetisieren, die aufgrund ihrer molekularen Struktur so steif sind, dass sie keine Knäuel mehr bilden, sondern auch im flüssigen Zustand als starre Stäbchen vorliegen. Dies ist mit den Hauptketten-LCPs gelungen. Sie sind aus starren mesogenen Einheiten zusammengefügt und werden so selbst zu Mesogenen. Wie Streichhölzer in einer Schachtel richten sie sich in flüssigem Zustand parallel aus und bilden flüssigkristalline Bereiche.

Die Vorteile der thermotropen Hauptketten-LCPs gegenüber konventionellen Polymeren ergeben sich aus einer ungewöhnlichen Kombination physikalischer Eigenschaften, die sie zu einer besonderen Klasse von Hochleistungskunststoffen machen:

- sehr hohe Zugfestigkeit,
- sehr hoher Elastizitätsmodul,
- sehr hohe Kerbschlagzähigkeit,
- sehr niedriger thermischer Ausdehnungskoeffizient, vergleichbar mit dem von Stahl und Keramik.

Da die Hauptketten-LCPs im Wesentlichen aus aromatischen Bausteinen bestehen, besitzen sie zusätzlich:

- hohe chemische Beständigkeit und
- inhärente Schwerentflammbarkeit.

Unterwirft man eine LCP-Schmelze einer Scher- oder Dehnströmung, wie dies beim Spritzgießen oder Extrudieren der Fall ist, werden die mesomorphen Domänen in Fließrichtung orientiert. Es entstehen in eine Richtung orientierte Fasern aus parallelen Stabmolekülen. Diese werden beim Abkühlen eingefroren und bleiben im festen Zustand erhalten. Weil das Polymer dann mit Fasern aus dem gleichen Material verstärkt ist, nennt man die thermotropen Hauptketten-LCPs auch selbstverstärkende Polymere.

4.2.5 Gele

Eine Gruppe von Polymeren mit besonderen Anwendungsmöglichkeiten für die Mikroaktorik stellen die Gele dar. Aktorprinzipien, wie die Magnetostriktion, die thermische Ausdehnung und der gestaltserinnernde Effekt, bewegen sich meist in Dimensionen, die nur Bruchteile eines Prozentes ausmachen. Anders ist dies bei den Gelen, die auch in der Natur recht häufig vorkommen und dort die Grundlage für viele biologisch aktive Systeme bilden (z. B. die Seegurke). Auch in der Mikrosystemtechnik sollte es möglich sein, Aktoren mit reversibel schwellenden Gelen, die einen entsprechend hohen Umwandlungsgrad in mechanische Energie aufweisen, aufzubauen.

Ein Gel besteht aus mindestens zwei Komponenten, einer Flüssigkeit und einem Netzwerk aus langen Polymermolekülen, das die Flüssigkeit binden und wieder abgeben kann. Die einzelnen Molekülketten liegen als Polymerknäuel vor. Das gesamte Gel kann man sich etwa vorstellen wie einen Haufen Spaghetti. Würde man, um bei diesem Bild zu bleiben, an einem Spaghettifaden ziehen, so könnte man ihn aus dem allgemeinen Verbund lösen. Packt man allerdings mehrere und zieht sehr heftig daran, dann bewegt sich das Gebilde als Gesamtheit.

Es ist einsichtig, dass sich das Volumen vergrößert, wenn das Gel Lösungsmittel bindet, und schrumpft, wenn es das Lösungsmittel wieder abgibt. Die Lösungsmittelaufnahme und -abgabe können durch vielerlei Effekte beschleunigt und vergrößert werden. Wenn man ein einzelnes Polymermolekül in Lösung bringt, kann es sich entweder entfalten oder zusammenknäueln. Hat etwa eine Polymerkette hydrophile Glieder, so würde sie in wässriger Lösung versuchen, Wassermoleküle an sich zu binden und sich dabei zu strecken. Der Effekt würde sich umkehren, wäre das Polymer hydrophob; in einer wässrigen Lösung würde sich die Kette zusammenknäueln bzw. das Gel als Gesamtheit würde bei Anwesenheit von Wasser schrumpfen.

Die betrachteten Polymerketten könnten allerdings auch elektrisch geladene Gruppen enthalten. In einem isolierenden Medium versucht dann die Polymerkette, sich soweit wie möglich zu strecken, um die Abstoßung zwischen den Ladungszentren zu minimieren. Das Gel dehnt sich so lange aus, bis die rücktreibenden elastischen Kräfte des Polymernetzes die Abstoßungskräfte gerade kompensieren. Füllt man nun in die isolierende Lösung einen Elektrolyten ein, so werden die Ionen der Lösung die elektrischen Ladungszentren der Polymerkette neutralisieren, die elastischen Kräfte des Polymers würden das Gel wieder schrumpfen lassen.

Beispiele für reversibel schrumpf- und quellbare Gele sind:

- Polystyrol (mit recht geringem Quellverhalten),
- Polyvinylalkohole und ihre Derivate (hohe Quellfähigkeit),
- Polyacrylate (sehr große Volumenänderung).

Bei den Polyacrylaten spielt insbesondere das Poly-N-isopropylacrylamid (P-NIPA) eine große Rolle und wird häufig in der Literatur zitiert, weil es ein thermoreversibles Gel mit großen Volumenänderungen darstellt. Zudem lässt sich das Monomer leicht herstellen.

Die Aktivität der schwellbaren Gele kann stimuliert werden durch

- Änderung des pH-Wertes von Lösungen,
- thermische Effekte,
- Lichteinwirkung und
- elektrostatische Wechselwirkungen.

Bei den thermisch quellbaren Gelen kann man die Übergangstemperatur durch das Hinzufügen von dissoziierbaren Gruppen (–COOH) im Polymer beeinflussen. In Abb. 4.2-6 ist das Beispiel für den Schwellgrad eines ionisierten P-NIPA-Gels aufgezeichnet [Hiro87].

Der Volumen-Phasenübergang von Gelen durch Lichteinwirkung wird von [Suzu90] und [Mama90] berichtet. Im Falle der Einstrahlung von ultraviolettem Licht werden Teile der Polymerketten ionisiert. Dies wiederum induziert einen osmotischen Druck, der eine Schwellung des Gels nach sich zieht. Beim Abschalten der Lichtquelle neutralisiert sich das Gel wieder und schrumpft zu seiner ursprünglichen Größe. Bei sichtbarem Licht wird die reversible Schwellung lediglich durch einen thermischen Effekt ausgelöst. Dieses System ist schneller als das photoionische System und könnte z. B. bei der Herstellung von lichtempfindlichen Schaltern und künstlichen „Muskeln" Anwendung finden.

Interessant für sensorische Aufgaben ist auch eine Variante, bei der im NIPA-Gel ein Lektin, das Concanavalin A, immobilisiert ist [Koku9l]. Der Volumen-Phasenübergang dieses Gels liegt bei 34 °C. Wenn dem Gel Sacchariddextransulfat (SDS) zugefügt wird, antwortet das Gel mit einer fünffachen Volumenvergrößerung in der Größe der Umwandlungstemperatur. Wird das SDS aber durch saccharid-(x-methyl-d)-mannopyranosid ersetzt, lässt sich das Gel-Volumen wieder auf den ursprünglichen Wert zurückbringen. Auch andere Saccharide scheinen diese stimulierende Wirkung auf das Gel zu zeigen. Allgemein zeigt sich hier das Potential, schwellende Gele sowohl als Aktormaterialien als auch als Sensoren einzusetzen.

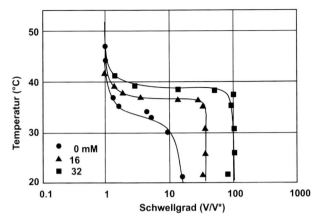

Abb. 4.2-6 Der Schwellgrad eines P-NIPA-Gels in Abhängigkeit von der Konzentration ionischer Gruppen in Millimol (mM).

4.2.6
Elektrorheologische Flüssigkeiten

Bei elektrorheologischen (ER) Flüssigkeiten wird durch Einwirkung eines elektrischen Feldes die Viskosität geändert. Diese Veränderung der Viskosität kann bis zum Erstarren der Flüssigkeit getrieben werden. Nach Abschalten des Feldes stellt sich wieder der niederviskose Zustand der Flüssigkeit ein. Dieser Effekt wurde bereits 1942 von dem Amerikaner Willis M. Winslow entdeckt und patentiert.

Es gibt grundsätzlich zwei Arten von ER-Flüssigkeiten:

- die dispersiven ER-Flüssigkeiten und die
- homogenen ER-Flüssigkeiten.

Im Falle der dispersiven Flüssigkeiten werden kolloidale Aufschlämmungen halbleitender Partikel in einer dielektrischen Flüssigkeit verwendet. Als flüssige Komponenten kommen Mineralöle, chlorierte Kohlenwasserstoffe und Hydrocarbonate zur Anwendung, während die Feststoffkomponente aus feinsten Pulvern aus Aluminiumoxid, Eisenoxid, Gips, Cellulose, Gelatine und anderen Materialien besteht.

Obwohl die ER-Flüssigkeiten geradezu zu technischen Anwendungen herausfordern, hat sich diese Materialklasse im Laufe der letzten Jahrzehnte nicht durchsetzen können. Hauptsächlich lag es wohl an der mangelnden Beständigkeit der ER-Flüssigkeiten. Die Partikel tendieren dazu, einerseits zu koagulieren, andererseits zu sedimentieren. In beiden Fällen verschwindet der rheologische Effekt. Um diese Koagulation zu verzögern, werden Tenside beigemischt.

Grundsätzlich ergibt sich durch die Entwicklung homogener ER-Flüssigkeiten eine neue Situation. Alle Flüssigkeiten, die heute bekannt sind, gehören zur Gruppe der Flüssigkristalle. Wie in früheren Abschnitten beschrieben, bestehen die Flüssigkristalle aus polaren Polymerketten, die sich im elektrischen Feld ausrichten können und dann je nach Typ eine kristalline Phase einnehmen. Durch die Anisotropie des Aufbaus im ausgerichteten Zustand entstehen neben der optischen Anisotropie, die für Displays nutzbar gemacht wird, auch eine mechanische und eine fluidische Anisotropie. Je nach Ausrichtungsgrad lässt sich also die Viskosität der Flüssigkeiten verändern. Vorausgesetzt, dass die Flüssigkristalle nicht während des Betriebes verändert („gecrackt") werden, sollten keine Alterungserscheinungen wie bei den dispersiven ER-Flüssigkeiten festzustellen sein.

Die Abb. 4.2-7 zeigt am Beispiel der dispersen Flüssigkeit den elektrorheologischen Effekt. Man unterscheidet zwischen zwei Moden, dem Schermodus und dem Fließmodus. Beim Anlegen einer Spannung zwischen zwei Platten ändert sich die Viskosität der Flüssigkeit und zeigt einen erhöhten Widerstand gegen die Scherbewegung der Elektrodenplatten oder gegen den Fluss der Flüssigkeit parallel zu den Platten.

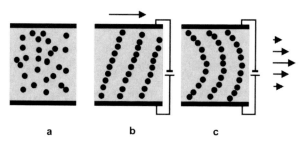

a b c

Abb. 4.2-7 Der elektrorheologische Effekt am Beispiel einer dispersiven Flüssigkeit: a) ohne elektrisches Feld, b) im Schermodus (d.h., die obere Platte wird gegen die untere bewegt), c) im Fließmodus (die Flüssigkeit strömt zwischen zwei Platten).

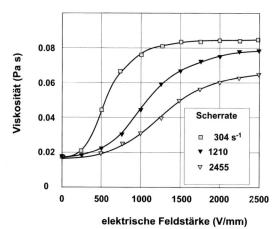

Abb. 4.2-8 Der elektrorheologische Effekt an einer homogenen Flüssigkeit in Abhängigkeit von der Schwingfrequenz eines Schwingungsviskosimeters.

In Abb. 4.2-8 sind die Ergebnisse der Viskositätsmessungen aufgetragen, die in einem Schwingungsviskosimeter erhalten wurden [Mori95]. Je nach Schwingfrequenz ist der Anstieg unterschiedlich. Die Änderung der Viskosität beginnt etwa bei einem Feld von 100 V/cm und erreicht bei 1500 V/cm bei einer Schwingfrequenz von etwa 300 s^{-1} eine Sättigung.

Homogene ER-Flüssigkeiten könnten in der Mikrosystemtechnik ein weites Feld von Anwendungen öffnen. So könnten Ventile, Pumpen, Schalter und andere Mikroaktoren ohne mechanisch bewegte Teile entwickelt werden. Die Entwicklungen stehen hier noch am Anfang. Die Zukunft wird zeigen, ob elektrorheologische Flüssigkeiten eine Alternative für mechanische Komponenten bilden können.

4.3
Halbleiter

Halbleiter stellen eine wichtige Klasse mikrosystemtechnisch relevanter Materialien dar. Konkrete Perspektiven, Mikrosysteme auf der Basis von Halbleitertechnologie und speziellen Strukturierungsprozessen herzustellen, sind in Kap. 7 beschrieben. Da die Physik der Halbleiter in der Literatur schon ausführlich und exzellent dargestellt wurde [Sze81, Sze85], seien hier nur einige wichtige Aspekte zusammengefasst.

Die äußerst vielseitigen Eigenschaften der Halbleiter beruhen auf ihrer interessanten Bandstruktur, in der ein annähernd gefülltes Valenzband und das darüberliegende, annähernd leere Leitungsband durch eine Bandlücke E_G getrennt sind. Der am höchsten liegende Zustand des Valenzbandes wird als Valenzbandkante und mit der Energie E_V bezeichnet. Die niedrigsten Zustände des Leitungsbandes bilden die Leitungsbandkante mit der Energie E_C. Definitionsgemäß gilt $E_G = E_C - E_V$. Werte für E_G ebenso wie für im Folgenden definierte weitere Größen für die wichtigsten drei Halbleiter Silizium (Si), Germanium (Ge) und Galliumarsenid (GaAs) sind in Tab. 4.3-1 (siehe auch Tab. 2.1-1) aufgeführt.

Durch thermische Aktivierung werden Ladungsträger vom Valenzband über die Bandlücke ins Leitungsband angeregt, wodurch zwei Populationen von leitfähigen Ladungsträgern gebildet werden. Erstens sind dies die Elektronen im Leitungsband, mit ihrer Dichte n, zweitens die im Valenzband hinterlassenen Löcher mit ihrer Konzentration p. In reinen Halbleitern sind n und p aufgrund der Ladungserhaltung gleich, wobei ihr gemeinsamer Wert mit der intrinsischen Konzentration $n_i = n = p$ bezeichnet wird. In Anbetracht der thermischen Aktivierung ist es nicht erstaunlich, dass n_i eine starke Temperaturabhängigkeit gemäß

$$n_i \sim T^{3/2} e^{-E_G/2kT} \tag{4.7}$$

zeigt. Werte von n_i bei Raumtemperatur sind in Tab. 4.3-1 aufgeführt.

In der Anwendung werden die Halbleiter allerdings selten im intrinsischen Zustand eingesetzt. Dies würde eine bei Raumtemperatur ohnehin nur schwer

Tab. 4.3-1 Eigenschaften von Silizium, Germanium und Galliumarsenid bei Raumtemperatur.

Eigenschaft	Si	Ge	GaAs
Atomgewicht	28,09	72,6	144,64
Atome, Moleküle pro cm^3	$5 \cdot 10^{22}$	$4,42 \cdot 10^{22}$	$2,21 \cdot 10^{22}$
Kristallstruktur	Diamant	Diamant	Zinkblende
Gitterkonstante a [Å]	5,43	5,66	5,65
Dichte ρ [g/cm^3]	2,33	5,33	5,32
Bandlücke E_G [eV]	1,12	0,67	1,43
Intrinsische Ladungsträgerdichte n_i [cm^{-3}]	$1,05 \cdot 10^{10}$	$2,4 \cdot 10^{13}$	$9 \cdot 10^6$
Elektronenmobilität μ_n [cm^{2}V^{-1}s^{-1}]	1400	3900	8500
Löchermobilität μ_p [cm^{2}V^{-1}s^{-1}]	470	1900	400
Relative Dielektrizitätskonstante ε_r	11,7	16	13,1
Schmelztemperatur T_m [°C]	1412	937	1238
Spezifische Wärme [Jg^{-1}K^{-1}]	0,7	0,31	0,35
Wärmeleitfähigkeit [Wm^{-1}K^{-1}]	156	60	46
Wärmeausdehnungskoeffizient a_{th} [K^{-1}]	$2,59 \cdot 10^{-6}$	$5,8 \cdot 10^{-6}$	$6,86 \cdot 10^{-6}$

zu erreichende Reinheit der Kristalle – in Silizium z. B. mit weniger elektrisch aktiven Verunreinigungen als ca. 10^{10} cm^{-3}, im Vergleich zu den $5 \cdot 10^{22}$ Siliziumatomen/cm^3 – oder eine hohe Betriebstemperatur erfordern. In der Praxis werden die Halbleiter daher mit elektrisch aktiven Fremdatomen dotiert, d. h. gezielt „verunreinigt". Dies eröffnet vielseitige Variationsmöglichkeiten in der Kombination dotierter Materialien und hat nicht zuletzt in die gesamte Mikroelektronik inkl. integrierter Schaltungstechnik, Speicherchips, CCD-Technologien (engl. = charge-coupled devices) und Optoelektronik gemündet.

Silizium wird in diesem Sinn gezielt mit einer Dichte N_D von Phosphor-, Antimon- oder Arsenatomen (P, Sb, As) oder mit einer Konzentration N_A von Boratomen (B) versehen. Die Indizes D und A in N_D bzw. N_A stehen für „Donator" bzw. „Akzeptor", da die entsprechenden Dotierspezies als Elektronenspender bzw. -binder wirken.

Die von P, Sb und As gespendeten Elektronen bevölkern das Leitungsband mit einer Elektronendichte $n = N_D$ und machen den Halbleiter zu einem so genannten n-Leiter, auch Elektronenleiter genannt. Analog werden dem Halbleiter durch B-Dotierung Elektronen aus dem Valenzband entzogen, unter Hinterlassung von Löchern mit der Dichte $p = N_A$. Diese machen das Material p- oder eben löcherleitend. In Fällen kombinierter Dotierung mit Donatoren und Akzeptoren entscheidet die relative Höhe von N_D und N_A über die Polarität der dominanten Ladungsträgersorte. Falls $N_D > N_A$, gilt $n = N_D - N_A$; für $N_A > N_D$, gilt hingegen $p = N_A - N_D$. Die hier definierten Konzentrationen bilden die jeweils überwiegende Population der so genannten Majoritätsträger. Die jeweils zweite Sorte (Löcher im ersten Fall und Elektronen im zweiten) bildet die Minoritätsträger. Ihre Konzentration ist mit jener der Majoritätsträger durch das Massenwirkungsgesetz $np = n_i^2$ verknüpft.

Elektrische Leitung kommt im Halbleiter dadurch zustande, dass sich die Ladungsträger unter einem anliegenden elektrischen Feld in Bewegung setzen und ihre Ladung somit mit einer ihnen eigenen Beweglichkeit, auch Mobilität genannt, transportiert wird. Der Zusammenhang zwischen den Ladungsträgerkonzentrationen, der Stromdichte j und dem elektrischen Feld E wird im mechanisch unbelasteten Fall geschrieben als

$$\rho = \frac{E}{j} = \frac{1}{q(n\mu_n + p\mu_p)} \tag{4.8}$$

mit dem spezifischen Widerstand ρ, der Elementarladung q und den Elektronen- und Lochbeweglichkeiten μ_n bzw. μ_p. Höhere Ladungsträgerdichten und Mobilitäten sind daher gleichbedeutend mit geringerem Widerstand. Die Mobilitäten hängen sowohl von der Dotierdichte $N_D + N_A$ als auch von der Temperatur ab. In schwach dotiertem Silizium (N_D, $N_A < 10^{15}$ cm^{-3}) betragen μ_n und μ_p ca. 1400 cm^2/Vs bzw. 470 cm^2/Vs. Für die Temperatur- und Dotierabhängigkeit siehe z. B. [Sze81, Sze85, Nath99].

Aus der Bandstruktur ergeben sich auch die äußerst interessanten, optischen Eigenschaften der Halbleiter. Für Photonen mit Energie kleiner als E_G findet nämlich praktisch keine Absorption statt, da Elektronen des Valenzbandes in die Bandlücke hinein angeregt würden, was aber unmöglich ist, da die Bandlücke genau die Abwesenheit von Zuständen darstellt, in welche die angeregten Elektronen aufgenommen werden könnten. Die Halbleiter sind demnach für den nahen infraroten Teil des Spektrums transparent. Ab der Bandlückenenergie findet eine Absorption statt, die in GaAs stark und in Silizium und Germanium moderat ausfällt und mit zunehmender Energie deutlich zunimmt. Der Grund für den Unterschied zwischen GaAs einerseits und Silizium und Germanium andererseits ist in der Bandstruktur zu suchen: GaAs weist eine so genannte direkte Bandlücke auf, was bedeutet, dass die Bandkanten des Valenz- und des Leitungsbandes im k-Raum übereinstimmen. In Silizium und Germanium ist dies nicht der Fall, weshalb man von einer indirekten Bandlücke spricht. Absorptions- und Rekombinationsprozesse in diesen beiden Materialien bedürfen der Kooperation durch ein Phonon als Träger eines Kristallimpulses. Für optoelektronische Anwendungen werden daher eher Verbindungshalbleiter mit direkter Absorptionskante, wie eben GaAs, eingesetzt.

Sind zwei Materialbereiche mit Majoritätsträgerpopulationen entgegengesetzter Ladung benachbart, so bildet sich an ihrer Grenzfläche eine dünne, von mobilen Ladungsträgern freie Schicht, die so genannte Verarmungszone oder Depletionsschicht. Ein solcher pn-Übergang wirkt als Gleichrichter. Ganz allgemein ermöglicht die Kombination von unterschiedlich, insbesondere entgegengesetzt dotierten Materialbereichen die Herstellung vielfältiger mikroelektronischer Bauteile, wie Widerstände, Bipolartransistoren, Feldeffekttransistoren, CCDs, optische Sensoren, Lichtquellen, wie Laser und Leuchtdioden, Temperatur-, Magnetfeld-, Spannungssensoren u.v.a.m., wie in Kap. 7 ausführlicher beschrieben ist.

Wichtige Eigenschaften der drei Halbleiter Silizium, Germanium und Galliumarsenid sind in Tab. 4.3-1 zusammengefasst.

4.4 Keramiken

Das Anwendungspotential der Keramik in der Mikrosystemtechnik teilt sich auf drei Bereiche auf:

- Keramik als Substrat,
- Keramik als Material für Aktoren (piezoelektrischer Effekt),
- Keramik als Material für Gassensoren.

4.4.1 Keramik als Substrat

Keramik als Substratplatte findet in der Mikroelektronik bereits millionenfache Verwendung. Das Standardsubstrat schlechthin ist die Aluminiumoxid-(Al_2O_3-)Keramik. Sie ist die Grundlage für fast alle Hybridschaltungen, bei denen mittels Dickschichttechnik, Dünnschichttechnik, Bondverfahren und Klebetechniken mikroelektronische Schaltungen und Mikrosysteme aufgebaut werden. Neben der chemischen Inertheit, der mechanischen Stabilität und der Oberflächengüte spielen auch die Wärmeleitfähigkeit und der thermische Ausdehnungskoeffizient eine entscheidende Rolle. In der Mikroelektronik ist die Anpassung des Wärmeausdehnungskoeffizienten an den des Siliziums von großer Bedeutung. Sind die Koeffizienten zu unterschiedlich, kann sich ein Aufbau bei thermischer Belastung durch das Auftreten hoher Scherkräfte selbst zerstören.

Beim Aufbau von Leistungselektronik wird man allerdings Keramiken mit einem besseren Wärmeleitungskoeffizienten bevorzugen. Hervorragend in dieser Hinsicht ist Berylliumoxid BeO, das aber wegen der Toxizität der Berylliumoxid-Stäube heute technologisch in den Hintergrund getreten ist. Ersatz bietet hier Aluminiumnitridkeramik, die von den Wärmeleiteigenschaften fast an das Berylliumoxid heranreicht. Aluminiumnitrid (AlN) wiederum hat den Nachteil, dass es sich um keine Oxidkeramik handelt. Für die Verwendung als Substrat zur Dickschichttechnik müssen Pasten entwickelt werden, die in reduzierender Atmosphäre gebrannt werden können.

In der Tab. 4.4-1 werden die elektrischen und thermischen Eigenschaften der üblichen Keramiken aufgelistet und jenen des Siliziums gegenübergestellt.

Tab. 4.4-1 Eigenschaften von Keramiken, die in der Mikroelektronik als Substrat Verwendung finden, im Vergleich zu Silizium.

Eigenschaft	Si	Al_2O_3	BeO	AlN
Dielektrizitätskonstante ε_r	11,9	9,5	7,0	10,0
Ausdehnungskoeffizient a_{th} (10^{-6} K^{-1})	2,59	7,5	8,5	3,4
Wärmeleitfähigkeit κ (W/mK)	156	20	230	150

4.4.2
Keramik als Material für Aktoren

Als Aktorprinzip findet bei keramischen Materialien hauptsächlich der piezoelektrische Effekt Verwendung. Dieser Effekt tritt bei Materialien auf, die nicht zentrisymmetrisch sind, bei denen also eine mechanische Spannung aufgrund einer nichtsymmetrischen Ladungsverteilung eine resultierende Polarisation hervorruft. Durch außen aufgebrachte Elektroden auf einem Prüfkörper kann eine elektrische Spannung abgenommen werden, die ein Maß für die mechanische Spannung in dem Körper ist. Umgekehrt verursacht ein angelegtes Feld eine mechanische Verzerrung.

Im einfachsten eindimensionalen Fall lauten die piezoelektrischen Gleichungen:

$$P = dZ + \varepsilon_0 XE; \quad e = sZ + dE \tag{4.9}$$

dabei ist P die Polarisation, d der Tensor der piezoelektrischen Koeffizienten, Z der Tensor der mechanischen Spannungen, X der Tensor der dielektrischen Suszeptibilitäten, E das elektrische Feld, e der Verzerrungstensor und s der Tensor der elastischen Koeffizienten. Diese Gleichungen beschreiben einmal das Entstehen einer elektrischen Polarisation beim Anlegen einer mechanischen Spannung und umgekehrt das Entstehen einer elastischen Dehnung beim Anlegen eines elektrischen Feldes.

Die allgemeine Definition des piezoelektrischen Koeffizienten ist:

$$d_{kij} = \partial e_{ij}/\partial E_k \tag{4.10}$$

mit $i, j, k = x, y, z$, wobei die partielle Ableitung bei konstanter Temperatur und konstant gehaltener mechanischer Spannung gemessen wird.

Ein häufig verwendetes Material mit piezoelektrischem Effekt ist Bariumtitanat mit einem piezoelektrischen Koeffizienten von etwa 10^{-5} cm/Volt. Ein ebenfalls vielfältig verwendetes Material ist Bleizirkonat-Bleititanat (PZT).

Die Empfindlichkeit von Piezowerkstoffen bei der Anwendung als Sensor oder Aktor ist durch den elektromechanischen Kopplungsfaktor k charakterisiert, mit der Definition

$$k^2 = \frac{\text{gespeicherte mechanische Energie}}{\text{gespeicherte elektrostatische Energie}} \tag{4.11}$$

4.4.3
Keramik als Material für Gassensoren

Die Vielfalt der keramischen Sensoren lässt eine tiefer gehende Betrachtung des Themas in diesem Buch nicht zu, deshalb werden nur einige besonders verbreitete Anwendungen herausgegriffen und kurz angesprochen. Bei weitergehendem Interesse sollte sich der Leser mit den Fachpublikationen vertraut machen [Kitt02].

Bei den Halbleitersensoren wird die Änderung des elektrischen Widerstandes unter dem Einfluss des Messparameters ausgewertet. Bei den Metalloxidsensoren ist der Messparameter die umgebende Gasatmosphäre. Ein Beispiel hierfür ist der SnO_2-Sensor, der bei einer Reihe von Gasen in Abhängigkeit von der Konzentration seinen Widerstand ändert. Der Widerstand ändert sich mit der Zahl der Leitungselektronen an der Oberfläche, diese wiederum ist abhängig von der Zahl der adsorbierten Fremdgasatome.

Ein vielfach genutztes Material ist Bariumtitanat, $BaTiO_3$. Durch reversible Oxidation oder Reduktion wird auch hier die Zahl der Leitungselektronen an der Oberfläche variiert.

Weit verbreitet sind Sensoren mit fester Ionenleitung. Darauf beruhen alle Messsonden für die Abgasreinigung bei Kraftfahrzeugen (Lambda-Sonde). Als Material dient dotiertes Zirkoniumoxid, ZrO_2. Der Sensor besteht aus einem fingerartigen Sensorkörper, auf dem innen und außen Elektroden aus Platin aufgebracht sind. Befindet sich zwischen Fingerinnenraum und Außenraum ein unterschiedlicher Sauerstoffpartialdruck, so kann man an den Elektroden eine Spannung abnehmen, die mit dem Partialdruck stark nichtlinear zusammenhängt. Bei einem Verhältnis Luft zu Brenngas von etwa 14 springt die Spannung um etwa eine Zehnerpotenz. Dieser Sprung des Potentials wird zur präzisen Messung des Brennstoffgemisches und damit zur möglichst schadstofffreien Verbrennung herangezogen. Die Form der Kurve erinnert an den griechischen Buchstaben λ, aus dem sich der Name der Lambda-Sonde ableitet.

4.5
Metalle

Metalle sind wegen ihrer mechanischen Festigkeit, ihrer Duktilität und ihrer elektrischen Leitfähigkeit eine äußerst wichtige Materialgruppe in der Mikrosystemtechnik. Abgesehen von der Aufgabe als elektrischer Leiter spielen die Metalle in der Mikroelektronik eher eine untergeordnete Rolle. Da der Bedarf an Mikroaktoren in der Mikroelektronik nicht sehr ausgeprägt ist, wurden auch mögliche Aktorprinzipien nicht näher untersucht oder gar weiterentwickelt.

Silizium ist zwar der Basiswerkstoff für die Silizium-Mikromechanik. Für die „Züchtung" von Aktorprinzipien ist der Silizium-Einkristall aber eher uninteressant. Siliziumdioxid ist ein guter Isolator. Elektrostatische Felder können hier zum Einsatz kommen, um Mikromotoren zu betreiben oder um Biegezungen zum Schwingen zu bringen. Dotierte Einkristallbereiche zeigen den piezoresistiven Effekt. Damit ist allerdings das Spektrum der Möglichkeiten für Silizium schon fast erschöpft. Erst die Kombination mit anderen Materialien, insbesondere mit Metallen, eröffnet ein weites Spektrum von Möglichkeiten, die die Mikrosystemtechnik bereichern und das Anwendungsfeld entsprechend erweitern können.

Die Magnetostriktion und mehr noch der Effekt der Gestaltserinnerung, auch Formgedächtnis (engl.: shape memory effect) genannt, sind Eigenschaften von metallischen Legierungen, die ein großes Potential für die Mikroaktorik besitzen. Daher soll in den nächsten zwei Abschnitten das Thema Metalle nur in Hinsicht auf diese beiden Effekte behandelt werden.

4.5.1
Magnetostriktive Metalle

Ein ferromagnetisches Material besteht im Normalzustand aus einer Vielzahl von einzelnen Bereichen, bei denen jeder für sich spontan in eine bestimmte Richtung magnetisiert ist. Die Gesamtheit dieser Bereiche im Festkörper, auch weißsche Bereiche genannt, sind so orientiert, dass sie ein Energieminimum einnehmen, oder anders gesagt, alle Magnetisierungsrichtungen im Innern kompensieren sich so, dass die Magnetisierung nach außen verschwindet (Abb. 4.5-1).

Wird nun ein äußeres Magnetfeld an den Festkörper angelegt, so klappen mit steigender Feldstärke die weißschen Bereiche in die Richtung des äußeren Feldvektors, so dass sich die resultierende Magnetisierung des Festkörpers antiparallel zum äußeren Feld ausrichtet. Mit der Magnetisierung tritt eine Dimensionsänderung des Festkörpers auf, die im Allgemeinen im Bereich von weniger als 10^{-6} liegt [Jano90].

Die relative Längenänderung $\varepsilon = \Delta L/L$ nennt man Magnetostriktion. Hierbei gibt es verschiedene Fälle zu unterscheiden. Die Längenänderung parallel zur Magnetisierung nennt man die „joulesche Magnetostriktion". Daneben gibt es auch eine transversale Magnetostriktion, die aber nur einen Bruchteil der jouleschen Magnetostriktion beträgt. Die Sättigungsmagnetostriktion fällt mit steigender Temperatur ab, bis sie bei der Curie-Temperatur völlig verschwindet.

Die Magnetostriktion ist ein Effekt, der für Mikroaktoren eingesetzt werden kann, wenn es darum geht, bei kleinen Wegen große Kräfte zu erzeugen. Für bestimmte Anwendungen in Unterwassersonaren wurden Werkstoffe mit extrem hohen Magnetostriktionskoeffizienten entwickelt, wie etwa Terfenol-D der

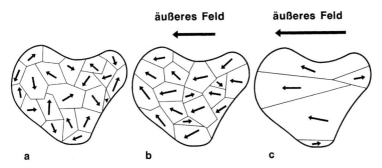

Abb. 4.5-1 Magnetisierungszustand eines ferromagnetischen Körpers:
a) ohne äußeres Feld, b) bei angelegtem schwachen Feld,
c) bei angelegtem starken Feld.

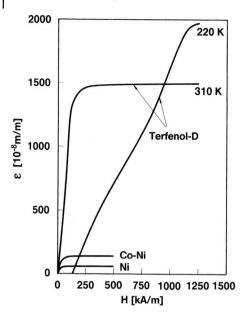

Abb. 4.5-2 Magnetostriktion verschiedener Materialien in Abhängigkeit vom angelegten äußeren Feld.

Zusammensetzung $Tb_xDy_{1-x}Fe_y$, mit x zwischen 0,27 und 0,3 und y zwischen 1,9 und 1,98, und einem Magnetostriktionswert, der um einen Faktor 500 über dem von Nickel liegt. In Abb. 4.5-2 ist die Magnetostriktion für die neuen Seltenerdmagnete den Werten für Cobalt-Nickel und Nickel gegenübergestellt.

Die Berechnung der Dehnung ε_{mag} in Abhängigkeit vom angelegten Magnetfeld H ist sehr komplex; es soll deshalb hier darauf verzichtet und auf die entsprechende Spezialliteratur verwiesen werden [Bozo68, Clar80]. Zur Berechnung wird die Energiebilanz der einzelnen Energieterme aufgestellt. Für die Gesamtenergie E gilt

$$E = E_0 + E_a + E_{me} + E_{el} \tag{4.12}$$

wobei die einzelnen Terme die folgende Bedeutung haben:

E_0 ist die magnetische Energiedichte, unabhängig von der Magnetisierungsrichtung.

E_a ist die Anisotropie-Energiedichte. Für verschiedene kristallographische Richtungen ist die Anisotropie-Energie unterschiedlich. Es gibt magnetische Vorzugsrichtungen, die sich „leicht" und solche, die sich „schwer" magnetisieren lassen, die also hohe magnetische Feldstärken benötigen, um die Sättigungsdehnung zu erreichen.
Der Unterschied zwischen leichter und schwerer Magnetisierung kann erheblich sein. Bei den so genannten pseudobinären Verbindungen der Form $MFe_{1,9}$ (z. B. Terfenol-D) kombiniert man deshalb unterschiedliche Komponenten, um damit eine teilweise Kompensation der unterschiedlichen Anisotropiekonstanten zu erreichen (das spiegelt sich in der stöchiometrischen Formel $(M_1)_x(M_2)_{1-x}Fe_y$ wider).

Die Anisotropie-Energie lässt sich für kubische Kristalle durch die Anisotropiekoeffizienten K_0, K_1 und K_2 beschreiben.

E_{me} ist die magnetoelastische Energiedichte.

E_{el} ist die elastische Energiedichte.

Zur Berechnung der gewünschten Beziehung $\varepsilon_{mag}(H)$ muss also die Energiebilanz aufgestellt werden, wobei die magnetische Erregung und die mechanische Spannung als unabhängige Größen und der Richtungskosinus a_i zwischen Magnetfeldrichtung und Messrichtung und die Dehnungen ε_{ij} als abhängige Variablen zu betrachten sind.

4.5.2
Anwendungen der Magnetostriktion

Eine interessante Anwendung des Magnetostriktionseffektes in der Mikrosystemtechnik ist in einem Linearmotor zu sehen, der von Kiesewetter und Huang vorgestellt wurde [Kies88]. Dieser Motor macht sich das so genannte Inchworm-Prinzip zunutze, das auch in anderen Ausführungen und unter Nutzung anderer Aktorprinzipien schon vielfach Anwendungen in der Mikrosystemtechnik gewonnen hat.

Man geht dabei von der Voraussetzung aus, dass sich das Volumen eines magnetostriktiven Stabes in erster Näherung unter dem Einfluss eines äußeren Magnetfeldes nicht ändert. Mit

$$V = \frac{\pi}{4} d^2 L \tag{4.13}$$

ist dann

$$\frac{\Delta V}{V} = 2\frac{\Delta d}{d} + \frac{\Delta L}{L} \approx 0 \tag{4.14}$$

und für die relative Änderung ergibt sich

$$\frac{\Delta d}{d} \approx -\frac{\Delta L}{2L} \tag{4.15}$$

Man spannt einen Terfenol-Stab nun so in eine Metallhülse ein, dass er auf seiner gesamten Länge im nichterregten Zustand in der Hülse klemmt. Diese Hülse schiebt man nun in das Innere einer Anordnung von Spulen, wie es in Abb. 4.5-3 zu sehen ist. Werden nun diese Spulen zyklisch mit Strom beaufschlagt, so verlängert sich der Terfenol-Stab aufgrund der Magnetostriktion abschnittweise und bewegt sich so durch die Hülse entgegen der Richtung des Magnetfeldes. Mit einem Durchlauf hat der Stab eine Distanz von

$$\Delta S \approx -\frac{\Delta L}{L} L_c \tag{4.16}$$

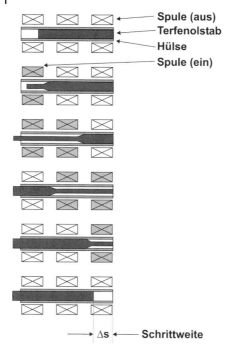

Abb. 4.5-3 Prinzip eines magnetostriktiven Linearmotors nach dem Inchworm-Prinzip. Mit jeder magnetischen Pulssequenz wird der Stab um die Distanz ΔS weitergerückt.

zurückgelegt, wobei L_c die axiale Längenausdehnung des vom einzelnen Spulenelement effektiv durchfluteten Bereichs des Terfenol-Stabs ist. Dieses Prinzip ist inzwischen zu anderen Antrieben weiterentwickelt worden [Akut89].

4.5.3
Formgedächtnis-Legierungen

Es gibt bestimmte Metalllegierungen, welche die Fähigkeit besitzen, sich bei Erwärmung wieder in eine frühere Form zurückzuverwandeln, die ihnen in ihrer Vorgeschichte aufgeprägt worden ist [Stöc89, Taut88]. Diese Formänderung der sog. „Formgedächtnis-Legierungen" (im Englischen „shape memory alloys") beruht darauf, dass bei Überschreiten einer bestimmten Temperatur mechanische und thermische Veränderungen im Kristallgefüge dieser Metalle einsetzen. Oberhalb dieser kritischen Temperatur liegt eine Austenit-Gitterstruktur vor, das Metall ist hart und hochfest. Unterhalb der Umwandlungstemperatur stellt sich eine Martensit-Gitterstruktur ein; das Metall ist dann weich und leicht verformbar.

Prinzipiell muss man zwischen dem so genannten „Einwegeffekt" und dem „Zweiwegeffekt" unterscheiden. Beim Einwegeffekt nimmt die Legierung nur bei einer Überschreitung der kritischen Temperatur wieder ihre frühere Form an und behält diese Form auch nach einem erneuten Unterschreiten der kritischen Temperatur bei. Beim Zweiwegeffekt kann die Legierung je nachdem, ob die Temperatur oberhalb oder unterhalb des kritischen Wertes liegt, zwei verschiedene Formen annehmen, wobei diese Gestaltumwandlung sehr oft erfolgen kann. Dabei ist die mögliche Formänderung beim Einwegeffekt stets größer als beim Zweiwegeffekt.

Für praktische Anwendungen sind bislang Ni-Ti-, Cu-Zn-Al- und Cu-Al-Ni-Legierungen bekannt. Je nach Legierungssystem kann die kritische Temperatur zwischen −150 und +150 °C liegen, so dass sich ein breites Anwendungsspektrum ergibt.

4.5.3.1 Einwegeffekt

Die bei Memory-Legierungen ablaufende Formänderung ist schematisch in Abb. 4.5-4 dargestellt: Oberhalb der kritischen Temperatur, also im austenitischen Zustand, habe die Legierung die Form A. Bei einer Abkühlung unter die kritische Temperatur (T_{As}) stellt sich das martensitische Kristallgitter ein („Zickzackanordnung" der Gitteratome), ohne dass sich die Form ändert. Bei dieser niedrigen Temperatur kann nun die Legierung leicht verformt und in die Form B überführt werden. Dabei darf der Verformungsgrad jedoch nicht zu groß sein, damit lediglich eine reversible Martensit-Verformung stattfindet, z. B. Verschieben von Zwillingsgrenzen im Kristallgitter. Eine zu große Verformung würde Versetzungen und damit „Gedächtnisschwund" bewirken. Beim Erwärmen des Elements erfolgt keine Formänderung, solange die Tempteratur deutlich unterhalb T_{As} liegt. Wird nun die Temperatur über den kritischen Wert T_{As} erhöht, so wandelt sich das Martensit-Gitter in das Austenit-Gitter um und dabei stellt sich die ursprüngliche Form A wieder ein. Die gesamte Formänderung von A nach B erfolgt dabei innerhalb eines relativ kleinen Temperaturintervalls von etwa 10 bis 20 °C. Bei einer erneuten Abkühlung unter die kritische Temperatur T_{As} ändert sich aber die Form nicht mehr, obwohl sich wieder das martensitische Kristallgitter bildet.

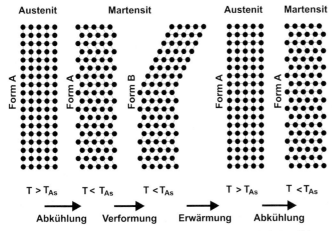

Abb. 4.5-4 Schematische Darstellung des Einweg-Formgedächtniseffekts und der austenitischen und martensitischen Gitterstruktur.

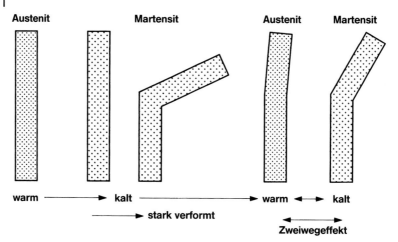

Abb. 4.5-5 Schematische Darstellung des Zweiweg-Formgedächtniseffekts.

4.5.3.2 Zweiwegeffekt

Zur Einstellung des Zweiwegeffekts, bei welchem sich die Materialien sowohl an eine Hochtemperatur- als auch an eine Niedertemperaturform „erinnern", sind spezielle mechanische und thermische Werkstoffbehandlungen erforderlich. Beispielsweise kann der Zweiwegeffekt auf einer starken Verformung im Martensit-Zustand erfolgen, so dass ein irreversibler Anteil verbleibt, wie dies in Abb. 4.5-5 schematisch dargestellt ist. Es ist auch möglich, durch Wiederholung einer geringen Verformung im Martensit-Zustand mit jeweils anschließender Erwärmung die Martensit-Form „einzutrainieren".

Bei Ti-Ni-Legierungen mit einem Ni-Gehalt von über 50% hat man an Stelle der einstufigen Austenit-Martensit-Umwandlung eine zweistufige Umwandlung beobachtet. Dabei bildet sich beim Abkühlen nach der Austenit-Phase zuerst eine vormartensitische Phase, die als rhomboedrische oder R-Phase bezeichnet wird. Erst bei weiterer Abkühlung entsteht dann die Martensit-Phase. Wird die Probe in der Martensit-Phase verformt und in diesem Zustand einer Alterung unterzogen, so bilden sich linsenförmige Ti_3Ni_4-Ausscheidungen, die in den Bereichen der Verformung Vorzugsorientierungen aufweisen. Des Weiteren bewirkt die Alterung einen Übergang von der einstufigen Martensit-Umwandlung zur zweistufigen Umwandlung Austenit – R-Phase – Martensit. Es bilden sich so bevorzugte Varianten der R-Phase bzw. der Martensit-Phase und damit „erinnert" sich die Legierung auch an eine Niedertemperaturform.

Eine typische Temperatur-Weg-Kennlinie für ein Element mit Zweiwegeffekt ist in Abb. 4.5-6 schematisch dargestellt. Beim Aufheizen erfolgt die Formänderung bei der so genannten A_s-Temperatur und ist bei der Temperatur T_{Af} abgeschlossen, wobei dieses Temperaturintervall relativ gering ist, typischerweise 10 bis 20 °C. Bei einer Absenkung der Temperatur beginnt die Formänderung erst bei einer Temperatur T_{Ms}, die geringer ist als T_{Af}, d.h., die Temperatur-

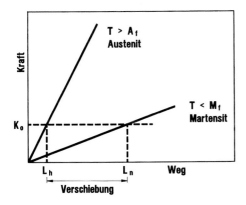

Abb. 4.5-6 Schematische Darstellung der Temperatur-Weg-Kennlinien für ein Element mit Zweiweg-Formgedächtniseffekt.

Weg-Kennlinie weist eine Hysterese auf, die je nach Legierung etwa 10 bis 30 °C beträgt. Die Niedertemperaturform ist dann bei der Temperatur T_{Mf} abgeschlossen.

4.5.3.3 Unterdrücktes Formgedächtnis

Wird ein im martensitischen Zustand verformtes Bauteil daran gehindert, bei Erwärmung seine ursprüngliche (austenitische) Gestalt anzunehmen, spricht man von unterdrücktem Formgedächtnis. Das Bauteil kann dabei eine sehr große Kraft entwickeln.

Die Spannungs-Dehnungs-Kennlinie ist für einen solchen Fall schematisch in Abb. 4.5-7 dargestellt, wobei ein Beispiel gewählt wurde, das technisch einen weiten Einsatz gefunden hat. Ein Ring aus einer Ti-Ni-Legierung wird im austenitischen Zustand, z. B. durch spanabhebende Bearbeitung, mit einem Innendurchmesser, der geringer ist als die Welle, über die er später geschoben werden soll, hergestellt. Nach Abkühlung unter die Temperatur T_{Mf} wird der Ring nun im martensitischen Zustand aufgeweitet, bis der Innendurchmesser größer ist als der Durchmesser der Welle. In diesem abgekühlten Zustand kann er leicht über die Welle geschoben werden. Bei Erwärmung geht der Ring in den austenitischen Zustand über und ist bestrebt, seine frühere Form wieder anzunehmen, d. h., er schrumpft zunächst bis zur Berührung mit der Welle zusammen. Da eine weitere Formänderung unterdrückt wird, wird eine relativ große Spannung aufgebaut, die zu einer festen Verbindung zwischen Welle und Ring führt.

Verglichen mit den Formänderungen, die sich bei Metallen aufgrund des thermischen Ausdehnungskoeffizienten ergeben (das Aufschrumpfen von „heißen" Ringen auf eine Welle ist altbekannt), sind die Formänderungen von Formgedächtnis-Legierungen um mehr als zwei Größenordnungen höher (vgl. Tab. 4.5-1).

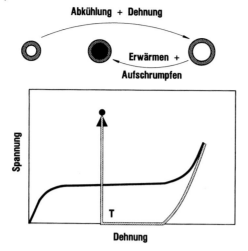

Abb. 4.5-7 Schematische Darstellung der Spannung-Dehnungs-Kennlinie bei unterdrücktem Formgedächtnis.

4.5.3.4 Einsatz als Aktoren

Prinzipiell können Formgedächtnis-Legierungen als Aktoren, d.h. als Stellglieder, eingesetzt werden. Eine Ni-Ti-Feder hat im austenitischen Zustand (hohe Temperatur) eine relativ steile Kraft-Weg-Kennlinie und wird durch die Kraft K_0 um eine Länge L_h gedehnt. Im martensitischen, leicht verformbaren Zustand (tiefe Temperatur) ist die Kennlinie wesentlich flacher, und durch dieselbe Kraft K_0 kann die Feder auf eine Länge L_n, die wesentlich größer ist als L_h, gedehnt werden. Dies ist schematisch in Abb. 4.5-8 anhand der Kraft-Weg-Kennlinien dargestellt. Bei einem Überschreiten der kritischen Temperatur T_{Af} zieht sich die Feder zusammen und ist dabei auch in der Lage, Arbeit zu verrichten, während sich beim Unterschreiten der kritischen Temperatur T_{Mf} die Feder wieder ausdehnt.

Wegen des hohen elektrischen Widerstandes von Ni-Ti-Legierungen eignen sich diese auch gut für die direkte Beheizung durch Stromdurchgang. Damit ist es möglich, relativ einfach aufgebaute Aktoren mit Hilfe von elektrischen Signalen bzw. Strömen zu betreiben.

4.5.3.5 Herstellung

Formgedächtnis-Legierungen können durch Vakuumschmelzen, pulvermetallurgische Prozesse, Schmelzspinnverfahren und als Dünnschichten mit PVD-Verfahren (physical vapor deposition (PVD), vgl. Abschn. 5.1) [Walk90] hergestellt werden. Damit besteht die prinzipielle Möglichkeit, Formgedächtnis-Legierungen auch als Mikroaktoren einzusetzen.

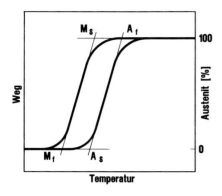

Abb. 4.5-8 Schematische Darstellung der Kraft-Weg-Kennlinie einer Feder im austenitischen und martensitischen Zustand.

4.5.3.6 Eigenschaften der Formgedächtnis-Legierungen

Einige wesentliche Eigenschaften von Formgedächtnis-Legierungen sind in Tab. 4.5-1 zusammengestellt. Man kann der Tabelle entnehmen, dass Ni-Ti-Legierungen den größten Einweg- und Zweiwegeffekt besitzen und dass der Zweiwegeffekt grob um einen Faktor 2 bis 4 geringer ist als der Einwegeffekt. Die maximale Temperatur T_{As} liegt zwischen 120 °C und 170 °C. T_{As} hängt dabei sehr stark von der Legierungszusammensetzung ab, beispielsweise kann eine Änderung der Zusammensetzung von 0,1% schon zu einer Verschiebung von T_{As} um 10 °C führen.

Tab. 4.5-1 Eigenschaften technisch anwendbarer Formgedächtnis-Legierungen.

Eigenschaft	Ni-Ti	Cu-Zn-Al	Cu-Al-Ni
Elektrische Leitfähigkeit ($10^6\ \Omega^{-1} m^{-1}$)	1–1,5	8–13	7–9
Maximale A_s-Temperatur (°C)	120	120	170
Maximaler Einwegeffekt, Dehnung (%)	8	4	5
Maximaler Zweiwegeffekt, Dehnung (%)	5	1	1,2
Bruchdehnung (%)	40–50	10–15	5–6

5
Basistechnologien der Mikrotechnik

5.1
Schichtabscheidung

5.1.1
Physikalische Beschichtungstechniken

In der Beschichtungstechnik unterscheidet man grundsätzlich zwischen den physikalischen Beschichtungstechniken (engl.: Physical Vapor Deposition, PVD) und den chemischen Beschichtungsverfahren (Chemical Vapor Deposition, CVD). Damit sind allerdings die Möglichkeiten der Dünnschichttechnik bei weitem noch nicht erschöpft. Neben allen möglichen Mischformen beider genannten Verfahren sind auch weitere Verfahren für die Mikrosystemtechnik von besonderem Interesse. Für monomolekulare Schichten, insbesondere in der Biosensorik, spielen Langmuir-Blodgett-Techniken eine wichtige Rolle. Bei diesem Verfahren wird eine monomolekulare Schicht auf eine Flüssigkeitsoberfläche gespreitet. Das zu beschichtende Substrat wird senkrecht in die Flüssigkeit getaucht und wieder herausgezogen, dabei lagert sich bei jedem Eintauch- und Austauchvorgang jeweils eine monomolekulare Schicht auf dem Substrat ab. Dieses Verfahren soll allerdings in diesem Buch nicht vertieft werden. Der interessierte Leser sei deshalb auf die Spezialliteratur verwiesen. Auch die laserunterstützten Verfahren zeigen potentielle Anwendungen in der Mikrotechnik.

5.1.1.1 Aufdampfen
Beim Aufdampfen wird der Stoff, der auf das zu beschichtende Substrat gebracht werden soll, in einem Tiegel bis zum Verdampfen erhitzt (Abb. 5.1-1). Die Atome verlassen den Tiegel, prallen mit thermischer Energie (mittlere Energie ungefähr 0,1 eV) auf das Substrat und kondensieren dort. Die Substratoberfläche kann vor der Beschichtung durch Aufheizen von Fremdschichten gereinigt werden. Durch das Vakuum ist eine Prozessumgebung geschaffen, bei der eine Vielzahl von sonst nicht beherrschbaren Umweltparametern ausgeschaltet ist. In der Tat werden die Aufdampfverfahren heute sowohl theoretisch als auch anwendungstechnisch von allen Vakuumverfahren am besten verstanden.

Mikrosystemtechnik für Ingenieure, 3. Auflage. W. Menz, J. Mohr, O. Paul
Copyright © 2005 WILEY-VCH Verlag GmbH & Co. KGaA, Weinheim
ISBN: 3-527-30536-X

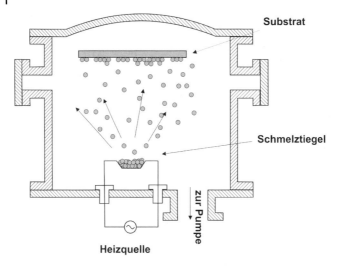

Abb. 5.1-1 Schema des Aufdampfprozesses.

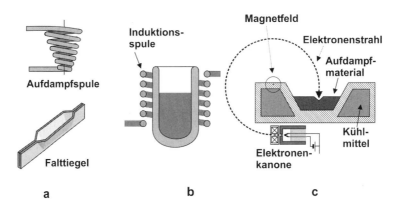

Abb. 5.1-2 Verschiedene Aufdampfquellen:
a) direkt beheizte Widerstandsquellen,
b) induktiv beheizte Quellen,
c) Elektronenstrahlverdampfung.

Eine bedeutende Rolle beim Aufdampfprozess spielt die Aufdampfquelle. Im Wesentlichen gibt es drei Typen von Quellen (Abb. 5.1-2):

- **Die direkt beheizte Widerstandsquelle** (Abb. 5.1-2a). Sie besteht meist aus einem Blechschiffchen aus wärmebeständigem Material (Wolfram oder Tantal), in welches das Verdampfungsgut eingelegt wird. Durch Stromdurchgang wird das Schiffchen derart erhitzt, dass das Quellenmaterial verdampft. Mit dieser Methode kann man nur geringe Mengen verdampfen. Handelt es sich um eine Legierung, bei der die Komponenten unterschiedliche Dampfdrücke haben, so ändert sich die Zusammensetzung der aufgedampften Schicht entsprechend schnell über die Schichtdicke. Ein häufig zu beobachtender Effekt ist das Durchlegieren des Schiffchens bei reaktionsfreudigem Aufdampfmaterial.

- **Die induktiv beheizte Quelle** (Abb. 5.1-2b). Hierbei wird ein elektrisch leitfähiger Tiegel (z.B. Graphit) mittels Hochfrequenz aus einer Induktionsspule aufgeheizt. Ist das Verdampfungsgut selbst elektrisch leitfähig, kann auch ein Tiegel mit isolierendem Material, wie Quarz oder Bornitrid, verwendet werden. Nachteile dieser Methode sind der relativ teurere Hochfrequenzgenerator und die Notwendigkeit einer sorgfältigen Abschirmung der Prozessumgebung gegen elektromagnetische Streustrahlung.

- **Die Elektronenstrahlverdampfung** (Abb. 5.1-2c). Dieses Verfahren wird vermutlich am meisten angewendet. Ein Elektronenstrahl wird dabei auf das Tiegelmaterial gerichtet und verdampft dieses. Um die Glühkathode nicht durch Ionenbeschuss aus der Quelle zu zerstören, sitzt die Kathode meist unterhalb der Quelle und der Elektronenstrahl wird durch ein Magnetfeld im Bogen auf die Oberfläche der Quelle gelenkt. Durch elektrostatisches Ablenken des Elektronenstrahls kann man in vorbestimmten Taktverhältnissen mehrere Quellen gleichzeitig anfahren und aufheizen und so Legierungen mit genau vorgegebenen Mischungsverhältnissen herstellen.

Neben diesen oben erwähnten Quellen gibt es eine Vielzahl von Varianten für Spezialanwendungen, die aber hier nicht weiter behandelt werden sollen.

Im Folgenden soll die Filmdicke auf dem Substrat abgeschätzt werden, die beim Aufdampfprozess erzeugt wird [Sze85]. Dazu soll Abb. 5.1-3 helfen, die Verhältnisse besser zu verstehen. Es ist zwischen den beiden Fällen einer punktförmigen und einer flächenmäßig ausgedehnten Quelle zu unterscheiden. In der Praxis wird man wohl immer mit einer Mischform beider Typen rechnen müssen.

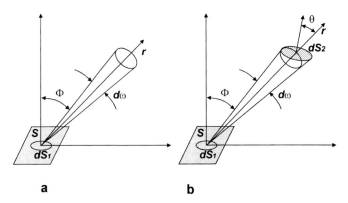

Abb. 5.1-3
a) Verdampfung aus einer Quelle S in den Raumwinkel $d\omega$.
b) Empfangende Fläche, deren Normale zur Normalen der Quelle den Winkel θ bildet [Holl61].

Betrachten wir zunächst die rein punktförmige Quelle, die in alle Richtungen eine gleichförmige Rate m [g/s] abstrahlt, so ist die Materialmenge, die in den Raumwinkel $d\omega$ pro Zeiteinheit abgestrahlt wird:

$$dm = \left(\frac{m}{4\pi}\right) d\omega \tag{5.1}$$

Wird das Material von einer ebenen Quelle der Fläche dS_1 abgestrahlt, wobei hier die Rate m in den Halbraum abgestrahlt wird, so ist die Materialmenge, die in den Raumwinkel $d\omega$ unter dem Winkel Φ zur Ebene nach dem Cosinus-Gesetz:

$$dm = \frac{m}{\pi} \cdot \cos\Phi \, d\omega \tag{5.2}$$

Wenn das Material auf ein Flächenelement auftrifft, das zur Normalen der Quellenebene um den Winkel θ geneigt ist, berechnet sich der Raumwinkel $d\omega$ zu:

$$d\omega = \frac{dS_2 \cdot \cos\theta}{r^2} \tag{5.3}$$

Aus den Gln. (5.1) bis (5.3) ergibt sich dann für eine Punktquelle:

$$dm = \frac{m}{4\pi} \cdot \left(\frac{\cos\theta}{r^2}\right) dS_2 \tag{5.4}$$

und für die flächenhafte Quelle:

$$dm = \frac{m}{\pi} \left(\frac{\cos\Phi \cos\theta}{r^2}\right) dS_2 \tag{5.5}$$

Ersetzt man dm durch die Beziehung:

$$dm = \rho \cdot h \cdot dS_2 \tag{5.6}$$

(dabei ist h die Filmdicke), erhält man für die Filmdicke h auf dem Substrat bei einer Punktquelle:

$$h = \frac{M}{4\pi\rho} \left(\frac{\cos\theta}{r^2}\right) \tag{5.7}$$

und bei einer flächenhaften Quelle:

$$h = \frac{M}{\pi\rho} \left(\frac{\cos\Phi \cdot \cos\theta}{r^2}\right) \tag{5.8}$$

dabei ist M die Gesamtmasse des Materials, die Zeit t bzw. die Beschichtungsrate dm fallen dadurch aus obigen Formeln heraus.

5.1.1.2 Sputtern (Kathodenzerstäuben)

Wenn auch das Aufdampfen ein gut beherrschtes Verfahren ist, mit dem hochreine Schichten hergestellt werden können, so hat es doch den Nachteil einer relativ geringen Schichthaftung. Für Anwendungen, die einer starken mechanischen Belastung unterliegen, liefert das Sputtern oder Kathodenzerstäuben die besseren Ergebnisse.

Bei diesem Verfahren stehen sich im Rezipienten ein räumlich ausgedehntes Target (die Quelle) und das Substrat auf wenigen Zentimetern Abstand gegenüber (Abb. 5.1-4). Zwischen diesen beiden als Elektroden geschalteten Flächen brennt eine Plasmaentladung in einem Argongas. Die aus der Entladung abgezogenen Argonionen werden auf das Target zu beschleunigt und schlagen aufgrund ihrer hohen kinetischen Energie neutrale Atome oder Molekülbruchstücke aus der Targetoberfläche heraus, die mit hoher Geschwindigkeit auf das Substrat zufliegen und dort kondensieren. Gegenüber dem thermischen Verfahren haben die Atome eine 10- bis 100fache kinetische Energie. Dementsprechend höher im Vergleich zu den Aufdampfschichten ist auch die Haftfestigkeit der Schichten, die auf dem Substrat kondensieren. Ein weiterer Vorteil des Sputterns ist die Tatsache, dass die Beschichtungsmaterialien nicht durch die Schmelzphase gehen. Somit können auch hochschmelzende Materialien, wie Tantal oder Wolfram oder solche, die keinen definierten Schmelzpunkt haben, wie Keramiken, zerstäubt werden.

Diesem offensichtlichen Vorteil steht der Nachteil einer geringeren Beschichtungsrate gegenüber. Abhilfe hat zum Teil das so genannte Magnetronsputtern gebracht. Durch ein inhomogenes permanentes Magnetfeld, das dicht unterhalb des Targets angebracht ist, wird der Weg der freien Elektronen zur Anode spiralig verlängert. Damit erhöht sich die Wahrscheinlichkeit zu weiteren Ionisa-

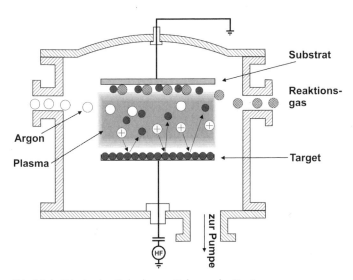

Abb. 5.1-4 Prinzip des Kathodenzerstäubens oder Sputterns.

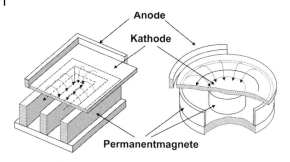

Abb. 5.1-5 Ausführungsformen von Magnetron-Sputterquellen.

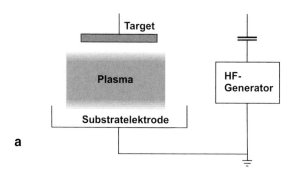

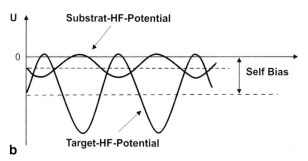

Abb. 5.1-6 Hochfrequenzsputtern mit Self-Bias-Effekt. Elektronen, die aus dem Plasma an das Target gelangen, können wegen des Koppelkondensators nicht zur Erde abfließen und erzeugen am Target eine negative Vorspannung (self bias).

tionsstößen mit neutralen Argonatomen und zur Erhöhung der Sputterrate (Abb. 5.1-5). Mit dem Magnetronsputtern hat eigentlich erst der wirtschaftliche Durchbruch des Sputterns stattgefunden, da die Beschichtungsrate gegenüber dem einfachen Sputtern um mindestens eine Zehnerpotenz gesteigert werden konnte. Dennoch ist in den meisten Fällen das Sputtern, wenn es um sehr hohe Beschichtungsraten geht, dem Aufdampfen unterlegen, da diesem beim Hochskalieren der Aufdampfrate praktisch keine Grenzen gesetzt sind. So werden Bandbeschichtungsanlagen für Papier, Kunststoffe oder Stahl meist mit Aufdampfanlagen und entsprechend großen Verdampfungstiegeln betrieben.

Ein Vorteil des Sputterverfahrens ist neben der Beschichtung von Substraten auch die Möglichkeit der Reinigung der Substratoberfläche. Durch Umpolen der Elektroden wird zunächst das zu beschichtende Substrat abgesputtert. Dadurch erreicht man eine extreme Reinigung der Oberfläche, da zunächst eine mehrere Atomlagen dicke Schicht vom Substrat „abgehobelt" wird. Auch bei der normalen Sputterbeschichtung findet konkurrierend zum Beschichtungsprozess stets ein Sputterätzen auf dem Substrat ab. Dadurch werden schlecht haftende Atome und Gasmoleküle, die sich während des Beschichtungsvorganges laufend anlagern, wieder von der Oberfläche entfernt. Im stationären Fall stellt sich also ein Gleichgewichtszustand zwischen einer Adsorptions- und einer Desorptionsrate ein. Abhängig davon, welcher Vorgang überwiegt, spricht man von Sputterbeschichtung oder Sputterätzen.

Bei dielektrischen Materialien wendet man die Hochfrequenz-Sputtermethode an, wie sie in Abb. 5.1-6 skizziert ist [Haef87]. Da die Ionen im Plasma eine wesentlich größere Masse als die Elektronen haben, können sie während einer Halbphase der Hochfrequenzspannung nicht die Elektroden erreichen, sondern pendeln im Plasma hin und her. Andererseits erreichen die Elektronen wegen ihrer größeren Beweglichkeit die Elektroden und laden das Target negativ auf, da der Kondensator in der Zuleitung das Abfließen der negativen Ladungen verhindert. Damit baut sich ein überlagertes Gleichfeld zwischen den Elektroden auf und bewirkt eine gleichmäßige Drift der Ionen auf das Target zu. Der Effekt ist also der gleiche, als ob eine negative Vorspannung an das Target angelegt worden wäre. Man spricht daher auch vom Self-Bias-Verfahren.

5.1.1.3 Ionenplattieren

Hierbei werden verschiedene Verfahren, wie thermische Verdampfung oder Zerstäubung, Plasmaentladung und Ionisierung, miteinander kombiniert. Die thermisch verdampften Atome eines Metalls, wie z. B. Ti, durchlaufen ein Plasma, in dem sie zum Teil ionisiert werden, zum Teil Stöße von Argonionen in Richtung auf das Substrat erhalten. Durch die Zumischung eines Reaktionsgases, z. B. Stickstoff, bildet sich auf dem Substrat eine chemische Verbindung, z. B. TiN (Abb. 5.1-7). Durch die hohe kinetische Energie der auftreffenden Ionen bildet sich eine sehr haftfeste, dichte Schicht von außerordentlicher Härte. Wegen der thermischen Aufdampfquelle können hohe Beschichtungsraten erreicht werden. Sehr gute Schichten liegen in ihrer Vickers-Härte bei etwa 5000, d. h. also etwa in der Mitte zwischen gehärtetem Stahl und Diamant.

Neben hoher Härte zeigen diese Schichten auch einen verminderten Reibungskoeffizienten, der sich positiv auf den Verschleiß der beschichteten Werkstücke auswirkt.

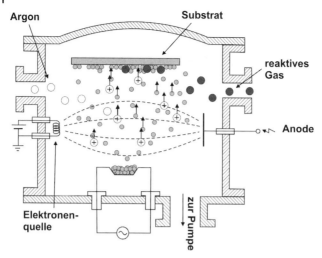

Abb. 5.1-7 Prinzip des Ionenplattierens. Elektronen aus einer unselbstständigen Entladung ionisieren teilweise den Dampfstrom. Diese Ionen werden zum Substrat beschleunigt.

5.1.2
Chemische Beschichtungstechniken

5.1.2.1 CVD-Verfahren

Der grundsätzliche Vorgang des CVD-Verfahrens ist das Kondensieren eines Stoffes aus einer thermisch instabilen, gasförmigen Verbindung auf dem Substrat. Die Schwellenenergie zur Dissoziation des Ausgangsstoffes wird entweder thermisch durch Aufheizen des Substrates oder durch die elektrische und optische Energie in einer Gasentladung bereitgestellt. Für die Funktionsfähigkeit des Verfahrens ist es wichtig, dass die Reaktionsprodukte (bis auf das abgeschiedene Material) ebenfalls gasförmig sind und aus dem Rezipienten wieder herausgepumpt werden können. Die CVD hat in den letzten Jahren die Aufdampftechniken in der Halbleitertechnik fast vollständig verdrängt. Mit CVD lassen sich fast alle Schichten, die zur Herstellung eines integrierten Schaltkreises benötigt werden, herstellen. Auch die Epitaxie, die im nächsten Abschnitt behandelt wird, ist ein Sonderfall der CVD. Aus polykristallinem Silizium, wie es bei der üblichen CVD-Technik entsteht, können einkristalline Schichten gewonnen werden, wenn durch eine anschließende Temperaturbehandlung im Zusammenwirken mit Kristallisationskeimen auf dem Substrat ein „innerer" Epitaxieprozess stattfindet. Ebenso wie Silizium wird Siliziumdioxid für Passivierung, Isolation und Maskierung in zunehmendem Maß mit der CVD-Technik abgeschieden. Allerdings liefert die reaktive Oxidation von Silizium in einer oxidierenden Gasatmosphäre (Sauerstoff, Wasserdampf) bei höherer Temperatur wesentlich bessere Oxidqualitäten.

Die Temperaturbelastbarkeit des Grundmaterials muss mit den Prozessbedingungen abgestimmt sein. Hierin besteht eine gewisse Einschränkung des Verfahrens, da z. T. Temperaturen von 1250 °C erforderlich sind. Die Schichtdicken liegen in der Regel bei 5 bis 10 µm, bei optimaler Reaktionsführung entspricht die Oberflächengüte der Beschichtung der des Grundmaterials. Beim Arbeiten im Unterdruckbereich lassen sich auch kompliziert geformte Bauteile gleichmäßig beschichten.

Für eine kontrollierbare Prozessführung wird beim CVD das Reaktionsgas mit einem inerten Trägergas, wie He, N_2 oder H_2, gemischt, um Autoreaktionen im Gas zu vermeiden. Bei den auf der Substratoberfläche auftretenden Reaktionen sind nicht nur die chemischen Eigenschaften der Reaktionsteilnehmer maßgebend, auch die Geschwindigkeit des Stofftransportes zum Reaktionsort – nämlich zur Substratoberfläche – hat entscheidenden Einfluss auf den Gesamtvorgang. Bei der Behandlung der Gasphasenreaktion zur Abscheidung von Feststoffkomponenten ist also das Zusammenwirken der folgenden drei Stufen zu beachten:

1. Antransport der Ausgangsstoffe in die Reaktionszone,
2. Umsetzung,
3. Abtransport unerwünschter Reaktionsprodukte.

Die reaktionsfähigen Moleküle müssen zunächst durch Konvektion oder Diffusion nahe an die Substratfläche herangebracht werden. Im Normalfall wird die nötige Dissoziationsenergie der Reaktionsmoleküle vom (geheizten) Substrat geliefert. Dabei wird das Molekül so zerlegt, dass sich die Feststoffbestandteile am Substrat ablagern, während die gasförmigen Reststoffe aus dem Reaktionsraum abgepumpt werden.

Ein Beispiel für einen solchen Prozess stellt die Deposition von Silizium mit Trichlorsilan ($SiHCl_3$) dar. Dabei werden die drei Chloratome und das Wasserstoffatom vom Si getrennt und als HCl bzw. Cl_2 mit dem Trägergasstrom aus dem Reaktionsraum gespült. Zurück bleibt das Si-Atom, das sich an das Substrat anlagert.

Die Strömungsgeschwindigkeit der gasförmigen Reaktionspartner sinkt innerhalb der Strömungsgrenzschicht, die sich infolge der Reibung ausbildet, bis auf null auf der Substratoberfläche ab. Die Reaktionspartner müssen daher, um die Substratoberfläche erreichen zu können, durch die Grenzschicht hindurchdiffundieren. Abb. 5.1-8 verdeutlicht dies für parallel und senkrecht angeströmte ebene Substratscheiben.

Das tatsächliche Strömungsverhalten der Reaktionspartner in der Nähe von Substratoberflächen lässt sich nur annähernd beschreiben. Es hängt von der Oberflächentemperatur der Substrate, dem Partialdruck und den einzelnen Reaktionspartnern auf der Substratoberfläche und in der Strömungsgrenzschicht ab. Näherungsweise lässt sich indes eine einfache Beziehung mit der Dichte n_g der Reaktionspartner in der Gasströmung und der Dichte n_s auf der Substratoberfläche aufstellen. Nimmt man an, die Reaktionspartner diffundieren durch die Strömungsgrenzschicht, so beschreibt das 1. Fick'sche Gesetz den Partikelstrom auf das Substrat:

$$N = -D \cdot \frac{dn}{dx} = -D \cdot \frac{n_g - n_s}{\delta} \tag{5.9}$$

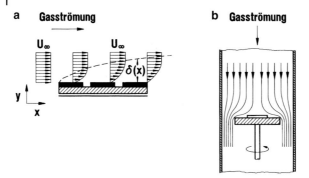

Abb. 5.1-8 Einfluss der Anströmung des Reaktionsgases auf die Beschichtung mittels CVD.
a) Parallele Anströmung, b) senkrechte Anströmung.

wobei N die Anzahl der reagierenden Moleküle je Zeit- und Flächeneinheit, δ die Dicke der Strömungsgrenzschicht und D der Diffusionskoeffizient ist.

Eine wichtige Größe bei der chemischen Beschichtungstechnik ist die CVD-Zahl, die wie folgt definiert ist:

$$N_{CVD} = kT\delta \cdot \frac{k_s}{D} = \frac{(p_g - p_s)S_s}{p_s \cdot S_d} \tag{5.10}$$

Dabei ist:
k die Boltzmann-Konstante,
δ die Diffusionsschichtdicke (siehe auch Gl. (3.40) und Abb. 3.3-7),
D der Diffusionskoeffizient,
p_g der Partialdruck im Gasstrom,
p_s der Partialdruck an der Substratoberfläche,
S_d die Stromdichte der zum Substrat gerichteten Teilchen,
S_s die Stromdichte der zur Schichtbildung umgesetzten Teilchen

und der spezifischen Reaktionsrate:

$$k_s = C \cdot \exp\left(-\frac{W_A}{KT_S}\right) \tag{5.11}$$

mit
T_S Temperatur der Substratoberfläche,
W_A Aktivierungsenergie.

Man kann anhand der CVD-Zahl zwei Grenzfälle unterscheiden:

1. $N_{CVD} \gg 1$: Diffusionsbegrenzung
   In diesem Fall ist die Teilchenstromdichte zum Substrat so gering, dass ausreichend Zeit zur Migration auf der Oberfläche und zum Einbau in das vorhandene Gitter zur Verfügung steht. Es können somit große Kristallite oder sogar einkristalline Schichten entstehen.

2. $N_{CVD} < 1$: Reaktionsbegrenzung

Durch ein Überangebot an reaktionsfähigen Teilchen wird die polykristalline oder amorphe Abscheidung begünstigt. Außerdem haben in diesem Fall die Teilchen Zeit, sich mittels Diffusion im Gasstrom auch an schwer zugänglichen Orten abzulagern, um dort in das Substrat eingebaut zu werden.

Bei einer Totaldruckerniedrigung im Reaktor (LPCVD = low pressure CVD) ergibt sich eine Erhöhung des Diffusionskoeffizienten aufgrund:

$$D = D_0 \cdot \frac{T^m}{p} \tag{5.12}$$

mit

$m = 1{,}5 \ldots 2$
$D_0 = 0{,}1 \ldots 1 \; [\text{cm}^2 \cdot \text{s}^{-1}]$

Damit können ausreichend reaktionsfähige Teilchen an die Oberfläche diffundieren, so dass eine Reaktionsbegrenzung an der Oberfläche vorliegt. Enggepackte Wafer in Trays lassen sich auf diese Weise gleichmäßig beschichten, was einen erheblichen wirtschaftlichen Vorteil für die Mengenfertigung bedeutet. Im Falle der LPCVD kann das Reaktionsgas unverdünnt oder nur geringfügig mit einem Trägergas verdünnt eingesetzt werden.

Häufig möchte man CVD auch auf Oberflächen, die die hohen Prozesstemperaturen von über 1000 °C nicht vertragen, anwenden. In diesem Falle wird die notwendige Dissoziationsenergie für die reaktiven Moleküle nicht über die thermische Energie des Substrates geliefert, sondern aus dem Energiereservoir einer Plasmaentladung. Dazu ist es nötig, im Folgenden ein wenig näher auf den Prozess der Plasmaentladung einzugehen.

Ein Plasma besteht aus einer Mischung von neutralen Atomen, Ionen und Elektronen. Nach außen verhält sich ein Plasma elektrisch neutral. Durch Anlegen einer Spannung an flächenhafte Elektroden im Innern eines Rezipienten entsteht ein elektrisches Feld. Durch natürliche Radioaktivität, aber auch durch kosmische Strahlung, sind in einer Atmosphäre stets einige wenige Atome ionisiert. Diese Ladungsträger (Ionen und Elektronen) werden durch das Feld voneinander getrennt und laufen auf die Elektroden zu, wobei sie im Feld Energie aufnehmen. Treffen nun die beschleunigten Elektronen auf andere neutrale Atome, so können sie diese wiederum ionisieren, vorausgesetzt, sie haben die entsprechende Ionisierungsenergie im Feld aufgenommen. Kann das Elektron auf seinem Weg zur Anode mehrere Ionen erzeugen, so verstärkt sich der Plasmastrom bis auf eine maximale Größe, die durch das angelegte Feld, die Ionisierungsenergie und den Druck im Rezipienten vorgegeben ist.

Zu beachten ist, dass das angelegte Feld nicht unmittelbar neutrale Atome ionisieren kann, sondern dies nur über den Umweg der im Feld beschleunigten Elektronen erreicht. Beim Fehlen jeglicher ionisierender Strahlung von außen könnte das Plasma nicht zünden.

Wichtig ist der richtige Druck bei einer Plasmaentladung. Im Hochvakuum mit seiner großen freien Weglänge von einigen Hundert Metern hat ein Elektron auf seinem Weg zur Anode keine Chance, ein weiteres Atom zu treffen. Es entsteht somit keine Kaskade und die Anzahl der Ladungsträger ist durch die Fremdionisierung der kosmischen Strahlung begrenzt. Unter Normaldruck wiederum ist die freie Weglänge so klein (nur etwa 50 Nanometer), dass die Elektronen ihre Energie durch Stoß mit anderen Partnern verlieren, bevor sie genügend Energie zur Ionisierung aufnehmen können. Bei einem Druck von etwa 10^{-3} mbar beträgt die freie Weglänge einige Zentimeter. Elektronen können hier auf ihrem Weg zur Anode mehrere Atome ionisieren. Häufig legt man zusätzlich ein äußeres Magnetfeld an. Die Elektronen bewegen sich dann auf Spiralbahnen zur Anode und haben eine verbesserte Chance, weitere Atome zu ionisieren.

Neben der Ionisierung tritt auch der konkurrierende Effekt der Rekombination von Ionen und Elektronen zu neutralen Atomen auf. Dabei werden Photonen emittiert, die sich durch das violette Leuchten eines Plasmas bemerkbar machen.

Das Plasma bildet also ein Energiereservoir für schnelle Elektronen und energiereiche Photonen, die beide die Reaktionsmoleküle beim CVD-Prozess dissoziieren können. Das Verfahren, das mit Hilfe einer Plasmaentladung eine Niedertemperatur-Beschichtung erlaubt, heißt in der anglikanischen Literatur Plasma Enhanced CVD = PECVD. Damit kann man heutzutage CVD-Beschichtungen bei Substrattemperaturen bis herab zu etwa 250 °C durchführen.

Atome oder Moleküle, die auf eine kristalline Festkörperoberfläche auftreffen, werden nicht sofort in das Kristallgitter eingebaut, da der zufällige Auftreffort meist kein energetisch günstiger Platz ist; daher sitzen diese Atome oder Moleküle in einem labilen Gleichgewichtszustand auf der Oberfläche. Durch thermische Stöße können sie auf der Oberfläche migrieren, bis sie eine „Potentialmulde" gefunden haben und dort mit den Atomen des Festkörpers eine feste Bindung eingehen. Allerdings können die Adatome während der Migrationsphase auch durch Stöße wieder von der Oberfläche entfernt werden (Desorption).

Im Gleichgewichtszustand (Sättigungsdruck p_∞ über dem Substrat) halten sich Adsorptions- und Desorptionsvorgänge die Waage. Will man ein Schichtwachstum erzwingen, muss die Anzahl der Adsorptionsereignisse über der Anzahl der Desorptionsereignisse liegen. Dies ist durch Erhöhung des Dampfdrucks p_r über den Sättigungsdruck p_∞ hinaus zu erreichen. Ein Teil der adsorbierten Atome bildet Keime und ermöglicht dadurch ein Wachstum. Der stabile Keim muss eine bestimmte Keimgröße überschreiten (kritischer Keim).

Nach diesem Schema durchlaufen die von der Oberfläche eingefangenen Partikel den adsorbierten Zustand, dem somit eine gewisse Schlüsselrolle beim Verständnis von Wachstumsfragen zufällt. Mit dem Vorrat an adsorbierten Teilchen werden drei Prozesse in Gang gesetzt, die im Allgemeinen gleichzeitig ablaufen:

- Desorption,
- Keimbildung und Keimwachstum und
- Wandern von Versetzungsstufen.

Eine wichtige Eigenschaft eines Films zur Passivierung oder Isolation einer darunterliegenden Oberfläche gegen nachfolgende Schichten oder die freie Atmosphäre ist seine Fähigkeit, Kanten oder Gräben zu überdecken. Wie in Abb. 5.1-9 dargestellt, kann man dabei drei Fälle unterscheiden [Sze88]. Der Fall a ist der anzustrebende Idealfall: über den gesamten Graben erhalten wir eine geschlossene, gleichmäßig dicke Schicht. Dies wird erreicht, wenn die Reaktanten nach dem ersten Kontakt mit der festen Oberfläche des Grabens noch genügend Energie zur Oberflächenmigration haben, bevor sie eine feste Bindung mit der Oberfläche eingehen. Bleibt diese Oberflächenmigration aus, so bleiben die Reaktanten an der Stelle des ersten Kontaktes mit der Oberfläche liegen. Je senkrechter die Partikel auftreffen, desto wahrscheinlicher ist die Reaktion mit der Oberfläche. Der mögliche Auftreffwinkel der Reaktanten ist gegeben durch:

$$\Phi = \operatorname{atan} \frac{b}{t} \qquad (5.13)$$

dabei ist b die Breite des Grabens und t die Tiefe der Auftreffstelle.

Abb. 5.1-9b zeigt das Ergebnis bei fehlender Oberflächenmigration, aber einer freien Weglänge der gasförmigen Reaktanten, die wesentlich größer ist als die Dimensionen des Grabens. Auf die obere Kante des Grabens können die Teilchen aus einem Raumwinkel von max. 180° auftreffen. In Abb. 5.1-9c ist angenommen, dass die freie Weglänge der Teilchen kleiner als die Breite des Grabens ist. Hier kann nun die Kante aus einem Raumwinkel von 270° getroffen werden. Es tritt eine verstärkte Ablagerung an der Kante auf, die schließlich zu einer Abschattung der unteren Bereiche führt. Beim TEOS (Tetraethylorthosilikat)-Prozess beträgt die freie Weglänge der Reaktanten in der Gasphase bei 700 °C und 30 Pa (0,3 mbar) mehrere hundert Mikrometer. Da die Oberflächenmigration zusätzlich hoch ist, entstehen mit diesen Prozessparametern Filme mit guter Überdeckung.

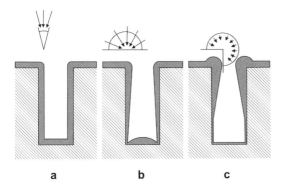

Abb. 5.1-9 Verschiedene Fälle einer Grabenüberdeckung beim CVD-Verfahren. Dabei ist jeweils der Öffnungswinkel Φ aufgetragen. Die Länge der Pfeile deutet die Größe der freien Weglänge der Gasatome an.
a) Ideale Verhältnisse mit großer Oberflächenmigration des Reaktanten.
b) Große freie Weglänge des Reaktanten und geringe Oberflächenmigration.
c) Wie Fall b, jedoch mit freier Weglänge, die kleiner als die Grabenweite ist.

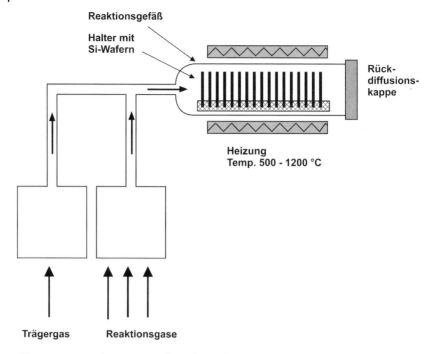

Abb. 5.1-10 Prinzipskizze eines Reaktors für Hochtemperaturprozesse.

5.1.2.2 Epitaxie

Das heutige Standardverfahren für das Aufwachsen von einkristallinen Siliziumschichten auf einem Siliziumsubstrat ist die Gasphasen-Epitaxie sowohl im Normal- als auch im Niederdruckbereich. In Abb. 5.1-10 ist die prinzipielle Anordnung einer Epitaxie-Anlage skizziert.

Bei der Gasphasen-Epitaxie spielt die präzise Temperaturkontrolle eine entscheidende Rolle für die Qualität der Schichten. Dabei ist nicht nur der Absolutwert der Temperatur von 1050 bis 1150 °C auf der Scheibe zu erreichen und zu kontrollieren, sondern auch die Temperaturvariation über der Scheibe zu minimieren. Bei den Niederdruckverfahren spielt die Konvektion zum Aufheizen der Scheibe eine untergeordnete Rolle, wesentliche Anteile liefern nur Wärmeleitung (im direkten, ganzflächigen Kontakt) und Strahlung. Die gleichmäßige Erwärmung eines Substrates in einem Rezipienten mit vermindertem Druck ist stets problematisch, da man das Substrat nicht durch Unterdruck auf eine heizbare Unterlage saugen kann. Man ist deshalb auf möglichst großflächigen thermischen Kontakt angewiesen. Bei Hochtemperaturprozessen lösen sich im Wafer „eingefrorene" Spannungen und führen zu Verwerfungen. Dies wiederum hat eine ungleichmäßige Erwärmung des Wafers zur Folge.

Beim so genannten „Pancake"-Reaktor (Abb. 5.1-11a) heizt eine Graphitauflage die Scheiben auf. Wie oben beschrieben, führt das zu inhomogenen Tem-

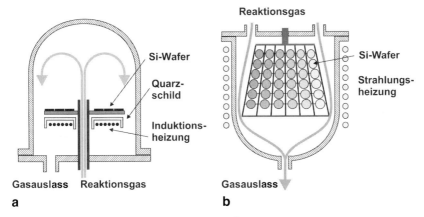

Abb. 5.1-11 Prinzipskizze gebräuchlicher Epitaxiereaktoren:
a) „Pancake"-Reaktor,
b) strahlungsbeheizter Reaktor.

peraturgradienten auf der Scheibe, die dann wiederum in Epitaxieschichten mit einer hohen Zahl von Kristallfehlern resultieren.

Der Zylinderreaktor erreicht durch die Heizung mit Infrarotstrahlern ein gleichmäßigeres Wärmebild auf den Scheiben und damit auch bessere Ergebnisse (Abb. 5.1-11 b).

Als Reaktionsgas dienen Verbindungen wie SiH_4, $SiCl_4$ oder andere gasförmige Siliziumverbindungen (z. B. $SiHCl_3$), die mit einem Trägergas, etwa H_2, verdünnt sind. Beim Stoß mit der aufgeheizten Oberfläche der Siliziumscheiben wird das Molekül dissoziiert in die Komponente (hier also das Siliziumatom), die auf dem Substrat kondensiert, und den gasförmigen Restanteil. Dabei muss die Temperatur sehr genau kontrolliert werden, damit die Abscheidebedingungen über die gesamte Scheibe konstant bleiben. Bei den oben genannten Prozesstemperaturen verbleibt dem Siliziumatom soviel kinetische Energie, dass es auf der Oberfläche den energetisch günstigsten Platz einnehmen kann. Da der Einkristall ein Energieminimum des Festkörpers darstellt, wächst also die abgeschiedene Schicht als Einkristall weiter auf. Wenn dem Reaktionsgas geeignete Beimischungen zugegeben werden, lassen sich die abgeschiedenen Schichten entsprechend dotieren. Dabei kann ein Dotierungshub von mehr als fünf Zehnerpotenzen erreicht werden.

Homo-Epitaxie
Die Homo-Epitaxie soll im Folgenden anhand der Verhältnisse am Silizium geschildert werden. Als Reaktionsgase kommen vorwiegend Silan (SiH_4) und Chlorsilan ($SiCl_4$, $SiHCl_3$, SiH_2Cl_2) zur Verwendung. Die Prozesstemperaturen liegen dabei bei über 1000 °C. Das Reaktionsgas zerfällt bei diesen Prozesstemperaturen in Silizium, das sich auf der Substratoberfläche absetzt, und gasförmiges Cl_2 oder HCl, je nach Zusammensetzung. Das Reaktionsgas wird mit

einem inerten Trägergas verdünnt, um eine Autoreaktion, d. h. ein Ausfällen des Siliziums, bereits im Gas zu vermeiden. Weiterhin werden meist geringe Konzentrationen von Phosphin (PH_3) oder Diboran (B_2H_6) beigemengt, um eine Dotierung der epitaktisch abgelagerten Schichten zu erreichen. Die Dotierungskonzentrationen liegen dabei zwischen 10^{14} und 10^{20} Dotieratomen pro cm^3. Höhere Konzentrationen sind mit Dotierstoffen nicht erreichbar, da dann die Löslichkeitsgrenze im Silizium erreicht wird. Bei sehr hohen Konzentrationen kommt es zu hohen inneren Spannungen der epitaktischen Schicht, wenn der Ionenradius der Dotieratome sich von denen des Wirtskristalls erheblich unterscheidet.

Die Anlagerung der Atome bei der Epitaxie geschieht zuerst an Keimstellen auf der Oberfläche. Dies sind im Allgemeinen Ecken und Kanten von unvollendeten Kristallebenen. Daher werden bevorzugt zunächst unvollständige Kristallebenen durch Anlagerung ergänzt, bevor eine neue Kristallebene begonnen wird. Damit ist ein gleichmäßiges Aufwachsen einer einkristallinen Epitaxieschicht gewährleistet.

Die entscheidenden Prozessparameter bei der Epitaxie sind Temperatur, Reaktionsgaskonzentration und Gasführung sowie Kristallorientierung des Wirtskristalls. Natürlich spielt der Zustand der Substratoberfläche bei Beginn der Epitaxie eine wichtige Rolle. Die Einkristallscheibe muss von allen Fremdschichten sorgfältig gereinigt sein, um das ungestörte Weiterwachsen der Kristallstruktur zu gewährleisten. Die Scheibe wird deshalb durch eine dem Epitaxieprozess vorausgehende Gasphasenätzung vorbereitet. Typische Aufwachsraten für (110)-Scheiben betragen zwischen 0,5 µm und mehreren Mikrometern pro Minute.

Hetero-Epitaxie
Bei der Hetero-Epitaxie werden Fremdschichten gleicher oder ähnlicher Gitterkonstante auf dem Wirtskristall aufgebaut. Besondere Bedeutung haben dabei einkristalline Schichten von Silizium auf Saphir erlangt. Für die einzelnen Techniken sind spezielle Abkürzungen gebräuchlich:

- SOS-Technik: Silicon on Sapphire,
- ESFI-Technik: Epitaxial Silicon Films on Insulators,
- SOI-Technik: Silicon on Insulators.

Neben der Silizium-auf-Saphir-Technik wäre auch die Abscheidung von GaAs auf Silizium von außerordentlichem technischen Interesse. Leider sind die Gitterkonstanten von Silizium und GaAs so unterschiedlich (0,5431 nm für Si und 0,5653 nm für GaAs), dass es nur mit geeigneten Zwischenschichten (z. B. Zumischung von Indium bei GaAs auf Si) und einer sukzessiven Annäherung an die Gitterkonstante der beiden Materialien möglich ist.

Die Hetero-Epitaxie ermöglicht die Herstellung von Siliziumbauelementen auf einem Saphir-Chip, die durch Ätztechnik elektrisch voneinander isoliert werden können. Da Saphir auch bei höheren Temperaturen ein sehr guter Isolator ist (größerer Bandabstand als bei Silizium), können diese Schaltungen bei Temperaturen eingesetzt werden, bei denen ein Siliziumwafer durch die höhere

Leitfähigkeit des grunddotierten Wafers die einzelnen Schaltkreise bereits kurzschließen würde.

Die Abscheidung von epitaktischen Siliziumschichten wird vorwiegend in Horizontalreaktoren („Pancake"-Reaktor) mit Induktions- bzw. Strahlungsheizung betrieben (siehe Abb. 5.1-11a).

Die Epitaxie spielt auch in der Mikrosystemtechnik eine besondere Rolle, da mit ihr Schichten mit abruptem Übergang in der Dotierung hergestellt werden können. Hochdotierte Epitaxieschichten spielen als Ätzstoppschicht bei der Herstellung von mikromechanischen Bauelementen in Silizium eine bedeutende Rolle, wie in Kap. 7 noch ausführlich behandelt wird.

5.1.2.3 GaAs-Epitaxie

Die geläufigen Methoden zur Epitaxie auf Galliumarsenid sind:

- CVD (Chemical Vapor Deposition),
- MOCVD (Metalorganic Chemical Vapor Deposition),
- LPE (Liquid Phase Epitaxy = Flüssigphasen-Epitaxie),
- MBE (Molecular Beam Epitaxy).

Binäre und ternäre Kristallschichten werden häufig aus der Flüssigphasen-Epitaxie gewonnen, da sich hier die stöchiometrischen Verhältnisse am besten kontrollieren lassen. Dazu wird der Wafer senkrecht in definierter Weise in eine entsprechende Schmelze getaucht und wieder herausgezogen. Dieser Vorgang kann mehrmals wiederholt werden, um dickere Epitaxieschichten zu erhalten.

Das MBE-Verfahren liefert sehr saubere Epitaxieschichten, bei denen sich der Wachstumsprozess atomlagengenau steuern lässt. Aus so genannten Effusoren wird das Material bei Temperaturen, die nahe am Schmelzpunkt des Substratkristalls liegen, auf den Wafer aufgedampft. Allerdings ist die Aufwachsgeschwindigkeit im Vergleich zum CVD-Verfahren sehr gering (etwa 1 µm/h). Aus diesem Grunde ist heutzutage das MBE-Verfahren meist noch für Forschungs- und Entwicklungsaufgaben vorbehalten.

5.1.2.4 Plasmapolymerisation

Bei der Plasmapolymerisation wird durch ein Dosierventil eine geringe Menge eines gasförmigen Monomers in einen evakuierten Rezipienten eingelassen. Ein solches Monomer kann z. B. Hexamethyldisiloxan (HMDS) sein. Dieses Monomer, bei Zimmertemperatur und unter Normaldruck eine Flüssigkeit, verdampft beim Einlass in den Rezipienten und verteilt sich gleichförmig im Behälter. Im Innern der Anlage befinden sich zwei Elektroden, an die eine hochfrequente Spannung angelegt wird. Dadurch wird eine Glimmentladung angeregt, in der ein Teil der Monomermoleküle in Radikale zerlegt und ionisiert wird. Diese Fragmente kondensieren auf dem Substrat und vernetzen unter dem Einfluss der energiereichen Elektronen und Photonen aus dem Plasma zu einer Polymerschicht mit stark duroplastischer Verzweigung (Abb. 5.1-12). Da-

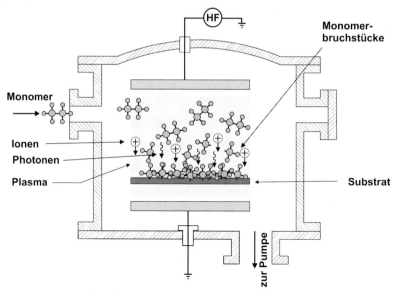

Abb. 5.1-12 Prinzip der Plasmapolymerisation.

mit entsteht Lage um Lage eine Schicht mit einem Polymerisationsgrad, der mit konventionellen Methoden der Verfahrenstechnik in der Kunststoffchemie nicht erreichbar wäre.

Plasmapolymerschichten werden großtechnisch bei der Herstellung von Scheinwerferreflektoren für Kraftfahrzeuge verwendet. Die reflektierenden Aluminium-Aufdampfschichten würden in einer feuchten Atmosphäre (wie sie im Scheinwerfergehäuse unter bestimmten Verhältnissen herrschen kann) in kürzester Zeit oxidieren und ihre Reflexionseigenschaften verlieren. Daher müssen diese Schichten mit einer wasserdampfdichten und transparenten Schicht überzogen werden, die so dünn ist (< 50 nm), dass sich selbst bei schräg gestellten Reflektorschichten keine störenden Interferenzfarben einstellen, die zu „bunten" Scheinwerfern führen würden.

5.2
Schichtmodifikation

5.2.1
Thermische Oxidation

Silizium bildet bei höheren Temperaturen in einer sauerstoffhaltigen Atmosphäre eine gasdichte, durchschlagsfeste und chemisch äußerst resistente Schicht, das Siliziumdioxid (SiO_2). Diese Schichten spielen bei der Herstellung von Halbleiterbauelementen, Elementen der Mikrostrukturtechnik und Sensoren eine äußerst wichtige Rolle. Nicht zuletzt hat die Tatsache, dass SiO_2 so ausgezeichnete Eigenschaften aufweist, dem Silizium in der Mikroelektronik zu seiner hervorragenden Rolle verholfen. Die Siliziumdioxidschichten finden Verwendung als:

- Passivierungsschichten,
- Maskierschichten,
- Isolierschichten,
- dielektrische Schichten,
- Haftvermittlungsschichten.

Bei der thermischen Oxidation reagieren die Siliziumatome der Oberfläche Schicht um Schicht mit dem in der Atmosphäre angebotenen Sauerstoff. Die Oxidationsschicht wächst also nicht linear mit der Zeit, sondern ist ein Prozess mit exponentiell abfallender Wachstumsrate, da die Sauerstoffatome durch die immer dicker werdende Schicht von SiO_2 diffundieren müssen, um reaktionsfähige Si-Atome zu treffen. Die Prozesstemperaturen für die Oxidation von Silizium liegen zwischen 900 und 1200 °C. Bei Abwesenheit von Wasserdampf in der Atmosphäre spricht man von einem „trockenen" Prozess. Trockenoxide haben ausgezeichnete dielektrische Eigenschaften und sind weitgehend frei von Defekten. Allerdings liegt die Prozesszeit für eine Oxiddicke von 0,1 µm bei über zehn Stunden.

Wird der Sauerstoff für die Oxidation im Reaktionsraum mit Wasserdampf angereichert, so spricht man von Feuchtoxidation. Die Feuchtoxidation ergibt bei gleicher Temperatur und gleicher Zeit wesentlich größere Oxiddicken als die Trockenoxidation. Dicke Oxide werden deshalb durch Feuchtoxidation hergestellt. Die Feuchtoxidation liefert jedoch, verglichen mit der Trockenoxidation, Schichten mit geringerer Dichte und niedrigerer Durchbruchfeldstärke.

5.2.2
Diffusion

Die Dotierung spielt in der Mikroelektronik eine herausragende Rolle, denn mit ihr werden die pn-Übergänge erzeugt, die das zentrale Element eines jeden Bauelementes in der Halbleitertechnologie bilden. Die Scheibe hat im Allgemeinen bereits beim Kristallziehen eine *n*- oder *p*-Grunddotierung erhalten. Bei der Herstellung elektronischer Elemente müssen dann lateral strukturiert (als so genannte Wannen) die Dotierungsgradienten eingebracht werden. Dabei werden Fremdatome, im Allgemeinen Bor- oder Phosphoratome, in kleinsten Konzentrationen in den Wirtskristall eingebracht. Der Fremdatomanteil bewegt sich dabei in der Größenordnung von 10^{-7} bis 10^{-3}. Dotiert wird dabei entweder mittels Diffusion oder Ionenimplantation.

Bei der Diffusion werden in einem thermodynamischen Gleichgewichtsprozess reguläre Gitteratome durch Dotieratome, die eine Änderung der elektrischen Eigenschaften des Halbleiters an dieser Stelle bewirken, ersetzt. Dabei unterscheidet man erschöpfliche Quellen, das sind dünne Schichten mit

Dotieratomen, die auf der Oberfläche des Kristalls aufgebracht werden und solange in den Kristall hineindiffundieren, bis der Dotierstoff aufgezehrt ist, und unerschöpfliche Quellen, das sind gasförmige Beimengungen der umgebenden Atmosphäre, die beliebig nachgeliefert werden können.

Es sei auf der Oberfläche einer Siliziumscheibe als erschöpfliche Quelle eine Dotierschicht der Dicke dx und der Fläche A aufgetragen. Die Anzahl der Teilchen, die in der Zeiteinheit in den Festkörper hineindiffundieren sei $N = A \cdot J$, mit J als Teilchenstrom pro Flächeneinheit. Mit Hilfe des zweiten Fick'schen Diffusionsgesetzes:

$$\left(\frac{\partial N}{\partial t}\right)_x = D \cdot \frac{\partial^2 N}{\partial x^2} \tag{2.1}$$

lässt sich das Dotierprofil im Festkörper in Abhängigkeit von der Tiefe x und der Teilchenzahl N bestimmen. D ist der Diffusionskoeffizient. Um diese Differentialgleichung lösen zu können, werden folgende Randbedingungen definiert: Zum Zeitpunkt $t=0$ halten sich alle Teilchen N_0, die zur Diffusion auf der Oberfläche aufgebracht sind, bei $x=0$ in der Fläche A auf. Die Lösung der Differentialgleichung lautet dann:

$$N = \left\{ N_0/A \cdot (\pi D t)^{\frac{1}{2}} \right\} \cdot e^{-x^2/(4Dt)} \tag{2.2}$$

Graphisch sind die Konzentrationsprofile in Abb. 5.2-1a und b aufgetragen. Werden aus der Gasphase im Reaktionsraum während des gesamten Diffusionsprozesses Dotierungsatome nachgeliefert, stellt sich an der Kristalloberfläche eine

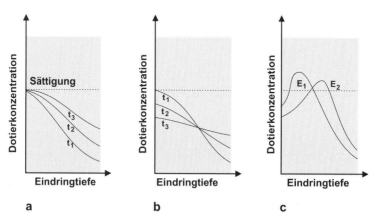

Abb. 5.2-1 Die zeitliche Veränderung der Dotierprofile in einem Festkörper durch
a) unerschöpfliche Dotierquellen,
b) erschöpfliche Dotierquellen,
c) Ionenimplantation.

konstante Dotierungskonzentration ein, die der bei der gewählten Temperatur gegebenen Löslichkeit des Dotierstoffes in Silizium entspricht (Abb. 5.2-1a).

Bei einer erschöpflichen Dotierstoffquelle sinkt die Konzentration der Dotierstoffe an der Oberfläche laufend ab. Die zeitliche Veränderung des Dotierprofils zeigen ebenfalls die Abb. 5.2-1a und b. Grundsätzlich lassen sich mittels Diffusion jedoch keine Profile einstellen, die unterhalb der Oberfläche ihr Konzentrationsmaximum haben, denn das wäre eine Verletzung des 1. Hauptsatzes der Thermodynamik.

5.2.3
Ionenimplantation

Bei der Ionenimplantation werden bei Raumtemperatur (also im thermodynamischen Ungleichgewicht) ionisierte Dotieratome elektrisch beschleunigt und mit Energien von einigen keV bis zu 1 MeV in den Kristall eingeschossen, wobei man Eindringtiefen von 10 nm bis etwa 1 µm erreichen kann (Abb. 5.2-2). Bei bestimmten Orientierungen des Kristalls zum Ionenstrahl ist der

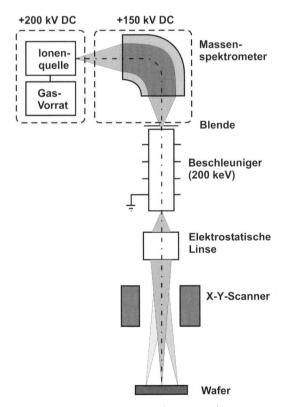

Abb. 5.2-2 Prinzip einer Ionenimplantationsanlage.

Kristall „transparenter" als durch die statistische Streutheorie beschrieben. Wegen der „Kanäle" im Gitter, in denen die Ionen tief in den Kristall eindringen können, heißt der Effekt „Channeling" (siehe auch Abschn. 3.1.3 und Abb. 3.1-9c).

Übliche Ionen, die in der Halbleiterfertigung verwendet werden, sind B^+, P^+ und As^+. O^+ und F^+ gelten als „Sonderionen". In der Halbleiterfertigung übliche Ionenenergien sind 200 keV, aber auch Energien bis zu 1 MeV oder mehrfach ionisierte Partikel werden benutzt. Die Anlagen teilt man grundsätzlich in Nieder- oder Mittelstromimplanter (Ionenströme bis 2 mA) und Hochstromimplanter mit bis zu 25 mA ein.

Ionenimplanter werden immer dort eingesetzt, wo präzise und niedrige Dotierungen bis etwa 10^{14} Ionen/cm^3 erreicht werden sollen oder ganz spezielle Profile für Forschungs- und Entwicklungsaufgaben gefordert sind. Für höhere Dotierungen und vergleichsweise „grobe" Aufgaben ist wiederum die Diffusion im Vorteil.

Da die eingeschossenen Ionen meist auf beliebigen Zwischengitterplätzen (interstitials) im Wirtskristall landen, schließt sich nach jeder Implantation ein Temperprozess an. Dabei werden die Dotierionen in ihre vorgesehenen Gitterplätze eingebaut und so elektrisch aktiviert. Die thermische Ausheilung wird bei Silizium üblicherweise bei Temperaturen zwischen 900 und 1000 °C durchgeführt. Gebräuchliche Temperzeiten bewegen sich zwischen 10 und 30 Minuten. In Abb. 5.2-1c ist ein typisches Dotierprofil gezeigt, wie es von einem Ionenimplanter erzeugt werden kann.

Unabhängig von Löslichkeitsgrenzen und thermodynamischen Gleichgewichten lassen sich praktisch alle gewünschten Dotierprofile (also auch „vergrabene" Profile) mit fast allen Elementen erzeugen. Allerdings stellen die Ionenimplantationsanlagen gemeinsam mit den Geräten zur Lithographie die größten Investitionen in einer Halbleiterfertigung dar.

Ein Nachteil der Ionenimplantation ist die Verschmutzung der Scheibe durch den Ionenstrahl. Der beschleunigte Ionenstrahl hat eine erhebliche Sputterwirkung an den Blenden und sonstigen Inneneinrichtungen der Anlage. Somit schlägt sich auch ungewünschtes Fremdmaterial auf der Einkristallscheibe nieder. Abhilfe schafft eine Umgestaltung der Strahlführung. Alle Komponenten, die der Ionenstrahl „sieht", müssen ebenfalls aus hochreinem Silizium sein.

5.3
Schichtabtragung (Ätzen)

Die Schichtabtragung ist eine der Basistechnologien in der Mikrosystemtechnik. Die Anforderungen sind dabei äußerst vielfältig, daher erklärt sich auch die Vielfalt der Ätzprozesse. Zum einen werden Ätzprozesse zur geometrischen Strukturierung benötigt. Dabei ist es dann von Vorteil, Verfahren zu verwenden, die es gestatten, möglichst unabhängig vom Material Strukturen mit senkrechten Wänden und ebenen Böden herzustellen. Zum anderen braucht man Ver-

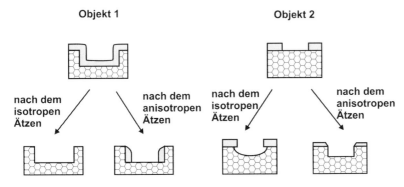

Abb. 5.3-1 Selektivität und Direktionalität von Ätzprozessen. Die Objekte 1 und 2 sind jeweils einem Ätzprozess mit hoher Selektivität und isotroper Direktionalität sowie einem Prozess mit niedriger Selektivität und anisotropem Ätzverhalten ausgesetzt.

fahren, die möglichst selektiv ein bestimmtes Material entfernen, ohne benachbarte Strukturen anzugreifen, wie das zum Beispiel bei der Entfernung einer Resistschicht gegeben ist. Daraus ergeben sich für die Prozesse zwei wichtige Verfahrensparameter: die **Selektivität** und die **Direktionalität**. Bei den meisten Prozessen sind Selektivität und Direktionalität einander entgegengesetzt, d.h., ein stark anisotroper Prozess ist wenig selektiv, während ein stark selektiver Ätzprozess mit isotroper Charakteristik abläuft. In Abb. 5.3-1 ist noch einmal der Unterschied zwischen Selektivität und Direktionalität verdeutlicht. Im folgenden Abschnitt werden die Verfahren vorgestellt, die auf überwiegend physikalischen oder chemischen Effekten beruhen oder aus einer Kombination beider Effekte bestehen.

Bei der Fertigung von integrierten Schaltkreisen, von mikromechanischen bzw. mikrooptischen Komponenten oder von chemischen Mikrosensoren werden die Dünnschichten mittels Ätzverfahren strukturiert, wobei man im Allgemeinen die gesamte Oberfläche (oft von mehreren Substraten) einer Ätzflüssigkeit mit reaktiven Radikalen oder einem hochenergetischen Teilchenstrom aussetzt. Um nur bestimmte Teile der Substrate zu ätzen, werden die Flächen, die nicht bearbeitet werden sollen, durch eine Resistschicht abgedeckt, die zuvor lithographisch strukturiert wurde.

Bis weit in die 1970er Jahre hinein erfolgte die Ätztechnik, etwa bis zu Strukturgrößen von 3 µm, nasschemisch in Tauchbädern. Der nasschemische Ätzprozess von amorphen oder polykristallinen Materialien ist grundsätzlich ein isotroper, d.h. nach allen Seiten gleichmäßig wirkender Vorgang. Dieser Prozess bedarf einer sehr präzisen Kontrolle der Ätzparameter und einer zeitlichen Steuerung, um das Optimum zwischen Überätzung und Unterätzung der von der Reststruktur bedeckten Scheibenfläche einzuhalten. Mit kleiner werdenden Strukturen wird es immer schwieriger, dieses Optimum einzuhalten. Im Strukturbereich unterhalb von 2 µm war man schließlich gezwungen, von der

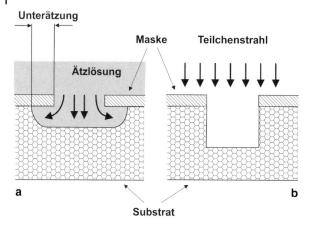

Abb. 5.3-2 Vergleich von (a) isotropem Nassätzen und (b) anisotropem Trockenätzen.

nasschemischen Ätztechnik zur physikalischen, trockenen Ätztechnik überzugehen, da die Einstellung der Strukturgeometrien über Vorhalte in der Lithographie nicht mehr praktizierbar war. Der grundsätzliche Unterschied zwischen Nass- und Trockenätzen ist in Abb. 5.3-2 noch einmal skizziert.

5.3.1
Physikalische und chemische Trockenätzverfahren

In einer verdünnten Gasatmosphäre mit entsprechend großer freier Weglänge der Partikel kann man Ionen durch Anlegen einer Beschleunigungsspannung eine Vorzugsrichtung aufprägen, die sich in einem anisotropen Ätzvorgang auf der Oberfläche der Scheibe auswirken, wenn diese Ionen dort auftreffen. In Flüssigkeiten ist wegen der sehr kleinen freien Weglänge ein solcher gerichteter Transportvorgang nicht möglich. Ein spezieller Prozess, der aber bei der Mikroelektronik eine sehr untergeordnete Rolle spielt, ist das nasschemische anisotrope Ätzen, bei dem alkalische Ätzmittel je nach Kristallorientierung des zu ätzenden Kristalls sehr unterschiedliche Abtragsraten haben. Dieses Verfahren bildet die wesentliche Grundlage zur Silizium-Mikromechanik und wird dort entsprechend ausführlich behandelt.

Die Trockenätzverfahren zeigen je nach Prinzip und verwendetem Medium eine isotrope oder anisotrope Ätzcharakteristik. Man unterscheidet zwischen einem chemischen Ätzangriff, der durch entsprechende Radikale bewirkt wird, und einem physikalischen Ätzangriff, der durch hochenergetische Ionen einen mechanischen Abtrag auf dem Substrat hervorruft. Es werden auch Kombinationen beider Verfahren erfolgreich in der Prozesstechnologie eingesetzt.

Prinzipiell lässt sich das Trockenätzen in folgende Schritte aufgliedern:

- Erzeugung der ätzaktiven Gasteilchen,
- Transport dieser Teilchen zum Substrat,

- Ätzung der Substratoberfläche,
- Abtransport der Ätzprodukte.

Die Erzeugung der ätzaktiven Teilchen erfolgt in einem Plasma, d. h. in einer Gasentladung. Der Transport der ätzaktiven Teilchen kann entweder diffus oder gerichtet erfolgen und hat einen wesentlichen Einfluss auf die Eigenschaften des Ätzprozesses (Anisotropie, Ätzgeschwindigkeit und z. T. Selektivität). Bei der Art der ätzaktiven Teilchen unterscheidet man:

- inerte Ionen (z. B. Ar^+),
- reaktive Ionen (z. B. O^+, ClF_3^+),
- reaktive neutrale Gase (z. B. XeF_2),
- reaktive Radikale (z. B. F^*, CF_3^*, O^*).

Im Folgenden werden einige der wichtigsten Trockenätzverfahren kurz aufgelistet, dabei wurde die Reihenfolge so gewählt, dass der relative Beitrag des physikalischen Ätzprozesses abnimmt. Die einzelnen Prozesse und die dazu benötigten Apparaturen werden weiter unter dann näher beschrieben.

- **Sputterätzen (Ion Etching, IE)**
  Physikalisches Ätzen mit Inert-Ionen, die in einer Gasentladung erzeugt und auf das Substrat beschleunigt werden, wobei das Substrat mit dem Plasma in Berührung steht. Das Ätzprofil ist anisotrop, die Selektivität ist sehr gering.

- **Ionenstrahlätzen (Ion Beam Etching, IBE)**
  Physikalisches Ätzen mit Inert-Ionen, die in einer Gasentladung erzeugt und mit einer Ionenkanone auf das Substrat beschleunigt werden, wobei sich das Substrat außerhalb des Plasmas in einer auf Hochvakuum gehaltenen Ätzkammer befindet. Das Ätzprofil ist sehr anisotrop, die Selektivität ist sehr gering.

- **Plasmaätzen (Plasma Etching, PE)**
  Chemisches Ätzen mit freien Radikalen und geringer Unterstützung durch Ionen. Das Ätzprofil ist isotrop bis anisotrop, die Selektivität ist gut.

- **Reaktives Ionenätzen (Reactive Ion Etching, RIE)**
  Gerichtetes, stark ionenunterstüztes Ätzen mit reaktiven Ionen, die in einer Gasentladung erzeugt werden, wobei das Substrat mit dem Plasma in Berührung steht. Das Ätzprofil ist isotrop bis anisotrop, die Selektivität ist ausreichend bis gut.

- **Reaktives Ionenstrahlätzen (Reactive Ion Beam Etching, RIBE)**
  Gerichtetes, stark ionenunterstüztes Ätzen mit reaktiven Ionen, die wie beim IBE erzeugt und auf das Substrat beschleunigt werden. Das Ätzprofil ist isotrop bis anisotrop, die Selektivität ist ausreichend bis gut.

- **Deep Reactive Ion Etching (D-RIE)**
  Hierbei handelt es sich um ein alternierendes Verfahren, bei dem abwechselnd isotrope Polymerschichten zum Seitenwandschutz erzeugt werden und gerichtete Ionen zum Abtragen der Bodenschicht und weiteres Tiefenätzen angewendet werden. Das Verfahren ist zurzeit nur auf Silizium anwendbar,

kann also als sehr selektiv betrachtet werden. In der Anisotropie erreicht das D-RIE Werte, die dem LIGA-Verfahren nahekommen.

- **Barrel-Ätzen (Barrel Etching, BE)**
  Das chemische Ätzen erfolgt praktisch ausschließlich mit freien Radikalen. Daher ist die Selektivität gut bis sehr gut, das Ätzprofil ist völlig isotrop.

5.3.1.1 Plasmaquellen

Alle Trockenätzprozesse arbeiten mit Plasmaentladungen zur Erzeugung der ätzaktiven Partikel. Die geläufigste Anordnung zur Aufrechterhaltung einer Plasmaentladung ist der Parallelplatten-Reaktor. Hierbei wird zwischen zwei plattenförmigen Elektroden im Rezipienten eine Gleich- oder Wechselspannung angelegt. Die Platten können gleich groß oder von unterschiedlicher Größe sein. Mit dem Verhältnis der Plattengrößen lassen sich der Dunkelraum bzw. der Kathodenfall und damit die Energie der auf die Kathode fallenden Ionen kontrollieren. Der grundsätzliche Prozess der Plasmaentladung ist bereits im Abschn. 5.1.2 beschrieben.

Eine andere Methode der Energieeinkopplung geschieht mit Hilfe eines Hochfrequenzfeldes, das induktiv von außerhalb des Rezipienten in das Plasma eingekoppelt wird. Diese Quellen heißen in der Fachsprache „Inductive Coupled Plasma (ICP)"-Quellen. Eine Prinzipskizze zeigt Abb. 5.3-3.

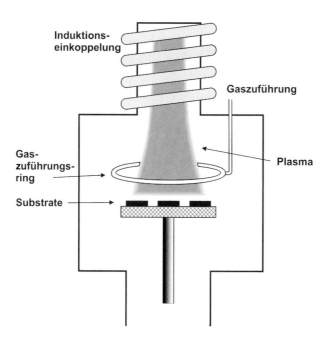

Abb. 5.3-3 Prinzipieller Aufbau einer ICP-Quelle (ICP=Inductive Coupled Plasma) zum Einkoppeln von elektrischer Energie in das Plasma einer Ätzanlage.

Eine dritte und sehr effiziente Methode der Einkopplung ist die Elektronen-Zyklotron-Resonanz (ECR = Electron Cyclotron Resonance). Hierbei wird dem Plasma im Rezipienten durch Helmholtz-Spulenpaare von außen ein Magnetfeld überlagert. Dadurch werden die Elektronen aufgrund der Lorentz-Kraft auf Spiralbahnen gezwungen. Wird nun die Frequenz des eingekoppelten Hochfrequenzfeldes so abgestimmt, dass die Lorentz-Kraft und die Zentrifugalkraft, die auf die Elektronen wirkt, gleich sind, erreicht das Plasma ein Resonanz-Absorptionsmaximum. Die Umlauffrequenz der Elektronen errechnet sich durch das Gleichsetzen von Zentrifugalkraft und Lorentz-Kraft:

$$\frac{mv^2}{r} = evB \qquad (5.14)$$

Das Elektron läuft dann mit einer Kreisfrequenz von:

$$\omega = \frac{v}{r} = \frac{e}{m_e} B \qquad (5.15)$$

Dabei ist m_e die Masse des Elektrons und e seine Ladung. Diese Frequenz nennt man Zyklotron-Resonanz-Frequenz. Bei einer Flussdichte von $B = 12$ mT ist sie etwa 2,4 GHz. Bei dieser Frequenz hat das Plasma dann ein Absorptionsmaximum. Die eingekoppelte Hochfrequenzenergie wird optimal an die freien Elektronen weitergegeben, die sie in unelastischen Stößen mit neutralen Atomen wieder abgeben können und so weitere Elektron-Ionen-Paare erzeugen.

Zur Erhöhung der lokalen Ladungsträgerdichte wird das Plasma mittels eines weiteren Magnetfeldes in einer „magnetischen Flasche" gehalten. Die so erzeugten Ionen können mittels eines elektrischen Feldes abgezogen werden und stehen dem Ätzprozess zur Verfügung (Abb. 5.3-4).

5.3.1.2 Charakteristika der rein physikalischen Ätzprozesse

Beim rein physikalischen Ätzen (IE und IBE, die auch gemeinsam als „Ion-milling" bezeichnet werden) hängt die Abtragsrate vom Einfallswinkel der Ionen ab und bei den meisten Materialien durchläuft die Abtragsrate bei schrägem Einfall (zwischen 30° und 60°) der Ionen ein Maximum (Abb. 5.3-5a) [Chap80], [Wehn70], [Wint83]. Dies ist darauf zurückzuführen, dass das Herauslösen eines Atoms aus dem Festkörper durch Impulsübertrag des einfallenden Ions erfolgen muss. Bei senkrechtem Einfall muss der Impulsvektor durch eine Stoßkaskade um 180° gedreht werden, um ein Atom auszulösen, während bei flacherem Einfallswinkel eine kleinere Richtungsänderung des Impulses notwendig ist (Abb. 5.3-5b). Als gegenläufiger Effekt nimmt mit abnehmendem Einfallswinkel die pro Flächeneinheit bezogene Zahl der auftreffenden Ionen ab. Hieraus ergibt sich für jedes Material ein optimaler Ätzwinkel, der immer kleiner als 90° ist. Daher bekommen die ursprünglich senkrechten Strukturkanten beim physikalischen Ätzen im Laufe des Ätzprozesses schräge Flanken.

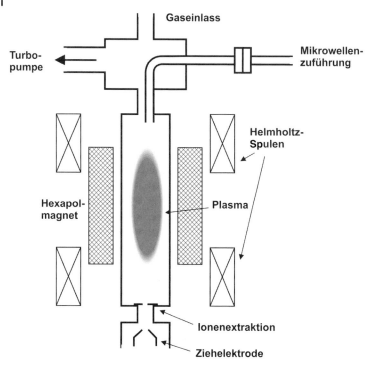

Abb. 5.3-4 Prinzipskizze zur Plasmaquelle mittels Elektronen-Zyklotron-Resonanz (ECR).

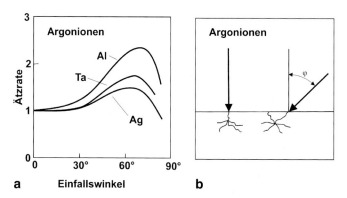

Abb. 5.3-5 Prinzipielle Abhängigkeit der Ätzrate vom Auftreffwinkel der Ionen beim rein physikalischen Ionen(strahl)-Ätzen. Es ist zu erkennen, dass bei schrägem Einfall die Wahrscheinlichkeit, ein Atom aus der Oberfläche zu lösen, größer ist als bei senkrechtem Einfall.

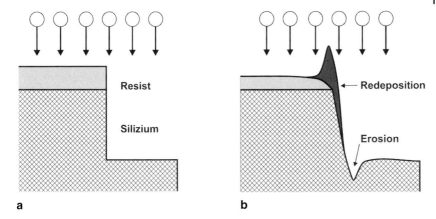

Abb. 5.3-6 Darstellung von Artefarkten, die beim physikalischen Ätzen auftreten können. Erosion durch Reflexion von Ionen an steilen Wänden (a) und Redeposition des abgetragenen Materials (b).

Das rein physikalische Ätzen kann durch folgende Eigenschaften charakterisiert werden [Some76]:

- Es können keine absolut senkrechten Wände erzeugt werden.
- Die Ätzung neigt zu Grabenbildung, da bei schrägem Ioneneinfall die Ionenstromdichte am Fuß einer Struktur durch Reflexion an den schrägen Strukturkanten erhöht wird (Abb. 5.3-6b).
- Die Ätzraten sind sehr gering (einige 10 nm/min).
- Die Selektivität ist i. Allg. gering, d. h., die Ätzmaske wird durch den Ätzprozess ebenfalls abgetragen. Bei einer Selektivität von 1 würde die Ätzmaske ebenso schnell wie das Substratmaterial abgetragen und es könnten im Prinzip Strukturen nur so tief geätzt werden, wie die Maske hoch ist.
- Abgesputtertes Material kann sich (besonders in tiefen Gräben) wieder an den Wänden anlagern (Abb. 5.3-6b).

Sputterätzen (Ion Etching, IE)
Beim Sputterätzen besteht der Reaktor aus einem Vakuumgefäß und zwei ebenen Elektroden, die sich in einem Abstand von 1–5 cm als Kondensatorplatten mit unterschiedlich großer Fläche gegenüberstehen (Abb. 5.3-7).

Auf die Bodenelektrode werden die zu ätzenden Scheiben aufgebracht, so dass diese in direktem Kontakt mit der Gasentladung stehen. Für den Druck des inerten Gases, meist Argon, wählt man Werte von $5 \cdot 10^{-3}$ bis 10^{-1} mbar (0,5 bis 10 Pa). Eine Elektrode ist geerdet, während die andere Elektrode über einen Koppelkondensator an eine Hochfrequenz-Spannungsquelle mit einer Spannung von etwa 0,1–1 kV angeschlossen wird. Unter diesen Bedingungen zündet zwischen den Platten eine Gasentladung, die eine Entladungszone aufweist,

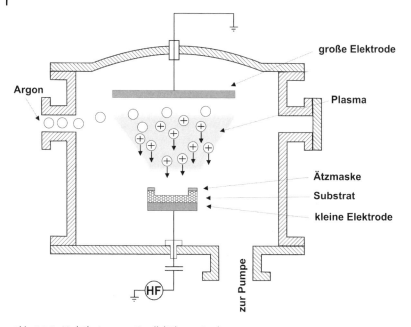

Abb. 5.3-7 Verhältnisse am Parallel-Platten-Reaktor.

welche auf den mittleren Bereich zwischen den Platten beschränkt ist. An diese Zone schließt sich zu jeder Platte ein Dunkelraum an. Bei ungleich großen Flächen der Elektroden wird der Spannungsabfall am Dunkelraum der kleinen Elektrode groß gegenüber dem Spannungsabfall am Dunkelraum der großen Elektrode, da der Spannungsabfall umgekehrt proportional zur 4. Potenz des Flächenverhältnisses ist. Während der Entladung nehmen die Elektroden in Bezug auf das Plasma ein negatives Potential an. Die Ursache dafür liegt in der größeren Beweglichkeit der Elektronen, verglichen mit derjenigen der Ionen, so dass die Elektronen leicht auf die Elektroden gelangen können. Der Wert dieses negativen Potentials hängt von den Entladungsparametern und der Geometrie ab. Das negative Potential führt zu einer Beschleunigung der Ionen des Plasmas auf die Elektrode, die über einen Kondensator geerdet ist, und damit zur Zerstäubung der aufliegenden Substratoberflächen. Wie oben vermerkt, ist die Energie der auftreffenden Ionen auf die kleinere Elektrode wesentlich größer als auf die große Elektrode. Aber auch an der größeren Elektrode findet stets ein Abtrag von Material statt, welcher zu einer ungewünschten Kontamination der Strukturen führen kann.

Bei niedrigem Gasdruck ist die mittlere freie Weglänge der Ionen groß gegen die zu ätzenden Strukturen. Die elektrischen Feldlinien, die für die Beschleunigung der Ionen maßgeblich sind, stehen senkrecht auf der Substratoberfläche. Da auch die thermische Energie, die zu einer statistischen Bewegung der Ionen führt, klein ist gegen die Energie der auf das Substrat hin beschleunigten

Ionen, erfolgt beim Sputterätzen der Ionenbeschuss praktisch immer senkrecht zur Substratoberfläche, dadurch wird eine hohe Anisotropie des Ätzprozesses erreicht.

Bei höheren Gasdrücken werden die Ionen im Dunkelraum zwischen dem Plasma und dem Substrat immer mehr gestreut, so dass die Querkomponenten des Geschwindigkeitsvektors zunehmen. Werden die Oberflächenstrukturen quantitativ vergleichbar mit dem Dunkelraumabstand, so werden die elektrischen Feldlinien zusätzlich verzerrt. Diese Effekte können dazu führen, dass die Anisotropie beim Sputterätzen vermindert wird.

Ionenstrahlätzen (Ion Beam Etching, IBE)
Beim Ionenstrahlätzen sind die zu ätzenden Substrate und das die Ionen erzeugende Plasma räumlich voneinander getrennt (Abb. 5.3-8) [Boll84]. Die Substrate befinden sich im Hochvakuum ($< 10^{-5}$ mbar), in einem daran anschließenden Raum brennt bei relativ niedrigem Druck (etwa 10^{-3} mbar) eine Gasentladung. Damit bei so niedrigen Drücken eine Gasentladung aufrechterhalten werden kann, wird der Weg der Elektronen vergrößert, indem ein Magnetfeld, das die Elektronen auf spiralförmige Bahnen zwingt, erzeugt wird. Etwa 10–30% der im Plasma erzeugten Ionen erreichen durch thermische Bewegung eine aus zwei Beschleunigungsgittern bestehende Anordnung, durch welche sie mit einer Hochspannung zwischen 0,1 und 1 kV extrahiert und auf das Substrat beschleunigt werden. Der Substrathalter ist dabei meist dreh- und kippbar, so dass der Auftreffwinkel der Ionen variiert werden kann. Um eine Aufweitung des Ionenstrahls zu verhindern, wird dieser nach dem Durchlaufen des Beschleuni-

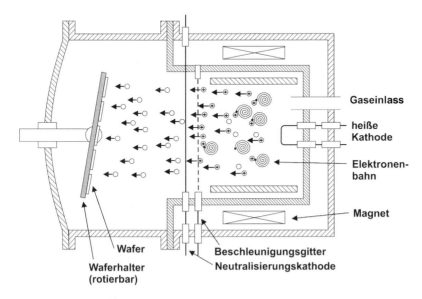

Abb. 5.3-8 Ionenstrahlätzen.

gungsgitters mit Elektronen, die z. B. von einem Glühfaden emittiert werden, neutralisiert.

Im Gegensatz zum Sputterätzen können beim Ionenstrahlätzen die Ionenstromdichte und die Ionenenergie vollständig unabhängig voneinander gewählt werden, auch der Auftreffwinkel der Ionen auf das Substrat ist frei wählbar. Aufgrund der örtlichen Trennung des Plasmas vom Substrat ist eine Kontamination der Substrate durch Absputtern fremder Oberflächen sehr viel geringer. Das Ionenstrahlätzen ist jedoch mit einem wesentlich höheren apparativen Aufwand verbunden als das Sputterätzen.

5.3.1.3 Kombination chemischer und physikalischer Ätzprozesse

Neben den rein physikalischen und rein chemischen Trockenätzverfahren werden heute überwiegend kombinierte Verfahren eingesetzt, da oft der Vorteil des chemischen Ätzens, die hohe Selektivität, mit dem Vorteil des physikalischen Ätzens, der Anisotropie, verbunden werden kann [Boll84]. Es können so auch Eigenschaften erzielt werden, die weder mit rein physikalischen noch mit rein chemischen Verfahren erreicht werden können. Beispielsweise kann die Ätzrate bei einer gleichzeitigen Kombination von chemischer und physikalischer Ätzung die Ätzraten sowohl der rein physikalischen als auch der rein chemischen Ätzung um eine Größenordnung übersteigen. Entsprechend der Vielzahl der ätzaktiven Teilchen (reaktive neutrale Gase, reaktive Radikale, reaktive Ionen) und der unterschiedlichen Möglichkeiten, den physikalischen Teilchenbeschuss zu realisieren, gibt es eine sehr große Anzahl von kombinierten Ätzprozessen.

Wenn das ätzaktive Gas schon ohne Teilchenbeschuss mit dem Substrat gasförmige Produkte bildet, kann ein zusätzlicher Teilchenbeschuss diesen Ätzvorgang in Richtung des Teilchenbeschusses beschleunigen, indem ätzhemmende Oberflächenschichten abgebaut und Atombindungen aufgebrochen werden oder die Oberfläche lokal aufgeheizt wird.

Wenn das ätzaktive Gas das Substrat nicht allein durch Bildung gasförmiger Produkte angreifen kann, so kann der zusätzliche Teilchenbeschuss lokal die notwendige Aktivierungsenergie, die zu einem gasförmigen Produkt führt, liefern. Es ist auch möglich, dass durch das Ätzgas allein schon Produkte gebildet werden, die aber locker an der Oberfläche gebunden bleiben und erst durch den Teilchenbeschuss mit hoher Effektivität abgetragen werden.

Plasmaätzen (Plasma Etching, PE)

Beim Plasmaätzen wird wie beim Ionenätzen ein Parallel-Platten-Reaktor gewählt (vgl. Abb. 5.3-7). Statt Argon wird ein Prozessgas gewählt, das in der Gasentladung die gewünschten Radikale liefert, z. B. CF_4, das in CF_3^*, F^* und ein Elektron zerfällt. Auch wird der Gasdruck im Allgemeinen mit 0,1 bis 1 mbar höher gewählt als beim Ionenätzen. Die Substrate werden zudem auf die größere der beiden Elektroden angebracht, an welcher der geringere Spannungsabfall vorhanden ist. Durch diese Maßnahmen wird die Energie der auf das Substrat auftreffenden Ionen reduziert.

Da beim Plasmaätzen die chemische Komponente überwiegt und der hohe Prozessgasdruck bei der physikalischen Komponente die Anisotropie reduziert, ist das Ätzprofil normalerweise isotrop und es wird eine gute Selektivität erreicht. Die Ätzraten sind wesentlich höher als beim Ionenätzen.

Reaktives Ionenätzen (Reactive Ion Etching, RIE)

Auch beim reaktiven Ionenätzen (RIE) wird, wie beim Ionenätzen und beim Plasmaätzen, ein Parallel-Platten-Reaktor verwendet. Im Gegensatz zum Plasmaätzen wird beim RIE das zu ätzende Substrat auf der kleineren Elektrode aufgebracht und der Gasdruck mit 10^{-3} bis 10^{-2} mbar recht niedrig gewählt. Dies führt – verglichen mit dem Plasmaätzen – zu höheren Ionen-Beschleunigungsspannungen. Es ist ein wesentliches Kennzeichen des RIE, dass eine physikalische Komponente notwendig ist, um den Ätzvorgang in Gang zu setzen. Die Gasentladung erzeugt beim RIE sowohl reaktive neutrale Radikale, reaktive Ionen und – bei Zugabe von Inertgasen – auch inerte Ionen. Zusätzlich sind stets neutrale Teilchen vorhanden. Daher setzt sich die Ätzung in einem RIE-System aus dem gleichzeitigen Angriff mehrerer Spezies zusammen.

RIE hat sich in den letzten Jahren zu einem weit verbreiteten Standardverfahren für die Strukturierung von Mikrostrukturen entwickelt. Wegen der Komplexität des Verfahrens ist das RIE ein anspruchsvoller, aber auch ein vielseitig einsetzbarer Ätzprozess in der Mikrosystemtechnik.

Reaktives Ionenstrahlätzen (Reactive Ion Beam Etching, RIBE)

Beim reaktiven Ionenstrahlätzen (RIBE) kann die gleiche Anordnung wie beim Ionenstrahlätzen (Abb. 5.3-8) verwendet werden, wobei lediglich die Ionenquelle anstatt mit einem Inertgas mit einem reaktiven Gas betrieben wird. In der Ätzkammer mit den Substraten wird Hochvakuum aufrechterhalten. Es findet in diesem Fall im Wesentlichen nur ein Beschuss mit reaktiven Ionen statt, da ungeladene Teilchen nicht durch das Hochspannungsgitter auf das Substrat beschleunigt werden, sondern lediglich aufgrund der Diffusion aus der Ionenquelle in die Ätzkammer gelangen können. Eine Einwirkung von reaktiven oder inerten Neutralteilchen kann jedoch auch beim RIBE erreicht werden, indem diese Gase kontrolliert in die Ätzkammer eingelassen werden.

Kryo-Ätztechniken

Das physikalische oder chemisch-physikalische Trockenätzen mit einem hohen Aspektverhältnis spielt in der Mikrosystemtechnik eine besonders wichtige Rolle. Wir haben gesehen, dass das rein physikalische Ätzen mit beschleunigten Ionen nicht den gewünschten Erfolg bringt, da die Ätzrate bei senkrechtem Einfall kleiner ist als bei einem Einfall unter einem Winkel $>0°$. Um senkrechte Wände erzeugen zu können, muss man also mit speziellen Maßnahmen den Seitenabtrag verhindern. Eine aussichtsreiche Maßnahme dazu ist das Kryo-Ätzen. Hierbei werden durch das Kühlen des Substrats die chemischen Reaktionen gegenüber dem Normaltemperatur-Ätzen verändert oder verlangsamt.

Der Basisprozess für das Ätzen ist das reaktive Ionenätzen (RIE). Als Ätzgase dienen HBr oder S_2F_2. Im ersteren Fall entsteht während des Ätzens $SiBr_x$ (x=1,4), das auf den gekühlten Seitenwänden kondensiert und dort eine Passivierungsschicht bildet, während die Bodenschicht durch den physikalischen Ätzprozess immer wieder abgetragen wird. Im Falle des S_2F_2 bilden sich Schwefelverbindungen, die ebenfalls als Passivierungsschicht an der Oberfläche kondensieren. Benutzt man SF_6 als Ätzgas, so kommt nach [Tach91] ein anderer Effekt zum Tragen. Durch die niedrige Temperatur wird die Reaktionsgeschwindigkeit der Radikale mit Silizium an den senkrechten Wänden stark herabgesetzt und nur auf dem Boden der Struktur findet ein ionenunterstützter Ätzvorgang statt. Ein Nachteil des Kryoätzens ist allerdings die durch Kondensation verstärkte Redeposition von geätztem Material in sehr engen Spalten.

Deep Reactive Ion Etching (D-RIE)
Ein wichtiger Ätzprozess für die Herstellung von Siliziumstrukturen mit hohem Aspektverhältnis wurde von Wissenschaftlern der Robert-Bosch-GmbH entwickelt und von der Firma STS zur Marktreife gebracht [Laer96, Hopk98]. Dieser Prozess läuft auch unter dem Namen „Advanced Silicon Etching" (ASE) oder „Bosch-Prozess". Hierbei kommen zwei unterschiedliche Prozesse in der gleichen Apparatur und zeitlich voneinander versetzt zum Tragen. Zunächst wird die Siliziumoberfläche in einem RIE-Prozess mit SF_6 geätzt. Dabei wird das SF_6 zunächst in SF_5^+ und F^- dissoziiert. F^- reagiert mit Si zu SiF_4. Das Reaktionsprodukt SiF_4 ist unter Prozessbedingungen flüchtig und wird mit dem Trägergas aus dem Rezipienten abgepumpt. Die Prozessparameter werden so eingestellt, dass die Ätzcharakteristik stark anisotrop ist.

In einem anschließenden Prozessschritt wird das SF_6 durch CF_4 ersetzt. Gleichzeitig werden die Prozessparameter so geändert, dass der Prozess isotrop abläuft. Im Plasma wird das CF_4 radikalisiert und setzt sich auf dem Substrat als schützende Plasmapolymerschicht ab.

Nun wird die Anlage wieder auf den anisotropen RIE-Prozess mit SF_6 umgestellt, um die nächste Tiefenstufe zu ätzen. Dabei wird die Polymerschicht am Boden der Struktur durchgeätzt, während die Seitenwandprotektion weitgehend erhalten bleibt.

Stufe um Stufe wird nun mit dieser Prozesssequenz die Struktur in den Siliziumkristall getrieben. Der Zyklus wechselt alle 5 bis 10 Sekunden. Leider muss der Prozess für jede Struktur neu optimiert werden. Bei optimaler Prozessführung erhält man aber Strukturen mit sehr senkrechten, glatten Seitenwänden und Aspektverhältnissen bis etwa 30 (Abb. 5.3-9).

5.3.1.4 Charakteristika des reaktiven Ionen- und Ionenstrahlätzens
Beim RIE und RIBE ist die Ätzung im Allgemeinen das Produkt des Einwirkens verschiedener Gasspezies auf das Substrat bei gleichzeitigem Teilchenbeschuss. Dabei ist es meist nicht möglich, die jeweiligen Beiträge zu trennen. Im Gegensatz zum reinen physikalischen Sputtern (Ionenätzen) ist die Ätzrate

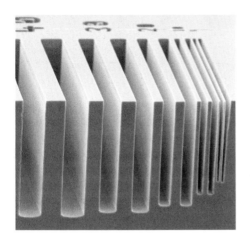

Abb. 5.3-9 Beispiel einer Mikrostruktur in Silizium, die nach dem D-RIE-Verfahren geätzt wurde (mit freundlicher Genehmigung von A. Menz, Protron Mikrotechnik, Bremen).

in Vorwärtsrichtung stark erhöht und hat bei senkrechtem Auftreffen ein Maximum, da hier zum Abtrag der Teilchen nicht eine Impulsumkehr durch eine Stoßkaskade notwendig ist (Abb. 5.3-5). Aufgrund der mit zunehmendem Winkel abnehmenden Teilchenstromdichte fällt – wie bei IE und IBE – auch bei RIE und RIBE die Abtragrate bei flachem Auftreffwinkel stark ab. Diese Abhängigkeit der Ätzgeschwindigkeit vom Auftreffwinkel führt zu einem stark anisotropen Ätzprofil, so dass bei RIE und RIBE senkrechte Strukturwände möglich sind. Die Ätzraten sind im Allgemeinen recht hoch (RIE: 20–200 nm/min, RIBE: 50–500 nm/min).

Bei der Wahl geeigneter Gase kann eine hohe chemische Selektivität erreicht werden. Besonders Polymere lassen sich mit Sauerstoff als Ätzgas selektiv gegenüber anderen Materialien, wie z. B. Metallen, ätzen, wobei Unterschiede in den Abtragsraten von über 50 erreicht werden können.

5.3.1.5 Das rein chemische Ätzen

Barrel-Ätzen (Barrel Etching, BE)

Das Barrel-Ätzen kann als rein chemischer Ätzvorgang betrachtet werden. Für diesen Prozess wird meist ein röhrenförmiger Reaktor, der in Abb. 5.3-10 schematisch dargestellt ist, eingesetzt [Boll84]. In einem Druckbereich von 0,1 bis 1 mbar wird mit Hilfe von zwei außen angelegten Elektroden und einer Hochfrequenz-Wechselspannung eine Gasentladung gezündet. Als Frequenz wählt man gewöhnlich die für industrielle Zwecke freigegebenen 13,56 MHz, die angelegte Spannung liegt bei 1 kV. Die Scheiben mit dem zu ätzenden Material befinden sich in der Mitte des Reaktors und werden durch einen gelochten Zylinder (Ätztunnel) aus Metall vom Feld der Entladungskammer abgeschirmt. Die in der Entladung gebildeten neutralen Radikale diffundieren in den elektrisch neutralen Tunnel und an die zu ätzenden Scheiben und bilden dort flüchtige Reaktionsprodukte, die leicht aus dem Tunnel gespült werden können.

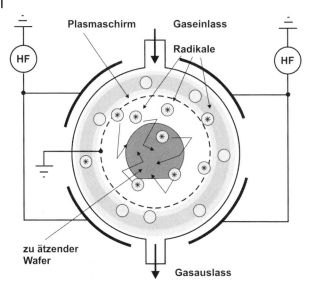

Abb. 5.3-10 Prinzipieller Aufbau eines Barrel-Ätzers.

Wichtig bei diesem Verfahren ist eine ausreichende Lebensdauer der Radikale, damit genügend Radikale durch Diffusion die Scheibenoberfläche erreichen können.

Ionen können den Ätztunnel nicht erreichen und sind deshalb vom Ätzprozess ausgeschlossen, die Substrate unterliegen also keinem Teilchenbeschuss. Zum Erreichen einer homogenen Ätzung ist es notwendig, dass die Ätzreaktion im Zentrum der Scheiben genau so schnell verläuft wie in den Randzonen. Deshalb muss die Konzentration der reaktiven Teilchen (Radikale, z. B. O^*, CF_3^*) zwischen den Scheiben möglichst konstant sein, das heißt, dass diese Teilchen, während sie zwischen die Scheiben diffundieren, nur wenig rekombinieren und nicht zu schnell auf die zu ätzende Oberfläche einwirken dürfen, anderenfalls treten infolge der abnehmenden Konzentration der reaktiven Teilchen Inhomogenitäten von den Rändern zu den Mitten der Scheiben auf.

Das rein chemische Ätzen in einem Barrel-Reaktor kann durch folgende Eigenschaften charakterisiert werden:

- die Selektivität ist sehr hoch,
- die Ätzgeschwindigkeit ist mäßig bis hoch (20–100 nm/min),
- das erreichbare Ätzprofil ist stark isotrop,
- die Ätzgleichförmigkeit ist im allgemeinen gering,
- die zu ätzenden Substrate werden oft mit Fremdmaterialien kontaminiert.

Der Barrel-Reaktor lässt sich dann besonders gut einsetzen, wenn der Ätzprozess eine hohe Selektivität aufweist und isotrope Ätzprofile akzeptabel sind, bzw. eine vollständige Entfernung einer Schicht gefordert ist. So wird der Barrel-Reaktor überwiegend zur trockenen Entfernung von Fotolacken im Sauerstoff-Plasma eingesetzt.

Downstream-Ätzer

Das Prinzip eines Downstream-Ätzers ist dem eines Barrel-Ätzers sehr ähnlich. Die reaktiven Radikale werden in einem Plasma erzeugt, sie werden dann mit dem Strom des Trägergases zum Ort der zu ätzenden Scheiben transportiert. Die Reaktionsprodukte werden wieder mit dem allgemeinen Gasstrom aus der Reaktionskammer transportiert. Die Vorteile gegenüber dem Barrel-Ätzer sind zum einen die größere Freiheit in der Prozessparameterwahl, da man durch die Konstruktionsform noch nicht so festgelegt ist, zum anderen, dass die Diffusionsbewegung der Radikale die Konvektion des Trägergases überlagert wird. Der Durchsatz und die Verweildauer der Radikale können damit in weiten Grenzen variiert werden. Eine typische Anordnung ist in Abb. 5.3-11 als Skizze gezeigt.

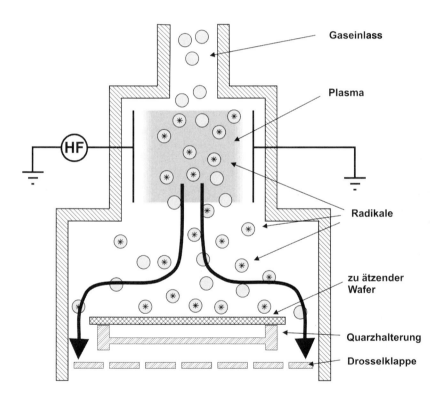

Abb. 5.3-11 Prinzipskizze eines Downstream-Ätzers.

5.4
Analyse von Dünnschichten und Oberflächen

Konventionelle chemische Analysemethoden, wie Atomemission, Atomabsorption, Spektralanalyse, Gas-Chromatographie und Vakuum-Heißextraktion, spielen eine große Rolle bei der Herstellung der in den verschiedenen Verfahren benutzten Beschichtungsmaterialien. In den meisten Fällen sind Proben von einigen Milligramm erforderlich und die Nachweisgrenze liegt im ppm-Bereich.

Andererseits haben die Forderungen an die Mikroanalyse von Oberflächen und dünnen Schichten hinsichtlich Flächenauflösung und Informationstiefe zu einer Vielzahl neuer Methoden geführt. Diese Methoden beruhen darauf, dass Wechselwirkungsprozesse von Photonen, Elektronen, Ionen oder anderen Teilchen mit der zu analysierenden Schicht untersucht werden. Dabei werden – je nach der Art der Anregung und der zu analysierenden Substanz – Teilchen elastisch oder unelastisch gestreut oder Sekundärteilchen emittiert. Die Analyse dieser Teilchen erfolgt durch ein entsprechendes Detektorsystem.

Tab. 5.4-1 Die wichtigsten Oberflächen-Analyse-Methoden

Analyse-Problem	Akronym	Methode	Anregende/nachzuweisende Teilchen
Chemische Zusammensetzung			
Auf der Oberfläche	ISS	Ionen-Streuspektroskopie	Ionen/gleiche Ionen
Nahe der Oberfläche (einige nm)	AES	Auger-Elektronenspektroskopie	Elektronen/Elektronen
In größerer Tiefe (>1 μm)	EPM	Electron Probe Microanalysis	Elektronen/Photonen
Tiefenprofile der Atomkonzentrationen			
Nach Abtragen (Sputtern)	AES		
	ISS		
	SIMS	Sekundärionen-Massenspektroskopie	A+-Ionen/emittierte Ionen
	SNMS	Sekundär-Neutralteilchen-Massenspektroskopie	
Zerstörungsfrei	RBS	Rutherford Backscattering	Ionen/gleiche Ionen
Aus der Bindungsenergie	ESCA	Electron Spectroscopy for Chemical Analysis	Photonen/Elektronen
Aus Molekülbruchstücken	SIMS		
	SNMS		
Mikrostruktur der Oberfläche			
Abbildung der Oberfläche	SEM	Scanning Electron Microscopy	Elektronen/Elektronen
	AFM	Atomic Force Microscopy	Elektronen

Viele dieser Verfahren analysieren nur die obersten Schichtlagen. Um die „wahre" Oberfläche untersuchen zu können und ausreichend Messzeit zur Verfügung zu haben, arbeitet man meist im Ultrahochvakuum. In diesem Falle beträgt, wie in Abschnitt 5.1 beschrieben, die Wiederbedeckungszeit oder Monozeit mehrere Minuten oder gar Stunden.

Einige der am häufigsten eingesetzten Methoden sind, geordnet nach anregenden und nachzuweisenden Teilchen, in Tab. 5.4-1 zusammengestellt.

5.4.1
Elektronenstrahl-Mikroanalyse (Electron Probe Microanalysis, EPM)

Die Elektronenstrahl-Mikroanalyse, auch Röntgenmikroanalyse genannt, ist das älteste dieser Verfahren. Es wird eingesetzt, wenn Schichten von etwa 1 μm Dicke zu analysieren sind.

Durch den Elektronenbeschuss des zu untersuchenden Materials werden Elektronen aus den inneren Schalen der Atome herausgeschlagen. Diese Schalen werden wieder durch Elektronen aus höheren Schalen aufgefüllt und dabei wird eine für jedes Atom charakteristische Röntgenstrahlung abgegeben (Abb. 5.4-1). Diese Messmethode wird häufig in Kombination mit einem Rasterelektronenmikroskop verwendet. In diesem Fall lässt sich auch eine lateral aufgelöste Analyse einer Oberfläche erstellen. Das laterale Auflösungsvermögen ist etwa 1 μm. Da man sich mit dem Analysator auf eine Wellenlänge „setzen" kann, erhält man somit eine laterale Verteilung eines bestimmten Elementes auf der Oberfläche. Zur Analyse dieser Strahlung wird entweder ein wellenlängendispersives Kristallspektrometer oder ein energiedispersives Si(Li)-Halbleiterspektrometer verwendet.

Die Mikrosonde versagt im Bereich leichter Elemente, bei Teilchenzahl-Anteilen unter 1% und ferner bei Schichten, die dünner als die durch die Eindringtiefe des Elektronenstrahl gegebene Informationstiefe von etwa 1 μm sind. Daher sind in den letzten Jahren Methoden zur atomaren Analyse an der Ober-

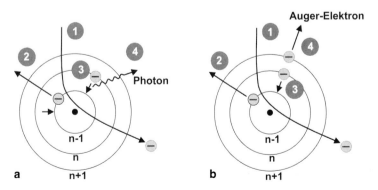

Abb. 5.4-1 Schema der atomaren Vorgänge:
a) bei der Elektronenstrahl-Mikroanalyse, b) bei der Auger-Elektronenspektroskopie.

fläche und im oberflächennahen Bereich, die außerdem die Änderung der Zusammensetzung mit der Tiefe zu messen gestatten, entwickelt worden. Die wichtigsten dieser Methoden sind: die Auger-Elektronenspektroskopie (AES), die Elektronenspektroskopie für die chemische Analyse (ESCA), Sekundärionen-Massenspektroskopie (SIMS), die Sekundär-Neutralteilchen-Massenspektrometrie (SNMS) und die Rutherford-Rückstreuungsspektroskopie (RBS).

5.4.2
Auger-Elektronenspektroskopie (AES)

Die Auger-Spektroskopie beruht auf der Energieanalyse von Auger-Elektronen, die beim Auffüllen innerer Elektronenschalen in Konkurrenz zu strahlenden Übergängen auftreten. Wie aus Abb. 5.4-1b ersichtlich, wird das Auger-Elektron in einer Abfolge von Vorgängen, die mit dem Herausschlagen eines Elektrons aus einer inneren Schale beginnt, emittiert. Beim Auffüllen des Defizitelektrons kann ein Elektron aus einer äußeren Schale unter Aussendung eines Photons in die innere Schalen springen. Alternativ dazu kann das Photon sofort von einem weiteren Elektron aus einer weiter äußeren Schale absorbiert werden. Dadurch gewinnt das Elektron die nötige Energie, das Atom zu verlassen. Die Energie des Auger-Elektrons setzt sich also aus vier Anteilen zusammen:

$$E_{auger} = E_{n,n-1} - E_n - E_{n+1} - \Phi_A \tag{5.16}$$

Dabei ist:

$E_{n,n-1}$ die Energiedifferenz zwischen den Schalen n und n–1
E_n die Ionisationsenergie des Elektrons in der n-Schale
Φ_A die Austrittsarbeit des Spektrometers

Es sei darauf hingewiesen, dass es sich in obiger Formel um relative Indizes handelt, also nicht speziell um die n-Schale eines Atoms. In einem Kristallverbund wird das Auger-Spektrum leicht durch die benachbarten Atome verändert. Man spricht hierbei von „chemical shift". Die Interpretation ist aber schwierig, andere Verfahren (wie z.B. ESCA) sind für die Evaluierung der Bindungszustände geeigneter. Die Auger-Spektroskopie wird daher vorzugsweise für die Analyse der Elemente herangezogen. Es können alle Elemente mit Ausnahme von H und He detektiert werden. Die Analysetiefe liegt bei 0,5 bis 5 nm, da Elektronen aus größerer Tiefe ihre Auger-Energie durch inelastische Stöße abgeben.

Durch sukzessives Absputtern von Oberflächenschichten und anschließender Auger-Analyse kann ein genaues Bild der Elementzusammensetzung von Oberflächenschichten erarbeitet werden. Diese Methode ist allerdings nicht zerstörungsfrei.

Die Vorteile gegenüber der Elektronenstrahl-Mikroanalyse liegen in der Möglichkeit, auch leichte Atome zu detektieren, und in der Tatsache, dass nur die obersten Schichten einer Probe durch die Analyse erfasst werden. Die Au-

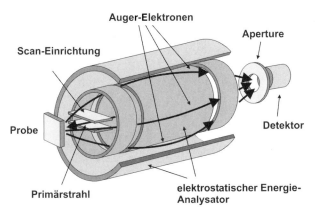

Abb. 5.4-2 Auger-Elektronen-Spektrometer.

ger-Spektroskopie ist deshalb eine bewährte Methode für Korrosionsvorgänge, die sich hauptsächlich an der Oberfläche abspielen. Durch die Möglichkeit, den Primärelektronenstrahl (Energiebereich zwischen 1 und 10 keV) zu rastern, können ebenso wie in der Elektronenstrahl-Mikroanalyse lateral aufgelöste Bilder einer Oberfläche erzeugt werden. Die Energieanalyse der Auger-Elektronen wird mit speziellen Zylinder-Analysatoren vorgenommen, die rotationssymmetrisch zur Probe aufgebaut sind (Abb. 5.4-2) [Fuch90]. Zur Analyse wird die Zahl der pro Sekunde emittierten Auger-Elektronen als Funktion ihrer kinetischen Energie gemessen. Die Maxima des so gewonnenen AES-Spektrums geben Auskunft über die Art der Probeatome und ihre Konzentration. Um den von Streuelektronen herrührenden Untergrund des AES-Spektrums zu unterdrücken, wird dieses mit elektronischen Mitteln differenziert. Die Nachweisgrenze der Teilchenzahlanteile beträgt etwa 0,1%.

5.4.3
**Photoelektronenspektroskopie
(Electron Spectroscopy for Chemical Analysis, ESCA)**

Zur Anregung der Elektronen dient entweder Röntgenstrahlung (dann heißt das Verfahren XPS = X-Ray Photo Analysis) oder UV-Licht (dann heißt es UPS = UV Photoelectron Spectroscopy). Beim XPS-Verfahren verwendet man z. B. die Aluminium-K-Strahlung mit der Photonenenergie $h\nu_1 = 1486$ eV. Ähnlich wie bei der AES-Analyse wird die Zahl der pro Sekunde emittierten Elektronen in Abhängigkeit von der Energie gemessen und daraus wird die Verteilung der Atomkonzentrationen ermittelt. Neben Photoelektronen treten auch Auger-Elektronen auf, deren Peaks im Spektrum dadurch erkannt werden, dass ihre energetische Lage von der Anregungsenergie h_1 unabhängig ist. Die Ordnungszahl nachweisbarer Elemente ist $Z > 3$, die Informationstiefe beträgt 0,5–10 nm und die Nachweisgrenze der Teilchenzahlanteile liegt bei 0,1%.

Ein Vorteil des Verfahrens besteht darin, dass außer der analytischen Information eine Aussage über den Bindungszustand der Atome aufgrund der von der Art der Bindung (z. B. metallisch oder oxidisch) abhängigen Linienverschiebung (chemical shift) erhalten werden kann.

5.4.4
Sekundärionen-Massenspektrometrie (SIMS)

Die Probe wird mit Ionen, meist Ar^+, von bis zu 10 keV Energie beschossen. Zwischen dem einfallenden Ion und den Targetatomen kommt es zu elastischen Stoßprozessen, als deren Folge im Target Stoßkaskaden auftreten, von denen einige auch die Oberfläche erreichen und hier zur Emission einzelner Atome oder Molekülbruchstücke führen. Von den emittierten, d. h. zerstäubten, Teilchen ist ein gewisser Teil positiv oder negativ geladen und damit z. B. in einem Quadrupol-Massenspektrometer nachweisbar. Das so gewonnene Sekundärionen-Massenspektrum ist charakteristisch für die Verteilung der Elemente an der Probenoberfläche und auch (aufgrund der Molekülbruchstücke) für deren Bindungszustand. Die mittlere Austrittstiefe beträgt einige Nanometer. Da das SIMS-Spektrum vom Prinzip her untergrundfrei ist, besitzt das Verfahren eine sehr niedrige Nachweisgrenze (Teilchenzahlanteile 10^{-4} %). Alle Elemente (auch Wasserstoff) nebst Isotopen sind nachweisbar.

Während die Verfahren AES und ESCA zerstörungsfrei arbeiten (falls die Probe nicht zusätzlich einem Sputterprozess ausgesetzt wird), ist das SIMS-Verfahren zerstörender Art. Das bringt aber den Vorteil, dass Tiefenprofile der Atomkonzentration gemessen werden können.

5.4.5
Sekundär-Neutralteilchen-Massenspektrometrie (SNMS)

Beim SNMS-Verfahren sind die Vorgänge der Emission und Ionisation der zu analysierenden Teilchen gekoppelt (Matrixeffekt). Daher sind die Intensitäten der einzelnen Linien des Massenspektrums nicht repräsentativ für die Zusammensetzung der untersuchten Oberfläche. Um zu einer quantitativen Analyse zu gelangen, bedarf es einer Eichung mit Proben bekannter Zusammensetzung. Im Interesse der Messgenauigkeit, insbesondere bei der Analyse von Sandwich-Strukturen mit Diffusions- und Implantationsprofilen, ist es jedoch vorzuziehen, die Vorgänge der Emission und Ionisation unabhängig voneinander auszuführen.

Dies geschieht beim SNMS-Verfahren dadurch, dass die durch Ionenbombardement erzeugten neutralen Partikel, die den Hauptteil der Sputteremission bilden, auf geeignete Weise ionisiert und dann im Quadrupol-Massenspektrometer nachgewiesen werden. Die Atomkonzentration einer gegebenen Masse ist dann eine Funktion der jeweiligen Sputterausbeute und der Wahrscheinlichkeit für Ionisation in der verwendeten Apparatur. Als Mittel zur Ionisation der zerstäubten Teilchen hat sich der Elektronenstoß in einem HF-Niederdruck-Ar-Plasma bewährt. Gleichzeitig können die Ar$^+$-Ionen dieses Plasmas als bombardierende Teilchen zur Erzeugung der Neutralteilchen benutzt werden (direct bombardement mode, DBM). Das Verfahren hat, abgesehen von der Vermeidung des Matrixeffektes, folgende Vorteile:

- Wegen der geringen Ionenenergie (einige 10 eV) tritt praktisch keine Änderung der Zusammensetzung der Probe (atomic mixing) durch das Ionenbombardement auf.
- Aufgrund der hohen Ionendichte (10^{10} cm^{-3}) im Plasma werden eine hohe Ionenstromdichte (einige mA cm^{-2}) und damit eine hohe Sputterrate erzielt.

5.4.6
Ionen-Streuspektroskopie (ISS)

Dieses Verfahren ermöglicht eine Analyse der obersten Atomlage der Probe, deren Oberfläche mit Ionen bekannter Energie E_0 (einige 100...10^3 eV) und der Masse m_0 beschossen wird. Die an den Oberflächenatomen der Masse m unter einem bestimmten Winkel (z. B. 90°) elastisch gestreuten Primärionen werden in einem Detektor ihrer Energie E nach analysiert. Das so erhaltene ISS-Spektrum besitzt Maxima bei den Werten E/E_0, die nach der Theorie der elastischen Streuung den Massenverhältnissen m/m_0 entsprechen.

5.4.7
Rutherford-Rückstreuungsspektroskopie (Rutherford Backscattering Spectroscopy, RBS)

Die RBS-Analyse (Rutherford Backscattering Spectroscopy) ist eine Hochenergie-Version der ISS-Methode. Sie wird mit Ionen von Wasserstoff, Helium oder anderen leichten Elementen im Energiebereich 0,1...5 MeV ausgeführt. Die elastische Streuung der Primärionen findet in einer von den Versuchsparametern abhängigen Tiefe statt. Die Energietiefenzuordnung für die nachzuweisenden Atome der Masse $m > m_0$ lässt sich aus dem Energieverlust des Ions (m_0) beim Eindringen bis zur Tiefe d, aus der Energieabgabe beim Stoß gegen die Masse m und aus dem Energieverlust bis zur Rückkehr an die Probenoberfläche berechnen. Aus den unter Variation der Energie E_0 der Primärionen gemessenen Energiespektren der rückgestreuten Ionen lassen sich Tiefenprofile der Atomkonzentration für $Z > 1$ im Bereich 0,1...10 m zerstörungsfrei bestimmen. Ein besonderer Vorteil der RBS-Methode, die eine Nachweisgrenze der Teilchenzahlanteile von 10^{-3} % besitzt, besteht darin, dass sie eine absolute Analysemethode ist, während die zuvor beschriebenen Methoden zweckmäßig mittels Standardproben kalibriert werden müssen.

5.4.8
Rastertunnelmikroskop (Atomic Force Microscope, AFM)

Eine wichtige Analysemethode für die Oberfläche einer Mikrostruktur stellt das Rastertunnelmikroskop dar. Wenn eine scharfe Spitze der zu analysierenden Oberfläche genähert wird, so bildet sich beim Anlegen einer Spannung ein Tunnelstrom aus, bevor die Spitze die Oberfläche berührt. Wird eine solche Spitze rasterartig über die Oberfläche bewegt, so kann der Tunnelstrom in Beziehung zum geometrischen Ort aufgezeichnet und auf einem Monitor sichtbar gemacht werden. Damit erhält man indirekt ein geometrisches Abbild der Oberfläche. Vorausgesetzt, die Spitze ist fein genug, lassen sich kleinste geometrische Details, wie atomare Strukturen oder sogar einzelne Atome, auf der Oberfläche erkennen.

Der Tunnelstrom hängt exponentiell von der Distanz Spitze-Oberfläche ab und wird durch die folgende Beziehung beschrieben:

$$J \propto c \cdot \exp\left(-\frac{2\sqrt{2m}}{h} \cdot \sqrt{\Phi(x, y, d, U) \cdot d}\right) \tag{5.17}$$

Die Höhe der lokalen Barriere ist eine Funktion des Ortes (x, y) auf der Probe, der Distanz zwischen Spitze und Oberfläche und der angelegten Spannung.

Die präzise Positionierung der Spitze und das Rastern über die Oberfläche werden durch eine Anordnung von Piezoaktoren bewerkstelligt. Dadurch können örtliche Auflösungen von 10^{-11} m (0,01 nm) erreicht werden.

6
Lithographie

6.1
Überblick und Historie

Der Lithographieprozess ist einer der wichtigsten Schritte sowohl in der Mikroelektronik als auch in der Mikromechanik. Nur mit Hilfe der Lithographie, die zur Strukturierung Licht- oder Korpuskularstrahlen verwendet und nicht mehr mechanische Werkzeuge, ist es möglich geworden, Strukturen herzustellen, deren kritische Dimensionen im Nanometer-Bereich liegen. Ein weiteres charakteristisches Merkmal der Lithographie ist eine kostengünstige Massenfertigung, bei der einerseits viele Strukturen auf einem „Werkstück" parallel hergestellt, andererseits von einer Vorlage viele Kopien einer vorgegebenen Struktur verschleißfrei erzeugt werden.

Schlägt man im Lexikon unter „Lithographie" nach, so wird man zunächst auf den Begriff „Steindruck" ($\lambda\iota\theta o\sigma$ heißt Stein und $\gamma\rho\alpha\phi\epsilon\iota\nu$ schreiben) verwiesen und dort findet man (dtv-Lexikon): „…ältestes Flachdruckverfahren, bei dem als Druckform eine Platte aus Solnhofer Kalkschiefer verwendet wird. Die Zeichnung wird mit Fettkreide oder -tusche auf den Stein übertragen. Beim Einfärben mit fetter Druckfarbe nimmt nur die Zeichnung Farbe an".

Die Lithographie ist also nicht eine Erfindung unserer Zeit, sondern wurde vor vielen Jahrhunderten entwickelt, um kostengünstig eine vorgegebene Struktur in großen Mengen zu produzieren, damals die Vervielfältigung einer Zeichnung oder eines dekorativen Musters, heute die Vervielfältigung einer technischen Zeichnung oder einer elektronischen Struktur. Durch den photolithographischen Prozess werden die Strukturen, die zuvor auf dem Rechner entworfen und optimiert wurden, auf die Waferoberfläche gebracht.

Im Rahmen einer Prozesskette zur Herstellung integrierter Schaltkreise oder Mikrosystemkomponenten übernimmt die Photolithographie zwei wesentliche Aufgaben:

- die serielle Datenübertragung zur Herstellung einer Maske oder eines Maskensatzes und
- die parallele Übertragung der Maskenstruktur auf den Wafer oder das Werkstück in einer Mengenfertigung.

Mikrosystemtechnik für Ingenieure, 3. Auflage. W. Menz, J. Mohr, O. Paul
Copyright © 2005 WILEY-VCH Verlag GmbH & Co. KGaA, Weinheim
ISBN: 3-527-30536-X

Beide Verfahren sind signifikant unterschiedlich und bedürfen unterschiedlicher Methoden und Geräte.

Die Maskentypen unterscheiden sich erheblich, je nachdem, welches Auflösungsvermögen gefordert wird, und demzufolge, welcher Teil des elektromagnetischen Spektrums zur Strukturübertragung verwendet wird.

Bei der Maskenherstellung wird zunächst ein transparenter Träger mit einem photoempfindlichen Polymerfilm überschichtet. Arbeitet man im Bereich des Sichtbaren oder des nahen Ultravioletts, bestehen diese transparenten Träger aus plan geschliffenen Quarzglasscheiben von einigen Millimetern Dicke, die mit einer Chromschicht von etwa 100 nm Schichtdicke versehen sind. Die photoempfindliche Schicht wird nun Pixel für Pixel – vergleichbar mit der Entstehung eines Bildes auf einem Monitor – mit der gewünschten Strukturinformation belichtet. Anschließend wird diese Photoschicht entwickelt; dabei werden die belichteten Teile der Schicht herausgelöst, während die unbelichteten haften bleiben. Dadurch entsteht eine fest auf dem Substrat sitzende Lochmaske. Durch die Öffnungen hindurch wird die darunterliegende Chromschicht geätzt, während die abgedeckten Bereiche der Chromschicht erhalten bleiben und später als Absorberstrukturen der Maske dienen.

Da der Photopolymerfilm gegenüber dem Ätzmittel oder anderen aggressiven Prozessen resistent sein muss, nennt man diese Polymerschicht auch Resistschicht oder Photoresist. Mittels der Photolithographie entsteht somit eine zweidimensionale Chromstruktur auf dem transparenten Träger. Nach dieser Prozesssequenz müssen alle Reste des verbliebenen Resists wieder entfernt werden.

Neben dem oben geschilderten „positiven" Photoresist gibt es aus bestimmten verfahrensbedingten Gründen auch den „negativen" Photoresist. Dieser ist im unbelichteten Zustand im Entwickler löslich. Die belichteten Bereiche werden durch Polymerisation unlöslich. Dadurch erhält man bei gleicher Maske durch Belichtung und Entwicklung eine gegenüber dem Positivresist negative Struktur (Abb. 6.1-1).

Mit diesen Masken kann nun eine effiziente Serienfertigung von Halbleiterbausteinen betrieben werden. Das Bild der Maske wird entweder durch Schattenprojektion oder durch eine echte (verkleinerte) Abbildung auf den mit Resist beschichteten Wafer übertragen (Abb. 6.1-2). Im Gegensatz zur Maskenproduktion wird nun bei der echten Serienfertigung die Struktur von der Maske parallel auf den Wafer übertragen. Da dieser Vorgang praktisch verschleißfrei und mit immer wiederkehrender hoher Präzision abläuft, können viele Millionen von Komponenten kostengünstig und mit hoher Strukturtreue gefertigt werden. Die Photolithographie ist damit zur Schlüsseltechnologie der Halbleiterfertigung geworden und hat entscheidend dazu beigetragen, dass integrierte Schaltkreise im Laufe der Entwicklung um viele Größenordnungen in der Qualität verbessert und gleichzeitig um viele Größenordnungen in den Fertigungskosten gesenkt werden konnten.

Je nach minimaler Strukturgröße, die noch übertragen werden soll, werden unterschiedliche Bereiche des elektromagnetischen Spektrums für die optische

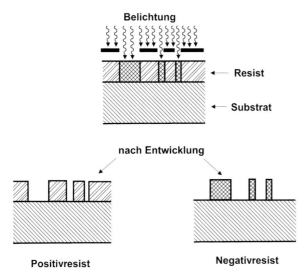

Abb. 6.1-1 Positiv- und Negativresist. Beim Positivresist werden im anschließenden Entwicklungsprozess die belichteten Bereiche herausgelöst, beim Negativresist werden dagegen die unbelichteten Bereiche gelöst.

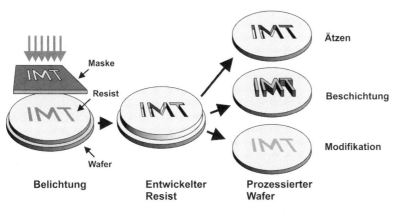

Abb. 6.1-2 Der grundlegende Prozess der Photolithographie und anschließende Prozessschritte.

Strukturübertragung verwendet. Bei Strukturen bis herab zu 0,5 μm kann man die Strahlung des sichtbaren Bereichs oder des nahen Ultravioletts verwenden (465–250 nm). Abbildende Objektive für die Photolithographie haben nichts mehr gemein mit Konsumer-Objektiven der Amateurphotographie, wie man der Abb. 6.1-3 entnehmen kann. Dieses spezielle Objektiv ist ausgelegt für eine Wellenlänge von 248 nm und hat eine einstellbare numerische Apertur zwischen 0,4 und 0,7. Damit können Strukturen bis herab zu 150 nm aufgelöst

Abb. 6.1-3 Photo eines Objektivs, das für die Photolithographie im nahen UV-Bereich entwickelt wurde (mit freundlicher Genehmigung von Zeiss, Oberkochen).

werden, bei einer Feldgröße von 26 · 33 mm². Die bis zu 30 Linsenelemente müssen aus Quarzglas gefertigt werden, da normales optisches Glas in diesem Wellenlängenbereich zu starke Absorption aufweist. Die Formtoleranz beim Schleifen und Polieren der Oberflächen beträgt weniger als 10 nm.

Für Strukturen im Nanometerbereich wird das Licht von Excimer-Lasern verwendet (z. B. Kryptonfluorid-Laser = 248 nm, Argonfluorid-Laser = 193 nm und Fluor-Laser = 150 nm). Da es für diesen Bereich keine Materialien mehr gibt, aus denen sich abbildende Linsen herstellen lassen, arbeitet man in diesem Bereich mit Hohlspiegeln und reflektierenden Masken. Die technischen und technologischen Schwierigkeiten bei weiterer Verringerung der Wellenlänge nehmen überproportional zu. Entwicklungen auf diesem Gebiet sind äußerst kostspielig und nur wenigen Spezialfirmen vorbehalten.

Eine Möglichkeit der weiteren Verkleinerung von Strukturen stellt die Röntgenlithographie dar. Einige Probleme der „konventionellen" Photolithographie werden zwar damit umgangen, andere technische Probleme erfordern noch größere Entwicklungsaktivitäten, bevor man dieses Verfahren großtechnisch einsetzen kann. Als Lichtquelle dient die kurzwellige Strahlung (10–0,1 nm) eines Elektronen-Synchrotrons. Die Beugungseffekte, die im sichtbaren und im UV-Bereich die Auflösung limitieren, sind in diesem Bereich vernachlässigbar. Da es für Röntgenstrahlung dieser Wellenlänge keine brechende Optik gibt, kann man bei der Strukturübertragung nur im Schattenwurf arbeiten. Die Masken müssen also im Maßstab 1:1 mit den Strukturen hergestellt werden. In der LIGA-Technik ist man auf die Synchrotronstrahlung angewiesen, deshalb wird in Abschn. 6.9.3 noch näher darauf eingegangen.

Auch im Sichtbaren und nahen UV-Bereich stößt die lichtoptische (verkleinerte) Abbildung an grundsätzliche physikalische Grenzen. Kein Objektiv kann mehr eine Struktur mit Submikrometer-Details in „Fullwafer"-Belichtung auf eine Scheibe von z. B. 400 mm Durchmesser übertragen.

Bei hohen Anforderungen an Strukturtreue werden deshalb nurmehr Teilbereiche der Scheibe „belichtet", die dann durch schrittweise Wiederholung des

Belichtungsvorganges die gesamte Scheibenoberfläche überdecken. Dieses Verfahren nennt man „step and repeat". In der Elektronenstrahllithographie gilt das oben Gesagte ebenso, denn der maximale Schreibbereich eines Elektronenstrahlschreibers liegt bei etwa $1 \cdot 1\,\text{mm}^2$. Auch hierbei muss nach jedem Schreibvorgang der Tisch mit der Maske mechanisch um ein Feld verschoben werden. Da sich viele Strukturen über mehr als ein Feld erstrecken, darf der Zustellfehler der mechanischen Verschiebung nur Bruchteile der kleinsten übertragenen Struktur betragen, damit in der Struktur kein Versatz bemerkbar wird. Diese Tische sind daher äußerst aufwendige, mit Interferometern gesteuerte Geräte.

Unter dem Begriff Lithographie wird also eine ganze Prozesskette zusammengefasst: Optische Einrichtung, verwendeter Spektralbereich, Handhabung des Photoresists und der angepassten Entwickler sind Glieder dieser Kette. Die Änderung nur eines dieser Bestandteile zieht für gewöhnlich einen aufwendigen und kostenintensiven Neuabgleich aller anderen Prozesse nach sich.

Die in der Halbleitertechnik verwendeten Photoresists sind so eingestellt, dass sie bei Bestrahlung mit Licht ihre Molekülstruktur und damit ihre chemischen Eigenschaften (Löslichkeit) ändern. Das Empfindlichkeitsmaximum liegt im Allgemeinen im UV-Bereich und nimmt für den langwelligen Teil des Lichtes stark ab. Bei gelbem Licht kann man die Resistschichten handhaben, ohne sie ungewollt zu belichten. Deshalb werden die Räume, in denen die beschichteten Wafer bearbeitet werden, mit gelbem Licht beleuchtet und „Gelbräume" genannt. Der photolithographische Prozess umfasst verschiedene Einzelprozesse:

- Substratvorbehandlung (Reinigung),
- Lackauftrag (Aufschleudern),
- Trocknung,
- Belichtung,
- Entwicklung,
- Durchführung der lokalen Modifikation der Si-Oberfläche,
- Lackentfernung (Strippen).

Abgesehen von wenigen Spezialanwendungen wird der Resist auf den Wafer aufgeschleudert (spin coated). Dazu wird der mit einem flüchtigen Lösungsmittel versehene Resist mit einem Dispenser auf den Wafer aufgetropft. Der Wafer wird durch eine Vakuumhalterung (Chuck) auf einer Drehachse fixiert. Nun wird der Wafer in schnelle Drehung versetzt, dabei spreitet sich der aufgetropfte Resist gleichmäßig über den Wafer, wobei gleichzeitig das Lösungsmittel verdampft. Zurück bleibt ein dünner Film (in der Mikroelektronik sind die Resistfilme Bruchteile eines Mikrometers dick), der in einer anschließenden Wärmebehandlung noch getrocknet und gehärtet werden muss.

6.2
Resists

Bezüglich ihres Verhaltens gegenüber der einfallenden Strahlung teilt man die Positivresists in Einkomponenten- und Mehrkomponentenresists ein. Ein Vertreter der Einkomponentenresists, der in der LIGA-Technik häufig verwendet wird, ist das Polymethylmethacrylat (PMMA). Ein typischer Vertreter der Zweikomponentenresists ist das DQN (Diazonaphthochinon in Novolakharz), der der meistverwendete Photoresist in der optischen Lithographie ist.

Bei Einkomponentenresists werden durch die Bestrahlung Kettenbrüche in den langen Polymerketten induziert, so dass das Molekulargewicht stark abnimmt. Dies kann ein direkter Kettenbruch der Polymerhauptkette sein oder über eine Seitenkettenabspaltung ausgelöst werden [Ranb75]. Eine genaue Beschreibung dieses Prozesses für PMMA bei der Röntgenlithographie findet sich in Kap. 8.

Zweikomponentenresists bestehen aus einer photoaktiven Komponente und einem Basiskunststoff. Im Falle von DQN ist die Kunststoffmatrix ein Novolakharz (N), das in einem basischen Lösungsmittel gelöst werden kann. Bei der photoaktiven Komponente, die in ihrer unmodifizierten Form die Auflösung des Novolaks verhindert (Lösungsmittelinhibitor), handelt es sich um Diazonaphthochinon. Durch Lichteinfall wird das DQ in einer so genannten Wolff-Umwandlung unter Abgabe von Stickstoff zunächst in ein Carben verwandelt, das sich in ein Keten umwandelt. Durch Aufnahme von Wasser wird das Keten in eine Säure verwandelt. Dadurch wird der Resist stark hydrophil und nimmt somit leicht Entwickler auf. Durch die Umwandlung des DQs in eine Säure kann die Auflösung des Novolakharzes durch ein basisches Lösungsmittel nicht mehr behindert werden (Abb. 6.2-1) [More88].

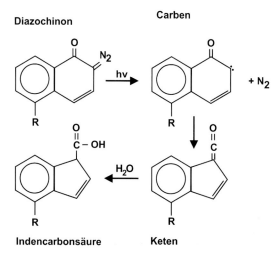

Abb. 6.2-1 Die Wolff-Konversion am Diazonaphthochinon (DQN). Durch Bestrahlung wird das DQN in ein Carben umgewandelt, dieses wiederum ändert sich unter Abspaltung von Stickstoff in ein Keten. Durch Aufnahme von Wasser wandelt sich das Keten schließlich in eine Carbonsäure um, die wasserlöslich ist und somit durch ein wässeriges Lösungsmittel von der Waferoberfläche gelöst werden kann.

Die Abnahme der Löslichkeit bei Negativresists wird bei den meisten Resists durch eine photoinduzierte Polymerisation oder eine Vernetzungsreaktion erzeugt. In manchen Resists kann auch eine Veränderung der Polarität der funktionellen Gruppen oder die Änderung des Oxidationsgrades die Löslichkeitsabnahme hervorrufen. Um die Polymerisation oder Vernetzung zu stimulieren, wird dem Polymergerüst eine photoempfindliche Komponente zugefügt, die durch die Absorption der Strahlung in einen angeregten Zustand versetzt wird. Dieser angeregte Zustand wird entweder auf das Polymer übertragen, so dass die eigentliche Vernetzungsreaktion durch Reaktion zweier angeregter Polymerketten erfolgt oder die photoempfindliche Komponente selbst kann in der Art eines Ankers die beiden Polymerketten miteinander verbinden.

SU-8 ist ein Resist, der in den letzten Jahren in der Mikrosystemtechnik sehr publik geworden ist, da er gerade für diese Anwendung besondere Eigenschaften mitbringt. SU-8 ist ein Resist auf Epoxy-Basis, der im Bereich von 350 bis 400 nm sein Empfindlichkeitsmaximum hat. Es handelt sich hierbei um einen Negativresist, der in sehr dicken Schichten verarbeitet werden kann, ohne Spannungsrisse aufzuzeigen. In einem Schleudergang lässt sich eine Resistschicht von bis zu 500 µm auf das Substrat bringen [Lore97]. Gießt man den Resist auf das Substrat, lässt sich sogar ein mehrere Millimeter dicker Film aufbringen. Nach einem „hard bake" von ca. 200 °C ist der Film vollständig auspolymerisiert, der Glaserweichungspunkt liegt dann bei über 200 °C, die Degradationstemperatur bei etwa 380 °C. In Abschn. 6.7.1 werden Anwendungsbeispiele von SU-8 gezeigt.

Mit der Lithographie und der Resisttechnik ist es möglich, nanometergenau vorgegebene Bereiche der Oberfläche freizulegen. Der anschließende Bearbeitungsschritt kann auf die gesamte Oberfläche des Substrates angewendet werden; es werden jedoch nur die Teilbereiche verändert, die nicht durch den Resist geschützt sind. Die freigelegten Oberflächen können dabei verändert (Oxidieren, Dotieren mit Fremdatomen) oder abgetragen werden (chemisches Ätzen, Bearbeitung mit großflächigen Atom- oder Ionenstrahlen). Natürlich können auch neue Materialien durch galvanische Abscheidung oder andere Verfahren aufgebaut werden (Abb. 6.2-2).

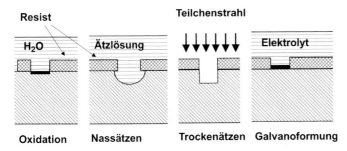

Abb. 6.2-2 Verschiedene Bearbeitungsschritte nach der Resiststrukturierung, die großflächig auf mehreren Wafern im so genannten Batch-Verfahren durchgeführt werden können.

6.3
Verfahren der Lithographie

In der Halbleitertechnologie ist die Lithographie der wichtigste Einzelprozess, der am häufigsten im Fertigungsablauf eines integrierten Schaltkreises wiederkehrt. Demgemäß ist es verständlich, dass auf diesem Gebiet weltweit große Forschungsanstrengungen unternommen wurden und werden. Ausgehend von den Anforderungen der IC-Fertigung, möglichst kleine Strukturen herzustellen, werden unterschiedliche Verfahren entwickelt und angewendet. Dabei werden sämtliche Strahlungsarten, wie Licht-, Röntgen- und Teilchenstrahlung, zur Strukturierung des Resists benutzt. Man unterscheidet zwischen seriellen und parallelen Verfahren.

Bei den seriellen Verfahren wird ein fein fokussierter (Licht-, Elektronen- oder Ionen-)Strahl über das Werkstück geführt und die gewünschte Struktur in den Resist „geschrieben". Bei diesem Verfahren wird das Muster jedesmal neu erstellt und es liegt in der Natur dieses Strukturierungsprozesses, dass er relativ viel Zeit in Anspruch nimmt.

Die größte Bedeutung der seriellen Verfahren – und hier insbesondere des Elektronenstrahlschreibens – liegt in der Maskenherstellung, doch werden in wachsendem Umfang serielle Schreibverfahren auch zur direkten Belichtung von Wafern eingesetzt. Die Zeitdauer, die serielle Verfahren zur Belichtung einer Siliziumscheibe benötigen, ist so groß, dass dies allerdings nur in Ausnahmefällen als rationell anzusehen ist, z. B. für extrem kleine Stückzahlen, bei denen sich der Umweg über die Masken vor allem aus Zeitgründen nicht lohnt, oder während der Prototypphase bei der Entwicklung eines neuen Schaltkreises, in der das geometrische Layout durch Redesign noch Änderungen unterworfen ist. Standardschaltkreise werden jedoch zu 100% mittels paralleler maskengebundener Verfahren hergestellt. Daran wird sich auch in Zukunft nicht sehr viel ändern, da die Zunahme der Geschwindigkeit serieller Strukturierungsverfahren durch die Abnahme der Strukturdimensionen sowie durch die Vergrößerung der Scheibendurchmesser überkompensiert wird.

Bei den parallel arbeitenden Verfahren wird der Resist großflächig über eine Maske, die für die Strahlung nur in vorgegebenen Bereichen durchlässig ist, bestrahlt. Bei Verwendung von Licht kann diese Maske aus einer Glasscheibe mit einem entsprechenden Muster einer dünnen Metallschicht bestehen, bei der Röntgenlithographie besteht die Maske aus einer Membran eines Materials niederer Ordnungszahl mit Absorberstrukturen aus Materialien hoher Ordnungszahl. Bei Elektronen- oder Ionenstrahlen werden Masken aus Metallfolien mit entsprechend geformten Öffnungen verwendet. Selbstverständlich benötigen auch die maskengebundenen Verfahren bei der Maskenherstellung ein seriellschreibendes Verfahren, das in der Lage ist, die aus dem CAD-System kommenden Layout-Daten direkt in geometrische Muster umzusetzen.

Ein wesentliches Unterscheidungsmerkmal der parallelen Verfahren ist der Maskenmaßstab. Es gibt auf Schattenprojektion beruhende Verfahren, bei denen die Maske die gleiche Größe wie die zu erzeugende Struktur auf der Schei-

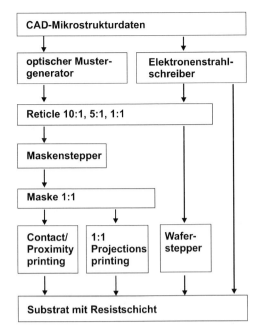

Abb. 6.3-1 Ordnungsschema der Lithographieverfahren. Der obere Teil listet die seriellen Verfahren zur Maskenerstellung auf, während im unteren Teil die Mengenfertigungsprozesse genannt werden.

be hat. Im Gegensatz dazu arbeiten abbildende Verfahren meist mit Verkleinerungsmaßstäben von 10:1 bis 4:1. Masken, die einen größeren Maßstab als 1:1 besitzen, werden im Allgemeinen als Reticle bezeichnet (Abb. 6.3-1).

Bei den maskengebundenen Verfahren ist es wünschenswert, eine große Fläche in einem Schritt zu belichten, möglichst sogar den gesamten Siliziumwafer. Bei steigenden Waferdurchmessern ist jedoch keine so genannte „Fullwafer"-Belichtung mehr möglich, so dass nur noch Teilfelder einer Siliziumscheibe belichtet werden können, die dann schrittweise im so genannten Step-and-Repeat-Verfahren (d.h. Weiterschreiten zum nächsten Teilfeld und Wiederholung der Belichtung) aneinander gesetzt werden.

6.3.1
Computer Aided Design (CAD)

Um eine Struktur in einem Resist zu erzeugen, benötigt ein Mustererzeugungsgerät, meist ein Elektronenstrahlschreiber, Informationen darüber, welche Teilflächen beschrieben werden sollen und welche nicht. Um diese Informationen zu generieren, wird ein so genanntes CAD-System eingesetzt, mit dem die Entwürfe durchgeführt werden. Aus den damit erzeugten Geometriedaten werden anschließend mit entsprechenden Rechenprogrammen – Postprozessoren – die Steuerdaten für den Elektronenstrahlschreiber berechnet. Der dabei ablaufende Entwurfsprozess soll in diesem Abschnitt beschrieben werden, auf die Postprozessoren wird nach der Beschreibung der Elektronenstrahlschreiber eingegangen (vgl. Abschn. 6.4.3).

6.3.1.1 **CAD-Entwurf**

CAD-Entwurfsysteme für Masken unterscheiden sich von solchen Systemen, die bei der Konstruktion im Bereich des Maschinenbaus verwendet werden.

Maskenentwurf-Systeme arbeiten mit flächenartigen Konstruktionselementen, während (zweidimensionale) CAD-Systeme aus dem Bereich des Maschinenbaus mit vektoriellen Elementen (Gerade, Kreisbogen usw.) arbeiten. Maskenentwurf-Systeme besitzen eine ausgeprägte hierarchische Organisation. Bei mechanischen CAD-Systemen werden zwar auch Unterstrukturen verwendet, aber selten hierarchisch verschachtelt. Fähigkeiten, die für eine Zeichnungserstellung benötigt werden, sind bei Maskenentwurf-Systemen dagegen meist nicht oder nur in geringem Umfang vorhanden (z. B. Bemaßungshilfen oder automatische Konstruktion von Schnittpunkten usw.).

Die speziell für den Maskenentwurf für die Mikroelektronik entwickelten CAD-Systeme können auch für den Entwurf im Bereich der Mikromechanik eingesetzt werden. Auf der „physikalischen Ebene" – also beim Entwerfen der Strukturen auf der Maske – sind die Anforderungen von Mikroelektronik und Mikromechanik fast deckungsgleich. Allerdings werden in der Mikromechanik viel häufiger runde bzw. allgemeinere Strukturformen entworfen als in der Mikroelektronik, die sich im Wesentlichen auf rechteckförmige Strukturen stützt („Manhattan-Strukturen").

Da es aber auch in der Mikroelektronik Bereiche gibt, in denen solche allgemeinen Strukturen häufig vorkommen, sind zumindest bei einigen CAD-Systemen ausreichende Fähigkeiten in dieser Richtung vorhanden. In den letzten Jahren wurden diese Fähigkeiten der Maskenentwurf-Systeme erweitert, da mit den Elektronenstrahlschreibern auch Masken für den Einsatz in der integrierten Optik hergestellt werden und hier häufig Strukturen mit großen Krümmungsradien benötigt werden.

Ziel des CAD-Entwurfs ist es, die zu beschreibende Fläche zu spezifizieren. Dabei ist es sinnvoll, die gesamte Fläche aus kleineren Einheiten aufzubauen. Flächen lassen sich am besten durch ihre Berandung spezifizieren. Um die Umsetzung dieser Flächen in Schreibbereiche durch das Postprozessor-Programm zu erleichtern, werden für die Berandung Konventionen festgesetzt:

- Die Berandung muss geschlossen sein.
  Es muss eindeutig definiert sein, was das Innere der Berandung ist, d. h., welcher Bereich gefüllt werden soll. Laut Konvention wird der von einer geschlossenen Berandung umgebene Bereich als Innen definiert. Dies bedingt, dass eine Berandung keine andere Berandung umfassen darf. So genannte „Doughnut"-Strukturen (Kreisringe) müssen deshalb auf Umwegen erzeugt werden, indem beispielsweise ein Kreisring aus zwei Halbkreisringen, die nun keine innere Fläche mehr einschließen, zusammengesetzt wird. Flächen dieses Typs werden in der Mathematik meist als nicht einfach zusammenhängend bezeichnet.
  „Verteilte" Flächen, also Flächen, die aus mehreren Teilen bestehen, und nur über eine „unendlich dünne" Verbindungslinie zusammenhängen, sind nicht

zulässig. Die Verbindungslinie würde ja ohnehin vom Schreiber nicht aufgelöst werden.

Mit diesen Randbedingungen ergibt sich sinnvollerweise eine Reihe von Grundelementen, die bei fast allen CAD-Systemen für die Mikroelektronik in ähnlicher Form vorhanden sind:

- Das Polygon oder Vieleck.
  Dieses ist die allgemeinste Form eines Flächenelements. Es wird durch einen geschlossenen Linienzug berandet, wobei an die Koordinaten der Punkte in diesem Linienzug keine Anforderungen über obige Einschränkungen hinaus gestellt werden. Es ist fast alles erlaubt, wie z. B. einspringende Ecken usw. Lediglich Überkreuzungen der Berandungslinien müssen vermieden werden. In der Praxis wird die Anzahl der Eckpunkte meist auf einige hundert begrenzt, d. h., kompliziertere Gebilde werden aus mehreren Polygonen zusammengesetzt.

Einige Spezialfälle des Polygons werden meist als eigenes Element geführt, wie:

- Das Rechteck (Box).

- Die Verbindung (Wire).
  Dabei handelt es sich um einen Linienzug konstanter Breite, der meist zum Entwurf elektrischer Verbindungen verwendet wird.

- Kreisförmige Elemente, wie Kreis (Flash, Circle), Kreisring (Doughnut), Bogen (Arc).
  Diese Elemente kommen allerdings nur bei einigen CAD-Systemen in der Mikroelektronik vor. Es sei hier schon darauf hingewiesen, dass alle optischen Mustererzeugungsgeräte und fast kein Elektronenstrahlschreiber auf die Behandlung runder Strukturen abgestimmt ist. Die runden Berandungen müssen letztlich durch Polygone angenähert werden.

Schließlich gibt es noch eine Reihe von Hilfselementen, wie:

- Text (Label).
  Diese Hilfselemente entsprechen keinen Flächen, die später auf der Maske vorhanden sein sollen; sie dienen lediglich als Hilfe beim Entwurf (z. B. Beschriftung) und werden vom Postprozessor ignoriert.

Üblicherweise werden die Strukturen interaktiv am Grafikbildschirm des CAD-Systems konstruiert. Dabei können Ausschnittsvergrößerungen dargestellt, neue Strukturen hinzugefügt, vorhandene Strukturen verändert oder gelöscht werden. Die Konstruktionsdaten werden in einer Datei, der Datenbasis, abgelegt.

Es ist auch möglich, die Geometriedaten einer Struktur als mathematische Funktion oder als Datenmatrix in die Datenbank des CAD-Systems zu übertragen. Dies ist besonders vorteilhaft, wenn sich die Geometrie im Vergleich zu einer aufwendigen Konstruktion mathematisch viel einfacher darstellen lässt (z. B. die logarithmische Spirale) oder wenn die Geometriedaten das Ergebnis anderer Rechenprogramme sind, beispielsweise das Resultat umfangreicher Optimierungsrechnungen. Das setzt allerdings eine allgemeine Programmierschnittstelle voraus.

6.3.1.2 Justiermarken und Teststrukturen

Mikroelektronische Schaltkreise und andere Mikrostrukturen werden in den meisten Fällen aus einer Abfolge von Lithographieschritten mit unterschiedlichen Masken aufgebaut. Dabei müssen die Strukturebenen innerhalb gewisser Toleranzen (meist im Nanometerbereich) zueinander justiert werden. Aber auch beim ersten Lithographieschritt muss bereits die Maske zur kristallographischen Ausrichtung (d. h. zum „Flat") und der Geometrie des Wafers justiert werden (Abb. 6.3-2). Auf den Masken werden deshalb zueinander korrespondierende Justiermarken integriert, die mit der Strukturinformation auf den Wafer übertragen werden [Asha99]. Die Justiermarke auf dem Wafer muss dann bei der darauf folgenden Belichtung mit einer entsprechenden Justiermarke auf der Maske zur Deckung gebracht werden. In einer kommerziellen Halbleiterfertigung läuft dieser Justierprozess automatisch ab. Dabei muss natürlich sichergestellt sein, dass die übertragenen Justiermarken durch nachfolgende Fertigungsprozesse nicht zerstört werden, sondern durch den gesamten Fertigungsprozess hindurch erhalten bleiben (Abb. 6.3-3).

Neben diesen Justiermarken spielen insbesondere im Forschungs- und Entwicklungsbereich Teststrukturen eine bedeutende Rolle. Diese Strukturen sind so beschaffen, dass besonders kritische Parameter eines Prozesses leicht und eindeutig aus diesen Strukturen ausgelesen werden können. Im Beispiel (Abb. 6.3-4) lässt sich der Grad einer Unterätzung eines vorausgegangenen Prozesses mit einer noniusartigen Struktur genau bestimmen. Andere Teststrukturen sind ausgelegt, um die Qualität (Pin-Hole-Freiheit, Durchschlagsfestigkeit) einer dielektrischen Zwischenschicht zu messen. Da solche Strukturen die Qualität und die Ausbeute einer Fertigung wesentlich bestimmen, werden sie meist nicht in der Literatur veröffentlicht, sondern werden als vertrauliche Fertigungsvorschrift vor den Blicken der Konkurrenz geschützt.

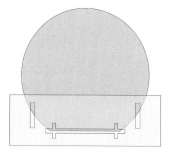

Abb. 6.3-2 Justiermuster zur Ausrichtung der ersten Lithographiemaske zum Wafer. Dabei muss die Maske zum einen in Bezug auf den „Flat", also zur kristallographischen Orientierung des Wafers, ausgerichtet sein, zum anderen zum Außenrand des Wafers zentriert werden.

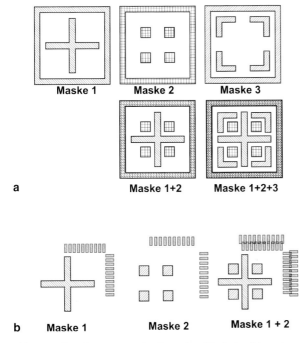

Abb. 6.3-3 Eine Sequenz von Justiermarken für drei aufeinander folgende Lithographieschritte.
a) Im oberen Teil des Bildes sind die Justiermarken gezeigt, die sich auf den einzelnen Masken befinden, im unteren Teil die jeweils aufaddierte Justierstruktur auf dem Wafer.
b) Durch eine noniusartige Struktur kann die Maske noch genauer zur vorliegenden Struktur justiert werden.

6.3.1.3 Organisation des Entwurfs (Hierarchie, Layers)

Bei der hohen Zahl von Einzelstrukturen, die in einem Maskenentwurf auftreten, ist eine geschickte Organisation des Entwurfs unabdingbar. Dies gilt in gleichem Maße für die Mikroelektronik wie für die Mikromechanik.

Maskenentwürfe werden deshalb in der Regel hierarchisch aufgebaut. Das bedeutet, dass Gruppen von Entwurfselementen zu Unterstrukturen zusammengefasst werden. Diese Unterstrukturen können dann bei der weiteren Konstruktion wie andere Konstruktionselemente (also z. B. wie ein Rechteck) verwendet werden, d. h., diese Unterstruktur kann als Ganzes zum Entwurf hinzugefügt werden. Diese Technik ist sehr ähnlich der Unterprogrammtechnik beim Programmieren. Dort werden auch Gruppen von Befehlen zu Unterprogrammen zusammengefasst. Zur Ausführung der entsprechenden Operation genügt es dann, dieses Unterprogramm aufzurufen.

Da Unterstrukturen wiederum Referenzen von anderen Unterstrukturen enthalten dürfen, ist eine Verschachtelung – meist bis etwa 16 Ebenen tief –

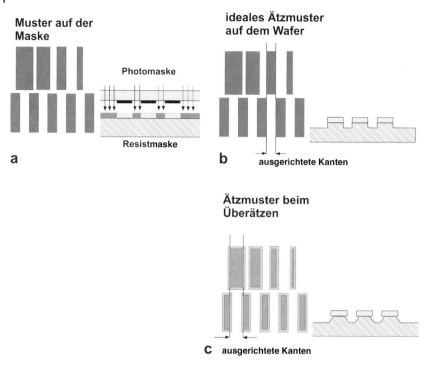

Abb. 6.3-4 Teststruktur zur Messung der Überätzung auf einem Wafer.
a) Die Maskenstruktur, die auf den Wafer übertragen wird.
b) Das Testmuster auf dem Wafer bei einem idealen Ätzprozess (also keine Überätzung).
c) Das Testmuster bei Überätzung. Die noniusartige Struktur erlaubt eine Abschätzung des Grades der Überätzung an den Teststrukturen.

möglich. Damit können beispielsweise verschiedene Transistorstrukturen als Unterstrukturen definiert werden. Aus diesen Transistoren können dann z. B. logische Funktionen als neue Unterstrukturen aufgebaut werden. Durch die hierarchische Organisation werden ein schnelleres Entwerfen ermöglicht, die Datenmenge reduziert und schließlich die Fehlerhäufigkeit verringert, weil man immer wieder dieselbe Struktur verwendet und sie nur einmal auf Fehler prüfen muss.

Eine weitere Hilfe bei der Organisation des Entwurfs sind logische Ebenen oder Layers. So werden z. B. die Bereiche einer Struktur, die eine unterschiedliche Genauigkeit beim Schreiben mit dem Elektronenstrahlschreiber erfordern, in unterschiedliche Bereiche unterteilt, um verschiedene Schreibparameter anwenden zu können. So lässt sich die Schreibzeit deutlich reduzieren, da die „ungenauen" Bereiche mit größerem Strahldurchmesser und somit viel schneller abgearbeitet werden können als die genauen Bereiche (z. B. Konturen), die mit einem kleinen Strahldurchmesser geschrieben werden müssen (Abb. 6.3-5).

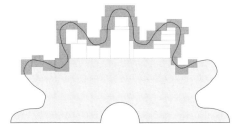

Abb. 6.3-5 Beispiel einer Struktur, die mit unterschiedlichen Strahldurchmessern und damit unterschiedlicher Auflösung geschrieben wird. Die komplexe Struktur wird zunächst mit einem feinen Strahldurchmesser (etwa 100 nm) im Vektorscan-Verfahren umrandet (dunkle Rechtecke), um dann das Innere der Struktur mit einem großen Strahldurchmesser (etwa 1 µm) auszufüllen (weiße Rechtecke). Damit ist ohne Einschränkung des Auflösungsvermögens eine Zeitersparnis gewonnen.

Diese Bereiche werden unterschiedlichen Layern zugeordnet. Deshalb gibt es bei den CAD-Systemen die Möglichkeit, die Strukturen auf unterschiedlichen logischen Ebenen oder Layers abzulegen. In der grafischen Darstellung auf dem Bildschirm wird dies meist durch unterschiedliche Farben der Strukturen hervorgehoben.

Nachdem ein Entwurf fertiggestellt ist, muss die in der Datenbasis enthaltene Information – also die Menge der elementaren Formen, aus denen der Entwurf aufgebaut ist, inklusive ihrer Koordination und ihrer hierarchischen Organisation – an das Postprozessor-Programm (vgl. Abschn. 6.4.3) übermittelt werden.

Da es sowohl für den Datenentwurf sehr viele unterschiedliche CAD-Systeme als auch für die Strukturerzeugung zahlreiche, teilweise sehr unterschiedlich arbeitende Mustererzeugungsgeräte gibt, besteht der Bedarf an geeigneten, einheitlichen Schnittstellen. Im Bereich der Mikroelektronik hat sich das so genannte „Calma-GDS-II-Format" als nahezu Standardformat durchgesetzt, das von allen Mustererzeugungsgeräten (bzw. deren Postprozessor-Programmen) verstanden wird.

In diesem Format müssen alle runden Strukturen durch Polygone angenähert werden, jedoch muss diese Annäherung für viele Anwendungen nicht mit der maximal möglichen Genauigkeit durchgeführt werden. Eine wichtige Fähigkeit eines für die Mikromechanik geeigneten CAD-Systems ist deshalb auch, diese Annäherung kontrolliert durchführen zu können.

6.4
Elektronenstrahllithographie

Obwohl die Elektronenstrahllithographie bisher nicht die Bedeutung der optischen Lithographie erreicht hat, ist sie unabdingbar für die Herstellung der optischen Masken. Keine andere Strukturierungsmethode erlaubt großtechnisch die Herstellung von Strukturen mit Nanometerabmessungen. Neben der Maskenherstellung wird die Elektronenstrahllithographie auch zum direkten Schreiben von Wafern kleiner Stückzahlen, wie z. B. bei der Herstellung von ASICs, eingesetzt.

In der Elektronenstrahllithographie wird ein elektromagnetisch ablenkbarer Elektronenstrahl benutzt, um eine vorgegebene Struktur in einen für Elektronen empfindlichen Resist zu schreiben. Man unterscheidet heute Rasterscan- oder Vectorscan-Anlagen mit festem (Gauß'schem) oder geformtem (shaped) Strahl. Alle diese Anlagen erlauben nur eine serielle Strukturerzeugung und sind somit vergleichsweise langsam.

Neben den Elektronenstrahlschreibern werden auch so genannte Elektronenprojektoren entwickelt, die den Nachteil der langsamen Schreibweise nicht besitzen. Dabei werden Masken, die für Elektronen partiell transparent sind, mit einem großflächigen Elektronenstrahl beleuchtet. Bei dem verkleinernden Elektronenprojektor werden die durch die Maske durchtretenden Elektronen über ein elektromagnetisches Linsensystem verkleinert auf den Wafer abgebildet. Nachteilig ist, dass als Masken nur Metallschablonen eingesetzt werden können, bei denen die Absorberstrukturen zusammenhängend sein müssen, weil es keine Trägerfolien gibt, die für Elektronen ausreichend „transparent" sind.

6.4.1
Gauß'scher Strahl

Bei einem Elektronenstrahlschreiber mit festem Strahl entspricht die Intensitätsverteilung im Strahl einer Gauß-Verteilung. Man spricht deshalb von einem Gauß'schen Strahl. Zur Erklärung des prinzipiellen Aufbaus und der Funktionsweise eines solchen Elektronenstrahlschreibers wird in Abb. 6.4-1 eine besonders einfache Darstellung gezeigt. Die wesentlichen Bestandteile eines Elektronenstrahlschreibers mit Gauß'schem Strahl sind:

- die Elektronenquelle mit der Austrittsapertur,
- das elektrooptische Abbildungssystem,
- die Austasteinheit,
- die Ablenkeinheit sowie
- der Präzisionstisch mit laserinterferometrischer Positionskontrolle.

In einer Elektronenquelle werden Elektronen erzeugt und mit einer Hochspannung – zwischen 10 und 100 kV – auf das Target, z. B. die Maske, beschleunigt. Als Elektronenquellen werden normalerweise entweder Wolframkathoden oder LaB_6-Kristalle mit sehr scharfen Spitzen (flac-top-spike) verwendet. Für Schreiber mit besonders hohen Auflösungen (d. h. mit kleinen Strahldurchmessern) werden Feldemissionskathoden eingesetzt. Für die thermischen Kathoden ergibt sich ein um so höherer Elektronenstrom, je höher die Betriebstemperatur und je geringer die Austrittsarbeit des Materials ist. Die Stromdichte wird durch die Richardson-Gleichung beschrieben, üblicherweise liegt sie unter 1 $[A/cm^2]$:

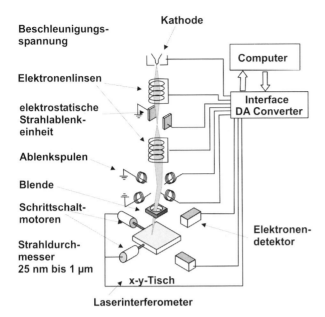

Abb. 6.4-1 Prinzipieller Aufbau eines Elektronenstrahlschreibers mit Gauß'schem Strahl.

$$j_R = C \cdot T^2 \cdot \exp\left(-\frac{W}{kT}\right) \tag{6.1}$$

Dabei ist T die Temperatur, W die Austrittsarbeit der Elektronen aus dem Kathodenmaterial und C eine Konstante.

Für Feldemissionskathoden nimmt der Strom mit zunehmender Feldstärke zu, in diesem Fall beschreibt die Fowler-Nordheim-Gleichung die Stromdichte:

$$j_{FN} = \frac{C}{W}(\beta E^2)\exp\left(-\frac{B \cdot W^{\frac{2}{3}}}{\beta E}\right) \tag{6.2}$$

Dabei ist E das anliegende elektrische Feld, C und B sind Konstanten, β beschreibt die Verstärkung der Stromdichte durch geometrische Unregelmäßigkeiten (Spitzenentladungen) auf der Oberfläche. Dafür stehen Rechenprogramme zur Verfügung. Üblicherweise liegt die Stromdichte an Emissionskathoden im Bereich zwischen 10^4 und 10^8 [A/cm^2] [Brod82].

Der von der Elektronenquelle ausgehende Strahl wird durch ein meist sehr aufwendiges Linsensystem auf einen Punkt fokussiert. Der Strahldurchmesser liegt je nach Anwendung und Gerätetyp zwischen wenigen Nanometern und 1 µm. Er berechnet sich aus den Brennweiten der Einzellinsen (f_i), den Abständen der Linsensysteme (L_i) und aus der Größe der Austrittsapertur d_0. Für ein System aus drei perfekten Linsen ergibt sich:

$$d = \frac{f_1 \cdot f_2 \cdot f_3}{L_1 \cdot L_2 \cdot L_3} \cdot d_0 \tag{6.3}$$

Der Strahldurchmesser auf dem Substrat kann durch das Linsensystem – wie in einem optischen Zoom-Objektiv – meist in einem großen Bereich (ca. Faktor 20–50) variiert werden.

Um den Strahl während des Schreibens an den Stellen, an denen nicht belichtet werden soll, sehr schnell ausblenden zu können, durchläuft er einen Kondensator, mit dem das schnelle Austasten durch Anlegen eines elektrischen Feldes realisiert wird. Die rasterartige Ablenkung des Strahls in x- und y-Richtung erfolgt (meist) über magnetische Spulen unter Ausnutzung der Lorentz-Kraft:

$$F_L = -e \cdot v \times B \tag{6.4}$$

mit v = Geschwindigkeit der Elektronen und B = magnetisches Feld.

Die Spulen des Ablenksystems sind deshalb so gewickelt, dass das Magnetfeld senkrecht zur optischen Achse des Elektronenstrahlschreibers steht. In Abb. 6.4-2 ist ein solches Doppelablenksystem skizziert.

Um Abbildungsfehler klein zu halten, liegt die maximal mögliche Auslenkung eines Elektronenstrahls in der Regel in der Größenordnung von einem Millimeter, bei größeren Auslenkungen würden die elektronenoptischen Fehler (Strahldurchmesser, Astigmatismus, Linearität der Auslenkung usw.) zu groß. Innerhalb dieser Ablenkung können Strahlverzerrungen durch einen Stigmator, das ist ein elektrisch ansteuerbarer Oktopolmagnet innerhalb der Endlinse, noch korrigiert werden.

Für größere Abstände der zu schreibenden Strukturen muss das Substrat unter dem Elektronenstrahl verschoben werden, sobald das mit dem Strahl überstreichbare Gebiet belichtet ist. Dazu ist das Substrat auf einem motorisch gesteuerten x-y-Tisch befestigt, der mit einer Positionsmesseinrichtung (Laserinterferometer) ausgestattet ist. Um eine möglichst hohe Genauigkeit zu erreichen, wird ein so genanntes Zwei-Frequenz-Laserinterferometer eingesetzt. Die Linie eines He-Ne-Lasers wird mittels eines externen Magnetfeldes aufgespalten (Zeemann-Effekt) und es werden nur noch die Schwebungen zwischen diesen beiden Linien gezählt. Die Referenzschwebung gelangt über einen Strahlteiler direkt in das Zählwerk, während die Messfrequenz durch die Bewegung eines auf dem Tisch befindlichen Reflektors aufgrund des Doppler-Effektes verschoben wird. Damit können Verschiebungen festgestellt werden, die etwa ein Hundertstel der Wellenlänge des Lichtes betragen, d.h., eine Strecke von mehr als 100 mm kann auf genauer als 10 nm vermessen werden.

Zur Kontrolle und zur Eichung der Tisch- und Strahlpositionierung sowie für die Bestimmung des Strahldurchmessers werden von definierten Marken auf dem x-y-Tisch oder von dem Substrat zurückgestreute Elektronen oder Sekundärelektronen mit Hilfe von Szintillationsdetektoren oder Photomultipliern detektiert und weiterverarbeitet.

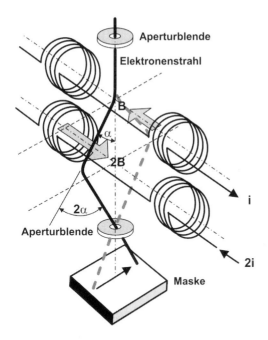

Abb. 6.4-2 Das Doppelablenksystem in einem Elektronenstrahlschreiber. Der Elektronenstrahl soll einerseits zur Vermeidung elektronenoptischer Fehler möglichst achsennah geführt werden, andererseits aber auch einen großen Rasterbereich überdecken. Dabei wird der Strahl vom oberen System um den Winkel α abgelenkt und vom unteren System um den Winkel -2α zurückgelenkt.

Die Steuerung der Ablenkspulen, der Magnetlinsen, des Austasters, des x-y-Tisches und die Auswertung der Signale des Elektronendetektors erfolgen über einen Computer. Spezielle Interface-Einheiten, die im Wesentlichen aus schnellen und hochgenauen Digital-analog-Wandlern bestehen, wandeln die digitalen Signale des Computers in analoge Werte für die notwendigen Ströme und Spannungen der einzelnen Komponenten um.

Schreibstrategie beim Gauß'schen Strahl

Zum Schreiben einer Maske oder eines Wafers mit dem Gauß'schen Strahl gibt es zwei grundsätzliche Strategien:

- das Rasterscan-Verfahren und
- das Vectorscan-Verfahren (Abb. 6.4-3).

Beim Rasterscan-Verfahren wird der Elektronenstrahl mäanderförmig über die gesamte Fläche (Scan-Feld), die vom Strahlablenksystem überstrichen werden kann, geführt. Dabei ist der Strahl nur an den zu belichtenden Stellen eingeschaltet, während er an den anderen Stellen ausgetastet wird. Dies bedeutet jedoch, dass auch über die Stellen gefahren werden muss, die nicht belichtet werden sollen. Dies führt zu langen Zeiten, an denen der Elektronenstrahlschreiber überhaupt nicht arbeitet.

Eine Variante dieser Strategie ist das „Schreiben auf dem bewegten Tisch" („Writing on the Fly"). Hier wird der Elektronenstrahl periodisch nur in einer Richtung, der y-Richtung, ausgelenkt, während gleichzeitig der Tisch unter dem

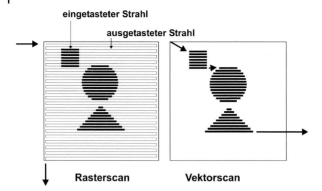

Abb. 6.4-3 Schematische Darstellung der Schreibstrategie von Elektronenstrahlschreibern.
a) Beim Rasterscan-Verfahren wird der Strahl rasterartig über den gesamten Schreibbereich bewegt.
b) Beim Vektorscan werden nur die zu belichtenden Bereiche angefahren und gerastert. In Bereichen, die nur wenige oder kleine Strukturen aufweisen, spart man somit Bearbeitungszeit.

Strahl kontinuierlich in der hierzu senkrechten Richtung über die gesamte Länge der Maske bewegt wird. Ist so eine Zeile mit einer Breite von z. B. 256 μm belichtet, wird der Tisch um die Breite dieser Zeile in y-Richtung verschoben und die nächste Zeile abgearbeitet. Da in diesem Fall zwei Bewegungen zusammengefasst werden, lässt sich die Schreibzeit reduzieren. Dennoch bestimmt die Zeit, in der der Strom ausgeschaltet ist, wesentlich die Gesamtschreibzeit.

Mit dem Vectorscan-Prinzip wird versucht, die nichteffektive Schreibzeit zu minimieren. Statt den Elektronenstrahl über das gesamte zur Verfügung stehende Scan-Feld zu bewegen, wird der Strahl nur in die Gebiete abgelenkt, die auch beschrieben werden, wobei während dieser Sprünge der Strahl ausgeschaltet bleibt.

Bei beiden Verfahren werden die Strukturen i. Allg. aus Trapezen aufgebaut, die nacheinander belichtet werden. Die Trapeze oder Rechtecke werden meist mäanderförmig, Zeile für Zeile, ausgefüllt (Trapezablenkung). Dabei wird der Elektronenstrahl mit seinem „Elementar"-Fleck („Spot Size") für eine kurze Zeit angehalten, um den Resistfleck zu belichten. Dann rückt der Strahl um einen Schritt („Beam-Step-Size") weiter (Abb. 6.4-4). Man wählt diese Form, um in den Ablenkspulen möglichst geringe Änderungen der Ströme zu erzeugen, da große Stromänderungen zu Wirbelströmen führen können. Diese müssten erst abklingen – anderenfalls würde das Bild verzerrt – und damit würde die Schreibgeschwindigkeit reduziert. Die durch die Steuerung vorgegebene Ablenkspannung für den Elektronenstrahl steigt also nicht kontinuierlich an, sondern folgt einer Treppenfunktion. In der Praxis wird die Bewegungsfolge durch endliche Zeitkonstanten der Induktivitäten und Kapazitäten zu einer mehr oder weniger quasikontinuierlichen Bewegungsfolge geglättet.

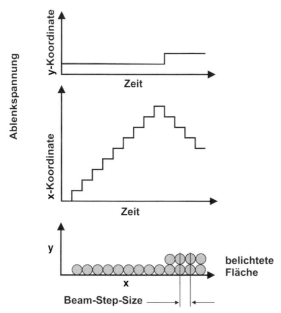

Abb. 6.4-4 Idealisierter Stromverlauf an den Ablenkspulen eines Elektronenstrahlschreibers. Der Strahl läuft nicht kontinuierlich über den Schreibbereich, sondern springt von Pixel zu Pixel. Jedes Pixel hat somit eine eigene Adresse, die vom Steuerungsrechner bereitgestellt werden muss. Der Pixelabstand (und somit das Auflösungsvermögen der Anordnung) wird „Beam-Step-Size" genannt.

Aufgrund dieser Schreibstrategie ist die Strahlablenkung meist auch in zwei Teile aufgeteilt. Mit der Hauptablenkung wird die Lage des Trapezes innerhalb des Scan-Feldes eingestellt. Hierzu sind relativ große Strahlauslenkungen notwendig, die daher verhältnismäßig langsam sind. Bei der Konzeption der anschließenden Trapezablenkung wird darauf geachtet, dass sowohl die Soft- als auch die Hardware besonders schnell sind, da das Belichten der Trapeze wesentlich in die Arbeitsgeschwindigkeit des Elektronenstrahlschreibers eingeht.

6.4.2 Geformter Strahl

Zur Belichtung einer Fläche auf der Maske müssen mit dem Gauß'schen Elektronenstrahl sehr viele Einzelbelichtungen durchgeführt werden. Selbst wenn die Frequenz, mit der diese Belichtungen durchgeführt werden, sehr hoch ist – bei besonders schnellen Schreibern beträgt sie bis zu 160 MHz –, benötigt man doch relativ lange Schreibzeiten. Daher wurden neben diesem Typ auch Elektronenstrahlschreiber entwickelt, bei denen der Elektronenstrahl eine rechteckige Form besitzt, so dass eine größere Fläche in einem einzigen Schritt belichtet werden kann. Dabei kann die Rechteckform des Strahls elektronenoptisch variiert werden, man spricht daher von Schreibern mit „variablem Strahl" oder von „Shaped-Beam"-Maschinen. Das Prinzip für die Formgebung des Strahls ist relativ einfach (Abb. 6.4-5). Eine erste quadratische Blende wird in die Ebene einer zweiten quadratischen Blende abgebildet. Ohne Ablenkung entspricht das Bild der ersten Blende gerade dem der zweiten Blende und diese Form wird auf der Maske abgebildet. Wird das Bild der ersten Blende dagegen abgelenkt, so wird nur ein Teil der zweiten Blende ausgeleuchtet und es wird ein kleineres Rechteck herausgeschnitten und abgebildet. Jede beliebige Kombination von x- und y-Ablenkung kann verwendet werden, um die gewünschte rechteckige Form des Elektronenstrahls zu erzeugen. Mit diesem rechteckigen Strahl wird dann mit Hilfe entsprechender Ablenk- und Austastsysteme das Substrat belichtet.

Die Elektronenstrahlschreiber mit geformtem Strahl wurden entwickelt, um die Schreibzeiten deutlich zu reduzieren. Es ist jedoch ersichtlich, dass eine Verkürzung der Schreibzeit nur erreicht werden kann, wenn die zu schreibende Geometrie in einfache Rechtecke aufgeteilt werden kann. Dies ist in der Mikroelektronik meist gegeben (Manhattan-Strukturen), in der Mikromechanik dagegen weniger, da hier oft recht komplizierte geometrische Strukturen hergestellt werden müssen.

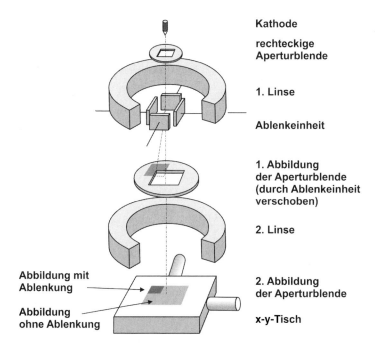

Abb. 6.4-5 Prinzip der Strahlformgebung bei Elektronenstrahlschreibern mit variablem Strahlprofil (Shaped-Beam-Maschine).

6.4.3
Postprozessor

Nachdem die prinzipielle Arbeitsweise eines Elektronenstrahlschreibers beschrieben wurde, soll nun kurz auf die Aufgabe eines Postprozessor-Programmes eingegangen werden, das die CAD-Daten in die Steuerdaten für den Schreiber umwandelt (Abb. 6.4-6). Diese Programme sind für jeden Schreiber z. T. sehr unterschiedlich.

Das Postprozessor-Programm muss die Aufteilung der zu schreibenden Muster in die Hauptablenkfelder und dann in Trapezoide vornehmen und die zugehörige Folge von Tischbewegungen, Hauptablenkungen und Trapezauslenkungen organisieren. Dazu werden in einer kleinen Steuerdatei, dem sog. „Control Data File", Vorgaben gemacht. Es wird festgelegt

- welche CAD-Ausgabedatei verarbeitet wird,
- welche Layers geschrieben werden sollen,
- in welcher Form die Eingabedaten vorliegen,
- welche Korrekturen an den Daten vorgenommen werden sollen,
- welche Maschinenparameter beim Schreiben verwendet werden (Strahldurchmesser, Beam-Step-Size, Schreibbereichgröße usw.).

Das Postprozessor-Programm bearbeitet gemäß diesen Anweisungen die Eingabedatei (= Ausgabedatei des CAD-Systems) und generiert die Positionsinformationen für den Elektronenstrahl in Form eines Adressgitters. Jede Bahn, die der Elektronenstrahl beschreibt, wird vom Schreiber als eine Folge von Positionen behandelt, die in digitaler Form vom Postprozessor dargestellt werden. Die digitale Positionsinformation wird dann in einem Digital-analog-Wandler (DAC) in eine Spannung umgesetzt, die die Auslenkung des Elektronenstrahls steuert. Bezüglich der Anzahl der Binärstellen für die Speicherung der Positionsinformation muss ein Kompromiss eingegangen werden. Mit der Anzahl der Binär-

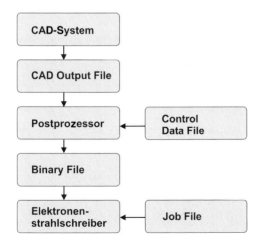

Abb. 6.4-6 Datenfluss und Datenverarbeitung vom CAD-System bis zum Elektronenstrahlschreiber.

stellen steigen der benötigte Speicherplatz und die Zeit für die Wandlung im DAC an, dafür wird die Positionsinformation genauer spezifiziert. Meist werden etwa fünfzehn Binärstellen pro Koordinate gewählt. Damit ergibt sich eine „Quantisierung" der Positionsinformation. Alle Positionen sind Vielfache einer kleinsten Längeneinheit, der Schrittweite des Elektronenstrahls (Beam-Step-Size).

Die vom Postprozessor generierten Daten werden in einer Ausgabedatei, dem „Binary File" abgelegt.

Um den Prozess der Mustererzeugung durchzuführen, wird eine weitere Hilfsdatei, die „Jobfile", benötigt. In ihr wird der Ablauf der Operationen des Elektronenstrahlschreibers bzw. seines Steuerrechners mit dem zugehörigen Steuerprogramm festgelegt. Dort wird z. B. festgelegt, welches Maskenblank zu welcher Zeit aus dem Magazin zu laden ist, welche Kalibrieroperationen durchgeführt werden, welches Binary File die Steuerinformationen enthält und an welcher Stelle auf der Maske das Muster positioniert werden soll. Bei der eigentlichen Schreiboperation arbeitet der Schreiber dann die im Binary File enthaltenen Schreib- und Bewegungsoperationen ab.

6.5
Proximity-Effekt

Die mit einem Elektronenstrahlschreiber erzielbare kleinste Strukturgeometrie hängt nicht nur von dem kleinstmöglichen Strahldurchmesser, der sich aus der Elektronenoptik ergibt, ab, sondern wird auch sehr stark von den Wechselwirkungsprozessen bestimmt, die die Elektronen mit dem zu strukturierenden Resist oder dem darunterliegenden Substrat eingehen.

Wenn die Elektronen in die Resistschicht eindringen, erleiden sie sowohl inelastische als auch elastische Streuung. Sie erfahren dadurch eine Ablenkung aus ihrer ursprünglichen Richtung. Diese Ablenkung hängt sowohl von der Energie der einfallenden Elektronen als auch von der Atommasse der Resistmoleküle ab. Ein zunächst paralleler und sehr enger Elektronenstrahl wird sich also beim Eindringen in den Resist aufweiten. Dieser Effekt wird als Vorwärtsstreuung bezeichnet. Da der Streuwinkel mit abnehmender Energie etwa quadratisch ansteigt und die Elektronen im Resist ihre Energie quasikontinuierlich abgeben, kommt es besonders am Ende der Elektronenbahnen zu einer starken Verbreiterung des Elektronenstrahls. Daher ergibt sich in einem beliebig dicken Resist eine keulenförmige Verteilung der abgelagerten Dosis (Abb. 6.5-1).

Beim Schreiben einer Maske wählt man die Energie der Elektronen so hoch, dass fast alle Elektronen die meist dünne Resistschicht vollständig durchlaufen und in das Maskensubstrat eindringen. Wegen der größeren Atommasse des Substrates werden die Elektronen dort allerdings in größere Winkel, die sogar $90°$ überschreiten können, gestreut. Die Elektronen treten also an anderen Stellen wieder aus der Oberfläche des Substrates heraus und belichten den Resist von unten her ein zweites Mal bzw. gelangen in Gebiete, die nicht direkt vom

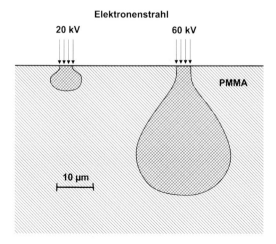

Abb. 6.5-1 Der Effekt der Elektronenstreuung in dicken Resistschichten für Elektronenstrahlen mit 20 und 60 keV Energie.

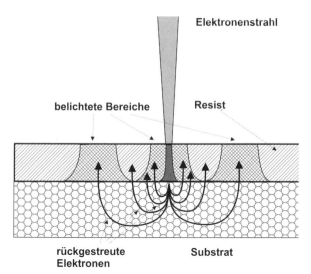

Abb. 6.5-2 Der Proximity-Effekt bei der Lithographie mit Teilchenstrahlen. Durch Impulsumkehr der geladenen Teilchen im Substrat wird die Resistschicht von der Rückseite her auch in den Schattenbereich hinein belichtet. Nahe beieinander liegende Strukturen können dabei „verschmiert" werden.

Elektronenstrahl belichtet werden. Dieses Phänomen wird Rückstreuung genannt (Abb. 6.5-2).

Die Streuung der Elektronen im Resist und im Substrat führt nun dazu, dass auch Resistbereiche, die nicht direkt vom Elektronenstrahl bestrahlt werden, teilweise von Elektronen getroffen werden. Da diese Bereiche damit schon eine

Vorschädigung erfahren haben, hat dies zur Folge, dass für große, zusammenhängende Gebiete eine niedrigere Elektronendosis benötigt wird als für kleinere, isolierte Gebiete, für dünne Linien oder für die Randbereiche einer Struktur. Diesen Effekt nennt man „Proximity-Effekt" [Chan75]. Der Proximity-Effekt kann dazu führen, dass einzelne, eng beieinander stehende Linien nicht mehr aufgelöst werden können. Er begrenzt somit die minimal herstellbare Strukturgeometrie.

Der Proximity-Effekt wird beeinflusst von:

- der Beschleunigungsspannung der Elektronen. Er nimmt mit zunehmender Beschleunigungsspannung ab. Daher ist es zur Strukturierung dicker Resistschichten mit parallelen Seitenwänden notwendig, eine möglichst hohe Beschleunigungsspannung zu wählen.
- dem Substratmaterial. Er steigt mit der Ordnungszahl der verwendeten Materialien an. Somit sind Materialien mit niedriger Ordnungszahl, beispielsweise Beryllium (Ordnungszahl 4), als Substrate in der Maskenherstellung für die Mikromechanik besonders gut geeignet.
- dem Resistmaterial und dessen Dicke. Er wirkt sich um so weniger aus, je geringer das mittlere Atomgewicht des Resists und je dünner der Resist ist.
- dem Kontrast und den Entwicklungsbedingungen des Resists. Er beeinflusst die Strukturgenauigkeit um so weniger, je höher der Kontrast des Resists und der Dunkelabtrag ist.

Zur Korrektur des Proximity-Effektes kann man z. B. die zu schreibende Struktur in mehrere Bereiche aufteilen und entsprechend der Untergrunddosis mit unterschiedlichen Parametern belichten, beispielsweise mit unterschiedlicher Elektronenstromstärke oder unterschiedlicher Belichtungszeit (d. h. unterschiedlicher Schrittgeschwindigkeit bzw. Frequenz). Diese lokal unterschiedlichen Bestrahlungsdosen werden mit Monte-Carlo-Methoden, die die Streuung der Elektronen im Resist und Substrat simulieren, ermittelt.

6.6
Optische Lithographie

Sowohl bei der Herstellung mikroelektronischer Schaltkreise als auch in der Mikrotechnik hat die optische Lithographie die größte Bedeutung. Sie dient dazu, die Lackmasken für die anschließenden Ätz- oder Diffusionsprozesse zu realisieren. Obwohl schon vor vielen Jahren erwartet wurde, dass die optische Lithographie für die Herstellung von Strukturen mit Breiten unter 0,5 µm, wie sie für die Realisierung von hochintegrierten Speicherchips (Megabit-Speicher) benötigt werden, nicht geeignet ist, konnte die Strukturbreite durch die laufenden, intensiven Entwicklungsarbeiten kontinuierlich für kleine Strukturen erhöht werden. Neueste Lithographiemaschinen arbeiten im EUV-Bereich (EUV

– extreme ultra violet) mit einer Wellenlänge von 193 nm. Sie erreichen eine Strukturauflösung von 90 nm (siehe Abb. 6.6-5). Einen entscheidenden Anteil haben daran Weiterentwicklungen in allen Bereichen, die die Strukturauflösung bestimmen:

- Beugung (Wellenlänge des Lichtes),
- Fokallänge und numerische Apertur des Linsensystems,
- Kontrast und Auflösung des Resists,
- Reflexion vom Substrat (stehende Wellen im Resist).

Bei der Photolithographie werden die Strukturen durch Abbildung einer Maske in den photoempfindlichen Resist erzeugt. Als Beleuchtungsquellen werden üblicherweise Quecksilberdampflampen eingesetzt, die starke Emissionslinien bei 435 nm (G-line), 405 nm (H-line) und 365 (I-line) haben. Neuerdings werden auch Excimer-Laser eingesetzt, die z.B. bei einer Wellenlänge von 248 nm (Gas: Kryptonfluorid) oder von 193 nm (Argonfluorid) arbeiten.

Die Abbildung erfolgt einerseits in einer 1:1 Schattenprojektion der Maske, die entweder in direktem Kontakt auf dem Resist aufliegt (Kontaktbelichtung) oder einen geringen Abstand zum Substrat aufweist (Proximity-Belichtung). Andererseits werden auch Systeme eingesetzt, die die Maske über ein Abbildungssystem verkleinernd auf den Resist abbilden (Projektionsbelichtung).

6.6.1
Masken

Die in der optischen Lithographie eingesetzten Masken bestehen aus Glas- oder Quarzscheiben mit einer Dicke von etwa 1,5 bis 3 mm, mit meist quadratischen Abmessungen von 4, 5 oder 6 Zoll.

Als Absorber dient eine Chromschicht, wobei für eine vollständige Lichtundurchlässigkeit schon eine Dicke von 100 nm ausreichend ist. Diese Chromschicht wird durch Aufsputtern im Hochvakuum hergestellt.

Auf die Chromschicht wird eine etwa 0,5 bis 1 µm dicke Resistschicht mit Hilfe einer Lackschleuder (Spincoater) aufgebracht.

Nach der Strukturierung der Resistschicht, meist mit einem Elektronenstrahlschreiber, wird der Resist entwickelt. Neben einfachen Tauch-Entwicklungen haben sich Sprüh-Entwicklungen durchgesetzt, bei denen die rotierende Maske mit dem Entwickler besprüht wird. Danach können dann sofort geeignete Spülflüssigkeiten aufgesprüht werden. Mit dieser Methode kann auch bei großen Maskenformaten eine sehr gleichmäßige und homogene Entwicklung durchgeführt werden.

In einem anschließenden Ätzprozess wird dann die Chromschicht an den Stellen entfernt, die nicht durch den Resist geschützt sind. Dies erfolgt meist nasschemisch, wobei die Ätzflüssigkeit ebenfalls auf die rotierende Maske aufgesprüht wird. Aber auch Trockenätzprozesse werden eingesetzt, mit denen man prinzipiell kleinere Strukturen erzeugen kann, da das „Unterätzen" hier geringer ausfällt.

Im letzten Schritt wird der verbliebene Resist mit einem starken Lösungsmittel aufgelöst oder in einem Sauerstoffplasma verbrannt.

Maskenreparatur

Mit zunehmender Komplexität und Größe der Strukturfelder kommt der Maskeninspektion und der Maskenreparatur eine immer größer werdende Bedeutung zu. Bei sehr großen Masken mit minimalen Strukturbreiten unter 1 µm ist davon auszugehen, dass keine absolut fehlerfreien Masken mehr hergestellt werden können.

Die Maskeninspektion erfolgt mit Hilfe aufwendiger Computerprogramme, mit Hochleistungsoptiken und mit hochpräzisen Tischen. Da auf einer Maske das gleiche Muster oft mehrmals vorhanden ist, kann bei der Inspektion ein direkter Vergleich zweier geschriebener Muster („Die-to-Die") erfolgen. Mit größerem Aufwand ist der Vergleich des geschriebenen Musters mit den CAD-Solldaten („Die-to-Database") verbunden, wobei in diesem Fall auch systematische, sich wiederholende Fehler gefunden werden. Heutzutage können mit Systemen, bei denen die Inspektion lichtoptisch im Durchlicht erfolgt, Fehler von 0,35 µm mit einer Wahrscheinlichkeit von 95% gefunden werden.

Prinzipiell kann man zwei Klassen von Fehlern definieren: „opake Defekte", bei denen Absorberstrukturen an Stellen zurückbleiben, die transparent sein sollten, und „klare Defekte", bei denen Stücke der Absorberstruktur fehlen. Zur Beseitigung der opaken Defekte muss das Chrom entfernt werden, was durch Bestrahlung mit Laserlicht oder mit einem fokussierten Ionenstrahl (vgl. Abschn. 6.8) erfolgen kann.

Die Beseitigung von klaren Defekten ist im Allgemeinen aufwendiger, da hier auf der Maske eine lichtundurchlässige Schicht abgeschieden werden muss. Dies kann dadurch erfolgen, dass die Reparaturstelle mit einer gasförmigen Metallverbindung angeströmt wird und lokal sehr begrenzt Energie in Form von Laser- oder Teilchenstrahlung zugeführt wird. Durch diese Energiezufuhr zersetzt sich die Metallverbindung und das Metall scheidet sich an den bestrahlten Stellen ab.

6.6.2
Schattenprojektion

Die einfachste Art der Lithographie, die optische 1:1 Schattenprojektion, die über viele Jahre hinweg das Standardverfahren der Halbleitertechnik war und die auch in vielen Anwendungen mit weniger kritischen Bauelementen noch in der Produktion angewendet wird, ist in ihren zwei Varianten, der Kontakt- und der Proximity-Belichtung in Abb. 6.6-1 schematisch dargestellt.

Bei der Kontaktbelichtung werden Maske und Wafer zuerst bei einem geringen Abstand zueinander über Marken genau übereinander justiert und dann mit einem relativ hohen Druck aufeinander gepresst oder über Vakuum ange-

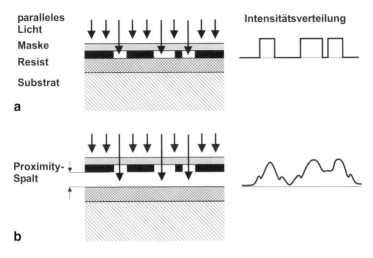

Abb. 6.6-1
a) Prinzip des „Contact Printing".
b) Prinzip des „Proximity Printing". Hierbei wird die Gefahr eines Verkratzens der Maske durch Staubpartikel vermindert, allerdings reduziert die Fresnel'sche Beugung im Vergleich zum Contact Printing das Auflösungsvermögen. Auf der rechten Seite ist jeweils die Intensitätsverteilung an der Resistoberfläche aufgezeichnet.

saugt. Dies ermöglicht im Prinzip eine gute Strukturauflösung bis in den Submikrometer-Bereich.

Es ergeben sich jedoch Ausbeuteprobleme, da sich Maske und Wafer durch die gegenseitige starke Berührung beschädigen, besonders wenn sich zwischen ihnen Staubteilchen befinden. Ein so erzeugter Fehler auf der Maske würde bei allen anschließenden Belichtungen auftreten. Ein weiteres Problem ist die mangelnde Ebenheit der Resistschichten, die einen idealen Kontakt über der gesamten Waferfläche verhindert. Damit ist die Strukturauflösung auf dem Wafer unterschiedlich.

Bei der Proximity-Belichtung wird zwischen Maske und Wafer ein definiert kleiner Spalt, typischerweise von 10–50 µm, eingestellt.

Durch die Wellennatur des Lichtes ergibt sich bei der Schattenprojektion kein idealer Schattenwurf, sondern es treten in der Intensitätsverteilung im Resist Minima und Maxima gemäß der Fresnel'schen Beugung auf. Der genaue Wert der erreichbaren Auflösung hängt vom Resist-Entwickler-System ab. Als Näherung kann man für die minimal erreichbaren Dimensionen angeben:

$$b_{min} = \sqrt{\lambda \cdot d_{prox}} \tag{6.5}$$

mit

λ = Wellenlänge des verwendeten Lichtes
d_{prox} = Proximity-Abstand

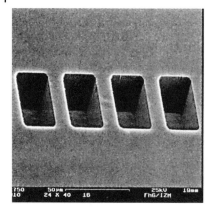 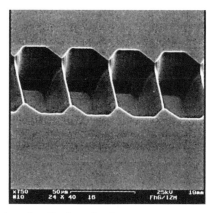

Abb. 6.6-2 Vergleich der experimentellen Ergebnisse einer Struktur, die einmal im Contact-Printing-Verfahren (a), ein andermal im Proximity-Printing-Verfahren (b) hergestellt wurde. Die Öffnungen sind $24 \cdot 40\ \mu m^2$ groß, die Resistdicke beträgt 30 µm (mit freundlicher Genehmigung des Fraunhofer Instituts für Zuverlässigkeit und Mikrointegration (IZM)).

Abb. 6.6-3 Proximity-Belichter der Firma Süss mit einem Auflösungsvermögen von 1 µm über eine Maskengröße von $10 \cdot 10\ cm^2$. Der Proximity-Spalt lässt sich zwischen 0 und 30 µm einstellen.

Für eine Wellenlänge von 436 nm (G-Linie einer Quecksilberdampflampe) und einen Proximity-Abstand von 20 µm ergibt sich damit eine minimale Auflösung von etwa 3 µm. Bei der Kontaktbelichtung wäre die Auflösung bei einer 1 µm dicken Resistschicht 0,7 µm. In Abb. 6.6-2 ist eine Struktur gezeigt, die zum einen mit Contact Printing, zum anderen mit Proximity Printing unter sonst gleichen Bedingungen hergestellt wurde.

Aufgrund der geringen Auflösung und der oben genannten Probleme kommen beide Verfahren für moderne Halbleiterlinien nicht mehr in Betracht, haben jedoch in der Mikrotechnik, wo die Anforderungen an minimale Strukturbreiten im Allgemeinen geringer sind, noch große Bedeutung. Ein typischer Proximity-Belichter von der Firma Süss ist in Abb. 6.6-3 gezeigt. Die minimale Strukturbreite liegt hier bei etwa 1 µm, die Maskengröße ist dabei $10 \cdot 10\ cm^2$.

6.6.3
Abbildende Projektion

Höhere Strukturauflösungen lassen sich mit abbildenden Systemen erreichen. Dabei wird die Maske mit hochauflösenden Objektiven mit großer Apertur auf den Resist abgebildet. In diesem Fall ergibt sich die Auflösung zu:

$$b_{min} = k_1 \cdot \frac{\lambda}{NA} \qquad (6.6)$$

mit $0{,}5 \leq k_1 \leq 0{,}8$ und NA = numerische Apertur des abbildenden Systems.

Hieraus wird sofort ersichtlich, dass mit abnehmender Wellenlänge das Auflösungsvermögen ansteigt, also kleinere Strukturen dargestellt werden können. Auch eine Vergrößerung der numerischen Apertur führt zu einer höheren Auflösung, allerdings sind hier aus technischen Gründen enge Grenzen gesetzt und eine NA von 0,7 dürfte die Grenze nach oben bedeuten. Allerdings begrenzt die numerische Apertur auch die Fokustiefe f. Diese berechnet sich zu:

$$\Delta f = k_2 \cdot \frac{\lambda}{NA^2} \qquad (6.7)$$

mit $0{,}5 \leq k_2 \leq 0{,}8$.

Bei einer Wellenlänge von 436 nm und einer numerischen Apertur von 0,35 ergeben sich beispielsweise eine Auflösung von 0,6 µm und eine Fokustiefe von 1,8 µm. Die Unebenheiten des Wafers, seine Topographie, eine Resistdicke von etwa 0,5 µm und weitere apparative Fehler führen damit leicht zu einer Belichtung außerhalb der Fokustiefe. Bei der oben angegebenen Fokustiefe variiert die Intensität um 20%, was noch akzeptiert werden kann. Zur Optimierung der Bedingungen bei der optischen Lithographie muss also ein Kompromiss zwischen hoher Auflösung und großer Fokustiefe eingegangen werden. Soll die Auflösung hoch sein und trotzdem eine akzeptable Fokustiefe erreicht werden, so kommt man nicht umhin, die Wellenlänge der verwendeten Lichtquelle zu verringern.

Die Abbildungsqualität eines Projektionsbelichtungsgerätes wird üblicherweise durch die Modulationstransferfunktion (MTF = modulation transfer function = Kontrastfunktion) bestimmt. Sie gibt die Intensitätsmodulation als Funktion der räumlichen Frequenz v eines Linienmusters, gemessen als Linien pro mm, an:

$$M_0 = \frac{I_{max} - I_{min}}{I_{max} + I_{min}} \qquad (6.8)$$

mit
I_{min} und I_{max} = minimale und maximale Intensität
I_{max}/I_{min} = Kontrast im Muster

Für ein beugungsbegrenztes Linsensystem berechnet sich die MTF:

$$MTF(v) = \frac{2}{\pi} \cdot \left[\mathrm{acos}\left(\frac{v}{v_0}\right) - \frac{v}{v_0} \cdot \sqrt{1 - \left(\frac{v}{v_0}\right)^2} \right] \quad (6.9)$$

mit $v_0 = 2 \cdot (NA)/\lambda$ (optische Cutoff-Frequenz) $= 1/b_{min}$

Die maximal darstellbare räumliche Frequenz hängt davon ab, ob die Beleuchtung mit kohärentem oder inkohärentem Licht erfolgt. Für kohärentes Licht beträgt sie $v_{max} = 2 \cdot NA/\lambda$, für inkohärentes Licht ist sie doppelt so groß. Um eine hohe Auflösung zu erzielen, ist es somit günstiger, inkohärentes Licht einzusetzen.

6.6.3.1 Ganzscheiben-Belichtung

Da es keine Objektive gibt, die auch nur annähernd eine Ganzscheiben-Belichtung mit dem geforderten Auflösungsvermögen zulassen, ging die Firma Perkin-Elmer den Weg der Spiegelabbildung, wie sie in Abb. 6.6-4 prinzipiell dargestellt ist. Da auch die Korrektur von Spiegelobjektiven nicht über den gesamten Flächenbereich, sondern in dieser Anwendung nur in einem sichelförmigen Flächenbereich möglich ist, wird dieser Flächenbereich mit Hilfe einer sehr präzisen Mechanik synchron über Maske und Wafer bewegt. Auf diese Weise wird die gesamte Maske im Maßstab 1:1 abgebildet. Die daraus entstandenen Geräte der MICRALIGN-Serie von Perkin-Elmer bildeten für viele Jahre die „Arbeitspferde" in der Produktion für den Strukturbereich um 2 m. Heutzutage sind sowohl die Anforderungen an das Auflösungsvermögen als auch die Wafergröße derart gestiegen, dass auch diese Methode für die Belichtung eines ganzen Wafers nicht mehr in Frage kommt. Allerdings wird das Scan-Prinzip – jedoch für kleinere Bereiche – auch bei den modernsten Maschinen angewandt. Hier

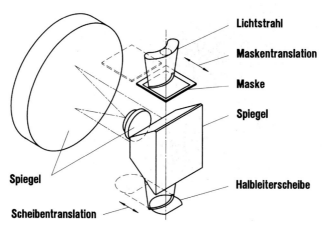

Abb. 6.6-4 Prinzipieller Aufbau eines MICRALIGN-Belichtungsgerätes der Firma Perkin-Elmer mit 1:1 Spiegelabbildung.

hat man das Scan-Verfahren mit dem Step- und Repeat-Verfahren kombiniert und erreicht damit eine Strukturauflösung, die im Bereich von 150 nm liegt.

6.6.3.2 Moderne Lithographiemaschinen

Lithographiemaschinen, die den heutigen Ansprüchen der Halbleiterindustrie in Bezug auf Auflösungsvermögen und Fertigungsdurchsatz entsprechen, sind hochkomplexe und kostspielige Investitionen. In der Tab. 6.6-1 sind einige Spezifikationen einer Maschine der Firma ASML aufgelistet.

Abb. 6.6-5 zeigt die Zeichnung einer Maschine von ASML für die Serienfertigung von Halbleiterschaltungen auf 300 mm Wafern.

Tab. 6.6-1 Spezifikationen einer modernen Photolithographiemaschine (am Beispiel der XT:1400E der Firma ASML, Niederlande)

Verwendete Wellenlänge	193 nm
Numerische Apertur	0,65–0,93
Auflösung	65 nm
Wafergröße	300 mm
Overlay (an der gleichen Maschine)	8 nm
Durchsatz	122 Wafer/h

Abb. 6.6-5 Lithographiemaschine, die für eine Wellenlänge von 193 nm und eine Minimalstruktur von 90 nm ausgelegt ist
(mit freundlicher Genehmigung von ASML, Niederlande).

6.7
Weiterentwicklungen

6.7.1
Phasenmasken

In den letzten Jahren wurden viele Anstrengungen unternommen, um die Grenzen der optischen Lithographie weiter zu kleineren Strukturdetails zu verschieben. Die erfolgreichste Maßnahme, die inzwischen auch Eingang in die Fertigung gefunden hat, ist die Verwendung von so genannten „Phasenmasken" (phase-shifting masks). Dabei wird die Phase des Lichtes, das durch benachbarte Schlitze der Maske hindurchtritt, um 180° gedreht. Dies hat zur Folge, dass das in den Schattenbereich gebeugte Licht zweier benachbarter Spaltenöffnungen destruktiv interferiert. Damit werden der Bildkontrast (d. h. der Dosisspielraum) und die Auflösung in der optischen Projektionsbelichtung wesentlich verbessert. Mit dieser Methode wurden Strukturen mit Auflösungen im Bereich von 0,2 µm hergestellt.

Die Phasenmasken besitzen neben dem üblichen Absorbermuster auf jeder zweiten lichtdurchlässigen Struktur eine Schicht, die die Phase der durchtretenden Lichtwellen dreht („Phasenschieber"). Die Dicke der transparenten Schicht t ist gegeben durch:

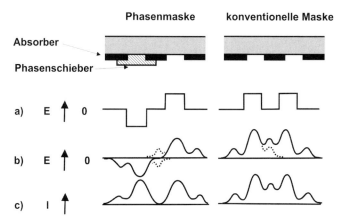

Abb. 6.7-1 Prinzipielle Wirkungsweise von Phasenmasken zur Erhöhung des Auflösungsvermögens bei der optischen Lithographie.
a) Die Phasen schiebende Schicht invertiert die Richtung des elektrischen Feldvektors E jeder senkrecht einfallenden ebenen Welle beim Durchgang durch die Maske.
b) Dieses Wellenbündel überlappt sich mit benachbarten Wellenbündeln, die keinen Phasensprung erhalten haben. Dadurch entsteht in den überlappenden Bereichen eine destruktive Interferenz.
c) An den Stellen der destruktiven Interferenz ist die Intensität der Welle ebenfalls null. Das führt zu einer besseren Abgrenzung der Teilwellen und damit zu einem höheren Auflösungsvermögen der übertragenen Struktur.

$$t = \lambda \cdot (N - 1) \qquad (6.10)$$

mit N = Brechungsindex der Schicht.

Auch bei den Phasenmasken gibt es inzwischen viele Varianten, eine einfache Form ist in Abb. 6.7-1 dargestellt.

Um auch mit einer sehr kleinen Fokustiefe arbeiten zu können, wurden Mehrlagenresists entwickelt, bei welchen nur die oberste, dünne Resistschicht optisch strukturiert wird. Das Muster dieser dünnen Schicht wird dann durch Ätzverfahren in die darunterliegende dickere Schicht, die auch für einen Ausgleich der Topographie eines schon teilweise prozessierten Wafers sorgt, übertragen.

6.7.2
Spezielle Resisttechnologien

Beim so genannten Tri-Level-Prozess (Abb. 6.7-2) werden drei Schichten aufgebracht. Die unterste Resistschicht, die die spätere Prozessmaskierung bildet, ist relativ dick (1–3 µm). Auf diese dicke Kunststoffschicht wird in einem Sputterprozess eine sehr dünne (20–100 nm) Hilfsschicht aus einem gegen ein Sauerstoffplasma resistenten Material aufgebracht. Es werden meist Siliziumnitridschichten verwendet, aber auch dünne Metallschichten (z. B. Titan) werden ein-

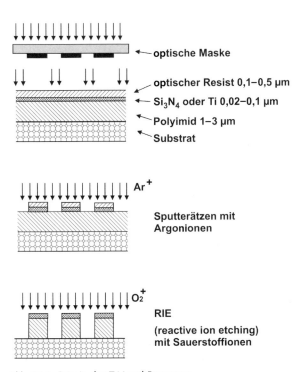

Abb. 6.7-2 Prinzip des Tri-Level-Prozesses.

gesetzt. Über diese Hilfsschicht wird dann eine Resistschicht aufgebracht, die lithographisch strukturiert werden kann. Damit erreicht man, dass die lithographisch aktive obere Resistlage sehr dünn (0,1–0,5 µm) und ausschließlich auf den Lithographieprozess optimiert sein kann (Empfindlichkeit, Reflexion, Strukturauflösung usw.). Das lithographisch erzeugte Muster wird in einem Sputterprozess mit Argonionen in die Hilfsschicht übertragen und in einem zweiten Sputterprozess mit Sauerstoffionen das Muster der Zwischenschicht in die unterste, dicke Resistschicht kopiert.

Beim so genannten DESIRE-Prozess (diffusion enhanced silylating resist) werden in den obersten Bereich der Resistschicht nach der Belichtung Siliziumatome eingelagert (Silanisierung), wodurch diese Bereiche gegen Sauerstoffionen resistent werden [Reuh91]. Man hat somit eine Ätzmaske direkt im Resist erzeugt, so dass bei diesem Prozess die Resistschicht sowohl die lithographisch aktive Schicht wie auch die Maskierung für den anschließenden Technologieschritt bildet. In diesem wird in einem Sauerstoffplasma (RIE-Prozess mit einem Parallel-Platten-Reaktor) durch die senkrecht auf den Resist auftreffenden Sauerstoffionen das Muster der dünnen Oberlage in die gesamte Resistschicht übertragen. Aufgrund der gerichteten Sauerstoffionen können relativ steile Kanten erzeugt werden.

6.7.3
Optische Lithographie für die Mikrostrukturtechnik

Während in der Halbleiterindustrie der Resist ausschließlich als Hilfsmittel zum optischen Übertragen der Strukturinformation auf den Wafer verwendet wird, hat man in der Mikrostrukturtechnik den Resist auch als gestalterischen Werkstoff für den „Formenbau" entdeckt. Vorreiter in dieser Technik war die LIGA-Technik, die dicke Schichten des „Resists" PMMA als Hilfsmittel zum Herstellen von Spritzgieß- oder Heißprägewerkzeugen verwendet. Durch Erwärmung über den Glaspunkt des Resists kann man mit Hilfe der Oberflächenspannung sphärische Formen erzeugen. Außerdem kann PMMA sowohl als Resist wie als Formmasse für das Heißprägen verwendet werden, wobei eine bereits geprägte Form nochmals einem Lithographieprozess ausgesetzt werden kann (siehe Kap. 8, Abschn. 8.5).

Eine andere Gestaltungsmöglichkeit ist durch Verwendung des SU-8-Resists gegeben. Dieser Resist wurde in seinen Grundeigenschaften bereits in Abschn. 6.2 beschrieben. Der Lack kann aufgeschleudert oder aufgegossen werden. Er hat sein Empfindlichkeitsmaximum im nahen UV-Bereich (350–400 nm) und kann bis zu einer Dicke von etwa 2 mm verarbeitet werden.

Die Tatsachen, dass der Zugang zu einer Synchrotronstrahlungsquelle beschränkt ist und damit auch die Zeitdauer für die Entwicklung einer neuen Mikrostruktur lange sein kann, haben frühzeitig zu Überlegungen geführt, die Strukturierung von dicken Resistschichten über optische Lithographie durchzuführen. Bei der Verwendung von Novolak/DNQ basierten Positiv-Resistsystemen ist allerdings die Strukturhöhe auf max. 100 µm beschränkt. Erst die Entwicklung des Negativresists Epon SU-8 hat hier einen Durchbruch geschafft [Raym92], [Lee95].

SU-8-Resist besteht aus einem Epoxydharz, das in einem organischen Lösungsmittel gelöst ist. Als Lösungsmittel wird entweder γ-Butyrolacton (GBL) oder Cyclopentanone (CP) verwendet. Letzteres hat den Vorteil, dass der Lösungsmittelanteil nach dem Schleudern geringer ist und damit die am Rand eines beschichteten Wafers auftretenden überhöhten Resistbereiche ohne Störung der anderen Bereiche leicht entfernt werden können. Außerdem hat CP eine geringere Oberflächenspannung, so dass eine bessere Benetzung auch auf Substraten mit geringer Oberflächenenergie möglich ist. Dieser Lösung ist etwa 5% Triarylsulfoniumsalz zugesetzt, das unter Belichtung in eine Säure zerfällt (Photoacid Generator, PAG). Diese Säure dient als Katalysator für eine Vernetzungsreaktion in dem der Belichtung folgenden Post-Exposure-Bake.

Aufgrund des geringen Molekulargewichtes des Epoxydharzes ist es möglich, Lösungen mit hohem Feststoffanteil (bis zu 85% Gewichtsanteile Epoxydharz) herzustellen. Dies ist Voraussetzug für die Herstellung von Resistschichten bis zu 500 µm in einem Schleuderschritt [Lore97]. Dickere Schichten bis mehrere Millimeter werden hergestellt, indem die relativ hochviskose Resistlösung auf den Wafer aufgegossen wird. Unter Umständen erfolgt dies auch in einer Form.

Außerdem besitzt der Resist im Spektralbereich oberhalb von 350 nm eine geringe Absorption, was auch Belichtungen tiefer Schichten möglich macht, ohne dass die oberen Schichten überbelichtet wären. Dies erlaubt die Verwendung von Standardbelichtungseinrichtungen für optische Lithographie.

Während die Säure durch die Belichtung generiert wird, erfolgt die Vernetzungreaktion mit der Säure als Katalysator erst bei erhöhten Temperaturen, also während des so genannten Post-Exposure-Bakes. Dies rührt daher, dass die Beweglichkeit der Säure einerseits und die der Epoxydharzmoleküle andererseits bei Raumtemperatur sehr eingeschränkt ist. Insofern bleibt die Säure auf die belichteten Bereiche konzentriert und reagiert dort direkt mit den Epoxydharzmolekülen, wenn deren Beweglichkeit über der Glasübergangstemperatur (T_g=55 °C) deutlich erhöht ist. Vorteilhaft wirkt sich aus, dass mit der Vernetzungsreaktion die Glasübergangstemperatur steigt und damit die Beweglichkeit der Säuremoleküle weiter eingeschränkt wird. Dies führt dazu, dass nur in den Bereichen, in denen eine Belichtung stattgefunden hat, eine Vernetzungsreaktion erfolgt und somit sehr steile Strukturkanten hergestellt werden können. Nachteilig ist, dass während des Vernetzungsprozesses das Material schrumpft und somit Spannungen in den vernetzten Strukturen induziert werden, die Spannungsrisse auslösen können.

Besonderen Einfluss auf die Qualität der Resiststrukturen haben:

- Der Beschichtungs- und Trocknungsprozess. Er bestimmt den Anteil, des im Resist vorhandenen Lösungsmittel. Dieser sollte deutlich unter 4% sein, um die Strukturqualität nicht negativ zu beeinflussen [Rezn04].
- Der Belichtungsprozess.

- Der Post-Exposure-Bake. Er muss so ausgeführt werden, dass eine vollständige Vernetzung des belichteten Resists stattfindet. Vorteilhaft ist ein zweistufiger Prozess wobei die Temperatur der ersten Stufe nur geringfügig über der Glasübergangstemperatur liegt, während die Temperatur der zweiten Stufe deutlich höher sein sollte [Micro03].

Da jeder Prozessschritt Einfluss auf die Qualität der Strukturen nimmt und die Wirkung von den anderen Prozessen aber auch von der Strukturgeometrie abhängt, erfordert in der Regel jede Struktur eigene optimierte Prozessbedingungen. Dabei sind die Prozessbreiten um so kleiner je dicker die Resistschichten werden. Dies gestaltet die Prozessführung mit SU-8 schwierig und schränkt die Reproduzierbarkeit ein.

Tab. 6.7-1 Absorptionsfaktoren $\mu(\lambda)$ für SU-8-Resist.

λ [nm]	313	334	365	405	436
$\mu(\lambda)$ [µm^{-1}]	$1{,}19 \cdot 10^{-1}$	$5{,}85 \cdot 10^{-2}$	$2{,}71 \cdot 10^{-3}$	$1{,}41 \cdot 10^{-4}$	$6{,}9 \cdot 10^{-5}$

Wie aus Tab. 6.7-1 ersichtlich, wird das Licht der Spektrallinien der Quecksilberdampflampe bei 313 nm und 334 nm sehr stark absorbiert. Dies führt zu einer hohen absorbierten Strahlungsleistung in den oberen 100 µm der Resistschicht (Abb. 6.7-3). Aufgrund des Beugungseffektes in der optischen Lithographie kann dies dazu führen, dass auch in abgeschatteten Bereichen eine relativ hohe Dosis abgelagert wird. Dies resultiert in einer Vernetzung des Resists in diesem Bereich (T-Topping). Es kann vermieden werden, indem man vor der Maske eine ca. 100 µm dicke SU-8-Schicht in den Strahlengang einbringt, so dass dieses schädliche Licht absorbiert wird.

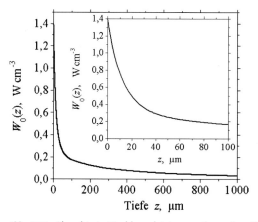

Abb. 6.7-3 Absorbierte Strahlungsleistung entlang einer 1000 µm dicken SU-8-Schicht für eine Bestrahlung mit einer 350-W-Quecksilberdampflampe.

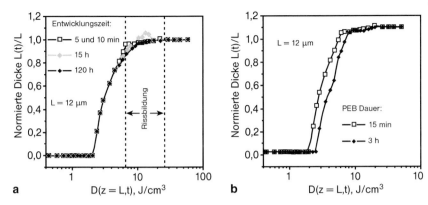

Abb. 6.7-4 Kontrastkurve des SU-8-Resists. Die nach der Entwicklung verbleibende Dicke ist auf die Ausgangsdicke normiert und als Funktion der Dosis aufgetragen:
a) unterschiedliche Entwicklungszeiten (Post Exposure Bake: 15 min),
b) unterschiedliche Zeit für den Post Exposure Bake
   (Entwicklungszeit: 10 min).

Entscheidend für die Wahl der Belichtungsparameter ist die Kontrastkurve des Resists (Abb. 6.7-4). Den Kontrastkurven kann entnommen werden, dass die in den unbelichteten Bereichen abgelagerte Dosis kleiner als 2 $[J/cm^3]$ sein muss. Für kleinere Dosiswerte lässt sich der Resist noch vollständig entwickeln. Im Bereich zwischen 2 $[J/cm^3]$ und ca. 10 $[J/cm^3]$ tritt eine teilweise Entwicklung auf, die mit einem starken Schwund der bestrahlten Bereiche verknüpft ist. Erst oberhalb von etwa 30 $[J/cm^3]$ ist die Vernetzung vollständig abgeschlossen, so dass nur noch der durch die Vernetzung bedingte Schwund zum Tragen kommt und damit die Rissbildung vermindert ist [Rezn04]. Insofern sind die Belichtungsbedingungen so einzustellen, dass die Dosis im belichteten Bereich über der gesamten Strukturhöhe größer als 30 $[J/cm^3]$ ist, während die unbestrahlten Bereiche nur eine Dosis unter 2 $[J/cm^3]$ sehen sollten.

Unter Beachtung dieser Bedingungen lassen sich bis zu 1 mm hohe Resiststrukturen mit guter Qualität herstellen (Abb. 6.7-5). Dabei müssen allerdings in der Tiefe Strukturunzulänglichkeiten aufgrund der Beugung in Kauf genommen werden (siehe Abb. 6.7-5c).

Aufgrund der guten Eigenschaften wird der SU-8-Resist inzwischen für die Herstellung verschiedener Mikrostrukturkomponenten eingesetzt. Waren es zu Beginn insbesondere mechanische Komponenten [Lore98], so stehen heute vor allem fluidische Anwendungen, wie Kanalplatten, aber auch optische Anwendungen im Vordergrund.

Auch in der Röntgentiefenlithographie findet SU-8 immer mehr Verwendung, da er gegenüber PMMA eine um über einen Faktor 10 höhere Empfindlichkeit hat [Bogd00].

Problematisch ist allerdings der Einsatz von SU-8 dann, wenn er als Form für die Galvanik zur Herstellung von metallischen Mikrostrukturen oder Form-

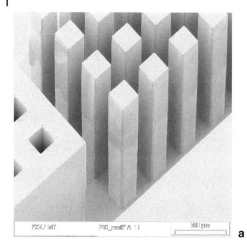
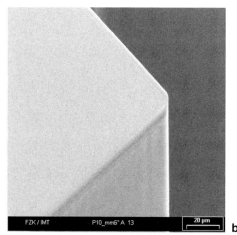
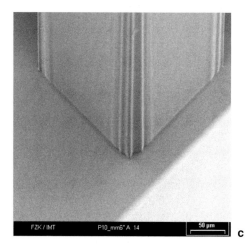

Abb. 6.7-5 REM-Aufnahme von quadratischen Säulen und Löchern, die in einer 1 mm dicken SU-8-Resistschicht hergestellt wurden (a). Die beiden unteren Bilder zeigen die Oberseite (b) und die Unterseite (c) der Säulen, wobei zu erkennen ist, dass aufgrund des Einsatzes eines 100 µm dicken Filters aus SU-8 an der Oberseite keine Beugungseffekte auftreten, während sie an der Unterseite aufgrund des Abstandes nicht zu vermeiden sind.

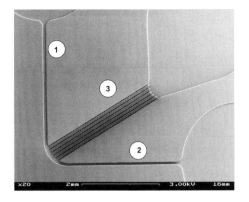

Abb. 6.7-6 Vorrichtung zum Trennen der festen von den flüssigen Bestandteilen einer Blutprobe. Bei der Umlenkung des Flüssigkeitsstromes in der Kanüle 1 tritt ein lokaler Trenneffekt auf. In der Kanüle 2 reichert sich der Feststoff an, während in den Kanülen 3 das Blutplasma gesammelt wird. Die Vorlage für die Prägeform wurde mit SU-8-Resist hergestellt.

werkzeugen verwendet wird. Als stark vernetztes Material lässt er sich praktisch mit keinem gängigen Lösungsmittel lösen. Zwar werden kommerziell Lösungsmittel angeboten, die aber nur wirken, wenn der Resist nicht vollständig vernetzt wurde, was sich aber wieder negativ auf die Strukturqualität auswirkt.

Als Maßnahmen zur Entfernung bleiben nur abtragende Verfahren wie:

- Veraschen,
- Laserablation,
- reaktives Ionenätzen,
- Wasserstrahlen.

Alle diese Verfahren können aber auch die Metallstrukturen beeinflussen bzw. hinterlassen Rückstände, die nur aufwendig entfernt werden können.

Besonders in der Mikrofluidik gibt es interessante Anwendungsmöglichkeiten für SU-8. Das Beispiel einer mit SU-8 strukturierten Form ist in Abb. 6.7-6 gezeigt. Dabei handelt es sich um eine Kanalstruktur zur Trennung von festen und flüssigen Bestandteilen in einer Blutprobe. Hier wird die Tatsache nutzbar gemacht, dass bei einer starken Umlenkung eines Fluidstromes in einer Kanüle ein Trenneffekt auftritt, dergestalt dass die festen Bestandteile zur äußeren Wandung mit dem größeren Radius driften. Mit der in der Abbildung gezeigten abgespreizten Kanüle wird dann das Blutplasma, das frei von Feststoffen ist, an der Innenseite der Hauptkanüle abgeschöpft. Die Kanülen sind 100 µm breit und ebenso tief.

Die SU-8-Struktur wird mit einer Keimschicht besputtert und galvanisch abgeformt. Diese so erhaltene Negativform aus Nickel dient dann als Werkzeug für den Spritzguss. In Abschn. 9.4 werden die mit diesem Werkzeug hergestellten Komponenten gezeigt.

6.8
Ionenstrahllithographie

Neben Elektronenstrahlschreibern wurden auch Ionenstrahlschreiber entwickelt, bei denen ein Resist mit beschleunigten, fokussierten Ionen strukturiert wird.

Der Vorteil der Ionenstrahllithographie besteht darin, dass auf Grund der wesentlich höheren Masse der Ionen die Streuung im Resist geringer ist als bei der Elektronenstrahllithographie und praktisch keine Rückstreuung auftritt. Das bedeutet, dass der Proximity-Effekt vernachlässigbar ist. Weiterhin ist die abgelagerte Energie entlang einem Einheitsweg deutlich höher als bei der Elektronenstrahllithographie, so dass eine wesentlich höhere Empfindlichkeit erzielt wird. Da die Eindringtiefe von schweren Ionen mit Energien unterhalb 1 MeV im Allgemeinen im Bereich von 30 bis 500 nm liegt und eine feste Stopptiefe vorliegt, kann nur eine sehr dünne Schicht strukturiert werden. Für die praktische Anwendung erscheint deshalb eine Tri-Level-Technik unumgänglich.

Mit Ausnahme der Quelle unterscheidet sich der prinzipielle Aufbau beider Schreibertypen nicht. Während die Erzeugung von Elektronen relativ einfach erfolgen kann (z. B. durch thermische Emission), ist für die Bereitstellung einer geeigneten Ionenquelle ein deutlich höherer Aufwand notwendig und dies stellt das zurzeit größte Hindernis für einen weit verbreiteten Einsatz dar. Prinzipiell wurden bisher zwei verschiedene Typen von Ionenquellen entwickelt. Die Ionen (z. B. H_2^+) können aus einer gasförmigen Atmosphäre oder aus einer flüssigen Phase extrahiert werden. Im Gegensatz zu den einfacheren Gas-Quellen können bei den Flüssig-Metall-Quellen fast alle Ionen verwendet werden. Der Vorteil von Mikro-Plasma-Ionenquellen liegt in ihrem hohen Wirkungsgrad [Frey92].

Da die schweren Ionen nicht so schnell abgelenkt werden können wie die Elektronen, muss man trotz der höheren Resistempfindlichkeit davon ausgehen, dass Ionenstrahlschreiber ebenfalls nicht das Problem des Durchsatzes bei den seriellen Schreibverfahren lösen können. Die Vorteile des Ionenstrahlschreibens liegen bei der erreichbaren höheren Strukturauflösung, die in den Bereich von unter 10 nm vordringt, bei der Maskenreparatur (Entfernen kleinster Chromreste auf einer Maske) und bei der direkten, d. h. maskenlosen, Ionenimplantation oder Metallstrukturierung.

6.9
Röntgenlithographie

Aus Gl. (6.5) ist zu entnehmen, dass die minimal erreichbare Strukturbreite mit der Wurzel der Wellenlänge des verwendeten Lichts abnimmt. Durch den Übergang vom sichtbaren Bereich in den sehr kurzwelligen UV-Bereich kann damit jedoch noch nicht einmal ein Faktor 1,5 erreicht werden. Ein wesentlich größerer Effekt bei der Verringerung der Strukturbreite ist dagegen durch den Übergang zu Röntgenstrahlen mit Wellenlängen von 0,2 bis 2 nm möglich.

Auch für den Röntgenbereich gibt es abbildende Komponenten (Linsen, Hohlspiegel), jedoch sind diese extrem aufwendig und für den praktischen Gebrauch in der Röntgenlithographie nicht einsetzbar; deshalb wird die Röntgenstrahllithographie als „einfache" 1:1 Schattenprojektion mit einem Proximity-Spalt zwischen Maske und Substrat durchgeführt. Abb. 6.9-1 zeigt den prinzipiellen Aufbau einer Röntgenbelichtungsstation. Zur Vermeidung der Absorption der Röntgenstrahlen in der Luft zwischen Röntgenfenster und Maske bzw.

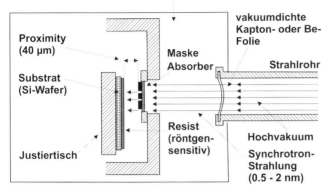

Abb. 6.9-1 Prinzipieller Aufbau einer Röntgenlithographie-Anordnung mit Synchrotronstrahlung.

Probe muss dieser Weg sehr kurz gehalten oder der Masken- und Probenhalter in einer mit Helium gefluteten Kammer aufgebaut werden. Dies verteuert den apparativen Aufbau. Weitere Probleme der Röntgenstrahllithographie ergeben sich bei der Maske und der damit verbundenen engen Toleranz in der Justierung sowie in der Bereitstellung der Röntgenquellen.

6.9.1
Masken für die Röntgenlithographie

Die Röntgenmasken bestehen aus einer sehr dünnen Trägerfolie, die die durchtretende Röntgenstrahlung möglichst wenig schwächt, und aus Absorberstrukturen, die Röntgenstrahlung möglichst vollständig absorbieren. Zur sicheren Handhabung der Masken sind die dünnen Trägerfolien über einen stabilen Rahmen gespannt.

Die Trägerfolien werden aus Materialien mit niedrigen Ordnungszahlen hergestellt, beispielsweise Silizium, Siliziumnitrid, Bornitrid und Siliziumcarbid. Kunststofffolien haben sich aufgrund der geringen Form- und Strahlungsbeständigkeit nicht bewährt, Diamantschichten und Berylliumfolien sind zurzeit erst in der Entwicklung. Als Absorbermaterial wird meist galvanisch abgeschiedenes Gold verwendet, aber auch Wolfram und Tantal sind als Absorber geeignet (vgl. hierzu die Maskenherstellung beim LIGA-Verfahren, Abschn. 7.2).

Um Verzüge bei den Masken während der Bestrahlung möglichst gering zu halten, haben die Fenster üblicherweise eine Größe von weniger als $50 \cdot 50 \text{ mm}^2$. Somit kann ein Wafer nicht in einem Schritt bestrahlt werden, sondern muss im Step- und Repeat-Modus bearbeitet werden. Dies begrenzt den Durchsatz auch bei einer ausreichend starken Strahlungsquelle auf einige 10 Scheiben mit Durchmessern von 200 mm pro Stunde. Der Durchsatz kann noch geringer sein, wenn die Leistung der Quelle begrenzt werden muss, um

Verzüge, die sich aufgrund der Erwärmung der Membran durch die Absorption der Röntgenstrahlung in den Absorbern ergeben, zu vermeiden.

6.9.2
Röntgenlichtquellen

Durch die Materialien für Maske und Resist ist der nutzbare Wellenlängenbereich auf 0,2 bis 2 nm festgelegt. Die kurzwellige Grenze kommt dadurch zustande, dass die Resistschicht für härtere Röntgenstrahlung transparent wird und eine zu geringe Energieumsetzung im Lack stattfindet. Außerdem müssten die Absorberstrukturen eine relativ große Dicke haben. Die langwellige Grenze ergibt sich aus der mit zunehmender Wellenlänge stark zunehmenden Absorption der Maskenträgerfolie.

Weitere Anforderungen an Röntgenquellen für die Lithographie sind eine hohe Intensität, um einen hohen Scheibendurchsatz zu gewährleisten, sowie eine hohe Parallelität der Strahlung, um eine hohe Strukturauflösung zu erreichen, da es im weichen Röntgengebiet keine abbildenden Elemente zur Strahlführung mit ausreichendem Wirkungsgrad gibt.

Als Röntgenstrahlungsquellen stehen zur Verfügung:

- Hochleistungsröntgenröhren,
- Plasmaquellen und
- Synchrotrons.

Bei Röntgenröhren wird zur Strahlerzeugung ein Elektronenstrahl mit hoher Energie auf ein Target beschleunigt. Durch die Abbremsung der Elektronen wird so genannte Bremsstrahlung erzeugt. Die maximale Röntgenenergie entspricht der Energie der einfallenden Elektronen. Sofern diese größer ist als die charakteristischen Absorptionsbanden des Targetmaterials, wird überwiegend Strahlung dieser charakteristischen Energie abgestrahlt. Der Wirkungsgrad für die Erzeugung von Röntgenstrahlen ist sehr gering (10^{-4} bis 10^{-5}), so dass für eine ausreichend große Strahlungsleistung sehr hohe Elektronenströme benötigt werden. Da die auf das Target eingestrahlte Leistung überwiegend in Wärme umgesetzt wird, ist zur Abfuhr dieser eine aufwendige Kühlung für das Target erforderlich.

Bei den Plasmaquellen wird ein sehr energiereicher Laserpuls auf ein Target geschossen oder eine elektrische Entladung gezündet, so dass das Material verdampft und ein sehr heißes Plasma entsteht. Die Ionen rekombinieren unter Aussendung von Röntgenstrahlung. Der Wirkungsgrad ist bei Plasmenquellen mindestens eine Größenordnung besser als bei Röntgenröhren. Für eine wirtschaftliche Anwendung reichen jedoch die zurzeit verfügbaren Leistungsdaten und Wirkungsgrade der Laser noch nicht aus.

Neben dem schlechten Wirkungsgrad haben Hochleistungsröntgenröhren und Plasmaquellen den Nachteil, dass es sich um quasi punktförmige Quellen handelt, die keine parallele Strahlung liefern. Daher muss zwischen Quelle und Maske ein relativ großer Abstand gewählt werden, um Maßabweichungen aufgrund eines unterschiedlichen Abstandes zwischen Maske und Substrat oder von Halbschattenbereichen möglichst klein zu halten. Dies reduziert nochmals die auf den Resist treffende Röntgenstrahlung und damit den Scheibendurchsatz.

6.9.3
Synchrotronstrahlung

Synchrotronstrahlung wird durch relativistische Elektronen erzeugt, die in einem Magnetfeld eines Elektronen-Synchrotrons bzw. Elektronen-Speicherrings abgelenkt und damit eine Zentripetalbeschleunigung erfahren [Kunz79]. Sie wird deshalb auch magnetische Bremsstrahlung genannt. Sie umfasst einen kontinuierlichen Spektralbereich vom Infraroten mit einer Photonenenergie von wenigen meV bis zur harten Röntgenstrahlung mit einer Photonenenergie bis zu 100 keV. Synchrotronstrahlung zeichnet sich durch die folgenden Eigenschaften aus, die diese Strahlung besonders interessant für die Forschung machen:

- kontinuierliche Spektralverteilung,
- extrem gerichtet und damit hochparallel,
- hohe Brillanz,
- wohldefinierte Zeitstruktur im Pikosekunden-Bereich,
- polarisiert,
- sehr hohe Langzeitstabilität,
- exakt berechenbar.

Sie erfüllt somit die geforderten Randbedingungen der Lithographie bezüglich Strahlungsleistung und Parallelität ausgezeichnet.

Zum ersten Male wurde Synchrotronstrahlung an einem Beschleuniger der Firma General Electric in den USA im Jahr 1947 beobachtet [Elde47]. Anfangs wurde sie als unerwünschtes Nebenprodukt im Betrieb von Hochenergie-Teilchenbeschleunigern für die Kernphysik angesehen, weil sie die maximal erreichbare Energie der Elektronen stark limitiert. Etwa Mitte der siebziger Jahre wurden weltweit mehrere neue Strahlungsquellen auf der Basis von Elektronen- oder Positronen-Speicherringen gebaut (BESSY in Berlin, Photon Factory in Tsukuba, Japan, oder die NSLS in Brookhaven, USA), die ausschließlich für die Produktion von Synchrotronstrahlung eingesetzt und an denen auch Experimente zur Lithographie durchgeführt werden.

Das Prinzip der Erzeugung von Synchrotronstrahlung ist in Abb. 6.9-2 schematisch wiedergegeben. Elektronen, die kreisförmig und praktisch mit Lichtgeschwindigkeit, d.h. mit fester Umlauffrequenz, im Speicherring umlaufen, strahlen elektromagnetische Energie tangential zu ihrer Umlaufbahn ab. Die Strahlung ist sehr stark kollimiert mit einem Öffnungswinkel ψ, der durch die Energie E der Elektronen bestimmt wird. Er beträgt

$$\psi = \frac{m \cdot c}{E} \tag{6.11}$$

für Photonen der charakteristischen Wellenlänge.

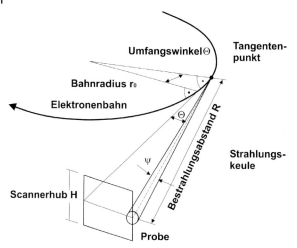

Abb. 6.9-2 Prinzip der Erzeugung von Synchrotronstrahlung. Elektronen, die auf einer Kreisbahn nahezu mit Lichtgeschwindigkeit umlaufen, strahlen tangential zur Umlaufbahn innerhalb einer schmalen Keule elektromagnetische Strahlung ab.

Da die Abstrahlung über den gesamten Umfang erfolgt, äußert sich die Kollimation nur in vertikaler Richtung. Sie ist in horizontaler Richtung streifenförmig, wobei die Strahlungsleistung in vertikaler Richtung in guter Näherung eine Gauß-Verteilung aufweist. Die Höhe der ausgeleuchteten Fläche beträgt in 10 µm Entfernung vom Tangentenpunkt etwa 1 cm, was einem Öffnungswinkel von etwa 1 mrad entspricht. Die abgestrahlte Gesamtleistung P und die spektrale Verteilung, die durch die Angabe einer charakteristischen Wellenlänge λ_c vollständig definiert ist, hängen von der Energie der Elektronen und dem Krümmungsradius des Beschleunigers ab. Mit wachsender Energie steigt die verfügbare Strahlungsleistung mit der vierten Potenz und das Spektrum verschiebt sich mit der dritten Potenz der Energie zu kürzeren Wellenlängen:

$$P = 88{,}5 \cdot \frac{E^4 \cdot I}{R} \tag{6.12}$$

und

$$\lambda_c = 5{,}99 \cdot \frac{R}{E^3} \tag{6.13}$$

mit

λ_c = charakteristische Wellenlänge in Å
P = gesamte abgestrahlte Energie in kW
E = Energie der Elektronen in GeV

I = Elektronenstrom in A
R = Krümmungsradius der Elektronenbahn in m

Der Krümmungsradius der Elektronenbahn ergibt sich aus dem ablenkenden Magnetfeld:

$$R = 3{,}335 \cdot \frac{E}{B} \tag{6.14}$$

In Abb. 6.9-3 ist die spektrale Leistung für fünf verschiedene Elektronenenergien in Abhängigkeit der Wellenlänge aufgetragen; der Elektronenstrom ($I=0{,}1$ A) und der Krümmungsradius der Elektronenbahn ($R=10$ m) wurden konstant gehalten. In der Abbildung ist auch die charakteristische Wellenlänge λ_c eingetragen, die sich von der Wellenlänge mit maximaler spektraler Strahlungsleistung um den Faktor 0,65 unterscheidet. Die charakteristische Wellenlänge λ_c ist dabei so definiert, dass die integral abgestrahlte Leistung oberhalb und unterhalb λ_c gleich groß ist.

Anders als in der Grundsatzskizze der Abb. 6.9-2 dargestellt, laufen bei üblichen Synchrotrons die Elektronen nicht auf einer Kreisbahn, sondern werden durch individuelle Umlenkmagnete auf einer Polygonbahn geführt. Die Stärke der Umlenkmagnete (Dipolmagnete) bestimmt neben der Elektronenenergie nach Gl. (6.14) den Radius der Elektronenbahn und damit die charakteristische Wellenlänge der Synchrotronstrahlung. Nur an den Umlenkmagneten wird also Synchrotronstrahlung erzeugt, deshalb sind hier auch die Strahlrohre tangential angeflanscht, wie aus den Abb. 6.9-4 und 6.9-7 ersichtlich ist.

Die freien Elektronen werden durch eine Glühkathode erzeugt und in einem Mikrotron zunächst auf eine Energie von 500 MeV gebracht. Bei anderen Synchrotrontypen werden die Elektronen durch einen Linearbeschleuniger auf die

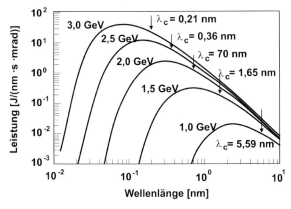

Abb. 6.9-3 Einfluss der Elektronenenergie auf die spektrale Verteilung der abgestrahlten Leistung (Elektronenstrom $I=0{,}1$ A, Krümmungsradius der Elektronenbahn $r=10$ m).

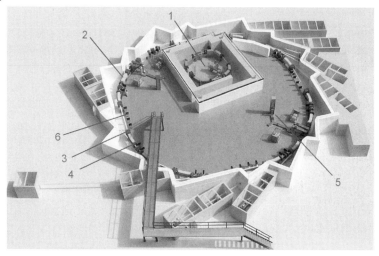

Abb. 6.9-4 Prinzipskizze des Elektronenstrahl-Synchrotrons ANKA am Forschungszentrum Karlsruhe. Im Injektor (1) werden die Elektronen erzeugt und vorbeschleunigt. Die Dipolmagnete (2) erzeugen die Zentripetalbeschleunigung und damit die Synchrotronstrahlung, die Quadrupol- (3) und Sextupolmagnete (4) korrigieren und fokussieren den Elektronenstrahl, die Beschleunigungseinrichtung (5) ergänzt den Verlust der Energie durch Synchrotronstrahlung und das Hochvakuumsystem (6) sorgt für eine große freie Weglänge der Elektronen im System.

nötige Anfangsenergie gebracht. Mittels einer besonderen Anordnung (Kicker-Magnet) werden Elektronenpakete in den Speicherring geschleust. Dort laufen sie mit annähernd Lichtgeschwindigkeit um. Wenn der Speicherring mit den Elektronenpaketen aufgefüllt ist, wird durch eine Hohlwellen-Anordnung der ganze Elektronenpaket-Inhalt auf die Endenergie gebracht. Im darauf folgenden stationären Betrieb wird die Energie der Elektronen konstant gehalten und es wird nur die durch Synchrotronstrahlung verlorene Energie ersetzt.

Da der umlaufende Elektronenstrahl aus gleichartig geladenen Teilchen besteht, würde er immer weiter auseinanderlaufen und von der Sollbahn abweichen, wenn er nicht ständig nachfokussiert werden könnte. Diese Aufgabe übernehmen die Quadrupol- und Sextupolmagnete. Der Quadrupolmagnet wirkt auf den Elektronenstrahl wie eine Zylinderlinse auf einen Lichtstrahl, er fokussiert also nur in einer Ebene. Daher braucht man jeweils ein Paar von „gekreuzten" Quadrupolmagneten, um den Strahl zu fokussieren. Die Elektronen in den Paketen haben nicht alle exakt die gleiche Energie. Zur Energie-Fokussierung des Strahles dienen die Sextupolmagnete. Sowohl Quadrupol- wie Sextupolmagnete sind in den so genannten Driftstrecken des Synchrotrons angebracht, in denen also keine Zentrifugalbeschleunigungen durch die Dipolmagnete auf die Elektronen wirken. In Abb. 6.9-5 ist einer der 16 Dipolmagnete mit einem Feld von 1,5 Tesla abgebildet. Weitere Detailaufnahmen zeigen einen Quadrupol-

Abb. 6.9-5 Detailansicht eines Dipolmagneten zur Umlenkung der Elektronen auf die Polygonbahn.

Abb. 6.9-6 Einer von jeweils zwei Quadrupolmagneten, die dazu dienen, den auseinander laufenden Elektronenstrahl wieder zu bündeln.

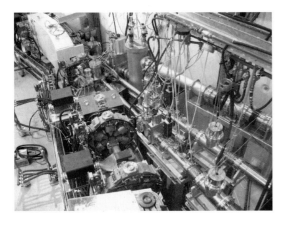

Abb. 6.9-7 Anordnung der Strahlrohre, die tangential von den Dipolmagneten zu den Experimentierstationen laufen.

magneten (Abb. 6.9-6) und mehrere Strahlrohre, die tangential zur Elektronenbahn an einem Dipolmagneten angebracht sind (Abb. 6.9-7).

Die Elektronen müssen auf ihrer Umlaufbahn eine extrem große freie Weglänge haben, da sie sonst im Stoß mit Gaspartikeln ihre Energie als ungerichtete Bremsstrahlung abgeben würden und zur Erzeugung von Synchrotronstrahlung nicht mehr verfügbar wären. Deshalb muss im Speicherring ein Ultrahochvakuum von $2 \cdot 10^{-9}$ mbar aufrechterhalten werden. Dazu wird der Ring an mehreren Stellen mit leistungsfähigen Turbomolekularpumpen bestückt. Die Strahlrohre müssen einerseits das Ultrahochvakuum halten, andererseits aber die Synchrotronstrahlung nach außen auskoppeln. Die Führung der Röntgenstrahlung vom Ort der Entstehung im Speicherring bis zum Ort der Belichtung erfolgt in evakuierten Strahlrohren. Da die Belichtung selbst in normaler Atmosphäre oder aber unter Heliumgas erfolgt, muss der Vakuumbereich des Strahlrohrs und des Speicherrings über röntgentransparente Fenster getrennt werden. Diese Fenster werden im Allgemeinen aus dem leichten und für Röntgenstrahlung durchlässigen Material Beryllium hergestellt, welches das Strahlungsspektrum insbesondere im Bereich langer Wellenlängen jenseits von 1 nm stark abdämpft.

Schnellschlussventile im Strahlrohr verhindern das Schlimmste, sollte einmal beim Experimentieren diese Folie durchstoßen werden. Andernfalls würde eine Gaswolke in den Speicherring laufen und die gesamte im Speicherring vorhandene Energie in einem gewaltigen Bremsstrahlblitz freigesetzt werden.

6.9.4
Einsatz der Röntgenlithographie

Der Einsatz der Röntgenlithographie in der Halbleiterfertigung wird seit vielen Jahren ausgiebig diskutiert. Die technischen Hauptprobleme liegen zurzeit in der Maskentechnik, bei der sehr hohe Anforderungen an die Stabilität der Maskenträgerfolien (Verzugsfreiheit) und an die Genauigkeit der Justierung gestellt werden. Da auf dem Gebiet der optischen Lithographie in den letzten Jahren wesentliche Verbesserungen erzielt werden konnten, mit denen die Grenze der minimal herstellbaren Strukturen stets zu kleineren Werten verschoben werden konnte, wurde der technische Einsatz der Röntgenlithographie verzögert. Es ist heute fraglich, ob die Röntgenlithographie in der Halbleiterfertigung jemals großtechnisch zum Einsatz kommen wird.

Im Gegensatz dazu hat die Anwendung der Synchrotronstrahlung in der Röntgentiefenlithographie zur Herstellung von mikrooptischen und mikromechanischen Strukturen aufgrund ihrer besonderen Eigenschaften an Bedeutung gewonnen. Hierauf wird ausführlich im Rahmen der Beschreibung des LIGA-Verfahrens in Kap. 8 eingegangen.

7
Silizium-Mikromechanik

In den bisherigen Kapiteln wurden Grundbegriffe und -methoden für die Herstellung von Mikrostrukturen und -systemen beschrieben. Eine beträchtliche Anzahl von Bauteilen und Systemen baut auf den Methoden der Siliziumtechnologie auf, welche in der Silizium-Mikromechanik durch eine Palette von spezifisch mikrosystemtechnischen Mikrostrukturierungstechniken bereichert wird [Pete82, Midd94, Trim97, Proc98]. Ursprünglich war der Begriff „Mikromechanik" gleichbedeutend mit dem selektiven nasschemischen Ätzen von Silizium oder dünnen Schichten. Schon in den Anfangszeiten ermöglichte die Mikromechanik die Herstellung zahlreicher miniaturisierter Bauteile, wie z.B. von Sprungbrettern, Balken und Membranen. Viele dieser Strukturen werden auch heute noch eingesetzt, etwa in Druck- und Beschleunigungssensoren. Die anfänglichen Mikrostrukturierungstechniken ließen sich inspirieren von der Erfolgsgeschichte der siliziumbasierten Mikroelektronik und von der Vorstellung, dass nichtelektronische Funktionalität auf IC-Substrate (Integrated Circuit, IC) integriert werden könnte.

Bis zum heutigen Tag ist die Anzahl und Vielfalt der Silizium-Mikrosysteme mit großer Geschwindigkeit angewachsen. Ermöglicht wurde dies durch die rasche Diversifizierung der mikromechanischen Bearbeitungs- und Integrationsverfahren. Die Verbindung von anisotropen und isotropen Ätzverfahren führte zur Fertigung einer faszinierenden Vielfalt von dreidimensionalen Strukturen. Mit Standard-CMOS-Technologien (CMOS = complementary metal oxide silicon) kompatible Methoden wurden entwickelt. Andere Materialien als Silizium, insbesondere dünne, auf Siliziumsubstrate abgeschiedene Schichten wurden vermehrt zum Fokus der Mikromechanik. Darüber hinaus eröffnete die Hinzufügung von Materialien durch chemische oder physikalische Abscheidung, Aufschleudern, Galvanik und hybride Integration auf Siliziumsubstraten weitere Möglichkeiten zur Herstellung innovativer Strukturen mit neuen Anwendungsfeldern. Nach einem kurzen Überblick über die IC-Prozessintegration in Abschn. 7.1 geben die Abschn. 7.2 und 7.3 eine Übersicht über Verfahren der so genannten Bulkmikromechanik (engl.: bulk = Volumenteil eines Materials) und der Oberflächenmikromechanik.

Abschn. 7.4 veranschaulicht diese Methoden anhand ausgewählter klassischer und neuerer Beispiele von Mikrowandlern und -systemen. Unter den spektakuläreren Bauteilen und Systemen, die mit den Methoden der Silizium-Mikromechanik gefertigt wurden, befinden sich neuronale Messspitzen, integrierte Beschleunigungssensoren, digitale Mikrospiegelarrays, Mikrogetriebe, mikrooptoelektromechanische Systeme sowie thermische und mechanische Mikrosysteme, die kommerzielle CMOS-Technologien für applikationsspezifische integrierte Schaltungen (ASIC) mitnutzen.

7.1
Siliziumtechnologie

Silizium-Mikromechanik beginnt mit der Vorbereitung eines passenden Substrats. Einfachste Substrate sind Siliziumwafer mit einer photolithographisch strukturierten, dünnen Schicht. Diese Kombination ermöglicht die Fertigung nur der grundlegendsten mechanischen Strukturen. Elektrische, geschweige denn thermische Funktionalität stehen nicht zur Verfügung, um die mechanische Wandlereigenschaften solcher Strukturen zu erweitern.

Am anderen Ende der Komplexitätsspektrums stehen in IC-Technologien hergestellte Chips und Wafer. In diesem Fall bestehen die Komponenten aus verschiedenen diffundierten Gebieten und einem Aufbau mehrerer dünner Schichten mit dazwischen eingelagerten leitfähigen Strukturen. Mit dieser Materialkombination lassen sich digitale, analoge und gemischt analog/digitale mikroelektronische Schaltungen mit der Mikrostruktur auf demselben Substrat integrieren. Die Mikromechanik steht hier vor der Herausforderung, die Schaltung während der selektiven Entfernung ausgewählter Materialbereiche intakt zu lassen.

Um ein besseres Gefühl für die verschiedenen Materialien der IC-Technologie, der Prozesse und der speziell im Rahmen der Silizium-Mikromechanik vorliegenden Herausforderungen zu vermitteln, fasst dieser Abschnitt die zur Herstellung eines IC-Substrats notwendigen Hauptschritte zusammen. Einzelne Prozessschritte, wie Gasphasenabscheidung, Metallbeschichtung und Trockenätzen, wurden schon in Kap. 5 diskutiert. Der folgende Abschnitt befasst sich daher vor allem mit der Integration dieser Einzelschritte zu Prozesssequenzen.

Die Hauptvertreter der IC-Technologie sind die CMOS-Technologie (CMOS = complementary metal oxide semiconductor; komplementäre Metall-Oxid-Halbleiter-Technologie), die Bipolartechnologie und die BiCMOS-Technologie (BiCMOS = bipolare CMOS-Technologie). So genannte CCD-Technologien (CCD = charge-coupled device) und Speichertechnologien sind zwar ökonomisch wichtig, wurden aber hinsichtlich der Herstellung von Mikrostrukturen noch nicht im großen Maßstab adaptiert. Spezielle Prozesse bauen auf unkonventionellen Substraten, wie SIMOX-Wafern (SIMOX = silicon separated by the implantation of oxygen; durch Sauerstoff-Implantierung getrenntes Silizium) und SOI-Wafern (SOI = silicon on insulator; Silizium auf Isolator), auf. Die Mikromechanik nutzt z. T. die einzigartigen Eigenschaften dieser fortschrittlichen Materialien.

Dem mit der IC-Technologie vertrauten Leser sei unbenommen, direkt zum Abschn. 7.2 über die Mikromechanik zu springen, da die Beschreibung der Integrationstechniken hier nur auf das Minimum beschränkt bleibt.

7.1.1
IC-Prozesse und -Substrate

Mikromechanische Methoden werden oft als CMOS-kompatibel bezeichnet, sobald dünne Schichten auf einem Siliziumsubstrat unter ihrer Wirkung erhalten bleiben. Um einen Eindruck dessen zu vermitteln, wie viel sich hinter dem Begriff CMOS-kompatible Mikrosensorherstellung tatsächlich noch verbirgt, fasst dieser Abschnitt die Grundlagen der Standard-Siliziumtechnologie, insbesondere der CMOS-Technologie zusammen. CMOS-Technologien sind im Detail stark unterschiedlich. Sie stellen das eindrucksvolle Resultat der Arbeit von Prozessingenieuren in der Verbindung und Abstimmung individueller Prozessschritte zu stabilen und robusten Prozessabläufen dar. Trotzdem können in den verschiedenen CMOS-Technologien Regeln und gemeinsame Vorgehensweisen festgestellt werden, da dasselbe Bauteil, der Feldeffekttransistor (FET), und sein Funktionsprinzip ihr gemeinsamer Nenner ist.

Wie in Abb. 7.1-1 dargestellt ist, bildet ein leitfähiges Gatter (engl.: gate), das vom darunterliegenden halbleitenden Substrat durch ein hauchdünnes Dielektrikum, dem Gateoxid, getrennt ist, das Herz eines jeden FETs. Dieses Metall-Oxid-Halbleiter-Schichtpaket verleiht der CMOS-Technologie die letzten drei Buchstaben (MOS) ihres Namens. Bei passender Polung des Gates wird die Polarität des Halbleiterbereichs unter dem Gate lokal invertiert und entsteht darin ein leitfähiger Kanal. Auf beiden Seiten des Gates befinden sich im Substrat hochleitfähige Bereiche entgegengesetzter Polarität, welche die so genannte Source und den Drain bilden. Sie sind mit Metallleitungen versehen, welche die Verbindung zu anderen FETs oder zur Außenwelt herstellen. Bei Bildung des Inversionskanals werden Source und Drain miteinander elektrisch verbunden, d.h. kurzgeschlossen, so dass beim Anlegen einer Spannungsdifferenz ein Strom zwischen ihnen fließt. Das Gate wirkt somit wie ein Ventil für den Elektronenfluss zwischen Source und Drain. FETs in p-dotiertem Silizium mit n-dotierten Source-, Drain- und Kanalbereichen, so genannte NMOS-Bauteile, und

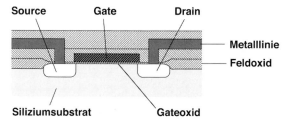

Abb. 7.1-1 Schematischer Querschnitt durch eine Feldeffekttransistor mit einer einzigen Metallisierungslage.

andere, komplementäre, mit entgegengesetzten Polaritäten (PMOS-Transistoren) werden in der CMOS-Technologie zu Schaltungen integriert. Die Kunst des Schaltungsentwurfs besteht in der passenden Dimensionierung dieser Grundelemente sowie ihrer hochkomplexen Verknüpfung zu Systemen, vom einfachen Schalter bis zum System auf einem Chip mit bis zu 10^9 Transistoren.

Technologisch gesehen, werden diese Strukturen durch die lokale Dotierung des Siliziumsubstrats mit elektrisch aktiven Fremdatomen und dem anschließenden, schrittweisen Wachstum bzw. der Abscheidung und Strukturierung leitfähiger oder isolierender, dünner Schichten ermöglicht. Ausführliche Beschreibungen dieser Techniken sind in der Fachliteratur zu finden [Wolf87, Sze88, Runy90, Chan96].

Eine sehr vereinfachte CMOS-Technologie könnte aus der in Abb. 7.1-2 zusammengefassten Prozesssequenz bestehen. Am Anfang steht das Siliziumsubstrat. In den meisten Fällen ist dies stark p-dotiertes Material mit einer schwach dotierten, epitaktisch darauf aufgewachsenen Schicht mit kontrollierter Fremdatomkonzentration oder ein leicht p-dotiertes Substrat mit Sauerstoffkonzentration um $5 \cdot 10^{17}$ cm^{-3}. In diesem letzteren Fall wird ein thermischer Getterpro-

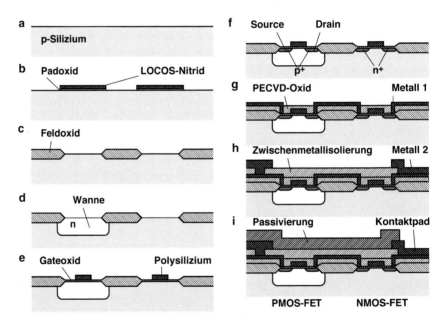

Abb. 7.1-2 Prozesssequenz einer vereinfachten CMOS-Technologie:
(a) Siliziumsubstrat vor dem Prozess, (b) nach Strukturierung des LOCOS-Nitrids, (c) nach LOCOS-Prozess, (d) Diffusion der n-Wanne, (e) Wachstum des Gateoxids und Gatestrukturierung, (f) Source- und Drain-Implantierung, (g) Abscheidung und Strukturierung des Kontaktoxids und der ersten Metallschicht, (h) Abscheidung und Strukturierung der Zwischenmetallisolierung und der ersten Metallschicht, (i) Abscheidung der Passivierungsschicht und Kontaktpadöffnung.

zess durchgeführt, um die homogene Präzipitation des Sauerstoffs über die gesamte Waferdicke außer im Oberflächenbereich zu bewirken. Die dabei entstehende Oberflächenzone (engl.: denuded zone, sinngemäß auf deutsch: entblößte Zone) ist von Sauerstoff und anderen Verunreinigungen gereinigt. Übliche Waferdurchmesser sind 75 mm (3 Zoll), 100 mm (4 Zoll), 125 mm (5 Zoll) und 150 mm (6 Zoll) mit Dicken bis zu 675 µm. Namhafte IC-Firmen stellen ihre Produkte mittlerweile auf Wafern mit Durchmessern von 200 mm (8 Zoll) und 300 mm (12 Zoll) her.

Aktive Zonen, welche die FETs enthalten sollen, werden als Nächstes definiert. Dies wird erreicht durch die lokale Oxidation von Silizium, den so genannten LOCOS-Prozess. Dabei wird zunächst ein dünnes Oxid (ca. 30 nm), das so genannte Padoxid, thermisch aufgewachsen. Auf dieses wird ein LPCVD-Siliziumnitrid mit einer Dicke von ca. 100 nm abgeschieden. Das Nitrid wird photolithographisch und durch Trockenätzen strukturiert. Gebiete, in denen das Nitrid übrig bleibt, definieren die zukünftigen aktiven Bereiche. Danach wird der Wafer einer Nassoxidation unterzogen, durch welche sich in den vom Nitrid befreiten Bereichen ein dichtes und elektrisch zuverlässiges Oxid, das Feldoxid bildet. Übliche Dicken von Feldoxiden liegen zwischen ca. 0,5 und 1 µm. Das Nitrid und darunterliegende Padoxid werden anschließend entfernt. Das Resultat des LOCOS-Prozesses ist folglich ein Siliziumwafer mit einer Schutzschicht aus thermischem Oxid mit wohldefinierten Öffnungen.

Im nächsten Schritt werden n-Wannen für p-Kanal-FETs durch Photolithographie, Implantierung und anschließendes Eintreiben (engl.: drive-in) gebildet. Die Oberfläche des Wafers wird nass geätzt und chemisch gereinigt, bevor das dünne Gateoxid durch trockene Oxidation aufgebaut wird. Eine ca. 0,3 µm dicke Polysiliziumschicht wird danach per CVD abgeschieden. Dies geschieht durch die Pyrolyse von Silan (SiH_4). Das Polysilizium ist stark n-dotiert ($N_D \simeq 10^{20}$ cm^{-3}) und wird dadurch so leitfähig wie nur möglich gemacht. Schließlich wird es photolithographisch und durch Trockenätzen strukturiert. Die daraus hervorgehenden Strukturen stellen die logischen Gatter der Schaltung dar.

Sources und Drains der einen Polarität werden nun implantiert. Jene mit der entgegengesetzten Polarität folgen in einem weiteren Schritt. Während dieser Dotierungsprozesse wirken die entsprechenden Gates und das Feldoxid als Dotiermasken, durch welche wohldefinierte lokalisierte Source- und Drain-Bereiche definiert werden. Die Herstellung des so genannten „Front-End" ist damit abgeschlossen. Was nun folgt, ist der „Back-End"-Prozess, bei dem es um die elektrische Verbindung der Strukturen geht.

Eine erste Siliziumoxidschicht wird durch CVD abgeschieden und über den Source- und Drain-Bereichen sowie den Gates lokal geöffnet. Als Nächstes folgen die Aufbringung und Strukturierung einer ersten Metallschicht, welche die Sources, Drains und Gates kontaktiert. Ein zweites CVD-Dielektrikum, die Zwischenmetallisolierung (engl.: intermetal dielectric), wird nun abgeschieden und lokal über der ersten Metallschicht geöffnet. Eine zweite Metallisierungsschicht ermöglicht schließlich die Realisierung von komplexeren Interkonnektionstopologien. Der Prozess wird abgeschlossen durch die Abscheidung einer Passivierungsschicht aus Silizium(oxi)nitrid, welche die Funktion einer mechanischen und chemischen Schutzschicht über den elektrischen Strukturen übernimmt. Die Passivierungsschicht wird lokal über den Kontaktpads aus der zweiten Metallschicht geöffnet und ermöglicht somit die Anbindung des Systems an die elektrische Außenwelt, z. B. über Bonddrähte.

Weiterführende Detailinformationen sowie die Beschreibung weiterer wichtiger Techniken inklusive „channel-stop"-Implantierungen, Schwellenspannungsanpassung, Seitenwandbildung, selbstjustierender Prozessschritte, Silizidierung, sowie trendiger Methoden, wie „via plugs", Mehrlagen- und Kupfermetallisierung, „dual damascene", „low-k dielectrics", „high-k gate dielectrics" usw., sind in der Fachliteratur zur IC-Technologie zu finden [Chan96].

Bipolar-ICs benötigen etwas einfachere Technologien. Die elektronische Wirkung bipolarer Bauteile beruht auf einer Hierarchie entgegengesetzter Dotierungen, den so genannten Emitter-, Basis- und Kollektorbereichen. Die Kunst der Bipolartechnologie besteht darin, die geforderten Dotierschritte mit der benötigten Genauigkeit in der Tiefe und Dotierkonzentration durchzuführen. Über der Siliziumoberfläche findet man üblicherweise einen Stapel von dielektrischen Dünnschichten, mit dazwischen eingebauten Metallisierungsebenen, sowie eine Passivierung mit Kontaktpadöffnungen vor.

Die Herstellung von Silizium-Mikrostrukturen kann zwei Wege beschreiten. Im ersten werden die von einer Technologie (z. B. einer IC-Technologie) diktierten Materialien verwendet. Dies impliziert entsprechende Einschränkungen, was die Wahl der Geometrie und der physikalischen Eigenschaften der Materialien angeht. Beim zweiten Weg werden die Grundtechniken den spezifischen Bedürfnissen der Mikrosystemtechnik angepasst. Dies erfolgt durch Variation der Materialien und Prozesse. Dabei wird aber meistens die Möglichkeit, Schaltungsblöcke mit der mikromechanischen Struktur zu integrieren, geopfert.

Zuletzt sei erwähnt, dass auch SIMOX-Wafer (SIMOX = separation by implantation of oxygen) spezifische Anwendungen in der Mikromechanik gefunden haben. Ein schematischer Querschnitt ist in Abb. 7.1-3 dargestellt. Der Silizium-Bulk ist von der dünnen Siliziumoberflächenschicht durch eine wenige Mikrometer dünne Oxidschicht getrennt. Dieser Aufbau wird durch starke Implantierung mit Sauerstoff erreicht. Eine Anlassung bewirkt eine Aufkonzentrierung des Sauerstoffs und seine Reaktion mit dem Silizium zu Siliziumoxid. Dadurch entsteht eine dichte, vergrabene Oxidschicht. Die Siliziumoberflächenschicht

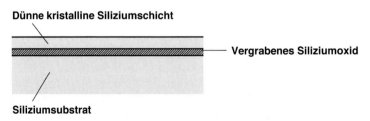

Abb. 7.1-3 Schematischer Querschnitt durch einen SIMOX-Wafer.

wird dabei von Sauerstoff gereinigt, behält ihre kristalline Ordnung und steht für die Herstellung von Schaltungskomponenten zur Verfügung, welche vom darunterliegenden Substrat elektrisch getrennt sind. Der Silizium-Bulk behält nur seine thermische und mechanische Funktion. Als für die Mikromechanik besonders vorteilhaft hat sich beim SIMOX-Material die Wirkung des vergrabenen Oxids als Ätzstoppschicht erwiesen, welche die Herstellung dünner monokristalliner Siliziumstrukturen ermöglichte [Diem93, Müll95a]. Alternativ kann das Oxid als Opferschicht eingesetzt werden. Dies erfordert die vorangehende Strukturierung der Siliziumoberflächenschicht, welche nach der Opferschichtätzung in der Form von freitragenden elektromechanischen Elementen genutzt werden kann [Ruth04]. Ein Nachteil der SIMOX-Substrate ist die extrem lange und daher kostspielige Implantierungsdauer bis zum Erreichen der benötigten Konzentration von 10^{18} cm^{-3}.

Eine Alternative zur Herstellung solcher Substrate besteht in der thermischen Verbindung eines polierten Wafers mit einem zweiten oxidgeschützten Wafer bei hoher Temperatur. Dabei bildet sich eine solide chemische Bindung, welche die beiden Wafer zuverlässig miteinander verbindet (siehe auch Abschn. 10.5). Der erste Wafer wird bis zur gewünschten Dicke der Siliziumoberflächenschicht heruntergeläppt und poliert. Das Resultat ist ein Paket einer dünnen Siliziumschicht auf einem Isolator (SOI = silicon on insulator). Wie bei den SIMOX-Wafern ist die Herstellung von SOI-Substraten aufwändig.

7.1.2
Foundry-Technologien

Eine attraktive Möglichkeit zur Herstellung von Mikrostrukturen nutzt kommerziell zugängliche Prozesse von IC-Fabriken, die bereit sind, Chips und Wafer im Auftrag zu fertigen. Dies sind so genannte IC- oder Silizium-Foundries oder -Fabs. Der Foundry-Approach hat mehrere Vorteile:

- Der Siliziumprozess wird durch ausgebildete Operateure ausgeführt und durch kompetente Technologen auf dem neuesten Stand gehalten.
- Die Prozessbedingungen sind stabil. In der Tat treiben IC-Fabs einen beachtlichen Aufwand, um die Stabilität der relevanten Geometrieparameter und elektronischen Prozessparameter zu garantieren.
- Die Prozesse werden für die Massenproduktion entwickelt. Die großskalige Produktion eines mikrosystemtechnischen Bauteils oder Systems ist daher möglich.
- Schaltungen können ohne technologische Akrobatik integriert werden.
- Die Betreuung und Erneuerung der Infrastruktur wird durch die IC-Fab übernommen.

CMOS-Technologien stehen der MEMS-Community über mehrere Organisationen zur Verfügung oder werden von den auf die Herstellung von applikationsspezifischen ICs (ASICs) spezialisierten Foundries direkt angeboten. Letztere haben die Erfahrung im Umgang mit einem breiten Spektrum von Kunden und können nach klärenden Gesprächen sogar die Bereitschaft zu geringfügigen Anpassungen ihrer Technologien an mikromechanische Bedürfnisse zeigen. Organisationen, welche mikrosystemtechnikfreundliche IC-Technologien anbieten, umfassen MOSIS in den USA sowie Europractice und TIMA-CMP in Europa. MEMSCAP in North Carolina bietet neben Standard-CMOS-Technologie auch Bulk- und Oberflächen-Mikromechanik sowie LIGA-artige Technologien als so genannte „multi user MEMS processes" (MUMPs) an. Mehrschicht-Polysilizium-Mikromechanik wird von Sandia National Laboratories, Albuquerque, unter dem Namen SUMMIT^{TM} kommerzialisiert. In Europa umfassen ASIC-Foundries mit Interesse und Erfahrung in Mikrosystemtechnik u. a. Firmen wie Austriamicrosystems (Unterpremstätten, Österreich), EM Microelectronic-Marin SA (Marin, Schweiz) und X-Fab (Erfurt, Deutschland). Ferner wurden spezialisiertere Siliziumsensorprozesse durch Firmen wie die Robert Bosch GmbH (Deutschland) und SensoNor asa (Norwegen) über den Normic Fabrication Cluster von Europractice einem breiteren Publikum zugänglich gemacht.

Der potentielle Nutzer dieser Angebote sollte sich aber auch einiger Einschränkungen bewusst sein:

- Nur wenige Materialien stehen zur Verfügung: Silizium, dielektrische Dünnschichten, Polysilizium, leitfähige Schichten.
- Diese Materialien bieten eine beschränkte Anzahl von physikalischen, sensortechnisch nutzbaren Effekten an.
- Strenge Entwurfsregeln (engl.: design rules) erlauben die Konstruktion von relativ wenigen Materialkonstellationen und daher einer geringen Anzahl von Mikrostrukturvarianten.

Ob diese Einschränkungen die Vorteile aufwiegen, muss in jedem Einzelfall geprüft werden. Faszinierende CMOS-Sensoren und -Systeme wurden jedenfalls realisiert, wie mehrere Beispiele in Abschn. 7.4 zeigen. Bevor diese jedoch beschrieben werden, sollen vorerst die wichtigsten mikromechanischen Verfahren diskutiert werden. Dies geschieht in den Abschn. 7.2 und 7.3.

7.2
Silizium-Bulk-Mikromechanik

7.2.1
Einleitung

Eine erste Methode zur Erweiterung der Funktionalität von IC-Substraten und -Materialien beruht auf der mikromechanischen Strukturierung des Siliziumsubstrats. Silizium kann mit mehreren Techniken nass oder trocken geätzt werden. Manche nasschemische Ätzmittel, wie Salpetersäure-Flusssäure-Mischungen, haben die Eigenschaft, isotrop zu ätzen. Im Gegensatz dazu ätzen alkaline Lösungen anisotrop, d. h., sie greifen bevorzugte Kristallrichtungen an, während andere Richtungen praktisch unberührt bleiben. Des Weiteren stehen verschiedene Trockenätzmethoden in der Gasphase und im Plasma zur Verfügung. Eine große Vielfalt von Formen kann daher in Materialien realisiert werden, deren resultierende Funktionalität weit über ihre ursprüngliche elektrische Bestimmung hinausgeht. Das gesamte Feld der Bulk-Mikromechanik wird in [Elwe98, Mado97, Mado02] ausführlich beschrieben.

Nass- und Trockenätzprozesse haben einen aus drei grundlegenden Schritten bestehenden Ablauf gemeinsam. Diese sind:

- Transport der reaktiven Spezies an die Siliziumoberfläche heran,
- chemische Reaktion der Spezies mit der Oberfläche,
- Transport der Reaktionsprodukte von der Oberfläche weg.

Im Fall des Trockenätzens diffundieren und driften reaktive Radikale, ionisierte Moleküle oder energetische Partikel durch das Gas oder Plasma, getrieben durch Dichtegradienten, elektrostatische Felder oder elektrodynamische Kräfte, zur Oberfläche. Ob die Diffusion oder die Drift überwiegt, hängt erheblich von Prozessbedingungen, wie Gasdruck und Gaszusammensetzung, Temperatur, Frequenz und Leistung der Plasmaanregung, und von elektrischen Potentialen ab. Im optimalen Fall desorbieren die flüchtigen Produkte von der Oberfläche und werden aus der Ätzkammer durch Diffusion und die Saugwirkung der Vakuumpumpen entfernt.

Im nasschemischen Fall liegen die reaktiven Spezies in Lösung vor. Konzentrationsgradienten bestimmen den überwiegend diffusiven Transport der Spezies an die Oberfläche heran. In der üblichen Konfiguration, wie sie in Abb. 7.2-1 veranschaulicht ist, wird die Größe des Konzentrationsgradienten $\partial c/\partial x = (c_0 - c_s)/d$ vor allem durch zwei Effekte bestimmt: erstens durch die Differenz der Konzentrationen c_s und c_0 der Spezies an der Oberfläche bzw. in der Lösung, wobei die Höhe von c_s durch die Effizienz bestimmt wird, mit der die Spezies durch die Reaktion an der Oberfläche verbraucht wird; zweitens durch die Dicke d der Konzentrationsgrenzschicht, welche die Oberfläche von der homogenen Lösung trennt. Rühren reduziert d und erhöht folglich die Reaktionseffizienz. Ultraschall kann die Prozesse beschleunigen, birgt aber die Gefahr der Zerstörung fragiler Strukturen.

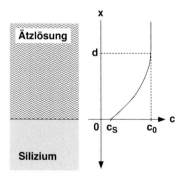

Abb. 7.2-1 Ätzmittelkonzentration c in einem nasschemischen Ätzmittel in der Nähe der zu ätzenden Oberfläche. Das Ätzmittel ist in einer Grenzschicht der Dicke d unter die nominelle Lösungskonzentration c_0 verarmt.

Vor der Wahl einer Ätztechnik zur Erreichung eines vorgegebenen Ziels sind Kriterien wie die Ätzrate, die Anisotropie, die Selektivität, die gewünschte Geometrie der Mikrostruktur, die Prozesskompatibilität, die Einfachheit der Anwendung, die Sicherheit und Kosten zu berücksichtigen. Diese werden in den nächsten Abschnitten diskutiert.

7.2.1.1 Ätzrate und Anisotropie

Die Anisotropie eines Ätzprozesses ist die Folge der Tatsache, dass verschiedene Kristallebenen unterschiedlich rasch angegriffen werden. Das Phänomen der Anisotropie kommt nicht überraschend, da es sich beim Ätzen um einen mit dem Kristallwachstum verwandten, thermodynamischen Nichtgleichgewichtsprozess handelt. Kristallwachstum führt bekanntlich zur Bildung von facettierten Einkristallen. Beispiele von anisotropen Ätzlösungen umfassen eine Liste von Alkalihydroxid-Lösungen und organischen Lösungen auf Aminbasis mit weiter unten beschriebenen Eigenschaften. Eine gemeinsame Eigenschaft dieser anisotropen Ätzmittel ist, dass sie (111)-Kristallebenen wesentlich langsamer als (100)-Ebenen und, in gewissen Fällen, (110)-Ebenen abtragen. Hingegen tragen isotrope Ätzmittel das Material in allen Richtungen mit derselben Rate ab. Ätzkavitäten mit den Querschnitten in Abb. 7.2-2 a und b sind das Resultat isotropen bzw. anisotropen Ätzens. Die Stabilität der (111)-Ebenen kann zur Definition genauer Geometrien von Mikrostrukturen genutzt werden.

Die Geometrie einer strukturierten Maskierungsschicht wird somit durch die Ätzung ins Substrat transferiert. Dabei hat die Genauigkeit der Übertragung ihre Grenzen, bedingt durch die kleine aber nicht vernachlässigbare Ätzrate der (111)-Ebenen, welche zu einer Unterätzung der Maskierungsschicht führt (Abb. 7.2-2 c). Nötigenfalls kann dies durch einen entsprechenden Maskenentwurf kompensiert werden. In Trockenätzprozessen wird die Anisotropie durch die Beschleunigung der reaktiven Spezies durch eine passende Substratvorspannung und durch Oberflächenpassivierungen erreicht, wie in Absch. 7.2.6 dargelegt wird.

Nass- und Trockenätzformeln ohne Richtungsabhängigkeit stehen ebenso zur Verfügung. Ein gebräuchliches Nassätzsystem besteht aus Mischungen von Salpeter- und Flusssäure (Abschn. 7.2.2). Ob ein Ätzmittel isotrop oder anisotrop wirkt, hängt von der Prädominanz diffusiver Transportprozesse oder der Ober-

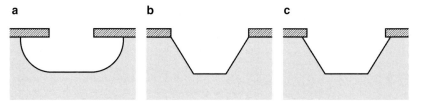

Abb. 7.2-2 Querschnitt durch nasschemisch isotrop (a) und anisotrop (b, c) geätzte Siliziumgräben; (c) zeigt das Resultat einer Ätzung mit Unterätzung.

flächenreaktionsrate ab: Diffusionslimitiertes Ätzen ist eher isotrop; die Begrenzung durch die Ätzrate führt eher zu anisotropem Ätzverhalten.

Siliziumätzraten reichen von fast null für (111)-Ebenen in anisotropen Ätzlösungen bis zu mehreren hundert Mikrometern pro Minute in isotropen Ätzlösungen. In anisotropen nasschemischen Ätzmethoden kann die Ätzrate der rasch abgetragenen Kristallebenen mehrere zehn Mikrometer pro Stunde bei Temperaturen zwischen 50 und ca. 100 °C betragen.

7.2.1.2 Selektivität

Wie in der IC-Technologie bezeichnet die Selektivität einer Ätzmethode den Quotienten der Ätzraten zweier Materialien. Im Jargon der Technologen ist ein Ätzmittel für ein Material A selektiv gegenüber einem Material B, wenn es A rascher als B angreift. Quantitativ ist die Selektivität $S_{A:B}$ definiert als der Quotient $R_A:R_B$ der jeweiligen Ätzraten R_A und R_B.

Während das Ziel der Mikromechanik die Abtragung von Material ist, müssen gleichzeitig andere Materialien während des Prozesses erhalten bleiben. Hierbei kann es sich um Maskierungsschichten aus Siliziumnitrid oder -oxid, Metall oder Polymer handeln, welche die Ätzgeometrie festlegen. Für eine zuverlässige Ätzung über eine Distanz $d_{Ätz}$ ins Silizium (z. B. Ätztiefe oder Unterätzung) sollte die Dicke d_{Maske} der Maskierungsschicht genügend groß sein. Explizit sollte gelten: $d_{Maske}/d_{Ätz} > S_{Maske:Si}$.

Oft sind komplexere Materialsysteme als die Kombination einer Maskierung mit Silizium zu strukturieren. Ein extremes Beispiel ist die Mikrostrukturierung von Wafern, die einen kompletten CMOS-Prozess durchlaufen haben [Leng94, Münc97, Müll99]. Die ungeschützten Metallflächen der Kontaktpads würden durch alkaline Lösungen innerhalb von Minuten abgetragen. Das Fehlen einer genügend stabilen Ätzformulierung mit hoher Selektivität gegenüber Aluminium ist einer der Gründe, warum sich die Silizium-Mikromechanik von CMOS-Wafern noch nicht auf breiter Front durchgesetzt hat.

7.2.1.3 Prozesskompatibilität

Kontamination, Temperatur-Budget und die eingebrachte Energiedichte sind zusätzlich zu berücksichtigen. Das Kontaminationsproblem betrifft in erster Linie die mögliche Diffusion von Alkaliionen aus anisotropen Ätzlösungen in die dielektrischen Schichten aktiver Komponenten. Im schlimmsten Fall diffundieren die Alkaliionen in das Gateoxid der FETs und führen dort zu unkontrollierbaren Verschiebungen der Schwellenspannung. Wenn Schaltkreise mit Mikrosensoren auf demselben Chip integriert werden, können nasschemische Mikrostrukturierungsmethoden als Vorprozess (engl.: pre-process) oder als Nachprozess (engl.: post-process) eingesetzt werden. In beiden Fällen ist eine gründliche Reinigung unabdingbar. Es sei hier daran erinnert, dass in gebräuchlichen chemisch-mechanischen Polierprozessen Stabilisatoren, wie KOH, und Oxidationsmittel, wie

Kaliumjodat (KIO$_3$), eingesetzt werden. Solche Prozesse kommen in allen Stufen moderner Back-End-Prozesse zum Einsatz; die Technologen scheinen das Kalium-Kontaminationsproblem im Griff zu haben.

Das Wärmebudget könnte einen zweiten Problemkreis darstellen. Beim nasschemischen Ätzen wird jedoch selten die Grenze von 120 °C überschritten. Diese Temperatur liegt weit unter der Grenze von 450 °C, welche nach der Abscheidung der ersten Metallisierung (im Fall von Aluminium) nicht mehr überschritten werden sollte. Sie liegt sogar noch unter der Obergrenze von ca. 150 °C für den sicheren und stabilen Betrieb von integrierten Schaltungen. Dotierprofile bleiben somit während der nasschemischen Strukturierung erhalten und der sichere Betrieb der Schaltungen kann garantiert werden.

Im Gegensatz zum Nassätzen tragen Trockenätzmethoden beträchtliche Energiemengen in Form von Strahlung und Partikelbeschuss in die Oberfläche der Mikrostruktur und des Substrats ein. Gebräuchliche Substrattemperaturen liegen zwischen kryogenen Werten und solchen knapp über Raumtemperatur. Infolge ihrer thermischen Isolierung können sich manche Strukturen darüber hinaus erwärmen.

Zusätzlich zu den erwähnten Vor- und Nachprozessen wurden auch so genannte Zwischenprozesse (engl.: in-between processes) entwickelt. Zum Beispiel weisen die Bipolar- und CMOS-Prozesse der an die Technische Universität Delft angelehnten CMOS-Fab DIMES eine modulare Struktur auf [Sarr92]. Einige dieser Module widmen sich speziell der Sensorherstellung. Sie sind mit den vorangehenden und anschließenden Prozesssequenzen voll kompatibel und ermöglichen u.a. die Integration von oberflächen- und bulkmikromechanischen Bauteilen mit IC-Strukturen.

7.2.1.4 Einfachheit der Verwendung und Sicherheit

Die Einfachheit der Verwendung von Ätzformulierungen ist oft eng verknüpft mit Sicherheitsaspekten. Neben physischen Barrieren sind wahrscheinlich klare Gedanken und langsame, kontrollierte Handlungen der beste Schutz gegen Unfälle. Sorgfältige Ausbildung der Operateure ist von höchster Wichtigkeit.

Alkalihydroxid-Lösungen bergen ein geringes Gefahrenpotential, wenn vernünftige Sicherheitsstandards berücksichtigt werden. Der Kontakt mit den Ätzmitteln und deren Dämpfen und Ätzprodukten ist zu vermeiden. Dies kann durch impermeable Handschuhe und adäquate Ventilation sichergestellt werden. Gleiches gilt für die Verwendung von HF-Lösungen. Sicherheitsmaßnahmen, wie sie auch bei den nasschemischen Prozessen der IC-Industrie zum Standard gehören (chemisch resistente, undurchlässige Handschuhe, Schutzumhang, Gesichtsschutz, Ventilation), sind ein Muss.

Im Fall von Ethylendiamin-Pyrazin-Brenzkatechin-Lösungen sollten zusätzliche Sicherheitsbarrieren vorgesehen werden. Ein geschlossener Chemieabzug ist unabdingbar. Die verwendeten organischen Substanzen sind hochtoxisch. Ihre Kombination wurde als potentiell kanzerogen bezeichnet. Zugegebenermaßen sind die Handhabung von kleinen Chips mit klobigen Handschuhen und Greifinstrumenten und die Beobachtung der Vorgänge durch eine Glasscheibe eine lästige Nebenerscheinung. Dennoch ist eher der Verlust einer Probe als jener der Gesundheit in Kauf zu nehmen.

Trockenätzmethoden sind inhärent leichter zu benutzen, insbesondere, wenn die Handhabung im Los durch Kassetten-Handling-Systeme vorgenommen wird. Wie in IC-Firmen muss ein adäquater Schutz der Operateure von korrosiven Fluor- und Chlorverbindungen durch eine entsprechende technische Infrastruktur inklusive Entlüftung, Gassensorik und Alarmsignale gewährleistet sein.

7.2.1.5 Kosten

Nasschemische Ätzausrüstungen sind üblicherweise weniger kostenintensiv als modernste Trockenätzanlagen. Die Kosten der letzteren Kategorie erreichen rasch über eine Viertelmillion Euro für einfache Systeme und wesentlich mehr für Clustertools in Kombination mit anderen Trockenprozessen. Zur Investitionssumme des Basisgerätes kommen laufende Kosten, verursacht durch Gase, Pumpenbetrieb, Wartung, Gasentsorgung, Breite der Prozessfenster, zu erreichende Spezifikationen und Ausbeute, hinzu. In der Praxis spielen jedoch auch Kriterien wie Verfügbarkeit von Anlagen oder Erfahrung mit einer Methode eine gleich wichtige Rolle bei der Entscheidung über die Nutzung einer mikromechanischen Technologie.

7.2.2 Nasschemisches Ätzen

Nasschemisches Siliziumätzen wurde im Laufe der vergangenen fünfundzwanzig Jahre erfolgreich zur Herstellung einer erstaunlichen Vielfalt von Strukturen herangezogen: Membranen, Brücken und Sprungbretter aus Silizium oder dielektrischen Materialien, getragen von Siliziumsubstraten, Ätzgruben für optische und fluidische Anwendungen, Spiralen, Siebe usw. Eine ganze Palette von Ätzformeln mit unterschiedlichen Eigenschaften steht zur Verfügung. Im Folgenden werden einige der verbreiteteren Rezepte detaillierter beschrieben. Ein Aufbau für die nasschemische Siliziumätzung ist schematisch in Abb. 7.2-3 dargestellt.

7.2.2.1 HNA-Ätzlösungen

Silizium wird durch Mischungen von HF, HNO_3 und CH_3COOH (Flusssäure, Salpetersäure bzw. Essigsäure; engl.: *h*ydrofluoric acid, *n*itric acid, *a*cetic acid; daher die Abkürzung HNA) und Wasser isotrop geätzt. In einer zweiten Klasse isotroper Siliziumätzlösungen fehlt die Essigsäure ganz. Üblicherweise wird die Flusssäure in der Form von HF (49,2%), d. h. als wässerige Lösung mit einem Gewichtsanteil von 49,2% HF, genutzt. Analog liegt HNO_3 zumeist als die wässerige Lösung HNO_3 (69,51%) vor. Ätzraten und Eigenschaften dieser beiden

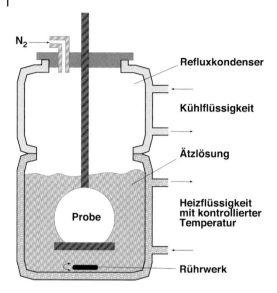

Abb. 7.2-3 Schematischer Querschnitt durch eine Ätzausrüstung für die nasschemische Strukturierung von Silizium.

Familien von Mixturen sind in [Robb59, Robb60, Schw61, Schw76] veröffentlicht worden und sind in Abb. 7.2-4 dargestellt. Ätzraten bis 940 µm/min sind mit Lösungen mit 20–46% HNO₃ (69,51%)-Anteil, ergänzt durch HF (49,2%), bei Raumtemperatur erreicht worden. Die Qualität der geätzten Siliziumoberfläche hängt von der Zusammensetzung der Ätzlösung ab. Glattere Oberflächen werden mit Lösungen mit höherem Salpetersäureanteil und niedrigerem Essigsäureanteil erreicht.

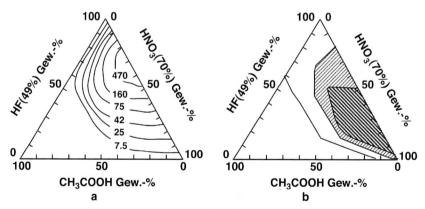

Abb. 7.2-4 Eigenschaften von HNA-Lösungen beim Ätzen von Silizium: (a) Ätzrate in µm/min, (b) Oberflächenqualität. In (b) bezeichnen dunkle Bereiche glatte Oberflächen, während weiße Bereiche raue, kantige Oberflächen darstellen [Robb60, Schw76].

Siliziumätzen mit NHA erfolgt in zwei Stufen. Erstens wird die Oberfläche durch das starke Oxidationsmittel HNO₃ oxidiert. Gleichzeitig wird das entstehende Siliziumoxid durch die verdünnte Flusssäure aufgelöst. Im Allgemeinen zeigen Ätzlösungen ohne Essigsäure niedrigere Ätzraten. Es wurde vermutet, dass dies durch die niedrigere Polarität der Essigsäuremoleküle im Vergleich zu den hochpolaren H₂O-Molekülen verursacht wird. Folgende Gesamtreaktion wurde vorgeschlagen [Will96]:

$$18HF + 4HNO_3 + 3Si \rightarrow 3H_2SiF_6 + 4NO(g) + 8H_2O \quad (7.1)$$

Der Grund für die isotrope Ätzeigenschaft von HNA-Lösungen ist die Diffusionslimitierung des Prozesses.

Ein Nachteil von HNA-Lösungen ist ihre niedrige Selektivität gegenüber Siliziumdioxid. Es wurden Ätzraten in SiO₂ zwischen 30 und 70 nm/min berichtet [Pete82a]. Siliziumnitrid und Edelmetalle zeigen bessere Ätzfestigkeiten gegenüber NHA. Ausgebackener Photolack wurde ebenso als einfache, wenn auch nicht allzu effiziente Ätzmaske eingesetzt.

7.2.2.2 Alkalihydroxid-Ätzlösungen

Wässerige Lösungen der Alkalihydroxide KOH, NaOH, LiOH, CsOH und RbOH sind anisotrope Siliziumätzlösungen. Unter diesen ist KOH die am weitesten verbreitete. Alle Lösungen ätzen die (100)-Ebenen schneller als (110)- und (111)-Ebenen. Frühe Erklärungen der Anisotropie beruhten auf der unterschiedlichen Anzahl der Bindungen, mit denen die Siliziumatome an der Oberfläche an den Kristall gebunden sind. In diesen einfachen Modellen weisen die Atome in (100)-Oberflächen zwei freie Bindungen (engl.: dangling bonds) auf. Im Gegensatz dazu verfügen Atome in (111)-Oberflächen über eine einzige freie Bindung, wie in Abb. 7.2-5 schematisch dargestellt ist. Folglich muss die Ätzlösung zwei bzw. drei Bindungen aufbrechen, woraus die niedrigere Ätzrate von (111)-Oberflächen folgt. Dieses einfache Bild ist jedoch nicht in der Lage, die unterschiedlichen Ätzraten von (111)- und (110)-Ebenen zu erklären, ebensowenig wie die Ätzraten von Ebenen in der Nähe der (111)-Ebenen oder die spontane Bildung von so genannten „hillocks" (deutsch: Hügel), kegelförmigen mikro-

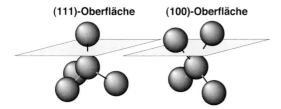

Abb. 7.2-5 Theoretische Koordination der äußersten Atomlage auf (111)- und (100)-orientierten Siliziumoberflächen.

skopischen Oberflächenstrukturen mit polygonaler Basis. Das Modell widerspricht auch Beobachtungen im Rasterkraft-Mikroskop oder der Tendenz von (111)-Ebenen zur Rekonstruktion, bei der die einzelnen Atome nicht mehr die theoretische Anzahl von freien Bindungen aufweisen. Neuere Theorien beruhen auf Konzepten der physikalischen Chemie, der Oberflächenenergie der verschiedenen Kristalloberflächen und der freien Energie der atomaren Stufen auf geätzten Oberflächen. Sie erklären auch die detaillierteren Beobachtungen [Elwe97, Elwe98, Sato03].

Offensichtlich ist alkalines Siliziumätzen reaktionsratenlimitiert. Rühren der Lösung nützt mehr durch die Befreiung der geätzten Oberfläche von Gasblasen als durch die Verjüngung der Diffusionsgrenzschicht. Ferner sind die Aktivierungsenergien von 12–16 kcal/mol des Ätzprozesses eher typisch für chemische Reaktionsraten denn für diffusionskontrollierte Prozesse.

Über die Reaktion von KOH-Lösungen mit Siliziumoberflächen wurde im Detail von [Seid87, Seid90] berichtet. Die Autoren zogen den Schluss, dass die Präsenz des Hydroxylions, OH^-, verantwortlich für die Ätzung ist. Folgende Gesamtreaktion wurde vorgeschlagen:

$$Si + 2OH^- + 2H_2O \rightarrow SiO_2(OH)_2^{2-} + 2H_2 \tag{7.2}$$

Die Reaktion beginnt mit der Oxidation von Silizium durch Hydroxylionen, gemäß

$$Si + 2OH^- \rightarrow Si(OH)_2^{2+} + 4e^- \tag{7.3}$$

Vier Elektronen pro oxidiertem Siliziumatom werden folglich ins Leitungsband des Siliziumkristalls injiziert. Durch das positiv geladene, komplexierte Silizium, $Si(OH)_2^{2+}$, angezogen, bleiben die Elektronen in Oberflächennähe. Gemeinsam mit dem $Si(OH)_2^{2+}$ bilden sie eine elektrolytische Doppelschicht. Des Weiteren reagieren die Elektronen mit Wassermolekülen zu Hydroxylionen und Wasserstoff, gemäß

$$4e^- + 4H_2O \rightarrow 4OH^- + 2H_2 \tag{7.4}$$

Dadurch wird die negative Aufladung des Siliziumkristalls verhindert und der Lösung werden Hydroxylionen zurückerstattet. Beide Effekte tragen dazu bei, die Reaktion aufrechtzuerhalten. Der Siliziumkomplex reagiert abschließend mit vier weiteren OH-Ionen zum löslichen Komplex $SiO_2(OH)_2^{2-}$ und zu zwei Wassermolekülen.

Konzentrationen nützlicher KOH-Lösungen liegen im Bereich von 20 bis 50 Gewichtsprozent (Gew.-%). Gebräuchlich sind Konzentrationen um 30 Gew.-% oder 6 molar (6M). Konzentrationen unter 20% führen üblicherweise zu rauen Oberflächen. Ätztemperaturen zwischen 50 und 95 °C sind in der Fachliteratur erwähnt. Im Allgemeinen steigt die Qualität geätzter Strukturen mit zunehmender Temperatur, allerdings auf Kosten eines reduzierten Anisotropieverhältnisses $R_{(100)}:R_{(111)}$. Bei 72 °C hat eine Lösung mit 15 Gew.-% KOH eine (100)-Ätzrate von ca. 55 µm/h [Seid87]. Bei 95 °C erreicht eine 6M-KOH-Lösung eine Ätzrate von 150 µm/h auf kommerziellen CMOS-Substraten [Jaeg96].

Die Beifügung von Isopropylalkohol (IPA = isopropylic alcohol) zu KOH-Lösungen erhöht die Anisotropie $R_{(100)}:R_{(111)}$. Quotienten bis 400:1 sind erwähnt worden. Dank dieser konnten Strukturen erzeugt werden, deren Geometrie im Wesentlichen durch jene der Ätzmaske, d. h. ohne Unterätzung, definiert ist [Pete82a].

Die zuverlässigste Ätzmaske gegen KOH, welche in Standard-IC-Technologie zu Verfügung steht, ist LPCVD-Siliziumnitrid, wie es etwa im LOCOS-Prozess zum Einsatz kommt. Seine KOH-Ätzrate ist bei allen relevanten Temperaturen und Konzentrationen vernachlässigbar klein. Seine Adhäsion auf Silizium, insbesondere in Kombination mit einem Padoxid, ist exzellent und seine Defektdichte gering. Beide Eigenschaften machen es zu einer exzellenten Wahl als Maskierungsschicht. Ebenso weist PECVD-Siliziumnitrid eine geringe Ätzrate, typischerweise unter 1 µm/h, auf. Hingegen führt seine höhere Defektdichte je nach Prozessbedingungen zu höheren Fehlerdichten auf der geätzten Struktur. Ebenso sind die Unterätzraten auf Grund der schlechteren Haftung auf Silizium tendenziell höher.

Wie das bei hoher Temperatur abgeschiedene LPCVD-Siliziumnitrid erfüllt thermisch gewachsenes Siliziumoxid die Aufgabe einer praktisch defektfreien und uniformen Ätzschutzschicht. Die Selektivität von KOH-Lösungen gegenüber SiO_2 ist 300:1 für 30 Gew.-%ige KOH bei 60 °C. Sie nimmt mit zunehmender Temperatur und KOH-Konzentration ab. PECVD-Siliziumoxid weist wesentlich höhere Ätzraten in KOH-Lösungen auf und kann nötigenfalls bei kürzeren Ätzaufgaben eingesetzt werden.

Zu Tage tretendes, d. h. ungeschütztes, Aluminium, wie es bei Kontaktpads vorliegt, wird heftig, und zwar mit Ätzraten über 1 µm/min, bei 95 °C angegriffen. Sogar Aluminiumstrukturen unter einer 2 µm dicken Schutzschicht aus PECVD-Siliziumnitrid und -oxinitrid überleben ausgedehnte KOH-Ätzungen nicht ohne lokale Zerstörung durch die Defekte in der Schutzschicht. Negativer Photolack kann durch Ausbacken gegen KOH resistent gemacht werden und eignet sich als Schutz für die aktive Waferseite. Leider löst er sich vom Randbereich des Wafers aus ab, schwebt schließlich in der Lösung davon und hinterlässt einen ungeschützten Wafer.

Einen Durchbruch in der KOH-Ätztechnik stellte die mikromechanische Verarbeitung von Standard-CMOS-Wafern mit wässeriger 6M-KOH-Lösung dar. „Standard-CMOS" bedeutet hier, dass die Wafer vor der KOH-Ätzung einen kommerziellen CMOS-Prozess vollständig durchlaufen haben, von der anfänglichen Getterprozedur bis zur abschließenden Passivierungsöffnung. Der Prozess wurde in die CMOS-ASIC-Foundry EM Microelectronic-Marin SA transferiert [Münc97]. Die mikromechanische Bearbeitung erfolgt als Nachprozessierschritt. Ihr Zweck ist die Herstellung von Membranen aus dem gesamten Schichtpaket der dielektrischen Dünnschichten mit darin eingebauten Polysilizium- und Metallstrukturen. Die Membranen werden für thermische Mikrosenso-

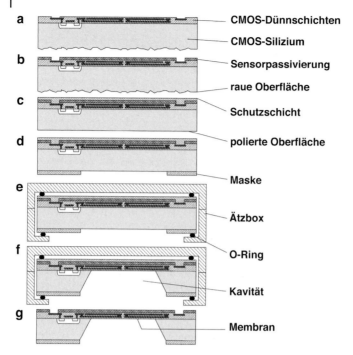

Abb. 7.2-6 CMOS-kompatible KOH-Ätzung von Membranen, welche aus den dielektrischen CMOS-Schichten bestehen.

ren, wie Gasflusssensoren [Maye97], Infrarotdetektoren [Paul98] und chemische Sensoren [Koll99], verwendet. Die Entwicklung des Prozesses stellte mehrere Herausforderungen dar. Erstens mussten die mit den Sensoren kointegrierten Schaltungen bei der KOH-Ätzung erhalten bleiben. Zweitens weist die Rückseite von CMOS-Wafern routinemäßig eine durchschnittliche Rauigkeit von ca. 1 μm auf, welche die Adhäsion der rückseitigen Maskierungsschicht beeinträchtigt. Drittens enthält das Bulk-Siliziummaterial Sauerstoffpräzipitate, welche die (111)-Ätzrate erhöhen und dadurch zu nennenswerter Unterätzung führen.

Diese Herausforderungen führten zu der in Abb. 7.2-6 dargestellten Prozesssequenz. Die Mikromechanik beginnt mit der Abscheidung einer vorderseitigen Siliziumnitrid-Passivierung mit tensiler Vorspannung. In den endgültigen Membranen kompensiert ihre Spannung die mittlere kompressive Vorspannung der CMOS-Dielektrika und erhöht dadurch die Membranausbeute. Um die aktive Waferseite, insbesondere die empfindlichen Kontaktpads zusätzlich zu schützen, wird vorderseitig ein PECVD-Siliziumoxid auf der Basis von Tetraethylorthosilikat (TEOS) abgeschieden. Dieses bedeckt die Pads und die Passivierung konform. Ca. 50 μm des Siliziumwafers werden dann von der Rückseite der Wafer durch eine kommerzielle chemische Polierung abgetragen. Ein PECVD-Siliziumnitrid wird darauf abgeschieden und strukturiert. Die Wafer werden anschließend in eine mit O-Ringen und Teflon-Abstandhaltern ausgestattete Waferbox aus rostfreiem Stahl montiert. Nach ca. vier Stunden sind die ca. 600 µm dicken 6-Zoll-Wafer vollständig durchätzt. Die Ätzung kommt dabei auf dem vorderseitigen Feldoxid zum Stehen. Zum Schluss wird der Wafer gespült und vereinzelt. Die Gesamtausbeute nach der Vereinzelung ist höher als 98% [Leng94].

7.2.2.3 Ammoniumhydroxid-Ätzlösungen

Die weiter oben beschriebenen Ätzmethoden zeigen, dass zum Ätzen von Silizium eine Base benötigt wird. Die Alkaliionen in der Lösung tragen nicht direkt zum Ätzvorgang bei. Sie nehmen indirekt am Prozess teil, indem sie einen die Bildung von löslichen Siliziumkomplexen begünstigenden pH-Wert aufrechterhalten. Die Suche nach alternativem Siliziumätzen wurde daher von der Untersuchung nichtalkaliner Basen geleitet. Beispiele sind Lösungen der anorganischen Verbindungen Ammoniumhydroxid (NH_4OH), Tetraethylammoniumhydroxid (TEAH) und Tetramethylammoniumhydroxid (TMAH).

Ammoniumhydroxid-Lösungen mit Konzentrationen von 1–18 Gew.-% bei 75 °C ätzen Silizium anisotrop mit Ätzraten von bis zu 30 µm/h. Die dabei entstehenden Siliziumoberflächen sind jedoch rau. Folglich ist die Ätzrate über längere Ätzdauern unvorhersagbar. Ammoniumhydroxid ist unter Normaldruck und -temperatur ein Gas. Es verflüchtigt sich aus der Lösung, welche sich daher als instabil erweist [Schn90].

Neben KOH ist TMAH das populärste anisotrope Siliziumätzmittel. Da es in wässeriger Lösung zum Einsatz kommt, wird es oft auch als TMAHW (W = Wasser) oder TMAW bezeichnet. Der Hauptvorteil von TMAH ist, dass es durch Additive gegen Aluminium selektiv gemacht werden kann. Lösungen welche mit Standard-CMOS-Metallisierungen kompatibel sind, erscheinen daher durchaus machbar. [Taba95] untersuchte diese Problemstellung. Die Ätzrate von TMAH erreicht bei 2 Gew.-% ein Maximum und sinkt darüber mit zunehmender Konzentration (1,5 µm/h bei 10 Gew.-% und 0,5 µm/h bei 40 Gew.-%, beide bei 90 °C), d. h. mit zunehmendem *pH*. Gleichzeitig verbessert sich die Qualität der geätzten Oberfläche. Oberhalb von 20 Gew.-% entstehen glatte Ätzwände und -böden. Der Anisotropiequotient $R_{(100)} : R_{(111)}$ nimmt zwischen 5 und 40 Gew.-% von 35 bis 10 ab. Ristic hat über (100)-Ätzraten von ca. 4 µm/h, 33 µm/h und 80 µm/h in Lösungen mit 20 Gew.-% TMAH bei 50, 80 bzw. 95 °C berichtet [Rist94].

Die Oberflächenrauigkeit wird durch die Bildung von Hügelstrukturen (engl.: hillocks) verursacht. Es wurde vermutet, dass die lokale Abschirmung der Oberfläche durch Bildung von H_2-Gasblasen dafür verantwortlich ist. Oxidationsmittel, wie Ammonium-Peroxydisulfat $(NH_4)_2S_2O_8$, wurden TMAH-Lösungen mit unterschiedlichem Erfolg hinzugefügt [Klaa96a].

Leider nimmt die Ätzrate von Aluminium mit zunehmender TMAH-Konzentration zu und gefährdet dadurch die CMOS-Kompatibilität der Ätzlösung. Der Grund hierfür ist, dass die natürliche Passivierungschicht aus $Al(OH)_3$ von Aluminium in starken Basen und Säuren aufgelöst wird. Durch einen niedrigeren pH-Wert der TMAH-Lösung kann daher die Selektivität gegenüber Aluminium erhöht werden. [Taba95] haben gezeigt, dass eine Erniedrigung des pH-Werts um eine Einheit durch Hinzufügung von $(NH_4)_2CO_2$ oder $(NH_4)_2HPO_3$ zu einer Verringerung der Aluminiumätzrate um einen Faktor von ca. 10^3 führt.

Eine alternative Methode besteht in der Anreicherung der TMAH-Lösung mit Silizium (so genanntes Siliziumdotieren der Lösung, engl.: silicon doping). Dabei bildet sich Orthokieselsäure, d. h. $Si(OH)_4$ ($\leftrightarrow SiO_2(OH)_2^{2-} + 2H^+$), und der pH-Wert wird erniedrigt. Als willkommener Nebeneffekt wirkt die Reaktion der Siliziumkomplexe mit Aluminium zu weniger löslichem Aluminiumsilikat. Da die Auflösung von Siliziumfragmenten oder -staub eine zeitaufwändige Prozedur ist, wurde alternativ auch direkt Orthokieselsäure zur Lösung hinzugefügt.

Ein klarer Vorteil von TMAH-Lösungen ist ihre hohe Selektivität gegenüber üblichen Dielektrika. [Rist94, Schn91] haben Selektivitätswerte verschiedener Ätzformeln veröffentlicht. In jedem Fall war die Selektivität gegenüber LPCVD-Siliziumnitrid und thermischem Oxid höher als 2×10^4 bzw. 5×10^3. PECVD-Schichten zeigen Selektivitäten von über 10^3. In siliziumdotierten Lösungen sind die Selektivitäten noch höher. Als Folge davon bietet eine einzige dielektrische Schicht einen zuverlässigen Schutz gegen TMAH-Lösungen und lässt Ätzungen durch ganze Wafer hindurch zu.

7.2.2.4 Ethylendiamin-Brenzkatechin-Ätzlösungen

Historisch waren Lösungen auf der Basis von Hydrazin (N_2H_2) und Brenzkatechin ($C_6H_4(OH)_2$) die ersten, mit denen anisotropes Siliziumätzen demonstriert wurde [Cris62]. Später wurde das toxische Hydrazin durch Ethylendiamin ($NH_2(CH_2)_2NH_2$) ersetzt [Finn67]. Die resultierende Lösung wird oft als EDP (=ethylene-diamine pyrocatechol; Ethylendiamin-Pyrokatechol) oder EDW (W= Wasser) bezeichnet. Es wurde gezeigt, dass Wasser ein notwendiger Bestandteil der Reaktion ist, vermöge der Ionisierung von Ethylendiamin gemäß

$$NH_2(CH_2)_2NH_2 + H_2O \rightarrow NH_2(CH_2)_2NH_3^+ + OH^- \tag{7.5}$$

Die Oberflächensiliziumatome reagieren mit den Hydroxylionen zu $Si(OH)_2^{2+}$. In einem zweiten Schritt produziert die Reaktion mit Wasser den Komplex $Si(OH)_6^{2-}$. Dieser wird durch Brenzkatechin gemäß der Reaktion

$$Si(OH)_6^{2-} + 3C_6H_4(OH)_2 \rightarrow [Si(C_6H_4O_2)_3]^{2-} + 6H_2O \tag{7.6}$$

weiter komplexiert. Gebräuchliche EDP-Lösungen haben folgende Zusammensetzung. Die Lösung des so genannten Typs S (=slow) besteht aus 1 Liter Ethylendiamin, 160 g Brenzkatechin, 6 g Pyrazin und 133 ml Wasser. Diese Formel weist im Vergleich zu alkalinen Lösungen eine relativ niedrige (100)-Ätzrate auf. Bei 70, 80 und 90 °C werden Werte von 14, 20 bzw. 30 µm/h erreicht. Die Anisotropiezahl $R_{(100)} : R_{(111)}$ ist ca. 35 [Pete82a]. Eine zweite Ätzformel, genannt F (=fast), enthält 320 ml anstatt 133 ml Wasser. Ihre Ätzrate ist höher, hingegen besitzt sie eine geringere Aluminiumselektivität und Ätzqualität.

EDP wird für seine CMOS-Kompatibilität geschätzt. Seine Selektivität gegenüber Aluminium ist ca. 300:1 bei 90 °C. Folglich werden während der Herstellung von 90 µm tiefen Ätzgruben in ca. 3 Stunden etwa 0,3 µm der Kontaktpadmetallisierung abgetragen. Mit typischen Dicken von CMOS-Metallisierungen um 0,6 bis 1 µm bleibt genügend Material zum Drahtbonden. Die Zuverlässigkeit der Bonds kann durch die Stapelung von zwei oder mehr Metallisierungen im Padbereich gesteigert werden. Typische Selektivitäten von EDP Typ S gegenüber Siliziumoxiden sind höher als 2000:1 und sogar noch höher gegenüber Siliziumnitriden [Mose93].

Wenn CMOS-Chips in EDP geätzt werden müssen, sollte das Siliziumsubstrat lokal freigelegt sein. Dies wird erreicht, indem alle Dielektrika entweder während des CMOS-Prozesses oder nachträglich lokal entfernt werden. Im ersteren Fall [Mose93] wird dies durch Überlagerung der Maskendesigns für den Active-Bereich sowie die Kontakt-, Via- und Padöffnungen erreicht. Der zweite Fall erfordert eine separate, nachträgliche Photolithographie mit anschließender Trockenätzung.

Die hohe Selektivität gegenüber Oxiden macht einen HF-Dip kurz vor der EDP-Ätzung notwendig. Dadurch wird das natürliche Oxid der zu strukturierenden Siliziumbereiche entfernt. Selbst bei Dicken von nur 30 Å würde das natürliche Oxid unkontrollierbare Ätzresultate verursachen. Nach Abschluss der EDP-Ätzung sind die Ätzkavitäten oft mit einem weißlichen Beschlag belegt, bei dem es sich höchstwahrscheinlich um festes $Si(OH)_4$ handelt. Ferner wurde das Bonden z.T. für schwierig befunden. Eine Lösung beider Probleme besteht in der Spülung mit entionisiertem Wasser, einem Dip in 5%iger Ascorbinsäure und einer zweiten Spülung in entionisiertem Wasser [Leng94].

EDP-Lösungen sind toxisch und korrosiv. Sollte diese Methode zum Einsatz kommen, ist äußerste Vorsicht bei ihrer Handhabung angebracht. EDP oxidiert im Kontakt mit Luft. Mit der Zeit ändert sich seine Farbe von rötlich-opak zu bräunlich-transparent und seine Ätzeigenschaften werden instabil. Als optimal haben sich ein Refluxkondenser oberhalb des Ätzkammervolumens und eine kontinuierliche Spülung des Gasvolumens mit trockenem Stickstoff erwiesen. Selbst dann muss die Lösung nach ca. zwei Wochen bei Raumtemperatur neu angesetzt werden.

7.2.3
Grundlegende Ätzformen

Die Anisotropie der Ätzlösungen eröffnet die Möglichkeit zur Herstellung einer Palette von mikromechanischen Strukturen. Ihre Geometrie ist definiert durch die Tatsache, dass sich (111)-Kristallebenen als stabil erweisen, wohingegen (100)-Ebenen und andere Ebenen rasch abgetragen werden. Die relativ hohen Ätzraten von (122)- und (133)-Ebenen sowie weiterer Zwischenebenen mit hohen Miller-Indizes machen es möglich, konvexe Maskenstrukturen zu unterätzen. Durch diese Grundeigenschaft lassen sich Gruben, Gräben, Membranen, Mesas, Sprungbretter und kompliziertere Strukturen leicht fertigen.

7.2.3.1 Ätzgruben und -gräben

Üblicherweise haben die zu strukturierenden Wafer die Orientierung (100) und sind mit einer Maskierungsschicht bedeckt, z. B. SiO_2 oder Si_3N_4. Diese wird strukturiert, um das darunterliegende Silizium lokal freizulegen. Wir lassen nun eine anisotrope Ätzlösung auf die Oberfläche wirken. Ein Atom nach dem anderen wird von der (100)-Fläche entfernt. Wie in Abb. 7.2-7 schematisch dargestellt ist, wird das Vordringen des (100)-Bodens lateral durch (111)-Ebenen eingeschränkt. Sobald ein Stück einer (111)-Ebene durch das Ätzmittel freigelegt wurde, wird es selbst mit wesentlich geringerer Rate $R_{(111)}$ angegriffen. Abgesehen von einer leichten Unterätzung der Ätzmaske erscheinen daher (111)-Ebenen als stabil. Der Winkel ihrer Steigung bezüglich der Vertikalen beträgt arctg $\sqrt{2} \simeq 54.7°$. Nach einer genügend langen Zeit stirbt der (100)-Boden in der horizontalen Schnittkante von gegenüberliegenden (111)-Wänden aus, wie in Abb. 7.2-7 skizziert ist. Die Ätzung kommt dann praktisch zum Erliegen. Das Resultat ist ein V-Graben der Breite W und Tiefe D im Verhältnis von $W/D = \sqrt{2}$.

Auf Grund von rechteckigen, längs (110)-Richtungen orientierten Maskenöffnungen entstehen rechteckige Gruben, die durch vier an den Kanten der Maskenöffnungen startende (111)-Wände begrenzt sind. Mit einer quadratischen Öffnung entsteht eine inverse Pyramide. Der Zwischenwinkel von benachbarten (111)-Wänden beträgt 70,5° und von gegenüberliegenden 109,5°.

Eine Maskenöffnung beliebiger Geometrie auf einem (100)-Substrat führt letztendlich immer zu einem V-Graben. Bei Maskenrändern mit von (110)-Richtungen abweichender Orientierung werden Kristallebenen mit einer Ätzrate, die $R_{(111)}$ übersteigt, angegriffen. Dadurch wird der Rand unterätzt. Schließlich kommt

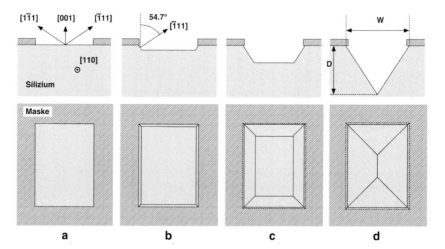

Abb. 7.2-7 Rechteckige Maskenöffnungen mit Kanten parallel zu [011]- und [01$\overline{1}$]-Kristallrichtungen auf (100)-Wafer während anisotroper nasschemischer Siliziumätzung. Die Gruben sind begrenzt durch (1,±1,±1)- und (100)-Ebenen. Die (100)-Ebene verschwindet schließlich.

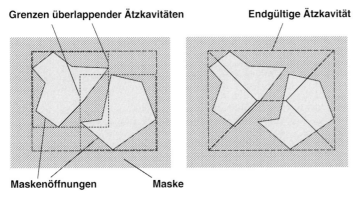

Abb. 7.2-8 Unregelmäßig geformte Maskenöffnungen führen auf (100)-Wafern zu einer anisotropen Ätzgrube, welche durch das kleinste umhüllende Rechteck mit Kanten parallel zu <0,1,±1>-Richtungen definiert ist. Öffnungen mit überlappenden Gruben führen schließlich zu großen Ätzgruben.

die entsprechende Ätzfront auf den äußersten (111)-Ebenen, welche die Maskenöffnung umhüllen, zum Erliegen. Diese Beobachtungen sind in Abb. 7.2-8 zusammengefasst, in der zwei Maskenöffnungen und die entsprechenden V-Gruben dargestellt sind. Um die zu einer Öffnung gehörende Ätzgrube vorherzusagen, zeichne man die kleinsten, zu [110] und [01$\bar{1}$]-Richtungen parallele Rechtecke, welche die einzelnen Maskenöffnungen einfassen. Überlappen sich zwei der so festgelegten Rechtecke, konstruiere man das beide umhüllende Rechteck und iteriere so bis zu einer stabilen Endgeometrie weiter. Diese definiert nun die Ränder des endgültigen V-Grabens, wie in Abb. 7.2-8 veranschaulicht wird.

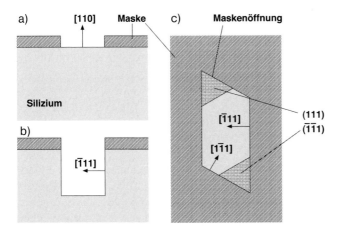

Abb. 7.2-9 Rhomboidförmige Maskenöffnung auf (110)-Siliziumwafer mit Kanten längs [$\bar{1}$12]- und [1$\bar{1}$2]-Richtungen können zu Ätzgräben mit vertikalen Wänden führen.

Für manche Anwendungen wird (110)-Substratmaterial dem üblichen (100)-Silizium vorgezogen. Diese Wahl rechtfertigt sich durch die Tatsache, dass (110)-Wafer vertikale (111)-Ebenen enthalten. Die Ätzung schreitet in diesem Fall wie in Abb. 7.2-9 a und b dargestellt fort. Die (110)-Ebene der Oberfläche wird effizient angegriffen und das Vordringen der Ätzfront legt (111)-Ebenen frei. Von oben gesehen entstehen dabei rhomboidförmige Strukturen (Abb. 7.2-9 c). In Anbetracht der Vertikalität der Ätzwände setzt sich die Ätzung durch den gesamten Wafer hindurch fort. Zwei weitere (111)-Ebenen schneiden die (110)-Oberfläche unter einem Winkel von 35,3° und können für andere Geometrien verwendet werden.

7.2.3.2 Membranen

Bei genügend großen Öffnungen erreicht die (100)-Ätzfront auf (100)-Material die entgegengesetzte Seite des Wafers, bevor sich die vier (111)-Seitenwände gegenseitig abschließend durchschneiden. Wenn die Ätzung kurz davor abgebrochen wird, ist das Resultat eine ringsum auf dem Substrat aufgehängte Siliziummembran. Solche Membranen gehören zu den kommerziell erfolgreichsten Silizium-Mikrostrukturen. In zahlreichen Siliziumdrucksensoren wird die Verformung der Membran unter einer Druckdifferenz als Maß für die Druckdifferenz herangezogen. Verschiedene Effekte werden zur Bestimmung der Verformung genutzt (Abschn. 7.4.1). Für eine reproduzierbare Fertigung und einen zuverlässigen Betrieb muss die endgültige Membrandicke genau kontrolliert sein. Mehrere Methoden, dies zu erreichen, sind in Abschn. 7.2.4 beschrieben.

7.2.3.3 Mesas und Spitzen

Eine größere Herausforderung als die Gestaltung von Gräben oder Gruben stellt jene von hervorstehenden Strukturen dar. Mesas, wie tafelbergförmige Strukturen oft bezeichnet werden, können mit konvexen, von freigelegtem Silizium umgebenen Maskenstrukturen erzeugt werden. Wie in Abb. 7.2-10 dargestellt ist, erzeugt die Ätzung einen Pyramidenstumpf, der nach und nach aus der zurückweichenden horizontalen (100)-Ätzfront hervortritt. Das Hauptproblem liegt dabei allerdings in der Unterätzung der konvexen Maskenecken durch Ebenen mit zu $R_{(111)}$ ähnlichen Ätzraten. Der dabei entstehende Pyramidenstumpf weist viele Facetten auf und wird durch (111)-Ebenen und Ebenen mit höheren Miller-Indizes definiert.

Eine Lösung dieses Problems beruht auf Kompensationsstrukturen in den Ecken der Maske, wie Abb. 7.2-11 veranschaulicht. Die Unterätzung nimmt ihren Ursprung in den Ecken der Kompensationsstrukturen. Sind die Kompensationsstrukturen sorgfältig berechnet worden, so konvergieren die verschiedenen Unterätzungsfronten in den Mesaecken genau in jenem Moment, in dem die gewünschte Mesadicke erreicht ist. Verständlicherweise erfordert dieser Prozess zuverlässige Ätzraten, d.h. eine kontrollierte, stabile Ätzung.

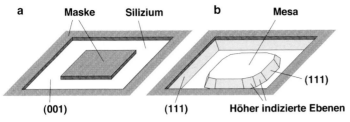

Abb. 7.2-10 Konvexe Maskenstrukturen führen zu tafelbergartigen Strukturen (Mesas) mit durch die rapide Ätzung von Ebenen mit höheren Miller-Indizes verursachten Eckenunterätzungen und -rundungen. (a) Oberfläche vor der Ätzung, (b) Struktur nach der Ätzung mit (der Klarheit halber) entfernter Mesamaske.

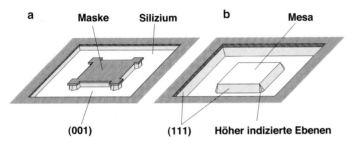

Abb. 7.2-11 Simulation des Effektes von Eckenkompensationsstrukturen auf anisotropes Siliziumätzen. Ätzfronten mit höheren Miller-Indizes konvergieren an den vier Ecken und führen so im Prinzip zu wohldefinierten Siliziummesas.

Zu beachten ist, dass die Ausdehnung der Kompensationsstrukturen linear mit der gewünschten Höhe der Mesa skaliert und daher die minimale Distanz zwischen Mesas festlegt. Da kein intrinsischer Ätzstopp erreicht wird und Prozessvariationen üblich sind, weisen Mesas oft eine unregelmäßigere Geometrie auf als z. B. V-Gräben.

Lässt man die Unterätzungsebenen konvergieren, wird das Maskenmaterial schließlich abgelöst. Übrig bleiben Kegelprismen mit scharfen Spitzen, wie sie in Abb. 7.2-12 dargestellt sind. Derartige scharfe Strukturen wurden in einer Reihe von Anwendungen, wie Tunnel- und Kraftmikroskopie, sowie in der Biomedizin, eingesetzt [Henr98].

7.2.3.4 Cantilever

Balken mit einseitiger Aufhängung, welche auch als Sprungbretter oder im Fachjargon als Cantilever bezeichnet werden, können, wie in Abb. 7.2-13 dargestellt, auf (100)- und (110)-Wafern hergestellt werden. Die Maskenöffnung in Abb. 7.2-13 weist zwei konvexe Ecken auf, welche durch die mikromechanische

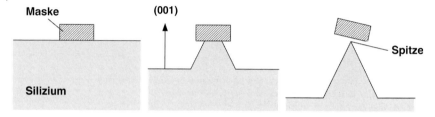

Abb. 7.2-12 Durch Unterätzung führen kleine, konvexe Masken nach dem Lift-off der Maskierung schließlich zur Bildung von scharfen Siliziumspitzen und -kanten.

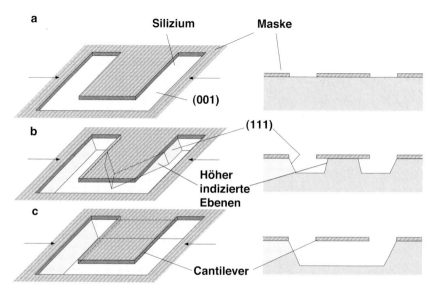

Abb. 7.2-13 Sprungbrettstrukturen werden durch die Unterätzung konvexer Ecken erzeugt. Entsprechende Querschnitte zwischen den Pfeilen sind auf der rechten Seite zu sehen.

Ätzung untergraben werden. Während der Ätzboden zurückweicht und periphere (111)-Ebenen stabil bleiben, legen Ebenen mit höheren Miller-Indizes den Cantilever nach und nach frei, bis die (111)-Rückwand erreicht ist. Dabei ist zu beachten, dass sich die Unterätzungsebenen in einer scharfen Ecke überschneiden. Lokale Spannungsüberhöhungen im dünnen, unterätzten Cantilevermaterial führen leicht zum Bruch der Strukturen.

Cantilever erfüllen verschiedene Rollen in Resonatoren, Beschleunigungssensoren, Infrarotdetektoren, Gasflusssensoren und Teststrukturen. Das nutzlose aber illustrative Beispiel einer miniaturisierten Harfe für musikalische Ameisen ist in Abb. 7.2-14 dargestellt.

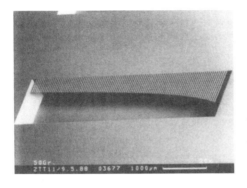

Abb. 7.2-14 REM-Aufnahme eines Arrays von dielektrischen Sprungbrettstrukturen, hergestellt mit anisotropem Siliziumätzen (mit freundlicher Genehmigung von DASA, München).

7.2.3.5 Brücken

Brücken sind beidseitig eingespannte Balken. Sie sind unter Einschränkungen herstellbar. Abb. 7.2-15 zeigt Entwürfe mit Ätzöffnungen für die geplante Erzeugung von Brückenstrukturen. Während der linke Entwurf separate Ätzgruben hervorbringt, erlaubt der zweite die Bildung einer Brücke. Die gewünschte Brücke entsteht, wenn sich die umhüllenden Rechtecke der beiden Maskenöffnungen überlappen. Die benötigte Ätzzeit hängt von der Ausrichtung der Brücke und der entsprechenden Unterätzgeschwindigkeit ab und sollte schon während der Designphase abgeschätzt werden. Im Speziellen sollten Brückenausrichtungen nahe der $\langle 110 \rangle$-Richtungen vermieden werden, da dies zu langsamer Unterätzung mit Raten nahe $R_{(111)}$ führen würde.

Ein Beispiel für eine komplexere Mikrostruktur ist die in EDP Typ S bei 95 °C erzeugte Mikrobrücke in Abb. 7.2-16. Sie wurde in einem kompletten CMOS-Prozess gefertigt und besteht aus allen dielektrischen CMOS-Schichten sowie einem Polysiliziummäander und einer rechteckigen Metalllage, welche beide zwischen den dielektrischen Schichten eingepackt sind. Die Struktur dient zur Bestimmung der spezifischen Wärme von CMOS-Dünnschichten [Arx98a]. Zahlreiche weitere Teststrukturen mit Cantilever- oder Brückengeometrie zur Messung von thermophysikalischen Eigenschaften von CMOS-Dünnschichten wurden durch Kombination der entsprechenden CMOS-Prozesse mit vorderseitiger Bulkmikromechanik realisiert und erlaubten die Messung von thermi-

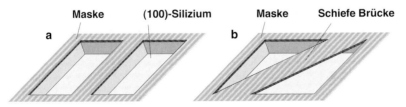

Abb. 7.2-15 Veranschaulichung der Entwurfsregel für die erfolgreiche Herstellung von Mikrobrücken durch nasschemisches anisotropes Siliziumätzen. Die linke Seite mit zu $\langle 011 \rangle$-Richtungen parallelen Kanten ergibt keine Brücke.

Abb. 7.2-16 Mit vorderseitigem EDP-Ätzen eines CMOS-Substrats hergestellte CMOS-Mikrostruktur. Die Struktur dient zur Messung der spezifischen Wärme von CMOS-Dünnschichten [Arx98a].

schen Leitfähigkeiten, spezifischen Wärmen und Seebeck-Koeffizienten [Paul04a, Paul04b].

7.2.4 Ätzkontrolle

Eine reproduzierbare Mikrostrukturierung erfordert genau kontrollierte Ätzprozesse. Dies bedeutet die Kontrolle über das Voranschreiten der Ätzfronten in verschiedenen Richtungen sowie über den Abbruch des Prozesses, sobald die gewünschte Geometrie erreicht ist. Die einfachste Methode hierfür besteht in einer Zeitmessung: Die Ätzung wird durch eine Spülung zu gegebener Zeit unterbrochen. Damit diese Methode jedoch zum Erfolg führt, müssen die relevanten Ätzraten genügend genau bekannt sein; ferner müssen die Ätzlösung stabil bleiben und die Ätztemperatur hinreichend genau geregelt werden. Mit einer Aktivierungsenergie von 0,4 eV variiert die Ätzrate beispielsweise bei 90 °C um 3,6%/K. Dies äußert sich in einer beträchtlichen Ungenauigkeit in der geätzten Distanz und Geometrie. Zuverlässigere Kontrollmethoden nutzen intrinsische Mechanismen des Ätzprozesses anstatt einer willkürlichen Zeitskala und werden nun beschrieben.

7.2.4.1 Ätzstoppmechanismen

Eine einfache Ätzstoppmethode beruht auf der Selektivität der Ätzlösungen gegenüber anderen Materialien als Silizium. Im Kontext der IC-Technologie stellen dielektrische Schichten aus Siliziumnitrid und -oxid einen natürlichen Ätzstopp dar. Ein Beispiel hierfür bot die CMOS-kompatible KOH-Membranätzung in Abb. 7.2-6. Sobald die KOH-Lösung den ca. 600 µm dicken Wafer durchätzt hat, wird sie durch das Feldoxid des CMOS-Schichtpakets gestoppt. Mit wesentlich geringerer Rate wird selbstverständlich auch das Oxid angegriffen, so dass schließlich wichtige Polysilizium- und Metallstrukturen freigelegt und zerstört würden. Mit einer ungefähren Ätzrate von KOH (6M) bei 95 °C von 200 Å/min bleiben ca. 20 Minuten bis zur endgültigen Zerstörung des Feldoxids. Eine

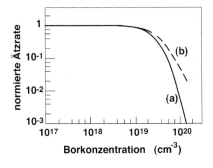

Abb. 7.2-17 Abhängigkeit der normierten Ätzraten von (100)-Silizium in EDP Typ S bei 100 °C (a) und in 24 Gew.-%iger KOH-Lösung bei 60 °C (b) (nach [Rist94] und [Heub91]). Die normierten Kurven sind nur sehr schwach von der Temperatur abhängig.

genügend lange Zeitspanne steht somit zur Verfügung, um sicherzustellen, dass der Ätzprozess über die ganze Waferfläche sein Ziel erreicht hat. Mit EDP und TMAH ist die Situation hinsichtlich der Selektivität günstiger, so dass dielektrische Strukturen zuverlässig und wiederholbar erzeugt werden können.

Die Dotierstoffkonzentration wirkt sich stark auf die Ätzraten von Silizium aus. Allgemein wird beobachtet, dass die Ätzrate in p-dotiertem Silizium bei Borkonzentrationen oberhalb von $2 \cdot 10^{19}$ cm^{-3} signifikant abfällt. Abb. 7.2-17 zeigt die Abhängigkeit der (100)-Siliziumätzrate in zwei anisotropen Ätzlösungen. Im Fall von EDP (Kurve (a)) wird bei einer Konzentration von $1{,}7 \cdot 10^{20}$ cm^{-3} eine Verringerung um den Faktor 10^3 im Vergleich mit niedrig dotiertem Silizium beobachtet. Dieser Wert liegt nahe der Sättigungsgrenze für Bor in Silizium. Die Reduktion ist bei allen Ätzebenen von ähnlicher Größe. Ähnliche Befunde für KOH sind in der Kurve (b) in Abb. 7.2-17 zusammengefasst. Wieder führt eine Dotierung im Bereich der Sättigungsgrenze zu einer signifikanten Verringerung der Ätzrate.

Dieser so genannte Borätzstopp durch starke Bordotierung erscheint besonders bequem. In der Praxis offenbaren sich allerdings mehrere Nachteile. Bei den benötigten hohen Dotierkonzentrationen liegen mehr als 1000 ppm Boratome im Siliziumkristallgitter vor. Durch den kleineren Durchmesser der substitutionellen Borverunreinigung schrumpft die Mikrostruktur leicht oder sie wird bei beidseitiger Aufhängung einer beträchtlichen, tensilen, mechanischen Spannung unterworfen. Ein zweiter Nachteil ist technologischer Art. In Anbetracht der hohen Oberflächendichte der Boratome sind zeit- und kostenintensive Borvorbelegungen oder -implantierungen notwendig. Ferner lassen sich in den stark bordotierten Bereichen keine integrierten Schaltungen mehr realisieren.

Der Borätzstopp lässt sich aus dem grundlegenden Siliziumätzmechanimus heraus verstehen. Die bei der ersten Ätzreaktion (Gl. 7.3) ins Silizium injizierten Elektronen erleiden im p-dotierten Material das Schicksal von Minoritätsträgern: Sie rekombinieren. In entartet dotiertem Material ist ihre Rekombinationszeit so kurz, dass die Dissoziation von Wasser, wie sie in Gl. (7.4) steht, unterbunden wird.

Mikrostrukturen, die mit dem Borätzstopp gefertigt wurden, sind in Abb. 7.2-18 dargestellt. Mikronadeln der gezeigten Art werden von Neurophysiologen als minimalinvasive Spitzen für die In-vivo-Aufnahme von Nervensignalen ein-

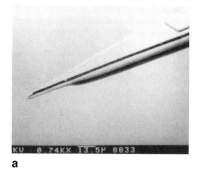 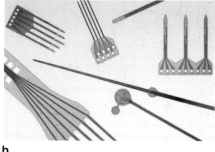

a b

Abb. 7.2-18 REM-Bild und optische Aufnahme von neuronalen Messnadeln, hergestellt unter Verwendung des Borätzstopps.
a) Perspektivische Ansicht einer Nadel mit der tiefen und der flachen Bordiffusion.
b) Nadeln mit verschiedenen zweidimensionalen Geometrien.
(Mit freundlicher Genehmigung von K. D. Wise, Universität Michigan, Ann Arbor, USA) [Wise98].

gesetzt. Die einzelnen Nadeln werden mittels zweier Bordiffusionen mit unterschiedlichen Tiefen hergestellt. Die tiefere der beiden sichert die Stabilität des Balkens über den größten Teil seiner Länge, während die flachere die Realisierung extrem scharfer Spitzen ermöglicht. CVD-Dielektrika schützen die Oberfläche der Strukturen. Metallisierungen mit lokal freigelegten Kontaktflächen entlang der Nadeln machen es möglich, an die Nervensignale heranzukommen. Nadeln mit Breiten bis hinunter zu 20 µm über die gesamte Balkenlänge, typischen Dicken von 12–15 µm sowie Längen bis zu 20 mm wurden demonstriert. Mehr als sechs parallele Nadeln wurden auf einem Bauteil integriert. Kürzlich wurden in derartige Strukturen auch Mikrokanäle für die kontrollierte Medikamentenabgabe integriert.

Ein weiteres Beispiel ist in Abb. 7.2-19 dargestellt. Ähnlich wie beim oben beschriebenen KOH-Membranätzen wurden dielektrische Membranen durch komplettes Durchätzen von Siliziumwafern realisiert. Ungenauigkeiten in den hori-

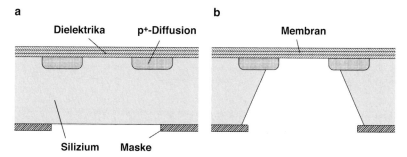

Abb. 7.2-19 Mikromechanisch hergestellte Membranen. Die Geometrie ist durch die stark dotierten Borbereiche genau definiert (nach [Yoon92]).

zontalen Abmessungen der Membran durch unkontrolliertes Unterätzen werden durch eine periphere Bordotierung, an der die Ätzung stoppt, vermieden. Ebenso ermöglicht eine Bordiffusion die Herstellung von großflächigen dielektrischen Membranen auf einem Gitter von entartet p-dotierten Siliziumstegen [Yoon92].

7.2.4.2 Elektrochemisches Siliziumätzen

Da das Nassätzen von Silizium ein elektrochemischer Prozess ist, steht zu erwarten, dass die Ätzrate durch ein elektrisches Potential V zwischen Ätzlösung und Siliziumprobe beeinflusst wird. Die I-V-Charakteristik in Abb. 7.2-20 veranschaulicht, dass dies in der Tat der Fall ist, und zwar sowohl für n- wie auch für p-Silizium. Die Abbildung bezieht sich auf eine 40%ige KOH-Lösung bei 60 °C. Ein ähnliches Verhalten wird aber auch generell mit anderen Siliziumätzmitteln beobachtet. Je nach seiner Polarität führt der Strom I eher zur chemischen Oxidation oder Reduktion der Siliziumoberfläche. In jedem Fall wird I der Lösung durch komplementäre Reaktionen an der Gegenelektrode wieder zugeführt. Bei einer Spannung von ca. −1,55 V fließt der Strom weder in die Probe noch aus dieser heraus. Bei dieser so genannten Leerlaufspannung sind die Reduktions-Oxidations-Reaktionen an der Siliziumoberfläche in ihrer Ladungsbilanz ausgeglichen und das Silizium ätzt, wie wenn es frei von einer angelegten externen Spannung wäre. Ein zweiter wichtiger Aspekt tritt in Abb. 7.2-20 noch hervor: der plötzliche Abfall des Strom sowohl für n- als auch p-dotierte Proben auf praktisch null bei Spannungen um −0,9 V. Diese Spannung entspricht einem elektrochemischen Regime, bei dem die Siliziumoberfläche im

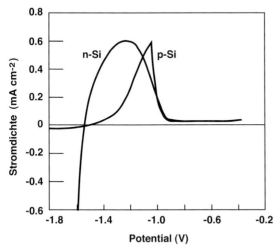

Abb. 7.2-20 I-V-Charakteristik des elektrochemischen Ätzens von n- und p-dotiertem Silizium in 40 Gew.-%iger KOH-Lösung bei 60 °C (nach [Rist94]).

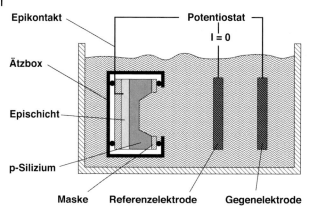

Abb. 7.2-21 Drei-Elektroden-Aufbau zur elektrochemischen Ätzung von Siliziummembranen genau definierter Dicke. Die Ätzung stoppt am eingebauten pn-Übergang [Kloe89].

chemischen Sinn oxidiert wird, ohne dass eine anschließende Auflösung der Oxidationsprodukte stattfinden kann. Man sagt dann, die Oberfläche werde passiviert. Bei Probenspannungen oberhalb von, d. h. positiver als −0,9 V, ist die Siliziumätzrate vernachlässigbar.

Diese Tatsachen werden nun zur routinemäßigen Herstellung von Siliziummembranen mit genau kontrollierter Dicke benutzt. Dabei kommen Varianten des Drei-Elektronen-Aufbaus in Abb. 7.2-21 zum Einsatz. Eine Pt-Referenzelektrode definiert das Referenzpotential, d. h. 0 V. Die zu ätzende Siliziumprobe besteht aus einem p-dotierten Substrat mit einer n-dotierten Epischicht, auf der Schaltungsblöcke und Sensorelemente angeordnet sind. Die Dicke der Epischicht entspricht der gewünschten Membrandicke. Zum Schutz ihrer Vorderseite werden die Wafer gewöhnlich in Ätzschutzboxen montiert oder mit einem ätzresistenten Wachs geschützt. Nur die Rückseite mit ihrer strukturierten Maskierungsschicht und dem freigelegten p-Silizium sind der Ätzlösung ausgesetzt. Ein anodisches Potential der Epischicht, welches höher (positiver) ist als −0,9 V, sichert dessen spontane Passivierung, sobald es mit der Ätzlösung in Berührung kommt. Im Gegensatz dazu regelt sich das Potential des p-Substrats immer auf einen Wert in der Nähe der Leerlaufspannung ein. Der pn-Übergang ist dann rückwärts gepolt. Abgesehen von einem kleinen Leckstrom fließt kein Strom durch das p-Substrat und den pn-Übergang. Die Probe wird somit mit ihrer natürlichen Ätzrate angegriffen, bis die Ätzfront auf den Ätzstopp trifft. Membranen mit wohldefinierter Dicke sind das Resultat.

Um eine genaue Einstellung des Potentials zu gewährleisten, wird zusätzlich zur Probe und Referenzelektrode eine Gegenelektrode eingesetzt. Indem sie den Probenstrom wieder an die Lösung abgibt, ermöglicht die Gegenelektrode den gewünschten stromlosen Betrieb der Referenzelektrode bei 0 V. Dies wird mittels eines so genannten Potentiostaten erreicht, der mit einer einfachen

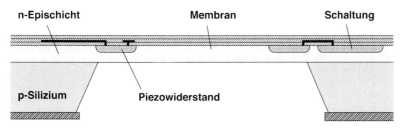

Abb. 7.2-22 Siliziummembran mit integrierten Piezowiderständen, hergestellt mit dem elektrochemischen Ätzstopp. Die Struktur kommt in Drucksensoren sowie in miniaturisierten Ultraschallquellen und -detektoren zum Einsatz [Bran97].

Rückkopplung die Bedingung $I_{Ref}=0$ durch eine passende Gegenelektrodenspannung aufrechterhält.

Das Resultat einer derartigen Prozessführung ist in Abb. 7.2-22 dargestellt. Eine schwach n-dotierte Membran ist seitlich auf dem p-Siliziumsubstrat aufgehängt. Im Gegensatz zum Borätzstopp erlaubt diese Technik die Integration von zusätzlichen aktiven und passiven Elementen in der Mikrostruktur, z. B. p-dotierte Diffusionen, welche als Piezowiderstände, oder Heizwiderstände, oder auch CMOS-Schaltungen wirken [Reay95].

Dielektrische CMOS-Membranen mit aufgehängten Siliziuminseln sind ebenso durch elektrochemisches Ätzen erzeugt worden, wodurch eine thermische Entkopplung der Schaltungen auf den Inseln vom Rest des Substrats erreicht wird [Müll98]. Auf ähnliche Weise hat vorderseitiges elektrochemisches TMAH-Ätzen die Herstellung von Siliziuminseln auf dielektrischen Sprungbrettern ermöglicht. Solche Strukturen sind ebenso vom Rest des Chips thermisch isoliert. Miniaturisierte Thermokonverter wurden auf diese Weise demonstriert [Klaa96b].

7.2.4.3 Elektrochemische Siliziumporosifizierung

Alternativ steht auch eine gänzlich andere Art der elektrochemischen Siliziumätzung zur Verfügung. Wenn Silizium mit genügend anodischem Potential gegenüber verdünnten HF-Lösungen vorgespannt wird, werden Poren mit Durchmessern von Nanometern bis zu mehreren zehn Mikrometern und Porenabständen vom 1,1- bis 10-fachen des Porendurchmessers ins Silizium geätzt. Die Porendurchmesser hängen von der angelegten Spannung, der Dotierung, der HF-Konzentration und der Temperatur ab. Der Prozess und der Einfluss der Prozessbedingungen sowie damit herstellbare Strukturen sind in [Lehm02] ausführlich beschrieben.

Nanoporöses Silizium mit unregelmäßigen Nanometer-Poren wurde dazu verwendet, um Silizium in ein schwammartiges Material zu verwandeln, welches anschließend leicht in verdünnter KOH-Lösung entfernt werden kann. Alternativ kann das porosifizierte Silizium auch aufoxidiert werden. Dabei verwandelt sich die poröse Struktur in ihrer vollen Tiefe in Siliziumoxid. Mögliche Verwendungen liegen in der Feuchtesensorik [Ritt99] oder in der thermischen Sensorik. Im ersteren Fall wird die Änderung der effektiven Dielektrizitätskonstante poröser Oxide durch adsorbierte Wassermoleküle gemessen. Im zweiten bildet das oxidierte Material eine thermisch gut isolierende Basisschicht für darauf aufgebrachte Wärmequellen und Temperatursensoren.

Poröse Mehrfachschichten mit alternierend höherem und niedrigerem Brechungsindex wurden als optische Bragg-Filter in Gasanalysesystemen eingesetzt [Lamm01]. Der Bragg-Filter ist auf zwei porösen Armen aufgehängt, welche thermomechanisch über den Bimorpheffekt mehr oder weniger gekrümmt werden können. Dadurch ändert sich die Stellung des Filters, mit dem sich folglich ein Frequenzscan durchführen lässt.

Ein ganz neuer Ansatz nutzt die Sinterung vergrabener poröser Schichten zur Herstellung von monokristallinen Siliziummembranen über einer Vakuumkavität aus, mit Verwendungsperspektiven u.a. in der Drucksensorik [Armb03]. In dem vollkommen CMOS-kompatiblen Prozess werden Zonen gewünschter Form zweistufig porosifiziert. Dabei entsteht ein Paket aus einer oberflächennahen niedrigporigen Schicht mit einer darunter vergrabenen höherporigen Schicht. Bei der Vorbereitung zur anschließenden Epitaxie einer einkristallinen Membranschicht lagert sich die hochporöse Schicht unter Hinterlassung einer Kavität am Boden und an der niedrigporösen Schicht ab. Die epitaktische Schicht wiederum kann die üblichen Sensorelemente von mikromechanischen Membrandrucksensoren enthalten.

7.2.5
Charakterisierung von anisotropen Nassätzmitteln

Mehrere Gründe machen die Charakterisierung der richtungsabhängigen Ätzraten von anisotropen Ätzmitteln notwendig: die Abschätzung der benötigten Unterätzzeiten, die exakte Vorhersage von Ätzformen sowie der Entwurf optimierter Ätzmasken.

Der Raum der zu untersuchenden Ätzparameter ist beachtlich. Zusätzlich zu ihrer Richtungsabhängigkeit zeigen die Ätzraten starke Abhängigkeiten u.a. von der Zusammensetzung der Lösungen, der Temperatur, der angelegten Potentiale und der Beleuchtung. Die Temperaturabhängigkeit wird üblicherweise durch die Bestimmung von Ätzraten $R(T)$ bei mehreren Temperaturen und die Ableitung der Aktivierungsenergie E_A des Prozesses charakterisiert. Die Größe E_A wird durch Fitten des Arrhenius-Gesetzes $R(T) = R_0 \exp(-E_A/kT)$ an die experimentellen Daten berechnet.

Eine elegante Methode zur effizienten Bestimmung von Ätzraten wurde von [Sato97] vorgeschlagen. Sie ist in Abb. 7.2-23 schematisch dargestellt. Es werden dabei polierte Hemisphären aus Silizium mit einem Durchmesser von 22 mm verwendet. Auf einer solchen Halbkugel liegen alle Kristallebenen frei. Folglich können im Prinzip die Ätzraten aller Kristallebenen bestimmt werden. Die Probe wird auf einem Goniometer montiert und genau vermessen. Die Halbkugel

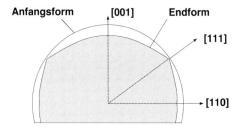

Abb. 7.2-23 Schematischer Querschnitt durch eine sphärische Siliziumprobe vor und nach einer anisotropen Ätzung.

wird dann für eine gewisse Zeit in der zu charakterisierenden Lösung geätzt und anschließend gespült. Ihre endgültige Form ist das Resultat des Vordringens aller Ätzfronten, ausgehend von der Oberfläche. Aus dem Unterschied der beiden Topographien wird eine Ätzratenkarte erstellt. Die Ätzdauer muss dabei sorgfältig bemessen werden. Ist sie zu kurz, sind die zurückgelegten Ätzdistanzen zu klein und es können nur ungenaue Ätzraten abgeleitet werden. Ist sie zu lang, reduzieren sich manche langsam ätzenden Ätzfronten zwischen raschen Fronten zu Kanten, aus denen die gewünscht langsame Ätzrate nicht mehr abgeleitet werden kann. Insgesamt liefert die Hemisphären-Methode aber einen ergiebigen Satz von richtungsabhängigen Ätzraten. Als ein möglicher Nachteil kann der Preis der Proben empfunden werden.

Eine Methode für bescheidenere Budgets beruht auf dem so genannten Wagenrad (engl.: wagon wheel). Dieser Begriff bezeichnet eine ebene Maskengeometrie mit einer großen Anzahl N von radialen, divergenten Speichen, wie in Abb. 7.2-24 dargestellt [Csep83]. Maskenspeichen und freiliegende Siliziumbereiche alternieren mit einer Winkelperiode von $2\pi/N$. Durch die Maskenöffnungen dringt das Ätzmittel in die (100)-Richtung senkrecht zur Oberfläche vor. Gleichzeitig werden die Ränder der Maskierungsschicht je nach Ausrichtung mit unterschiedlichen Geschwindigkeiten unterätzt. Dadurch entsteht nach einer bestimmten Ätzdauer $t_{Ätz}$ eine Serie von Ätzgräben mit (100)-Böden und glatten oder facettierten Seitenwänden bestehend aus einer oder mehreren Kristallebenen. Das Resultat ist für (100)-Substrate die kleeblattartige Struktur in Abb. 7.2-24. Die hellen Flächen entsprechen den Bereichen, wo die Maskenspeichen durch Überschneidung der Seitenwände vollständig unterätzt wurden. Die Unterätzrate $R_U(\theta)$ wird aus der Geometrie dieses Bereichs in Funktion der Speichenrichtung θ berechnet. Der Zusammenhang zwischen dem Radius $r(\theta)$ des Bereichs und $R_U(\theta)$ ist durch $R_U(\theta) = r(\theta)\pi/2Nt_{Ätz}$ gegeben. Für eine quantitative Analyse der Ätzraten ist die Kenntnis der Neigungswinkel β (Miller-Indizes) der glatten Seitenwände nötig. Diese können z. B. optisch bestimmt werden. Damit lässt sich die Unterätzrate in die Ätzrate $R(\theta) = R_U(\theta)\sin\beta$ übersetzen. Aus facettierten Seitenwänden lassen sich Ätzraten weniger leicht ablesen. Das Wagenrad ergibt im Gegensatz zur Hemisphärenmethode nur einen diskreten Satz von Ätzraten.

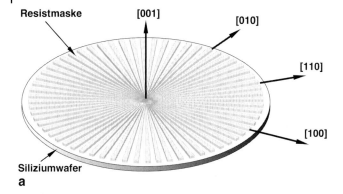

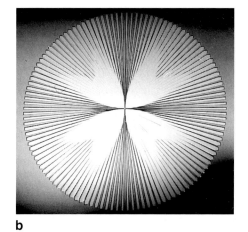

Abb. 7.2-24
a) Wagenradmaske für die Bestimmung von richtungsabhängigen Unterätzraten und Ätzraten.
b) Optische Aufnahme eines entsprechend geätzten 4-Zoll-(100)-Wafers.

7.2.6
Trockenätzen

Die allgemeine Terminologie und Grundeffekte des Trockenätzens wurden in Abschn. 5.3 eingeführt. Hier werden nun Informationen bezüglich des Trockenätzens von Silizium und von IC-Dünnschichten zusammengefasst. In den letzten Jahren hat sich mikromechanisches Trockenätzen zu einer eigenständigen Kunst entwickelt. Mehrere vielseitige und nützliche Techniken sind entstanden und haben rasche Verbreitung gefunden. Dazu gehören isotropes Siliziumätzen mit Xenondifluorid (XeF_2) und eine Palette von Techniken, mit denen Siliziumstrukturen mit hohem Aspektverhältnis, d.h. mit großem Verhältnis von Höhe zu Breite, hergestellt werden können.

7.2.6.1 XeF_2-Ätzen
XeF_2 ist ein isotropes Siliziumätzmittel mit hoher Ätzrate [Chan95]. Es stellt eine der wenigen stabilen chemischen Verbindungen des inerten Edelgases Xe dar. Es ist verfügbar in fester Form in Flaschen, aus denen es bei Raumtem-

peratur sublimiert. Auf Siliziumoberflächen zersetzt es sich in flüchtiges Xe_2 und das ebenso flüchtige Siliziumtetrafluorid, SiF_4. Silizium wird dabei mit einer Rate von mehreren 10 µm/h geätzt. Leider geht der Ätzprozess rasch in den diffusionslimitierten Grenzfall über, wenn Maskenstrukturen unterätzt wurden. Der Prozess verlangsamt sich dadurch nach und nach. In diesem Fall hat sich gepulstes Ätzen mit alternierenden Ätz- und Abpumpschritten als vorteilhaft für die Ätzrate erwiesen. Eine relativ einfache Ausrüstung genügt für das XeF_2-Ätzen: Eine Glocke mit angeschlossener XeF_2-Flasche mit Regulierventil sowie eine Pumpe mit einer Druckmesszelle scheinen zu reichen. Es wird kein externer Energieeintrag, wie Plasmabildung oder Beheizung, benötigt. Dennoch sind Vorsichtsmaßnahmen hinsichtlich des aggressiven und toxischen Fluors zu ergreifen. Typische Ätzdrücke liegen bei Raumtemperatur bei einigen Torr.

XeF_2 greift weder IC-Dielektrika noch Aluminiummetallisierungen an. Es eignet sich daher hervorragend als CMOS-kompatibles Ätzmittel. Mikrostrukturen sind auf diese Weise auf CMOS-Chips hergestellt worden, die über den MOSIS-Service gefertigt wurden [Hoff95]. Ähnlich wie bei der EDP-Strukturierung muss das Paket aus dielektrischen Schichten an jenen Stellen, von denen die Ätzung ausgehen soll, geöffnet werden. Dies geschieht wieder durch einen passenden Entwurf der Masken zur Öffnung des Feldoxids, des Kontaktoxids, des Oxids zwischen den Metalllagen sowie der Passivierung, durch den das Siliziumsubstrat lokal freigelegt wird.

Ein möglicher Nachteil besteht in der resultierenden rauen Siliziumoberfläche, auf Grund derer die Methode weniger reproduzierbar ist als selektives nasschemisches Ätzen. Hingegen eignet sich XeF_2 wegen seiner weitgehenden Inertheit gegenüber keramischen oder polymerischen Materialien als Ätzmittel, das sogar als allerletzter Prozessschritt auf verpackte Mikrosensorchips angewendet werden kann.

Weitere Varianten von Halogen-Edelgas-Ätzmethoden wurden durch das Forschungszentrum Karlsruhe entwickelt [Köhl96]. Die Prozesse beruhen auf fluor- und bromreichen Verbindungen in einem Trägergas aus Edelgas. Sowohl Ar als auch Xe eignen sich zu diesem Zweck. Durch Beimischung von Xe zu F_2 konnten Ätzraten bis zu 1,1 µm/min erreicht werden. Entscheidend für den Ätzvorgang sind das sich im Plasma bildende XeF_2 und die Sputterwirkung der schweren Xe-Ionen. Unter gewissen Bedingungen führen diese Ionen allerdings zu rauen Siliziumoberflächen. Eine optimale Oberflächenqualität wird mit Mischungen von Fluor, Brom und Xenon als Trägergas erreicht. Im Plasma finden die Reaktionen $Br_2 + F_2 \rightarrow 2BrF$, $BrF + F_2 \rightarrow BrF_3$ und $BrF_3 + F_2 \rightarrow BrF_5$ statt. BrF und BrF_3 sind stark fluorierte Verbindungen, welche rapide mit Silizium unter Bildung von SiF_4 reagieren. Bei Br:F-Mischungsverhältnissen von 1:3 bildet sich bevorzugt BrF_3. In der Reaktion mit Silizium gemäß

$$4BrF_3 + 3Si \rightarrow 2Br_2 + 3SiF_4 \tag{7.7}$$

wird somit das Br_2 regeneriert und nährt die Reaktionskette bis zur Erschöpfung des F_2-Vorrats weiter. Experimentell wird die Oberflächenqualität

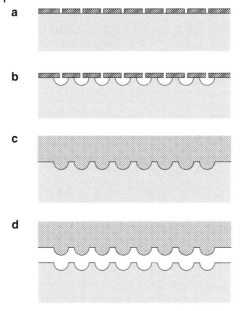

Abb. 7.2-25 Herstellung eines Abformwerkzeugs für halbkugelförmige Mikrolinsen durch Siliziumtrockenätzen mit Xe-Halogeniden.

durch Variation der Partialdrücke von Br_2, F_2 und Xe kontrolliert. Alle Reaktionsprodukte sind flüchtig.

Hemisphärische Kavitäten wurden auf diese Weise ausgehend von kreisförmigen Maskenlöchern in Silizium geätzt (Abb. 7.2-25). Die Reaktionsprodukte entweichen durch die kleinen Öffnungen in der Maske. In Anbetracht ihrer exzellenten Oberflächenqualität konnten die resultierenden Siliziumwafer nach Entfernung der Maskierungsschicht als Abformwerkzeug für die Herstellung von Mikrolinsen in PMMA und anderen Thermoplasten genutzt werden. Abb. 7.2-26 zeigt eine Rasterelektronenmikroskop-Aufnahme eines Arrays solcher Linsen. Diese wurden in medizinische Katheter montiert.

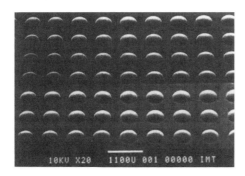

Abb. 7.2-26 REM-Aufnahme eines Arrays von PMMA-Linsen, die mit dem in Abb. 7.2-25 dargestellten Werkzeug hergestellt wurden.

7.2.6.2 Fertigung von Mikrostrukturen mit hohem Aspektverhältnis

Neben diesen isotropen Ätztechniken existieren mehrere stark anisotrope Siliziumtrockenätzmethoden. Sie tragen Namen wie DRIE (deep reactive ion etching = reaktives Tiefenionenätzen) (siehe dazu auch Abschn. 5.3), HARM (high aspect ratio micromachining = Mikrostrukturierung für hohe Aspektverhältnisse), ICP-RIE (inductively coupled plasma RIE = RIE mit induktiv gekoppeltem Plasma), BSM (black silicon method = Methode des schwarzen Siliziums) oder einfach ASE (anisotropic silicon etching = anisotropes Siliziumätzen). Verbesserungen auf mehreren Gebieten der Plasmaprozesstechnik haben diesen Fortschritt ermöglicht. Die erste Verbesserung besteht im Einsatz höherer Plasmadichten. Dies wurde durch neue Methoden zur Plasmaanregung ermöglicht. Eine Methode, die in mehreren kommerziellen Geräten zum Einsatz kommt, beruht auf der induktiven Anregung des Plasmas durch eine die Ätzkammer umwindende Spule. Das durch einen Wechselstrom bei 13,56 MHz hervorgerufene Magnetfeld bewirkt eine effizientere Ionisierung des Ätzgases als in herkömmlichen Plasmaätzanlagen. Ferner beschleunigt eine elektrische Vorspannung des Substrats die Ionen auf Trajektorien senkrecht zur Waferoberfläche. In anderen Methoden erfolgt die Erzeugung des dichten Plasmas durch Verwendung eines Magnetfelds, z. B. in der MIE (magnetic ion etching = magnetisches Ionenätzen) genannten Variante oder durch die Kombination von statischen magnetischen mit dynamischen elektrischen Feldern über Elektronenzyklotronresonanz. In all diesen Prozessen wird der senkrechte Beschuss der Siliziumoberfläche zu einer wichtigen Komponente des Ätzprozesses. Schwefelhexafluorid (SF_6) ist ein in diesem Zusammenhang wichtiges Ätzgas.

Die zweite Verbesserung besteht in der Passivierung der resultierenden Seitenwände während des Prozesses. Die Methode der Seitenwandpassivierung ist seit langem eine Standardmethode der Aluminiumätzung in IC-Technologien. Ätzgaszusammensetzungen auf Chlorkohlenstoffbasis führen zum rapiden Angriff von horizontalen Oberflächen und zur gleichzeitigen Abscheidung einer dünnen Polymerschicht auf den entstehenden Seitenwänden. Die Polymerschicht wirkt als Passivierung gegen die weitere Ätzung. Dadurch wird der Prozess anisotrop. Der Prozess ermöglicht eine wesentlich bessere Kontrolle der

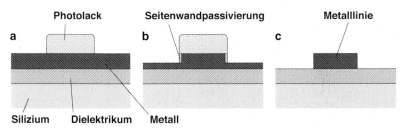

Abb. 7.2-27 In der IC-Technologie bei der Strukturierung von schmalen Metalllinien übliche Seitenwandpassivierung: (a) vor, (b) während und (c) nach der Ätzung.

Aluminiumstrukturen als isotrope Ätzmittel. Einen schematischen Ablauf des Prozesses stellt Abb. 7.2-27 dar.

Ähnliche Konzepte werden in verschiedenen Siliziumätzprozessen zur Herstellung von Strukturen mit hohem Aspektverhältnis verwendet. Hohe Aspektverhältnisse werden durch die Beimischung von O_2 und/oder Fluorkohlenstoffen, wie CHF_3 oder C_4F_8, zum Plasma erreicht. Diese führen zur Beschichtung der Oberflächen mit polymerisierten Fluorkohlenstoffen. Während vertikale Wände mit der polymerisierten Schicht bedeckt bleiben, werden horizontale Oberflächen am Boden der Ätzgräben durch den ständigen Ionenbeschuss von der Polymerschicht laufend befreit. Günstige SF_6-Konzentrationen und eine adäquate Wahl der passivierenden Spezies ermöglichen die Erzeugung von Gräben mit Wandsteigungen von $90 \pm 2°$ bezüglich der Siliziumoberfläche und Aspektverhältnisse von über 30:1. Ein von Bosch entwickelter und patentierter Prozess [Laer96] wurde von mehreren Geräteherstellern lizenziert und weiterentwickelt. Er teilt den Prozess in zwei separate Teile, nämlich einen Ätzteil und einen Passivierungsschritt. Kurze Ätzperioden mit SF_6-Plasma wechseln mit Passivierung auf Fluorkohlenstoffbasis ab. Ein Querschnitt durch einen resultierenden Ätzgraben ist in Abb. 7.2-28 schematisch und in Abb. 7.2-29 anhand einer realen Struktur dargestellt.

Eine zweite Seitenwand-Passivierungsmethode verwendet die Kühlung des Wafers auf kryogene Temperaturen. Die Wafer werden auf spezielle Halterun-

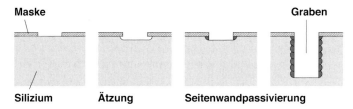

Abb. 7.2-28 Anisotropes Siliziumätzen durch abwechselnde Ätzung und Passivierung. Der Prozess ist in der Lage, tiefe Gräben mit hohem Aspektverhältnis zu erzeugen.

Abb. 7.2-29 Oberflächenrauigkeit auf der vertikalen Wand einer mit dem Bosch-Prozess auf einer Maschine von Surface Technology Systems (STS, Bristol, UK) hergestellten Mikrostruktur. Die Unregelmäßigkeit auf halber Höhe rührt von einer Unterbrechung des Ätzprozesses her, mit zwei aufeinander folgenden Ätzschritten ohne dazwischenliegende Passivierung.

gen fixiert, auf welchen sie auf Temperaturen bis zu 77 K (Siedetemperatur von Stickstoff) abgekühlt werden können. Dies wird durch Beströmung der Waferrückseite mit gekühltem He-Gas erreicht. Bei den erreichten niedrigen Temperaturen wird die Seitenwandpassivierung durch kondensiertes Ätzgas geschützt, während die Ätzböden durch Ionenbeschuss laufend freigelegt werden.

7.2.6.3 Anwendungen von trockenem Siliziumätzen

Single Crystal silicon Reactive Etching and Metallization (SCREAM) ist ein Prozess zur Herstellung von unterätzten Strukturen, wie Balken, Brücken und komplexer geformten Strukturen aus einkristallinem Silizium. Der Prozess wurde von der Nanofabrication Facility der Cornell-Universität (USA) vorgestellt [Shaw96]. Wie Abb. 7.2-30 zeigt, startet der Prozess mit einem durch strukturiertes Oxid bedeckten Wafer. Anisotropes Siliziumätzen erzeugt vertikale Gräben mit Tiefen bis zu 10 µm. Eine dünne Siliziumoxidschicht wird danach konform abgeschieden, d.h., es schützt die Seiten- und Bodenoberflächen gleichermaßen. Anisotropes Ätzen entfernt den Bodenschutz, während die Seitenwände geschützt bleiben. Danach folgt ein isotroper Ätzschritt, durch welchen das Material zwischen den Gräben unterhöhlt wird. Dabei entstehen unterätzte, über einer Kavität schwebende Strukturen. Durch adäquates Maskenlayout der ursprünglichen Oxidmaske bleiben die Strukturen seitlich aufgehängt. Die Abscheidung eines Metalls und dessen Strukturierung schließen den Prozess ab und machen aus den mikromechanischen Strukturen elektrische Bauelemente, wie etwa Interdigitalelektroden. Die Methode wurde zur Herstellung von Positioniereinheiten und der Spitzen von Rastertunnelmikroskopen, von linearen Resonatoren, Beschleunigungssensoren und elektrostatischen Linsen und Quadrupolen benutzt. Jeder einzelne Prozessschritt von SCREAM läuft unterhalb von 300 °C ab, so dass der Prozess im Prinzip CMOS-kompatibel ist. Eine Vari-

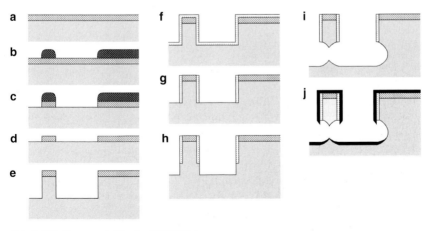

Abb. 7.2-30 Prozessschritte des SCREAM-Prozess.

Abb. 7.2-31 Bidirektionaler Interdigitalaktor mit hoher Kraftwirkung. Die Struktur ist Teil eines mehrschichtigen monolithischen einkristallinen Torsionsresonators, der mittels des SCREAM-3D-Prozesses (einer Variante des SCREAM-Prozesses) hergestellt wurde.
(Mit freundlicher Genehmigung von W. Hofmann, Nanofabrication Facility, Cornell University, USA [Hofm98]).

ante des SCREAM-Prozesses [Hofm98] ermöglicht die elektrische Trennung der Balken vom Substrat sowie die Herstellung einzelner, getrennt beweglicher struktureller Niveaus (Abb. 7.2-31). Diese Variante nützt die thermische Oxidation durch den Gesamtquerschnitt von dünnen Siliziumbalken und die unterschiedlichen Ätzraten von Gräben verschiedener Breiten.

Eine weniger aufwändige, aber auch weniger vielseitige Silizium-Mikrostrukturierungstechnik ist *Si*licon *Micromaching by Plama Etching* (SIMPLE) (Siliziumstrukturierung durch Plasmaätzen), die in Abb. 7.2-32 schematisch dargestellt ist [Fren96]. Der Prozess nutzt die erstaunliche Modulation der Trockenätzrate durch verschiedene Dotierungen in Silizium. Die Autoren konnten nachweisen, dass undotierte oder leicht dotierte Siliziumbereiche in geeigneter Chlorchemie anisotrop geätzt werden können, während entartet n-dotiertes Silizium in anderer Chemie isotrop und vor allem selektiv gegenüber den schwach dotierten Bereichen angegriffen werden kann. Querschnitte durch typische Strukturen vor und nach einer solchen Verarbeitung sind in Abb. 7.2-32 dargestellt. Damit der Ätzprozess selektiv wird, muss eine entartete Dotierung im Bereich von 10^{20} cm^{-3} vorliegen. Dass solch hochdotiert vergrabene Schichten

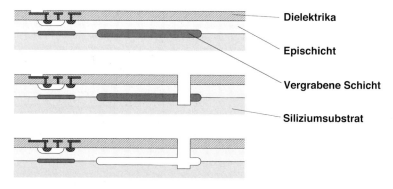

Abb. 7.2-32 Prozessschritte des SIMPLE-Prozesses.

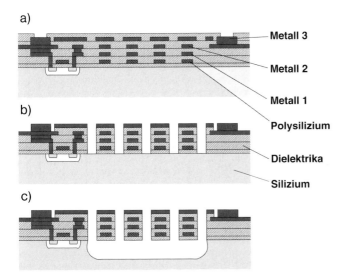

Abb. 7.2-33 CMOS-kompatible Trockenätzung für die Herstellung von seitlich aufgehängten Strukturen aus gestapelten CMOS-Dielektrika mit eingebauten Leiterstrukturen.

in der IC-Technologie unüblich sind, erschwert die geradlinige Kombination von SIMPLE mit Standard-CMOS-Technologien.

Eine elegante Methode, CMOS-kompatibles Trockenätzen von dielektrischen Dünnschichten mit dem isotropen Ätzen von Silizium zu kombinieren, wurde in [Fedd96] demonstriert. Der Prozess ist in Abb. 7.2-33 schematisch dargestellt. Er beginnt mit einem über den MOSIS-Service in einem 0,8-μm-Prozess mit drei Metalllagen von durch Hewlett-Packard gefertigten Chips. Die Metallniveaus 1 und 2 werden als elektrisch aktive Schichten verwendet, während die dritte Lage als Schutzmaske gegen die anschließende mikromechanische Bearbeitung dient. Ein anisotroper Ätzschritt mit CHF_3-O_2-Chemie folgt als Nächstes und entfernt die Passivierung über dem gesamten Chip. Die Trockenätzung stoppt auf der dritten Metallisierung; das darunterliegende Oxidpaket bleibt erhalten. Dort, wo die dritte Metalllage hingegen geöffnet wurde, wird das gesamte dielektrische Schichtpaket bis auf das Siliziumsubstrat durchgeätzt. Ein zweiter Trockenätzschritt mit SF_6-O_2-Plasma greift nun das freigelegte Silizium isotrop an. Dabei wird die dielektrische Struktur selektiv untergraben. Dünne dielektrische Schichtpakete mit integrierten leitenden Schichten werden dadurch freigeätzt und stehen als Balken und Brücken für z. B. elektromechanische Komponenten, wie Interdigitalelektroden, zur Verfügung. Obwohl in [Fedd96] die Kointegration mit Schaltungen nicht explizit demonstriert ist, steht einer solchen Kombination kein prinzipielles Hindernis im Weg.

Ein schönes Beispiel für das Potential des Siliziumtrockenätzens liefern die in Abb. 7.2-34 gezeigten Mikronadelarrays für die Medikamentenverabreichung,

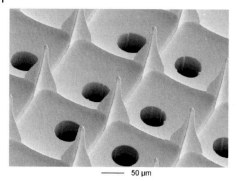

Abb. 7.2-34 Mikronadeln mit Zwischenwänden und fluidischen Durchkontaktierungen für dermatologische Anwendungen. Die Strukturen entstanden durch eine Kombination von alternierenden anisotropen und isotropen Siliziumätzschritten.

Blutentnahme und Allergietests auf transdermalem Weg. Die Strukturen wurden durch eine Kombination von anisotropen und isotropen Siliziumtrockenätzschritten gefertigt [Trau03]. Als Maske hierfür diente ein leicht tensil vorgespanntes rechtwinkliges Gitter von Siliziumnitridstegen mit quadratischen Öffnungen zwischen den Stegen. Der Prozess ist in Abb. 7.2-35 schematisch dargestellt. Er beginnt mit einer anisotropen Ätzung, bei der quadratische Vertiefungen ins Siliziumsubstrat geätzt werden. Eine isotrope Ätzung unterätzt die Stege, während im Bereich der Überschneidungen der Stege prismatische Säulen stehen bleiben. Weitere anisotrope und isotrope Schritte führen zur Entstehung der Nadeln und der die Nadeln verbindenen Wände, welche quadratische Reservoirs, z. B. für die Medikamentaufnahme, definieren.

Da die Nadelarrays unter die Oberfläche des Substrats versenkt sind, können die Wafer zwecks Rückseitenprozessierung auch ohne Gefährdung der Nadeln

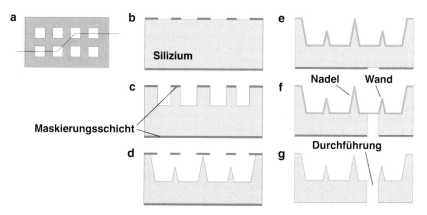

Abb. 7.2-35 Ablauf des Prozesses zur Herstellung der in Abb. 7.2-34 gezeigten Mikronadeln: (a) Draufsicht auf Maskengeometrie und Schnittlinie der Querschnitte (b) bis (g); (b) Beschichtung mit Maskierungsschicht und Strukturierung; (c) anisotrope Siliziumätzung; (d) isotrope Ätzung; (e) Beschichtung mit Vorderseitenschutzschicht; (f) anisotrope Rückseitenätzung; (g) Entfernung der Schutzschichten.

umgedreht werden. Diese Eigenschaft wurde genutzt, um von der Rückseite her mikrofluidische Kanäle und elektrisch leitende Pfade durch den Wafer hindurch zu legen, wiederum unter Verwendung von anisotropem Siliziumätzen [Trau03].

7.3 Oberflächenmikromechanik

Der Begriff „Oberflächenmikromechanik" (engl.: surface micromachining) ist etwas irreführend, da jede mikromechanische Methode Material von Oberflächen entfernt. In Wirklichkeit fasst die „Oberflächenmikromechanik" eine Anzahl von Techniken zur Herstellung von Mikrostrukturen aus Dünnschichten auf der Oberfläche von Substraten zusammen. Im Gegensatz zur Bulkmikrostrukturierung lässt die Oberflächenmikromechanik das Substrat intakt. Die resultierenden Mikrostrukturen liegen somit über der Substratoberfläche.

In der Oberflächenmikromechanik wird häufig die Opferschichttechnik verwendet. Hierfür werden vier Prozessschritte und drei Materialien benötigt, wie in Abb. 7.3-1 schematisch dargestellt ist:

1. Das Basismaterial, z. B. ein IC-Dielektrikum, auf dem die Mikrostruktur verankert sein soll, wird aufgebracht. Diese Basisschicht kann auch strukturiert vorliegen (Abb. 7.3-1a), insbesondere, um einen elektrischen Kontakt der Mikrostruktur mit darunterliegenden elektrischen Komponenten zu ermöglichen.

2. Die so genannte Opferschicht (engl.: sacrificial layer) wird abgeschieden und strukturiert. Ihr einziger Zweck ist die Definition eines passenden Abstands zwischen der Basisschicht und den darüberliegenden strukturellen Dünnschichten (Abb. 7.3-1b).

3. Danach wird eine strukturelle Schicht abgeschieden und strukturiert. Im endgültigen Bauteil führt sie die erwünschte mechanische, thermische oder elektrische Funktion aus. Ihre Geometrie ist jene des endgültigen Bauteils

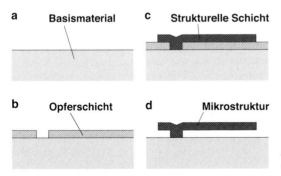

Abb. 7.3-1 Grundprozessschritte der Oberflächenmikromechanik.

(Abb. 7.3-1c). Die Mikrostrukturschicht ist durch Öffnungen in der Opferschicht auf der Basisschicht verankert. Der elektrische Kontakt wird ebenso durch diese Öffnungen sichergestellt.

4. Abschließend wird mit einem selektiven Ätzmittel die Opferschicht entfernt, während das strukturelle Material sowie die Basisschicht und alle darunterliegenden Materialien erhalten bleiben (s. Abb. 7.3-1 d).

Das Resultat solcher Prozessschritte ist eine breite Vielfalt möglicher Mikrostrukturen. Als Beispiel zeigt Abb. 7.3-2 einen einfach eingespannten Balken, eine Brücke sowie einen Mikrokanal. Die Schritte 2 und 3 können mehrmals iteriert werden, um Strukturen aus mehreren strukturellen Niveaus aufzubauen. Komplexere Topologien von Mikromotoren und Mikrogetrieben erfordern beispielsweise mehr als eine strukturelle Lage. Bis zu fünf Polysiliziumlagen wurden abgeschieden und ermöglichten so die Herstellung von Getrieben mit Zahnrädern, Lagern und Kurbelwellen [Rodg98].

Die Grundmechanismen der Opferschichtätzung sind mit jenen der nassen Prozessierung identisch: Transport der Reagenzien aus der Lösung an die Ätzfront, chemische Reaktion an der Oberfläche, Abtransport der Reaktionsprodukte durch die Lösung. In der Bulkmikromechanik kann die Effizienz der beiden involvierten Transportschritte, z. B. durch Rühren der Lösung, auf hohem Niveau gehalten werden. Mit der Ausnahme der eher heftigen Reaktion des HNA-Systems sind die Effizienzen von Silizium-Bulkmikrostrukturierungsmethoden reaktionsratenlimitiert. Die Ätzfronten pflanzen sich linear mit der Zeit fort. Bei Opferschichtätzungen ist die Lage hingegen oft gänzlich anders. Man nehme z. B. den Mikrokanal in Abb. 7.3-2c. Sobald die Ätzlösung das Opfermaterial genügend weit aus dem Kanal herausgeätzt hat und somit genügend weit in diesen eingedrungen ist, müssen die Reagenzien eine beachtliche Distanz längs des Kanals diffundieren, bis sie die Ätzfront erreicht haben. Analog müssen die Reaktionsprodukte diffusiv von der Ätzfront und aus dem Kanal entfernt werden. Folglich dominiert nach geraumer Zeit die Diffusion die Effizienz des Prozesses [Monk94a, Monk94b, West96]. Rühren der Lösung bzw. Bewegen der

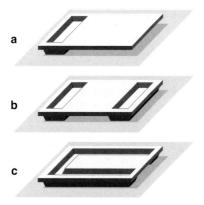

Abb. 7.3-2 Mit Oberflächenmikromechanik herstellbare Grundstrukturen: (a) Sprungbrett, (b) Balken bzw. Brücke, (c) Kanal.

Mikrostruktur ist in diesem Fall ineffektiv. Die viskose Reibung der Ätzlösung im engen Kanal ist viel zu hoch, um eine laminare, geschweige denn eine turbulente Strömung aufkommen zu lassen. Im diffusionslimitierten Fall ist die Ätzlänge l grob proportional zu $\sqrt{Dt}$, wobei D und t die Diffusionskonstante der Ätzspezies in der Lösung bzw. die Ätzdauer bezeichnen [Paul97]. Die Ätzrate nimmt somit wie $\sqrt{D/t}$ ab. Man beachte aber, dass diese einfache Abhängigkeit nur für genügend lange Ätzdistanzen in linearen Kanälen mit konstantem Querschnitt gilt. Andere Geometrien zeigen verschiedene Zeitabhängigkeiten [Hama04] und benötigen weitere Untersuchungen. Allen ist jedoch gemein, dass die Ätzrate mit der Zeit rapide abfällt. Bei kleinen Ätzdistanzen ist die Ätzrate reaktionsratenlimitiert und die geätzte Distanz nimmt linear mit der Zeit zu.

7.3.1
Polysilizium-Mikromechanik

Seit den späten Achtzigerjahren des letzten Jahrhunderts ist Polysilizium eines der wichtigsten mikromechanischen Materialien der Oberflächenmikromechanik. Seine Popularität verdankt es vor allem seinen leicht zu kontrollierenden mechanischen Eigenschaften und der Tatsache, dass es mit Hochtemperaturprozessen kompatibel ist und leicht dotiert und sauber strukturiert werden kann. Die Methode wird üblich als Polysilizium-Mikromechanik (engl.: polysilicon micromachining) bezeichnet, in dem Sinn, dass die Mikrostrukturen aus Polysilizium bestehen.

Wie Gate- oder Kapazitäten-Polysilizium in Standard-CMOS-Prozessen wird mikromechanisches Polysilizium bei Temperaturen um 600 °C abgeschieden. Dies geschieht entweder durch Niedrigdruck-CVD (LPCVD; LP = low pressure), Atmosphärendruck-CVD (APCVD; AP = atmospheric pressure) oder plasmaunterstützte CVD (PECVD; PE = plasma enhanced). Die Abscheidung beruht auf der Pyrolyse (thermische Zersetzung) von Silan (SiH_4), oder chlorierten Silanen (SiH_3Cl, SiH_2Cl_2, $SiHCl_3$, $SiCl_4$), bei der Siliziumatome auf der Oberfläche abgeschieden werden, während H_2, HCl oder Cl_2 aus der Reaktionskammer abgepumpt werden. Die Morphologie der Polysiliziumschicht hängt stark von Prozessbedingungen, wie dem Druck der Prozessgase und der Substrattemperatur, ab. Bei niedrigeren Temperaturen entstehen amorphe Schichten. Bei Temperaturen oberhalb von 620 °C werden vor allem polykristalline Schichten gebildet.

Die polykristalline Struktur entspringt dem säulenartigen Wachstum der Schicht, mit Säulendurchmessern unter 1 µm und einem zur Oberfläche senkrechten Wachstum [Chan96]. Schichten mit Dicken zwischen 0,3 µm (typische CMOS-Gate-Polysiliziumdicken) und mehreren Mikrometern (Mikromechanik) werden hergestellt.

In den meisten Anwendungen wird elektrisch leitfähiges Polysilizium benötigt. Zu diesem Zweck kann es auf zwei Arten dotiert werden. Durch Hinzufügen von Phosphin (PH_3), Arsin (AsH_3) oder Diboran (B_2H_6) zur pyrolytischen Gasmischung werden die notwendigen Dotierstoffe in die Schicht eingebaut. Ist die Opferschicht ein phosphorreiches Oxid, kann sie selbst als Phosphorquelle während der Abscheidung und eines anschließenden Anlassschrittes dienen.

Dünnschichtspannungen sind bei Polysilizium ein wichtiges Thema. Die Restspannung (engl.: residual stress) der Polysiliziumschichten hängt stark von den Abscheidebedingungen ab. Die Restspannung von Polysilizium nach der Abscheidung ist kompressiv, mit Werten bis zu -700 MPa für LPCVD-Schichten, die bei 900 °C abgeschieden werden [Howe95]. Für Polysiliziummikrostrukturen muss die mechanische Spannung ebenso wie der Spannungsgradient des Materials so niedrig wie möglich sein. Dieses Ziel wird durch einen Anlassschritt bei mehr als 1000 °C erreicht. Eine wesentliche Reduktion der Restspannung auf unter 50 MPa wird dadurch sichergestellt.

Als Opfermaterial wird oft Phosphorsilikatglas (PSG) verwendet. Es wird mittels LPCVD oder PECVD mit SiH_4 oder TEOS als Siliziumquellen und O_2 oder N_2O, also Sauerstoffquellen, abgeschieden. Phosphin fügt die gewünschten Dotieratome bei. PSG-Schichten enthalten bis zu 14% Phosphor. Die selektive Ätzung wird in HF-Lösungen mit Ätzraten von ca. 1 µm/min durchgeführt. PSG-Schichten, die bei höheren Temperaturen abgeschieden wurden (LPCVD), weisen üblicherweise eine geringere Ätzrate auf als Niedrigtemperaturschichten (PECVD). Mit zunehmender Phosphorkonzentration nimmt die Ätzrate zu. Leider geht die HF-Ätzung von PSG rasch zum diffusionsbegrenzten Verhalten

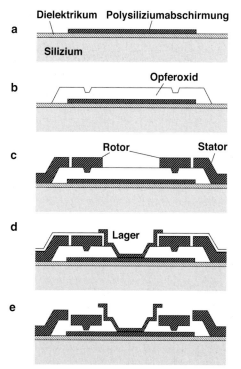

Abb. 7.3-3 Oberflächenmikromechanische Herstellung eines elektrostatischen Mikromotors.

über. Daher dauert die Unterätzung von Distanzen von mehr als ein paar Mikrometern unzumutbar lange. Dies ist einer der Gründe, weshalb ausgedehnte Polysiliziummikrostrukturen gewöhnlich durch entsprechendes Design siebartig durchlöchert sind, mit Abständen zwischen den Löchern von wenigen Mikrometern.

Elektrostatische Mikromotoren gehörten zu den ersten Mikrostrukturen, welche in Polysilizium-Mikromechanik gefertigt wurden. Ein dreilagiger, in Abb. 7.3-3 gezeigter Polysiliziumprozess wurde hierfür verwendet. Ein fertiges Bauteil ist in Abb. 7.3-4 dargestellt. Trotz der anfänglichen Aufregung um solche Strukturen sind diese akademischen Kuriositäten geblieben. Der Hauptgrund ist das Schmierungsproblem: Das Fehlen eines leistungsfähigen Schmiermittels für derart kleine Strukturen führt zu rapidem Abrieb und zum Versagen des Bauteils nach kurzer Zeit.

Die Auskopplung eines Drehmoments aus Mikromotoren ist eine weitere Herausforderung. Eine Lösung hierfür wurde vom Sandia National Laboratory mit einem eindrucksvollen, fünflagigen Polysiliziumprozess vorgeschlagen [Rodg98]. Diese Autoren demonstrierten die Fertigung und den Betrieb von Getrieben sowie die Übersetzung von Rotation in lineare Bewegung und umgekehrt.

Weitere Anwendungen umfassen Kammantriebe (engl.: comb-drives) für Mikroaktoren (Abschn. 7.4) und dreidimensionale Strukturen. In den zuletzt genannten werden die Polysiliziumstrukturen unter Verwendung von Polysiliziumscharnieren flexibel aufgebaut. Eine adäquate Kombination solcher Komponenten kann zu dreidimensionalen Aufbauten zusammengefaltet werden. Diese können als optische Elemente eingesetzt werden: Mikrospiegel, Fresnel-Linsen und Stützstrukturen für aktive optische Komponenten, wie in Abb. 7.3-5 schematisch dargestellt. Ein MOEMS (= microoptoelectromechanical systems) genannter Forschungszweig hat sich um diese originelle Vorgehensweise herum aufgetan. Aus verständlichen Gründen werden kunstvoll zusammengefaltete Strukturen der dargestellten Art auch als Mikro-„Origami" bezeichnet.

In den genannten Beispielen erfüllte speziell optimiertes, maßgeschneidertes Polysilizium die Bedürfnisse der Mikromechanik. Eine Gruppe von Siemens hat diese Einschränkungen durch Verwendung des n-dotierten Standard-Gate-

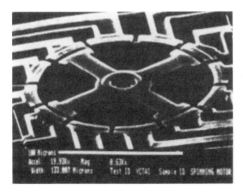

Abb. 7.3-4 REM-Aufnahme eines mittels Polysilizium-Mikromechanik hergestellten elektrostatischen Mikromotors. (Mit freundlicher Genehmigung durch das Berkeley Sensor and Actuator Center BSAC, Kalifornien, USA).

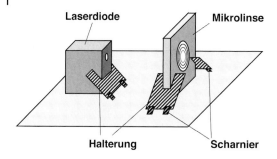

Abb. 7.3-5 „Origami"-Strukturen aus Polysilizium mit Gelenken zum Aufbau von mikrooptischen Systemen auf Oberflächen. Herstellungsverfahren der mikromechanischen Komponenten: Polysilizium-Mikromechanik.

Polysiliziums eines 0,8-µm-CMOS-Prozesses umgangen [Hier96]. Das 600 nm dicke Feldoxid wurde als Opferschicht verwendet. Während des CMOS-Prozesses wurden die verschiedenen dielektrischen Schichten des CMOS-Prozesses über der freizuätzenden Polysiliziumstruktur entfernt. Nach Abschluss des CMOS-Prozesses wurde das Polysilizium mittels gepufferter HF-Lösung mikromechanisch freigeätzt. Ein Beschleunigungssensor-Mikrosystem mit kointegrierter Schaltung für die Signalaufbereitung konnte so demonstriert werden.

7.3.2
Opferaluminium-Mikromechanik

Eine voll CMOS-kompatible Oberflächenmikromechanik wird durch die Verwendung einer CMOS-Metallisierung als Opferschicht möglich gemacht. Der Prozess wird SALE (sacrificial aluminum etching = Opferaluminiumätzung) genannt. In CMOS-ASIC-Prozessen stehen mindestens zwei, meistens aus einer Aluminiumlegierung bestehende Metallschichten zur Verfügung. Die Entfernung der unteren Metallschicht als Opferschicht ermöglicht die Herstellung von Strukturen, welche aus der Zwischenmetallisolierung, dem zweiten Metall und der Passivierung bestehen. Das zweite Metall ist dann zwischen den genannten beiden Dielektrika eingebettet. Mit passender Strukturierung lässt es sich als Spiegel, Elektrode, Heizwiderstand oder temperaturabhängiger Widerstand nutzen. Membranen mit integriertem Heizmäander/Thermistor [Paul95a], Mikrokanäle [West97a, West97b], schwingende Platten und eingespannte Balken wurden mit dieser Technik gefertigt. Beispielsweise wurde der in Abb. 7.3-6 dargestellte Prozess zur Herstellung der thermischen Drucksensorstrukturen und -mikrosysteme in den Abb. 7.4-18 bzw. 7.4-19 herangezogen.

Mehrere Ätzmittel ermöglichen eine selektive Entfernung von Aluminiumlegierungen aus einer Umgebung von CMOS-Dielektrika. Eine erste Mischung besteht aus Salpeter-, Phosphor- und Essigsäure sowie Wasser in gewichtsbezogenen Konzentrationen von 2,29, 72,88, 11,37 bzw. 13,46%. Die Lösung wird nach der englischen Bezeichnung ihrer Bestandteile als NPA-Lösung (für: „nitric, phosphoric, acetic acids") bezeichnet. Salpetersäure oxidiert das Aluminium, wodurch wahrscheinlich Aluminiumhydroxid entsteht, welches anschließend durch die Phosphorsäure aufgelöst wird. Wie in HNA-Ätzlösungen,

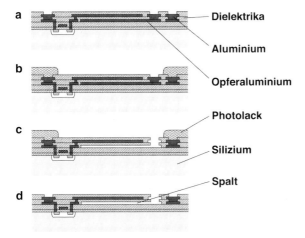

Abb. 7.3-6 Prozessschritte des Opferaluminiumätzens (SALE):
a) Mikrostruktur nach CMOS-Prozess,
b) partieller Schutz durch Belackung und Photolithographie,
c) Opferschichtätzung,
d) fertige Struktur nach Entfernung des Photolacks.

bremst die Essigsäure die Zersetzung der Salpetersäure zu weniger günstigen Verbindungen. Anfängliche Ätzraten von 6,8, 68 und 170 µm/h wurden im reaktionsratenlimitierten Grenzfall bei 30, 50 bzw. 65 °C gemessen. Nach kurzer Zeit geht der Prozess über in das diffusionslimitierte Regime. Obwohl die Diffusion die Unterätzgeschwindigkeit merklich abbremst, können Mikrostrukturen mit Ausdehnungen von mehreren hundert Mikrometern unterätzt werden. Dies ist nicht zuletzt der hohen Selektivität der NPA-Ätzformel zu verdanken. Das Freiätzen von 150 µm langen Kanälen dauert bei 65 °C ca. 2,5 Stunden. Krumm-Ätzlösung, bestehend aus Wasserstoffperoxid (H_2O_2), Phosphorsäure und Essigsäure erzielt ähnliche Resultate [West96, Paul97]. Die dabei entstehenden Ätzfronten sind jedoch rauer und weniger reproduzierbar. Mischungen aus Salzsäure (HCl) und Wasser mit oder ohne verdünntem H_2O_2 greifen Aluminium heftig an. Eine lineare Distanz von 150 µm wird in 30 min, allerdings relativ unkontrolliert, freigeätzt.

Um die CMOS-Kompatibilität von SALE sicherzustellen, müssen alle nicht zu opfernden Metallstrukturen, d.h. Kontaktpads, vor der Ätzlösung geschützt werden. Einen zufrieden stellenden Schutz gegen NPA- und Krumm-Ätzlösungen gewährleistet bei 140 °C ausgebackener Photolack. Der Lack sollte dicker als die Topographiestufen auf dem MEMS-Chip sein, damit eine glatte Stufenbedeckung und ein uniformer Schutz erreicht werden. Ähnlich wirksam sind galvanisierte Au-Bumps, welche die Kontaktpads bedecken und ca. 20 µm über den Rand der entsprechenden Passivierungsöffnung hinausreichen sollten [Paul97].

Aluminium wurde auch in nicht-CMOS-basierter Mikromechanik als Opferschicht verwendet. Nickelstrukturen für die Herstellung von resonanten Ringgyroskopen (Abschn. 7.4.1.3) wurden auf eine Opferaluminiumschicht aufgalvanisiert. Ähnlich wurde ein Paket aus zwei Polyimidschichten mit integriertem TiW-Heizwiderstand auf eine 2 µm dicke Opferaluminiumschicht aufgebaut [Suh95]. Die freigeätzten Strukturen wurden als miniaturisierte, thermisch betriebene Haaraktoren (engl.: ciliary actuators) eingesetzt.

7.3.3
Opferpolymer-Mikromechanik

Polymerschichten wurden erfolgreich als Opfermaterial verwendet. In Anbetracht ihrer beschränkten Temperaturbeständigkeit schließen diese organischen Materialien Hochtemperaturprozesse und -anwendungen aus. Bedampfen, Sputtern und galvanisches Beschichten sind jedoch mit Polymeren kompatible Prozesse, welche für die Konstruktion von strukturellen Niveaus eingesetzt werden können. Die besondere Attraktivität von organischen Materialien beruht auf ihrer planarisierenden Wirkung und ihrer zumeist einfachen Entfernung in Sauerstoffplasmen.

Texas Instruments nutzt einen zweilagigen Opferpolymerprozess zur Herstellung eindrucksvoller zweidimensionaler Mikrospiegelarrays, welche in Abschn. 7.4.3.3 ausführlicher beschrieben sind. Die mikromechanischen Strukturen selbst bestehen aus metallischen Komponenten mit mechanischen, elektrischen, thermischen und optischen Aufgaben.

Eine neue Anwendung von Opferpolymeren [Cros98] nutzt Parylenschichten als Opfermaterial. Mikrometerdickes Parylen kommt schon seit langem als Schutzschicht für mikromechanische Drucksensoren gegen aggressive Medien zum Einsatz. Parylen C wird aus der Gasphase abgeschieden und durch Plasmapolymerisation in eine dichte Schicht umgewandelt. Der Grund für die Verwendung von Parylen ist seine hochkonforme und defektfreie Bedeckung von glatten wie rauen Oberflächen. Eine Beschichtung wird als konform bezeichnet, wenn sie selbst komplexe Topographien gleichmäßig bedeckt. In der Parylen-Opferschichttechnik werden vertikale, als Kondensatorelektroden dienende Metallstrukturen auf einem Substrat mittels dicken, strukturierten Photolacks aufgalvanisiert. Die gesamte Oberfläche wird anschließend mit einer 5 µm dicken Parylenschicht bedeckt, auf welche eine zweite Metallschicht galvanisiert wird. Nach der Entfernung des organischen Materials bleiben Metallstrukturen mit dünnen Spalten übrig, die als Interdigitalelektroden genutzt werden können. Die auf dem Substrat sitzenden Komponenten spielen die Rolle der fixen Elektroden, während die über dem Substrat schwebenden Strukturen als mobile Elektroden dienen. Die beweglichen Teile sind an ausgewählten Stellen, wo das Parylen vor der zweiten Galvanik geöffnet wurde, mit dem Substrat verbunden. Der Prozess ist ein Kandidat für die kostengünstige Fertigung von elektrostatischen Sensoren und Aktoren auf einer breiten Palette von Substraten, inklusive Silizium und CMOS-Wafern.

7.3.4
Sticking

Sticking bezeichnet ein ernsthaftes Problem der Mikromechanik, insbesondere der Oberflächenmikromechanik. Im letzten Schritt der mikromechanischen Fertigung werden Mikrostrukturen gespült und getrocknet. Gegen Ende des Trocknungsprozesses zieht sich die Flüssigkeit von der Chipoberfläche zurück, während mikromechanische Spalten immer noch gefüllt bleiben. Die Restflüssigkeit in den Spalten wird abgeschlossen durch Menisken mit negativer mittlerer (Gaußscher) Krümmung. Die Krümmungsradien sind dabei von gleicher Größe wie die Spaltbreiten. Die Oberflächenspannung stellt die Flüssigkeit mit ihrer negativ gekrümmten Oberfläche unter einen Unterdruck bezüglich der Umgebung. Zwei Fälle können nun eintreten: Entweder bricht die Mikrostruktur unter der Belastung oder sie wird auf das Substrat hinabgekrümmt, bis sie dieses berührt. Der letzte, verdampfende Flüssigkeitstropfen zwischen dem strukturellen Material und der Substratoberfläche enthält aufkonzentrierte Verunreinigungen, welche schließlich die Mikrostruktur unerwünscht auf der Substratoberfläche haften lassen. Als ein Beispiel für typische Kräfte betrachte man Wasser gegenüber Luft bei 25 °C. Mit einer Oberflächenenergie von $\sigma_s = 7{,}2 \times 10^{-2}$ J/m^2 beträgt die Druckdifferenz Δp bei einem zylindrischen Meniskus mit einem Krümmungsradius von $r = 0{,}72$ µm sage und schreibe $\Delta p = \sigma_s / r = 10^5$ Pa.

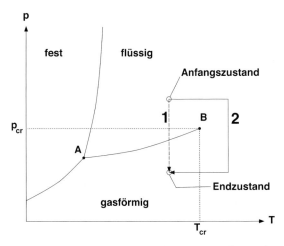

Abb. 7.3-7 Prinzip der superkritischen Trocknung für „sticking"-freie Oberflächenmikromechanik. Der Prozesspfad 2 umgeht den kritischen Punkt (höchste Temperatur und höchster Druck, bei denen flüssige und gasförmige Phasen koexistieren), während Pfad 1 die Phasenübergangslinie von flüssig zu fest durchquert. Trocknung über Pfad 2 vermeidet die mit Flüssig-Gas-Grenzflächen verbundene Oberflächenspannung.

Eine wiederholte Spülung bringt keine Verbesserung. Die saubere Reinigungsflüssigkeit vermag zwar die Verunreinigungen zwischen Mikrostruktur und Substrat wieder zu lösen. Beim anschließenden Trocknungsvorgang findet die Aufkonzentrierung jedoch wieder statt und die Struktur haftet von neuem. In manchen Fällen kann das Problem durch Verwendung von Spülflüssigkeiten mit niedriger Oberflächenspannung, wie etwa Heptan oder Hexan, gemildert werden.

Eine Methode zur völligen Vermeidung eines flüssigen Meniskus beruht auf der Sublimation von gefrorenem Lösemittel. Nach der Spülung in Wasser und möglicherweise einem weiteren Lösemittel wird die Mikrostruktur im endgültigen Lösemittel gewaschen. Diese wird nun eingefroren und bei reduziertem Druck sublimiert [Take91, Koba92, Lin95].

Eine weitere Methode vermeidet die Bildung einer Flüssigkeit-Luft-Grenzfläche durch superkritische Trocknung (engl.: supercritical point drying) [Mulh93]. Der Vorgang ist in Abb. 7.3-7 schematisch dargestellt. Die Spülflüssigkeit wird dabei ohne Auftreten eines Meniskus in den gasförmigen Zustand gebracht. Dies wird durch Umgehung des kritischen Punktes im p-T-Phasendiagramm bei genügend hohen Drücken und Temperaturen erreicht. Mit seinem kritischen Punkt bei $T=31\,°C$ und $p=72{,}8\,atm$ eignet sich CO_2 bestens für die superkritische Trocknung. Nach der ausgiebigen Spülung der Mikrostrukturen mit entionisiertem Wasser werden diese in Methanol überführt und anschließend in eine Druckkammer eingeführt, wo das Methanol wiederum durch flüssiges CO_2 bei $25\,°C$ und $80\,atm$ ausgetauscht wird. Eine anschließende Erwärmung auf $35\,°C$ führt das flüssige CO_2 in die Gasphase über. Durch Belüftung der Kammer wird der Prozess zur Herstellung freigeätzter Mikrostrukturen abgeschlossen.

Optimiertes Design der Strukturen stellt ein weiteres Mittel dar, um das Sticking-Problem zu vermindern [Abe95]. Scharfe Protrusionen an den Ecken der strukturellen Komponenten reduzieren die effektive Kontaktfläche zwischen Mikrostruktur und Substrat. Die Steifigkeit der freigeätzten Mikrostruktur ist dann eher in der Lage, diese vom Substrat wieder loszureißen.

7.4
Mikrowandler und -systeme in der Siliziumtechnologie

Unter Verwendung der in den letzten Abschnitten beschriebenen Siliziumtechnologien und mikromechanischen Methoden lassen sich komplexe Mikrostrukturen und ganze Mikrosysteme herstellen. Zahlreiche Forschungs- und Entwicklungsteams auf der ganzen Welt arbeiten an solchen Bauteilen und Systemen. Es stehen hervorragende Übersichten über das gesamte Feld zu Verfügung [Sze94, Trim97, Kova98, Proc98]. Aus diesem Grund beschreibt dieser Abschnitt nur einige wenige repräsentative Strukturen und Systeme zur Wandlung oder Modulation mechanischer, thermischer, radiativer, magnetischer, fluidischer und elektrischer Signale. Die ausgewählten Beispiele behandeln das Thema in keiner Weise erschöpfend. Ihr Zweck ist einzig, eine Auswahl von Wandlereffekten und -mechanismen vorzustellen.

Eine frühe und aufsehenerregende Leistung der Mikrosystemtechnik war die Entwicklung von Mikromotoren mit Abmessungen kleiner als ein menschliches Haar. Diese Strukturen sind jedoch wieder von der Bildfläche verschwunden. Sie wurden aber durch nicht minder eindrucksvolle andere Systeme ersetzt. Tribologische Effekte sind in miniaturisierten, rasch drehenden Mikrostrukturen schwer in den Griff zu bekommen. Insbesondere ist es schwirig, eine genaue, spielfreie Lagerung eines Rotors auf seiner Achse zu gewährleisten. Da die Höhe der Strukturen im Vergleich zu ihren horizontalen Abmessungen klein ist, steht nur eine beschränkte Auflagefläche zur Verfügung. Im Vergleich zu konventionellen, makroskopischen Getrieben ist die relative Genauigkeit der gefertigten Mikrobauteile um Größenordnungen niedriger. In einem Mikromotor beträgt der Quotient zwischen Achsendurchmesser und der Spaltbreite zwischen Rotor und Achse ca. 10^2 (100 µm : 1 µm). Dies sei verglichen mit typischen makroskopischen Komponenten in einem Automobilmotor: Hier ist der entsprechende Quotient ca. 5×10^3 (50 mm : 10 µm).

Zugegebenermaßen war die Verkleinerung von Motoren in mikroskopische Dimensionen ein starker Beweis für das Potential der Mikromechanik. Die Nachahmung makroskopischer Bauteile durch die Schrumpfung ihrer Teile mittels der Methoden der Mikromechanik liefert immer noch einen wichtigen Beitrag zu mikrosystemtechnischen Entwicklungen. Gleichzeitig seien Mikromotoren aber auch eine ständige Erinnerung daran, dass die Verkleinerung an sich keinen Erfolg garantiert. Wie zahlreiche andere Anwendungen beweisen, liegen attraktivere Perspektiven der Silizium-Mikromechanik in der Realisierung von unkonventionellen Bauteilen, bei denen sich die Skalierungsgesetze der ausgewählten physikalischen Effekte und das enorme Potential der Kombination von etablierten IC-Herstellungsverfahren und der Mikromechanik zur Herstellung von Großserien als vorteilhaft erweisen.

7.4.1
Mechanische Bauteile und Systeme

Mechanische Wandler, wie Druck- und Beschleunigungssensoren, gehören zu den erfolgreichsten mikrosytemtechnischen Produkten überhaupt. Miniaturisierte Druckwandler kommen in so verschiedenartigen Anwendungsfeldern wie der Prozesskontrolle, der Differenzdruck-Gasflussmessung, der Altimetrie, der Barometrie und der Medizintechnik zum Einsatz. Der größte Kunde für miniaturisierte Beschleunigungssensoren ist der Automobilsektor. Hauptanwendung ist die Aufpralldetektion. Zusätzlich haben in den letzten Jahren miniaturisierte Gyroskope, d.h. Drehratensensoren, für Inertialnavigationssysteme große Aufmerksamkeit auf sich gezogen.

7.4.1.1 Drucksensoren

Viele der aktuellen Drucksensoren weisen als zentrale Komponente eine auf einem Siliziumchip ringsum eingespannte Siliziummembran auf. Rudimentäre Bipolartechnologie und anschließende elektrochemische Siliziumätzung genügen schon zu Herstellung solcher Bauteile. Je nach Druckbereich besitzen die Membranen Dicken von wenigen Mikrometern bis hinunter zu einigen zehn Mikrometern. Die horizontalen Membranabmessungen liegen im Bereich von Hunderten von Mikrometern. Wie in Abb. 7.4-1 schematisch dargestellt, wird die Membran von einem peripheren Siliziumrand getragen. Unter einem Differenzdruck Δp wird sie ausgelenkt. Ihre Verformung wird in vier piezoresistiven Elementen in ein elektrisches Signal umgewandelt. Bei den Piezowiderständen handelt es sich um die miniaturisierte Variante makroskopischer Dehnungsmessstreifen. Die vier integrierten Dehnungsmessstreifen sind in der Nähe des Membranrandes platziert, wo die Krümmung und daher auch die lokale Kompression bzw. Dehnung der ausgelenkten Membran maximal ist. Zwei Piezosistoren liegen parallel zum benachbarten Membranrand, während die anderen beiden senkrecht zum entsprechenden Rand liegen, wie dies in Abb. 7.4-2 schematisch dargestellt ist. Die einzelnen Widerstände erfahren nun Änderungen ihres Widerstandswertes (unbelasteter Wert R_0) gemäß $\Delta R_{||}/R_0 = K_{||}\varepsilon(\Delta p)$ und $\Delta R_\perp/R_0 = K_\perp \varepsilon(\Delta p)$, je nach Orientierung, worin ε, $K_{||}$ und $K_\perp$ die druckabhängige lokale Verzerrung bzw. die beiden relevanten, piezoresistiven Eichfaktoren bezeichnen. Für p-Silizium mit $N_A = 10^{19}$ cm^{-3} gilt $K_{||} = 29$ und $K_\perp = 7$ [Ober86]. Indem die vier Widerstände zu einer Wheatstone-Brücke verschaltet werden, lässt sich aus dem Bauteil ein Differenzsignal $V_{Sens}(\Delta p)$ proportional zu $(K_{||} - K_\perp)\varepsilon(\Delta p)$ ablesen, welches mit der Verformung wächst und im unbelasteten Zustand verschwindet. Bei kleinen Auslenkungen ist der Respons solcher Bauteile linear. Bei größeren Drücken dominieren die geometrische Nichtlinearität der Membran sowie die piezoresistive Nichtlinearität der Widerstände. Die resultierende Gesamtnichtlinearität sowie ein nicht zu vermeidender Rest-Offset können durch entsprechende Abgleichwiderstände oder kointegrierte Schaltungen, die

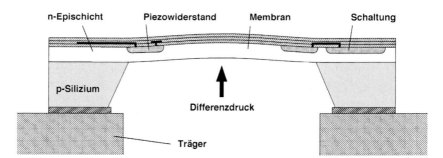

Abb. 7.4-1 Siliziumdrucksensor auf Membranbasis. Die Auslenkung der Membran unter Differenzdruck führt zur Stauchung bzw. Dehnung der integrierten Piezowiderstände. Die druckabhängigen Widerstände sind, wie in Abb. 7.4-2 dargestellt, als Wheatstone-Brücke verschaltet.

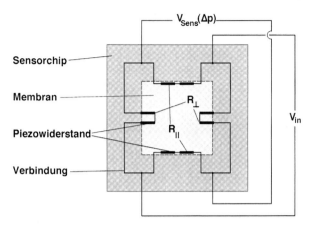

Abb. 7.4-2 Anordnung von Piezowiderständen auf einem Siliziummembran-Drucksensor als Wheatstone-Brücke. Widerstände parallel und senkrecht zum Membranrand erfahren entgegengesetzte Verformungen und daher auch Widerstandsänderungen.

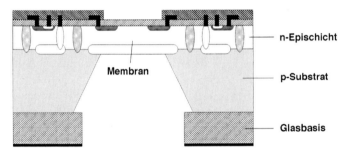

Abb. 7.4-3 Schematischer Querschnitt durch einen industriellen piezoresistiven Drucksensor. Signalverarbeitungsschaltungen sind auf dem Chip mitintegriert. (Mit freundlicher Genehmigung durch Robert Bosch GmbH, Stuttgart).

zudem noch die Temperaturabhängigkeit der Sensoren eliminieren, kompensiert werden. Ein Beispiel eines industriellen piezoresistiven Drucksensors mit integrierter Signalverarbeitungsschaltung ist in Abb. 7.4-3 schematisch dargestellt [Kres94]. Nach der IC-Fertigung und der mikromechanischen Bearbeitung werden die einzelnen Chips anodisch auf Borsilikatsubstrate oder Pyrex gebondet und auf einen Metallgehäuse aufgebaut. Der Sensor erfüllt harte, für Automobilanwendungen typische Spezifikationen: Betrieb zwischen −40 und +125 °C bei Drücken zwischen 20 und 115 kPa. Ein Bauteil vor der Deckelung ist in Abb. 7.4-4 zu sehen.

Abb. 7.4-4 Der industriell gefertigte und verpackte, in Abb. 7.4-3 schematisch dargestellte Drucksensor.
(Mit freundlicher Genehmigung durch Robert Bosch GmbH, Stuttgart).

7.4.1.2 Beschleunigungssensoren

Beschleunigung wird über ihre Wirkung auf träge Massen gemessen. In Beschleunigungssensoren werden diese Massen üblich als seismische Massen bezeichnet. Sie sind elastisch auf einem rigiden Substrat aufgehängt und so den Beschleunigungen des Substrates ausgesetzt. Zwei Prinzipien wurden in verschiedenen Anordnungen implementiert. Beim ersten wird die Verformung der Aufhängung unter den an der seismischen Masse anliegenden Inertialkräften gemessen. Im zweiten wird der Inertialkraft durch Gegenkräfte entgegengewirkt, um die seismische Masse in einer stabilen Lage zu halten. Leistungskenngrößen von Beschleunigungssensoren sind u. a. die Grundresonanzfrequenz, die Sensitivität, die Auflösung sowie der überdeckte Bereich. Die Konstruktion von Beschleunigungssensoren bedeutet die oft kompromissbelastete Optimierung dieser Parameter. Um einen unerwünschten Respons bei tiefen Frequenzen zu unterdrücken, wird die Steifigkeit des Bauteils genügend hoch angesetzt. Dabei reduziert sich die Sensitivität, d.h. der Respons pro angelegter Beschleunigung. Ein weiterer wichtiger Parameter ist die Querempfindlichkeit (engl.: cross-sensitivity), d.h. der Respons des Bauteils auf senkrecht zur Hauptmessrichtung stehende Beschleunigungen. Gewöhnlich werden Querempfindlichkeiten als Quotient des Responses in die unbeabsichtigte Richtung und der Antwort in die Hauptrichtung in Prozent ausgedrückt. Miniaturisierte Beschleunigungssensoren weisen Querempfindlichkeiten von einigen Prozent auf. Eine weitere wichtige Kenngröße ist die Bandbreite. Um die Entfaltung eines Airbags innerhalb von Millisekunden zu gewährleisten, muss ein Aufprallsensor eine Bandbreite von mehreren kHz aufweisen.

Abb. 7.4-5 zeigt eine Struktur zum ersten Sensorprinzip. Sie wurde durch beidseitiges anisotropes Ätzen von Siliziumwafern realisiert. Die seismische Masse ist über zwei Siliziumbalken mit integrierten Piezowiderständen am robusten Siliziumrahmen aufgehängt.

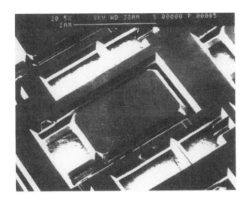

Abb. 7.4-5 REM-Bild eines piezoresistiven Inertialsensors.
(Mit freundlicher Genehmigung der Robert Bosch GmbH, Stuttgart).

Abb. 7.4-6 REM-Aufnahme der aufgehängten seismischen Masse eines kapazitiven Mikrobeschleunigungssensors.
(Mit freundlicher Genehmigung der DASA, München).

Die seismische Masse eines Beschleunigungssensors mit kapazitiver Signalauswertung ist in Abb. 7.4-6 zu sehen. Wieder ist die Struktur durch beidseitiges anisotropes Siliziumätzen entstanden. Sie hängt an acht tensil vorgespannten diagonal platzierten Bändern, welche die Parallelität der seismischen Masse und der Gegenelektrode sicherstellen. Im Prinzip kann die Sensitivität von kapazitiven Beschleunigungssensoren durch Verkleinerung der Spaltbreite erhöht werden. Dies hat den Vorteil, dass die natürliche Resonanzfrequenz, abgesehen von so genannten „Squeeze-Film"-Effekten (verursacht durch das Luftposter im Spalt), unbeeinflusst bleibt.

Faszinierende Beispiele von kraftkompensierten Beschleunigungssensoren werden von Analog Devices produziert und verkauft. Die Strukturen werden mittels Polysilizium-Mikromechanik hergestellt und weisen eine Interdigitalkammstruktur auf. Die Grundstruktur des elektromechanischen Bauteils ist in Abb. 7.4-7 schematisch dargestellt [Chau95]. Seine seismische Masse aus Polysilizium ist auf dem Siliziumsubstrat durch flexible Arme aufgehängt. Diese sind so dimensioniert, dass sie die lineare Bewegung der Masse im Wesentlichen auf eine Dimension beschränken. Andere Bewegungsmoden sind stark unterdrückt. Die seismische Masse weist auf beiden Seiten gleichabständige Elektrodenfinger auf, die sich mit auf dem Substrat fixierten Elektroden abwechseln. Ein Teil der Elektroden dient der Detektion der Verschiebung der

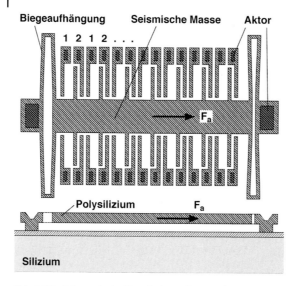

Abb. 7.4-7 Schematische Draufsicht und Querschnitt eines oberflächenmikromechanisch hergestellten Beschleunigungssensors. Die Auslenkung der zentralen Masse aus ihrer Gleichgewichtslage unter der Trägheitskraft F_a wird als Verstimmung der Kapazitäten zwischen der beweglichen Masse und den fixen Elektroden 1 bzw. 2 bestimmt.

seismischen Masse aus ihrer Gleichgewichtslage. Die restlichen liegen auf den Potentialen V_{ss} bzw. V_{dd} und ermöglichen es, die seismische Masse durch Anlegen einer passenden, von $(V_{ss} + V_{dd})/2$ abweichenden Spannung wieder zu zentrieren. Die angelegte Spannung stellt das Beschleunigungssignal dar. Beide Teile sind mit einer Rückkopplungsstufe verschaltet, dank welcher die seismische Masse nie mehr als ±10 nm aus ihrer Ruhelage ausgelenkt wird. Der Substratchip enthält die notwendige integrierte Schaltung, d.h. Rechteckwellengenerator, Demodulator, Tiefpassfilter, differentiellen Verstärker und Vorverstärker, alles auf einer Chipfläche von weniger als 3×3 mm^2. Systeme mit Bereichen von ±2 bis ±100 g sind im Angebot, für Anwendungen von der Neigungswinkelmessung bis zur Fahrzeugtechnik.

Im Gegensatz zu den bulkmikromechanischen Bauteilen bietet die Polysiliziumstruktur den Vorteil der einfachen Realisierung von zweidimensionalen Beschleunigungssensorsystemen. Diese messen zwei orthogonale Komponenten durch Kombination zweier eindimensionaler Sensoren auf demselben Chip.

7.4.1.3 Drehratensensoren

Die Mikromechanik ermöglicht auch die Herstellung von eindrucksvollen Drehratensensoren für die Messung von Winkelgeschwindigkeiten oder Winkelbeschleunigungen. Während die sensitivsten makroskopischen Drehratensenso-

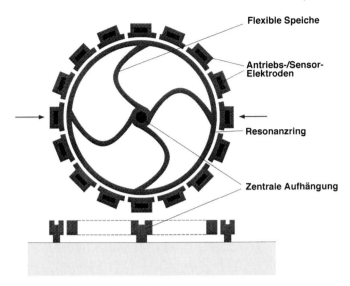

Abb. 7.4-8 Schematische Draufsicht und Querschnitt eines resonanten Ringgyroskops. Der Ring ist zentral auf dem Substrat aufgehängt. Seine Vibrationsmoden in der Ringebene werden durch periphere Kontakte elektrostatisch angeregt bzw. ausgelesen.

ren optische Systeme sind, beruhen die mikromechanischen Bauteile auf subtilen mechanischen Effekten.

Oft wird die Coriolis-Kraft $F_C = 2m(v \times w)$ genutzt. Es handelt sich um eine Scheinkraft, welche auf jede Masse m wirkt, die sich in einem sich mit der Winkelgeschwindigkeit w drehenden Inertialsystem mit der Geschwindigkeit v fortbewegt. In solchen Bauteilen werden zwei orthogonale Oszillatoren mit denselben oder ähnlichen Resonanzfrequenzen durch die Coriolis-Kraft schwach aneinandergekoppelt. Der eine Oszillator wird harmonisch angeregt. Bei verschwindender Drehrate bleiben die beiden Oszillatoren unabhängig voneinander. Bei Vorliegen einer Drehrate wird der zweite Oszillator durch den ersten zu einer Schwingung mit einer zur Drehrate proportionalen Amplitude angeregt.

Eine interessante Umsetzung dieses Prinzips ist in Abb. 7.4-8 dargestellt [Putt94, Spar97]. Das Bauteil besteht im Wesentlichen aus einem zentral auf dem Substrat befestigten Rad. Gekrümmte Speichen lassen der Struktur die Freiheit, in der Radebene zu schwingen. Gleichmäßig verteilte Elektroden umgeben das Rad. Diese dienen der Anregung ausgewählter Resonanzmoden der Struktur sowie deren Detektion. Die Anregung erfolgt elektrostatisch zwischen den Elektroden und dem elektrisch vorgepolten Rad. Wird das Rad nun durch zwei gegenüberliegende Elektroden angeregt, so antwortet die Struktur in Abwesenheit einer Drehbewegung mit einer elliptischen Schwingungsmode, welche die Symmetrie der Anregung widerspiegelt, wie in Abb. 7.4-9 angedeutet wird. Unter gleichmäßiger Drehung des Bauteils werden die Hauptachsen der

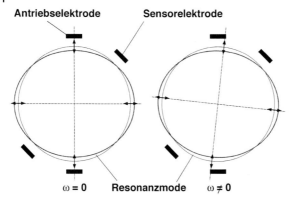

Abb. 7.4-9 Resonante Moden des Ringgyroskops in Abwesenheit (links) und Anwesenheit (rechts) einer Drehrate.

Schwingung bezüglich der Verbindungslinie zwischen den Anregungselektroden verdreht. Der Verdrehungswinkel θ ist zur Drehrate proportional.

In der Praxis werden benachbarte Elektroden über eine Rückkopplungsschlaufe so in die Anregung einbezogen, dass trotz Drehrate die Bedingung $\theta = 0$ erhalten bleibt. Die Größe der zusätzlichen Antriebsspannung ist dann ein Maß für die Drehrate und erlaubt, einen zuverlässigen Respons des Bauteils auf externe aufgezwungene Drehbewegungen zu erhalten.

Das in Abb. 7.4-8 gezeigte Bauteil wurde auf einem Siliziumsubstrat mit integrierter Schaltung aufgebaut. Die mechanische Struktur besteht aus galvanisch aufgewachsenem Nickel (Ni) auf einer Opferaluminiumschicht. Nachdem das Aluminium entfernt wurde, schwebt das Rad über dem Chip, nur durch seine Achse auf diesem festgehalten. Das hohe Aspektverhältnis der Ni-Strukturen (19 µm hoch zu 5 µm weit) ist einem LIGA-artigen Prozess mit einem dicken Photolack zu verdanken. Der Spalt zwischen Rad und Elektroden ist nominell 7 µm breit. Eine Drehratenauflösung von 0,5°/s wurde über einen Bereich von $\pm 100°/s$ nachgewiesen.

7.4.1.4 Stresssensoren

Stresssensoren haben eine Vielfalt von Anwendungsmöglichkeit über die besprochene Druck- und Beschleunigungssensorik hinaus. Eine davon liegt im Bereich des Testens von mikroelektronischen Verpackungsmethoden [Maye00, Schwi03]. Stresssensoren sind in der Lage, darüber Aufschluss zu geben, welche Kräfte bei der Verpackung eines Chips, z.B. während des Drahtbondens, oder während seines Betriebs auftreten. Die Kenntnis dieser Parameter ist für die Zuverlässigkeit der verpackten Bauteile wichtig. Eine zu hohe Kraft während des Bondens führt zur Kraterbildung unter den Kontaktpads und zum unzuverlässigen Betrieb. Zu hohe thermomechanische Belastungen eines Chips während des Betriebs wirken sich nachteilig auf die Materialien und ihre Grenzflä-

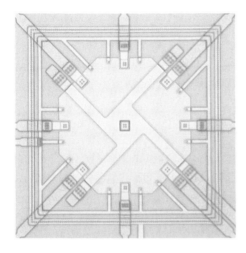

Abb. 7.4-10 Achteckiger Stresssensor für die Messung von drei lokalen Stresswerten in der Ebene des Sensors. Das Bauteil misst ca. 100 µm im Durchmesser und besitzt acht Kontakte zur Versorgung mit einem Strom in acht verschiedenen Richtungen [Bart04].

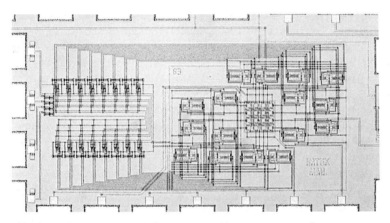

Abb. 7.4-11 Stresssensorarray-Mikrosystem zur Messung von ortsaufgelösten Spannungen, z. B. während Drahtbondprozessen [Doel04].

chen aus. Bruch und Delamination sind die Folge, mit fatalen Konsequenzen für die Zuverlässigkeit.

Obwohl die Stresssensorik schon ein gut entwickeltes Teilgebiet der Mikrosystemtechnik ist, wurden vor kurzem wieder neue, innovative Stresssensoren vorgestellt. Abb. 7.4-10 zeigt eine solche neue Struktur [Bart04]. Der Sensor besteht aus einer n-Wanne in einem p-Substrat mit achteckiger Geometrie und neun Kontakten, wovon acht peripher liegen und einer zentral. Die Struktur wurde in einer 0,6-µm-CMOS-Technologie von Austriamicrosystems gefertigt. Durch entgegengesetzte Kontakte lassen sich Ströme in acht verschiedenen Richtungen durch den n-Widerstand schicken. Zwischen dem zur jeweiligen Stromrichtung senkrechten Kontaktpaar ist eine zur mechanischen Spannung proportionale Offsetspannung, die so genannte Pseudo-Hall-Spannung, zu messen. Aus der Richtungsabhängigkeit dieses Offsets lassen sich die zwei mechanischen Spannungswerte $\sigma_{xx} - \sigma_{yy}$ und σ_{xy} extrahieren. Wird noch der Längswiderstand richtungsabhängig mitbestimmt, so ermöglicht dies zusätzlich die Separation von σ_{xx} und σ_{yy}.

Ein integriertes Mikrosystem mit einem Stresssensorarray auf der Basis von stresssensitiven Feldeffekttransistoren ist in Abb. 7.4-11 dargestellt [Doel04]. Es besitzt auf einer Fläche eines typischen Kontaktpads (100×100 μm^2) ein Array von 4×4 Stresssensoren zur Messung einer Stresssensorkomponente in der Ebene der Chipoberfläche. Die einzelnen Sensoren werden über eine Kontrolllogik und Transmissionsgatter angesteuert. Stressbilder werden mit einer Rate von bis über 600 Hz ausgegeben. Das Array wurde zur Charakterisierung von Drahtbondprozessen eingesetzt.

7.4.2
Thermische Mikrobauteile und -systeme

Die meisten Mikrostrukturen sind temperaturempfindlich. Temperaturabhängige Materialeigenschaften sind für diesen oft unerwünschten Effekt verantwortlich. In Bauteilen, die nicht als Temperatursensoren dienen sollen, besteht die Aufgabe in der Minimierung der Temperaturquerempfindlichkeit. Gegenmaßnahmen reichen von Referenzstrukturen, Analogschalten zur Kompensation von Temperaturgängen, bis hin zur Kointegration von Temperatursensoren und der Programmierung von Nachschlagetabellen und Interpolationsalgorithmen.

Andererseits erlauben zahlreiche Mikrostrukturen in Siliziumtechnologie die Messung der absoluten Temperatur oder zumindest von Temperaturänderungen bezüglich einer Referenztemperatur T_0. Zusätzlich zu ihrer Funktion als Sensoren für die Temperatur an sich werden solche Komponenten auch in vielen „Tandemsensoren" eingesetzt, in denen ein nichtthermisches Signal zuerst in eine thermische Signatur umgewandelt wird, die schließlich elektrisch erfasst wird. Anfangssignale umfassen Gasfluss, Vakuum, Druck und Gaszusammensetzung sowie Strahlung. Eine weitere Anwendung von thermischen Prinzipien liegt in der Realisierung von miniaturisierten Wärmestrahlern.

7.4.2.1 Temperaturmessung

Zu den Siliziumkomponenten zur Messung der Temperatur zählen pn-Übergänge, Bipolartransistoren, Dünnschichtwiderstände sowie integrierte Thermoelemente und -säulen.

Siliziumdioden weisen eine starke Temperaturabhängigkeit auf, wie schon aus der I-V-Charakteristik $I = I_S(T)\exp(qV/kT)$ ersichtlich ist, worin I_S, q und k den Sättigungsstrom, die Elementarladung bzw. die Boltzmann-Konstante bezeichnen. Wird das Bauteil mit konstantem Strom bespeist, so hängt die angelegte Spannung näherungsweise linear von der Temperatur ab und zwar mit einer Steigung von ca. $-2{,}2$ mV/K [Meij94]. Diese Steigung zeigt eine Variation von ca. $\pm 0{,}2$ mV/K, je nach Bauteil, Technologie und Betriebsstrom. Dioden sind einfach im Betrieb und leicht zu fertigen. Sie lassen sich neben anspruchsvolleren Mikrobauteilen kointegrieren, um eine Referenztemperatur ohne wesentliche zusätzliche Kosten zu liefern. Kalibriert liefern sie Temperaturwerte mit einer Genauigkeit bis hinunter zu 0,1 K.

Nichtlineare Beiträge zum temperaturabhängigen Respons von Dioden lassen sich effektiv durch so genannte PTAT-Schaltungen (PTAT = proportional to absolute temperature) eliminieren. Die Grundidee ist die Kombination von zwei verschieden großen Dioden derselben Technologie. Wenn diese beiden Bauteile mit identischen Strömen $I_1 = I_2$ betrieben werden, so ist die Differenz $\Delta V = V_1 - V_2$ ihrer Spannungsabfälle gegeben durch $\Delta V = (kT/q) \times \ln(r)$, worin r den Quotienten der beiden Junctionflächen bezeichnet. Die einzige Temperaturabhängigkeit stammt vom Vorfaktor kT/q. Insbesondere wurde die Temperaturabhängigkeit von I_S eliminiert. In der Praxis werden Dioden gewöhnlich als Bipolartransistoren verschiedener Fläche realisiert, welche mit identischen Strömen aus einem Stromspiegel bespeist werden. Das Beispiel einer einfachen Schaltung, welche einen zur absoluten Temperatur proportionalen Strom liefert, ist in Abb. 7.4-12 dargestellt.

Eine dritte Methode zur Messung von Temperaturen nutzt Widerstände. In der Tat weisen Metalle einen hohen Widerstands-Temperaturkoeffizienten auf. Der Widerstands-Temperaturkoeffizient β_R bei einer Temperatur T_0 ist definiert durch die lineare Approximation des Temperaturgangs $R(T)$ gemäß $R(T) \simeq R(T_0)\{1 + \beta_R(T-T_0)\}$. Durch Legieren kann der Temperaturkoeffizient von Metallen über einen weiten Bereich variiert werden. ASIC-CMOS-Metallisierungen sind gewöhnlich mit Silizium und Kupfer legiert. Sie weisen Temperaturkoeffizienten im Bereich von 2900 bis 4000 ppm/K bei 300 K auf [Arx98b]. Widerstände für die Temperaturmessung werden oft als Thermistoren bezeichnet. Eine genaue lokale Temperaturmessung wird am besten in Vierkontakt-Konfiguration (auch Vierpunkt-Konfiguration genannt) durchgeführt, wie sie in Abb. 7.4-13 dargestellt ist. Es liegt ein Widerstand mit vier Anschlüssen vor, wovon zwei für die Beschickung mit dem Messstrom und die zwei anderen zur genauen Bestimmung des Spannungsabfalls über den Widerstand dienen. Diese Konfiguration empfiehlt sich aufgrund der Tatsache, dass der gemessene Wi-

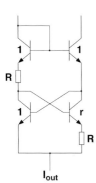

Abb. 7.4-12 Transistorschaltung zur Erzeugung eines zur absoluten Temperatur proportionalen Stroms [Midd94]. Die einzelnen Transistoren weisen die relativen Flächen 1 bzw. r auf.

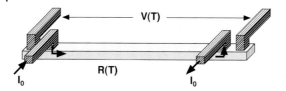

Abb. 7.4-13 Schematische Ansicht eines integrierten temperaturabhängigen Widerstands (Thermistor) und sein Einsatz unter Einspeisung eines konstanten Stroms I_0. Der Spannungsabfall lässt sich in der vorliegenden Vierpunkt-Anordnung unabhängig von Kontakt- und Serienwiderständen genau bestimmen. Aus Gründen der Klarheit sind die einbettenden Dielektrika nicht dargestellt.

derstandswert unabhängig von den Kontaktwiderständen sowie vom Widerstand der z. T. langen Zuleitungen ist, welcher im Vergleich zum Widerstand des Sensorteils oft nicht vernachlässigt werden kann.

Polysilizium hat sich ebenso als nützliches Thermistormaterial erwiesen. Entartet dotiertes Polysilizium ($N_D \simeq 10^{20}$ cm^{-3}) von MOS-basierten IC-Prozessen weist Temperaturkoeffizienten zwischen 650 und 900 ppm/K auf. Polysilizium- und Siliziumproben mit n-Dotierungen unter 10^{19} cm^{-3} sowie p-dotierte Proben zeigen im Allgemeinen einen negativen Widerstands-Temperaturkoeffizienten. Ein Wert von –500 ppm/K wurde z. B. bei einem p-dotierten Dioden-Polysilizium eines CMOS-ASIC-Prozesses gemessen [Arx98b]. Ein mögliches Layout eines Polysilizium-Temperatursensors ist in Abb. 7.4-13 dargestellt. Diffundierte Widerstände sind ebenso für Temperaturbestimmungen geeignet. Die Aufgabe wird allerdings durch die vorspannungsabhängige Breite des pn-Übergangs erschwert.

Allgemein erfordern resistive Temperaturmessungen eine Kalibrierung der Komponenten, da selbst bei kommerziellen IC-Technologien die Unterschiede zwischen den Widerständen identischer Bauteile im Prozentbereich liegen und Schichtwiderstände von Los zu Los um bis zu ±10 Prozent variieren können. Dennoch stellen Widerstände für die Messung von Temperaturschwankungen von einigen zehn Grad ein einfaches und vielseitiges Werkzeug dar, wenn ihr Temperaturkoeffizient in situ bestimmt wurde oder auf Grund unabhängiger Messungen zur Verfügung steht.

Thermoelemente eignen sich bestens für die Messung von Temperaturdifferenzen auf thermischen Mikrostrukturen. Sie sind besonders attraktiv, weil ihr Signal sich selbst generiert [Midd94], d. h., weil sie keine externe Versorgung benötigen. Ein Thermoelement ist ein Paar von Materialien A und B mit einem gemeinsamen Kontakt am einen Ende, wie in Abb. 7.4-14 dargestellt. Der Kontakt wird der zu messenden Temperatur $T_0 + \Delta T$ ausgesetzt, während die anderen beiden Enden auf der Referenztemperatur T_0 gehalten werden. Dies geschieht z. B., indem die „kalten" Enden auf einer effizienten Wärmesenke, wie etwa einem Siliziumsubstrat, platziert werden. Werden die Mess- und Referenzkontakte einer Temperaturdifferenz ΔT ausgesetzt, so erscheint zwischen den

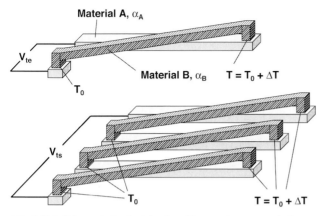

Abb. 7.4-14 Schematische Ansicht eines Thermoelements und einer aus $N=3$ Schenkelpaaren aufgebauten Thermosäule. Unter einer Temperaturdifferenz ΔT treten thermoelektrische Spannungen $V_{te} = \alpha_{AB}\Delta T$ bzw. $V_{ts} = NV_{te}$ auf.

beiden Referenzkontakten eine Spannung V_{te}. Dies ist das thermoelektrische Potential, welches mit der Temperaturdifferenz ΔT gemäß $V_{te}=\alpha_{AB}\Delta T$ zusammenhängt, wobei $\alpha_{AB}=\alpha_B-\alpha_A$ den relativen Seebeck-Koeffizienten zwischen den beiden Materialien bezeichnet.

In Siliziumtechnologien können Thermoelemente unter Verwendung von Paaren der verfügbaren Materialien realisiert werden. Es sind dies: dotiertes monokristallines Silizium, n- oder p-dotiertes Polysilizium sowie verschiedene Metallisierungslagen. Hohe thermoelektrische Koeffizienten wurden mit schwach dotierten Si-Schenkeln gegen Aluminium gemessen, mit Seebeck-Koeffizienten bis über 1 mV/K [Midd94]. Näherungsweise folgen die Seebeck-Koeffizienten a_n und a_p von n- bzw. p-dotierten Proben den Dotierkonzentrationsabhängigkeiten $a_n \simeq -0{,}79(k/q)\ln(n_0/n)$ bzw. $a_p \simeq 0{,}86(k/q)\ln(p_0/p)$ mit den Ladungsträgerkonzentrationen n und p sowie den Referenzkonzentrationen $n_0 = 9{,}8\times10^{20}$ cm^{-3} und $p_0 = 1{,}28\times10^{21}$ cm^{-3} [Arx98b]. Gate-Polysiliziumschichten (Schichtwiderstand $R_{sq} \simeq 25\,\Omega$) erreichen gegenüber CMOS-Metallisierungen Werte zwischen -87 und -115 µV/K. Mit positiv dotierten Polysiliziumschichten ($\rho \simeq 128$ µΩm) wurden Seebeck-Koeffizienten bis zu 268 µV/K bei 300 K gemessen [Arx98b].

Eine einfache Methode zur Steigerung der relativ kleinen Signale besteht in der seriellen Verschaltung einzelner Thermoelemente zu Thermosäulen, wie in Abb. 7.4-14 schematisch dargestellt. Die Thermospannung V_{ts} der Säule ist $V_{ts}=NV_{te}$, mit der Anzahl der Thermoelemente N. Thermische Durchflusssensoren, Drucksensoren, Infrarotdetektoren, Chemosensoren und ac-dc-Thermokonverter sind mit Thermosäulen für die Temperaturmessung ausgestattet worden. Es muss dabei jedoch bedacht werden, dass Thermosäulen besonders dann vorteilhaft sind, wenn Temperaturdifferenzen gemessen werden sollen. Sie bieten keinen Zugang zu absoluten Temperaturwerten wie Dioden oder Transistoren. Ferner sei darauf hingewiesen, dass Polysilizium-Metall-Thermosäulen zwischen dielektrische Schichten eines IC-Prozesses eingebettet sind. Das unter dem Messkontakt liegende Silizium kann mikromechanisch gänzlich entfernt werden. Die Thermosäule ist dann thermisch exzellent isoliert.

7.4.2.2 Durchflusssensoren

Fließgeschwindigkeiten von Fluiden, d. h. Gasen und Flüssigkeiten, lassen sich bequem mit thermischen Methoden messen. Im Allgemeinen werden zwei Prinzipien angewendet: (1) der Wärmetransfer von einer beheizten Struktur an das Fluid oder (2) der Wärmetransport von einem Gebiet einer beheizten Struktur auf ein anderes. In beiden wird der Wärmefluss durch das strömende Medium moduliert. Fall (1) wird als Heiz- oder Hitzdrahtanemometrie bezeichnet. Der Name stammt von makroskopischen Sensoren, bei denen ein beheizter Draht vom bewegten Fluid umströmt wird. Die vom Draht an das Fluid übertragene Wärmeleistung P wird gut durch $P = (c_1 + c_2\sqrt{v})\Delta T$ genähert, mit den systemabhängigen Konstanten c_1 und c_2, der Fluidgeschwindigkeit v und der Temperaturdifferenz ΔT zwischen dem Heizdraht und dem unbeheizten Fluid. Das Prinzip (2) wird als Heißfilmanemometrie bezeichnet. In der Praxis wird die Sensorstruktur zentral beheizt und die Temperaturen werden stromauf- und abwärts (in Luv und Lee) gemessen. Ein wichtiger Vorteil der Heißfilm- gegenüber der Hitzdrahtanemometrie ist die Beobachtung, dass die starke $\sqrt{v}$-Nichtlinearität der Ersteren wegkompensiert wird und die Bauteile dadurch bei kleinen Signalen einen linearen Respons liefern.

Ein kommerziell erhältlicher, mikromechanischer Gasflusssensor wurde von Honeywell entwickelt [John87]. Er beruht auf dem Heißfilmprinzip. Das Bauteil ist schematisch in Abb. 7.4-15 dargestellt. Es besteht aus einem Paar paralleler,

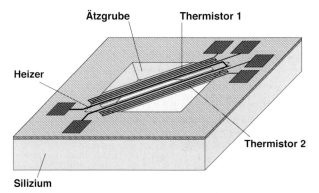

Abb. 7.4-15 Schematische Ansicht eines von Honeywell entwickelten thermischen Gasflusssensors auf der Basis einer diagonalen Mikrobrücke [John87]. Gasflussinduzierte Temperaturdifferenzen werden thermoresistiv gemessen.

500 µm langer, diagonaler Siliziumnitridbrücken über einer mikromechanisch geätzten Kavität in einem Siliziumsubstrat. Wie in Abschn. 7.2.3 beschrieben, entsteht die Brücke durch Überlappung der Ätzkavitäten der dreieckigen Nitridöffnungen auf beiden Seiten der Brücken sowie des Schlitzes zwischen den Brücken. Die Struktur enthält integrierte Dünnschichtwiderstände. Ein Widerstand, der sich um den zentralen Schlitz windet, dient als Heizer, während zwei weitere als Thermistoren zur Temperaturmessung stromauf- und -abwärts verwendet werden. Als Ausgangssignal des Bauteils dient die durchflussabhängige Differenz der Thermistorwiderstände. Als Wheatstone-Brücke verschaltet, bietet der Sensor ein zur Fluidgeschwindigkeit proportionales Ausgangssignal mit verschwindendem Offset. In der kommerziellen Variante ist das Bauteil in ein Keramik-Plastik-Gehäuse mit Gasflusskanal und Staubfilter (falls gewünscht) montiert. Die thermische Responszeit beträgt 5 ms. Gasflussraten bis hinunter zu 1 cm^3/min lassen sich bestimmen. Die Umsetzung des stark nichtlinearen Ausgangssignals in eine Gasflussrate hat extern über Kalibrationsdaten zu erfolgen.

CMOS-Technologie und damit kompatible Mikromechanik wurden zur Herstellung des in Abb. 7.4-16 gezeigten, hochintegrierten Gasflusssensor-Mikrosystems verwendet. Das System wurde in einer 2-µm-CMOS-ASIC-Technologie mit zwei Polysiliziumschichten und zwei Metallschichten von EM Microelectronic-Marin SA (EM) gefertigt. Der Chip enthält einen Membran-Gasflusssensor, eine Versorgungsschaltung zur Beheizung des Sensors, einen zweistufigen Verstärker, um das Sensorsignal in den mV-Bereich zu heben, sowie einen A/D-Wandler [Maye97]. Galvanische Goldstrukturen auf dem Chip dienen der Verkapselung.

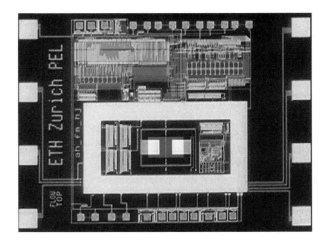

Abb. 7.4-16 Integriertes CMOS-Gasflusssensor-Mikrosystem mit thermoelektrischem Gasflusssensor auf einer Membran sowie Versorgungs- und Ausleseschaltungen und galvanischen Strukturen zur Verpackung des Bauteils, alle auf demselben Chip [Maye97].
(Mit freundlicher Genehmigung des Laboratoriums für Physikalische Elektronik, ETH Zürich, Schweiz).

Der Sensor selbst besteht aus einer Siliziumoxid-Siliziumnitrid-Membran, die mit der in Abschn. 7.2.2 beschriebenen CMOS-kompatiblen Ätztechnik hergestellt wurde. Ihre Abmessungen betragen ca. 300×600 µm^2. Sie enthält einen Polysilizium-Heizwiderstand von 1,9 kΩ und zwei Polysilizium-Aluminium-Thermosäulen. Diese liefern die Membrantemperatur stromauf- und -abwärts im Vergleich zur gemeinsamen Chiptemperatur. Als Differenzpaar verschaltet, erlauben sie, die Temperaturdifferenz der Orte ihrer heißen Kontakte zu bestimmen. Die Membran besteht aus dem gesamten dielektrischen Schichtpaket des verwendeten CMOS-Prozesses. Der Heizwiderstand wird mit konstanter Spannung betrieben. Die thermoelektrische Ausgangsspannung wird den Verstärkern zugeführt und als digitales Signal an die Außenwelt weitergereicht. Eine Gesamtverstärkung von 25 oder 250, entsprechend einer Auflösung von 12 bzw. 14 Bit, lässt sich extern selektieren.

Nach der CMOS-Fertigung und noch vor der mikromechanischen Bearbeitung wird der Chip dem Bumping-Prozess von EM unterworfen. Bei diesem Prozess werden die Kontaktpads galvanisch mit einer 25 µm dicken Goldschicht verstärkt, um die Chips für das Tape Automated Bonding (TAB) vorzubereiten (Abschn. 10.3.1). Durch ein unkonventionelles Layout der Bump-Maske wird durch den Bumping-Prozess zusätzlich der Sensor mit einem rechteckigen Goldrahmen umgeben. Dies erweist sich für die Gehäusung des Systems als günstig: Der Chip wird, wie in Abb. 10.3-2 dargestellt, per Flip-Chip-Prozess auf einen Träger montiert. Abweichend von dieser Darstellung wurde der Träger des Gasflusssensorsystems mit einer rechteckigen Öffnung versehen, über welche die Sensormembran zu liegen kommt. Gleichzeitig werden die Kontaktbumps mit den Pads auf dem Träger verbunden. Da der Sensor nun von einer hermetischen Dichtung umgeben ist, sind die empfindlichen Schaltungen von den möglicherweise korrosiven Medien, die über den Sensor strömen, geschützt. Eine weitere Schutzbarriere wird schließlich noch eingebaut, indem der Spalt zwischen Träger und Mikrosystemchip mit einem Epoxid ausgefüllt wird [Maye98].

Ein kugelschreibergroßes Anemometer wurde auf der Basis dieses Mikrosystems und moderner Verpackungsmethoden hergestellt: Ein flexibles Substrat (Flex) mit Kupfermetallisierungen zwischen Polyimidschichten diente als Träger. Nachdem der Chip auf dem Flex fixiert und dieses auf einen Standardsockel gelötet wurde, wurde das Mikrosystem in ein Plastikgehäuse mit einem windkanalartigen Loch eingeführt (Abb. 7.4-17). Der Sensor sitzt tangential an diesem Loch und misst effektiv den Druckunterschied zwischen den beiden Eingängen des Kanals, der durch eine externe Strömung verursacht wird. Strömungsgeschwindigkeiten zwischen 0,02 und 38 m/s wurden mit diesem „Flow-Pen" gemessen.

Heute werden CMOS-Fluidflusssensor-Systeme dieser Art von der Fa. Sensirion (Oerlikon, Schweiz) industriell gefertigt und erfolgreich vertrieben [Sens04]. Die Systeme sind in Durchflussreglern für Gase und Flüssigkeiten und in Differenzdruck-Messgeräten zu finden, erfüllen industrielle Zuverlässigkeitsstandards ebenso wie Hygienestandards der Medizin und Lebensmittelproduktion und übertreffen Konkurrenzprodukte insbesondere durch ihre hohe Auflösung

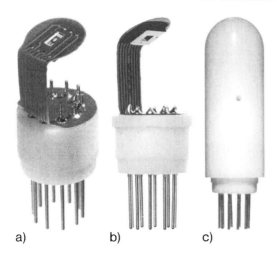

a)   b)   c)

Abb. 7.4-17 Gasflusssensor-Mikrosystem auf einem flexiblen Substrat (links und Mitte) und in seinem Plastikgehäuse mit Gasflusskanal (rechts). Der Gehäusedurchmesser beträgt ca. 10 mm [Maye97]. (Mit freundlicher Genehmigung des Laboratoriums für Physikalische Elektronik, ETH Zürich, Schweiz).

und sehr niedrige Zeitkonstante. Die Signale werden on-chip verstärkt, temperaturkompensiert und digitalisiert.

7.4.2.3 Vakuum- und Drucksensoren

Nichtmechanische Drucksensoren nutzen die druckabhängige thermische Leitfähigkeit von Gasen. Traditionell werden Drucksensoren dieses Prinzips als Pirani-Sensoren bezeichnet. Miniaturisierte Varianten von Pirani-Sensoren (so genannte Mikro-Pirani-Sensoren) wurden unter Verwendung von Siliziumtechnologie hergestellt. Ein Beispiel ist in Abb. 7.4-18 dargestellt [Paul95a]. Der Sensor wurde in industrieller ASIC-CMOS-Technologie mit anschließender Opferaluminiumätzung (SALE) gefertigt, Abb. 7.3-6. Er besteht aus einer polygonalen, peripher auf dem IC-Chip aufgehängten Membran. Die Membran besteht aus der Zwischenmetallisolation und der Passivierungsschicht mit einem dazwischen eingelagerten Mäander aus der zweiten CMOS-Metallschicht. Der Mäander dient zur Beheizung der Membran. Er besitzt einen Widerstand von ca. 50 Ω. Durch Wegätzen einer polygonalen Opferschicht bestehend aus der unteren der beiden CMOS-Metallisierungen wird die Membran durch seitlich angebrachte Öffnungen freigeätzt. Durch den Prozess wird ein Spalt mit einer Dicke von 0,65 µm, d. h. der Dicke der unteren Metallisierung, freigelegt. Während der Druckmessungen wird die Dichte (der Druck) des Gases gemessen, das den Spalt über die seitlichen Öffnungen beströmt.

Wird die Membran geheizt, so erfährt sie die Temperaturänderung $\Delta T = P/\{G + G_{Gas}(p)\}$, mit der freigesetzten thermischen Leistung P, dem Wärmeleitwert G der festen Materialien zwischen Heizmäander und Siliziumchip sowie dem druckabhängigen thermischen Leitwert $G_{Gas}(p)$ des Gases im Mikrospalt. Die dissipierte Leistung ist über den Strom und den Spannungsabfall über den Widerstand leicht zu messen, während die Temperaturänderung durch eine Widerstandsmessung und über den Temperaturkoeffizienten des Widerstandes be-

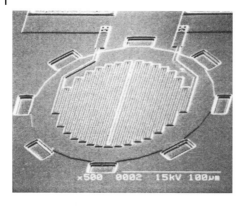

Abb. 7.4-18 REM-Aufnahme eines thermischen CMOS-Drucksensors, hergestellt mittels kommerzieller CMOS-Technologie und Opferaluminiumätzung (SALE) [Paul95a].

stimmt werden kann. Der Sensor zeigt eine maximale Empfindlichkeit im Druckbereich von ca. 10^2 bis 10^6 Pa, weist eine Auflösung von ca. 0,5 mbar auf und eignet sich daher für barometrische und altimetrische Anwendungen.

In der Praxis wird der Heizwiderstandswert mit einem spaltlosen Referenzwiderstand, der in direktem thermischem Kontakt mit dem darunterliegenden Chip steht, verglichen. Dadurch lässt sich eine Drift der Substrattemperatur kompensieren. Paare solcher Strukturen wurden mit einer Bandlücken-Referenz-Schaltung, Stromquellen für Sensoren und Referenzstrukturen, einem Differenzverstärker und zwei A/D-Wandlern für gemessene Ströme und Spannun-

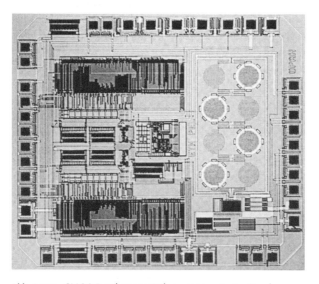

Abb. 7.4-19 CMOS-Drucksensor-Mikrosystem mit vier Drucksensoren (s. Abb. 7.4-18), vier Referenzstrukturen, zwei A/D-Wandlern, einer Bandlücken-Referenz und Stromquellen [Häbe96]. (Mit freundlicher Genehmigung des Laboratoriums für Physikalische Elektronik, ETH Zürich, Schweiz).

gen zu einem Drucksensorsystem auf einem Chip integriert (Abb. 7.4-19) [Häbe96]. Das Produkt ihrer Ausgangssignale stellt ein Maß für den Druck dar. Die Schaltung wirkt als Rückkopplungsschlaufe, welche die Widerstandswerte von Sensoren und Referenzen auf eine vorgegebene Differenz einstellt. Die Temperaturerhöhung ΔT des Sensors über die Chiptemperatur bleibt daher, unabhängig von der Chiptemperatur, konstant. Auf Druckänderungen reagiert das System durch Anpassung der benötigten Heizleistung.

Während die Bauteile auf Membranbasis in Abschn. 7.4.1 Absolutdrucksensoren sind und somit nicht von der Gaszusammensetzung abhängen, messen thermische Sensoren die Wärmeleitfähigkeit des Gases in ihrem Spalt. Diese Messgröße hängt selbstverständlich vom Druck, aber auch von der spezifischen Wärme und Zusammensetzung des Gases und von der Dicke und Oberflächenbeschaffenheit des Spaltes ab [Paul95b].

7.4.3
Komponenten und Systeme für Strahlungssignale

Mikrowandler für die Detektion, Emission oder Modulation von elektromagnetischer Strahlung stehen in einer großen Anzahl von Varianten zu Verfügung. Sie überdecken das Energiespektrum vom infraroten Bereich bis hin zu Röntgenstrahlen. Niedrigenergetische Strahlung wird mittels gekühlter Halbleiterdetektoren mit kleinem Bandabstand gemessen. Die Detektion von Licht mittels Photoleitern und -dioden gehört zu den ältesten Anwendungen von Halbleitermaterialien überhaupt. Hocheffiziente Siliziumsolarzellen nutzen die anisotrope Siliziumstrukturierung für einen verbesserten Lichteinfang. Die ionisierende Wirkung von hochenergetischer Strahlung wird in den Detektoren der Elementarteilchenphysik ausgenutzt. Halbleiter-LEDs (= light emitting diode) und -Laser sind allgegenwärtig.

Die folgenden wenigen Beispiele veranschaulichen den Einsatz verschiedener mikromechanischer Bearbeitungsmethoden in solchen Strahlungsdetektoren. Sie beziehen sich auf die drei Thematiken der Infrarotdetektion mit ungekühlten Sensoren, die Simulation thermischer Szenen sowie Lichtmodulatoren für die Projektionstechnik.

7.4.3.1 Ungekühlte Infrarotdetektoren
Ein neuerer Trend in der Infrarotdetektion ist die Herstellung von zweidimensionalen Arrays. Solche Bauteile werden u. a. in der Gebäudeleittechnik, in der intelligenten Intrusions- und Präsenzdetektion, in ortsaufgelöster Wärmestrahlungsmessung und Feuerdetektion, angewendet. Strahlung thermischen Ursprungs von Objekten mit Temperaturen nahe der Umgebungstemperatur weist hauptsächlich Wellenlängen zwischen 4 und 20 µm auf, mit entsprechenden Energien zwischen 60 meV und 300 meV. Da die direkte Detektion mit Halbleitermaterialien mit kleiner Energielücke eine kryogene Kühlung verlangt, wird im ungekühlten Mikrosystem ein Tandemdetektionsprinzip verwendet: In einem

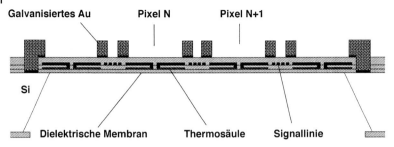

Abb. 7.4-20 Schematischer Querschnitt eines Arrays von thermoelektrischen Infrarotdetektoren, hergestellt in kommerzieller CMOS-Technologie und mittels Au-Galvanik und rückseitiger CMOS-kompatibler KOH-Ätzung. (Mit freundlicher Genehmigung des Laboratoriums für Physikalische Elektronik, ETH Zürich, Schweiz) [Münc97].

ersten Schritt wird die Strahlung durch eine thermisch gut isolierte Struktur absorbiert und verursacht deren Erwärmung. Im zweiten Schritt wird die Temperaturänderung thermoelektrisch oder thermoresistiv bestimmt.

Das folgende Beispiel eines thermoelektrischen Arrays beruht auf einem kommerziellen 1-µm-CMOS-Prozess von EM und veranschaulicht die erwähnte Tandemmethode [Paul98]. In Anbetracht der Anwendung in der Gebäudeleittechnik spielten Kostenüberlegungen eine wichtige Rolle, daher wurde eine Vakuumverpackung schon von Anfang an ausgeschlossen. Folglich kam auch die Oberflächenmikromechanik mit ihren dünnen Spalten und den dadurch bedingten hohen Wärmeverlusten bei Umgebungsdruck nicht in Frage. Der Detektor mit seinen 10×10 Pixeln liegt vollständig auf einer einzigen robusten Membran. Ein schematischer Querschnitt durch das Bauteil ist in Abb. 7.4-20 zu sehen. Die Membran besteht aus allen dielektrischen CMOS-Schichten vom Feldoxid bis zur Passivierung. Sie wurde mit dem CMOS-kompatiblen KOH-Ätzprozess für 6-Zoll-Wafer aus Abschn. 7.2.2.2 gefertigt [Münc97]. Sie wird mechanisch versteift durch ein Gitter aus galvanischen Goldlinien, die ähnlich wie der Verpackungsrahmen des Gasflusssensors weiter oben mit dem Gold-Bumping-Prozess von EM hergestellt wurden. Die Gitterlinien haben eine Höhe von 25 µm und eine Breite von 80 µm. Sie sind auf dem Bulk-Siliziumsubstrat, auf dem auch die Membran aufgespannt ist, verankert. Durch die Goldlinien wird die Membran in einzelne Pixel mit einer strahlungsabsorbierenden Fläche von je 250×250 µm² unterteilt. Jedes Pixel enthält 12 Polysilizium-Aluminium-Thermoelemente, die zwischen die Dielektrika der Membran eingebettet sind. Ihre kalten Kontakte liegen unter den Goldgitterlinien, während die heißen Kontakte im Zentrum der Pixel angeordnet sind. Signallinien sind unter den Goldlinien integriert. Diese wirken zugleich als thermische Trennungslinien zwischen benachbarten Pixeln und als Versteifungsstruktur für die gesamte Membran.

Die Ausgangssignale einzelner Pixel werden durch einen neben der Membran liegenden Multiplexer selektiert und einem hochsensitiven extrem rauscharmen Niedrig-Offset-Verstärker zugeführt. Der Verstärker ist für niedrigfrequente Sig-

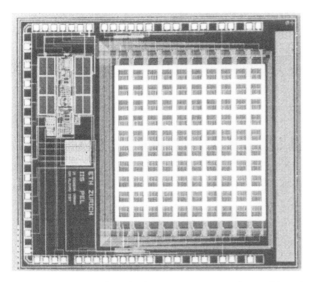

Abb. 7.4-21 CMOS-Infrarotdetektorarray mit 10×10 thermoelektrischen Detektorpixeln, Multiplexer und On-chip-Verstärkerschaltung [Paul98].

nale im Sub-Mikrovolt-Bereich optimiert. Er erreicht bei niedrigen Frequenzen eine eingangsbezogene Rauschleistungsspektraldichte von 13 nV/$\sqrt{\text{Hz}}$, bei einem Offset von 800 nV, einer Verstärkung von 10^4 bei einer Bandbreite von 600 Hz sowie einem Gleichtaktunterdrückungsverhältnis von 135 dB. Die Pixel weisen eine Sensitivität von 4,1 V/W auf. Pixel und Verstärker lösen eine rauschäquivalente Temperaturdifferenz von 320 mK bei einer Bandbreite von 10 Hz auf. Mit einer 12,7 mm großen Fresnel-Linse mit einer Fokallänge von 9,4 mm und einer durchschnittlichen Transmission von 53% ist das Mikrosystem in der Lage, seine Umgebung mit einer Auflösung von ca. 1 K bei einer Bildwiederholrate von 1 Bild/s und einer Winkelauflösung von 2° zu „sehen". Abb. 7.4-21 zeigt den 6,2×5,3 mm² großen Systemchip.

Weitere Infrarotdetektorarrays mit höherer Integrationsdichte beruhen auf Bolometern. Benötigt werden für den zuverlässigen und leistungsstarken Betrieb dieser Systeme allerdings eine Temperaturstabilisierung und eine Vakuumverpackung der Bauteile.

Das Grundelement ist in Abb. 7.4-22 schematisch dargestellt. Es besteht aus einer Absorberplatte mit einem integrierten Thermistor auf zwei Beinen. In einem System von Honeywell wird jedes Pixel über einer SRAM-Zelle (Speicherzelle) auf einem CMOS-Substrat gefertigt. Das Absorbermaterial ist ein PECVD-Siliziumnitrid-Schichtpaket. Vanadiumoxid dient als temperaturabhängiger Widerstand mit einem spektakulär hohen Temperaturkoeffizienten von −2%/K. Die Struktur wurde mittels Oberflächenmikromechanik hergestellt. Arrays mit bis zu 240×336 Pixeln wurden demonstriert. Sie lassen sich mit einer Bildwiederholrate von 60 Hz betreiben [Cole98].

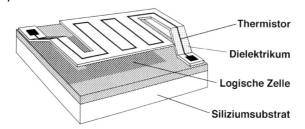

Abb. 7.4-22 Schematische Ansicht eines Mikrobolometers für die Detektion von Infrarotstrahlung (nach [Cole98]).

7.4.3.2 Thermische Szenensimulatoren

Mikrolampen besitzen das Potential, als einzelne Elemente oder lineares Array in miniaturisierten Spektrometern zum Einsatz zu kommen, sowie in zweidimensionalen Arrays für Infrarot-Projektionsanwendungen. Die zweite Anwendung wurde durch Bauteile mit ähnlicher Struktur wie die Infrarotbolometer aus dem vorherigen Abschnitt erschlossen. Der Unterschied zu den Detektoren liegt darin, dass der in den Strahlungsemittern integrierte Widerstand (ein TiN-Mäander) als Heizelement anstatt als Thermistor verwendet wird [Cole95]. In Anbetracht der exzellenten thermischen Isolierung der Struktur, mit einem thermischen Widerstand der einzelnen Pixel in Vakuum von 10^7 K/W, kann das Array bei Pixeltemperaturen bis zu 900 K betrieben werden. Das Array umfasst 512 mal 512 Pixel.

Voll CMOS-fähige thermische Szenensimulatoren [Gait93, Swar93] ohne Bedarf eines Vakuums wurden durch vorderseitige Bulkmikrostrukturierung mit EDP hergestellt, wie in Abschn. 7.2.2 beschrieben. Durch entsprechendes Layout der Masken zur Strukturierung des Feldoxids, des Kontaktoxids, der Zwischenmetallisolierung und der Passivierung sowie durch die vorderseitige Bulkmikrobearbeitung nach Ende des CMOS-Prozesses konnten Mikrobrücken mit integrierten Gate-Polysilizium-Widerständen erzeugt werden. Die Pixel weisen einen thermischen Widerstand von $3{,}7 \times 10^4$ K/W und eine thermische Responszeit von ca. 1 ms auf.

7.4.3.3 Lichtschalter

Von Texas Instruments (TI) wurden eindrucksvolle Lichtschalter entwickelt, welche heute unter den Namen „Digital Micromirror Device" (DMD) und „Digital Light Projection" (DLP) als Komponenten von professionellen Projektionssystemen und Hochleistungsbildschirmen vertrieben werden [Kess98]. Die Arrays setzen sich aus bis zu 1280×1024 verkippbaren Mikrospiegeln zusammen, jeder auf einer CMOS-Speicherzelle (SRAM-Zelle), die in einer 0,8-μm-CMOS-Technologie von TI gefertigt wurde. Wie in Abb. 7.4-23 dargestellt, besteht die einzelne Spiegelstruktur aus drei Niveaus. Das unterste umfasst zwei Landeelektroden zur Verhinderung des elektrostatischen „Sticking" zwischen dem

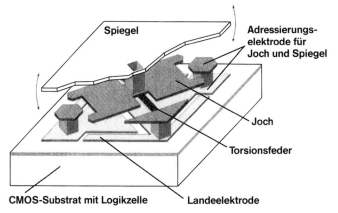

Abb. 7.4-23 Perspektivische Ansicht eines oberflächenmikromechanisch gefertigten Mikrospiegels für die digitale Lichtprojektion. Das Bauteil ist auf einer logischen Adressierungszelle integriert. Unter passenden Speisespannungen verkippt es sich um seine Torsionsfedern in eine von zwei möglichen stabilen Lagen (ein bzw. aus).

ausgelenkten Spiegel und dem Substrat sowie zwei Aktuationselektroden. Das mittlere Niveau umfasst Trägerpfosten für Torsionsfedern und die Adressierungselektroden, mit welchen der bewegliche Teil des Bauteils ausgelenkt wird. Ein Joch, auf welchem das dritte strukturelle Niveau aufgebaut ist, verbindet die beiden Torsionsfedern und weist zwei Paare von Landespitzen auf, durch welche die maximal erreichbare Drehung des Spiegels von ca. $\pm 15°$ definiert wird. Das dritte Niveau besteht wieder aus einem Pfosten und der Spiegelfläche. Jeder Spiegelstapel besitzt eine horizontale Ausdehnung von $16 \times 16 \,\mu m^2$ und eine geschätzte Höhe von 6 μm im unausgelenkten Zustand. Während des Betriebs werden die Spiegel passend zwischen den beiden voll ausgelenkten Lagen, entsprechend dem Ein- und Aus-Zustand des Lichtschalters, hin- und hergeschaltet. Im Ein-Zustand wird Licht aus einer lokalisierten Lichtquelle in die Projektionsoptik und durch diese auf die Projektionsfläche geworfen: Ein heller Lichtfleck erscheint. Im Aus-Zustand wird das Licht in eine Lichtsenke projiziert, so dass der dem Spiegel entsprechende Fleck auf der Projektionsfläche dunkel bleibt. Die Lage jedes Mikrospiegels wird so rasch aktualisiert, dass eine Projektion mit 80 Bildern pro Sekunde in drei Farben und mit einer Helligkeitsabstufung von 8 Bit erreicht wird.

Die Auslenkung des Spiegels wird durch Anlegen einer Spannung von 30 V zwischen Spiegel und beiden Aktuationselektroden erreicht. Der Spiegel würde sich dabei in die eine oder andere Richtung verkippen, bis ein Landespitzenpaar auf der entsprechenden Landeelektrode aufliegt. Welche Richtung gewählt wird, hängt vom Anlegen einer kleinen Biasspannung an einer der beiden Adressierungselektroden ab. Sobald der Spiegel verkippt ist, bleibt seine Lage stabil unter der Aktuationsspannung, auch wenn währenddessen die Adressierungselektroden auf die nächste Verkippung, auch jene in entgegengesetzter Richtung, vorbereitet werden. Der nächste Bildzustand des gesamten Arrays kann somit vorbereitet und schließlich durch einmaliges Aus- und Einschalten der 30-V-Spannung eingestellt werden.

Die Herstellung des Bauteils beruht auf Opferpolymer-Mikromechanik und Aluminium-Metallisierungen. Auf die CMOS-Herstellung des SRAMs folgen die Abscheidung und Strukturierung der Bodenelektroden. Danach wird ein Polymer auf den Wafer aufgeschleudert, wodurch die CMOS/Elektroden-Topographie planarisiert wird. Das Polymer wird an den Orten der gewünschten Pfosten des zweiten strukturellen Niveaus geöffnet. Torsionsfedern, Trägerpfosten und Joch werden dann in einer zweistufigen Metallisierung geformt. Die Torsionsfedern weisen eine Dicke von 60 nm und eine tensile Vorspannung auf, aufgrund derer sich ihre Federwirkung entfalten kann. Die Pfosten und das Joch sind robuster aufgebaut. Ein zweite Polymerschicht wird nun aufgeschleudert und so strukturiert, dass die Spiegelpfosten im Zentrum des Jochs entstehen können. Ein letzte Metallisierung mit Spiegelqualität, Strukturierung und anschließende Veraschung des Polymers in Sauerstoffplasma schließen den Prozess im Wesentlichen ab. Testprozeduren und Verpackungsmethoden sind in der Fachliteratur ausführlich beschrieben [Kess98].

Lichtmodulatoren aus verformbaren Beugungsgittern sind einfachere Strukturen, um Licht an- und auszuschalten [Bloo97]. Das Prinzip dieser Strukturen ist in Abb. 7.4-24 dargestellt. Eine Anordnung paralleler dünner Balken stellt die zentrale Komponente des Bauteils dar. Die Balken bestehen aus LPCVD-Nitrid mit einer Aluminiumbeschichtung in optischer Qualität. Die Balken sind an ihren beiden Enden eingespannt, werden durch Oberflächenmikromechanik freigeätzt und lassen sich elektrostatisch auf das Substrat herabziehen. In ihrer Gleichgewichtslage sitzt die Oberfläche der Balken eine Distanz von $\lambda/2$ über der reflektierenden Substratoberfläche. Die Struktur wirkt wie ein Spiegel, da die partiellen Wellen von den Balken und den dazwischenliegenden Substratbereichen konstruktiv interferieren. Im ausgelenkten Zustand wird die Distanz auf $\lambda/4$ verringert, so dass die Balken als Phasenbeugungsgitter wirken und das

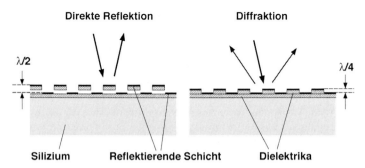

Abb. 7.4-24 Oberflächenmikromechanischer reflektiver/diffraktiver digitaler Mikrospiegel für Projektionsanwendungen.

Abb. 7.4-25 Photo eines Arrays von Torsionsmikrospiegeln. Die einzelnen Pixel werden elektrostatisch aus ihrer Ruhelage ausgelenkt.
(Mit freundlicher Genehmigung des Zentrums für Microtechniken (ZfM) der Technischen Universität Chemnitz-Zwickau, Deutschland).

Licht aus der direkten Reflexionsrichtung entfernen. Durch passende Wahl der Gitterperiode lassen sich verschiedene Farben aus einer weißen Quelle in eine Projektionsoptik werfen. Pixel mit Größen bis hinunter zu $25 \times 25\ \mu m^2$ wurden demonstriert.

Eine dritte Methode zur Lichtmodulation unter mehreren weiteren beruht auf Torsionsspiegeln wie jenem in Abb. 7.4-25 [Krän98]. Die dargestellten Spiegel sind elastisch auf Torsionsstäben aus Silizium aufgehängt und lassen sich individuell aus ihrer horizontalen Gleichgewichtslage verkippen. In der vorliegenden Anordnung haben die Spiegel eine Abmessung von $3 \times 3\ mm^2$ und einen maximalen Auslenkungswinkel von $\pm 18°$. Die Spiegel wurden mit Silizium-Bulkmikromechanik gefertigt und zur Verbesserung ihres Reflexionsvermögens mit Aluminium beschichtet. Sie werden elektrostatisch ausgelenkt. In Anbetracht der hohen Kriechfestigkeit von einkristallinem Silizium sind für diese Bauteile hohe Lebensdauern zu erwarten.

7.4.4
Magnetische Bauteile und Systeme

Magnetische Sensoren auf der Basis von Silizium nutzen eine ganze Palette von galvanomagnetischen Effekten. Der am besten bekannte ist der 1879 entdeckte Hall-Effekt. Dieser beschreibt das Auftreten eines zur Strom- und Magnetfeldrichtung senkrechten elektrischen Feldes in einer stromdurchflossenen Probe. Das Feld lässt sich in einer in Bipolar- oder CMOS-Technologie hergestellten Hall-Platte der klassischen Geometrie direkt messen. Alternativ kann die Messung auch indirekt über verschiedene Mechanismen der Ladungsträgerablenkung, -konzentration und -modulation erfolgen, z. B. in Bauteilen mit aufgespaltenen Elektroden, magnetischen Feldeffekttransistoren, horizontalen und vertikalen Magnetotransistoren und Stromdomänenbauteilen. Ausführliche Beschreibungen dieser fortschrittlichen Bauteile liegen in [Popo91, Balt94] vor.

In Anbetracht seiner niedrigen Ladungsträgerbeweglichkeit eignet sich Silizium nicht optimal für die Magnetsensorik. Trotzdem erweist sich die Verfügbar-

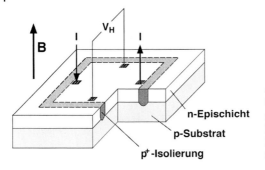

Abb. 7.4-26 Konventionelle Hall-Platte in IC-Technologie mit Epischicht und p⁺-Isolationswänden. Das Bauteil misst die zur Chipfläche senkrechte Komponente der magnetischen Induktion.

keit von kommerziellen Fabrikationstechnologien bei weniger anspruchsvollen Anwendungen als vorteilhaft. Magnetische Halbleitersensoren zeigen temperatur- und spannungsabhängige Offsets und Sensitivitäten. Mit Silizium als Substratmaterial lassen sich diese Effekte zumindest teilweise durch On-chip-Schaltungen kompensieren. Firmen wie Honeywell, Siemens, Micronas AG und Texas Instruments erzeugen und vertreiben Hall-Bauteile mit kointegrierten Verstärker- und Stabilisierungsschaltungen.

Je nach Aufbau messen Hall-Sensoren die zur Chipfläche senkrechte oder horizontale Komponente des Magnetfelds. Eine konventionelle Hall-Platte in Bipolar-Technologie ist in Abb. 7.4-26 schematisch dargestellt. Sie besteht aus einer seitlich durch p⁺-Bereiche isolierten n-dotierten Epischicht auf einem p-Substrat, mit vier n⁺-Kontakten, welche durch die Emitter-Kollektor-Kontaktdiffusion des IC-Prozesses realisiert wurden. Diese Kontakte stellen zwei Stromkontakte für die Injektion bzw. Extraktion des Probenstroms I sowie zwei Seitenkontakte zur Messung der zum Magnetfeld proportionalen Hall-Spannung dar. In Abwesenheit eines externen Magnetfelds ist der Stromfluss in der Platte symmetrisch und es wird keine Hall-Spannung gemessen. Unter der auf die Ladungsträger wirkenden Lorentz-Kraft verkippt eine magnetische Induktion B die Äquipotentiallinien um den Hall-Winkel θ_H. Dadurch tritt an den Hall-Kontakten eine Spannung $V_H = GIBr_n/qnt$ auf, mit dem Geometriefaktor $G < 1$, dem Streufaktor r_n, der Ladungsträgerkonzentration n und der Hall-Plattendicke t [Balt94].

Eine interessante vertikale Hall-Platte für die Detektion von Magnetfeldkomponenten in der Chipebene ist in Abb. 7.4-27 schematisch dargestellt [Stei99]. Sie verwendet eine moderne IC-Grabenätztechnik zur Definition einer vertikalen Platte mit hohem Aspektverhältnis, welche durch zwei parallele Gräben definiert wird. Die Platte besitzt fünf Kontakte, drei davon auf der Platte selbst und zwei weitere daneben. Die externen Kontakte verschaffen den Zugang zur Spannung auf der Unterseite der Platte, während der mittlere Kontakt die Spannung auf der Oberseite misst. Die beiden äußeren Kontakte auf der Platte sind die Stromkontakte. Bei $B = 0$ T, stimmen die Lagen des mittleren und der seitlichen Kontakte mit derselben Äquipotentiallinie überein. In einem zur Platte senkrechten Magnetfeld werden die Äquipotentiallinien wieder verkippt und es entsteht eine Hall-Spannung V_H zwischen den Hall-Kontakten.

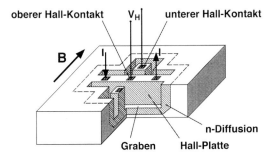

Abb. 7.4-27 Vertikale Hall-Platte in CMOS-Technologie mit tiefer Trenngrabenätzung. Eine Komponente der magnetischen Induktion in der Chipebene wird gemessen [Stei99].

Trotz ihres einfachen Aufbaus und ihrer prinzipiell einfachen Funktionsweise sind Magnetfeldsensoren physikalisch anspruchsvolle Bauteile, insbesondere, wenn kleine Felder gemessen werden sollen. Geometrische, mechanische, thermische sowie weitere, subtile galvanische Effekte tragen zu Querempfindlichkeiten bei, welche die Auflösung der Bauteile nach unten begrenzen und bisher die Entwicklung eines vollelektronischen Kompasses auf Siliziumbasis vereitelt haben [Ruth02, Ruth03a].

7.4.5
Chemische Mikrosensoren

Die Detektion chemischer Spezies in Gasen oder Flüssigkeit besitzt Anwendungen u. a. in der Prozesskontrolle der chemischen Industrie und der Lebensmittelindustrie, in der Umweltkontrolle sowie in der klinischen Diagnostik und der Patientenüberwachung. Meistens besteht der erste Schritt der Detektion in der Adsorption der chemischen Verbindung auf der Oberfläche des Bauteils oder in der Absorption in sein Volumen. Mehrere Sensoreffekte erlauben die Quantifizierung der sorbierten Spezies. So lassen sich Massenänderungen als Änderung der Resonanzfrequenz des Bauteils bestimmen. Reaktionsenthalpien führen zu einer direkt messbaren Wärmetönung, die direkt auf thermisch isolierten Mikrostrukturen oder über thermomechanische Effekte festgestellt werden kann [Lang99].

Eine direktere Umwandlung der chemischen Konzentration in ein elektrisches Signal wird mit modifizierten Feldeffekttransistoren (FET) erreicht. Diese Bauteile werden unter dem Namen CHEMFET (chemischer FET) zusammengefasst und gehörten zu den ersten Mikrosensoren überhaupt. Je nach Anwendung für die Detektion von Ionen in Lösung oder in Gasen werden auch die Namen ISFET (ion sensitive FET), GASFET (gas sensitive FET) und ADFET (adsorption FET) verwendet.

Die Hauptanwendung von ISFETs ist die *pH*-Messung [Berg90]. Das übliche Gatematerial der FETs wird hier durch die Flüssigkeit mit den zu detektierenden Ionen ersetzt. Wie in Abb. 7.4-28 dargestellt, reduziert sich der FET auf einen Halbleiter-Dielektrikum-Flüssigkeits-Übergang. Als Gatedielektrikum wird oft Siliziumoxid mit einem Schutz aus dem chemisch robusteren Siliziumnitrid

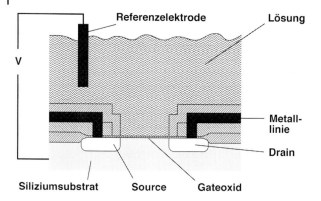

Abb. 7.4-28 Schematischer Querschnitt durch einen ISFET.

und anderen Metalloxiden verwendet. Wird das Bauteil einer Flüssigkeit ausgesetzt, lagern sich Ionen am Gatedielektrikum unter Bildung einer Helmholtz-Doppelschicht (siehe Kap. 3) ab, mit einer entsprechenden Potentialdifferenz ψ_H. In alkalischen Lösungen werden vor allem OH$^-$-Ionen adsorbiert, während sich Protonen aus Säuren anlagern. Um das Potential der Flüssigkeit zu definieren, werden die Source, der Drain und der Substratbereich des ISFETs bezüglich einer Referenzelektrode in der Lösung auf wohldefinierte Potentiale gelegt. Durch Variation der Vorspannungen wird der Kanal ein- und ausgeschaltet, wie jener eines konventionellen FETs. Der Hauptunterschied ist die Doppelschicht. Die zum Schalten des Kanals notwendige Schwellenspannung ist $V_T(pH) = V_{T,0} + \psi_H(pH) + V_{Ref}$, mit dem elektrochemischen Potential V_{Ref} zwischen Referenzelektrode und Flüssigkeit und der Schwellenspannung $V_{T,0}$ ohne Doppelschicht. Das Potential ψ_H hängt mit pH über eine Beziehung der Form $\psi_H = (CkT/q) \times (pH - pH_0)$ zusammen, worin die Konstante C die chemische Aktivität der chemischen Spezies auf der Gateoberfläche beschreibt und pH_0 den pH-Wert, bei dem keine Doppelschicht auftritt, bezeichnet. Für SiO$_2$ gilt $C = 2{,}303$. Im Prinzip hängt somit die Schwellenspannung des FETs linear vom pH-Wert ab.

ISFETs bieten mehrere technologische Herausforderungen. Erstens ist die Herstellung von Gatedielektrika, die als zuverlässige Barriere für die gelösten Spezies wirken und zugleich die nötige chemische Aktivität aufweisen, ohne aufgelöst zu werden, ein anspruchsvolles Unterfangen. Zweitens erweisen sich die Schrumpfung makroskopischer Elektrodenkonzepte in die Mikrometerskala sowie ihre Integration auf ISFET-Chips als schwierig. Auf Grund dieser Aspekte und weiterer Probleme haben ISFET die Tendenz zu driften. Eine periodische Rekalibrierung ist daher notwendig.

Das Hauptbeispiel für GASFETs ist der Palladiumgate-Wasserstoffsensor [Lund75]. Seine Struktur ähnelt jener von konventionellen FETs mehr als jener von ISFETs, wie Abb. 7.4-29 schematisch darstellt. Anstatt des Gatematerials Polysilizium wird Palladium (Pd) auf Siliziumoxid verwendet. Pd ist in der La-

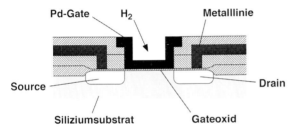

Abb. 7.4-29 Schematischer Querschnitt durch einen GASFET.

ge, große Menge an Wasserstoff aufzunehmen. Wird das Bauteil einer H_2-haltigen Atmosphäre ausgesetzt, diffundieren Wasserstoffatome zur Gateoxid-Pd-Grenzfläche und bilden dort eine Dipolschicht, welche wiederum eine Verschiebung ΔV_T der Schwellenspannung verursacht. Ähnliche Bauteile mit Sensitivität gegenüber CO [Dobo85] und CCl_4 [Lund81] wurden demonstriert. Manche der Sensoren besitzen Gates mit Poren zur verbesserten Weiterreichung der Spezies an die Gateoxid-Pd-Grenzfläche. Eine gatelose Variante des ISFET mit einem genügend dünnen Gatedielektrikum (5 nm) kann auch in Luft betrieben werden. Polare Moleküle adsorbieren an der Oberfläche des Gateoxids und führen zu einem in die Kanalregion des FETs eindringenden elektrischen Feld. Dieses verursacht wieder eine Schwellenspannungsverschiebung. Solche Bauteile werden bevorzugt als ADFETs bezeichnet. Sensitivitäten gegenüber NO, NO_2, SO_2 und HCl wurden u.a. nachgewiesen [Cox74].

Wie ISFETs leiden auch GASFETs und ADFETs unter Drift. Langzeitstabilität ist somit ein Thema. Andere zu berücksichtigende Aspekte betreffen die Quersensitivität der sorptionsbasierten chemischen Sensoren gegenüber anderen Spezies als der gewünschten. In den meisten Bauteilen wird eine höhere Selektivität nur durch einen langsameren Respons erkauft.

In neuerer Zeit kommen in der mikrosystemtechnischen Chemosensorik auch vermehrt so genannte Hotplates zum Einsatz. Es handelt sich hierbei um Brücken- oder Membranstrukturen, deren Zentrum von ihrer Aufhängung thermisch gut isoliert ist [Ruth03b]. Heizwendel oder andere Wärme generierende Komponenten im zentralen Bereich lassen die Aufheizung der Struktur um bis zu 900 K über die Umgebungstemperatur zu [Ehma02].

Ein faszinierender, integrierter Chemosensor wurde in kommerzieller CMOS-Technologie gefertigt [Graf04]. Er trägt auf einer Membran aus den CMOS-Dielektrika mit einer elektrochemisch geätzten Siliziuminsel eine SnO_2-Schicht. Diese ermöglicht die Messung von Umweltgasen wie CO und CH_4 bei Temperaturen von etwa 300 °C.

7.4.5.1 Mikrofluidische Komponenten und Systeme

Ein moderner Trend in mikrofluidischen Systemen ist die Kombination von Ventilen, Pumpen, Durchflusssensoren, Mischern, Zellen für optische, chemische, elektrische und elektrochemisch Analyse und weiterer Komponenten zu kompakten, am besten handflächengroßen Instrumenten. Derartige Systeme werden üblicherweise als „Micro Total Analysis System" (µTAS) oder Lab-on-Chip bezeichnet. Beispiele umfassen u. a. Blutanalysesysteme, Systeme zum chemischen Screening in der Pharmakologie sowie automatisierte DNA-Analysegeräte. Die Silizium-Mikromechanik spielt bei der Entwicklung von einigen der Komponenten für diese Geräte eine wichtige Rolle. In Anbetracht der ehrgeizigen Ziele von µTAS ist es allerdings auch klar, dass zahlreiche weitere Techniken für ihre Realisierung notwendig sind.

Abb. 7.4-30 veranschaulicht das Prinzip eines Mikroventils bestehend aus zwei strukturellen Siliziumlagen auf einer Basisplatte. Die obere Siliziumlage umfasst den Aktor mit einer anisotrop geätzten Membran mit Mesastruktur. Ein Metallfilm mit einem zum Silizium unterschiedlichen Ausdehnungskoeffizienten ist darauf abgeschieden. Der Aktor lässt sich thermomechanisch vertikal verschieben. Alternative Aktormechanismen, die in ähnlichen Bauteilen zum Einsatz kommen, sind die elektrostatische Anregung und piezoelektrische Aktorik. Das untere Siliziumniveau ist beidseitig anisotrop strukturiert und fungiert als Ventilsitz. Die in Abb. 7.4-30 gezeigte Ventilstruktur wird durch Erwärmen der Aktormembran und den dadurch nutzbaren Bimorpheffekt im Silizium-Metall-Materialpaket ausgelenkt. Abb. 7.4-31 zeigt einen Querschnitt durch ein fertiges Bauteil. Gase und Flüssigkeiten werden bis zu Druckdifferenzen von 1 bar zuverlässig geschaltet.

Ein zweites Ventilprinzip nutzt einen thermopneumatischen Effekt. Eine entsprechende Struktur ist in Abb. 7.4-32 schematisch dargestellt [Zdeb94]. Solche Bauteile wurden durch anodisches Bonden von Pyrex-Silizium-Pyrex-Strukturen gefertigt, mit einer anisotrop strukturierten Siliziumlage. Das Volumen der dadurch definierten Kavität ist mit einer Flüssigkeit gefüllt. Eine Leistungsfreisetzung in einem Heizwiderstand auf der Oberfläche des oberen Pyrexniveaus lässt die Flüssigkeit lokal verdampfen. Dadurch erhöht sich der Druck in der Kavität, was wiederum zu einer Auslenkung der Siliziummembran des Siliziumniveaus in Richtung Ventilsitz auf dem unteren Pyrexniveau führt. Der flui-

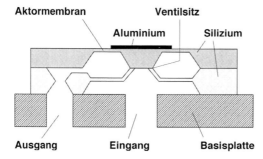

Abb. 7.4-30 Schematischer Querschnitt durch ein Mikroventil mit Bimorph-Aktorik. Durch Aufheizen der Siliziummembran des oberen Siliziumniveaus wird die Mesa vom Ventilsitz abgehoben und öffnet das Ventil. (Mit freundlicher Genehmigung des Instituts für Mikro- und Informationstechnik HSG-IMIT, Villingen-Schwenningen, Deutschland).

7.4 Mikrowandler und -systeme in Siliziumtechnologie

Abb. 7.4-31 Querschnitt des in Abb. 7.4-30 schematisch dargestellten Mikroventils. Alle Komponenten inklusive Aluminiumschicht, Membran, Mesa, und Ventilsitz sind deutlich sichtbar. (Mit freundlicher Genehmigung des Instituts für Mikro- und Informationstechnik HSG-IMIT, Villingen-Schwenningen, Deutschland).

dische Pfad zwischen Eingang und Ausgang wird dabei unterbrochen und das Ventil ist geschlossen. Redwood Microsystems Inc (Menlo Park, USA) hat diese Bauteile unter dem Namen „Fluistor" entwickelt.

Eine weitere wichtige Komponente fluidischer Mikrosysteme sind Mikropumpen. Es erstaunt nicht, dass die erfolgreichsten Mikropumpen auf Siliziumbasis Membranpumpen und nicht etwa reibungsgeplagte Rotationspumpen sind. Ein Beispiel ist in Abb. 7.4-33 gezeigt. Das Bauteil wird elektrostatisch angetrieben und besteht aus vier anisotrop geätzten Siliziumlagen. Die unteren beiden Lagen bilden elastische Ventile zur Ansaugung der Flüssigkeit aus dem Eingang in die Pumpenkammer und ihre anschließende Verdrängung in den Ausgang. Ansaug-Verdrängungs-Zyklen werden durch eine zeitabhängige Spannung zwischen den Niveaus drei und vier angetrieben. Durch die Wechselspannung ergibt sich eine periodische Kontraktion und Expansion der Pumpenkammer. Interessanterweise wirkt die Pumpe bidirektional [Zeng95]. Bei niedrigen Frequenzen entspricht ihr Betrieb den Erwartungen und die Flüssigkeit wird von links nach rechts (Abb. 7.4-33) transportiert. Im Gegensatz dazu erfolgt die

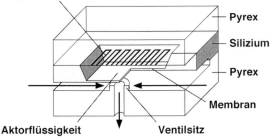

Abb. 7.4-32 Schematische Darstellung eines thermopneumatischen Mikroventils, bestehend aus zwei Pyrexlagen und einer anisotrop geätzten Siliziumlage. Bei Beheizung dehnt sich die Aktorflüssigkeit aus und zwingt der Membran eine Abwärtsbewegung auf den Ventilsitz auf [Zdeb94].

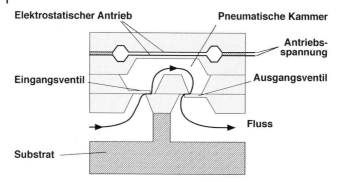

Abb. 7.4-33 Schematischer Querschnitt durch eine elektrostatisch angetriebene bidirektionale Mikropumpe [Zeng95]. Bei tiefen Frequenzen wird Flüssigkeit von links nach rechts gepumpt, bei höheren Frequenzen in umgekehrter Richtung.

Förderung bei Frequenzen ab 3 kHz in umgekehrter Richtung. Der Grund hierfür liegt in der Phasenverschiebung zwischen Membran- und Ventilbewegung, verursacht durch die Trägheit des Fluids und der mechanischen Komponenten [Ulri96].

7.4.6
Mikromechanische Bauteile für die Signalverarbeitung

Die Herstellung von Komponenten mit rein elektrischer Funktion profitiert ebenso von den Vorteilen der Mikromechanik. Drei Beispiele zur Illustration (1) der Filterung elektrischer Signale, (2) des Einsatzes von Induktoren mit hoher Güte Q und (3) der Trennung der digitalen und analogen Komponenten auf demselben Chip durch Silizium-Bulk-Mikromechanik werden im Folgenden beschrieben.

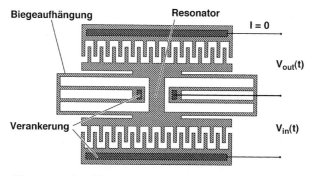

Abb. 7.4-34 Mikroelektromechanischer elektronischer Filter aus zwei Interdigitalelektrodenstrukturen und einer beweglichen Resonanzmasse [Nguy93].

Ein mikroelektromechanischer, elektronischer Filter ist in Abb. 7.4-34 dargestellt. Ähnlich in seiner Struktur zu den Beschleunigungssensoren auf Kammelektrodenbasis kann er z. B. durch Polysilizium-Oberflächenmikromechanik oder DRIE von einkristallinem Silizium hergestellt werden [Nguy98]. Wird ein Signal am unteren Paar von Interdigitalelektroden angelegt, so wird der zentrale Teil inklusive Resonatorkörper, gefalteter Arme und mobiler Hälften der Interdigitalelektroden zur Resonanz bei der Frequenz f_R angeregt. Dies geschieht vor allem durch Eingangssignalkomponenten im Frequenzbereich $f_R \pm f_R/Q$. Die Amplitude der Schwingung ist zur Amplitude dieser Komponenten proportional. Der obere Teil der Interdigitalstruktur übersetzt die Bewegung in ein elektrisches Wechselsignal, welches in seiner Amplitude den mechanisch herausgefilterten Komponenten des Eingangssignals entspricht. Resonanzfrequenzen zwischen 20 kHz und 8,5 MHz und Q-Faktoren höher als 8×10^4 wurden an einfachen Strukturen wie der in Abb. 7.4-34 gezeigten im Vakuum gemessen. Mit komplexeren Strukturen wurde aber auch schon bis in den GHz-Bereich vorgestoßen [Wang04].

Mit mikromechanischen Methoden ist es auch möglich, die Verluste in integrierten Induktivitäten zu reduzieren. Solche passiven Elemente sind für kostengünstige, integrierte GHz-Elektronik höchst erwünscht. Wenn Induktoren on-chip in Standard-CMOS-Technologie gefertigt werden, z. B. aus den verfügbaren Metalllagen, verschlechtern induzierte Kreisströme im Siliziumsubstrat den Q-Faktor der Resonatoren, die mit den Induktivitäten realisiert werden, auf inakzeptabel tiefe Werte. Eine einfache Lösung besteht in der lokalen Entfernung des Siliziums unter den Induktivitäten durch CMOS-kompatible Bulk-Mikromechanik. Die Induktivität besteht dann z. B. aus einer spulenförmigen Struktur aus den CMOS-Metallen zwischen CMOS-Dielektrika. Die Spule ist über einer mikrostrukturierten Kavität aufgehängt, wenn eine vorderseitige Mikrobearbeitung gewählt wurde. Alternativ können auch seitlich aufgespannte Membranen aus CMOS-Dielektrika mit integrierten Metallspulen durch rückseitiges Siliziumätzen gefertigt werden. Gütezahlen bis zu 20 wurden bei Oszillatorfrequenzen bis in den GHz-Bereich hinein nachgewiesen [Mila97].

Im letzten Beispiel wird das unerwünschte Übersprechen zwischen digitalen und analogen Schaltungsbereichen auf einem gemeinsamen Siliziumsubstrat durch Anwendung von Mikromechanik unterdrückt, wie in Abb. 7.4-35 schematisch dargestellt [Base95]. Durch entsprechendes Layout werden die analogen

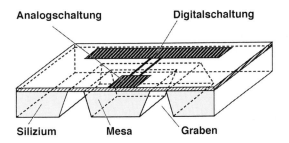

Abb. 7.4-35 Verwendung von „bulk"-mikromechanischer Strukturierung zur Unterdrückung des Übersprechens zwischen digitalen und analogen Schaltungsblöcken auf demselben Chip.

Schaltungskomponenten im Zentrum des Chips zusammengedrängt und sind von digitalen Blöcken umgeben. Durch eine rückseitige Siliziumätzung wird ein rechteckiger Graben ins Substrat geätzt. Alle analogen Teile kommen dadurch auf einer Insel zu liegen und sind mit den digitalen Blöcken auf dem Siliziumfestland elektrisch nur noch über die Signal- und Versorgungslinien verbunden. Die sonst so störende Signalkopplung über das Substrat fällt weg [Base95, Müll98].

7.5
Zusammenfassung und Ausblick

Die Silizium-Mikromechanik eröffnet atemberaubende Perspektiven. Der kommerzielle Erfolg zahlreicher mikrosystemtechnischer Massenprodukte – die meisten davon in Siliziumtechnologie gefertigt – ist hierfür der schlagende Beweis. Zugegebenermaßen hat die Silizium-Mikromechanik aber auch ihre Grenzen. Insbesondere die Verwendung von verfügbaren, kommerziellen IC-Technologien für die Zwecke der Mikrosystemtechnik führt zu starken Einschränkungen. In diesem Fall sind die Materialzusammensetzungen, -geometrien und -eigenschaften vordefiniert und zwingen den Ingenieur zur Kreativität in der Gestaltung neuer, sinnvoller zweidimensionaler Maskenlayouts. Das Fehlen von hocheffizienten Aktoreffekten, von piezoelektrischen, pyroelektrischen und ferromagnetischen Materialien sowie einer vernünftigen optischen Aktivität erfordert die oft kostspielige Integration von Nichtstandardmaterialien und -komponenten.

Hinzu kommt, dass der ursprüngliche Antrieb, nämlich die Miniaturisierung um jeden Preis, etwas von seiner Intensität verloren hat und die Miniaturisierung nicht mehr das primäre Ziel der siliziumbasierten Mikromechanik ist. Wie das Beispiel der elektrostatischen Mikromotoren gezeigt hat, können sich die Skalierungsgesetze bei einigen Effekten durchaus auch ungünstig auf den Betrieb von Mikrostrukturen auswirken.

Dennoch sind die Perspektiven der siliziumbasierten Mikrosysteme exzellent. Tatsächlich haben sie schon eine starke Position auf dem Sensormarkt erobert, nicht zuletzt durch Druck-, Beschleunigungs- und Drehratensensoren, aber auch durch Tintenstrahldrucker-Komponenten und die Digital-Light-Projection-Technologie. Diese Beispiele betreffen Massenmärkte. Weitere Erfolgsgeschichten von kleineren und mittleren Unternehmen in der Entwicklung, Vermarktung und Anwendung mikrosystemtechnischer Produkte sind zahlreich und haben die Position der Mikrosystemtechnik in der Technikentwicklung so weit konsolidiert, dass mikrosystemtechnische Ansätze heutzutage oft schon als Standard betrachtet werden.

Dennoch ist noch viel zu erreichen. Komplexe Systeme, wie Mikrowandlerarrays, Kombinationen verschiedenster Sensoren in einem System und Sensornetze, stellen nach wie vor große Herausforderungen dar. So werden Sensoren und Aktoren mit räumlicher Auflösung, elektronische Nasen, Zungen, Gehörkanäle, Netzhäute und die intelligente Haut die siliziumbasierte Mikrosystemtechnik noch lange Zeit herausfordern und beschäftigen.

8
LIGA-Verfahren

8.1
Überblick

Auch das LIGA-Verfahren nutzt einzelne Technologien der Mikroelektronik. Gegenüber der Silizium-Mikrotechnik besitzt es jedoch einige wesentliche technologische Unterschiede, die in der folgenden Beschreibung des Verfahrens deutlich werden.

Die Entwicklungsarbeiten zum LIGA-Verfahren begannen Ende der 70er Jahre im Kernforschungszentrum Karlsruhe (KfK), um im Rahmen der Uran-Isotropentrennung nach dem so genannten Trenndüsenverfahren sehr kleine, schlitzförmige Düsen beliebiger lateraler Gestalt kostengünstig herstellen zu können [Beck82, Beck86]. Die Nutzung des Verfahrens ist jedoch nicht auf diese Anwendung beschränkt. Das Verfahren eignet sich auch für die Herstellung anderer Mikrostrukturen (vgl. Abschn. 8.8) für vielfältige Anwendungsgebiete, wie z. B. in der allgemeinen Mess- und Regeltechnik, der Kommunikationstechnik, der Automobiltechnik oder der Medizintechnik [Ehrf87].

Schematisch ist die Herstellung einer Mikrostruktur nach dem LIGA-Verfahren in Abb. 8.1-1 dargestellt.

Die wesentlichen Prozessschritte sind die Röntgentiefenlithographie mit Synchrotronstrahlung, die Galvanoformung von Metallen und die Abformung von Kunststoffen. Diese Prozessschritte haben dem Verfahren den Namen **LIGA** gegeben; **LI** für Röntgentiefen**li**thographie, **G** für **G**alvanoformung und **A** für **A**bformung.

Im ersten Schritt der Röntgentiefenlithographie wird eine mehrere hundert Mikrometer dicke Kunststoffschicht, die im Falle einer anschließenden Galvanik auf einer metallischen Grundplatte oder einer isolierenden Platte mit elektrisch leitender Deckschicht aufgebracht ist, als Substrat eingesetzt. Der röntgenempfindliche Kunststoff wird beispielsweise direkt auf die Grundplatte aufpolymerisiert oder als Kunststoffplatte mit einem röntgenempfindlichen Kleber aufgeklebt. Überwiegend wird als Röntgenresist PMMA (Polymethylmethacrylat) verwendet. Vereinzelt kommen auch chemisch verstärkende, röntgenempfindliche Negativresists [Sche96] oder auf Epoxydharz beruhende Resistmaterialien (z. B. Epon SU-8) zum Einsatz [Shew03]. Ein Absorbermuster einer Maske wird mit

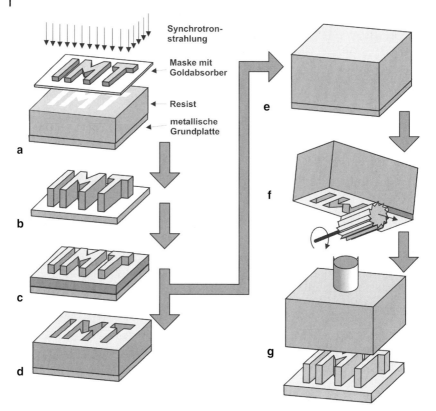

Abb. 8.1-1 Die wesentlichen Prozessschritte des LIGA-Verfahrens:
a) Röntgentiefenlithographie mit Synchrotronstrahlung,
b) Entwicklung des bestrahlten Resists,
c) Metallabscheidung durch Galvanik in den entwickelten Bereichen,
d) Strippen des Resists aus der bis unter die Oberfläche des Resists galvanisierten Metallform,
e) Übergalvanisieren der Resiststruktur zu einem massiven Metallkörper,
f) mechanisches Entfernen der Grundplatte zur Herstellung des Formwerkzeuges und anschließendes Entfernen des Resists,
g) Abformen (Prägen) in ein Thermoplast mit dem in f) hergestellten Formwerkzeug.

Hilfe sehr paralleler und energiereicher Synchrotronstrahlung mit einer charakteristischen Wellenlänge zwischen ca. 0,2 und 0,6 nm in die dicke Kunststoffschicht übertragen.

Die durch die Maske hindurchtretende Röntgenstrahlung wird im Resist absorbiert und führt zu einer chemischen Modifikation. Für den Fall von PMMA ändert sich aufgrund von Brüchen in den langen Molekülketten die chemische Beständigkeit, so dass sich diese Bereiche mit einem geeigneten Entwickler herauslösen lassen. Durch mikrogalvanische Verfahren kann eine Komplementärstruktur aus der nach dem Entwicklungsprozess vorhandenen Resiststruktur in Metall, wie etwa Kupfer, Nickel, Nickellegierungen oder Gold, aufgebaut werden, indem das Metall in die Zwischenräume des elektrisch nicht leitenden Resists abgeschieden wird. Dabei startet die Metallabscheidung auf der elektrisch leitfähigen Grundplatte. Mit der so hergestellten Metallstruktur können dann im Spritzguss, Reaktionsharzguss oder durch Prägeverfahren fast beliebig viele Kopien aus Kunststoff mit hoher Detailtreue und mit relativ geringen Kosten hergestellt werden [Nöke92]. Auch diese Kunststoffstrukturen können nach Aufbringen einer Metallisierungsschicht wieder galvanisch mit Metall aufgefüllt werden oder dienen als „verlorene Formen" für die Herstellung von keramischen Mikrostrukturen.

Im Folgenden werden die einzelnen Schritte des LIGA-Verfahrens – in der Reihenfolge des Prozessablaufs – genauer beschrieben. Im ersten Prozessschritt, der Röntgentiefenlithographie, welche die Qualität der in den folgenden Schritten herzustellenden Mikrostrukturen bestimmt, werden an die notwendigen Röntgenmasken besonders hohe Anforderungen gestellt. Daher wird zuerst auf die Herstellung von geeigneten Masken eingegangen, bevor die Röntgentiefenlithographie, die Galvanoformung und die Abformtechniken behandelt werden.

8.2 Maskenherstellung

8.2.1 Prinzipieller Aufbau einer Maske

Eine für das LIGA-Verfahren einsetzbare Maske besteht aus dem Absorber, der Trägerfolie und dem Maskenrahmen [Bach91].

8.2.1.1 Absorber

Die eigentliche Information, die in einen dicken Resist übertragen werden soll, liegt in der Struktur der Absorber, die Bereiche des Resists von der Synchrotronstrahlung abschatten. Während in der optischen Lithographie mit UV-Licht schon eine etwa 0,1 µm dicke Chromschicht auf einer Maske ausreicht, müssen die Absorber in der Röntgentiefenlithographie aus einem Material mit einem hohen Absorptionskoeffizienten im für Röntgenstrahlung interessanten Wellenlängenbereich bestehen. In Frage kommen Materialien mit einem hohen Atomgewicht und damit einem hohen Absorptionskoeffizienten, wie z.B. Gold, Tantal oder Wolfram. Aufgrund seiner galvanischen Abscheidemöglichkeit wird normalerweise Gold verwendet. Tantal oder Wolfram finden nur selten Anwendung und werden durch reaktive Ätzprozesse strukturiert.

Entscheidend für das Rückhaltevermögen („optische Dichte") gegenüber Röntgenstrahlung ist nicht nur der Absorptionskoeffizient $a_{Au}(\lambda)$, sondern auch die Dicke d_{Au} der Schicht. Die Transmission einer Schicht ist gegeben durch:

$$T_{Au}(\lambda) = \exp(-a_{Au}(\lambda) \cdot d_{Au}) \tag{8.1}$$

Damit die Transmission gering ist, d. h., um die für die Strukturierung beim LIGA-Verfahren relevante Synchrotronstrahlung ausreichend stark zu absorbieren, müssen die Goldabsorber im Falle von Strukturhöhen größer als 100 µm eine Dicke von mehr als 10 µm aufweisen (vgl. Abschn. 8.3.3.5). Die notwendige Dicke hängt dabei sowohl von der charakteristischen Wellenlänge der Synchrotronstrahlung, als auch von der Höhe des zu bestrahlenden Resists ab; sie nimmt mit abnehmender Wellenlänge und zunehmender Resisthöhe zu.

Im Falle von Gold werden die Absorberstrukturen galvanisch aufgebaut. Dazu wird zuerst eine Resistschicht strukturiert, die etwas höher ist als die Absorberdicke, und in die Zwischenräume wird elektrolytisch Gold abgeschieden.

Für die Strukturierung dieser Resistschichten mit einer Höhe von mehr als 10 µm und Genauigkeiten im Submikrometerbereich gibt es z. Zt. (mit Ausnahme der Strukturierung mit Synchrotonstrahlung selbst) keine Verfahren, die die geforderte Genauigkeit und Kantensteilheit garantieren. Daher wird zuerst eine Röntgenmaske mit Absorberhöhen von etwa 3 µm hergestellt, eine so genannte **Zwischenmaske**. Zur genauen Strukturierung von Resistschichten in dieser Höhe gibt es mehrere Verfahren, die später genauer beschrieben werden. Mit Hilfe der Synchrotronstrahlung wird dann das Muster der Zwischenmaske in einen etwa 20–50 µm dicken Resist übertragen, der die Form für die anschließende Goldabscheidung bildet. Die so hergestellte Maske mit der ausreichend hohen Absorberdicke wird **Arbeitsmaske** genannt. Aufgrund der hohen Parallelität und der geringen Wellenlänge der Synchrotronstrahlung ist dieser Kopierschritt nahezu mit keinem Strukturverlust verbunden.

8.2.1.2 Trägerfolie

Die Absorberstrukturen sind auf einem geeigneten Träger aufgebracht [Scho91]. Geschliffene Glas- oder Quarzplatten mit einer Dicke von etwa 2 mm wie sie in der optischen Lithographie verwendet werden, können in der Röntgentiefenlithographie nicht eingesetzt werden, da die Materialien in dieser Dicke nicht transparent sind. Um möglichst wenig der eingestrahlten Röntgenstrahlung zu absorbieren, müssen die Trägerfolien einen geringen Absorptionskoeffizienten haben und eine geringe Dicke aufweisen. Es kommen daher Materialien mit einem niedrigen Atomgewicht, wie z. B. Beryllium, Kohlenstoff (Diamant), Silizium und seine Verbindungen, Kunststoffe oder Metalle niederer Ordnungszahl als Membranmaterialien in Frage.

Bei der Auswahl des Materials muss ein Optimum zwischen mechanischer Festigkeit, Formstabilität und Transparenz für die Synchrotronstrahlung gefunden werden. Weiterhin müssen die Trägermaterialien beständig gegen Röntgenstrahlung sein. Dies begrenzt die Verwendung von Kunststoffen. Beim LIGA-Verfahren werden dünne Metallfolien oder Membranen aus Siliziumnitrid bzw. -carbid als Trägermaterial verwendet. Nur unter Verwendung dieser Materialien war es möglich, spannungsoptimierte, über eine große Fläche freigespannte Membranen zu realisieren. Von den Metallen ist Beryllium bzgl. der Transmission ideal (Abb. 8.2-1). Selbst bei vergleichsweise dicken Trägerschichten von

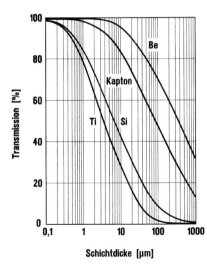

Abb. 8.2-1 Transmission verschiedener Maskenträger-Werkstoffe (Synchrotron Bonn, 2,0 geV, $\lambda_c = 0{,}556$ nm).

mehreren 100 µm ist die Transparenz für den interessierenden Wellenlängenbereich noch recht hoch. Aus Gründen hoher Toxizität (Stäube aus Be und seinen Oxiden erzeugen Lungenkrankheiten) stellt die Bearbeitung von Be-Schichten in nicht speziell dafür eingerichteten Labors ein Problem dar.

Eine Alternative zu Beryllium als Trägerschicht ist Titan. Aufgrund des höheren Absorptionskoeffizienten von Titan gegenüber Beryllium muss die Membrandicke wesentlich geringer sein und darf nur wenige Mikrometer betragen.

Damit die dünnen Trägerfolien mit den aufgebrachten Absorbern die nötige mechanische Robustheit aufweisen, sind sie über einen Rahmen aufgespannt. Damit kann die Maske bei der Herstellung, dem Justieren oder dem (automatischen) Wechsel leicht gehandhabt werden. Häufig ist der Rahmen auch noch mit mechanischen Anschlägen versehen, so dass die Maske in Bezug zu einer Haltestruktur in eine Referenzlage gebracht werden kann.

Die Maskenherstellung beim LIGA-Verfahren gliedert sich in folgende Arbeitsschritte:

- Herstellung der Trägerfolien,
- Strukturierung der Resistschicht einer Zwischenmaske,
- Goldgalvanik der Absorberstrukturen,
- Kopieren der Zwischenmaske zur Arbeitsmaske und erneute Goldgalvanik.

8.2.2
Herstellung der Trägerfolien

In Abb. 8.2-2 sind schematisch die Prozessschritte für die Herstellung einer Zwischenmaske aus Titan mit einem metallischen Rahmen dargestellt. Ausgangspunkt ist eine auf einem Rahmen freigespannte Membran. Diese wird im Falle von Metall üblicherweise durch Sputterprozesse auf dem zunächst massiven Substrat hergestellt. Im Falle von Silizium und seinen Verbindungen werden die in der Halbleitertechnik bekannten Verfahren eingesetzt. Nach dem Fertigen der Membran wird in das Substrat ein Fenster der gewünschten Größe eingeätzt. Im Falle der Titanmasken besteht der Rahmen aus Invar (Legierung aus 18% Ca, 28% Ni und 54% Fe), das am besten an die Anforderungen bzgl. des thermischen Verhaltens angepasst ist. Im Falle von Silizium wird ein Pyrexring, auf den der Wafer mit seinem Maskenfenster aufgeklebt wird, als Rahmen verwendet.

Speziell für die Herstellung von Röntgenzwischenmasken mit Titanmembranen wurde ein Verfahren entwickelt, das die Bearbeitung eines massiven Invarträgers mittels verschiedener aufwändiger, mechanischer Bearbeitungsschritte (Fräsen, Läppen, Polieren) bis zu einer Rautiefe R_{max} von besser als 100 nm umgeht. Dabei wird die hohe Oberflächengüte von Siliziumscheiben ausgenutzt.

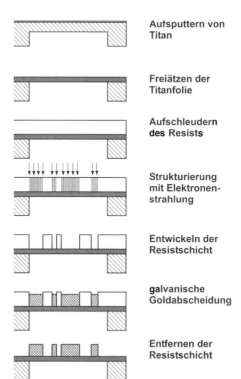

Abb. 8.2-2 Verfahrensschritte zur Herstellung einer Zwischenmaske mit niedriger Absorberhöhe (<3 μm).

Auf den Siliziumwafer wird zunächst eine Schicht aus Kohlenstoff aufgebracht, wobei ein äußerer Ring so abgedeckt wird, dass hier keine Kohlenstoffbeschichtung erfolgt. Substrattemperatur und sonstige Beschichtungsparameter werden so eingestellt, dass eine wenig haftfeste Schicht entsteht. Auf diese Kohlenstoffschicht wird eine 2–3 µm dicke Titanschicht gesputtert. Diese Schicht hat im Bereich des Rings eine gute Haftfestigkeit zum Substrat, während sie mit der Kohlenstoffschicht nur relativ locker verbunden ist. Nun wird ein Maskenrahmen auf den inneren Teil der Ti-Schicht aufgeklebt. Nach dem Aushärten der Kleberschicht kann der Maskenrahmen zusammen mit der Ti-Trägerfolie durch leichtes Verbiegen der Si-Scheibe von der Unterlage mechanisch abgehoben werden. Man erhält damit eine Trägerfolie von ausgezeichneter Oberflächengüte.

Trägerfolien aus Beryllium, die aufgrund der geringeren Absorption von Röntgenstrahlung wesentlich dicker sein dürfen als Titanfolien, werden durch feinmechanisches Bearbeiten von Blechen hergestellt. Zurzeit ist der Bearbeitungsprozess auf Dicken von einigen 100 µm beschränkt, so dass Berylliumträger nur für Arbeitsmasken eingesetzt werden können. Diese Bleche werden beidseitig durch eine Siliziumnitridschicht passiviert, um Korrosion während des Einsatzes zu vermeiden.

8.2.3
Strukturierung des Resists für Röntgenzwischenmasken

Auf die freitragende Folie wird im Falle der Zwischenmaske ein ca. 3–4 µm dicker Resist aufgeschleudert, der mit lithographischen Methoden strukturiert wird, um die Resistform für die anschließende Galvanik zu erzeugen.

Beim Kopieren der Röntgenzwischenmasken (Goldabsorberdicke < 3 µm) zu Röntgenarbeitsmasken (Goldabsorberdicke > 10 µm) ergeben sich aufgrund der guten Eigenschaften der Synchrotronstrahlung kaum Qualitätsverluste (vgl. Abschn. 8.3.5). Die Güte der Mikrostrukturen wird daher wesentlich von der Qualität der Zwischenmaske bestimmt. Dabei sollen die Absorberstrukturen auf der Zwischenmaske möglichst senkrechte Wände aufweisen, um einen scharfen Übergang zwischen bestrahlten und unbestrahlten Bereichen bei der Herstellung der Arbeitsmaske durch Röntgenlithographie sicherzustellen.

Für die Herstellung der Resiststrukturen auf Zwischenmasken können je nach Anforderung, die die Mikrostrukturen erfüllen müssen, verschiedene Verfahren eingesetzt werden.

8.2.3.1 Optische Lithographie
Bei Strukturen, an die nicht die höchsten Anforderungen bezüglich Genauigkeit und Kleinheit gestellt werden, wird die Röntgenzwischenmaske durch optische Kopie einer konventionellen Chrommaske in einen etwa 3 µm dicken Photolack hergestellt. Die minimalen lateralen Abmessungen der Strukturen im Photolack liegen bei etwa 2 µm, begründet durch die unvermeidlichen Beugungseffekte bei der optischen Lithographie. Unvermeidbar sind außerdem Ver-

rundungen von Ecken. Der bei der optischen Kopie auftretende Strukturverlust von etwa 0,5 µm wird durch einen entsprechenden Vorhalt auf der Chrommaske ausgeglichen. Die Anforderungen nach möglichst senkrechten Wänden können durch Optimierung des Backprozesses und der Bestrahlungs- und Entwicklungsbedingungen erreicht werden, Strukturen mit einem Böschungswinkel von ca. 88° sind dabei möglich [Schul96].

8.2.3.2 Direkte Elektronenstrahllithographie

Für eine direkte Strukturierung von etwa 3 µm dicken Resistschichten wird ein Elektronenstrahlschreiber eingesetzt [Hein92]. Um die notwendige Kantensteilheit zu erhalten, ist eine möglichst hohe Beschleunigungsspannung notwendig. Damit wird die Elektronenbeule, die sich durch gestreute Elektronen ergibt, in Tiefen verschoben, die außerhalb der Resistdicke liegen. Als Resist wird bei hohen Genauigkeitsanforderungen PMMA verwendet. PMMA zeichnet sich auch bei der Elektronenstrahllithographie durch ein sehr hohes Auflösungsvermögen aus, das allerdings durch eine geringe Empfindlichkeit, d.h. lange Schreibzeiten, erkauft wird. Die für Zwischenmasken erforderlichen ca. 3 µm dicken PMMA-Schichten werden mit einer sehr guten Homogenität der Dicke durch Mehrfachbelackung auf einer Lackschleuder hergestellt, wobei nach jeder Belackung ein Temperschritt durchgeführt wird, um die Spannungsrissempfindlichkeit zu reduzieren. Bei verminderten Anforderungen an die Genauigkeit werden auch Negativlacke auf Diazobasis verwendet, die einen Kompromiss zwischen Auflösung und Schreibzeit darstellen.

Um Genauigkeiten im Submikrometerbereich erzielen zu können, erfolgt bei der Elektronenstrahllithographie eine Unterteilung der Strukturen in einen die Berandung umfassenden Feinbereich und einen unmittelbar anschließenden inneren Grobbereich. Der Feinbereich, der z.B. eine Breite von 1 µm besitzt, wird mit einem kleinen Strahldurchmesser (z.B. 0,02 bis 0,5 µm) belichtet. Für den Grobbereich ist ein wesentlich größerer Strahldurchmesser (bis 0,5 µm) ausreichend. Die Umrandung kann so mit hoher Genauigkeit strukturiert und gleichzeitig die Gesamtschreibzeit erheblich reduziert werden, da die reale Schreibzeit pro Flächeneinheit für den Grobbereich etwa um den Faktor 50 kleiner als für den Feinbereich ist.

Diese Aufteilung in zwei Bereiche ermöglicht auch eine Abstufung der Flächendosis, so dass auch eine einfache Korrektur des Proximity-Effekts (vgl. Abschn. 6.5) möglich ist, indem die Randbereiche mit einer höheren Dosis geschrieben werden als die Innenbereiche.

Die Grenzen der direkten Elektronenstrahllithographie bei Linien und Grabenstrukturen liegen aufgrund des Proximity-Effektes in einem 3 µm dicken Resist bei einer Breite von etwa 1 µm. Die Abmessungen von Detailstrukturen liegen dagegen bei 0,1 bis 0,2 µm. Bei geringeren Resistdicken (1 bis 2 µm) können auch kleinere Strukturen bis hinunter zu 0,5 µm realisiert werden.

8.2.3.3 Reaktives Ionenätzen

Durch Strukturierung eines Schichtsystems aus Photolack, Titan und Polyimid (Tri-Level-Prozess, vgl. Abschn. 6.7.2) können Röntgenzwischenmasken für das LIGA-Verfahren, deren laterale Abmessungen auch unter einem Mikrometer liegen, hergestellt werden. Die Strukturierung der drei Schichten erfolgt durch optische Lithographie, Sputterätzen mit einem Argonplasma und reaktives Ionenätzen mit Sauerstoff [Kade87].

Auf die Trägerfolie (z. B. Titanfolie) wird zunächst eine 3 bis 4 µm dicke Polyimidschicht aufgebracht, die nach ihrer Strukturierung als Galvanikform für die Goldabsorber dient. Die Strukturierung dieser Polyimidschicht erfolgt durch reaktives Ionenätzen im Sauerstoffplasma. Als Ätzmaske wird eine dünne Titanschicht verwendet, die durch Magnetronsputtern auf das Polyimid aufgebracht wird.

Für die Strukturierung der Polyimidschicht müssen die Betriebsparameter des Sauerstoffplasmas so ausgelegt werden, dass eine sehr hohe Selektivität der Ätzraten zwischen Titan und Polyimid erreicht wird. Da bei richtiger Wahl der Prozessparameter Titan etwa 300-mal langsamer abgetragen wird als Polyimid, kann die Dicke dieser Titanschicht mit 10 bis 15 nm sehr dünn gewählt werden.

Die Titanschicht wird durch Sputtern mit einem Argonplasma strukturiert, wobei eine Photolackschicht als Maskierung verwendet wird. Im Allgemeinen werden bei diesem Strukturierungsprozess Kunststoffschichten sehr viel schneller abgetragen als Metallschichten. Wenn jedoch die Betriebsparameter optimal gewählt werden, wird der Photolack nur 2- bis 3-mal schneller abgetragen als Titan. Wegen der geringen Dicke der Titanschicht ist eine Photolackschicht mit einer Höhe von 100 nm ausreichend. In diesen dünnen Photolack lassen sich Strukturen mit sehr geringen lateralen Abmessungen mit Hilfe eines Elektronenstrahlschreibers sehr genau übertragen.

8.2.3.4 Vergleich der Strukturierungsmethoden zur Herstellung von Zwischenmasken

Abb. 8.2-3 zeigt im Vergleich drei verschiedene Resiststrukturen einer Zwischenmaske, die mit den oben beschriebenen Verfahren hergestellt wurden. Bei der durch optische Lithographie erzeugten Struktur ist die durch Beugungseffekte hervorgerufene Verrundung deutlich zu erkennen. In Tab. 8.2-1 sind die drei Verfahren zur Zwischenmaskenherstellung einander gegenübergestellt.

8.2.4
Goldgalvanik für Röntgenmasken

Die Galvanoformung von Mikrostrukturen wird im weiteren Verlauf dieses Kapitels als ein wesentlicher Prozessschritt des LIGA-Verfahrens ausführlich behandelt (vgl. Abschn. 8.3). Da bei der Maskenherstellung, sowohl bei Zwischen- als auch bei Arbeitsmasken, eine galvanische Herstellung von Mikrostrukturen

Abb. 8.2-3 Resiststrukturen (Höhe: 3 μm) für Zwischenmasken, die hergestellt wurden durch:
a) optische Kopie (kleinste laterale Abmessung: 2,5 μm),
b) Elektronenstrahllithographie (kleinste laterale Abmessung: 1,0 μm),
c) reaktives Ionenätzen (kleinste laterale Abmessung: 0,3 μm).

Tab. 8.2-1 Vergleich der verschiedenen Verfahren zur Herstellung von Röntgenzwischenmasken

Verfahren	Kleinste Linienbreite (μm)	Strukturdetail (μm)	Aufwand
Optische Lithographie	1,5 bis 2	ca. 1	gering
Direkte Elektronenstrahllithographie	0,5 bis 1	0,2	mittel (Elektronenstrahlschreiber mit 100 keV Beschleunigungsspannung notwendig)
Reaktives Ionenätzen	0,3 bis 0,4	0,1	hoch

erforderlich ist [Mane88], werden in diesem Abschnitt die wesentlichen Anforderungen an die Goldgalvanik für die Absorber zusammengefasst:

- Die Abscheidung soll möglichst spannungsarm erfolgen, damit durch die Galvanik keine Maskenverzüge induziert werden und die Gefahr des Ablösens größerer Absorberbereiche nicht gegeben ist.
- Die Homogenität und die Dicke der abgeschiedenen Schichten müssen sowohl in mikroskopischen wie in makroskopischen Bereichen eine hohe Gleichmäßigkeit aufweisen, damit ein einheitlicher und möglichst hoher Röntgenkontrast entsteht (gute Mikro- und Makrostreufähigkeit).

- Auch Abmessungen der Resiststrukturen im Submikrometerbereich müssen durch die Galvanik abgebildet werden.
- Die Absorberstrukturen müssen gut auf dem Trägermaterial haften, da die Querschnittsfläche der Absorberstrukturen oft nur wenige Quadratmikrometer beträgt.
- Es dürfen keine Hohlräume im Gold auftreten, d.h., ein guter Galvanikstart (hohe Deckfähigkeit) ist gefordert. Während der Galvanik dürfen keine Gasblasen entstehen (Stromausbeute 100%).

Da Titan und auch Beryllium zu den schwierig zu beschichtenden Materialien zählen, sind entweder geeignete Zwischenschichten oder Vorbehandlungen notwendig. Bei Titanfolien hat sich z.B. eine nasschemische Oxidation der Oberfläche als geeignet erwiesen [Mohr88]. Sie erhöht sowohl die Haftung der Resist- als auch der Absorberstrukturen. Um einen gleichmäßigen Start der Galvanik sicherzustellen, wird auf diese Titanoxidschicht eine etwa 10 nm dicke Goldschicht aufgesputtert. Im Falle von Beryllium bringt man die Goldschicht ohne weitere Vorbehandlung direkt auf die Siliziumnitridschicht auf. Dabei nimmt man eine schlechtere Resisthaftung in Kauf.

Für die Abscheidung von Goldabsorberstrukturen können sowohl cyanidische als auch sulfitische Elektrolyte eingesetzt werden, jedoch sind die cyanidischen Elektrolyte mit einigen Nachteilen verbunden (u.a. die Toxizität, geringer Angriff des Resists und raue Oberflächen). Beim Einsatz geeigneter sulfitischer Goldelektrolyte können feinkörnigere Abscheidungen mit geringerer Oberflächenrauigkeit erzielt werden.

8.2.5
Herstellung von Arbeitsmasken

Die Arbeitsmaske wird hergestellt, indem das Muster einer Zwischenmaske mit Synchrotronstrahlung in einen Resist übertragen wird (Abb. 8.2-4).

Als Resist wird auch hier PMMA verwendet, das überwiegend durch direkte Polymerisation in einer Dicke von etwa 20 bis 50 µm auf den Maskenträger aufgebracht wird (vgl. Abschn. 8.3.1). Im Gegensatz zu aufgeschleuderten Schichten dieser Dicke lassen sich in dem polymerisierten Resist spannungsrissfreie Strukturen herstellen.

Da die Röntgenlithographie einen reinen Schattenwurf der Absorberstrukturen darstellt, ergibt sich bei einer ausreichenden Golddicke ein genaues Abbild der Absorberstrukturen im Resist. Selbst laterale Rauigkeiten der Absorberstrukturen der Zwischenmaske, die nur einige zehn Nanometer betragen, werden vollständig auf die Arbeitsmaske übertragen. Für diesen Kopierschritt muss die Wellenlänge der Synchrotronstrahlung wesentlich größer gewählt werden als bei der Strukturierung von Resists mit einer Dicke von mehreren 100 µm (vgl. Abschn. 8.3.2). Nur bei Verwendung von weicher Röntgenstrahlung lässt sich bei der geringen Golddicke der Absorber der Zwischenmaske der notwendige Kontrast zwischen belichtetem und unbelichtetem Bereich erzielen.

340 | 8 LIGA-Verfahren

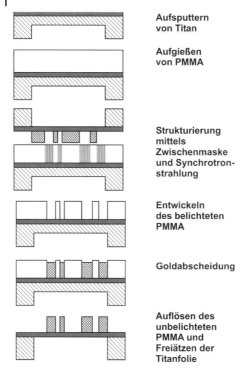

Aufsputtern von Titan

Aufgießen von PMMA

Strukturierung mittels Zwischenmaske und Synchrotronstrahlung

Entwickeln des belichteten PMMA

Goldabscheidung

Auflösen des unbelichteten PMMA und Freiätzen der Titanfolie

Abb. 8.2-4 Prozessschritte zur Herstellung einer Arbeitsmaske auf einer Titanmembran (Absorberhöhe ca. 15 µm).

8.2.6
Justieröffnungen in Röntgenarbeitsmasken

Wenn durch Röntgentiefenlithographie Mikrostrukturen hergestellt werden sollen, die genau auf zuvor strukturierten Hilfsschichten stehen (vgl. Abschn. 8.6.1), so muss die Röntgenarbeitsmaske vor der Bestrahlung am Synchrotron relativ zur Probe justiert werden. Da Maskenträgerfolien aus Titan oder Beryllium optisch nicht transparent sind, werden durch lokale Ätzprozesse Öffnungen in die Folien geätzt, durch die die Justiermarken auf dem Substrat beobachtet werden können. Dabei wird die gesamte Maske mit einem Photolack abgedeckt, der an den Stellen, an denen die Justieröffnungen eingeätzt werden sollen, entfernt wird. Im Falle von Titan spielt die Unterätzung des Photolackes aufgrund der dünnen Membran und den damit verbundenen kurzen Ätzzeiten nur eine untergeordnete Rolle. Bei den dicken Berylliummasken kann dagegen nicht die ganze Membran durchgeätzt werden, da dies aufgrund des isotropen Ätzens zu einer starken Unterätzung führen würde. Aus diesem Grunde müssen in das Beryllium vor dem Ätzen mechanisch Vertiefungen eingebracht werden.

Bei dem bisher angewendeten Justierverfahren wird ein Kreuz in Gold, das über einer Öffnung in der Titanfolie frei gespannt ist, mit einem entsprechenden Kreuz auf der Probe zur Deckung gebracht. Dabei ist die Justiergenauigkeit durch den durch die Resistdicke vorgegebenen Abstand der beiden Ebenen auf

2 µm begrenzt. Die Goldkreuze werden zusammen mit den Absorberstrukturen auf der Maskenträgerfolie hergestellt und haben daher eine sehr hohe Positionsgenauigkeit zu den anderen Strukturen. Diese Kreuze sind von einem Goldrand umschlossen, der die Größe der späteren Öffnung in der Titanfolie definiert und die notwendige Stabilität gewährleistet.

8.3 Röntgentiefenlithographie

Bei der Röntgentiefenlithographie wird das Muster einer Maske mit Hilfe von Synchrotronstrahlung (vgl. Abschn. 6.9.3) in eine bis zu mehrere Millimeter dicke Resistschicht übertragen. Dabei kommt es zu einer chemischen Modifikation des Resists in den Bereichen, die der Röntgenstrahlung ausgesetzt sind. Der Grad der Modifikation hängt von der Empfindlichkeit des Resistmaterials gegenüber der Röntgenstrahlung und von der Energie der im Resist absorbierten Strahlung ab. Die erreichbare Strukturqualität hängt von der Divergenz der Strahlung, dem Grad der Verschmierung der Strahlung an beugenden Kanten und der Reichweite der in der Resistschicht erzeugten Photoelektronen ab. Zusätzlich beeinflussen sekundäre Effekte, wie in der Maskenmembran erzeugte Fluoreszenzelektronen und im Substrat ausgelöste Photoelektronen die Strukturqualität.

8.3.1 Herstellung von dicken Resistschichten

Die in der Mikroelektronik verwendeten Resistschichten haben meist eine Höhe, die 1 µm nicht übersteigt, und die Resists bestehen üblicherweise aus einem Polymer, das in einem Lösungsmittel gelöst ist. Beim Aufbringen dieser Lösung auf rotierende Substrate wird das Lösungsmittel unter Mitnahme eines von der Drehgeschwindigkeit abhängigen Feststoffanteils abgeschleudert. Zurück bleibt eine homogene Schicht des Feststoffs, dessen Dicke um so geringer ist, je größer die Drehgeschwindigkeit beim Schleudern und je geringer die Viskosität der Resistlösung ist. Auf diese Weise können sehr gleichmäßige und homogene Resistschichten mit Dicken um 1 µm erzeugt werden.

Für dicke Resistschichten, insbesondere für die mehrere 100 µm dicken Resists des LIGA-Verfahrens, ist dieses Verfahren jedoch nicht geeignet. Die geschleuderten Schichten weisen nur einen lockeren Verbund von Polymerketten auf, die mit zunehmender Schichtdicke unter stärkeren inneren Spannungen stehen. Dies führt beim Entwicklungsvorgang zu einem ungleichmäßigen Eindringvermögen des Entwicklers in die Resistschichten und zu Spannungsrisskorrosion.

Beim LIGA-Verfahren wird daher eine Resistschicht direkt auf einer Grundplatte auspolymerisiert [Mohr88] oder eine polymerisierte Platte wird auf die Grundplatte aufgeklebt oder aufgeschweißt. Als Resist wird fast ausschließlich

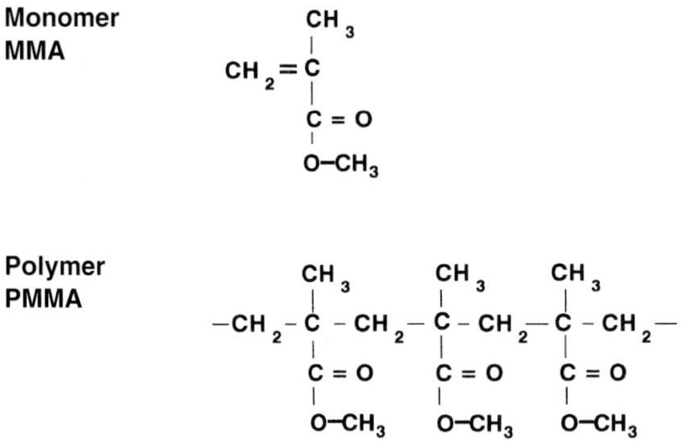

Monomer MMA

$$CH_2 = \underset{\underset{O-CH_3}{|}}{\underset{\underset{C=O}{|}}{\overset{\overset{CH_3}{|}}{C}}}$$

Polymer PMMA

$$-CH_2-\underset{\underset{O-CH_3}{|}}{\underset{\underset{C=O}{|}}{\overset{\overset{CH_3}{|}}{C}}}-CH_2-\underset{\underset{O-CH_3}{|}}{\underset{\underset{C=O}{|}}{\overset{\overset{CH_3}{|}}{C}}}-CH_2-\underset{\underset{O-CH_3}{|}}{\underset{\underset{C=O}{|}}{\overset{\overset{CH_3}{|}}{C}}}-CH_2-$$

Abb. 8.3-1 Molekülstrukturen des Monomers Methylmetacrylat (MMA), und des daraus hergestellten Polymers Polymethylmetacrylat (PMMA).

Polymethylmethacrylat (PMMA) verwendet. Der Kleber basiert auch auf PMMA, so dass die Röntgenempfindlichkeit sichergestellt ist.

Ausgangsmaterial bei der direkten Polymerisation ist ein zähflüssiges Gießharz, das aus dem dünnflüssigen Monomer Methylmethacrylat (MMA) und einem darin gelösten Feststoffanteil von PMMA besteht. Nach Zugabe eines Härters erfolgt dann eine Polymerisation des MMAs zu PMMA, entweder bei erhöhter Temperatur oder durch Zugaben von Initiatoren bei Raumtemperatur. Die Molekülstrukturen des Monomers MMA und des Polymers PMMA sind in Abb. 8.3-1 dargestellt. Der beigefügte Feststoffanteil von PMMA bleibt bei der Polymerisation unverändert, d.h., er wird nicht weiter aufpolymerisiert. Die sich bei der Polymerisation einstellende Molekulargewichtsverteilung kann durch die verschiedenen Initiatoren und Härter, deren Konzentrationen und durch die Prozessbedingungen stark beeinflusst werden. Da der beigefügte Feststoffanteil nicht an der Polymerisation teilnimmt, kann es zu einer bimodularen Molekulargewichtsverteilung kommen (vgl. Abb. 8.3-5a in Abschn. 8.3.2). Nach der Polymerisation werden die Proben einem Temperprozess unterzogen, um innere Spannungen abzubauen. Beim Aufkleben der PMMA-Platten werden zwei Varianten verfolgt. Zum einen wird das oben beschriebene Gießharz als dünne Kleberschicht (10 µm) auf die Grundplatte aufgebracht und die PMMA-Platte wird aufgepresst. Das als Kleber verwendete Gießharz härtet unter Verwendung der gleichen Materialien wie bei der direkten Polymerisation bei Raumtemperatur. Alternativ wird auf die Grundplatte eine dünne Monomerschicht, die in der Regel haftvermittelnde Elemente enthält, aufgeschleudert. Durch Druck und Temperatur wird die Resistplatte mit dieser Adhäsionsschicht verschweißt [Skro95]. Bei der Herstellung der Resistschichten ist es besonders wichtig, dass nach dem Lithographieprozess, d.h. nach der Bestrahlung und der Entwicklung, auch sehr kleine und hohe Strukturen noch fest auf der Grundplatte haften. Da die Zwischenräume in einem anschließenden Galvanikprozess meist mit Metall aufgefüllt werden (vgl. Abschn. 8.4), muss die Haftschicht auf dem Substrat auch einen guten und gleichmäßigen Start der Galvanik auf der

Grundplatte gewährleisten. Außerdem sollte der Wirkungsquerschnitt für die Erzeugung von Photoelektronen gering sein, was ein Material niederer Ordnungszahl für die Haft- und Galvanikstartschicht erfordert. Diese Anforderungen können durch einen Kompromiss, eine aufgesputterte Titanschicht, die anschließend nasschemisch oxidiert wird, erfüllt werden [Mohr88]. Durch die Oxidation wird eine mikroporöse Oberfläche erzeugt, in welcher eine mechanische Verzahnung der Kunststoffschicht möglich wird. Zusätzlich kann durch interne Haftvermittler, die dem Gießharz zugegeben werden, eine gute Haftung von Mikrostrukturen erreicht werden. Bei diesen Haftvermittlern handelt es sich in der Regel um Siloxane, die mit der oxidierten Oberfläche des Substrats eine Sauerstoffbrückenbindung eingehen [Boer81]. Neben Titan werden auch Kupfer, Nickel und Gold als Haft- und Galvanikstartschichten eingesetzt, wobei in allen Fällen die Haftung geringer ist als bei der Titanschicht. Im Falle von Gold können Haftungsverbesserungen durch Zusatz von Thiophenolen als Haftvermittler erzielt werden. Sofern nur Polymerstrukturen auf einem Substrat erzeugt werden sollen, können auch Kohlenstoffschichten als Haftschichten verwendet werden [Elkh00]. Die Haftung ist in diesem Fall besser als auf Titan, ein Galvanikstart ist aber auf diesen Schichten nicht möglich.

8.3.1.1 Strahleninduzierte Reaktionen und Entwicklung des Resists

Die Bestrahlung des Resists führt zu einer Zerstörung der Polymerketten des PMMA, d. h. zu einer strahleninduzierten Reduktion des Molekulargewichts [Schn78]. Aus Abb. 8.3-2 kann entnommen werden, wie bei PMMA mit zunehmender Strahlendosis das mittlere Molekulargewicht von einem Anfangswert von 650 000 g/mol auf einen minimalen Grenzwert zwischen 2500 g/mol und 3000 g/mol bei einer sehr hohen Strahlendosis abnimmt.

Die Reduktion des Molekulargewichts ergibt sich durch einen Bruch der Polymerhauptkette. Dieser wird durch eine elektronische Anregung der Molekülbindung ausgelöst. Die auf das PMMA treffenden Röntgenquanten mit Energien im keV-Bereich werden über den Photoeffekt in einzelnen Atomen absorbiert und lösen hochenergetische Photo- und Auger-Elektronen aus. Ihre Energie

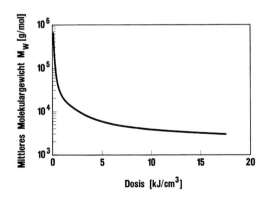

Abb. 8.3-2 Einfluss der Bestrahlungsdosis D auf das mittlere Molekulargewicht M_W von PMMA.

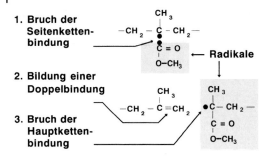

1. **Bruch der Seitenkettenbindung**
2. **Bildung einer Doppelbindung**
3. **Bruch der Hauptkettenbindung**

Abb. 8.3-3 Beispiel für den Verlauf eines Hauptkettenbruchs bei der Bestrahlung von PMMA.

wird nach und nach auf andere Moleküle oder Molekülbausteine und auf sekundäre Elektronen übertragen, die ihrerseits zu weiteren Anregungen in der Lage sind, bis sie nur noch thermische Energie haben. Schließlich bleiben ionisierte und angeregte Moleküle sowie thermische Elektronen zurück.

Durch die Anregung erfolgt eine Abspaltung der Esterseitenkette (Abb. 8.3-3), so dass eine radikalische Estergruppe und ein radikalisches C-Atom in der Polymerhauptkette vorliegen. An dem radikalischen C-Atom erfolgt der Bruch der Kette in einen radikalischen Teil und einen über eine Doppelbindung, die sich vom freien C-Atom ausgehend bildet, abgesättigten Teil [Schn81], [Schn83]. Es bleiben neben einer verkürzten stabilen Kette zwei Radikale übrig, die radikalische Polymerkette und die radikalische Esterkette, die miteinander oder mit anderen Radikalen zu stabilen Molekülen reagieren können.

Weitere Rekombinationsprozesse nach dem Kettenbruch sind Energie- oder Elektronenübertragung an andere Moleküle oder Verharren in einem metastabilen angeregten Zustand.

Ein quantitatives Maß für die chemische Wirkung einfallender Strahlung sind die so genannten G-Werte. Der $G(s)$-Wert gibt die Anzahl der Hauptkettenbrüche pro 100 eV absorbierter Strahlungsenergie an.

Über die Beziehung

$$\frac{1}{M_{n,D}} = \frac{1}{M_{n,0}} + \frac{G(s) \cdot D}{100 \cdot N_A} \tag{8.2}$$

lässt sich der $G(s)$-Wert bestimmen mit:

$M_{n,0}$ = Molekulargewicht vor der Bestrahlung in g/mol
$M_{n,D}$ = Molekulargewicht nach der Bestrahlung in g/mol
D = im Resist abgelagerte Dosis in eV/g
N_A = Avogadro-Konstante

Bei höheren Dosen werden neben Kettenbrüchen auch Vernetzungen der PMMA-Moleküle beobachtet. Dabei bilden sich chemische Bindungen zwischen verschiedenen Hauptketten, wodurch das Molekulargewicht steigt. Analog zu dem $G(s)$-Wert für die Kettenbrüche wird ein $G(x)$-Wert für die Vernetzungsreaktionen pro 100 eV absorbierter Energie definiert.

Kettenbruch und Vernetzung sind Prozesse mit entgegengesetztem Einfluss auf das Molekulargewicht. Solange $G(s)$ größer als $G(x)$ ist, sinkt das mittlere Molekulargewicht mit zunehmender Dosis ab. Sind beide G-Werte gleich groß, so ändert sich das Molekulargewicht nicht mehr. Dies ist der Grund für den in Abb. 8.3-2 zu erkennenden unteren Grenzwert des Molekulargewichtes.

Zur Erzeugung von Mikrostrukturen müssen die Bereiche mit niedrigerem Molekulargewicht mit einem geeigneten Entwickler selektiv herausgelöst werden. Dabei darf der Entwickler die unbestrahlten Bereiche nicht lösen, d.h., der Dunkelabtrag des Entwicklers muss vernachlässigbar klein sein. Dies ist für die Entwicklung der mit dem LIGA-Verfahren erzeugten hohen Strukturen besonders wichtig, da die Oberseiten der Strukturen dem Entwickler sehr viel länger ausgesetzt sind als die tiefer liegenden Bereiche. Um diese Vorgabe zu erfüllen, muss der Entwickler einen hohen Kontrast γ aufweisen. Mit der Dosis D_i, bis zu der bei einem Positivresist kein Abtrag auftritt, und der Dosis D_b, bei der der Resist komplett aufgelöst wird, ergibt sich γ zu

$$\gamma = \frac{1}{\log\left(\frac{D_b}{D_i}\right)} \tag{8.3}$$

Die für PMMA in der Literatur angegebenen Werte für den Kontrast liegen oberhalb von 3 [Liuz97].

Auch ein Anquellen der unbestrahlten Bereiche ist nicht tolerierbar, da dies zu einer unzulässigen Spannungsrissbildung führen würde.

Eine Vorauswahl geeigneter Entwickler ergibt sich durch Betrachten der Löslichkeitsparameter des Entwicklers im von den Hans'schen Parametern aufgespannten Löslichkeitsraum von PMMA [Bart83]. Flüssigkeiten außerhalb der Löslichkeitskugel können das PMMA nicht lösen, sie führen nur zum Quellen; solche, die im Zentrum der Kugel liegen, sind hervorragende Lösungsmittel und lösen PMMA komplett auf. Flüssigkeiten, die am Rande der Löslichkeitskugel liegen, sind mäßige Lösungsmittel für das Polymer und können die niedermolekularen Komponenten lösen, ohne dass die hochmolekularen Polymerbestandteile angegriffen werden [Manj87]. Sie ermöglichen einen guten Kontrast bei reduzierter Gefahr der Spannungsrissbildung [Mohr89]. Ein für PMMA sehr gut geeigneter Entwickler in der Röntgentiefenlithographie ist eine Mischung aus Äthylenglykol-mono-butyläther, Monoethanolamin, Tetrahydro-1,4-Oxazin und Wasser [Ehrf88].

Für ein vorgegebenes Entwicklersystem ist die Entwicklungsrate bei konstanten Entwicklungsbedingungen (feste Temperatur, Bewegung des Entwicklers) vom Kontrast γ, vom Ausgangsmolekulargewicht M_0 und von der Entwicklungsrate des Ausgangsmateriales R_0 abhängig. Dieser Zusammenhang lässt sich nach [Brew80] beschreiben zu:

$$R_b = \kappa \cdot D^\beta \tag{8.4}$$

mit

$$\kappa = R_0 \cdot \left(\frac{M_0}{c}\right)^\beta \text{ als Materialkonstante}$$

D = Dosis und β = Maß für den Kontrast sowie c als Proportionalitätskonstante

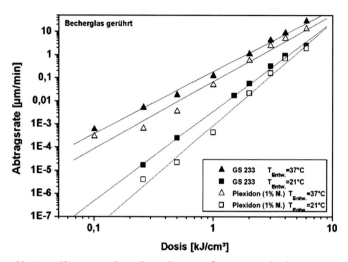

Abb. 8.3-4 Abtragsrate als Funktion der Dosis für zwei verschiedene Resistsysteme bei zwei verschiedenen Entwicklertemperaturen.

Tab. 8.3-1 Charakteristische Daten zweier Resistmaterialien bei zwei verschiedenen Entwicklertemperaturen.

Material (PMMA)	Unvernetzt (GS 233)		Vernetzt (Plexidon M727)	
Entwicklertemperatur [C]	21	37	21	37
Mindestdosis DM [J/cm^3]	$0{,}1^{+0,1}$	<0,1	$0{,}25^{+0,2}$	<0,1
β	$4{,}0 \pm 0{,}1$	$2{,}9 \pm 0{,}15$	$5{,}1 \pm 0{,}2$	$3{,}1 \pm 0{,}2$

Bei festen Prozessbedingungen und einem durch Resist, Entwickler und Entwicklertemperatur vorgegebenen Resist-Entwickler-System wird die Abtragsrate ausschließlich durch die Dosis bestimmt. In der doppeltlogarithmischen Auftragung der Abtragsrate über der Dosis in Abb. 8.3-4 ergeben sich für das jeweilige System Geraden, deren Steigung den Kontrast angibt. Außerdem lässt sich die Dosis ablesen, unterhalb derer die Entwicklungsgeschwindigkeit vernachlässigbar wird. Aus Abb. 8.3-4 und den in Tab. 8.3-1 zusammengestellten Daten ergeben sich für das in der Röntgentiefenlithographie eingesetzte Resist-Entwickler-System folgende Aussagen [Ache00]:

- Unvernetzter Resist weist eine größere Abtragsrate auf als vernetzter Resist.
- Die Abtragsrate steigt um ein Mehrfaches bei Erhöhung der Entwicklertemperatur.
- Der Kontrast ist bei niedrigerer Entwicklertemperatur höher.
- Der Kontrast ist für vernetztes Material höher.
- Die Dosis, ab der eine merkliche Entwicklungsrate auftritt, liegt bei hohen Entwicklungstemperaturen unterhalb von 100 J/cm^3, bei Raumtemperatur ist sie größer als 100 J/cm^3, wobei in diesem Fall das vernetzte PMMA einen höheren Wert aufweist als das unvernetzte.

Insofern ist die Verwendung von vernetztem PMMA und die Entwicklung bei Raumtemperatur für die Erzielung eines hohen Kontrastes am Günstigsten.

8.3.2
Anforderungen an die absorbierte Strahlendosis

PMMA zeichnet sich durch eine sehr gute Abbildungstreue bzw. ein hohes Auflösungsvermögen aus [Gree75]. Es hat aber den Nachteil, dass es relativ unempfindlich ist, so dass man eine hohe Strahlendosis benötigt, um eine entsprechende Reduktion des Molekulargewichts zu realisieren. In Abb. 8.3-5a ist eine typische Molekulargewichtsverteilung von PMMA vor der Bestrahlung dargestellt, es ist eine bimodale Verteilung mit einem mittleren Molekulargewicht von 600 000 [Elkh93]. Bei einer Temperatur von 38 °C löst der im vorangegangenen Abschnitt beschriebene Entwickler das PMMA bis zu einem Molekulargewicht von etwa 20 000 zu 50% auf (schraffierte Bereiche in Abb. 8.3-5). Da der Anteil solcher Polymerketten im unbestrahlten PMMA sehr gering ist, kann der Entwickler im Prinzip nur einen sehr kleinen Anteil des unbestrahlten Resists lösen. Da dieser jedoch in längerkettige Moleküle eingebunden ist, führt dieser geringe niedermolekulare Anteil zu keiner merklichen Beeinträchtigung der Mikrostrukturen.

Bei einer Strahlendosis von 4 kJ/cm^3 ergibt sich eine unimodale Verteilung (Abb. 8.3-5b) mit einem mittleren Molekulargewicht von 5700. Diese Verteilung liegt nahezu vollständig in dem Bereich, in dem der Entwickler das PMMA zu mehr als 50% löst, so dass es während des Entwicklungsvorganges entfernt werden kann. Bei einer Strahlendosis unterhalb von 4 kJ/cm^3 würde das Molekulargewicht nicht genügend weit reduziert, d. h., der Anteil unlöslicher Polymerketten wäre zu groß, die bestrahlten Bereiche könnten nicht ganz aufgelöst werden und es würden PMMA-Reste zurückbleiben. Daher stellt 4 kJ/cm^3 einen Grenzwert für die minimal abzulagernde Dosis dar. Dieser Grenzwert hängt von der Entwicklertemperatur ab. Er lässt sich nach unten verschieben, wenn die Entwicklung durch konvektive Maßnahmen unterstützt wird (Rühren, Ultraschall).

Bei einer Strahlendosis von 20 kJ/cm^3 ergibt sich die in Abb. 8.3-5c dargestellte Verteilung mit einem mittleren Molekulargewicht von 2800. Bei dieser hohen Dosis wird das gesamte PMMA relativ schnell im Entwickler aufgelöst. PMMA darf jedoch nicht mit einer noch höheren Dosis bestrahlt werden, da es dann zu einer Schädigung in Form von Blasenbildung kommt, was eine defekt-

8 LIGA-Verfahren

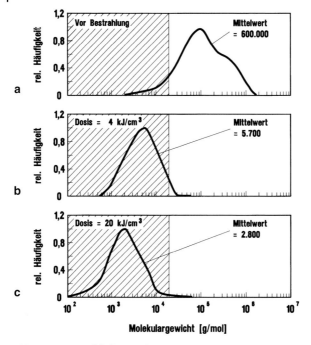

Abb. 8.3-5 Die Molekulargewichtsverteilung von PMMA vor und nach einer Bestrahlung mit 4 bzw. 20 kJ/cm³. Der Bereich, der im LIGA-Entwickler zu mehr als 50% aufgelöst wird (bei $T=38\,°C$), ist schraffiert gezeichnet.

freie Herstellung von Mikrostrukturen verhindern würde. Daher entspricht 20 kJ/cm³ dem Grenzwert, mit dem PMMA maximal bestrahlt werden darf. Dieser Wert ist von der Temperatur bei der Bestrahlung abhängig und sinkt mit höherer Temperatur im Resist. Für hohe Proben (z.B. 1 mm), bei denen die Wärmeabfuhr zum Substrat durch den höheren Wärmewiderstand des dickeren PMMA vermindert ist, sinkt dieser Wert auf ca. 14 kJ/cm³.

Es ist für die Röntgentiefenlithographie mit PMMA wesentlich, dass die notwendige Strahlendosis zum vollständigen Entfernen des Resists und zur Herstellung defektfreier Mikrostrukturen zwischen den beiden Grenzwerten von 4 und 20 kJ/cm³ liegt. Die im Resist abgelagerte Dosis darf also maximal um den Faktor 5 variieren. Hieraus lässt sich eine erste Anforderung an die Wellenlänge der Strahlung ableiten. Abb. 8.3-6 zeigt in Abhängigkeit der Wellenlänge für monochromatische Röntgenstrahlung die Tiefe, in welcher die absorbierte Dosis bzw. die Intensität um den Faktor 5 abgefallen ist. Daraus folgt unmittelbar, dass zur Strukturierung von z.B. 500 µm dicken Resistschichten mit monochromatischer Röntgenstrahlung die Wellenlänge höchstens 0,25 nm betragen darf. Der Abb. 8.3-6 ist auch zu entnehmen, dass die langwellige Strahlung in den oberen Schichten des Resists fast vollständig absorbiert wird und nicht bis in tiefere Schichten vordringen kann.

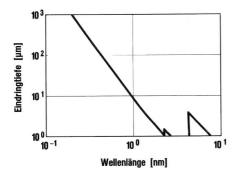

Abb. 8.3-6 Eindringtiefe monochromatischer Röntgenstrahlung in PMMA, bei welcher die Anfangsintensität auf 1/5 abgefallen ist.

Bei Verwendung von Synchrotronstrahlung ist die breite spektrale Verteilung (vgl. Abb. 6.9-3 in Abschn. 6.9.3) zu berücksichtigen. Sofern der langwellige Anteil der Strahlung nicht bereits durch Röntgenfenster im Strahlrohr absorbiert wird, muss er durch weitere Vorabsorber herausgefiltert werden, damit das Dosisverhältnis nicht überschritten wird.

In Abb. 8.3-7 ist dargestellt, wie stark und in welchen Bereichen in einem typischen Experiment zur Herstellung von Mikrostrukturen die Synchrotronstrahlung absorbiert wird. Um einen unmittelbaren Vergleich mit dem zu bestrahlenden PMMA zu erhalten, wird angegeben, welche Dosis in einem 1 μm

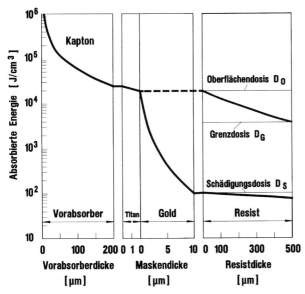

Abb. 8.3-7 Absorbierte Energie in einem 1 μm dicken PMMA-Probekörper im Strahlengang der Elektronen-Stretcher-Anlage ELSA in Bonn (2,3 GeV, $\lambda_c = 0{,}5$ mm, Elektronenstrom I = 50 mA, 1 h Bestrahlungszeit einer Fläche von $10 \cdot 100$ mm²).

dicken Probekörper aus PMMA abgelagert würde, wenn er sich an der betrachteten Stelle im Strahlengang befände [Bley91a].

Die Kurve ist exemplarisch für die Bonner Elektronen-Stretcher-Anlage ELSA mit einer charakteristischen Wellenlänge von 0,5 nm dargestellt. Die Versuchsbedingungen, besonders die Bestrahlungszeit und die Vorabsorber, wurden so gewählt, dass an der Unterseite einer 500 µm dicken Resistschicht der minimale Grenzwert von 4 kJ/cm^3 (Grenzdosis D_G) erreicht und an der Oberseite der maximale Grenzwert von 20 kJ/cm^3 (Oberflächendosis D_O) nicht überschritten wird. Da die langwellige Strahlung in einer relativ dünnen Schicht an der Oberfläche absorbiert wird, trägt diese nicht dazu bei, den unteren Grenzwert in der Tiefe zu erreichen. Um den oberen Grenzwert nicht zu überschreiten, wird der langwellige Teil der Synchrotronstrahlung durch einen 200 µm dicken Vorabsorber, der im Strahlengang vor der Maske angebracht ist, herausgefiltert. Als Vorabsorber wurde hier ein Polyimid (Kapton) gewählt, prinzipiell sind auch Beryllium oder andere Materialien einsetzbar. Wichtig ist, dass der Absorptionskoeffizient für weiche Röntgenstrahlung möglichst groß im Vergleich zu dem für harte Röntgenstrahlung ist.

Die Bereiche des Resists, die vom Absorber der Maske abgeschattet sind, dürfen vom Entwickler während der gewählten Entwicklungszeit praktisch nicht angegriffen werden, deshalb muss die in diesen Bereichen abgelagerte Dosis unter 100 J/cm^3 (Schädigungsdosis D_S) liegen. Aus diesem Wert leitet sich die Anforderung an den Kontrast der Maske von 200 ab. Um einen solch hohen Wert zu erreichen, muss in dem in Abb. 8.3-7 gezeigten Beispiel die Höhe der Goldabsorber etwa 10 µm betragen. Andere Gesichtspunkte (vgl. Abschn. 8.3.3) können eine noch größere Goldabsorberdicke erfordern.

Die Überlegungen zur Optimierung des Spektrums müssen für jede Quelle und jede Resistdicke neu angestellt werden. Die Konsequenzen für das effektiv auf den Resist treffende Strahlungsspektrum sind jedoch in allen Fällen ähnlich. Das Spektrum muss so modifiziert werden, dass dessen Schwerpunkt etwa bei der Wellenlänge liegt, die sich aus der monochromatischen Abschätzung ergibt (siehe Abb. 8.3-6).

8.3.3
Einflüsse auf die Strukturqualität

Eine der herausragenden Eigenschaften des LIGA-Verfahren ist es, hohe Strukturen herstellen zu können, deren Wände nur minimale Abweichungen von der Senkrechten aufweisen und die somit eine über der Strukturhöhe gleichbleibende Qualität besitzen. Abb. 8.3-8a zeigt eine mit der Röntgentiefenlithographie hergestellte, 400 µm hohe Teststruktur, deren Breite lichtoptisch vermessen wurde (Abb. 8.3-8b). Die Ausgleichsgerade durch die Messpunkte ergibt eine Änderung der Breite von 0,04 µm auf 100 µm [Mohr88]. Dieser Wert nimmt mit zunehmender Strukturhöhe zu. Für 3 mm hohe Strukturen wurden beispielsweise 0,25 µm pro 100 µm ermittelt. Dabei ist die Änderung im oberen Drittel der Struktur größer, was auf eine höhere Temperaturzunahme zurückzuführen ist [Ache00].

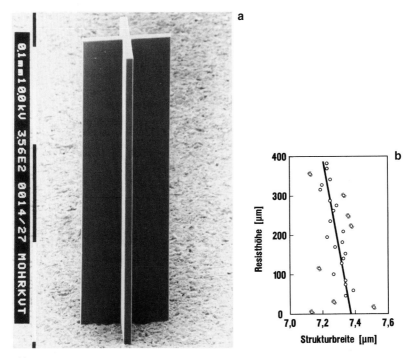

Abb. 8.3-8
a) Rasterelektronenmikroskopische Aufnahme einer 400 µm hohen Teststruktur.
b) Gemessene Strukturbreite in Abhängigkeit von der Strukturhöhe.

Einen Beitrag zur Abweichung von der Senkrechten können viele Komponenten oder Prozesse liefern: Die Mechanik während der Scan-Bewegung durch den Strahl, ungenügende Selektivität des Entwicklers und die direkten physikalischen Effekte, die durch die Röntgenstrahlung hervorgerufen werden [Münc84], sowie Effekte, die sich durch den Aufbau von Maske und Probe ergeben. Im Folgenden werden die verschiedenen Fehlerquellen näher betrachtet.

8.3.3.1 Fresnel-Beugung, Photoelektronen

In Abb. 8.3-9 ist der Effekt dargestellt, der sich aus der Fresnel-Beugung an einer Absorberkante ergibt, ebenso wie der Einfluss von Photoelektronen, die im Resist erzeugt werden. Weiterhin ist die Wirkung der Divergenz der Synchrotronstrahlung gezeigt.

Schattet eine Kante den einfallenden Lichtstrahl ab, so sind alle Punkte in der Ebene der Kante als Ausgangspunkte neuer, sich kugelförmig ausbreitender Lichtwellen zu betrachten. Diese Kugelwellen überlagern sich (Huygens-Prinzip) und führen zu Beugungserscheinungen (lokale Variation der Lichtintensität), deren Lage zur Kante von der Wellenlänge und vom lateralen Abstand des Betrachtungspunktes abhängt. Diese Beugungserscheinungen führen dazu, dass

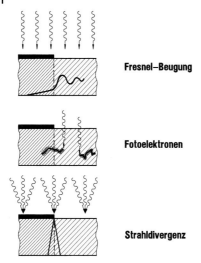

Abb. 8.3-9 Schematische Darstellung der genauigkeitsbegrenzenden Effekte (Verringerung der Kantensteilheit) bei der Röntgentiefenlithographie mit Synchrotronstrahlung.

auch in geometrisch abgeschatteten Bereichen Strahlung absorbiert und im Hellbereich weniger Strahlung abgelagert wird. Der Effekt ist besonders ausgeprägt bei monochromatischer Strahlung, da in diesem Fall die Bedingung für die Auslöschung der Lichtwellen (Gangunterschied $\lambda/2$) exakt erfüllt werden kann. Bei der polychromatischen Synchrotronstrahlung muss stets das gesamte Spektrum am interessierenden Ort betrachtet werden. Da die Bedingung für eine Interferenzauslöschung nur für jeweils eine Wellenlänge exakt erfüllt ist, die anderen Wellenlängen an diesem Punkt nicht ausgelöscht werden, ist der Beugungseinfluss geringer als bei monochromatischer Strahlung. Berechnet man den quantitativen Einfluss der Fresnel-Beugung unter der Annahme eines idealen Entwicklers, so zeigt sich, dass der Abstand des Intensitätsminimums von der idealen Schattengrenze mit abnehmender Wellenlänge etwa linear abnimmt. Definiert man als Kantenunschärfe aufgrund der Beugung den maximalen Abstand des Intensitätsminimums von der idealen Schattengrenze, so ergibt sich bei einer Resisttiefe von 500 µm quantitativ das in Abb. 8.3-10 dargestellte Ergebnis. Im für die Röntgentiefenlithographie interessierenden Wellenlängenbereich (< 1 nm) ist die Kantenunschärfe geringer als 0,1 µm.

Die Röntgenstrahlung löst im Resist bevorzugt Photoelektronen sowie Auger-Elektronen aus, deren Wechselwirkung mit dem Resistmaterial die angestrebte chemische Veränderung bewirkt. Diese Elektronen bewegen sich in dem Resist über statistische Stöße mit den Molekülen und haben aufgrund ihrer Energie eine endliche Reichweite. Sie geben auf ihrem Weg die Energie nach und nach ab. Dadurch kann auch Energie in die abgeschatteten Bereiche gelangen, was zu einer Verringerung der Kantenschärfe führt. Da die Reichweite der ausgelösten Elektronen etwa quadratisch mit der Energie zunimmt, steigt dieser Effekt mit kürzer werdender Wellenlänge der Synchrotronstrahlung an (Abb. 8.3-10). Für den interessierenden Wellenlängenbereich (> 0,1 nm) liegt die Reichweite allerdings unterhalb von 0,15 µm.

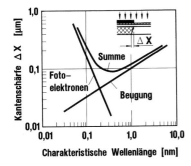

Abb. 8.3-10 Einfluss von Fresnel-Beugung und Photoelektronen auf die Kantenunschärfe Δx in einer Resisttiefe von 500 µm.

Der durch die Addition beider Effekte bedingte Gesamtfehler ist ebenfalls in Abb. 8.3-10 dargestellt. Die Unschärfe beträgt etwa 0,1 µm. Der minimale Fehler wird bei einer Wellenlänge von etwa 0,3 nm erreicht.

8.3.3.2 Divergenz der Strahlung

Die Synchrotronstrahlung ist nicht absolut parallel, sie hat eine endliche Divergenz, die sich aus zwei Anteilen zusammensetzt: Der erste Anteil ist die natürliche Divergenz aufgrund der endlichen Elektronenenergie, der zweite Anteil ist die Divergenz aufgrund der Schwingungen der Elektronenbahnen im Beschleuniger um die ideale Sollbahn, die so genannten Betatronschwingungen [Koch87]. Bei einem idealen Stromfaden – also ohne Berücksichtigung der Betatronschwingungen – ergibt sich für jede Wellenlänge der Synchrotronstrahlung ein eigener Öffnungswinkel. Dieser nimmt mit steigender Elektronenenergie ab.

Die Divergenz aufgrund der Betatronschwingung hängt erheblich von dem gewählten Maschinentyp und auch vom Ort des gewählten Tangentenpunktes der Elektronenbahn ab. Typische Werte liegen zwischen 0,1 und 1 mrad in horizontaler und vertikaler Richtung. Um den Einfluss der Strahldivergenz auf die Genauigkeit bei der Strukturerzeugung zu analysieren, muss die Auswirkung der Divergenz der Strahlung am Quellpunkt in der Entfernung der Bestrahlungsstation (etwa 10 m) betrachtet werden. Dabei ist zu berücksichtigen, dass die Probe in vertikaler Richtung durch den Strahl bewegt wird. Durch das Scannen wird jeder frei zugängliche Punkt der Probe mit allen im Strahl vorkommenden vertikalen Richtungen bestrahlt, d.h., in vertikaler Richtung sieht dieser Punkt die Strahlung unter allen möglichen Winkeln. Ein Punkt unterhalb der Absorberkante sieht nur eine Richtung der divergenten Strahlung. Dadurch wirkt sich an einer vertikalen Kante die volle Strahldivergenz auf die Strukturqualität aus.

In horizontaler Richtung führt die Divergenz lokal zu einer Schrägstellung der Strukturen auf der Grundplatte sowie zu einem Winkelfehler, der dem Akzeptanzwinkel entspricht, der sich aus der Strukturbreite ergibt. Das heißt, bei einem Abstand von 10 m und einer Strukturbreite von 200 µm sind maximale Abweichungen von der Parallelität von 0,01 mrad zu erwarten. Der Einfluss der horizontalen Divergenz auf die Strukturqualität kann somit vernachlässigt werden.

8.3.3.3 Neigung der Absorberwände zum Strahl

Eine Neigung der Absorberwände zum Strahl kann auf zwei Wegen entstehen. Zum einen lässt sich die Normale der Masken- und Probenebene nur mit endlicher Toleranz parallel zum Synchrotronstrahl einstellen. Zum anderen besitzen die Absorberwände auf der Maske aufgrund der Herstellung einen etwas kleineren Böschungswinkel. Insbesondere bei Herstellung der Masken durch optische Lithographie kann der Böschungswinkel im Bereich von 85° liegen.

Betrachtet man die Dosisablagerung unter einem schräg stehenden Absorber, so hat die Isodosislinie (Punkte gleicher Dosis) im Resist bei allen Maschinen, die für die Röntgenlithographie verwendet werden können, eine um einen Faktor 200 größere Steigung [Mohr88]. Dies bedeutet für eine Kantenneigung von 5° auf der Maske eine Konizität der Struktur von 0,8 mrad, was bei einer Strukturhöhe von 500 µm zu einer Abweichung der Strukturbreite über der Höhe von 0,4 µm führt.

8.3.3.4 Fluoreszenzstrahlung aus der Maskenmembran

Das Absorptionsvermögen aller Materialien wird von charakteristischen Kanten geprägt, an denen der Absorptionskoeffizient bei zunehmender Energie sprunghaft ansteigt. Dieser Anstieg rührt daher, dass die Energie der eingestrahlten Photonen ausreicht, um die Elektronen aus inneren Schalen (K, L) ins Kontinuum zu heben. Wenn diese angeregten Zustände wieder rekombinieren, wird Strahlung freigesetzt, die diesem Energieniveau entspricht (Fluoreszenzstrahlung). Diese Strahlung wird homogen über dem Raumwinkel abgestrahlt und kann somit auch unter den Absorber reichen. Dort wird vergleichbar zu den direkt bestrahlten Bereichen eine Schädigung des Resists ausgelöst, die soweit gehen kann, dass der Resist unter den üblichen Entwicklungsbedingungen gelöst werden kann. Damit ergibt sich eine verrundete Oberflächenkante. Der Effekt ist besonders dann kritisch, wenn die Absorberkante im Bereich des für die Strukturierung genutzten Synchrotronstrahlungsspektrums liegt. Dies ist für das als Maskenmembran verwendete Titan der Fall. Dessen Kante liegt bei einer Wellenlänge von 0,497 nm. In der in Abb. 8.3-11 dargestellten 1 mm hohen Struktur, die mit einer Titanmaske bestrahlt wurde, beträgt der Verrundungsradius ca. 150 µm. Der Effekt ist bei der Verwendung einer Berylliummembran deutlich geringer (Radius ca. 2 µm), da Beryllium keine Absorptionskante im interessierenden Wellenlängenbereich besitzt [Pant95].

8.3.3.5 Erzeugung von Sekundärelektronen aus der Haft- und Galvanikstartschicht

Wie bereits in Abschn. 8.3.1 erläutert, besteht die Substratoberfläche, auf die der Resist aufgebracht ist, aus einem Metall wie z. B. Titan oder Gold. Diese Schicht hat einen wesentlich höheren Absorptionskoeffizienten als das Resistmaterial. Dadurch steigt gerade in der Grenzfläche Resist-/Haftschicht der Wirkungsquerschnitt für die Produktion von Sekundärelektronen stark an. Diese Elektronen führen zu einer verstärkten Zerstörung des Resists in der Grenz-

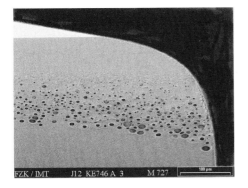

Abb. 8.3-11 1 mm hohe Reststruktur, die mit einer Titanmaske bestrahlt wurde. Die Verrundung der Strukturoberkante aufgrund der Fluoreszenzstrahlung ist deutlich zu erkennen.

schicht. Dieser Effekt spielt zwar in den bestrahlten Bereichen keine Rolle, kann aber in den von den Absorbern abgeschatteten Bereichen eine drastische Auswirkung auf die Haftung der Strukturen haben, sofern durch die Goldabsorber die Strahlung nicht genügend absorbiert wird. In der Abb. 8.3-12 ist dargestellt, wie die Haftung bei gleicher Goldabsorberdicke aber einem härteren Synchrotronstrahlungsspektrum, das zur Strukturierung verwendet wurde, abnimmt [Pant94]. Als Konsequenz muss die Dicke der Absorber deutlich über den in Abschn. 8.2.1.1 angegebenen Wert erhöht werden. Als Alternative dazu könnte auch der Anteil hochenergetischer Photonen im Spektrum vermindert

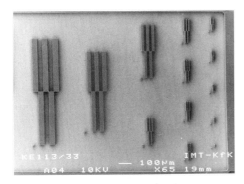

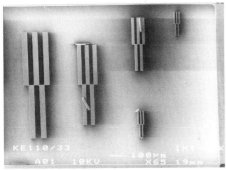

Abb. 8.3-12 Resiststrukturen nach Bestrahlung und Entwicklung mit der gleichen Maske aber mit unterschiedlichem Röntgenspektrum.
a) Bestrahlung mit weicherem Spektrum (Vorabsorber 25 μm Kapton).
b) Bestrahlung mit härterem Spektrum (Vorabsorber 125 μm Kapton).

werden. Dies lässt sich durch Röntgenspiegel ermöglichen, die unter sehr flachen Winkeln von der Synchrotronstrahlung getroffen werden.

8.3.3.6 Quellen des Resists

Der Vollständigkeit halber soll an dieser Stelle ein weiterer, die Qualität der Strukturen beeinflussender Effekt erläutert werden, obwohl er nicht durch die Röntgenbestrahlung, sondern durch den Entwicklungs- und Galvanikprozess ausgelöst wird. Werden beide Prozesse bei von der Raumtemperatur abweichenden Temperaturen durchgeführt, so ergibt sich eine thermisch bedingte Änderung der Breite der Reststrukturen. Diese beträgt bei PMMA beispielsweise bei einer Entwicklertemperatur von 35 °C ca. 0,1% und bei einer Galvaniktemperatur von 52 °C ca. 0,2%. Zusätzlich wurde beobachtet, dass sich eine weitere Längenänderung durch Feuchtigkeitsaufnahme des PMMAs (Quellen), die im Falle der Sättigung etwa 0,1% beträgt, ergibt. Da es sich beim Quellen um einen Diffusionsprozess handelt, hängt die Sättigungszeit erheblich von der Geometrie und der Temperatur ab. Für 100 µm breite Strukturen beträgt die Sättigungszeit weniger als zwei Stunden bei Raumtemperatur und weniger als 30 min bei einer Galvaniktemperatur von 52 °C. Da in dieser Zeit eine Galvanikschicht von nur 10–20 µm abgeschieden wird, werden die hohen Mikrostrukturen quasi vollständig deformiert.

Besonders deutlich machen sich die beiden Effekte der Längenänderung bei kreisringförmigen Strukturen bemerkbar. Bei einem Kreisring mit einem ursprünglichen Durchmesser von 500 µm vergrößert sich der Durchmesser bei einer Galvaniktemperatur von 52 °C um fast 5 µm; bei einer Galvaniktemperatur von 25 °C beträgt die Vergrößerung nur 1,5 µm [Ruzz00].

8.4
Galvanische Abscheidung

Die mit Hilfe der Röntgentiefenlithographie hergestellten Mikrostrukturen aus Kunststoff, meist PMMA, können in einigen Fällen schon das Endprodukt darstellen, wie z.B. im Falle mikrooptischer Komponenten (vgl. Abschn. 8.8.4). In vielen Fällen werden jedoch metallische Mikrostrukturen dadurch hergestellt, dass die Zwischenräume der Kunststoffstrukturen galvanisch mit Metall aufgefüllt werden. Zur Herstellung von Mikrostrukturen in einer kostengünstigen Kunststoffabformung (vgl. Abschn. 8.5) werden robuste und formstabile Abformwerkzeuge aus Metall benötigt. Die Fertigung dieser Formeinsätze erfolgt ebenfalls durch Röntgentiefenlithographie und anschließende galvanische Metallabscheidung. Daneben wird die Mikrogalvanik auch eingesetzt, um die Goldabsorberstrukturen der Röntgenmasken herzustellen (vgl. Abschn. 8.2.4).

Während zur Absorberherstellung auf der Maske die Goldgalvanik eingesetzt wird, wird zur Strukturherstellung überwiegend die Nickelgalvanik verwendet. Wesentlich geringere Bedeutung hatte bisher die Kupfergalvanik. Für Strukturen mit besonderer Anforderung wird auch die Legierungsgalvanik aus einer

Nickel-Kobalt-Lösung (Härte) oder aus einer Nickel-Eisen-Legierung (magnetische Eigenschaften) betrieben.

8.4.1
Galvanische Abscheidung von Nickel für die Mikrostrukturherstellung

Für die galvanische Herstellung von Mikrostrukturen aus Nickel, ebenso wie für Formeinsätze wird ein Nickelsulfamatelektrolyt eingesetzt. Er enthält 75–90 g/l Nickel in Form von Nickelsulfamat, 40 g/l Borsäure zur Pufferung und etwa 4 g/l eines anionenaktiven Netzmittels. Der pH-Wert des Bades liegt zwischen 3,6 und 4 und die Badtemperatur zwischen 50° und 65 °C.

Die Galvanik erfolgt auf den durch Röntgentiefenlithographie mit Strukturen versehenen Substraten, die in der Regel eine Haftschicht aus oxidiertem Titan aufweisen. Dies ist ein Kompromiss der gegensätzlichen Forderungen nach einer guten Resisthaftung und einer guten Startfähigkeit der Galvanik. Unter letzterem Gesichtspunkt wären Oberflächen aus Gold oder Kupfer, auf denen jedoch die Resisthaftung nicht ausreichend ist, wesentlich besser geeignet. Bei der Oxidation des Titans unter Einwirkung einer Wasserstoffperoxid-Lösung wird eine etwa 40 nm dicke Oxidschicht erzeugt, die sich wesentlich von einer natürlichen, nur etwa 3 nm dicken Oxidschicht unterscheidet. Diese künstlich erzeugte Oxidschicht auf der Titanoberfläche stellt eine sehr gute Startschicht für die galvanische Metallabscheidung dar und gewährleistet eine ausreichende Haftung der aufgebrachten Metallschicht. Dies kann darauf zurückgeführt werden, dass sich bei der Oxidation TiO_x bildet, wobei x etwas kleiner als 2 ist. Im Gegensatz zu kristallinem TiO_2, das einen ausgezeichneten Isolator darstellt, ist das bei der nasschemischen Oxidation entstehende amorphe TiO_x elektrisch leitend. Durch die nasschemische Oxidation wird die Titanoberfläche außerdem mikroskopisch aufgeraut, es entstehen so Mikrokanäle, in welchen sich der Resist mechanisch verankern kann. Auf diese Weise kann eine gute Haftung von Mikrostrukturen aus Kunststoff und Metall erreicht werden [Bach92].

Die relativ hohe Ni-Konzentration im Elektrolyten von 75 bis 90 g/l garantiert eine möglichst hohe Mikrostreufähigkeit. Dadurch werden Strukturen mit kleinem Querschnitt mit vergleichbarer Geschwindigkeit aufgefüllt wie Strukturen mit großem Querschnitt. Dies vermeidet den Einsatz von Einebnern, durch die nur dann eine hohe Gleichmäßigkeit der mikroskopischen Metallabscheidung erreicht werden kann, wenn die Konzentration der besonderen Stofftransportsituation bei den jeweiligen Mikrostrukturen angepasst wird.

Die Gleichmäßigkeit der Höhe von Strukturen mit unterschiedlichen Querschnittsabmessungen ist außerdem entscheidend von den Strömungsverhältnissen abhängig [Leye95]. Stofftransportunterschiede werden minimiert, wenn die Galvanisierstromdichte im Vergleich zur Diffusionsgrenzstromdichte klein gehalten wird. In diesem Fall findet ausschließlich Diffusion als Stofftransportmechanismus statt. Bedingung hierfür ist, dass die Reynold-Zahl kleiner als 2 ist. Bei größeren Reynold-Zahlen ergibt sich ein gemischt kontrollierter Stofftransport aus Diffusion und Konvektion.

Neben einer guten Gleichmäßigkeit im Mikrobereich muss auch über das gesamte Substrat, das eine Fläche von mehreren Quadratzentimetern haben kann, der Schichtaufbau gleichmäßig erfolgen, d. h., es dürfen an den Rändern keine untolerierbaren Überhöhungen auftreten. Die Ursache für eine solche makroskopische Metallüberhöhung ist eine ungleichmäßige Feldverteilung, die zum Rand hin zunimmt oder durch einen ungleichmäßigen Bedeckungsgrad auf dem Substrat hervorgerufen wird. Um eine Egalisierung der Feldverteilung und damit homogene Schichtdicken zu erreichen, werden geeignete Blenden aus dielektrischem Material vor dem Substrat angebracht.

Das im Elektrolyten enthaltene anionenaktive Netzmittel verleiht dem Elektrolyten die Möglichkeit, auch in die tiefen und engen Kanäle aus PMMA einzudringen, so dass die Galvanik überall auf der metallischen Grundplatte startet. Während als optimale Netzmittelkonzentration normalerweise der Wert angesehen wird, ab dem sich durch weitere Zugabe von Netzmittel die Oberflächenspannung nicht mehr verringert, wird beim LIGA-Verfahren eine höhere Netzmittelkonzentration verwendet. Das Benetzungsvermögen wurde hierzu über Messung des Kontaktwinkels zwischen PMMA und Elektrolyttropfen direkt gemessen. Für den bei 52 °C betriebenen Nickelsulfamatelektrolyten hat sich dabei eine Netzmittelkonzentration von etwa 0,5 % als optimal erwiesen. Bei dieser Dosierung nimmt die Oberflächenspannung von 75 mN/m ohne Netzmittel auf 25 mN/m ab. Der Kontaktwinkel zwischen PMMA und Elektrolyt, der ohne Netzmittel bei 70° bis 80° liegt, beträgt nach 10 Minuten Benetzungszeit nur noch etwa 5°, was als ausreichend gute Benetzung angesehen wird. Durch Evakuieren der Mikrostrukturplatte im Elektrolyten kann dessen Eindringen in die Resiststruktur weiter verbessert werden.

Die Abscheidung erfolgt bei Stromdichten von 1 bis 10 A/dm^2, die zu Aufwachsraten von 12 bis 120 mm/h führen. Die Stromdichte ist die entscheidende Größe für die sich in den Strukturen ergebenden inneren Spannungen, die nicht größer als 10 bis 20 N/mm^2 sein sollten. Diese geringen inneren Spannungen sind notwendig, damit sich eine größere, zusammenhängende Struktur, z. B. ein größeres Wabennetz oder ein Formeinsatz, nach dem Ablösen von der Grundplatte nicht verbiegt oder sich während des Prozesses schon von der Grundplatte ablöst.

Die inneren Spannungen variieren über der Dicke der abgeschiedenen Schicht, wobei je nach Stromdichte sowohl Druck- als auch Zugspannungen auftreten können (Abb. 8.4-1) [Hars88]. Mit zunehmender Stromdichte gehen die inneren Spannungen von Druck- in Zugspannungen über. Mit zunehmender Dicke nehmen die inneren Spannungen zunächst rasch ab, um dann bei Dicken größer als 50 µm etwa konstant zu bleiben. Im Beispiel können Schichtdicken über 50 µm bei einer Stromstärke von 5 A/dm^2 praktisch ohne innere Spannungen abgeschieden werden. Weiteren Einfluss auf die inneren Spannungen haben die Art und die Konzentration des zugegebenen Netzmittels.

Beim Nickelsulfamatelektrolyten können die inneren Spannungen auch über die Abscheidetemperatur kontrolliert werden, da diese mit zunehmender Abscheidetemperatur abnehmen. Einer starken Erhöhung der Betriebstemperatur

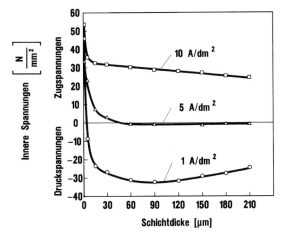

Abb. 8.4-1 Einfluss der Schichtdicke und der Abscheidestromdichte auf die inneren Spannungen von galvanisch abgeschiedenen Nickelschichten (Nickelsulfamatbad).

stehen jedoch Verdampfungsverluste und eine verkürzte Standzeit des Elektrolyten sowie die in Abschn. 8.3.3.6 genannten Quelleffekte entgegen.

Die Stromdichte beeinflusst auch die Vickers-Härte der Strukturen. Dabei werden, wie in Abb. 8.4-2 gezeigt, bei kleinen Abscheidestromdichten (1 A/dm^2) mit 350 die höchsten Werte gemessen, während mit zunehmender Stromdichte die Härte zunächst schnell und dann langsam auf Werte um 200 abfällt.

Mitverantwortlich hierfür ist die Wasserstoffabscheidung, die mit zunehmender Stromdichte größer wird. Die entstehenden Wasserstoffblasen können an den Wänden der Mikrostrukturen hängen bleiben, so dass an diesen Stellen kein Nickel abgeschieden wird und Poren in der Nickelschicht entstehen. Diese Poren treten nur dann auf, wenn Verunreinigungen im Elektrolyten, die als Keime zum Ausperlen und Haften des Wasserstoffs dienen, vorhanden sind. Als

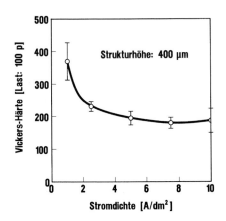

Abb. 8.4-2 Einfluss der Abscheidestromdichte auf die Vickers-Härte einer 400 μm hohen Nickelschicht, die aus einem Nickelsulfamatbad abgeschieden wurde (Prüflast 100 p).

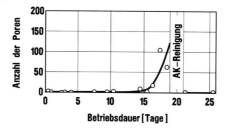

Abb. 8.4-3 Anzahl der Poren auf einem 5 cm² großen Substrat mit galvanisch abgeschiedenen Mikrostrukturen in Abhängigkeit von der Betriebsdauer eines Nickelsulfamatbades und nach einer Aktivkohlereinigung.

Verunreinigung kommen feste Partikel, wie Staub aus der Luft und Anodenschlamm, Nickelhydroxid oder Bestandteile des Netzmittels und dessen Abbauprodukte, in Frage. Daher müssen feste Verunreinigungen, die entweder in den Elektrolyten eingetragen werden oder bei der Elektrolyse entstehen, durch kontinuierliches Umpumpen über Filter mit 0,2 μm Porenweite entfernt werden.

Die organischen Verunreinigungen werden durch eine Aktivkohlereinigung eliminiert. Diese Aktivkohlereinigung muss je nach Badbelastung erfolgen. In einem neuangesetzten Nickelsulfamatelektrolyten treten keine Poren auf (Abb. 8.4-3). Auch bei weiteren Proben, die mit Stromdichten zwischen 1 und 10 A/dm² während einer Betriebsdauer von ca. 14 Tagen galvanisiert wurden, wurden keine Defekte beobachtet. Danach steigt allerdings die Defektrate drastisch an. Nach einer Aktivkohlereinigung, bei welcher auch das unverbrauchte Netzmittel völlig entfernt wird, und anschließender Einstellung der ursprünglichen Netzmittelkonzentration werden wieder defektfreie Mikrostrukturen galvanisiert. Ursache für den Anstieg der Defektrate ist, dass sich im Laufe der Betriebszeit ein organisches Abbauprodukt des Netzmittels im Elektrolyten anreichert, das bei Überschreiten der kritischen Konzentration die verstärkte Porenbildung auslöst.

Mit den oben diskutierten Betriebsparametern des Nickelbades ist es möglich, enge und tiefe Kanäle im Resist galvanisch sauber mit Metall aufzufüllen. Dabei werden Details der Kunststoffform, die im Submikrometerbereich liegen, noch mit hoher Präzision abgebildet. Die Abb. 8.4-4 zeigt als Beispiel ein Wabennetz aus Nickel. Die Höhe beträgt 180 μm, die Wandstärke 8 μm. Zu erken-

Abb. 8.4-4 Beispiel für eine metallische Mikrostruktur, die aus einem Nickelsulfamatbad abgeschieden wurde. Die Wandstärke der Waben beträgt 8 μm, die Strukturhöhe 180 μm. Submikrometergroße Unebenheiten der Absorberkanten, die schon auf der Röntgenmaske vorhanden waren, werden detailgetreu als Riefen abgebildet. Zum Größenvergleich ist ein menschliches Haar über die Struktur gelegt.

nen ist, dass selbst kleinste Unregelmäßigkeiten der Kanten, die schon auf der Maske vorhanden waren, in Form kleinster Riefen abgebildet werden.

Die Oberfläche der abgeschiedenen Nickelstrukturen hängt sehr von der Rauigkeit des Untergrundes und der Schichtdicke ab. Im Allgemeinen ergibt sich für Schichten mit Höhen über 100 µm eine Rauigkeit (R_a), die etwas unter 1 µm liegt. Die Rauigkeit der galvanisch erzeugten Oberfläche kann – falls erforderlich – durch mechanische Nachbearbeitung (Läppen, Polieren, Fräsen) reduziert werden.

8.4.2
Formeinsatzherstellung für die Mikroabformung

Die Herstellung eines LIGA-Formeinsatzes ist in Abb. 8.4-5 schematisch dargestellt. Prinzipiell wird wie bei der Herstellung von metallischen Mikrostrukturen verfahren, d.h., es wird von röntgenlithographisch erzeugten Mikrostrukturen ausgegangen, die auf einer metallischen Grundplatte stehen. Die Metallabscheidung wird jedoch nicht beendet, wenn das Metall den oberen Rand der Resiststrukturen erreicht hat, sondern sie wird fortgesetzt, so dass sich auch über den Mikrostrukturen Metall abscheidet, d.h., die Strukturen werden lateral überwachsen. Dies erfolgt so lange, bis sich eine ca. 5 mm dicke Metallplatte, auf deren Unterseite sich die Mikrostrukturen befinden, ausgebildet hat. Da die Mikrostrukturen und die Metallplatte in einem kontinuierlichen Abscheideprozess hergestellt werden, ergibt sich eine ausgezeichnete Verbindung der Mikro-

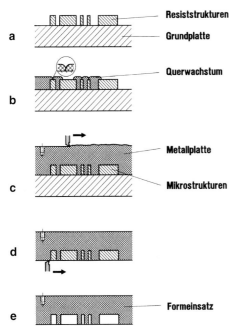

Abb. 8.4-5 Prinzip der Herstellung eines LIGA-Formeinsatzes:
a) Herstellung von Mikrostrukturen aus Resist durch Röntgentiefenlithographie.
b) Galvanische Abscheidung von Nickel in den Mikrostrukturen und Übergalvanisierung der Struktur.
c) Bildung einer stabilen Metallplatte oberhalb der Mikrostrukturen und mechanische Bearbeitung.
d) Abtrennen der Grundplatte und ggf. Oberflächenbearbeitung der Stirnfläche,
e) Entfernen des Resists.

strukturen mit der Metallplatte. Bei der galvanischen Herstellung der stabilen Metallplatte ist besonders darauf zu achten, dass keine inneren Spannungen, die zu einer Verbiegung des Formeinsatzes führen können, auftreten. Wegen dieser Gefahr muss die Stromdichte bei dieser für die Strukturen unkritischen Metallabscheidung begrenzt werden.

Nach einer Oberflächenbearbeitung der Rückseite des Formeinsatzes wird der Formeinsatz von der Grundplatte entfernt. Um eine leichte mechanische Abtrennung durch paralleles Abziehen zu ermöglichen, wird die Grundplatte vor der Galvanoformung so behandelt, dass sich eine schlechte Haftung zwischen dem Formeinsatz und der Grundplatte ergibt. Es ist jedoch auch möglich, die Grundplatte selektiv gegen den Nickelformeinsatz wegzuätzen, so dass der Formeinsatz keine mechanische Beanspruchung bei der Trennung erfährt.

Die Oberflächenbeschaffenheit der Stirnfläche des Formeinsatzes entspricht der Oberflächenbeschaffenheit der Grundplatte. Bei ausreichender Oberflächenqualität der Grundplatte ist keine Oberflächenbearbeitung erforderlich. Es ist jedoch durchaus möglich, vor Entfernen des Resists die Stirnflächen des Formeinsatzes durch Läppen oder Polieren auf die geforderte Rauigkeit bzw. Ebenheit zu bringen.

Die Grundflächen der Formhohlräume werden durch Überwachsen der Kunststoffformen bei der galvanischen Abscheidung von Metall erzeugt. Da die Rauigkeit der Resistoberfläche meist sehr klein ist, ist auch die Rauigkeit der Grundfläche der Formhohlräume sehr gering. Lediglich in der Mitte der Resiststrukturen, d.h. an den Stellen, an welchen die Galvanik beim Querwachstum zusammenwächst, ergibt sich im Allgemeinen eine mikroskopisch kleine Nahtstelle. Diese ist bei Resistbereichen mit einer Breite bis zu ca. 0,4 mm noch genügend klein. Falls größere Bereiche überwachsen werden müssen, wird das Querwachstum der galvanischen Abscheidung auf der Resistoberfläche dadurch vergrößert, dass die Oberfläche des Resists durch geeignete Beschichtungen elektrisch leitfähig gemacht wird.

Die so erzeugten LIGA-Formeinsätze aus Nickel werden bei Reaktions-, Spritzguss- und Prägeprozessen (vgl. Abschn. 8.5) eingesetzt. Sie halten dabei problemlos Temperaturen bis 150 °C und Drücke bis zu 10 MPa aus. Selbst nach mehreren 1000 Spritzgusszyklen zeigen die Mikrostrukturen keinen sichtbaren Verschleiß oder andere Degradation.

8.4.3
Galvanische Abscheidung weiterer Metalle und Legierungen

Prinzipiell können mit dem LIGA-Verfahren Mikrostrukturen aus allen Metallen und Legierungen, die sich galvanisch abscheiden lassen, hergestellt werden. Dabei müssen jedoch die Anforderungen an Mikrostreufähigkeit, Benetzung, innere Spannungen und geringe Gasbildung erfüllt werden.

Neben Absorberstrukturen für Röntgenmasken wurden auch Mikrostrukturen aus Gold mit Höhen von mehreren 100 µm hergestellt. Dabei wurden sowohl cyanidische wie sulfitische Goldelektrolyten eingesetzt. Auf die Vorteile sulfitischer Goldelektrolyte wurde schon bei der Maskenherstellung (vgl. Abschn. 8.2.4) eingegangen.

Zur Herstellung von Mikrostrukturen aus Kupfer kommen sowohl Sulfat- als auch Fluoroboratelektrolyte in Frage. Sulfatelektrolyte ergeben eine 100%ige Stromausbeute, duktile und spannungsarme Niederschläge und eine gute Einebnung. Es sind hierzu jedoch organische Badzusätze erforderlich, die im Betrieb schwer analysierbar sind, so dass die notwendige Konstanthaltung der Badzusammensetzung erschwert wird. Auch sind Cu-Sulfatbäder gegen Verunreinigungen empfindlich. Fluoroboratbäder erlauben ebenfalls eine 100%ige Stromausbeute und spannungsarme Niederschläge, es sind jedoch keine Zusätze erforderlich und die Bäder sind gegen Verunreinigungen unempfindlicher. Negativ sind bei Fluoroboratbädern die hohe Korosivität und die geringe Härte (etwa 120 Vickers-Härte) der abgeschiedenen Schichten. Ebenso ist in einigen Fällen (bei unedlen Startschichten) eine Vorverkupferung notwendig. Verschiedene LIGA-Strukturen aus Kupfer wurden sowohl mit Sulfat- als auch mit Fluoroboratelektrolyten erfolgreich hergestellt (vgl. Abschn. 8.8).

LIGA-Strukturen werden außer aus reinen Metallen auch aus Metalllegierungen hergestellt. Aus einem modifizierten Nickelsulfamatelektrolyten wurde eine Legierung aus Nickel und Kobalt erfolgreich abgeschieden [Eich92]. Diese Ni-Co-Legierung zeichnet sich durch eine höhere Härte als reines Nickel aus.

Von besonderem Interesse sind Eisen-Nickel-Legierungen, da z. B. Permalloy, eine Legierung mit 80 Gew.-% Nickel, weichmagnetisch ist und neben einer hohen Sättigungsmagnetisierung eine geringe Koerzitivfeldstärke besitzt. Diese magnetischen Eigenschaften können bei der Entwicklung von Mikroaktoren eine wichtige Rolle spielen.

Die Abscheidung einer Legierung mit homogener und vorgegebener Zusammensetzung aus einem entsprechenden Elektrolyten ist in dem Fall von Mikrostrukturen besonders schwierig. Neben der Zusammensetzung des Elektrolyten und den Abscheideparametern (Stromstärke, Temperatur usw.) ist die Stromdichte bei der elektrochemischen Legierungsabscheidung von Fe/Ni in Hinblick auf die Zusammensetzung besonders wichtig. Bei hohen Stromdichten ist die Eisenabscheidung diffusionskontrolliert, was bedeutet, dass nicht genügend Eisen durch die Diffusionsgrenzschicht nachgeliefert werden kann und sich somit eine Verarmung an Eisen in den Strukturen ergibt. Bei niedrigen Stromdichten wird die Legierungszusammensetzung dagegen nicht durch den Stofftransport beeinflusst. Der Übergang zu einer diffusionskontrollierten Abscheidung ist eine Frage der Dicke der Diffusionsschicht und setzt mit zunehmender Diffusionsschichtdicke bei immer niedrigeren Stromdichten ein. Da gerade bei Mikrostrukturen aufgrund des hohen Aspektverhältnisses eine große Diffusionsschichtdicke – im Bereich der Strukturhöhe – vorliegt, sind die Stromdichten bei der Mikro-Legierungsgalvanik deutlich geringer als bei der herkömmlichen Galvanik. Sie liegen im Bereich von wenigen A/dm^2 [Thom95]. Unter Beachtung dieser Randbedingungen lassen sich Mikrostrukturen aus Ni/Fe (80/20) mit einem gleichbleibenden Nickel-Eisen-Gehalt herstellen.

Die magnetischen Eigenschaften solcher Strukturen sind mit denen von Schmelzlegierungen vergleichbar. Die Sättigungsmagnetisierung ist mit 1,1 Tesla etwa 5% kleiner als jene von Schmelzlegierungen. Diese geringen Unterschiede lassen sich auf eine Mischkristallstruktur bei den Mikrostrukturen zurückführen. Während bei der 80:20 Legierung keine Unterschiede der Eigenschaften senkrecht und parallel zur Wachstumsrichtung gemessen wurden, sind diese bei reinem Nickel und bei 50:50 Legierungen deutlich vorhanden. Sie lassen sich durch Tempern der Proben, was eine Umkristallisierung bewirkt, vermeiden. Betrachtet man die Sättigungsmagnetisierung von mikrostrukturierten Ni-Fe-Proben als Funktion des Eisengehaltes, so ist mit zunehmendem Eisengehalt bis zu etwa 55% ein Anstieg auf etwa 1,4 Tesla festzustellen. Anschließend fällt die Sättigungsmagnetisierung wieder ab. Ursache hierfür ist der Wechsel der Kristallstruktur von kubisch flächenzentriertem Awaruit zum kubisch raumzentrierten Kamacit [Abel95].

8.5
Kunststoffabformung im LIGA-Verfahren

Es ist leicht ersichtlich, dass die geschilderten Prozessschritte, die zur Herstellung einer Primärstruktur in PMMA oder mittels galvanischer Abscheidung zu einer metallischen Komplementärstruktur führen, aufwändig, personalintensiv und daher teuer sind. Interessant für eine industrielle Vermarktung wird das LIGA-Verfahren besonders durch die Möglichkeit der Vervielfältigung durch Spritzguss, Reaktionsguss oder Prägeverfahren, also typische Verfahren für eine Massenfertigung. Im Folgenden wird deshalb näher auf die Verfahren der Abformung eingegangen. Im Hinblick auf die Mikroabformung unterscheiden sich diese Verfahren weniger in den Maschinen als in der für die Mikrotechnik speziellen Werkzeugaufnahme sowie der Prozessführung und -regelung. Außerdem werden besondere Anforderungen an die Abformwerkzeuge gestellt.

Der Formeinsatz muss so beschaffen sein, dass eine zerstörungsfreie Entformung des Formteils möglich ist, d.h., die Oberflächenrauigkeit des Formeinsatzes und die Haftung des Kunststoffes auf der Einsatzoberfläche müssen sehr gering sein, ebenso dürfen die Einsätze keine Hinterschneidungen aufweisen. Bei der Entformung muss ein Verkanten des Formteils vermieden werden, um die Mikrostrukturen nicht zu beschädigen. Das heißt aber, dass die Entformung sehr genau parallel geführt werden muss. Beim Formfüllvorgang muss der Kunststoff kleinste Strukturabmessungen, die im Submikrometerbereich liegen können, mit hoher Abbildungsgenauigkeit abformen. Dies erfordert ein gutes Formfüllvermögen der Kunststoffe. Durch die Prozessführung müssen Maßnahmen ergriffen werden, um Volumenänderungen des Kunststoffes beim Aushärten zu vermeiden oder entgegenzuwirken. Nur dann können die Bildung von Lunkern oder ein Aufschrumpfen des Kunststoffes auf die Metallstrukturen verhindert und die Maßhaltigkeit der Formteilabmessungen gewährleistet werden.

8.5.1
Herstellung von Mikrostrukturen im Reaktionsgießverfahren

Beim Reaktionsharzgießen (auch Reaction Injection Moulding (RIM) genannt) sind die Ausgangsmaterialien niederviskose Monomere, die kurz vor dem Einspritzen in die Form mit den eine Polymerisation auslösenden Initiatoren in einer Mischkammer vermischt werden. Nach dem Einspritzen in die Form härten die Formmassen durch die Polymerisation aus. Das klassische Material für das Reaktionsharzgießen ist Polyurethan.

In Abb. 8.5-1 ist das Schema einer RIM-Maschine gezeigt [Maco89]. Zwei oder mehr flüssige Reaktanten werden unter hohem Druck von typischerweise 100 bis 200 bar in die Mischkammer eingespritzt, wo sie sich durch die hohe Geschwindigkeit miteinander vermischen. Die Dosierung in die Mischkammer muss sehr präzise geschehen, da für die Reaktion das korrekte stöchiometrische Verhältnis eingehalten werden muss. Die Mischung fließt unter verhältnismäßig niedrigem Druck von 10 bar oder weniger – im Gegensatz zum Spritzgießen – mit weiterhin niederer Viskosität in die Form, da die Polymerisationsreaktion zeitverzögert einsetzt. Die niedrige Viskosität und der daraus resultierende niedrige Einspritzdruck sind die Gründe für den wachsenden Erfolg des RIM-Verfahrens. Es wurden bereits Gießstücke von bis zu 50 kg Gewicht hergestellt. Große Formen für das Reaktionsharzgießen sind wegen der geringen mechanischen Beanspruchung aufgrund des geringen Drucks relativ kostengünstig herzustellen.

Im Gegensatz zum herkömmlichen Reaktionsharzgießen ist es beim Reaktionsharzgießen von Mikrostrukturen in der Regel notwendig, die Formen vor dem Befüllen zu evakuieren, um sicherzustellen, dass beim Befüllen der Strukturen keine Gasblasen eingeschlossen werden, die aufgrund der hohen Oberflächenspannung der Formmasse nicht mehr entweichen können.

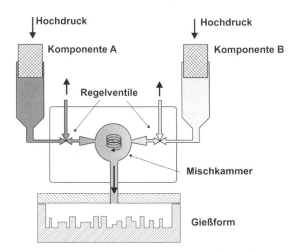

Abb. 8.5-1 Funktionsschema einer Reaktionsgießmaschine (Reaction Injection Moulding = RIM).

Außerdem ist zu beachten, dass die Formmassen bei der Polymerisation einen unvermeidlichen Reaktionsschwund zeigen, der bis zu 20% des Volumens betragen kann. Während sich das damit verbundene Wegschwinden von der Form positiv bei der Entformung auswirken kann, muss jedoch sichergestellt werden, dass der Reaktionsschwund nicht zu Einfallstellen oder Lunkern in der Mikrostruktur führt. Zum Ausgleich dieses Reaktionsschwundes wird während der Polymerisation ein hoher Nachdruck auf die Formmasse ausgeübt. Dadurch wird die noch fließfähige Formmasse in den Formhohlraum nachgeschoben, sobald dort durch den Reaktionsschwund eine Volumenabnahme entsteht. Da dieser hohe Nachdruck allseitig auf die Strukturen des Formeinsatzes wirkt, kann es hierbei zu keiner Beschädigung des Formeinsatzes kommen. Es muss jedoch sichergestellt werden, dass die Formmasse in dem Angusskanal nicht schneller aushärtet als in der eigentlichen Form. Aus diesem Grund wird der Angusskanal in der Regel kälter gehalten als die Form.

In Abb. 8.5-2 ist eine Laboranlage für die Abformung von Mikrostrukturen mit Kunststoff im Vakuum-Reaktionsgießverfahren schematisch dargestellt. Die Anlage besteht aus einer Vakuumkammer, in die ein zweigeteiltes Werkzeug (düsenseitiger und schließseitiger Werkzeugkörper) eingebaut ist, einem Arbeitsbehälter, einem Nachdruckzylinder und einem Hydraulikantrieb, mit dem Werkzeug und Vakuumkammer geschlossen und geöffnet werden. In der Abbildung ist die Anlage bei bereits geschlossener Vakuumkammer, aber noch geöffnetem Werkzeug dargestellt. In diesem Zustand werden das Werkzeug und die Angussbuchse evakuiert. Mit dem Hydraulikantrieb wird das evakuierte Werkzeug vor dem Befüllen mit der Formmasse mit einer einstellbaren Schließkraft

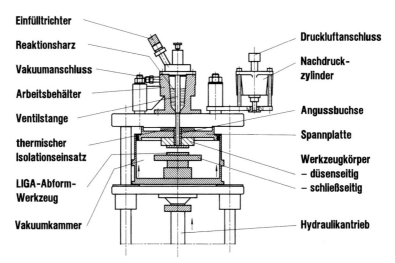

Abb. 8.5-2 Schematische Darstellung einer Vakuum-Reaktionsgießanlage für den Laborbetrieb.

(0 bis 50 kN) geschlossen. Dabei werden die beiden Werkzeughälften mit Führungsbolzen und -buchsen geführt.

Die vermischte Reaktionsformmasse wird über einen Einfülltrichter in den Arbeitsbehälter eingebracht, der durch die Ventilstange zur Vakuumkammer hin verschlossen ist. Nach dem Entgasen der Formmasse durch Evakuieren des Arbeitsbehälters, um die beim Vermischen eingetragene Luft zu entfernen, wird in den Arbeitsbehälter oberhalb der Formmasse ein Gas eingelassen, durch das die Formmasse nach dem Öffnen der Ventilstange über die Angussbuchse in den Formhohlraum des evakuierten und geschlossenen Werkzeugs gedrückt wird. Durch diese Gasbeaufschlagung können Drücke bis zu 3 MPa realisiert werden.

Nach dem Befüllen des Formhohlraumes kann zum Aufbringen eines größeren Nachdrucks auf die Formmasse der Arbeitsbehälter gegen einen hydraulischen Nachdruckzylinder ausgetauscht werden. Mit diesem Nachdruckzylinder wird ein Zylinderstift in die Angussbohrung gedrückt, womit Nachdrücke bis zu 30 MPa erreicht werden.

Zum Entformen wird die Vakuumkammer mit 0,1–0,3 MPa Überdruck beaufschlagt. Da die Vakuumkammer noch einige Millimeter über dem Entformungsweg geschlossen bleibt, wird während des Entformungsvorganges der Überdruck in der Vakuumkammer aufrechterhalten. Durch das Zurückfahren der Schließeinheit gegen den Kammerdruck kann der Werkzeugkörper ruckfrei geöffnet werden.

Üblicherweise erfolgt die Polymerisation der Reaktionsgießharze bei erhöhten Temperaturen. Aus diesem Grund wird der Werkzeugkörper der Anlage, in den ein Kanalsystem eingebracht ist, über ein Ölbad aufgeheizt und abgekühlt. Ein Isolationseinsatz entkoppelt weitgehend die temperaturempfindliche Formmasse im Arbeitsbehälter von diesen Temperaturänderungen.

Durch Tempern vor der Entformung bei Temperaturen um die Glasübergangstemperatur – im Falle von PMMA etwa 110 °C – wird zum einen der maximale Härtungsgrad erreicht, indem der Restgehalt des Monomers reduziert wird, zum anderen werden auch innere Spannungen im Formteil weitgehend abgebaut, so dass nach der Entformung ein Verzug der Mikrostrukturen bzw. später im Galvanikbad eine Spannungsrisskorrosion weitgehend vermieden werden kann.

Der Reaktionsschwund während der Polymerisation kann sich positiv auf die Entformkraft auswirken. Um die Entformkraft, die ein Maß für die Haftung zwischen Formeinsatz und Mikrostruktur ist, weiter zu senken, werden den Formmassen üblicherweise Trennmittel zugesetzt, die während der Polymerisation aus der Formmasse ausschwitzen und somit einen Grenzfilm zwischen Formeinsatz und Struktur bilden. Dieser Trennmittelfilm kann allerdings auch eine größere Rauigkeit der Strukturwände nach sich ziehen.

Trotz dieser Maßnahmen ist der Entformungsprozess im Hinblick auf die fragilen Mikrostrukturen ein sehr kritischer Prozess. Die Parameter Entformungsgeschwindigkeit und Entformungstemperatur müssen genau auf das Polymer und auf die Struktur abgestimmt werden. Als Faustregel gilt, dass die Entformungstemperatur etwa 20 °C unter der Glasübergangstemperatur liegen sollte. Die Entformungsgeschwindigkeit sollte zumindest bei Beginn des Entformungsprozesses sehr klein sein.

Obwohl das Reaktionsharzgießen bei der Herstellung von Mikrostrukturen aufgrund der geringen Arbeitsdrücke und der damit verbundenen geringen Belastung der Mikrostrukturen beim Befüllvorgang durchaus Vorteile aufweist, verliert es immer mehr an Bedeutung durch die Tatsache, dass die Polymerisationsreaktion in den mikrostrukturierten Formeinsätzen schwer kontrollierbar ist und oft reaktive, explosive Reaktanten eingesetzt werden müssen.

8.5.2
Herstellung von Mikrostrukturen im Spritzgießverfahren

Im Spritzgießverfahren [Domi73] werden auspolymerisierte Kunststoffe als Granulat, in Pulverform oder als Strangprofile verarbeitet. Die Formmasse wird durch Erwärmen in der Plastifiziereinheit einer Spritzgießmaschine aufgeschmolzen. In diesem mehr oder weniger zähflüssigen Zustand wird sie in den Formhohlraum eines Spritzgießwerkzeuges eingespritzt. Die Verfestigung der Formmasse erfolgt durch Abkühlen der Kunststoffschmelze im Spritzgießwerkzeug. Klassische Materialien für das Spritzgießen sind Polyvinylchlorid (PVC), Polyacrylnitrilbutadienstyrol (ABS) und auch PMMA. Entsprechend der Ausrüstung einer Spritzgießmaschine können Thermoplaste, Duroplaste und Elastomere verarbeitet werden.

- Thermoplaste werden durch Erwärmen plastisch und können mehrmals verarbeitet werden. Zu unterscheiden sind aufgrund ihrer Struktur amorphe und teilkristalline Thermoplaste.

- Duroplaste reagieren durch Einwirkung von Wärme und vernetzen. Sie lassen sich im Gegensatz zu Thermoplasten nicht mehr aufschmelzen. Die technisch wichtigsten Duroplaste sind: Phenolformaldehyd, Melaminformaldehyd, Epoxydharz, Silikonharz und Polyurethan.

- Elastomere sind Kunststoffe, deren plastisch-elastisches Verhalten dem des Naturkautschuks ähnlich ist, sie werden meist unter dem Sammelbegriff synthetischer Kautschuk zusammengefasst.

Das Funktionsprinzip einer Spritzgießmaschine ist in Abb. 8.5-3 dargestellt [Schw88]. Der Spritzgussvorgang lässt sich in drei Schritte unterteilen:

- Plastifizieren, d.h. Aufschmelzen, des Rohstoffs durch Erhitzen des Polymers im Bereich der Transportschnecke.

- Einspritzen der Schmelze in den normalerweise kalten Werkzeughohlraum unter hohem Druck. Diese Aufgabe übernimmt die Einspritzeinheit.

- Öffnen des Werkzeugs und Auswurf des gehärteten Spritzteils.

Die Aufnahme des Werkzeugs erfolgt durch zwei Aufspannplatten, wovon mindestens eine beweglich sein muss, um das Werkzeug öffnen und schließen zu können. An die bewegliche Aufspannplatte schließt sich eine Vorrichtung zur Aufbringung und Aufrechterhaltung einer Schließkraft an. Dieser Teil der

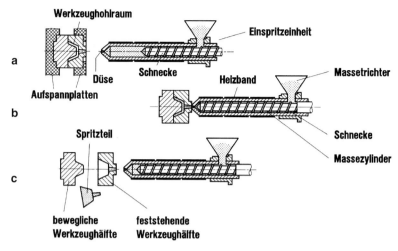

Abb. 8.5-3 Das Funktionsprinzip einer Spritzgießmaschine.

Spritzgießmaschine wird Schließeinheit genannt. Die Hydraulik besteht aus einer Pumpe und einem Rohrsystem mit Ventilen, Schiebern und Drosseln zur Erzeugung von Druck zur Steuerung der Bewegungsabläufe.

Die Formmasse in Form von Granulat oder Pulver befindet sich in einem Trichter, der über der Einfüllöffnung des Massezylinders angeordnet ist und mittels Schieber geöffnet oder geschlossen werden kann. Im Massezylinder bewegt sich eine Schnecke in axialer Richtung. Durch Drehen der Schnecke gelangt Formmasse durch die Einfüllöffnung in die Schneckengänge und durch die Drehbewegung vor die Schneckenspitze. Durch den mit elektrischen Heizbändern oder temperiertem Öl erwärmten Zylinder wird die Formmasse gleichzeitig aufgeschmolzen. Durch Vorlaufen der Schnecke wird die Schmelze vorverdichtet und unter Druck durch eine Düse in ein geschlossenes Werkzeug gespritzt. Im Werkzeug erstarrt und erkaltet die Masse und kann als Fertigteil nach kurzer Zeit entformt werden.

Die Parameter Temperatur, Zeit und Druck müssen sehr sorgfältig geregelt werden, damit die in den Arbeitstakten enthaltenen Funktionen Plastifizieren, Einspritzen und Abkühlen reproduzierbar durchgeführt werden können. In Abb. 8.5-4 sind die bei den einzelnen Funktionszyklen beeinflussbaren Materialparameter für den Fall des makroskopischen Spritzgusses aufgelistet [Habe90].

Obwohl sich der Vorgang beim Spritzgießen von Mikrostrukturen nicht sehr vom herkömmlichen Spritzguss unterscheidet, sind zwei wesentliche Punkte entscheidend. Genau wie beim Reaktionsgießen muss auch beim Mikrospritzgießen evakuiert werden. Nur so können die für das LIGA-Verfahren typischen Aspektverhältnisse hergestellt werden. Während beim herkömmlichen Spritzguss die Temperatur der Form beim Befüllen und Entformen konstant niedrig ist, ist es beim Mikrospritzguss notwendig, dass während der gesamten Füllphase die Werkzeugwandtemperatur deutlich oberhalb der Glasübergangs-

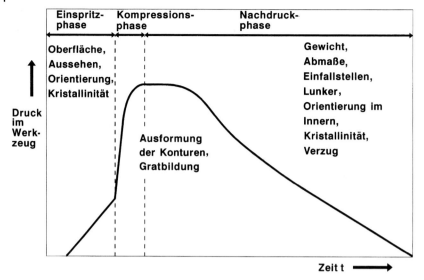

Abb. 8.5-4 Charakteristischer Verlauf des Drucks während eines thermischen Spritzgießprozesses und Zuordnung von Merkmalen zu den Prozessphasen.

temperatur des verwendeten Kunststoffes liegt, um ein Erstarren der Schmelze während der Befüllphase zu verhindern [Eich92]. Es ist jedoch nicht erforderlich, die Werkzeugtemperatur bis zur Schmelztemperatur von etwa 240 °C zu steigern; es reicht aus, wenn sie um etwa 70 °C unter dieser liegt. Aus Untersuchungen mit thermischen Analyseverfahren kann geschlossen werden, dass trotz der hohen Werkzeugtemperaturen die Formmassen beim Spritzgießen von Mikrostrukturen nicht nennenswert geschädigt werden.

Durch die Wahl dieser hohen Temperaturen sind lange Füllzeiten und damit kleine Einspritzgeschwindigkeiten möglich, so dass die Einspritzdrücke stark reduziert werden können. Durch die geringen Einspritzdrücke können mechanische Beschädigungen der Mikrostrukturen des Formeinsatzes weitgehend ausgeschlossen werden. Zum Erstarren der Formmasse nach dem Befüllvorgang muss die gesamte Form unter die Glasübergangstemperatur abgekühlt werden. Es ist somit offensichtlich, dass die Zykluszeiten beim Mikrospritzgießen höher (im Bereich einiger Minuten) sind als beim herkömmlichen Spritzguss (unterhalb einer Minute).

Vom prinzipiellen Aufbau unterscheiden sich Spritzgießmaschinen für die Mikrotechnik nicht wesentlich von den Maschinen für die konventionelle Abformung. Zum Beginn der Einspritzphase werden die Werkzeugform geschlossen, evakuiert und der Schließdruck aufgebaut. Anschließend erfolgt die Füllung der Werkzeughöhlung mit Kunststoffschmelze durch die Spritzeinheit. Die Formfüllung bzw. der Formfüllvorgang wird in mindestens zwei, maximal sechs Stufen unterteilt. Die Umschaltung zwischen den einzelnen Stufen erfolgt schneckenwegabhängig (Einspritzphase) bzw. zeitabhängig (Nachdruckphase). Die Registrierung des Schneckenweges über der Zeit gibt u. a. Auskunft über die Schneckenvorlaufgeschwindigkeit während der Einspritzphase und über die Schneckenposition am Ende der Nachdruckphase (Restmassepolster). Die Fließfrontgeschwindigkeit stellt sich dabei gemäß der Formteilgeometrie proportional zur Schneckenvorlaufgeschwindigkeit ein. Im Allgemeinen wird in der ersten Einspritzphase das Formteil volumetrisch gefüllt.

Die beim Abkühlen des Formteiles auftretende Volumenschwindung wird in den anschließenden Einspritzstufen, welche die Nachdruckphase bilden, ausgeglichen. Hier wird mit einem gegenüber der Einspritzphase verminderten Druck und einer sehr kleinen Einspritzgeschwindigkeit (nahezu statisch) bis zum Zeitpunkt der Versiegelung fortwährend schmelzflüssige Formmasse in den Formhohlraum gedrückt. Notwendige Voraussetzung für die volle Wirkung der Nachdruckphase ist das Vorhandensein eines Restmassepolsters. Wird der Druck während der Nachdruckphase erhöht, so ergibt sich in Angussnähe ein positiver Restdruck im Formnesthohlraum, der zu Spannungsrissbildung in Angussnähe führen kann.

Ein typischer Einspritzvorgang ist in Abb. 8.5-5 schematisch anhand des Schneckenweges s_s und des Hydraulikdruckes p_H, beide in Abhängigkeit von der Zeit t, gezeigt [Heus88]. In der Einspritzstufe 1 bewegt sich die Schnecke vom Endpunkt s_p des Plastifizierweges innerhalb der Zeit t_e zum Umschaltpunkt s_1 vor. Dies ergibt eine Schneckenvorlaufgeschwindigkeit $v_1 = (s_p - s_1)/t_e$. Der Hydraulikdruck steigt mit zunehmender Zeit an und erreicht beim Umschalten in die Einspritzstufe 2 seinen maximalen Wert p_1. Direkt nach der Umschal-

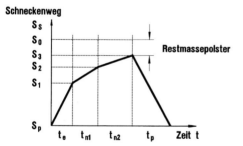

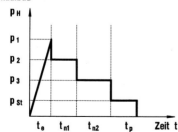

Abb. 8.5-5 Beispiel für den zeitlichen Verlauf des Schneckenweges s_s und des Druckaufbaus p_H beim Spritzgießverfahren zur Herstellung von Mikrostrukturen.

tung fällt der Hydraulikdruck schlagartig auf das Nachdruckniveau p_2 ab. In der Einspritzstufe 2 bewegt sich die Schnecke vom Umschaltpunkt 1 zum Umschaltpunkt 2 innerhalb der Zeit t_{n1}. Die Schneckenvorlaufgeschwindigkeit ist in dieser Phase sehr klein. In diesem Beispiel ist noch eine weitere Nachdruckphase, die Einspritzstufe 3, wirksam. Hier wird der Hydraulikdruck auf p_3 abgesenkt. Die Schneckenvorlaufgeschwindigkeit ist ebenfalls sehr klein. Die zwischen der Schneckenposition s_3 und der vorderen Endposition der Schnecke s_0 befindliche Formmasse stellt das Restmassepolster dar. Anschließend an die letzte Einspritzstufe wird die Einspritzdüse geschlossen und es erfolgt die Plastifizierung neuer Formmasse. Der Plastifizierweg s_3 nach s_p wird in der Zeit t_p bei einem Hydraulikdruck p_{St} (Staudruck) zurückgelegt.

Die Abkühlphase wird unmittelbar nach der ersten Einspritzstufe eingeleitet. Die formbildenden Teile des Spritzgießwerkzeuges und damit das Formteil werden mit Hilfe des Temperiergerätes auf eine Temperatur unterhalb der Glasübergangstemperatur der verwendeten Formmasse abgekühlt. Nachdem der Spritzling mit Hilfe der Auswerfereinheit entformt wurde, beginnt mit der Aufheizphase der nächste Spritzzyklus.

Strukturen mit hohem Aspektverhältnis und Spalte mit einer Weite von 10 µm und einer Tiefe von mehr als 100 µm können durch den Mikrospritzguss mit PMMA aufgefüllt werden. Eine defektfreie Entformung gelingt jedoch nur bei extrem glatten Formeinsatzwänden, wie sie mit Hilfe des LIGA-Verfahrens erzielbar sind, während bei einer funkenerosiven Bearbeitung selbst im Poliermodus wegen der zu großen Oberflächenrauigkeit eine Entformung von Strukturen mit ähnlichen Abmessungen nicht möglich ist.

Ein Beispiel für eine Mikrostruktur aus PMMA, die mit dem Spritzgießverfahren hergestellt wurde, ist in Abb. 8.5-6 dargestellt. Die Wabenstruktur zeichnet sich durch eine besonders große Höhe von 700 µm aus, der Durchmesser der Öffnung beträgt 140 m, die Wandstärke 70 µm [Eich92]. Die Mikrostrukturen stehen fest auf einer durchgängigen Grundplatte des gleichen Materials. Ursache hierfür ist, dass beim Schließen der Form zwischen Formeinsatz und Angussplatte ein Zwischenraum eingestellt wurde (Abb. 8.5-7). Nur auf diese Weise ist die Befüllung der zusammenhängenden Wabenstruktur, die über eine Platte mit einer Angussbohrung erfolgt, möglich. Die Angussplatte ist speziell

Abb. 8.5-6 Beispiel für eine Mikrostruktur aus PMMA, die mit dem Spritzgießverfahren hergestellt wurde (Höhe ca. 700 µm, Öffnung der Waben 140 µm, Wandstärke 70 µm). Um die große Strukturhöhe und die glatten Oberflächen innerhalb der Waben zu zeigen, wurde das Wabennetz auseinander gebrochen.

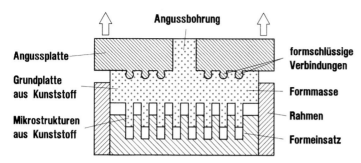

Abb. 8.5-7 Abformung von Mikrostrukturen, die mit einer Grundplatte aus Kunststoff verbunden sind. Die Abbildung zeigt den Zustand während der Entformung.

ausgebildet, um eine Haftung des ausgehärteten Formstoffes sicherzustellen und Spannungen durch den Volumenschwund auszugleichen. Um aus dem Verbund Mikrostruktur/Grundplatte eine freitragende Mikrostruktur herzustellen, muss die Grundplatte in einem anschließenden Bearbeitungsschritt von den Mikrostrukturen abgetrennt werden. Dies kann durch Fräsen oder durch Laserbearbeitung erfolgen.

Eine weitere Möglichkeit, mit dem Spritzguss direkt freitragende Strukturen herzustellen, besteht darin, eine Angussplatte mit speziellen Angusskanälen zu verwenden. Diese Angussplatte stellt selbst eine mikrostrukturierte Form dar und kann recht aufwändig in der Herstellung sein. In diesem Falle würden, wie beim makroskopischen Spritzguss, Sollbruchstellen im Anguss mithergestellt, über welche die Mikrostrukturen vom Anguss abgebrochen werden können.

Zum Vergleich der beiden bisher beschriebenen Verfahren sind in Tabelle 8.5-1 typische Parameter des Reaktionsharzgießens (RIM) und des thermoplastischen Spritzgießens (TIM) einander gegenübergestellt.

Tab. 8.5-1 Vergleich typischer Parameter des Reaktionsharzgießens (RIM) und des thermoplastischen Spritzgießens (TIM)

	RIM	TIM
Reaktant-Temperatur [°C]	40	200
Form-Temperatur [°C]	70	125
Viskosität [Pa s]	0,1–1	10^2–10^5
Einspritzdruck [bar]	10–100	100
Schließkraft [Pa]	$5 \cdot 10^5$	$3 \cdot 10^7$

8.5.3
Herstellung von Mikrostrukturen im Heißprägeverfahren

In einem weiteren Verfahren zur Kunststoffabformung von Mikrostrukturen werden bereits polymerisierte Platten thermoplastischer Kunststoffe durch Prägen bei erhöhten Temperaturen warm umgeformt [Bach91] [Heck04].

Im einfachsten Falle wird die Kunststoffplatte auf eine massive Grundplatte aufgelegt, die so ausgebildet ist, dass beim Warmumformprozess eine Verzahnung mit dieser Grundplatte stattfindet. Anschließend werden beide Platten auf eine Temperatur gebracht, die oberhalb der Glasübergangstemperatur des Kunststoffes liegt, bei PMMA z. B. auf etwa 160 °C. Bei dieser Temperatur befindet sich der Formstoff in einem viskoelastischen Zustand und der Formeinsatz kann relativ leicht in den Formstoff eingedrückt werden (Aufprägen) (Abb. 8.5-8). Die Entformung erfolgt dann nach einer Abkühlung auf unter 80 °C.

Die Drücke beim Prägen betragen dabei einige 10^7 Pa. Auch in diesem Fall ist zur Vermeidung von Lunkern ein vorheriges Evakuieren des Formwerkzeuges und des Raumes zwischen Formwerkzeug und Kunststoffplatte notwendig. Obwohl sich der Kunststoff bei der Warmumformung in einem viskoelastischen Zustand befindet und die Drücke relativ hoch sein können, wird nicht der gesamte Formstoff zwischen der Grundplatte und der Stirnfläche des Formeinsat-

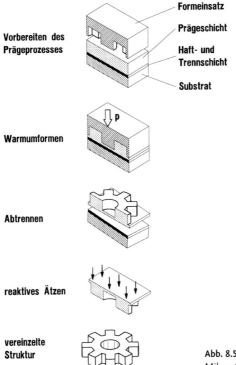

Abb. 8.5-8 Herstellungsstufen von vereinzelten Mikrostrukturen durch das Prägeverfahren.

zes verdrängt. Daher verbleibt auf der Grundplatte je nach Druck und Umformtemperatur eine mehrere zehn Mikrometer dünne Schicht. In dieser dünnen Schicht kann eine Trennung vom Substrat erfolgen. Um die mit dieser Restschicht verbundenen Mikrostrukturen zu vereinzeln, wird die Folie durch Reaktives Ionenätzen (RIE) im Sauerstoffplasma entfernt (vgl. Abschn. 5.3.1).

Der Vorteil dieses Verfahrens zur Herstellung vereinzelter Mikrostrukturen liegt darin, dass eine aufwändig herzustellende Verteilerplatte, wie sie beim Spritz- oder Reaktionsgießen notwendig ist, entfällt. Da als Ausgangsprodukt eine bereits auspolymerisierte Platte verwendet wird, tritt während des Warmumformens auch kein Volumenschwund auf. Damit ist die Gefahr von Verzügen deutlich geringer und die Maßhaltigkeit der Mikrostrukturen wesentlich besser.

Dieses Verfahren eignet sich auch besonders dazu, Mikrostrukturen auf prozessierten Siliziumwafern, d.h. über mikroelektronischen Schaltungen, herzustellen.

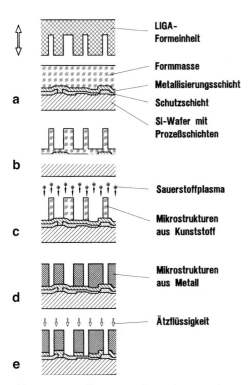

Abb. 8.5-9 Herstellung von Mikrostrukturen auf prozessierten Si-Wafern durch Prägeverfahren:
a) Aufbringen von Schutz- und Metallisierungsschichten sowie der Formmasse auf einen Si-Wafer mit elektronischen Schaltkreisen,
b) Prägen der Formmasse mit einem LIGA-Formeinsatz,
c) Entfernen der Formmasse am Strukturgrad im Sauerstoffplasma,
d) galvanischer Aufbau der Mikrostrukturen,
e) Entfernen der Metallisierungsschicht zwischen den Mikrostrukturen.

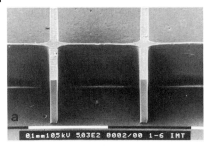 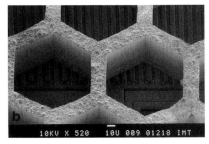

Abb. 8.5-10 Beispiele für Mikrostrukturen, die mit dem Prägeverfahren (a) und einer anschließenden Mikrogalvanik (b) hergestellt wurden:
a) Detail einer PMMA-Struktur auf einem ebenen metallischen Substrat (Höhe 180 µm, Breite der Stege 4 µm).
b) Nickel-Wabennetz auf einem prozessierten Silizium-Wafer (Höhe 50 µm, Durchmesser 80 µm, Stegbreite 9 µm). Da die Metallisierungsschicht entfernt wurde, sind zwischen den Metallstegen Komponenten einer mikroelektronischen Schaltung erkennbar.

Der Prozessablauf hierzu ist in Abb. 8.5-9 schematisch dargestellt [Mich92]. Im ersten Schritt wird die Formmasse auf den mit Schutz- und Metallisierungsschichten versehenen Wafer aufgebracht. Das kann z. B. durch direkte Aufpolymerisation oder durch Aufkleben einer Platte (a) geschehen. Nach der Aushärtung wird der oben beschriebene Prozess durchgeführt (b). In diesem Fall befindet sich die dünne Restschicht nach der Entformung direkt über der Metallisierungsschicht des Wafers. Sie wird durch Reaktives Ionenätzen (RIE) im Sauerstoffplasma (vgl. Abschn. 5.3.1) entfernt (c). Dabei wird der RIE-Prozess so geführt, dass die Ionen möglichst senkrecht auf das Substrat auftreffen und daher an den seitlichen Wänden der Kunststoffmikrostrukturen kaum ein Abtrag erfolgt. Auf diese Weise wird die Metallisierungsschicht zwischen den Mikrostrukturen freigelegt und kann beim anschließenden Galvanikprozess als Elektrode verwendet werden (d). Nach der Metallabscheidung werden die auf dem Wafer befindlichen Kunststoffformen aufgelöst. Damit nicht alle metallischen Mikrostrukturen elektrisch miteinander kurzgeschlossen sind, wird auch die Metallisierungsschicht zwischen den metallischen Mikrostrukturen entfernt (e). Hierzu kann ein Sputterätzprozess mit Argon (vgl. Abschn. 5.3.1) herangezogen werden, aber auch nasschemische Ätzprozesse sind möglich, welche zeitlich so kurz erfolgen, dass die Metallisierungsschicht unter den Mikrostrukturen nicht entfernt wird. Damit durch diesen Prozessschritt die mikroelektronischen Schaltungen nicht beschädigt werden, befindet sich zwischen Metallisierungsschicht und Wafer noch eine Schutzschicht, die nur an den Verbindungsstellen zur Schaltung durch photolithographische Prozesse geöffnet wurde.

Abb. 8.5-10 a zeigt als Beispiel eine Kunststoffstruktur, die durch Prägen hergestellt wurde. Die kreuzförmigen Stege aus PMMA wurden in einer Höhe von 180 µm bei einer minimalen Breite von nur 4 µm ohne Defekte abgeformt. Die Abb. 8.5-10 b zeigt als Beispiel für metallische Strukturen ein Nickel-Wabennetz, das über mikroelektronischen Schaltkreisen durch Prägen und Mikrogalvanik erzeugt wurde.

8.5.4
Herstellung von metallischen Mikrostrukturen aus abgeformten Kunststoffstrukturen (zweite Galvanoformung)

Um die Materialvielfalt, die das LIGA-Verfahren bietet, auch in einem kostengünstigen Prozess voll ausnutzen zu können, ist es notwendig, die durch Abformtechniken hergestellten Mikrostrukturen in einem anschließenden Galvanikprozess in Metallstrukturen überzuführen. Eine grundlegende Voraussetzung ist daher die Galvanisierbarkeit der abgeformten Kunststoffstrukturen, d.h. das Vorhandensein einer elektrisch leitfähigen Schicht, von welcher aus die Metallabscheidung starten kann. Für die Herstellung von maßhaltigen und formgetreuen Metallstrukturen ist weiterhin die Verträglichkeit des eingesetzten Formstoffes mit dem Elektrolyten notwendig. Insbesondere darf der Formstoff nicht quellen und aus dem Formstoff dürfen keine organischen Bestandteile austreten, die zu einer Verunreinigung des Elektrolyten führen könnten (vgl. Abschn. 8.4.1). In Verbindung mit den verschiedenen Abformverfahren wurden deshalb unterschiedliche Methoden entwickelt, mit denen dieser Schritt der zweiten Galvanoformung möglich ist.

8.5.4.1 Zweite Galvanoformung geprägter Mikrostrukturen

Es ist offensichtlich, dass nach dem in Abschn. 8.5.3 beschriebenen Verfahren der Herstellung von Strukturen auf prozessierten Silizium-Wafern auch beliebige und vereinzelbare metallische Mikrostrukturen hergestellt werden können. Als einziger Unterschied wird in diesem Fall nicht ein Silizium-Wafer, sondern eine metallische Platte als Grundplatte in der Abformung verwendet. Damit muss bei der Prozessführung nicht auf die Bruchanfälligkeit der Silizium-Wafer Rücksicht genommen werden. Üblicherweise wird auf die metallische Grundplatte eine selektiv ätzbare Schicht (Opferschicht) – in der Regel Titan – aufgebracht, die zum Ablösen der Mikrostrukturen weggeätzt wird.

8.5.4.2 Zweite Galvanoformung mit Hilfe einer metallischen Angussplatte

Soll die zweite Galvanoformung bei spritz- oder reaktionsgegossenen Mikrostrukturen durchgeführt werden, so bietet es sich bei gewissen Strukturgeometrien an, eine metallische Angussplatte einzusetzen, bei der über Angussbohrungen der Formhohlraum des Formeinsatzes mit einer Formmasse befüllt wird. Dadurch, dass die Platte fest gegen den Formeinsatz gepresst wird (Abb. 8.5-11), wird sichergestellt, dass die restliche Oberfläche nicht mit Kunststoff überschichtet wird und die Metalloberfläche blank bleibt. Nach dem Verfestigen der Formmasse wird das Formteil durch Auseinanderfahren von Formeinsatz und Angussplatte entformt. Wegen der Hinterschneidungen der Angussbohrungen ergibt sich eine formschlüssige Verbindung von Angussplatte und Kunststoff. Damit bleiben die Mikrostrukturen auch während der Entformung fest

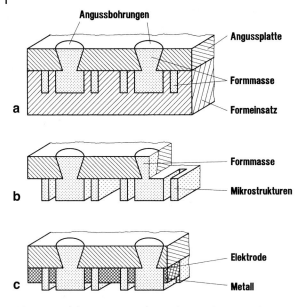

Abb. 8.5-11 Abformung von Mikrostrukturen, die mit Hilfe einer Angussplatte galvanisiert wurden:
a) Befüllen des Formhohlraumes zwischen Angussplatte und Formeinsatz mit Formmasse.
b) Entformung.
c) Galvanische Metallabscheidung zwischen den abgeformten Mikrostrukturen; die Angussplatte dient hierbei als Elektrode.

mit der Angussplatte verbunden. Unter Verwendung der Angussplatte als Elektrode werden die Kunststoffformen, entsprechend der ersten Galvanoformung, durch galvanische Abscheidung von Metall aufgefüllt. Je nach Anwendungsfall kann die als Galvanikelektrode verwendete Angussplatte fest mit den Mikrostrukturen verbunden bleiben oder durch ein spezielles selektives Ätzverfahren von den metallischen Mikrostrukturen abgelöst werden.

Nachteilig bei diesem Verfahren ist, dass der Formeinsatz mit einer relativ großen Kraft auf die sehr steife Angussplatte gedrückt werden muss, was zur Zerstörung von fragilen Strukturen führen kann. Außerdem können nur Formeinsätze verwendet werden, die mit relativ wenigen Angussbohrungen vollständig befüllbar sind, wobei diese Angussbohrungen einen Durchmesser besitzen sollten, der nicht wesentlich kleiner als 1 mm ist. Der Aufwand für die Herstellung einer Angussplatte mit vielen Bohrungen wird sehr schnell unverhältnismäßig hoch. Dies bedeutet, dass dieses Verfahren nur eingesetzt werden kann, wenn die Mikrostrukturen eine zusammenhängende Verbindung mit anspritzbaren makroskopischen Strukturen haben. Ein Formeinsatz für ein wabenförmiges Metallnetz, der etwa aus Tausenden mikroskopisch kleiner Kammern mit Durchmessern von wenigen Mikrometern besteht, kann mit diesem Verfahren nicht hergestellt werden.

8.5.4.3 Zweite Galvanoformung mit Hilfe elektrisch leitfähiger Kunststoffe

Ein weiteres Verfahren für die Herstellung metallischer Mikrostrukturen durch die zweite Galvanoformung beruht darauf, dass im Reaktionsgießverfahren elektrisch leitfähige Kunststoffplatten, die als Trägerplatte für die isolierenden Kunststoffstrukturen dienen, hergestellt werden [Harm90]. Mit diesem Prozess können beliebig gestaltete metallische Mikrostrukturen gefertigt werden, da die Trägerplatte aus elektrisch leitfähigem Kunststoff als Elektrode dient und auf dieser Trägerplatte beliebig geformte Mikrostrukturen aus elektrisch isolierendem Kunststoff aufgebaut werden können.

Beim Vakuum-Reaktionsguss werden in der ersten Abformstufe die Formnester der verwendeten Formeinsätze mit elektrisch isolierender Reaktionsharzmasse befüllt. Anschließend werden in der zweiten Abformstufe die Formeinsätze mit einer elektrisch leitfähigen Reaktionsharzmasse oder einem elektrisch leitfähigen Formstoff überschichtet. Durch geeignete Prozessführung wird erreicht, dass sich der elektrisch leitende und der isolierende Kunststoff fest miteinander verbinden, während die Haftung dieser beiden Kunststoffe am metallischen Abformwerkzeug (ggf. durch Zugabe geeigneter Trennmittel) gering ist. Damit kann der Kunststoffverbund vom Formeinsatz getrennt werden, ohne dass die empfindlichen Mikrostrukturen zerstört werden. Die metallische Abscheidung startet dann auf der Grundplatte aus elektrisch leitfähigem Kunststoff.

Um einen definierten Übergang zwischen dem leitfähigen und dem isolierenden Formstoff zu erzielen, muss in der zweiten Abformstufe bei dem Überschichten mindestens eine der Abformmassen bereits in fester Form, d.h. als Formstoff, vorliegen. Auf der Grundlage von isolierenden und leitfähigen Reaktionsharzmassen und Formstoffen ergeben sich daraus für das Abformkonzept drei mögliche Fertigungsvarianten, die in Abb. 8.5-12 zusammenfassend dargestellt sind.

In der Fertigungsvariante I wird der Formeinsatz in der ersten Abformstufe mit Reaktionsharzmasse befüllt. In der zweiten Abformstufe wird eine separat gefertigte Trägerplatte aus elektrisch leitfähigem Formstoff aufgepresst, wobei überschüssige Reaktionsharzmasse von der Stirnseite der Formeinsätze verdrängt wird. Dadurch, dass die noch flüssige Formmasse in die feste Trägerplatte eindiffundiert, kommt es zu einem Formschluss der beiden Kunststoffe. Die Reaktionsharzmasse in den Formnestern wird nach dem Befüllen zu Formstoff ausgehärtet.

In den Fertigungsvarianten II und III wird der Formeinsatz in der ersten Abformstufe ganzflächig mit Reaktionsharzmasse befüllt. Die überschüssige Reaktionsharzmasse wird anschließend durch das Aufpressen einer flexiblen Abdeckvorrichtung weitestgehend von der Stirnfläche der Formeinsätze verdrängt. Die Reaktionsharzmasse in den Formnestern wird dann zu Formstoff ausgehärtet, wobei die Abdeckung weiterhin aufgepresst bleibt.

In der Fertigungsvariante II wird in der zweiten Abformstufe auf den mit Formstoff befüllten Formeinsatz nach dem Aushärten des Formstoffs eine separat gefertigte Trägerplatte aus elektrisch leitfähigem Formstoff aufgeschweißt, indem die Trägerplatte bei erhöhten Temperaturen auf den ausgehärteten Formstoff aufgepresst wird.

8 LIGA-Verfahren

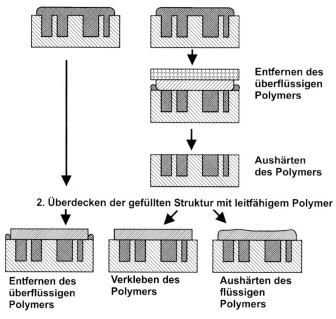

Abb. 8.5-12 Fertigungsvarianten für die Abformung von Mikrostrukturen, die mit Hilfe elektrisch leitfähiger Kunststoffe galvanisiert werden.

Bei der Fertigungsvariante III wird in der zweiten Abformstufe im Reaktionsguss eine flüssige, elektrisch leitfähige Reaktionsharzmasse aufgetragen, die zur elektrisch leitfähigen Trägerplatte ausgehärtet wird und sich dabei fest mit dem zuvor ausgehärteten Formstoff verbindet.

Als elektrisch leitfähiger Kunststoff wurde mit Ruß oder Silber gefülltes PMMA erfolgreich eingesetzt. Dabei lag der optimale Füllgrad mit Silber bei etwa 75 Gew.% und mit Ruß bei etwa 12 Gew.%.

In Abb. 8.5-13 sind für ein Wabennetz aus Nickel die vier verschiedenen Prozessstufen dargestellt: PMMA-Prismen nach der Röntgentiefenlithographie, der Ni-Formeinsatz, die abgeformten Kunststoffstrukturen und das Ni-Wabennetz als Endprodukt. Es ist erkennbar, dass durch die Kunststoffabformung und die Galvanoformung bei diesen Strukturen (minimale Abmessung=Wandstärke= Prismenabstand=8 µm) kein sichtbarer Strukturverlust auftritt.

Auch beim Spritzgießen können durch die Verwendung von mit Leitruß gefülltem Granulat galvanisierbare Strukturen hergestellt werden. Bei großer Fließgeschwindigkeit des aufgeschmolzenen Granulats tritt eine Entmischung des Polymers und des Leitrußes auf. Dies wird ausgenutzt, wenn die Strukturen mit hoher Einspritzgeschwindigkeit befüllt werden und sich somit vom Strukturgrund zur Strukturoberfläche ein Gradient in der Leitfähigkeit einstellt. Die Grundplatte dagegen wird mit kleiner Einspritzgeschwindigkeit befüllt, so

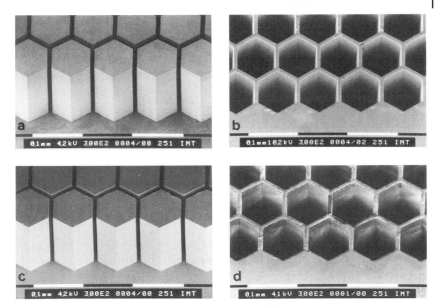

Abb. 8.5-13 REM-Aufnahmen eines Wabennetzes aus Nickel (Wandstärke 8 µm) nach vier verschiedenen Prozessstufen:
a) PMMA-Prismen nach der Röntgentiefenlithographie,
b) Nickel-Formeinsatz,
c) abgeformte Kunststoffstrukturen,
d) Nickel-Wabennetz als Endprodukt.

dass dort eine homogene Verteilung der Rußpartikel erhalten bleibt und somit die gewünschte Leitfähigkeit gegeben ist. Nach diesem Verfahren können arrayförmig angeordnete Strukturen bis zu einem Aspektverhältnis von 5 defektfrei aufgalvanisiert werden. Bei einzelstehenden Strukturen sind keine Begrenzungen vorhanden.

8.5.4.4 Zweite Galvanoformung durch Beschichtung der Kunststoffstrukturen

Eine Möglichkeit zur Herstellung von metallischen Mikrostrukturen durch eine zweite Galvanoformung, die zunächst offensichtlich erscheint, soll der Vollständigkeit halber hier erwähnt werden. Bei dieser Methode werden die Strukturen insgesamt mit einer metallisch leitfähigen Schicht überzogen. Am einfachsten erfolgt dies durch PVD-Prozesse (Physical Vapour Deposition = Aufdampfen oder Aufsputtern, vgl. Abschn. 5.1). Problematisch ist dabei jedoch, dass bei diesen Prozessen auch die Seitenwände der Struktur beschichtet werden. Auch wenn die Schicht sehr dünn ist, führt dies dazu, dass bei der Galvanoformung die Metallabscheidung gleichzeitig am Strukturboden und an den Seitenwänden einsetzt. Dies führt bei Strukturen mit hohem Aspektverhältnis dazu, dass sich die Strukturen oben schließen, obwohl die Struktur noch nicht vollständig galvanisiert ist.

Es bilden sich also ungewollte Hohlräume. Aus diesem Grund kommt dieses Verfahren nur bei Strukturen mit kleinem Aspektverhältnis in Frage.

8.6
Variationen und ergänzende Schritte des LIGA-Verfahrens

Um ein möglichst breites Spektrum von Anwendungen bedienen zu können, wurde der Standard-LIGA-Prozess um zahlreiche Varianten erweitert. Im Folgenden werden diese Prozessvarianten vorgestellt und diskutiert.

8.6.1
Opferschichttechnik

Werden mikromechanische Sensoren oder Aktoren mit mikrotechnischen Methoden hergestellt, so müssen in der Regel neben feststehenden Mikrostrukturen Teile der Mikrostrukturen beweglich ausgeführt sein. Oft sind bewegliche und feststehende Mikrostrukturen zusammenhängend oder die Toleranzen sind so gering, dass eine Montage nicht möglich ist. Diese Einschränkungen treffen z. B. auf Beschleunigungssensoren, Gyrometer, Linearaktoren, Resonatoren und ähnliche Strukturen zu.

In der Silizium-Mikromechanik werden bewegliche Strukturen hergestellt, indem z. B. unter einer dünnen Biegezunge eine Grube durch anisotropes Ätzen hergestellt wird (vgl. Abb. 7.5-16). In der Oberflächenmikromechanik werden freibewegliche Strukturen erzeugt, indem aus verschiedenen Materialien mehrere dünne, strukturierte Schichten übereinander aufgebracht werden und anschließend Zwischenschichten, die sog. Opferschichten, selektiv gegen die darüber- und darunterliegenden Schichten geätzt werden (vgl. Abb. 7.3-2).

Auch beim LIGA-Verfahren ist es möglich, durch die Einführung von Opferschichten bewegliche Mikrostrukturen herzustellen [Mohr90]. Damit wurde der Einsatzbereich des LIGA-Verfahrens beträchtlich erweitert, da für eine optimale Realisierung von Sensoren und Aktoren eine große Materialpalette sowie eine große Strukturhöhe zur Verfügung stehen und in der lateralen Formgebung keine Beschränkungen gegeben sind.

In Abb. 8.6-1 sind am Beispiel eines Beschleunigungssensors die Prozessschritte für die Herstellung beweglicher LIGA-Mikrostrukturen dargestellt. In diesem Beispiel haben die Mikrostrukturen – wie die meisten Sensoren und Aktoren – auch elektrische Funktionen, so dass die einzelnen Teile der Mikrostruktur elektrisch voneinander isoliert sein müssen. Es wird daher von einem elektrisch isolierenden Substrat ausgegangen, beispielsweise von einem mit einer Isolationsschicht versehenen Siliziumwafer oder einem Keramiksubstrat. Auf dieses Substrat wird mit PVD-Prozessen eine Metallisierungsschicht aufgebracht. Da an diese Schicht hohe Anforderungen bezüglich der Haftung zum Substrat und auch zu der späteren Galvanikschicht gestellt werden und diese Anforderungen oft nicht durch eine einzelne Schicht hinreichend gut erfüllt

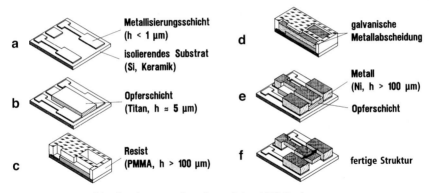

Abb. 8.6-1 Prozessfolge bei der Herstellung beweglicher LIGA-Strukturen.

werden können, werden zwei verschiedene Metallschichten zum einen als Haft- und zum anderen als Galvanikstartschicht verwendet. Als besonders geeignet hat sich ein Schichtsystem aus Chrom und Silber erwiesen, da Chrom eine gute Haftung zum Substrat besitzt und Silber eine gute Haftung der Galvanikschicht gewährleistet. Bei Bedarf werden noch Passivierungsschichten eingeführt, um Probleme bei den verschiedenen Ätzprozessen zu vermeiden. Um die später durch den LIGA-Prozess hergestellten Mikrostrukturen gegeneinander zu isolieren, wird das Schichtsystem durch lichtoptische Lithographie und Nassätzprozesse strukturiert. Über ebenfalls in der Metallisierungsschicht strukturierte Leiterbahnen werden einzelne Bereiche des Systems elektrisch kontaktiert.

Auf das so vorbehandelte Substrat wird nun ebenfalls durch PVD-Prozesse die Opferschicht aufgebracht. An diese Schicht werden folgende Anforderungen gestellt:

- gute Strukturierbarkeit,
- gute Haftung des in der Röntgentiefenlithographie eingesetzten Resists,
- guter Start und gute Haftung der anschließenden Galvanik,
- gute selektive Ätzbarkeit gegenüber allen Materialien, die als Substrat, Metallisierungsschicht oder Sensor- bzw. Aktormaterial verwendet werden,
- schneller Abtrag auch unter großflächigen Strukturen.

Als Opferschicht hat sich beim LIGA-Verfahren Titan bewährt, da es einerseits eine gute Haftung zum Resist und zur Galvanikschicht besitzt und andererseits mit Flusssäure geätzt werden kann, was die beim LIGA-Verfahren üblicherweise verwendeten Materialien (Cr, Ag, Ni, Cu) nicht angreift. Die Dicke der Titanschicht sollte dabei genügend groß sein, damit die beweglichen Strukturen einen hinreichend großen Abstand zum Substrat aufweisen. Bei zu kleinen Abständen besteht die Gefahr, dass durch Verunreinigungen die Beweglichkeit der Mikrostrukturen beeinträchtigt wird. Auch ist es für das Freiätzen größerer Flächen unter den Mikrostrukturen günstig, wenn die entstehenden Spalten nicht zu eng sind. Allerdings nimmt mit zunehmender Höhe der Opferschicht die Genauigkeit ab, mit welcher diese Schicht durch einfache Photolithographie und Nassätzprozesse strukturiert werden kann. Zusätzlich werden bei zu hohen Dicken die inneren Spannungen der aufgebrachten Schichten so groß, dass eine gute Haftung auf dem Substrat nicht mehr gewährleistet ist. Als Kompromiss zwischen diesen gegenläufigen Anforderungen hat sich für Titan eine Dicke von etwa 5–7 µm bewährt. Diese Titanschicht wird nun mit Hilfe optischer Lithographie und Ätzprozessen so strukturiert, dass bei der späteren Strukturierung mit Röntgenstrahlen die beweglichen Teile der Mikrostruktur über der Titanschicht aufgebaut werden, während die feststehenden Teile direkt auf der Metallisierungsschicht zu stehen kommen.

Auf das Substrat mit den strukturierten Metallisierungs- und Opferschichten wird nun in üblicher Weise der Resist in einer Höhe von mehreren hundert Mikrometern aufgebracht. Diese Resistschicht wird anschließend mit Synchrotronstrahlung über eine Maske belichtet. Dabei muss die Röntgenmaske gegenüber den zuvor strukturierten Schichten justiert werden. Justiermarken auf der Maske (vgl. Abschn. 8.2.6) werden dabei mit Justiermarken in der Metallisierungsschicht zur Deckung gebracht.

Nach der Belichtung mit Synchrotronstrahlung werden in bekannter Weise die belichteten Bereiche herausgelöst und in einem Galvanoformungsprozess werden die so entstandenen Freiräume mit Metall aufgefüllt. Der Galvanikstart erfolgt sowohl auf der Metallisierungs- als auch der Opferschicht. Nach dem metallischen Aufbau der Sensor- bzw. Aktorstrukturen wird der unbestrahlte Resist entfernt.

In einem letzten Prozessschritt wird dann die Titan-Opferschicht selektiv gegenüber den übrigen Metallen bzw. Materialien mit 0,5%iger Flusssäure geätzt. Durch diesen Prozess werden die auf der Opferschicht aufgebrachten Teile der Mikrostruktur frei beweglich, während die anderen Teile der metallischen Mikrostruktur über die Metallisierungsschichten fest mit dem Substrat verankert sind. Die einzelnen Teile der Mikrostruktur werden schließlich über die Bondpads und die Leiterbahnen, die in der Metallisierungsschicht erzeugt wurden, elektrisch kontaktiert.

Bei Verwendung von Röntgenstrahlung ist leider keine direkte Strukturierung auf den elektrischen Schaltkreisen möglich, da z. B. die Gate-Oxide in einer elektronischen Schaltung durch Röntgenstrahlung zerstört werden. Eine direkte Integration von elektrischem Schaltkreis und Mikrostruktur kann jedoch mit dem in Abschn. 8.5.3 beschriebenen Prägeverfahren erfolgen. In diesem Fall entfallen die Bondverbindungen und es wird eine sehr hohe Integrationsdichte erreicht. Dabei können natürlich auch bewegliche Mikrostrukturen hergestellt werden. Dazu muss das im Prägeprozess verwendete Substrat mit einer strukturierten Opferschicht versehen und die Abformung justiert zu dem vorstrukturierten Substrat durchgeführt werden [Both95].

Mehrere Beispiele für bewegliche Mikrostrukturen werden im Abschn. 8.8 vorgestellt.

8.6.2
3D-Strukturierung

Das Standard-LIGA-Verfahren, bei dem die Strukturierung durch eine Schattenprojektion erfolgt, erlaubt prinzipiell nur die Herstellung von Strukturen mit konstanter Strukturhöhe und senkrechten Wänden. Vielfach erfordert die Anwendung jedoch eine Variation der Geometrie in der dritten Dimension. Dies lässt sich in einfacher Form durch die Strukturierung in verschiedenen Ebenen (gestufte Strukturen), durch Verkippen von Maske und Substrat relativ zum Strahl (geneigte Strukturen), durch zusätzliche Prozesse (Strukturen mit sphärischen Oberflächen) oder durch gezielte Ausnutzung der Sekundärstrahlung (konische Strukturen) erreichen.

8.6.2.1 Gestufte Strukturen

Gestufte Strukturen, wie sie exemplarisch in Abb. 8.6-2 gezeigt sind, können durch drei verschiedene Verfahrensvarianten hergestellt werden.

Beim ersten Verfahren werden Mikrostrukturen, die in einem ersten Lithographieschritt strukturiert wurden, mit einer zweiten Maske belichtet. Diese Maske, die zur Struktur der ersten Belichtung justiert werden muss, enthält die Strukturdetails, die der ersten Struktur überlagert werden sollen. Die Bestrahlungsdosis wird dabei so gewählt, dass die untere Grenzdosis (siehe Abschn. 8.3.3) nicht am Grund, sondern in einer definierten Höhe innerhalb der Struktur abgelagert wird. Beim anschließenden Entwicklungsschritt wird der Resist dann nicht vollständig bis zum Grund entwickelt, so dass eine Stufe entsteht.

Nachteilig bei dieser relativ einfachen Methode ist, dass die Grenzdosis keinen exakten Wert darstellt und insbesondere von der Entwicklungszeit abhängt. Damit ist die Toleranz, mit der die Stufenhöhe eingestellt werden kann, relativ groß. Außerdem ist die Oberfläche der Stufe aufgrund des Entwicklungsverhaltens des Resists relativ rau.

Prinzipiell lässt sich ein ähnlicher Effekt auch erzielen, wenn man die Absorber auf der Maske aus zwei verschiedenen Materialien herstellt. Dies bedeutet allerdings einen hohen Aufwand bei der Maskenherstellung, während bei der Strukturherstellung keine zweite Bestrahlung notwendig ist.

Bei der zweiten Methode wird in einem ersten Durchlauf eine Struktur durch Röntgenlithographie und Galvanik hergestellt. Diese Struktur wird durch Bearbeitung der Oberfläche auf die gewünschte Stufenhöhe eingestellt. In einem zweiten Schritt wird auf diesem Substrat mit seinem Polymer-Metall-Verbund die zweite Struktur hergestellt (Abb. 8.6-2a). Obwohl bei dieser Methode eine genaue Stufenhöhe eingestellt werden kann, bleibt das Problem, dass die Position der beiden Strukturteile zueinander von der Justiergenauigkeit bei der Bestrahlung abhängt und damit Toleranzen in vertikaler Richtung von mehr als 2 µm akzeptiert werden müssen. Außerdem ist die Haftung der beiden Strukturteile nicht optimal.

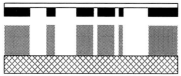 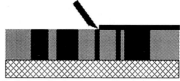

1. Belichtung und Entwicklung der ersten Strukturebene
2. Galvanik der ersten Strukturebene und Oberflächenbearbeitung

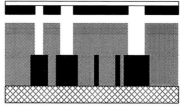 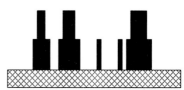

3. Belichtung und Entwicklung der zweiten Strukturebene
4. Galvanik der zweiten Strukturebene und Entfernen des Resists

a

b

Abb. 8.6-2 Gestufte Strukturen, hergestellt durch einen zweifachen LIGA-Prozess.
a) Herstellungsverfahren für Strukturen in Metall mit zwei Strukturebenen.
b) REM-Aufnahme einer gestuften Struktur.

Bei der dritten Methode wird eine Grundplatte so vorstrukturiert, dass eine gestufte Oberfläche vorliegt [Müll96]. Dabei erfolgt die Strukturierung je nach Genauigkeitsanforderung entweder mit mechanischen Verfahren oder über Lithographie und Galvanik. Die laterale Genauigkeit der Stufe kann durch Sputterätzprozesse auf weniger als 1 µm eingestellt werden. Diese gestufte Platte wird als Substrat im LIGA-Prozess eingesetzt und mit Resist beschichtet. Die Strukturierung mit Röntgenstrahlung erfolgt jeweils bis auf den Substratgrund. Damit wird die vertikale Position ausschließlich durch den zweiten Strukturierungsprozess bestimmt und hängt damit nicht von der Justiergenauigkeit ab. Da damit die Positionsgenauigkeiten der einzelnen Strukturen im Bereich von weniger als 0,1 µm liegen, ist diese Methode besonders für mikrooptische Anwendungen geeignet (siehe Abschn. 8.8.4).

8.6 Variationen und ergänzende Schritte des LIGA-Verfahrens

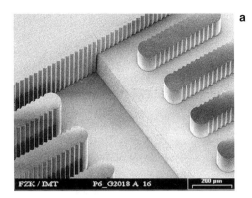

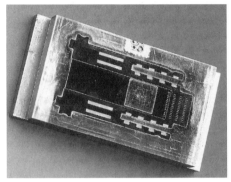

Abb. 8.6-3 Formeinsatz zur Herstellung eines Fasersteckers:
a) Steckerfeinstruktur auf den beiden Ebenen des Formteils.
b) Fertig gestelltes Formnest mit Steckerfeinstrukturen in der oberen Ebene und Haltestrukturen für die Ferrulen in der unteren Ebene.

Abb. 8.6-3a zeigt das vorgefräste Kupfersubstrat zur Herstellung eines Formeinsatzes für einen Faserstecker, bei dem die Stufe die Höhenlage der Ferrule relativ zu den Fasern definiert, Abb. 8.6-3b zeigt ein fertiges Formnest mit den Steckerstrukturen in der oberen Ebene [Wall01].

8.6.2.2 Geneigte Strukturen

Strukturen, deren Seitenfläche einen von 90° abweichenden Winkel zur Oberfläche oder zum Substrat haben, lassen sich durch Neigung von Maske und Probe um den gewünschten Winkel zum Röntgenstrahl herstellen. Dabei wird der LIGA-Prozess in seiner bekannten Weise durchgeführt. Um zu vermeiden, dass es durch die gekippte Bestrahlung zu einer Verzerrung der Strukturgeometrie kommt, können die Absorber auf der Arbeitsmaske bereits geneigt hergestellt werden, indem schon die Maskenkopie unter einem Winkel durchgeführt wird. Die geneigten Strukturen sind ebenfalls für optische Anwendungen zur Herstellung von Prismen von besonderem Interesse (siehe Abschn. 8.8.4).

Durch Bestrahlung mit verschiedenen Kippwinkeln und durch die Verwendung von Negativresists wurden neben den einfachen Strukturen auch wesentlich komplexere Strukturen realisiert [Feie95]. In Abb. 8.6-4 sind gegeneinander

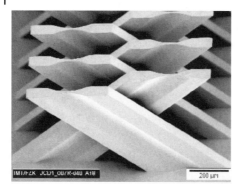

Abb. 8.6-4 Durch zwei gekippte Bestrahlungen hergestellte parabelförmige Strukturen als Teil einer planaren refraktiven Röntgenlinse.

geneigte parabolische Strukturen zu sehen, die durch zwei gekippte Bestrahlungen mit unterschiedlichem Kippwinkel hergestellt wurden. Die Strukturen sind Teil einer planaren refraktiven Röntgenlinse [Nazm04].

8.6.2.3 Konische Strukturen und Strukturen mit sphärischer Oberfläche

Der in Abschn. 8.3.3.4 beschriebene Einfluss der aus der Maskenmembran ausgelösten und isotrop abgestrahlten Sekundärelektronen lässt sich zur Erzeugung von an der Oberseite konisch zulaufenden Strukturen ausnutzen (siehe Abb. 8.3-11). Die Möglichkeit der Einstellung ist dabei begrenzt und lässt sich nur in Grenzen durch Wahl des Spektrums und über das Folienmaterial, in dem die Fluoreszenzstrahlung erzeugt wird, einstellen.

Um Strukturen mit definierter sphärischer Krümmung zu erzeugen, wurde ein zusätzlicher Prozess entwickelt. Dabei werden z. B. mit dem LIGA-Verfahren hergestellte Säulenstrukturen in einer zweiten Bestrahlung nochmaliger Röntgenstrahlung ausgesetzt (Abb. 8.6-5). Das Spektrum wird so eingestellt, dass überwiegend im oberen Teil der Struktur Dosis abgelagert wird. Durch diese Dosisablagerung und Veränderung des Molekulargewichtes des Kunststoffes wird die Glasübergangstemperatur herabgesetzt, d. h., die Struktur hat eine Glasübergangstemperatur, die über der Höhe variiert. Das Material geht im oberen Strukturteil bei einer geringeren Temperatur in den flüssigen Zustand über als im unteren Bereich. Bringt man die Probe nun auf eine Temperatur, die zwischen den beiden Glasübergangstemperaturen liegt, lässt sich das Material nur im oberen Teil der Struktur aufschmelzen [Gött95], [Gött95a]. Aufgrund der Oberflächenspannung nimmt die Schmelze eine halbkugelförmige Gestalt an. Somit entstehen Säulen mit sphärischer Kappe. Dieser Prozess ist besonders geeignet, um Linsen oder Linsenarrays herzustellen (Abb. 8.6-6).

Ein ähnlicher Effekt wird erzielt, wenn die belichteten Strukturen einer Polymeratmosphäre ausgesetzt werden. In diesem Fall quillt die stärker geschädigte Schicht durch Aufnahme der Monomermoleküle und formt ebenfalls eine sphärische Oberfläche [Kufn93] [Otte02].

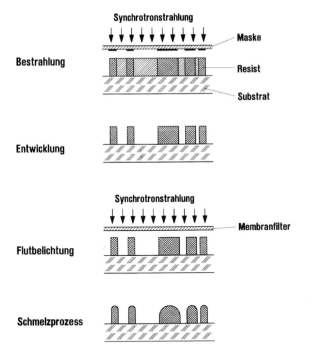

Abb. 8.6-5 Herstellung von Strukturen mit sphärischer Oberfläche (Linsen) durch einen LIGA-Schritt und einen Schmelzprozess.

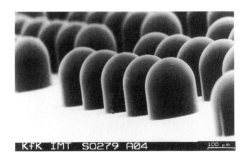

Abb. 8.6-6 Zylinderstrukturen mit sphärischer Oberfläche, hergestellt durch Röntgentiefenlithographie und anschließenden Schmelzprozess.

8.6.2.4 Herstellung von Strukturen mit beweglicher Maske

Alle zuvor beschriebenen Techniken zur Herstellung dreidimensionaler Strukturen beruhen darauf, dass der Resist nach der Belichtung bis zum Substrat durchentwickelt wird, also nach dem Schattenwurfprinzip. Von [Taba02] wird eine interessante Alternative vorgestellt, bei der die Belichtung so gesteuert wird, dass nicht nur harte Stufenübergänge erzeugt werden, sondern weiche Übergänge, die zu fast beliebig geformten Wandprofilen führen. Die grundlegende Idee dabei ist eine Maske, die während der Belichtung parallel zur Resistober-

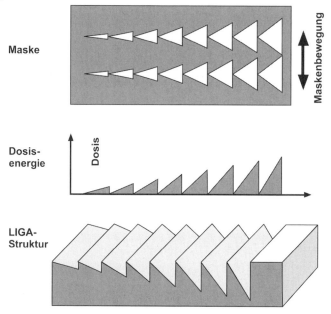

Abb. 8.6-7 Herstellung von LIGA-Strukturen mit geformten Oberflächenstrukturen nach dem M²LIGA-Verfahren.

fläche verschoben wird. Wie aus der Abb. 8.6-7 ersichtlich kann damit je nach Struktur die abgelagerte Dosis so dosiert werden, als sei eine Graumaske verwendet worden. In Abb. 8.6-7 ist als Beispiel eine Maske mit dreieckigen Elementen gewählt. Wird diese Maske nun während der Belichtung parallel zur Basis der Dreiecke verschoben, so lagert sich eine Energiedosis ab, die zwischen 0 und einem Maximalwert variiert. Nach der Entwicklung erhält man dann ein Sägezahnprofil wie in der Skizze angedeutet. Schließt sich dem eine zweite Belichtung an, wobei die LIGA-Struktur um 90° gedreht wird, erhält man eine pyramidenartige Struktur.

Durch Steuerung der Vorschubgeschwindigkeit der Maske sowie durch Drehen des Substrates lassen sich auch sphärische und asphärische Oberflächen erzeugen. Diese Methode ist unter dem Namen „Moving Mask LIGA" (M²LIGA) bekannt [Taba99]. Es soll an dieser Stelle jedoch nicht verschwiegen werden, dass der Aufbau zur Belichtung der Strukturen mit erheblichem Aufwand verbunden ist. Die Apparatur hat acht Freiheitsgrade. Die Linearbewegung wird mit hochpräzisen piezoelektrischen Aktoren bewerkstelligt, die jeweils einen Verfahrweg von 80 μm mit einer Auflösung von 10 nm aufweisen.

8.6.3
Herstellung Licht leitender Strukturen durch Abformung

Im Bereich der optischen Nachrichtentechnik und der optischen Sensorik werden Komponenten auf der Basis polymerer Wellenleiter immer interessanter, da solche Komponenten durch Abformverfahren in großer Stückzahl und damit kostengünstig hergestellt werden können. Für die Herstellung monomodiger Strukturen mit Abmessungen im Bereich einiger Mikrometer werden Prägeverfahren eingesetzt, um entweder Graben- oder sog. Rippenstrukturen zu erzeugen. Idealerweise sind die Rippenstrukturen nach den in Abschn. 8.6.2 beschriebenen Verfahren zur Herstellung gestufter Strukturen direkt mit Grabenstrukturen für Fasern verbunden. Die Grabenstrukturen werden üblicherweise mit einem Monomer eines höheren Brechungsindex, das z. B. durch UV-Polymerisation ausgehärtet wird, befüllt [Klei94]. Weitere Methoden nutzen verschiedene Verfahren wie z. B. Ionenbeschuss [Fran96], Monomerdiffusion oder UV-Belichtung [Fran94], um den Brechungsindex lokal zu verändern.

Bei der Belichtung von PMMA mit UV-Strahlung wird die Bindungsstruktur der Polymerkette durch Elektronenanregung modifiziert, was eine Änderung des Brechungsindex zur Folge hat. Abb. 8.6-8 zeigt die Brechzahlvariation über der Tiefe von belichtetem PMMA. An der Oberfläche beträgt die Änderung der Brechzahl etwa 0,02. Sie fällt mit zunehmender Tiefe quasi exponentiell ab, so dass ab einer Tiefe von ca. 5 µm bis 7 µm nur noch eine geringfügige Änderung zu beobachten ist. Mit diesem Verfahren lassen sich somit monomodige Wellenleiter herstellen.

Im Zusammenhang mit der Abformtechnik stellt die UV-Belichtung eine interessante Fertigungsvariante dar, da in diesem Fall die geprägten Rippen- oder Grabenstrukturen über eine Flutbelichtung an der Oberseite modifiziert werden können, ohne dass eine Maske verwendet werden muss (Abb. 8.6-9a). Aufgrund des großen Abstandes zu den anderen ebenfalls belichteten Oberflächen kommt es zu keinem Übersprechen des in dem Graben- oder Rippenwellenleiter geführten Lichtes [Henz04]. Auf der anderen Seite können durch eine Masken-

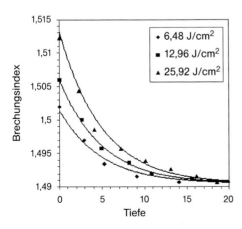

Abb. 8.6-8 Brechzahlvariation über der Tiefe nach Bestrahlung von PMMA mit UV-Licht.

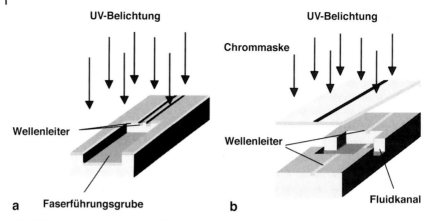

Abb. 8.6-9 Herstellung von Licht leitenden Strukturen durch UV-Belichtung.
a) Flutbelichtung von bereits durch Abformung mit Rippen oder Gräben versehenen Substraten.
b) Belichtung von vorstrukturierten Substraten über eine Maske zur Kombination von fluidischen und optischen Strukturen.

belichtung zusätzliche Wellenleiter in ein Substrat, das zum Beispiel Kanäle oder Strukturen für fluidische Anwendungen enthält, eingebracht werden (Abb. 8.6-9b). Dies stellt somit eine einfache Möglichkeit dar, um biophotonische Sensoren in Polymer herzustellen.

Für die Herstellung von Wellenleiterstrukturen für Multimodeanwendungen wird die Prägetechnik durch einen Schweißprozess ergänzt, so dass ein zweischichtiger, mikrostrukturierter Polymeraufbau hergestellt werden kann [Müll95]. PMMA als Kernschichtmaterial kann dabei für Anwendungen unterhalb 900 nm eingesetzt werden (Abb. 8.6-10). Bei Wellenlängen von etwa 900 nm und 1100 bis 1250 nm erkennt man die starke Absorption des PMMA aufgrund von Resonanzschwingungen der Wasserstoffatome im Polymermolekül. Wird der Wasserstoff vollständig durch das schwerere Deuterium ersetzt (PMMA-d8), werden diese Resonanzstellen zu größeren Wellenlängen verschoben. Bei Verwendung von PMMA-d8 als Kernschicht können daher die planaren Wellenleiter auch in dem für die Kommunikationstechnik interessanten Wellenlängenbereich um 1300 nm eingesetzt werden. Das Verfahren zur Herstellung von Wellenleiterstrukturen ist in Abb. 8.6-11 schematisch dargestellt. Im ersten Prozessschritt wird die Kernschicht des Wellenleiters in den Formeinsatz eingepresst. Dies erfolgt wie beim Prägeprozess oberhalb der Glasübergangstemperatur des Polymers. Durch die Verwendung einer Zwischenfolie eines Materials mit höherer Glasübergangstemperatur wird das Material auf der Stirnseite praktisch vollständig verdrängt. Im zweiten Schritt wird zunächst die Zwischenfolie abgezogen und dann wird die Mantelschicht unter Druck und bei Temperaturen um die Glasübergangstemperatur mit der im Formwerkzeug befindlichen Kernschicht verschweißt. Dabei erfolgt eine Diffusion der beiden Polymere in einer Schicht von 1 bis 10 µm, die zu einer guten Haftung der beiden Schichten

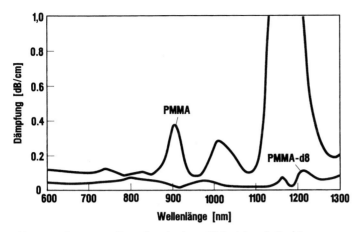

Abb. 8.6-10 Gemessene Dämpfung in einem Wellenleiter als Funktion der Wellenlänge des Lichtes für PMMA und deuteriertes PMMA-d8.

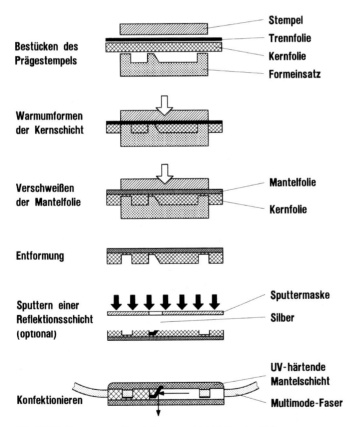

Abb. 8.6-11 Prozess zur Herstellung von Licht leitenden Polymerstrukturen mit optischen Funktionsteilen und Justierstrukturen.

untereinander führt. Anschließend werden die Gesamtstruktur entformt, zusätzliche optische Elemente (z. B. Glasfasern) eingefügt, reflektierende Schichten durch Sputtern erzeugt und die gesamte Anordnung mit einem UV-härtenden Polymer überschichtet, um die zweite Mantelschicht aufzubringen.

Mit diesem Verfahren können Wellenleiterstrukturen mit optischen Funktionsstrukturen hergestellt und zusätzliche optische Elemente hybrid in den Wellen leitenden Aufbau eingefügt werden (vgl. Abschn. 8.8.4.11). Dies führt zu einer Erhöhung der Komplexität optischer Komponenten.

8.7
Protonenlithographie (DLP) – ein weiteres Strukturierungsverfahren zur Herstellung von Mikrostrukturen mit großem Aspektverhältnis

Eine mit dem LIGA-Verfahren vergleichbare Technik zur Herstellung von Mikrostrukturen mit hohem Aspektverhältnis ist die Tiefenlithographie mit Protonen (Deep Lithography with Protons = DLP), bei der an Stelle von Röntgenstrahlung Protonen zur Strukturierung verwendet werden [Bren90]. Im Vergleich zur Röntgentiefenlithographie erlaubt diese Technologie abhängig von der eingesetzten Protonenenergie die Strukturierung dickerer PMMA-Platten. Im Gegensatz dazu begrenzt die Streuung der Protonen im Material die Steilheit der Strukturwände, erlaubt auf der anderen Seite aber die Herstellung gezielt konischer oder auch verrundeter Strukturen. Die Herstellung von Strukturen mit unterschiedlicher Tiefe ist mit Protonenlithogrpahie einfacher als mit Röntgentiefenlithographie.

Bei ihrem Durchgang durch ein Material regen Protonen oder Ionen unter Abgabe eines Teiles ihrer Energie Elektronen der Polymermoleküle an. Dies führt wie im Falle der Röntgenstrahlung zu angeregten Polymermolekülen, was einen Bruch der Polymerkette zur Folge hat. Insofern entsteht im Bereich des mit Protonen belichteten Materials ein kleineres Molekulargewicht, das selektiv gelöst werden kann.

Mit jeder Energieabgabe verliert das Proton bzw. Ion an kinetischer Energie und wird somit in seiner Bewegung verlangsamt. Dies bedeutet aber auch, dass es abhängig von der ursprünglichen Ionenenergie eine genau festgelegte Eindringtiefe gibt, bei der das Proton oder Ion zum Stehen kommt. Außerdem nimmt aufgrund der mit der Tiefe abnehmenden Geschwindigkeit die pro Wegstrecke abgegebene Energie zu. Dieser Sachverhalt ist in Abb. 8.7-1 dargestellt [Volc03]. Aus der Abbildung ergeben sich folgende Aussagen:

- Je höher die Protonen- bzw. Ionenenergie ist, um so größer ist die Stopptiefe, bis zu der die Ionen in das Material eindringen können.

- Die Eindringtiefe nimmt für gleiche Protonen oder Ionen mit gleicher Energie mit zunehmender Kernladungszahl des bestrahlten Materials ab.

- Die Eindringtiefe ist für schwerere Ionen geringer als für leichte.

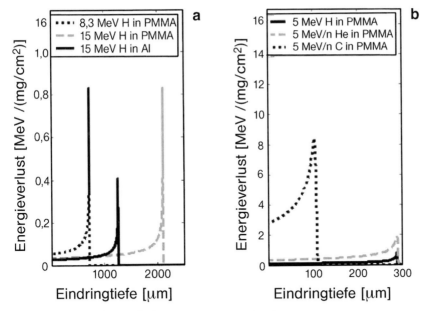

Abb. 8.7-1 Auf eine feste Wellenlänge normierter Energieverlust von Ionen als Funktion der Weglänge für
a) unterschiedliche Protonenenergien in verschiedenen Materialien,
b) unterschiedliche Ionen [Bolc03].

Diese Eigenschaften bestimmen die abgelagerte Dosis im PMMA und erlauben Variationen in der Strukturierung.

Die Strukturqualität wird in der Protonenlithographie im Wesentlichen durch das Streuverhalten der Protonen bzw. Ionen und die Strahldivergenz bestimmt. Die Strahldivergenz hängt von den magnetischen Linsen und den verwendeten Blenden ab. Sie liegt im Bereich von 10 mrad, ist aber von Gerät zu Gerät verschieden. Mit zunehmender Tiefe nimmt aufgrund der Energieabnahme die Streuung der Ionen zu. Dies führt zu einer Verbreiterung des Bereiches, in dem die Dosis abgelagert wird. Abb. 8.7-2 a zeigt ein Grauwertbild der Dosisablagerung in PMMA, das unter Berücksichtigung eines kollimierten Protonenstrahls (8,3 MeV, Divergenz 17,5 mrad) mit einem Durchmesser von 120 μm simuliert wurde. Die weiße Linie symbolisiert die Isodosislinie, bis zu der der Resist nach einer Stunde Entwicklungszeit bei 38 °C entwickelt wird. Wie aus Abb. 8.7-2 b zu entnehmen ist, wächst der Strukturdurchmesser um 140 μm in der Stopptiefe an.

Diese Dimensionsänderung entlang der Strukturtiefe ist abhängig von der Art der verwendeten Ionen und deren Beschleunigungsenergie (Abb. 8.7-3). Je höher die Energie und je höher die Kernladungszahl, um so geringer ist die Änderung. Darüber hinaus steigt die Dimensionsänderung mit zunehmendem Protonen- bzw. Ionenfluss (Abb. 8.7-4). Diese Eigenschaften können ausgenutzt werden, um gezielt konische Strukturen herzustellen.

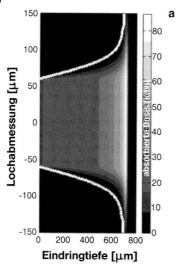 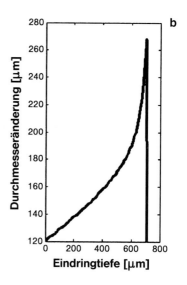

Abb. 8.7-2
a) Simuliertes Grauwertbild der in einer 800 μm dicken Platte absorbierten Dosis bei einer Protonenbestrahlung mit 8,3 MeV (Protonenstrahldurchmesser: 120 μm, Divergenz: 17,5 mrad, Protonenfluss: $1,9 \cdot 10^7/\mu m^2$). Die weiße Linie stellt die Isodosislinien für eine Dosis von 0,9 kJ/g dar.
b) Simulierte Änderung des Durchmessers als Funktion der Resisttiefe [Volc03].

Protonenlithographie kann prinzipiell auf drei verschiedenen Wegen durchgeführt werden:

- Punktbestrahlung mit kollimiertem Strahl über eine die Struktur definierende Maske,
- Schreiben mit dem kollimierten Protonenstrahl über eine rechteckige oder runde Apertur,
- Schreiben mit dem fokussierten Strahl ohne Maske.

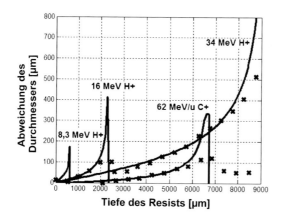

Abb. 8.7-3 Abweichung des Durchmessers von entwickelten Lochstrukturen als Funktion der Tiefe nach unterschiedlicher Ionenbestrahlung. Die Kreuze stellen experimentelle Daten dar, die durchgezogenen Kurven sind simuliert [Volc03].

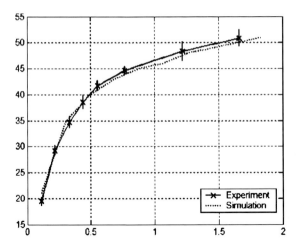

Abb. 8.7-4 Abweichung des Durchmessers auf der Rückseite einer 500 µm dicken PMMA-Platte, die mit einem Protonenstrahl mit 120 µm Durchmesser bestrahlt wurde, in Abhängigkeit von dem Protonenfluss.

Die ersten beiden Varianten sind in Abb. 8.7-5 dargestellt. Aufgrund der bisherigen Darstellung ist klar, dass die Maske aus einem Material mit hoher Kernladungszahl bestehen und eine Dicke aufweisen muss, die größer ist als die Stopptiefe der Ionen. Beispielsweise wird in Verbindung mit 8,3 MeV Protonen eine 300 µm dicke Nickelplatte als Maske verwendet. Beliebt ist auch die Verwendung von Aluminium, da es nach der Bestrahlung nicht für längere Zeit radioaktiv ist.

Bei der Punktbestrahlung mit kollimiertem Strahl wird das Substrat über die Maske bis zu der gewünschten Dosis belichtet. Ist die Dosis erreicht, wird der Strahl durch einen schnellen Shutter ausgeblendet, das Substrat wird verfahren und der Shutter wird zur nächsten Belichtung der gleichen Struktur an einem anderen Ort wieder geöffnet. Die Genauigkeit der Position der beiden Strukturen hängt von der Genauigkeit des x-y-Tisches ab, auf dem das Substrat montiert ist [Volc02]. Diese kann im Bereich kleiner als 100 nm liegen. Die Abb. 8.7-6 zeigt eine nach diesem Verfahren hergestellte Lochplatte mit durchgesteckten Glasfasern. Diese Platte ist Bestandteil eines Mehrfasersteckers und sorgt dafür, dass die Fasern mit Genauigkeiten besser als 0,5 µm zueinander und zu parallel gefertigten Löchern für Führungsstifte positioniert sind.

Beim Schreiben mit dem kollimierten Protonenstrahl wird das Substrat kontinuierlich unter der Maske, die in der Regel eine runde oder rechteckige Öffnung besitzt, bei offenem Shutter verfahren. Damit werden Linien geschrieben, deren Breite der Breite der Öffnung entspricht (in der Regel einige 10 µm). Mit dieser Methode lassen sich beliebige Konturen schreiben, wobei Verrundungen entsprechend dem Öffnungsdurchmesser der Maske akzeptiert werden müssen. Die Qualität der Linie hängt von der Stabilität des Protonen- bzw. Ionenstrahls und von der Genauigkeit der Bewegung des Tisches ab. An derart geschriebe-

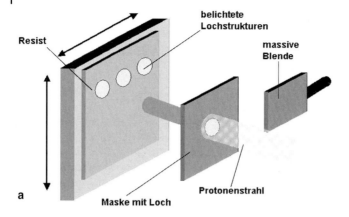

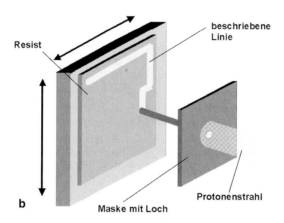

Abb. 8.7-5 Schematische Darstellung der Protonenlithographie:
a) Punktbestrahlung mit kollimiertem Strahl und Strukturmaske.
b) Schreiben mit dem kollimierten Protonenstrahl über eine rechteckige oder runde Apertur.

nen Strukturen wurden mittlere Rauigkeiten (Ra) im Bereich von 10 nm gemessen [Volc01]. Dies entspricht den Werten, wie man sie auch beim Schreiben der Maske für die Röntgentiefenlithographie mit einem Elektronenstrahlschreiber und anschließender Röntgenbelichtung erzielt.

Das Schreiben mit dem fokussierten Strahl erfordert keine Maske, da in diesem Fall der Strahl mit Hilfe der Optik auf eine Spotgröße von einigen Mikrometern fokussiert wird. Diesen Fall kann man direkt mit der Vorgehensweise bei der Elektronenstrahllithographie vergleichen. Der Vorteil bei der Protonenlithographie liegt aufgrund der hohen Eindringtiefe der Protonen darin, dass der Fokuspunkt in verschiedene Ebenen des Substrates gelegt werden kann.

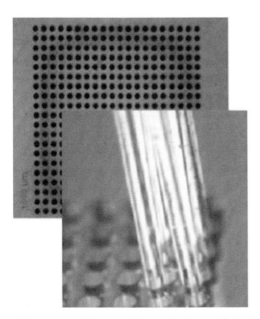

Abb. 8.7-6 Durch Protonenlithographie hergestellte Lochplatte für Faserstecker [Volc02].

Durch die Überlagerung der Divergenz des Strahles und der Verbreiterung der Dosisablagerung aufgrund der Streuung lässt sich damit die Strukturdimension gezielt über der Höhe variieren. So wurde beispielsweise gezeigt, dass bei Verwendung von 17-MeV-Protonen und einer Fokustiefe von 2 mm ein Loch hergestellt werden kann, das im Bereich der ersten und letzten 400 µm konisch zuläuft, über dem Mittenbereich von 1 mm dagegen einen konstanten Durchmesser aufweist.

8.8
Anwendungsbeispiele

Die beim LIGA-Verfahren völlig freie laterale Formgebung, die große Materialvielfalt, die Strukturhöhen von mehreren hundert Mikrometern sowie die Abbildung von Formdetails im Submikrometerbereich eröffnen die Möglichkeit zur Herstellung von Komponenten in unterschiedlichen Bereichen, wie Mikromechanik, Mikrooptik, Sensor- und Aktortechnologie oder Fluidtechnik. Diese Komponenten finden Anwendungen in der Automobiltechnik, der Verfahrenstechnik, dem allgemeinen Maschinenbau, der Analysentechnik, der Kommunikationstechnik oder der Chemie, Biologie und Medizintechnik sowie vielen anderen Feldern.

In diesem Abschnitt sollen einige Anwendungen beispielhaft vorgestellt werden. Es handelt sich überwiegend um Prototypen, die im Forschungszentrum Karlsruhe hergestellt wurden. Weitere Beispiele anderer Gruppen können der Literatur entnommen werden.

8.8.1
Starre metallische Mikrostrukturen

Die einfachsten mit dem LIGA-Verfahren hergestellten Strukturen werden entweder vollständig vom Substrat gelöst oder bilden mit dem Substrat eine Einheit. Hierzu gehören einfache Wabenstrukturen in Polymer oder Metall, die als Partikelfilter oder als Wellenlängenfilter Anwendung finden. Weitere Beispiele sind Mikrospulen und Mikrozahnräder.

8.8.1.1 Filter für das Ferne Infrarot

Dicke Metallmembranen mit genau definierten, periodisch angeordneten Schlitzaperturen, z.B. Kreuz- oder Y-Strukturen, wirken als Bandpassfilter im Fernen Infrarot und werden als „Resonante Gitter" bezeichnet [Ulri68], [Comp83]. Die spektrale Qualität der Filter hängt von der Form und den Abmessungen der Schlitzaperturen ab, aber auch von der relativen Dicke der Membran. Der Wellenlängenbereich, in welchem diese Filter Strahlung durchlassen, liegt in der Größenordnung der Schlitzlänge. Die Breite der Schlitze und der Abstand zum benachbarten Element, die kritische Dimensionen darstellen, sind knapp eine Größenordnung geringer. Hieraus folgt, dass für eine Transmissionswellenlänge von etwa 20 µm die kritischen Strukturen in der Größenordnung von nur wenigen Mikrometern liegen, die mit hoher Genauigkeit eingehalten werden müssen. Da zudem zum Erreichen einer hohen Trennschärfe die Dicke der Filter groß gegen die kritischen Dimensionen sein soll, ist das LIGA-Verfahren für die Herstellung solcher Filter prädestiniert [Rupr91].

Als Beispiel für ein Bandpassfilter zeigt Abb. 8.8-1a eine Kupfermembran mit kreuzförmigen Schlitzaperturen, die eine Länge von 18,5 µm, eine Breite von 3 µm und einen minimalen Abstand zum Nachbarelement von 2 µm besitzen. Die Dicke der Membran beträgt 20 µm. Diese Membran wurde mit Röntgentiefenlithographie und anschließender Galvanoformung hergestellt. Aus der gemessenen Transmissionskurve ist zu entnehmen, dass das Filter für Strahlung mit einer Wellenlänge zwischen etwa 27 und 35 µm durchlässig ist und die Transmission zum hoch- und niederfrequenten Spektralbereich steil abfällt (Abb. 8.8-1b).

Metallmembranen mit regelmäßigen Lochaperturen, deren Dicke den doppelten Lochdurchmesser übersteigt, wirken als Hochpassfilter für das Ferne Infrarot. Daher können wabenförmige Netze, wie sie in Abschn. 8.5.4 beschrieben wurden (vgl. Abb. 8.5-13d), als Hochpassfilter verwendet werden. Ein Wabennetz mit einem Wabendurchmesser von 80 µm ist für Strahlung mit einer Wellenlänge unterhalb 120 µm durchlässig, weist zu höheren Wellenlängen (niede-

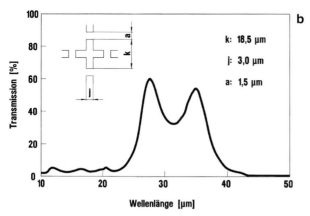

Abb. 8.8-1 Bandpassfilter für das Ferne Infrarot:
a) REM-Aufnahme einer 20 µm dicken Metallmembran mit kreuzförmigen Schlitzaperturen (Länge 18,5 µm, Breite 3 µm, Abstand 1,5 µm).
b) Gemessene Transmission in Abhängigkeit von der Wellenlänge.

ren Energien) einen scharfen „Cut-off" (Übergang zwischen Sperr- und Transmissionsbereich) auf und besitzt im Maximum eine Transmission von über 95% (Abb. 8.8-2).

8.8.1.2 Mikrospulen

Aufgrund der großen Strukturhöhe und der Verwendung von Metallen mit geringem elektrischen Widerstand (z. B. Kupfer) können mit dem LIGA-Verfahren planare Mikrospulen mit einer großen Stromtragfähigkeit und beliebiger lateraler Form hergestellt werden. Um einen Kurzschluss zu vermeiden, müssen die metallischen Spulenwindungen auf einem isolierenden Substrat aufgebaut werden. Daher wird eine Keramikplatte oder ein Silizium-Wafer, auf welchen ggf. noch eine Isolationsschicht (z. B. Si_3N_4) aufgebracht ist, mit einer Metallisierungsschicht versehen. Nach der Strukturierung des Kunststoffs (durch Röntgentiefenlithographie oder Abformung), der Galvanoformung und der Entfer-

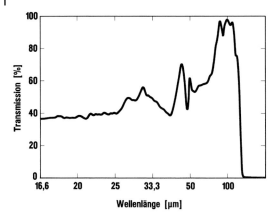

Abb. 8.8-2 Hochpassfilter für das Ferne Infrarot. Transmissionskurve für eine Wabenstruktur mit einem Durchmesser von 80 µm, einer Wandstärke von 8 µm und einer Höhe von 180 µm.

nung der Kunststoffform wird die Metallisierungsschicht zwischen den Spulenwindungen entweder durch Sputterätzen (vgl. Abschn. 5.3.1) oder – analog zur Opferschichttechnik (vgl. Abschn. 7.3.2) – nasschemisch entfernt. Beim Nassätzen muss jedoch die Ätzzeit genau eingehalten werden, damit die Metallisierungsschicht unter den Spulenwindungen nicht auch entfernt wird.

Die Prüfung der vollständigen Entfernung der Metallisierungsschicht zwischen den Windungen kann durch Messung der Induktivität der Spulen erfolgen. Die Abb. 8.8-3a zeigt eine Kunststoffform aus PMMA für eine Mikrospule, die aus zwei ineinander liegenden Spulen besteht. Die Abb. 8.8-3b zeigt einen Ausschnitt aus einer Kupferspule auf einem Keramiksubstrat nach dem Entfernen der Titanschicht zwischen den Spulenwindungen. Die Breite und der Abstand zwischen den Windungen beträgt jeweils 20 µm, die Höhe etwa 100 µm.

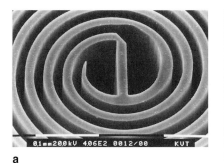
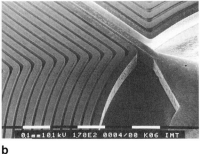

a b

Abb. 8.8-3 Mikrospulen (Breite und Abstand der Windungen 20 µm, Höhe der Struktur 100 µm).
a) REM-Aufnahme der PMMA-Form einer Spule.
b) REM-Aufnahme von Kupferbahnen auf einem Keramiksubstrat nach Entfernen der Metallisierungsschicht.

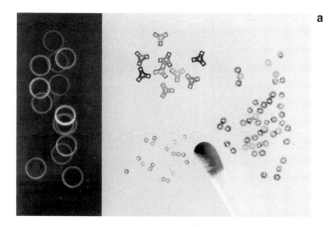

Abb. 8.8-4 Planetengetriebe.
a) Zahnräder aus Nickel und Kunststoff (Hohlrad).
b) Montiertes Planetengetriebe. Der Außendurchmesser des Getriebes beträgt 3 mm.
(Mit freundlicher Genehmigung der Firma RMA, Biel, Schweiz).

8.8.1.3 Mikrozahnräder, Mikrogetriebe

Der Vorteil, Mikrozahnräder für Mikrogetriebe durch das LIGA-Verfahren herzustellen, besteht darin, dass die Zähne in diesen geringen Abmessungen für eine Evolventenverzahnung ausgebildet werden können. Außerdem lassen sich Zahnkränze kleinen Durchmessers mit innen liegender Zahnstruktur erzeugen, was die konventionellen feinwerktechnischen Möglichkeiten übersteigt. Dadurch lassen sich Getriebevarianten in kleinen Abmessungen (z. B. Harmonic-Drive-Getriebe) realisieren, die bisher nicht möglich waren. Abb. 8.8-4 a zeigt die verschiedenen Zahnräder für ein Planetengetriebe. Der Durchmesser des Sonnenrades beträgt 0,8 mm, die Zähne haben eine minimale Breite von 65 μm. Die Dicke der Strukturen liegt zwischen 300 und 400 μm. Abb. 8.8-4 b zeigt ein montiertes Planetengetriebe im Gehäuse.

8.8.2
Bewegliche Mikrostrukturen, Mikrosensoren, Mikroaktoren

Durch die Entwicklung der Opferschichttechnik (vgl. Abschn. 8.6) wurde das Spektrum der herstellbaren Sensoren und Aktoren mit LIGA-Technik erheblich erweitert. Darüber hinaus werden Aktoren auch durch nachträgliche Montage verschiedener LIGA-Strukturen realisiert [Lehr96], [Guck95], [Solf03].

8.8.2.1 Beschleunigungssensoren

Abb. 8.8-5a zeigt den prinzipiellen Aufbau eines kapazitiven Beschleunigungssensors, der mit Hilfe der Opferschichttechnik hergestellt wurde [Burb91]. Zwischen zwei fest mit dem Substrat verbundenen Elektroden befindet sich eine an einer Biegezunge aufgehängte seismische Masse. Bei einer Beschleunigung verändern sich die Spaltabstände zwischen Elektrode und seismischer Masse und die damit verbundene Kapazitätsänderung kann elektronisch ausgelesen werden. Unter Ausnutzung der freien Formgebung des LIGA-Verfahrens wurde die seismische Masse gabelförmig gestaltet, so dass störende Kapazitätsänderungen

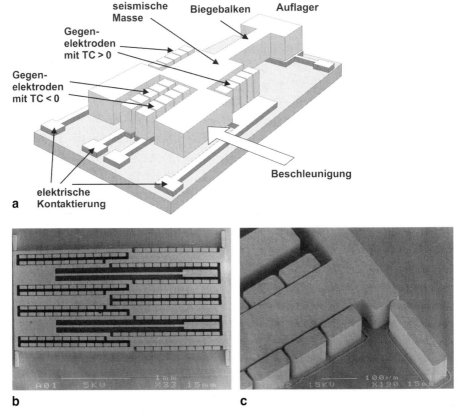

Abb. 8.8-5 LIGA-Beschleunigungssensor:
a) Prinzipieller Aufbau eines Sensors mit Temperaturkompensation.
b) REM-Aufnahme eines galvanisierten Sensorelements.
c) Detail der Struktur (100 µm, Breite der Biegezunge 10 µm, Spaltweite 4 µm).

Abb. 8.8-6 Planares Beschleunigungssensorsystem für die Messung der Beschleunigung in drei Raumrichtungen, aufgebaut aus zwei LIGA-Sensorelementen (x- und y-Richtung) sowie einen Siliziumsensor (z-Richtung).

bei Temperaturschwankungen der Anordnung kompensiert werden. Eine weitere Maßnahme zur Erhöhung der Genauigkeit ist die Aufhängung der seismischen Masse an zwei Biegezungen, die zu einer linearen Auslenkung und damit zu einem linearen Signal führt. Weiterhin kann die seismische Masse in mehrere Gabelstrukturen aufgespalten werden, was eine Erhöhung der Grundkapazität zur Folge hat. Mit der Aufteilung der Gegenelektrode in einzelne Blöcke kann die Luftdämpfung herabgesetzt werden. Alle diese Maßnahmen führten dazu, dass mit dem LIGA-Sensorelement ein hochpräziser Beschleunigungssensor für kleine Beschleunigungen realisiert werden konnte [Stro95]. Abb. 8.8-5 b zeigt ein durch Röntgentiefenlithographie und Galvanik hergestelltes Sensorelement und Abb. 8.8-5 c eine Detailaufnahme der Nickelstruktur. Der Spalt zwischen Gegenelektrode und seismischer Masse beträgt nur 4 µm, die Breite der Biegefeder etwa 20 µm. In Tab. 8.8-1 sind die Daten für die mit einer entsprechenden Elektronik ausgestatteten Sensoren zusammengestellt.

Durch die Möglichkeit, die Beschleunigungssensorelemente über einen gemeinsamen Maskenprozess herzustellen, ist die zweidimensionale Anordnung der Sensorelemente mit hoher Präzision direkt gegeben. Die beiden orthogonal angeordneten Sensorelemente sind in x- und y-Richtung empfindlich. Durch Kombination mit einem in z-Richtung empfindlichen Siliziumsensor lässt sich ohne großen Montageaufwand ein planarer 3D-Sensor aufbauen (Abb. 8.8-6) [Mohr94].

Tab. 8.8-1 Charakteristische Daten der LIGA-Beschleunigungssensoren

Parameter	Toleranzen
Messbereich	±2 g
Auflösung	1 mg/$\sqrt{H}$
Bandbreite (3 dB)	DC…700 Hz
Empfindlichkeit	2,5 V/g
Temperaturbereich	−20…100 °C
Temperaturempfindlichkeit	300 ppm/K
Nichtlinearität	<0,6%

8.8.2.2 Elektrostatischer Linearantrieb

Ein elektrostatischer Linearantrieb kann durch eine Anordnung realisiert werden, bei welcher eine bewegliche, kammartige Struktur in eine ebenfalls kammartige Struktur eintaucht und so mehrere Kondensatoren bildet [Burb91]. Dabei ist die bewegliche Struktur so gelagert, dass sie sich nur parallel zur Kammstruktur bewegen kann. Bei Anlegen einer Spannung zwischen den beiden Kondensatoranordnungen strebt das System einen Zustand maximaler Kapazität und damit maximaler potentieller Energie an. Dies hat bei der schwingenden Lagerung zur Folge, dass die bewegliche Kammstruktur tiefer in die feststehende Kammstruktur eintaucht. Der mögliche Stellweg ergibt sich aus der Tiefe der Kammstruktur bzw. aus der Rückstellkraft der Federelemente, an denen die Struktur aufgehängt ist, und der angelegten Spannung. Abb. 8.8-7a (Gesamtansicht) und

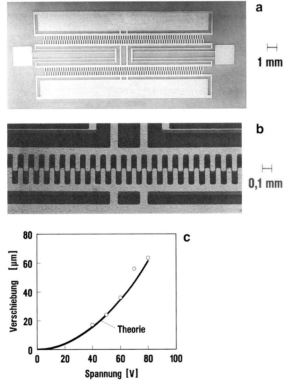

Abb. 8.8-7 Elektrostatischer Linearantrieb. Der bewegliche Teil ist so an Feldern aufgehängt, dass bei Anlegen einer Spannung nur eine Bewegung in den feststehenden Teil hinein möglich ist.
a) REM-Aufnahme des Gesamtsystems.
b) REM-Aufnahme der Fingerstrukturen (200 µm lang, 5 µm breit, Abstand 5 µm).
c) Abhängigkeit der angelegten Spannung auf die Verschiebung der Struktur.

Abb. 8.8-8 Elektrostatischer Linearaktor mit konischer Zahnstruktur zur Realisierung eines optischen Schalters.
a) Gesamtansicht,
b) Ansicht der konischen Zahnstruktur.

Abb. 8.8-7b (Detail der Kammanordnung) zeigen einen 60 µm hohen elektrostatischen Linearantrieb, der an vier Doppelfedern, die 4 mm lang und 10 µm breit sind, aufgehängt ist. Der Kamm besteht aus 70 Fingerstrukturen mit einer Länge von 200 µm und einer Breite von 50 µm. Die Abstände zwischen den Fingerstrukturen, d. h. die Kondensatorspaltweiten, betragen 5 µm. Aus Abb. 8.8-7c, in welcher der gemessene Stellweg als Funktion der angelegten Spannung aufgetragen ist, kann entnommen werden, dass mit einer solchen Anordnung mit 70 V eine Verschiebung von 50 µm realisiert werden kann.

Um den Stellweg zu vergrößern, können die Kondensatorstrukturen konisch ausgelegt werden. Abb. 8.8-8 zeigt einen solchen Aktor, der Bestandteil einer optischen Aufbauplatte ist und mit dem eine optische Bypass-Schaltung aufgebaut wurde (siehe Abschn. 8.8.4.3). In diesem Fall werden mit Spannungen von ca. 45 V Stellwege von 90 µm erreicht.

8.8.2.3 Elektromagnetischer Linearaktor

Elektromagnetische Mikroaktoren hatten in der Vergangenheit weniger Bedeutung als elektrostatische Aktoren, was vor allem darauf zurückzuführen ist, dass elektrostatische Aktoren in einer Strukturebene und daher relativ unkompliziert hergestellt werden können, während leistungsfähige magnetische Aktoren eine dreidimensionale Struktur erfordern. Bei einem Vergleich der maximalen Energiedichten und der Kräfte schneiden die elektromagnetischen Aktoren besser ab. Die elektrische Feldstärke ist wegen der Gefahr von Überschlägen auf 100 V/µm begrenzt, die magnetische Flussdichte wegen der Sättigung der magnetischen Materialien auf etwa 1,4 Tesla (siehe Abschn. 8.4.3). Damit liegt die maximale Energiedichte des magnetischen Feldes etwa um einen Faktor 20 höher als die des elektrischen Feldes. Bei einem Vergleich der Kräfte

$$F_{el} = \frac{1}{2}\varepsilon_0 A \left(\frac{U}{d}\right)^2 \tag{8.5}$$

und

$$F_{mag} = \frac{1}{2}\mu_0 A \left(\frac{N \cdot I \cdot (\mu_r + d)}{l_{fm}}\right)^2 \tag{8.6}$$

mit l_{fm} = Länge des ferromagnetischen Kerns und d = Luftspalt, zeigt sich, dass bei einer Spannung von 100 V im elektrostatischen Fall oder einer Stromstärke von ca. 300 mA/N im magnetischen Fall die gleiche Kraft erzielt werden kann. Schon bei mäßigen Windungszahlen N sind damit die Stromwerte so klein, dass magnetische Aktoren gut mit Standard-Bipolarschaltkreisen betrieben werden können. Da die Strukturhöhe proportional in die verfügbare Kraft eingeht, bietet sich das LIGA-Verfahren besonders zur Herstellung elektromagnetischer Aktoren an [Rogg96a]. Allerdings besteht die Notwendigkeit, in der Struktur die Möglichkeit zu schaffen, Spulen in den magnetischen Kreis einzusetzen oder diese integriert mit vertikaler Achse um einen mikrotechnisch hergestellten Permalloykern zu erzeugen.

Letzteres wird mit dem in Abb. 8.8-9 dargestellten Herstellungsprozess, der auf fünf Maskenebenen aufbaut, realisiert. Im ersten Schritt wird die untere Leiterbahn der Spule durch optische Lithographie und Ätzen strukturiert. Darauf wird eine Opferschicht aufgebracht, die Öffnungen enthält, um den Kern und die Spulensäulen fest mit dem Substrat zu verbinden. Im folgenden Röntgentiefenlithographieschritt mit anschließender Galvanik von Permalloy (Nickel-Eisen-Legierung) werden der Kern, der Anker und die Federaufhängung des Ankers hergestellt. Anschließend wird die Permalloyschicht mit einem Röntgenresist überdeckt und eine strukturierte Galvanikstartschicht für die oberen Verbindungsstege der Spulen aufgebracht. Im nachfolgenden Lithographie- und Galvanikschritt werden die Spulensäulen erzeugt, die bei Erreichen der Resistoberfläche entlang der strukturierten Startschicht kontrolliert seitlich wachsen und damit die Spulenwindungen schließen [Rogg96b].

Ein nach diesem Prozess hergestellter Linearaktor ist in Abb. 8.8-10 dargestellt. Die rechteckig aufgebaute Spule aus Kupfer mit 40 Windungen umschließt den Kern aus Permalloy. Ebenfalls aus Permalloy ist der an Federn aufgehängte Anker. Die Strukturhöhe beträgt etwa 120 µm bei einer Breite der Biegefedern von 10 µm. Die gesamte Struktur hat inklusive Bondpads eine Fläche von $3,5 \cdot 4,5$ mm². Mit diesem Aktor wird mit einem Strom von 170 mA (entspricht 6,8 Amperewindungen) ein Stellweg von 190 µm erreicht. Mit einem

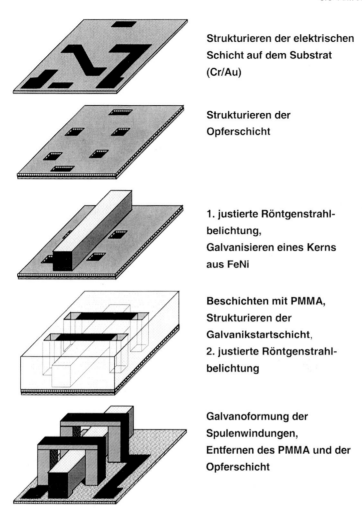

Abb. 8.8-9 Prozessstufen zur Herstellung eines elektromagnetischen Mikroaktors mit ferromagnetischem Kern.

auf hohe Haltekräfte ausgelegten Design wurde mit einer Stromstärke von 440 mA eine Kraft von 17 mN erreicht.

Da dieser Prozess sehr aufwändig ist, werden auch Konzepte verfolgt, die Spule nachträglich in die LIGA-Struktur zu integrieren [Guck96]. Abb. 8.8-11 zeigt eine solche Spule. Sie besteht aus einem Permalloykern, der mittels LIGA-Technik gefertigt wurde und nach der Galvanik vom Substrat gelöst wurde. Er hat eine Länge von 1,8 mm, eine Breite von 400 µm und eine Höhe von 180 µm. Auf diesen Kern sind mit einem Kupferdraht von 15 µm Stärke fünf Schichten mit 90 Windungen aufgebracht. Damit ist nur etwa 1/10 des Stromes notwendig, um die gleiche Anregung zu erzielen wie bei der integrierten Spule.

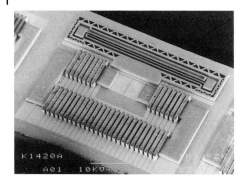

Abb. 8.8-10 REM-Aufnahme eines nach Abb. 8.8.9 aufgebauten elektromagnetischen Linearaktors.

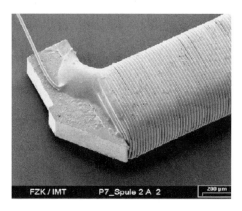

Abb. 8.8-11 Eine Mikrospule, bei der ein 15 µm starker Kupferdraht um einen Permalloykern gewickelt wurde (Länge 1,8 mm, Breite 0,4 mm, Höhe 0,18 mm).

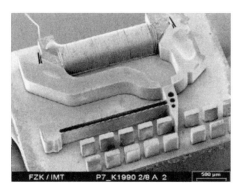

Abb. 8.8-12 Ein LIGA-Mikrochopper aus Permalloy, der für eine faseroptische Anwendung eingesetzt wird.

Damit reduziert sich auch die notwendige Leistung entsprechend; sie beträgt bei einem Drahtwiderstand von 50 Ohm nur 6,2 mW.

Die Spule ist Teil eines elektromagnetischen Choppers (Abb. 8.8-12). Der Spulenkern wird in der LIGA-Struktur des Choppers über Federn in dem magnetischen Joch eingesetzt und gehalten. Der Anker ist an zwei parallelen Blattfedern aufgehängt und im Ruhezustand vor den beiden Polschuhen des Jochs angeordnet. Bei Strombeaufschlagung der Spule und dem dadurch erzeugten magnetischen Fluss taucht er in den Freiraum zwischen den Polschuhen ein. Durch die beiden parallelen Blattfedern wird eine Parallelbewegung des Ankers sichergestellt, was verhindert, dass der Anker die Polschuhe berührt. In der gezeigten Ausführung wirkt der Anker als Blende, die zwischen den beiden Endflächen zweier gegenüber angeordneter Fasern, oszilliert. Die Fasern werden dabei in die durch die Säulen gebildete Grabenstruktur justiert zueinander eingelegt. Durch die oszillierende Bewegung wird das von der einen Faser abgestrahlte Licht vor Eintritt in die andere Faser periodisch unterbrochen [Krip99]. Der Mikrochopper hat eine Größe von $3 \cdot 3{,}2$ mm^2, die Höhe beträgt 280 µm. Abb. 8.8-13 zeigt die Amplitude und die Phasenverschiebung um die Resonanzfrequenz von 1100 Hz. In Resonanz beträgt die Amplitude pro mA ca. 16 µm. Sie steigt mit zunehmendem Strom bis ungefähr 160 µm an (Abb. 8.8-14). Die Begrenzung ergibt sich aus der Breite der Polschuhe von 100 µm und nicht aus der Tatsache, dass der Sättigungsstrom, der wesentlich höher liegt, erreicht ist.

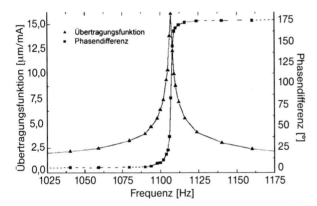

Abb. 8.8-13 Auslenkung des Ankers des Mikrochoppers sowie Phasendifferenz als Funktion der angelegten Frequenz.

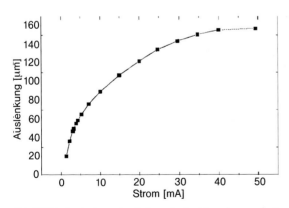

Abb. 8.8-14 Auslenkung des Ankers als Funktion des angelegten Stromes.

8.8.2.4 Mikroturbine, Strömungssensoren, Mikrofräser

Bei dem Beschleunigungssensor und den dargestellten Linearantrieben sind neben frei beweglichen Teilen weitere Teile noch fest mit dem Substrat verbunden. Bei rotierenden Mikrostrukturen muss dagegen der Rotor völlig vom Substrat abgelöst werden, während die Achse fest mit dem Substrat verbunden bleibt [Wall91]. Integriert hergestellte Mikroturbinen, die durch Gase oder Flüssigkeiten angetrieben werden, können prinzipiell als Strömungssensoren eingesetzt werden.

Abb. 8.8-15a zeigt eine Mikroturbine aus Nickel, deren Durchmesser mit 130 µm kleiner ist als die Höhe von 150 µm. Der Spalt zwischen Rotor und Achse beträgt in diesem Fall nur 5 µm. Da eine konventionelle Schmierung der Rotoren aufgrund der sehr schmalen Spalte sehr schwierig sein würde, werden Luftgleitlager verwendet. Zur Bestimmung der Drehzahl wird in die Gesamtstruktur ein Schacht strukturiert, in den Glasfasern eingelegt werden, über die die Drehzahl optisch bestimmt werden kann (Abb. 8.8-15b). Das von der Faser abgestrahlte Licht wird an den Stirnflächen der Turbinenschaufeln reflektiert.

a

b

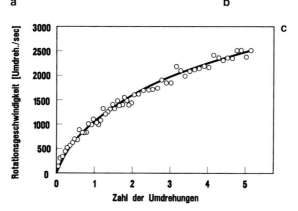
c

Abb. 8.8-15 Mikroturbine.
a) REM-Aufnahme einer Mikrotrubine aus Nickel
 (Höhe 150 µm, Durchmesser 130 µm).
b) REM-Aufnahme einer Mikroturbine mit integrierter Glasfaser
 zur Drehzahlmessung.
c) Gemessener Anstieg der Drehzahl während eines Anlaufvorganges.

Durch Zählen der Lichtimpulse kann die Drehzahl mit hoher Genauigkeit ermittelt werden. Abb. 8.8-15c zeigt als Beispiel den Anstieg der Drehzahl während eines Anlaufvorgangs. Es ist zu erkennen, dass die Mikroturbine in weniger als sechs Umdrehungen vom Stillstand auf 2500 Umdrehungen pro Sekunde beschleunigt. In Langzeittests konnte mit dieser Messanordnung nachgewiesen werden, dass mit den bestehenden Lagern Gesamtdrehzahlen von etwa 100 Millionen möglich sind [Himm92].

Turbinenstrukturen, die aufgrund der freien Formgebung des LIGA-Verfahrens mit optimierten Turbinenschaufeln in Abmessungen von wenigen Millimetern hergestellt werden, wurden als wesentlicher Bestandteil eines Mikrofräsers eingesetzt. Der gesamte Fräskopf wird durch Montagetechnik hergestellt, wobei die Fluidzuführung mit einem Abformwerkzeug gefertigt ist, das mittels mechanischer Mikrofertigung hergestellt wurde (siehe Kap. 9) [Wall96].

Mit diesen Turbinen ergeben sich bei Flüssen von ca. 750 ml/min Drehmomente von 10 bis 20 µNm bei Drehzahlen von 1000 bis 2000 Umdrehungen pro Sekunde. Diese Werte sind um über eine Größenordnung höher als Werte, die mit elektrostatisch oder elektromagnetisch angetriebenen Mikromotoren erzielt werden.

8.8.2.5 Mikromotoren

Das Prinzip eines elektrostatischen Mikromotors beruht auf der anziehenden Kraft zweier gegenpolig geladener Elektroden, die einen Kondensator bilden. Stehen sich zwei Elektroden versetzt gegenüber, so ziehen sich die beiden Platten nicht nur in Richtung ihrer Normalen an (Antriebskomponente senkrecht zu den Oberflächen), sondern bewegen sich auch so lange parallel zur Oberfläche, bis sie sich genau gegenüberstehen (Antriebskomponente tangential zu den Oberflächen). Versieht man daher einen Rotor und einen Stator mit partiell gegeneinander versetzten Elektroden, so kann die tangentiale Antriebskomponente zur Erzeugung eines Drehmoments bzw. einer Rotation ausgenutzt werden. Abb. 8.8-16a zeigt das Prinzip eines elektrostatischen Motors, bei welchem an zwei gegenüberliegende Statoren eine Spannung angelegt wird. Auf der Oberfläche des leitfähigen Rotors werden Gegenladungen influenziert, so dass sich eine tangentiale Antriebskraft ergibt. Nach dem Ausgleich des Plattenversatzes und Verschwinden der tangentialen Kraft wird die Spannung an das benachbarte Elektrodenpaar, das wiederum einen Versatz aufweist, angelegt. Prinzipiell ist es auch möglich, die Spannung zwischen je einem Statorpaar und dem Rotor, welcher in diesem Fall kontaktiert werden müsste, anzulegen. Das resultierende Drehmoment steigt linear mit der Strukturhöhe an, so dass bei elektrostatischen Mikromotoren eine große Strukturhöhe angestrebt wird, was mit dem LIGA-Verfahren sehr gut realisiert werden kann [Wall92]. Eine große Strukturhöhe ist auch für eine gute Laufeigenschaft (geringe Torkelbewegung) anzustreben. Da die antreibende Tangentialkraft zwar von der Höhe, aber nicht von der Länge der Elektroden abhängt, ist es günstig, den Rotor und die Statoren so auszuführen, dass sich viele kleine, parallel geschaltete Elektroden

414 | 8 Das LIGA-Verfahren

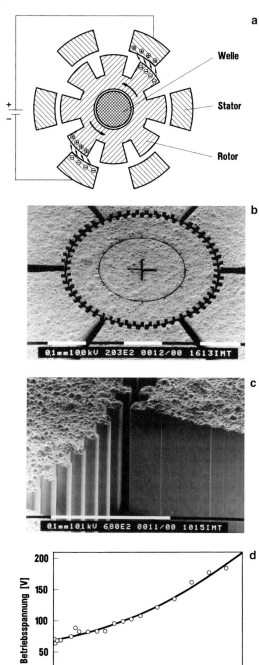

ergeben, die schließlich zu einer gezahnten Oberfläche führen. Abb. 8.8-16b zeigt eine Aufsicht auf einen LIGA-Motor und Abb. 8.8-16c eine Detailansicht, aus welcher die große Strukturhöhe von 120 µm erkennbar ist. In Abb. 8.8-16d ist in Abhängigkeit von der Drehzahl die zur Aufrechterhaltung der Rotation notwendige Spannung aufgetragen. Diese steigt mit zunehmender Drehzahl an und beträgt bei kleinen Drehzahlen 65 V. Die Spannung, die zum Anlaufen des Motors benötigt wird, ist aufgrund der zu überwindenden Haftreibung um etwa 30% größer. Durch eine geeignete Wahl aller Geometrieparameter kann erreicht werden, dass der Rotor nicht auf der Welle gleitet, sondern abrollt, was zu einer deutlichen Verringerung der Reibung zwischen Rotor und Welle führt.

Die hier dargestellten Mikromotoren können nach Modifizieren des Designs auch für optische Aufbauten sehr interessant sein (siehe Abschn. 8.8.4). In diesem Fall muss der Motor nur die zur Überwindung der Lagerreibung erforderliche Leistung aufbringen.

Ein Problem bei den mikrotechnisch hergestellten elektrostatischen Motoren, deren Durchmesser im Bereich von 1 mm liegen, ist das äußerst geringe Drehmoment von wenigen nNm, das zum Einsatz als Antriebseinheit in der Regel nicht ausreicht. Sollen mit mikrotechnischen Verfahren Mikromotoren realisiert werden, die als Antriebseinheit eingesetzt werden können, wird es notwendig sein, ähnlich wie bei den Mikroturbinen einzelne Mikrokomponenten durch Montagetechniken zum Mikromotor zusammenzusetzen. Damit ergeben sich wesentlich mehr Freiheitsgrade bei der Gestaltung der Komponenten und der Materialwahl.

Auf dieser Basis wurde ein elektromagnetischer Reluktanzmotor realisiert [Lehr96]. Auf einem weichmagnetischen Stator werden Spulenpakete aufgesteckt. Der weichmagnetische Rotor und konventionell gefertigte Wälzlager sitzen auf einer Welle und werden über einen Distanzring auf den Stator aufgesetzt. Stator, Distanzring und Rotor werden mit dem LIGA-Verfahren hergestellt. Mit diesen Motoren wurden nach Optimieren des galvanisch abgeschiedenen, weichmagnetischen Materials bei maximalen Drehzahlen von 10 000 U/min Drehmomente von etwa 0,1 µNm erzielt. Eine Steigerung des Drehmomentes ist bei Optimierung des Stators und bei Minimierung der Luftspalte auf 1 bis 2 µm möglich. Noch höhere Drehmomente lassen sich mit Motoren, die nach dem Konzept des Permanentmagnetmotors mit Luftspaltwicklung aufgebaut sind, realisieren.

Abb. 8.8-16 Elektrostatischer Mikromotor.
a) Prinzipskizze des elektrostatischen Mikromotors.
b) REM-Ansicht auf die Gesamtstruktur (Material: Nickel, Rotordurchmesser 400 µm, Spalte zwischen Rotor und Welle bzw. zwischen den gezahnten Elektroden 4 µm).
c) REM-Aufnahme mit Detail der gezahnten Elektroden von Rotor und Stator.
d) Gemessene Betriebsspannung zur Aufrechterhaltung der Rotation in Abhängigkeit von der Drehzahl.

8.8.3
Fluidische Mikrostrukturen

Die Mikrofluidik ist einer der zukünftigen Märkte der Mikrosystemtechnik. Anwendungsgebiete sind Dosiersysteme für medizinische Zwecke oder chemische Analysesysteme sowie Fluidsysteme für z. B. Medikamentenscreening. Es werden deshalb umfangreiche Anstrengungen durchgeführt, um mit verschiedenen mikrotechnischen Methoden mikrostrukturierte Fluidplatten bzw. Mikropumpen oder Mikroventile zu realisieren [Zeng96].

8.8.3.1 Mikrostrukturierte Fluidplatten

Die Mikro-Abformtechnik eignet sich besonders, um beliebig geformte Kanalstrukturen auf Fluidplatten herzustellen. Solche Platten werden als kostengünstige Wegwerfteile als Elektrophoresechips z. B. im Medikamentenscreening eingesetzt. Die Abmessungen der Kanäle liegen in der Regel im Bereich einiger 10 µm bis zu einigen hundert Mikrometern. Somit erfolgt die Herstellung der Abformwerkzeuge heute noch durch Präzisionsmikromechanik oder dadurch dass durch optische Lithographie oder durch Laserablation die Formen für die Galvanik hergestellt werden [Gerl02].

8.8.3.2 Mikropumpen nach dem LIGA-Verfahren

Unter Verwendung der Abformtechnik des LIGA-Prozesses und der Aufbau- und Verbindungstechniken werden Mikropumpen [Scho95], Mikroventile [Rogg04], Mikroflusssensoren [Shao03] und weitere vergleichbare Komponenten im Batch nach dem AMANDA-Verfahren hergestellt [Scho99]. Die Pumpe besteht aus zwei spritzgegossenen Teilen, die durch eine Membran, auf der ein Heizmäander aufgebracht ist, getrennt sind. Da die Formwerkzeuge durch Präzisionsmikromechanik hergestellt werden, werden diese Komponenten in Kap. 9 beschrieben.

8.8.3.3 Mikrofluidische Schalter

Zum Steuern von Fluidströmen eignen sich mit dem LIGA-Verfahren hergestellte bistabile Wandstrahlelemente, in denen ein Fluidstrahl aufgrund des Coanda-Effektes an einer von zwei Haftwänden, die sich direkt nach der Versorgungsdüse und der Steuerdüse befinden, haftet. Der Strahl wird von einem kurzzeitigen Steuerimpuls, der über die Steuerdüse eingebracht wird, von einer Position in die andere geschaltet. Die Ströme können an den Ausgangsöffnungen des Elementes abgenommen werden (Abb. 8.8-17a). Die Arbeitsweise des mikrofluidischen Schalters ist aus Abb. 8.8-17b zu entnehmen. Dargestellt ist der Ausgangsdruck als Funktion des Steuerdrucks an einer Steuerdüse. In Punkt A haftet der Strahl an der Seite des betrachteten Steuereingangs, der Ausgangsdruck am gegenüberliegenden Ausgang ist etwa null. Erhöht man den Steuerdruck, so schaltet der Strahl in die andere Position nachdem der Steuer-

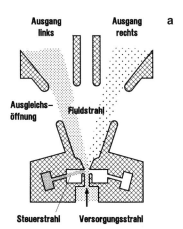
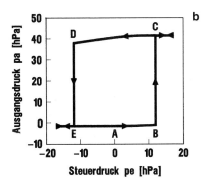

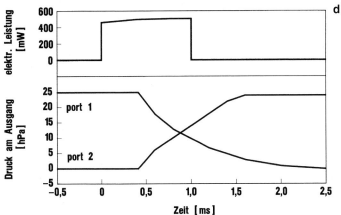

Abb. 8.8-17 Mikrofluidischer Schalter.
a) Prinzip eines bistabilen Wandstrahlelements, das als mikrofluidischer Schalter eingesetzt werden kann.
b) Ausgangsdrücke im bistabilen Wandstrahlelement als Funktion des anliegenden Steuerdruckes.
c) Mikrofluidischer Schalter mit elektrischem Heizelement im Steuerkanal zur Erzeugung eines thermisch generierten Steuerdruckpulses.
d) Druckverhältnisse am Ausgang während eines Schaltvorganges.

druck etwa 10 hPa überschritten hat (Punkt B); der Ausgangsdruck steigt (Punkt C). Erhöht man den Steuerdruck weiter, so ändert sich nichts, der Strahl bleibt stabil. Auch bei Erniedrigen des Steuerdrucks bleibt der Strahl stabil, bis etwa ein Unterdruck von 10 hPa erreicht wird (Punkt D). In diesem Moment wird der Strahl in seine ursprüngliche Position geschaltet (Punkt E) [Voll93].

Da der zum Schalten benötigte Steuerdruck relativ gering ist, kann dieser durch Erwärmen eines Gasvolumens erzeugt werden. Dazu werden die Elemente auf einen Silizium-Wafer aufgebracht, bei dem über einer Ätzgrube ein freitragender Heizmäander strukturiert ist (Abb. 8.8-17c). Mit diesem Aufbau können mit einer Leistung von etwa 500 mW, die etwa 1 ms anliegt, die Fluidströme geschaltet werden. Die Schaltzeit beträgt etwa 40 µs (Abb. 8.8-17d) [Voll94]. Darüber hinaus kann der Schaltimpuls auch über eine Rückkopplung eines Teiles des Fluidstrahles erzeugt werden. In diesem Fall arbeitet der fluidische Schalter als Oszillator und kann zum Antrieb eines mikrofluidischen Linearaktors eingesetzt werden [Gebh96].

8.8.3.4 Mikrofluidische Linearaktoren

Sollen Mikroaktoren mit großem Stellweg und großer Kraft realisiert werden, bietet sich das pneumatische Antriebsprinzip an. In Abb. 8.8-18 ist ein mit dem LIGA-Verfahren hergestellter pneumatischer Linearaktor dargestellt. In dem langen Kanal in der Mitte der Struktur ist ein beweglicher Kolben montiert. Nach der Montage des Kolbens wird die gesamte Struktur mit einem Deckel abgedeckt. Bei Anlegen eines Druckes über eines der rechts und links des Kanals liegenden Löcher bewegt sich der Kolben von dem Loch weg, an dem der Druck anliegt. Die weiteren Strukturen dienen als Druckausgleichsöffnungen. Da der Kolben durch das Fluid geschmiert wird, reichen 10 hPa aus, um ihn in Bewegung zu setzen. Um einen Druck von 500 hPa auf den Kolben ausüben zu können, sind bei Antrieb mit Wasser z. B. Flüsse von etwa 1,36 l/h notwendig. Damit wird eine Kraft von 5 bis 10 mN erzielt. Die Geschwindigkeit, mit der sich der Kolben bewegt, liegt im Bereich von 1 m/s [Gebh96].

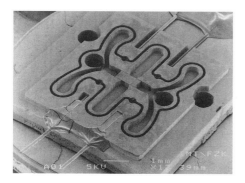

Abb. 8.8-18 Pneumatischer Linearaktor mit frei beweglichem Kolben.

8.8.4
LIGA-Strukturen für optische Anwendungen

Das LIGA-Verfahren ist aus mehreren Gründen besonders geeignet, mikrooptische Komponenten und Systeme herzustellen. Der beim LIGA-Verfahren verwendete Resist, PMMA (Polymethylmethacrylat), besitzt gute optische Transmissionseigenschaften im sichtbaren Bereich und Nahen Infrarot. Daher ist es möglich, Mikrostrukturen, die allein mit dem ersten Schritt des LIGA-Verfahrens, der Röntgentiefenlithographie, hergestellt werden, für optische Anwendungen einzusetzen [Gött91], [Gött92]. Durch Abformung werden weitere optische Materialien, wie z. B. Polycarbonat, das eine höhere Temperaturbeständigkeit (bis etwa 150 °C) und einen höheren Brechungsindex ($n=1,6$) besitzt, zugänglich, was die Anwendung von LIGA-Strukturen im Bereich der Optik erweitert.

Ebenfalls wichtig für eine Anwendung der LIGA-Strukturen in der Optik ist die geringe Oberflächenrauigkeit der durch Röntgentiefenlithographie erzeugten Seitenwände, die sich praktisch unverändert in das abgeformte Bauteil überträgt. Analysen mit dem AFM ergaben ohne Berücksichtigung von Maskenunzulänglichkeiten eine Seitenwandrauigkeit R_a im Bereich von 10 nm (Abb. 8.8-19 a).

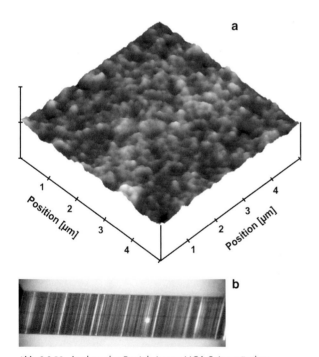

Abb. 8.8-19 Analyse der Rauigkeit von LIGA-Seitenwänden.
a) AFM-Aufnahme.
b) Interferenzerscheinungen aufgrund von periodischen Riefen auf der Seitenwand.

Diese vom Resist und Entwicklungsprozess bedingte Rauigkeit wird allerdings von periodischen Strukturen überlagert, welche eine Höhe von wenigen 10 nm haben und durch die Scanfeldgrenzen des Elektronenstrahlschreibers bedingt sind. Sie führen zu Interferenzerscheinungen, die sich negativ auf das optische Verhalten auswirken können (Abb. 8.8-19b). Insofern erfordern die optischen Anwendungen bestimmte Schreibstrategien bei der Herstellung der Röntgenmasken mit dem Elektronenstrahlschreiber, um diese Riefenstrukturen zu minimieren.

Der Lithographieprozess gewährleistet eine exakte Position der Strukturen zueinander, die durch das Design vorgegeben wird. Neben einfachen optischen Elementen werden auch Halte- und Führungsstrukturen auf einem Substrat mit der hohen Präzision realisiert, in die hybrid optische Komponenten, wie z. B. Kugellinsen, Strahlteilerplättchen oder optische Fasern, eingelegt werden können. Dies erlaubt den Aufbau von präzisen mikrooptischen Bänken für Sensoren oder Komponenten für die Datenübertragung.

8.8.4.1 Einfache optische Elemente – Linsen, Prismen

Einfache Beispiele mikrooptischer Komponenten, wie sie mit dem LIGA-Verfahren hergestellt werden, sind Zylinderlinsen aus PMMA und Mikroprismen, die durch direkte Strukturierung hergestellt werden (Abb. 8.8-20). Dabei können die Formen beliebig gewählt werden. Außerdem können die Strukturen exakt zueinander positioniert werden.

Besonders vorteilhaft ist die parallele Herstellung mikrooptischer Komponenten und mechanischer Halte- und Führungsstrukturen für Glasfasern, da dadurch der Justier- und Montageaufwand erheblich verringert wird. Abb. 8.8-21 zeigt einen Strahlteiler für Multimodefasern, der mit Hilfe eines Prismas aufgebaut wird und bei dem eine Sende- (Faser 1), eine Mess- (Faser 2) und eine Detektorfaser (Faser 3) mit Hilfe von Faserschachtstrukturen exakt zu einem Mikroprisma positioniert werden. Diese Anordnung erlaubt es, Licht in die Messfaser einzukoppeln und das von einem faseroptischen Sensorkopf modulierte, in derselben Faser zurücklaufende Messsignal in einem Detektor nach-

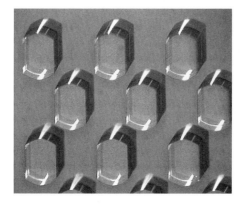

Abb. 8.8-20 Mit dem LIGA-Verfahren hergestellte Zylinderlinsen. Die Linsenfläche hat eine asphärische Gestalt (Höhe der Struktur: 750 µm).

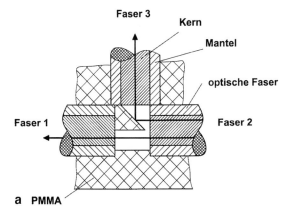
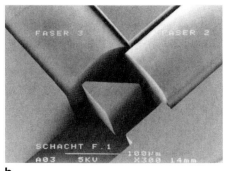

Abb. 8.8-21 Ein mit Hilfe der Röntgentiefenlithographie hergestellter optischer Strahlteiler.
a) Prinzipieller Aufbau des Strahlteilers.
b) REM-Aufnahme des Strahlteilers aus PMMA. Zu erkennen sind zwei Lichtleitfasern, der Einlegeschacht für die dritte Faser und das Prisma für die Strahlaufteilung durch Totalreflektion an der Grenzfläche zwischen PMMA und Luft.

zuweisen. Durch Wahl der Größe und Position des Prismas kann praktisch jedes beliebige Aufteilungsverhältnis eingestellt werden.

Ein solcher Strahlteiler kann z. B. eine wesentliche Komponente in einem Abstandssensor, dessen prinzipieller Aufbau in Abb. 8.8-22a gezeigt ist, darstellen. Die Intensität des reflektierten Lichts, das über das Prisma des Strahlteilers in die Faser 3 eingekoppelt wird, hängt stark vom Abstand zwischen Faserende und Spiegel ab, bzw. vom Abstand zur Linse, die sich zwischen Faserende und Spiegel befindet. Die gemessene Abhängigkeit der reflektierten Lichtintensität ist in Abb. 8.8-22b für eine Anordnung mit und ohne Linse dargestellt. Aufgrund der steilen Charakteristik der beiden Kurven können auch kleine Änderungen mit einer großen Genauigkeit nachgewiesen werden. Ist die Reflexionsfläche etwa die Membran einer Druckdose, lässt sich mit dieser Methode sehr genau der Druck messen.

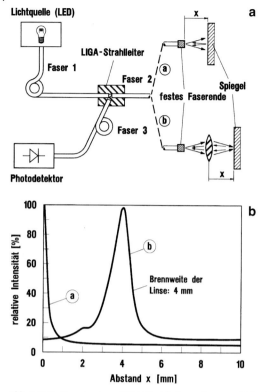

Abb. 8.8-22 Einsatz eines LIGA-Strahlteilers als wesentliche Komponente in einem Abstandssensor.
a) Prinzipieller Aufbau des Sensorsystems.
b) Gemessene Intensität des reflektierten Lichts als Funktion des Abstands vom Spiegel zum Faserende (Kurve a) bzw. einer Linse, die zwischen Faserende und Spiegel eingebracht wurde (Kurve b).

8.8.4.2 Mikrooptische Bank

Durch die Notwendigkeit, beim Aufbau komplexer Funktionsmodule verschiedene Materialsysteme einzusetzen, sind einer monolithischen Integration Grenzen gesetzt. Beim Aufbau optischer Funktionsmodule kommt deshalb modularen Konzepten auf der Basis von mikrooptischen Bänken in der Photonik eine immer größere Bedeutung zu, da nur so aktive und passive mikrooptische Komponenten aus verschiedenen Herstellungsprozessen ohne großen Aufwand zu kompletten Funktionsmodulen kombiniert werden können. Solche Konzepte lassen sich mit dem LIGA-Verfahren und mit Hilfe der Aufbau- und Verbindungstechnik gut umsetzen.

Durch die mikrotechnische Fertigung einer präzisen, nach Bedarf auch einer gestuften, mikrooptischen Bank, bei der Halterungen für die hybriden Komponenten mikrometergenau an der für den Strahlengang erforderlichen Position strukturiert sind, kann der Aufwand der aktiven Justage technisch und ökonomisch reduziert werden. Parallel zu den passiven Halterungen werden auch bewegliche mikromechanische Bauteile, die Schaltfunktionen übernehmen können, in die Bank integriert. Beispiele von Funktionsmodulen, die nach diesem Konzept hergestellt werden, werden auf den folgenden Seiten beschrieben.

Bidirektionales Sende- und Empfangsmodul Zur Realisierung von optischen Sende- und Empfangsmodulen im bidirektionalen Wellenlängenmultiplexbetrieb (WDM) wurden mikrooptische Aufbauplatten durch Abformtechnik mit einem gestuften LIGA-Werkzeug hergestellt. In diese werden Kugellinsen, Wellenlängenfilter und Glasfasern positionsgenau eingefügt (Abb. 8.8-23a). Die aktiven Komponenten werden erst beim Einbau der optischen Bank in ein Gehäuse relativ zum optischen Aufbau justiert. Abb. 8.8-23b zeigt das fertig gehäuste bidirektionale Sende- und Empfangsmodul. Die mikrooptische Bank ist in das Gehäuse geklebt, in das nach aktiver Justage Laser- und Photodiode eingeschweißt wurden. Die Laserdiode sitzt links von der optischen Bank. Das abge-

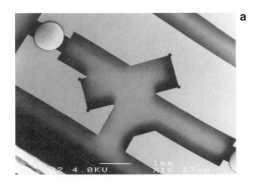

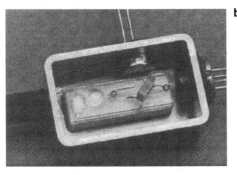

Abb. 8.8-23 Bidirektionales Sende- und Empfandsmodul, hergestellt auf der Basis einer abgeformten polymeren Aufbauplatte.
a) Polymere Aufbauplatte mit hybrid integrierter Kugellinse und Aufnahmeführung für ein Strahlteilerplättchen.
b) Fertig gehäustes Modul mit aktiv justierter Laser- und Photodiode.
(Mit freundlicher Genehmigung der ALCATEL SEL AG, Stuttgart).

strahlte Licht wird über die erste Kugellinse kollimiert, läuft durch das Wellenlängenfilter und wird mit der zweiten Kugellinse auf die Stirnfläche der Monomodefaser abgebildet. Licht, das mit einer anderen Wellenlänge von der Glasfaser abgestrahlt wird, wird mit der Kugellinse kollimiert, am Wellenlängenfilter umgelenkt und so auf die am Gehäuse sitzenden Photodiode gestrahlt. Um eine definierte Höhe der optischen Achse zu gewährleisten, ist die Faser auf einem Plateau fixiert, das wegen des Durchmessers der Kugellinse von 900 µm präzise 387,5 µm über dem Höhenniveau des übrigen Substrates liegt. Mit derartigen Aufbauten werden Einfügedämpfungen zwischen Laserdiode und Faser im Bereich von 5 dB erreicht. Die Einfügedämpfung zwischen Faser und Photodiode liegt bei weniger als 1 dB, die Übersprechdämpfung bei ca. 40 dB.

Heterodyne-Empfänger Ein weiteres Beispiel einer mikrooptischen Bank ist ein Heterodyne-Empfänger, der neben den passiven Elementen auch aktive optische Elemente integriert [Zieg99]. Bei einem Heterodyne-Empfänger wird das zu detektierende Signal kohärent mit dem Signal einer lokalen Laserquelle überlagert. Dabei hat diese Laserquelle eine geringfügig andere Frequenz (ca. 1 GHz) als das zu detektierende Signal [Imai91]. Es kommt dadurch zu Schwebungen im überlagerten Signal, die ein Maß für das zu detektierende Signal sind. Auf diese Art und Weise kann durch Durchstimmen des lokalen Lasers eine bestimmte Wellenlänge aus dem ankommenden Signal herausgefiltert und verstärkt werden. Um auf dem Detektor ein Interferenzsignal zu erhalten, müssen die Signale dieselbe Polarisation aufweisen, insofern muss der gesamte Aufbau polarisationsselektiv sein [Ryu95].

Abb. 8.8-24 zeigt den prinzipiellen Aufbau des mit dem LIGA-Verfahren realisierten Heterodyne-Empfängers. Sowohl das zu analysierende Signal als auch das Signal des lokalen Lasers wird über Fasern in den Aufbau eingekoppelt. Die Fasern befinden sich, um eine gestufte mikrooptische Bank zu vermeiden, auf so genannten Fasermounts, die ebenfalls in der notwendigen Präzision mit

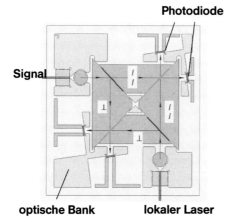

Abb. 8.8-24 Prinzipieller Aufbau der mikrooptischen Bank, des mit dem LIGA-Verfahren realisierten Heterodyne-Empfängers.

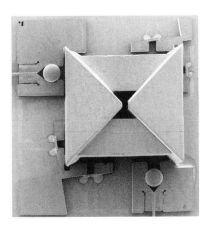

Abb. 8.8-25 Mikrooptische Bank mit hybrid integrierten optischen Komponenten eines Heterodyne-Empfängers.

dem LIGA-Verfahren hergestellt werden. Das von den Fasern abgestrahlte Licht wird mit Hilfe von Kugellinsen kollimiert und durch ein in die mikrooptische Bank eingesetztes Prisma, das als Polarisationsstrahlteiler fungiert, in die beiden Polarisationsrichtungen aufgespalten. Das p-polarisierte Licht verläuft in gerader Richtung weiter, während das s-polarisierte Licht umgelenkt wird. Die vier Lichtstrahlen werden an der gegenüberliegenden Seite des Prismas in zwei gleich große Anteile aufgespalten, wobei der eine Anteil eine Phasenverschiebung um π erfährt. Im Falle eines exakten optischen Aufbaus wird das Licht an der Stelle der vier Photodioden zu 100% überlagert, so dass die gewünschten Signale detektiert werden können. In Abb. 8.8-25 ist zu erkennen, dass die Fasern, die Linsen, die Prismen und die Photodioden über die PMMA-Strukturen der optischen Bank zueinander positioniert sind. Als Substrat wird ein Keramik-Wafer verwendet, der eine hohe termische Stabilität sicherstellt und auf dem die elektrischen Leiterbahnen für den Anschluss der Photodioden aufgebracht sind. Die Tatsache, dass die beiden Signale zu 95% an der Stelle der Photodioden überlagert sind, zeigt, dass die Positionstoleranzen der optischen Komponenten auf der mikrooptischen Bank kleiner als 1 µm sind. Abb. 8.8-26 zeigt den Heterodyne-Empfänger montiert auf einer SMD-Platine, die auch die elektrischen Komponenten enthält, in einem elektrisch-optischen Gehäuse [Zieg99].

Abb. 8.8-26 Die auf einer SMA-Platine montierte mikrooptische Bank des Heterodyne-Empfängers in einem hermetischen dichten Gehäuse.

8.8.4.3 Mikrooptische Bänke mit Aktoren

Die Tatsache, dass mit dem LIGA-Verfahren durch den Galvanikschritt auch metallische Mikrostrukturen hergestellt werden können, eröffnet die Möglichkeit mikrooptische Bänke mit integrierten elektrostatischen oder elektromagnetischen Aktoren herzustellen.

Eine sehr einfache mikrooptische Bank mit einem Aktor ist der in Abschn. 8.8.2.3 dargestellte Chopper für Faseranwendung, bei dem ein elektromagnetisch angeregter Anker in den Freiraum zwischen zwei Fasern eintaucht (siehe Abb. 8.8-12). Die Fasern sind präzise in den Faserführungsgruben montiert.

Mikrooptische Bypass-Schaltung Auf einem elektrostatischen Aktor beruht die in Abb. 8.8-27 dargestellte mikrooptische Bypass-Schaltung. Der elektrostatische Aktor wird zusammen mit Halte- und Fügestrukturen auf einem Siliziumsubstrat in Nickel galvanisiert. Das Design wurde so ausgelegt, dass sich im Kreuzungspunkt der zwei von den beiden linken Fasern abgestrahlten Lichtstrahlen das als Spiegelfläche wirkende Ende des elektrostatischen Aktors befindet. Ist der Aktor im angeregten Zustand, d.h., der Spiegel ist zurückgezogen, kann das von der linken unteren Faser abgestrahlte und der davor sitzenden Kugellinse kollimierte Licht nach einer Fokussierung mit einer weiteren Kugellinse ungehindert in die rechts oben positionierte Faser eingekoppelt werden. Von dort wird es einem Verbraucher zugeführt, ggf. verstärkt und über die links oben liegende Faser nach Durchgang von abermals zwei Kugellinsen in die rechts unten liegende Faser eingekoppelt. Ist der Aktor nicht angeregt, befindet sich der Spiegel im Kreuzungspunkt der Lichtstrahlen. Damit wird das von der linken unteren Faser abgestrahlte Licht am Spiegel umgelenkt und direkt in die rechts unten liegende Faser eingekoppelt. Der Verbraucher ist überbrückt. Für derartige Elemente wurden bei Verwendung von nicht antireflexbeschichteten Linsen und bei Nickel als Reflexionsmaterial im nicht geschalteten Zustand Verluste von 2 dB und im geschalteten Zustand von ca. 5 dB erzielt. Das Über-

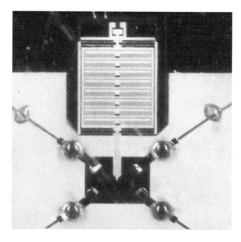

Abb. 8.8-27 Mikrooptischer Bypass-Schalter mit einem in einer mikrooptischen Bank aus Nickel integrierten elektrostatischen Aktor.

sprechverhalten war besser als 40 dB. Die Schaltspannung lag im Bereich von 70 V [Müll96].

Elektrostatische Schaltmatrix Der elektrostatische Aktor in der Bypass-Schaltung nimmt eine Fläche von etwa 3 · 4 mm ein und ist damit für den Aufbau von optischen Schaltmatrizen zu groß. Um diesem Problem zu begegnen, wurde mit dem LIGA-Verfahren eine Schaltmatrix, bei der elektrostatische Wobblemotoren, welche als Stellelemente für bewegliche Doppelspiegel dienen, realisiert [Ruzzu00]. Die Doppelspiegel befinden sich an der Außenseite des Rotors des Wobblemotors. In der aktiven Position lenken die Spiegel den einkommenden Lichtstrahl um 90° auf die Auskoppelfasern um (Abb. 8.8-28). Die Abbildung des Lichtes von den einkoppelnden Fasern auf die auskoppelnden Fasern erfolgt wie im Falle der Bypass-Schaltung über eine 4F-Optik mit Kugellinsen. Die Haltestrukturen für Linsen und Fasern werden zusammen mit den Anschlägen für den Spiegel und den Statorstrukturen auf einem Substrat hergestellt. Dies sichert die genaue Positionierung der Spiegel im Strahl. Die Rotoren werden separat hergestellt und auf die Statoren montiert.

Abb. 8.8-29 zeigt zwei nebeneinander liegende 2×2-Schaltmatrizen. In der einen sind die Rotoren bereits montiert, in der anderen fehlen diese noch. Die gesamte Platte hat eine Größe von 9,3 · 9,3 mm^2 während das einzelne Schaltelement bei einem Rotordurchmesser von 1,7 mm eine Größe von weniger als 2 · 2 mm^2 hat. Für das System wurden eine Einfügedämpfung von 7 dB (bei Reflexion an Nickel und ohne antireflexbeschichtete Elemente), eine Übersprech-

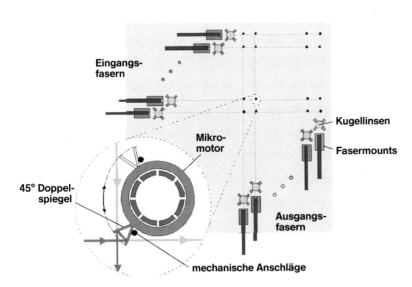

Abb. 8.8-28 Prinzip einer elektrooptischen Schaltmatrix mit elektrostatischen Wobblemotoren als Schaltelemente für das von Fasern abgestrahlte Licht.

Abb. 8.8-29 Substrat mit zwei 2×2 Schaltmatrizen auf der Basis eines elektrostatischen Wobblemotors. In den Strukturen rechts oben sind die Rotoren mit den integrierten Spiegeln bereits montiert, unten sind noch die Statoren und die Laufringe der Motoren zu erkennen. Gleichzeitig erkennt man auch die Fasern und die Kugellinsen in den Haltestrukturen.

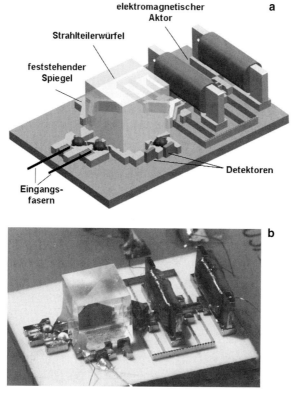

Abb. 8.8-30 Mit dem LIGA-Verfahren hergestelltes miniaturisiertes FTIR-Spektrometer mit einem elektromagnetischen Aktor.
a) Prinzipieller Aufbau.
b) Mit Spulen und optischen Komponenten bestücktes System.

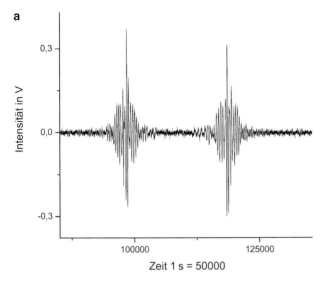

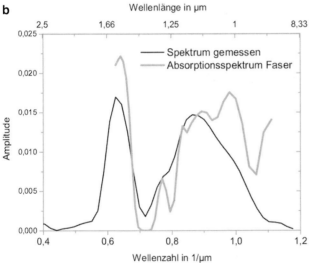

Abb. 8.8-31 Mit dem miniaturisierten FTIR-Spektrometer aufgenommenes Interferogram (a) und daraus ermittelte spektrale Verteilung (b).

dämpfung von 90 dB und minimale Schaltzeiten von 30 ms bei einer Elektrodenspannung von 300 V gemessen [Ruzz03].

Miniaturisiertes Fourier-Transformations-Spektrometer (FTIR) Ein weiteres mikrooptisches System, bei dem in die mikrooptische Bank ein elektromagnetischer Aktor integriert wurde, ist in Abb. 8.8-30 dargestellt. Es handelt sich um ein miniaturisiertes FTIR-Spektrometer, das für den nahen Infrarotbereich ausgelegt wurde

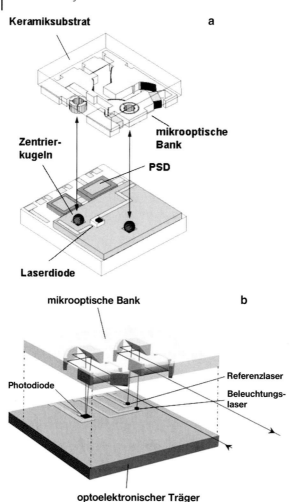

Abb. 8.8-32 Beispiele für modular aufgebaute mikrooptische Funktionsmodule:
a) Abstandssensor mit Laserdiode (Kantenemitter) als Beleuchtungseinheit.
b) Weglängenmesssystem mit oberflächenemittierender Laserdiode als Lichtquelle.

[Solf04]. Das zu analysierende Licht sowie Licht einer Laserdiode, das zur Analyse des Weges des Aktors benutzt wird, wird über Fasern in die mikrooptische Bank eingekoppelt, von Kugellinsen kollimiert und an einem in die mikrooptische Bank eingesetzten Strahlteilerprisma in zwei Anteile aufgeteilt. Der eine Teil trifft einen auf dem Substrat verankerten Spiegel, der andere den beweglichen Spiegel. Beide Lichtstrahlen werden reflektiert und nach abermaligem Durchgang durch den Strahlteilerwürfel überlagert und von den zugeordneten Detektoren detektiert. Aufgrund der Spiegelbewegung entsteht ein Interferogram, aus dem die spektrale Verteilung des Lichtes durch Fourier-Transformation ermittelt werden kann. Der

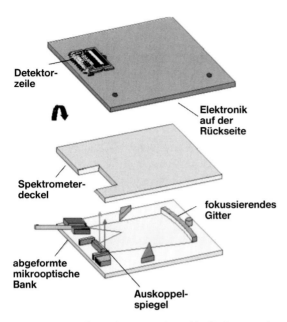

Abb. 8.8-32 c) Mikrospektrometer als Hohlwellenleiter mit kompletter Elektronik auf der elektrisch-optischen Platine.

Spiegel ist an Federn aufgehängt und Bestandteil eines elektromagnetischen Ankers, der bei Stromfluss durch die Spulen in das Joch hineingezogen wird. Um den Weg zu vergrößern, wird der Anker in beide Richtungen ausgelenkt. Abb. 8.8-31 zeigt das Interferogram und das daraus ermittelte Spektrum für Weißlicht, das über eine absorbierende Faser in das Spektrometer eingekoppelt wurde. Bisher wurde mit einer optischen Wegdifferenz von 108 µm (entspricht einer Spiegelauslenkung von 54 µm) für einen monochromatisch eingekoppelten Peak bei 1544 nm eine Auflösung von 24,4 nm erzielt [Solf03]. Da mit dem Aktor Auslenkungen von bis zu 500 µm möglich sind, lässt sich das Auflösungsvermögen bis zu Werten unterhalb von 10 nm verbessern.

8.8.4.4 Funktionsmodule mit optisch aktiven Elementen – modulares Aufbaukonzept
Die in den bisher dargestellten Beispielen verfolgte Integration von ungehäusten aktiven optischen Elementen ist unter wirtschaftlichen Gesichtspunkten nicht besonders praktikabel. Ein modularer Aufbau mit verschiedenen Modulen für die passive mikrooptische Bank und die elektrisch-optische Platine, die mit geeigneten Fügemethoden zusammengebracht werden, erlaubt die wesentlich bessere Nutzung von Kompetenzen an unterschiedlichen Stellen [Mohr03]. So kann die mikrooptische Bank von einem Kunststoffformer hergestellt werden, ohne dass dieser Kenntnisse über die volle optische Funktionalität des zu realisierenden Funktionsmoduls haben muss. Ebenso kann die elektrisch-optische

Platine beispielsweise von einem SMD-Bestücker, der sich auf die Verarbeitung von aktiven optischen Komponenten spezialisiert hat, realisiert werden. Sofern die Schnittstellen zwischen den Modulen eindeutig definiert sind, ist mit dieser verteilten Fertigung eine effizientere, kostengünstigere und fertigungssichere Realisierung mikrooptischer Funktionsmodule möglich. Abb. 8.8-32 zeigt drei Beispiele dieses modularen Aufbaukonzeptes. Im Folgenden werden der Abstandssensor und das Mikrospektrometer näher beschrieben.

Mikrooptischer Abstandssensor Der nach dem modularen Aufbaukonzept unter Verwendung einer abgeformten mikrooptischen Bank hergestellte mikrooptische Abstandssensor funktioniert nach dem Triangulationsprinzip [Oka03]. Ein Objekt wird über einen fokussierten Laserstrahl beleuchtet, das gestreute Licht wird über die Eintrittsapertur des Sensors aufgefangen und auf eine positionsempfindliche Photodiode abgebildet. Je nach Abstand des Objektes ändert sich die Position des Spots auf der PSD. Die Spotposition ist somit direkt ein Maß für den Abstand.

Abb. 8.8-33 zeigt die beiden Module des Sensors. Die mikrooptische Bank enthält zylindrische Spiegelstrukturen zur Strahlformung in horizontaler Richtung, Halte- und Fügestrukturen zum Einsetzen von Zylinderlinsen, die die vertikale Strahlformung ausführen und einen 45°-Spiegel, der das Licht aus der mikrooptischen Bank auf den Detektor auf der elektrisch-optischen Platine umlenkt. Außerdem sind justiert zu den optischen Elementen Zylinderstrukturen positioniert, die bei der Verbindung der beiden Module eine passive Justage erlauben. Die elektrisch-optische Platine trägt die Laserdiode, die sehr genau gegenüber Ätzgruben im Trägersubstrat positioniert ist, eine Monitordiode und die positionsempfindliche Photodiode. Außerdem ist im rückwärtigen Bereich noch Platz für elektrische Komponenten zur Signalauswertung vorgesehen. Zur Montage der beiden Module werden in die Ätzgruben Kugeln eingeklebt, die in die Zylinder auf der optischen Bank eintauchen und somit die passive Montage der beiden Module wie Lego-Bausteine erlauben.

Nach diesem Konzept wurde je ein Sensor für einen Abstand von 6 mm und einen Messbereich von 1 mm sowie für einen Abstand von 16 mm und einen Messbereich von 10 mm aufgebaut. Für beide Sensoren waren die Linearitätsfehler aufgrund der optimierten Optik kleiner als 1%. Die Auflösung betrug im ersten Fall etwa 10 µm, im zweiten Fall ca. 50 µm.

Mikrospektrometer auf der Basis einer mikrooptischen Bank Im Falle eines Mikrospektrometers besteht die mikrooptische Bank aus einem senkrecht zum Substrat strukturierten Gitter, einem gegenüberliegenden Faserführungsschacht, einem 45°-Spiegel zur Umlenkung des Lichtes aus der Horizontalen in die Vertikale und einem Deckel (Abb. 8.8-32 c). Mit diesem Aufbau wird das Licht, das von einer Glasfaser, die in den Faserschacht eingebracht wird, abgestrahlt, durch Fresnel-Reflexion an dem verspiegelten Deckel und Boden der mikrooptischen Bank zum Gitter geführt. Da sich der Strahl in horizontaler Richtung entsprechend der numerischen Apertur der Faser aufweitet, wird das gesamte Gitter ausgeleuchtet. Bei dem Gitter handelt es sich um ein geblazetes selbstfokussierendes Refle-

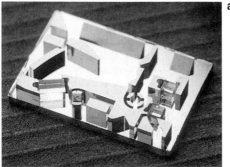

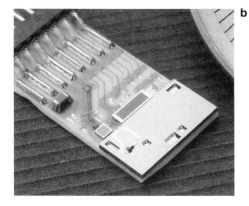

Abb. 8.8-33 Module eines mikrooptischen Abstandssensors.
a) Mikrooptische Bank als Träger der passiven optischen Elemente.
b) Elektrisch-optisches Modul als Träger der aktiven optischen Elemente und elektrischer Komponenten.

xionsgitter mit Gitterperioden im Bereich von 1,5 bis 7 µm und Stufenhöhen von 0,3 bis 1,4 µm, je nach Wellenlängenbereich, in dem das Spektrometer arbeiten soll. Durch das Gitter wird das Licht in Richtung des 45°-Spiegels gebeugt. Dort trifft es in seinen Spektralfarben auf. Die elektrisch-optische Platine trägt den Detektor (Siliziumdetektor für den sichtbaren Wellenlängenbereich, Indium-Gallium-Arsenid-Detektor für den nahen Infrarotbereich) auf der Vorderseite und die gesamte Ausleseelektronik für die Detektorzeile auf der Rückseite. Beide Module werden zusammengefügt, indem der Detektor aktiv über dem Austrittsfensters der optischen Bank positioniert wird.

Abb. 8.8-34 zeigt die Rückseite des zusammengebauten NIR-Spektrometersystems mit den elektrischen Komponenten, das die Größe einer Streichholzschachtel hat und mit wohl definierter Faserschnittstelle und elektrischer Schnittstelle als OEM-Komponente zum Aufbau von Analysesystemen genutzt wird. Das System wurde im Wellenlängenbereich von 0,95 bis 1,75 µm charakterisiert. Die Auflösung war bei einer Breite der Sensorelemente von 52 µm und einem Eintrittsspalt von 50 µm besser als 15 nm, die Empfindlichkeit betrug 870 counts/nW. Da die Rauschleistung bei einer Arbeitstemperatur von 42 °C auf 2,65 pW bei 1,56 µm minimiert werden konnte, ist keine aufwändige Kühlung des Systems notwendig [Krip00].

434 | 8 Das LIGA-Verfahren

Abb. 8.8-34 Zusammengebautes NIR-Spektrometersystem. Es ist nur die elektrische Platine, die die mikrooptische Bank abdeckt, zu sehen. Unterhalb der weißen Fläche befindet sich der Detektor.

Neben Spektrometersystemen für den NIR-Bereich wurden nach diesem Aufbaukonzept auch solche für den sichtbaren Bereich hergestellt. Bei diesen konnte mit Siliziumdetektoren, deren Elemente eine Breite von 25 µm haben, eine Auflösung von ca. 6 nm erzielt werden.

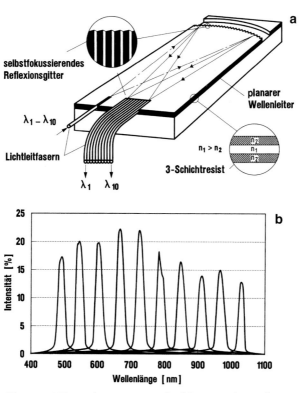

Abb. 8.8-35 Mikrospektrometer mit selbstfokussierendem Reflexionsgitter in Dreischichttechnologie.
a) Prinzipieller Aufbau des Spektrometers.
b) Mit einem Flächendetektor (Breite 50 µm) gemessene Intensitätsverteilung auf der Fokuszeile an äquidistanten Messpunkten.

Abb. 8.8-36 Mikrospektrometersystem aufgebaut aus einem LIGA-Spektrometerbaustein, einer Diodenzeile und einer angepassten 16-Bit-Elektronik.

Spektrometer im sichtbaren Bereich können auch mit dem in Abschn. 8.6.3 beschriebenen Verfahren in einem lichtführenden Polymerschichtaufbau realisiert werden. Das Prinzip ist in Abb. 8.8-35 dargestellt [Ande88], [Müll95]. Es entspricht dem obigen Aufbau, mit dem Unterschied, dass für die Lichtführung in vertikaler Richtung die Totalreflexion an den Grenzflächen der unterschiedlichen Polymeren genutzt wird. Die Reflektivität des Gitters wird nach der Strukturierung und vor der Überschichtung durch Bedampfen mit einer dünnen Silberschicht sichergestellt.

Durch die Kombination des Spektrometers mit einer geeigneten Diodenzeile und einer optimal an die Zeile angepassten 16-Bit-Elektronik konnte ein Mikrospektrometersystem mit einer hohen Dynamik realisiert werden. Es beinhaltet bei der Größe einer Zigarettenschachtel sämtliche Komponenten eines vollständigen makroskopischen Spektrometers (Abb. 8.8-36). Mit diesem Aufbau werden Werte für die Transmission im Bereich von 20% erzielt, die Auflösung liegt im Bereich von 7 nm, die Dynamik beträgt bis zu 20 000. Solche Spektrometeraufbauten finden ihre Anwendung, ebenso wie die oben beschriebene, in der Farbmesstechnik, in On-line-Prozessphotometern oder in Fließ-Injektionssystemen. Für den letzten Fall wurde z. B. für die Bestimmung von Nitrit eine Nachweisgrenze von 1,5 mAu ermittelt [Müll95a].

9
Alternative Verfahren der Mikrostrukturierung

Im Kap. 2 dieses Buches wurde der Ursprung der Mikrosystemtechnik aus der Halbleitertechnologie beschrieben. Die Prozesse, die in Anlehnung an die Halbleitertechnik zur Fertigung von Mikrosystemen und ihren Komponenten führen, lassen sich in vier Gruppen teilen: 1. Strukturierung (Photolithographie), 2. Beschichtungsverfahren, 3. Ätzverfahren und schließlich 4. Modifikationen der Oberfläche, wie Oxidation, Diffusion oder Ionenimplantation.

Es gibt aber auch noch einen weiteren Weg zur Fertigung eines Mikrosystems, der vom konventionellen Maschinenbau über die Feinwerktechnik, die Feinstwerktechnik und schließlich zur Ultrapräzisionstechnik führt. In Japan wurde dieser Weg schon sehr früh aus der Erkenntnis heraus begangen, dass auch die konventionellen mechanischen Verfahren über ein erhebliches Miniaturisierungsvermögen verfügen. Nicht ohne Grund heißt deshalb die Mikrosystemtechnik in Japan „Micromachine Technology". Weltrekorde im Wettbewerb um den kleinsten Motor der Welt wird man mit diesen Verfahren nicht aufstellen können, die Frage ist allerdings, wie sinnvoll eine solch extreme Miniaturisierung für eine industrielle Anwendung der Mikrosystemtechnik ist. Ein nicht zu unterschätzender Vorteil dieses Ansatzes ist die Möglichkeit der schnellen Implementierung in die Industrie. Ein Betrieb, der bisher schon hochpräzise Teile, etwa für die Uhrenindustrie, gefertigt hat, wird sicher eher bereit sein, die im Prinzip vertrauten Verfahren weiter zu höherer Präzision und weiterer Miniaturisierung zu treiben, als den Technologiesprung in die ihm fremde Halbleiterfertigung zu wagen.

Um Verwechslungen im Folgenden zu vermeiden, soll diese vom Maschinenbau inspirierte Methode „Mechanische Mikrofertigung" genannt werden, während der aus der Halbleitertechnik stammende Ansatz unter den Bezeichnungen „Silizium-Mikrotechnik" oder „LIGA-Technik" laufen soll. Viele Anforderungen aus dem konventionellen Maschinenbau haben auch in der mechanischen Mikrofertigung ihre Berechtigung. Man denke etwa an die minimalinvasive Chirurgie, bei der zur Handhabung hohe Kräfte und große Momente übertragen werden müssen, um einen Einsatz dieser Technologie in der Medizintechnik sinnvoll zu gestalten. Silizium mag durchaus einige bemerkenswerte physikalische Parameter besitzen, bei manchen Anwendungen sind jedoch Edelstahl oder superelastische TiNi-Legierungen von Vorteil. Für eine Massenfertigung von Mikrokomponenten aus thermoplastischem Polymer benötigt man Spritzgusswerkzeuge aus hochfestem und korrosionsbeständigem Stahl. Mikrooptische Komponenten mit hoher Abbildungsleistung müssen auch heute noch mit konventionellen Methoden der Feinwerktechnik bearbeitet werden.

Die ideale Methode für alle Anwendungen der Mikrosystemtechnik gibt es nicht, für jede Struktur und jede Anwendung gibt es eine optimale Technologie. Daher ist es wichtig, Stärken und Schwächen einer jeden Technologie genau zu kennen, um sie dann je nach Anwendung auswählen zu können.

In der Mikroelektronik folgt die Herstellung eines Integrierten Schaltkreises einer Prozesskette, also einer Abfolge aufeinander abgestimmter Fertigungsschritte. Nicht viel anders sind die Verhältnisse auch bei der mechanischen Mikrofertigung. Im Gegensatz allerdings zur Mikroelektronik spielt die Photolithographie eine untergeordnete Rolle. Damit ist aber auch die Restriktion der Silizium-Mikrotechnik aufgehoben, dass alle Strukturen durch die zweidimensionale optische Strukturübertragung im Wesentlichen zweidimensional sein müssen.

Für eine wirtschaftliche Fertigung ist auch bei der mechanischen Mikrofertigung zunächst die Herstellung einer Primärstruktur notwendig, die dann mit geeigneten Mitteln durch Prägen oder Spritzgießen oder durch elektrochemische Mikrobearbeitung in hoher Strukturtreue und unter marktgerechten Kosten vervielfältigt werden kann.

Die folgende Beschreibung der Prozesse der mechanischen Mikrofertigung gliedert sich daher in die Verfahren zur Herstellung der Primärstruktur, wie

- spanabhebende Mikrobearbeitung,
- Mikrofunkenerosion,
- Laserbearbeitung,

und den Verfahren zur wirtschaftlichen Replikation, wie

- elektrochemische Mikrobearbeitung,
- Mikro-Spritzgießen,
- Heißprägen.

9.1
Ultrapräzisionsmikrobearbeitung

Die spanabhebende Mikrobearbeitung oder Ultrapräzisionsmikrobearbeitung (UPM) wird heutzutage in zahlreichen Labors für eine Vielzahl von Primärstrukturen eingesetzt. In Abb. 9.1-1 ist eine Ultrapräzisionsfräsmaschine gezeigt, mit der Strukturdetails bis in den Nanometerbereich bearbeitet werden können. Mit entsprechenden Diamantwerkzeugen lassen sich optische Oberflächen ohne Nachbehandlung durch Polieren erreichen.

Die Mikrostrukturierung von Metallfolien mit hochpräzise geschliffenen Diamantwerkzeugen kann grundsätzlich auf zwei Arten realisiert werden: das UPM-Drehen mit Drehzahlen von maximal 400 U/min und das UPM-Fräsen. Beim Fräsen unterscheidet man zwischen dem so genannten Fly-Cutting, bei

Abb. 9.1-1 Foto einer Ultrapräzisionsmaschine für die Mikrofertigung. Die Maschine verfügt über zwei Spindeln, eine Mittelfrequenzspindel für die großflächige Bearbeitung von Oberflächen (5000 U/min) und eine Hochfrequenzspindel mit 80 000 U/min für das Bohren und Freiformfräsen mit Schaftfräsen. (Hersteller: Fraunhofer Institut für Produktionstechnik (IPT), Aachen).

dem ein Schneidwerkzeug auf einem großen Radius umläuft (Drehzahlen 4000 bis 5000 U/min), und dem Fräsen mit einem Schaftfräser, wobei hier je nach Durchmesser des Fräsers sehr hohe Drehzahlen benötigt werden. Schaftfräser in Diamant reichen zur Zeit bis herab zu 300 μm Durchmesser, während Fräser in Hartmetall bis zu 80 μm Durchmesser zu haben sind. Die benötigten Drehzahlen reichen hier bis zu 120 000 U/min.

Abb. 9.1-2 zeigt schematisch die Bearbeitung an einer Drehmaschine. Ein Folienband wird mit Hilfe einer Federspannvorrichtung am Umfang einer Scheibe, die auf die Spindel einer Drehmaschine aufgesetzt wird, aufgespannt. Auf dem Maschinentisch unterhalb der Scheibe befindet sich der verstellbare Werkzeugaufnehmer mit dem Mikrowerkzeug. Durch die mikrometergenaue CNC-Steuerung der Tisch- und Spindelachsen werden parallel verlaufende Nuten mit einer durch das Mikrowerkzeug vorgegebenen Form in die Oberfläche der Folie eingearbeitet.

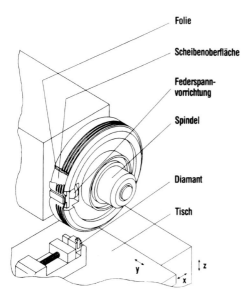

Abb. 9.1-2 Mechanische Mikrofertigung mittels einer Präzisionsdrehmaschine. Die zu bearbeitende Metallfolie ist auf einer Spindel eingespannt, mit Diamantwerkzeugen werden Nuten in die Folie eingestochen.

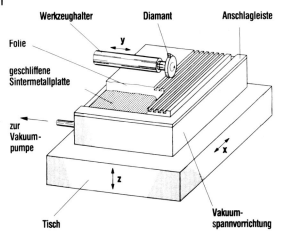

Abb. 9.1-3 Mechanische Mikrofertigung mit Hilfe einer UPM-Fräsmaschine. Ein Werkstück wird unter verschiedenen Winkeln mit Nuten versehen. Alternativ kann auch ein Schaftfräser, mit dem sich beliebige Mikrostrukturen herstellen lassen, eingesetzt werden.

Abb. 9.1-3 zeigt in einer schematischen Darstellung die zweite Methode zur Folienstrukturierung an einer UPM-Fräsmaschine. Auf dem mikrometergenau gesteuerten 3-Achsen-Tisch der Fräsmaschine wird die Vakuumspannvorrichtung befestigt. Die Oberfläche der Vorrichtung besteht aus einer planparallel gefrästen Sintermetallplatte aus Bronze. Das Planfräsen der Sintermetallplatte ist notwendig, um die Fertigungstoleranzen der Mikrostrukturen im Mikrometerbereich zu gewährleisten. Das Mikrowerkzeug (Bearbeitungsdiamant) befindet sich auf der Welle einer Hochfrequenzspindel. Die Schnittgeschwindigkeit des Diamanten kann mit Hilfe der drehzahlgeregelten Hochfrequenzspindel variiert werden. Die maximale Drehzahl beträgt wegen der kleinen Werkzeugdurchmesser bis zu 100 000 U/min. Anstelle von Metallfolien können in dieser Bearbeitungsanordnung auch dickere Substrate aufgespannt werden, deren Oberfläche mikrostrukturiert werden soll. Bei Verwendung eines Drehtisches kann darüber hinaus die Mikrostrukturierung in verschiedene Richtungen erfolgen. Je nach der Form des profilierten Bearbeitungsdiamanten lassen sich Nutquerschnitte als Rechteck, Dreieck oder Halbkreis ausbilden. Abb. 9.1-4 zeigt die REM-Aufnahme eines profilierten Mikrodiamanten mit V-förmigem Querschnitt. Die maximale Bearbeitungstiefe liegt hier bei ca. 300 µm. Es ist zu erkennen, dass die Schneidkontur des Diamanten aus einem größeren Rohdiamanten herausgearbeitet wurde.

In einer neueren Entwicklung werden Silizium-Wafer mittels eines Mikrowellen-CVD-Verfahrens mit einer Diamantschicht versehen. Diese Filme zeigen sowohl eine $\langle 100 \rangle$-Textur der kubischen Diamantkristalle als auch zusätzlich eine azimutale Orientierung zueinander auf. Diese hochorientierten Diamantschichten (HOD) haben eine geringe Oberflächenrauheit von einigen 10 nm_{rms} bei Schichtdicken zwischen 25 und 35 µm [Ertl04]. Durch geeignete RIE-Ätzverfahren

Abb. 9.1-4 REM-Aufnahme eines profilierten Diamant-Einkristalls zur Mikrobearbeitung. (Mit freundlicher Genehmigung des Forschungszentrums Karlsruhe).

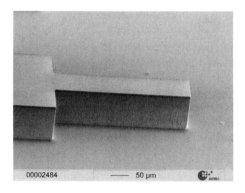

Abb. 9.1-5 REM-Aufnahme eines Fräs- oder Schneidwerkzeuges aus einer hoch orientierten Diamantschicht (HOD) auf einem Siliziumträger, die mittels Mikrowellen-CVD hergestellt wurde. (Mit freundlicher Genehmigung von GfD (Gesellschaft für Diamantwerkzeuge), Ulm).

können aus diesen Wafern beliebige Profile für Fräs- und Drehwerkzeuge herausgearbeitet werden. Je nach Anwendungszweck können sowohl der Schneidwinkel der Diamantschicht als auch der Freiwinkel der stützenden Siliziumschicht bestimmt werden. Diamantskalpelle haben in der Augenchirurgie Anwendung gefunden, in der es besonders auf hochpräzise Schnitte mit geringen Einstechkräften und reproduzierbaren Parametern ankommt. Für die Ultrapräzisionstechnik lassen sich komplexe Profilfräser mit vergleichsweise geringen Kosten herstellen. Einen Prototyp eines solchen Werkzeuges zeigt Abb. 9.1-5.

Eine mit einem Rechteckdiamanten strukturierte Oberfläche einer 100 µm dicken Aluminiumfolie ist in Abb. 9.1-6 dargestellt. Die in die Folie eingearbeiteten Nuten haben einen Querschnitt von etwa $70 \cdot 85\ \mu m^2$. Die verbleibenden Stegbreiten und die Bodenstärke betragen 30 µm. Man erkennt auf den Stegen die ursprüngliche Walzstruktur der Folie und an den Schnittkanten einen feinen Grat. Sollte dieser Grat bei der Weiterverarbeitung der strukturierten Folienstücke störend sein, so kann er in einem zweiten Arbeitsgang mit einem flach schneidenden Diamantwerkzeug entfernt werden.

Strukturiert man die Oberfläche eines dickeren metallischen Grundkörpers mit einem keilförmigen Diamantwerkzeug in zwei Arbeitsgängen unter 90°, so entstehen vierseitige Pyramiden, wie sie in Abb. 9.1-7 in die Oberfläche eines Messingkörpers eingearbeitet wurden. Bei einem Rastermaß von $100 \cdot 100\ \mu m^2$ besit-

Abb. 9.1-6 REM-Aufnahme einer Mikrostruktur, die nach dem in Abb. 9.1-2 gezeigten Verfahren hergestellt wurde. Die Nuten sind 85 µm tief und 70 µm breit. Die verbleibende Bodendicke beträgt 30 µm. (Mit freundlicher Genehmigung des Forschungszentrums Karlsruhe).

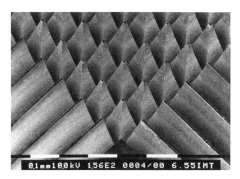

Abb. 9.1-7 Typische Mikrostruktur in Messing, die durch kreuzweise Bearbeitung mit einem V-förmigen Werkzeug entsteht. Das Rastermaß der Struktur ist etwa 100 µm, die Pyramidenhöhe 250 µm. (Mit freundlicher Genehmigung des Forschungszentrums Karlsruhe).

zen die Pyramiden eine Höhe von 250 µm. Pro Quadratzentimeter sind somit 10 000 Mikropyramiden angeordnet. Die gratfreien, konischen Mikrostrukturen sind besonders gut für anschließende Abformprozesse in Kunststoff geeignet.

Ausgehend von strukturierten Metallfolien wurden Mikrostrukturkörper gebaut und in ganz unterschiedlichen Anwendungsgebieten eingesetzt. Darüber hinaus eröffnet die Kunststoffabformung und eine daran anschließende Galvanoformung wiederum eine große Zahl neuartiger Anwendungsmöglichkeiten. Die spanabhebende Mikrofertigung ist nun aber nicht auf die Bearbeitung von Nuten beschränkt. Auch mit sehr kleinen Bohrern und Fingerfräsern lassen sich Mikrostrukturen erzeugen, die als Abformwerkzeuge für Spritzguss oder Heißprägen dienen können.

Die Möglichkeiten zur Herstellung komplexer Prägewerkzeuge zeigt Abb. 9.1-8. Diese Struktur, die mit einem Fingerfräser von 300 µm Durchmesser gefräst wurde, dient als Master für das Spritzgießen, mit dem eine komplexe Kunststoffstruktur gefertigt werden soll. Bemerkenswert neben der sehr hohen Oberflächengüte ist auch die Tatsache, dass durch die mechanische Mikrofertigung Formen mit fast beliebig vielen Strukturebenen in unterschiedlichen Tiefen hergestellt werden können. Sowohl in Silizium-Mikrotechnik als auch beim LIGA-Verfahren ist dies nur mit erheblichem technologischen Aufwand möglich. Somit ist die mechanische Mikrofertigung eine wertvolle Ergänzung zu diesen Verfahren, insbesondere wenn es darum geht, Abformwerkzeuge mit Strukturen größer als 10 µm zu fertigen.

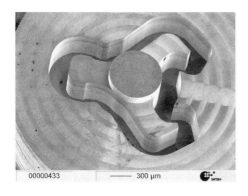

Abb. 9.1-8 Eine komplexe Mikrostruktur, die mit einem Fingerfräser von 300 µm Durchmesser gefertigt wurde.

9.1.1 Anwendungsbeispiele

9.1.1.1 Mikrowärmeübertrager

Für den Bau von Mikrowärmeübertragern in Kreuzstrombauweise wurden quadratische, 100 µm dicke Folienstücke aus Kupfer bzw. Edelstahl von 14 µm Breite hergestellt, in die wiederum auf einer Breite von 10 µm rechteckige Nuten mit den Maßen $100 \cdot 80\ \mu m^2$ eingearbeitet wurden (vgl. Abb. 9.1-6). Anschließend wurden 100 dieser Folienstücke aufeinandergestapelt, wobei von Lage zu Lage die Längsachsen der Nuten um 90° verdreht angeordnet wurden. Auf diese Weise entstand ein Körper, der von insgesamt ca. 8000 Mikrokanälen mit rechteckigem Querschnitt durchdrungen wird und von denen jeweils die Hälfte eine Passage zur Führung des wärmeabgebenden bzw. wärmeaufnehmenden Fluids bildet. Die Wärmeübertragungsfläche unter Einschluss der wie Rippen wirkenden Stege zwischen den Kanälen beträgt etwa 150 cm^2, das strukturierte Übertragungsvolumen 1 cm^3.

In einem weiteren Arbeitsschritt wurde der Folienstapel gemeinsam mit einer Boden- und einer Deckplatte durch Diffusionsschweißen zu einer Einheit verbunden. Abb. 9.1-9 zeigt diffusionsgeschweißte Wärmeübertrager aus Edelstahl

Abb. 9.1-9 Photo zweier mikrostrukturierter und diffusionsgeschweißter Wärmetauscher in Kupfer. Der kleinere Körper hat ein Volumen von 1 cm^3, die Austauschfläche beträgt 150 cm^2. (Mit freundlicher Genehmigung des Forschungszentrums Karlsruhe).

in zwei verschiedenen Größen, bevor die entsprechenden Anschlussstücke für die Zu- und Abführung der Fluide angebracht wurden.

Zur Beurteilung des Leistungsvermögens dieses Mikrowärmeüberträgers wurden mit mehreren Versuchsmustern Tests mit Wasser als wärmeabgebendes und -aufnehmendes Fluid durchgeführt. Die Eintrittstemperatur betrug auf der warmen Seite ca. 95 °C, auf der kalten Seite ca. 13 °C. Der Wasserdurchsatz wurde zwischen 0,25 und 12,5 l/min variiert, wobei in beiden Passagen jeweils der gleiche Wert eingestellt wurde. Aus den Messdaten wurden die übertragene Wärmeleistung und der Wärmedurchgangskoeffizient in Abhängigkeit vom Wasserdurchsatz bestimmt. Beim höchsten eingestellten Durchsatz von 12 l/min wurde bei einer mittleren Temperaturdifferenz von 60 K zwischen den beiden Fluiden eine Wärmeleistung von ca. 20 kW übertragen. Dies entspricht einem volumetrischen Wärmedurchgangskoeffizienten von 324 W/cm^{3}K. Dieser

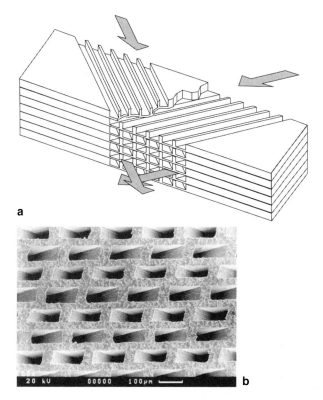

Abb. 9.1-10
a) Skizze eines Mischers für einen Mikroreaktor. Die beiden Reaktanten treten an der Vorderseite aus und benötigen nur sehr kleine Diffusionsstrecken, um sich ideal miteinander zu mischen.
b) REM-Aufnahme der Austrittseite eines Mikromischers.
(Mit freundlicher Genehmigung des Forschungszentrums Karlsruhe).

Wert liegt um ein bis zwei Größenordnungen über den mit konventionellen Kompaktwärmeübertragern erreichten Werten [Schu89b], [Bier90].

Inzwischen wurden die Messungen auf gasförmige Wärmeträger erweitert. Dabei zeigten sich bei Verwendung von unterschiedlichen Strukturmaterialien (Kupfer, Edelstahl) deutliche Einflüsse der Längswärmeleitung auf das Wärmeübertragungsverhalten [Bier92b]. Einsatzgebiete für die neuen Mikrowärmeüberträger werden dort gesehen, wo hohe spezifische Übertragungsleistungen bei kleinem Gewicht und Bauvolumen gefordert werden, wie beispielsweise in der Luft- und Raumfahrt und der chemischen Prozesstechnik.

9.1.1.2 Mikroreaktoren

Eine Weiterentwicklung des Mikrowärmeüberträgers ist in dem Mikroreaktor zu sehen, der um einen Mischer erweitert wurde. Der Mischer ist ähnlich wie ein Kreuzstromwärmetauscher aufgebaut, nur laufen am Ausgang des Mischers die beiden Fluidströme innerhalb einer Strecke von 1 bis 2 mm fast ideal ineinander. Abb. 9.1-10 zeigt einen aufgeschnittenen Mischer in mechanischer Mikrofertigung. Deutlich sind die unter 90° gegeneinander angeordneten Mikrokanäle am Ausgang zu sehen. Nach der Durchmischung gelangt das Fluid in die Reaktionskammer und kann dort unter präziser Temperaturkontrolle miteinander reagieren. Bei stark exothermen Reaktionen ist das eine unverzichtbare Forderung. Durch die Wahl des Werkstoffes kann dem Mikroreaktor zusätzlich eine katalytische Wirkung gegeben werden. Abb. 9.1-11 zeigt einen solchen Reaktor in Edelstahl. Man erkennt im unteren Teil den Mischer und darüber die Reaktionskam-

Abb. 9.1-11 Foto eines Mikroreaktors mit den beiden Eingängen und dem Mischer (unten links), dem Ausgang (oben rechts) und den beiden Anschlüssen für die Kühlflüssigkeit. (Mit freundlicher Genehmigung des Forschungszentrums Karlsruhe).

mer. Trotz der geringen Abmessungen können im kontinuierlichen Betrieb bei einem Durchsatz von 5 l/min und einer Dichte des Produktes von 1 g/cm³ immerhin 1800 Tonnen pro Jahr prozessiert werden. In vielen Fällen könnte also ein solches Mikrosystem unmittelbar in die chemische Produktion eingebunden werden.

9.1.1.3 Retrospiegel

In einer anderen Anwendung werden mit einem entsprechend geformten Diamanten V-Nuten in einen Folienstapel aus Messing gefräst. Werden nach der Bearbeitung die Folien richtig angeordnet, kann der Stapel zu einem Retroreflektor angeordnet werden, wie in Abb. 9.1-12b angedeutet. Dieser Stapel wird nun galvanisch in Nickel abgeformt. Damit erhält man ein Prägewerkzeug, mit dem sich Retrospiegel mit großer Präzision und sehr kleinem Winkelfehler in Kunststoff herstellen lassen. Die Abb. 9.1-12c zeigt einen abgeformten Retrospiegel. Die Kantenlänge der Elementspiegel beträgt 1 mm.

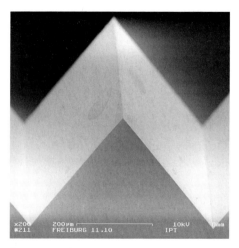
a

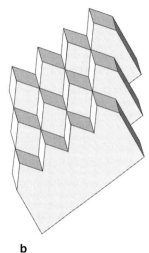
b

c

Abb. 9.1-12 Herstellungsschritte eines Retrospiegels.
a) Ein Stapel Messingfolien wird auf der Ultrapräzisionsfräse mit V-Nuten versehen.
b) Durch geschickte Anordnung des Folienstapels erhält man die Form eines Retrospiegels, der nach galvanischem Umkopieren in Nickel zu einem Formwerkzeug für das Heißprägen verwendet wird.
c) In Kunststoff geprägte Form.

a

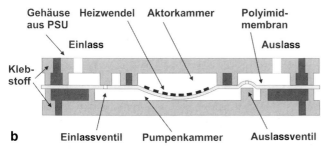

b

Abb. 9.1-13
a) Foto einer Mikropumpe für Gase. Die Außendimensionen sind ca. $10 \cdot 10$ mm².
b) Die Mikropumpe im Querschnitt. Sie besteht im Wesentlichen aus der unteren und der oberen Schale sowie einer Membran mit einem integrierten Heizmäander.
(Mit freundlicher Genehmigung des Forschungszentrums Karlsruhe).

9.1.1.4 Mikropumpen

In Kombination mit anderen Verfahren der Mikrostrukturierung eröffnet sich für die mechanische Mikrofertigung eine breite Palette interessanter Anwendungsmöglichkeiten. Beispielhaft für viele andere Mikrokomponenten soll hier eine Mikropumpe, die am Forschungszentrum Karlsruhe entwickelt wurde, vorgestellt werden [Maas94].

Die Abmessungen der Pumpe gestatten noch eine spanende Herstellung der Abformwerkzeuge. Sollte der Einsatz der Pumpe es jedoch notwendig erscheinen lassen, zu kleineren Abmessungen überzugehen, können jederzeit Prozessschritte anderer Mikrostrukturierungstechniken, etwa der LIGA-Technik, hinzugenommen werden. Der Querschnitt der Pumpe ist aus Abb. 9.1-13b ersichtlich. Eine mit einer Membran (Polyimid, 2 µm Dicke) hermetisch verschlossene Aktorkammer wird durch eine Heizspirale intermittierend aufgeheizt. Dadurch dehnt sich das Gas in der Aktorkammer aus und drückt die Membran in die Pumpkammer hinein. Durch geeignete Anordnung von Einlass- und Auslassventil lässt sich aus dieser zyklischen Membranbewegung ein Pumpeffekt nutzen.

Die Pumpe besteht im Wesentlichen aus drei Bauteilen, einem oberen Formteil mit fluidischem Ein- und Auslass und der Pumpenaktorkammer, einer Membran mit integrierter Heizwendel und einem unteren Formteil, das den eigentlichen Pumpenraum bildet.

Die oberen und unteren Formteile werden aus Polysulfon im Spritzguss gefertigt. Die Abformwerkzeuge dazu wurden mittels spanabhebender Mikrofertigung hergestellt. Es werden jeweils 12 Pumpen in einem Nutzen hergestellt.

Beim Zusammenbau der drei Komponenten zu einer Pumpe wird zunächst das obere Formteil mit der Membran verklebt. Dabei wird der Kleber durch wenige Einlassöffnungen in Klebkammern eingebracht, die so angeordnet sind, dass sich der Kleber intern über mehrere Pumpenstrukturen verteilt. Somit werden gleichzeitig alle 12 Pumpen verklebt. Die Polyimidmembran wird durch Spincoating auf einem Silizium-Wafer hergestellt. Mittels Photolithographie und durch Dünnschichtverfahren wird der Heizmäander für die Aktorkammer strukturiert, anschließend werden die Ventilöffnungen in die Membran eingebracht. Nach dem Aushärten des Klebers wird die Baugruppe „oberes Formteil-membran" vom Substrat abgehoben. In einem weiteren Schritt wird dann das untere Formteil mit der Baugruppe verklebt. Nach dem Vereinzeln der Pumpen werden in weiteren Arbeitsschritten sowohl die fluidischen Anschlüsse als auch die elektrischen Zuführungen montiert.

9.2
Mikrofunkenerosion
R. Förster (IMTEK)

Für Anwendungen in der Mikrosystemtechnik sind die funkenerosiven Fertigungsverfahren (engl.: Electro Discharge Machining, EDM) von besonderer Bedeutung, da die Prozesskräfte bei diesem Verfahren extrem gering und unabhängig von der Härte und Festigkeit des Werkstückmaterials sind. Es können härteste elektrisch leitende Werkstoffe mit hoher Genauigkeit und komplexer Geometrie bearbeitet werden, sofern sie eine elektrische Mindestleitfähigkeit von 0,01 S/cm besitzen [Schö92], [Sieg94], [Spur89]. Für die Mikrostrukturierung von harten, mechanisch nicht oder nur unter sehr großen Schwierigkeiten bearbeitbaren Werkstoffen, wie zum Beispiel hochfesten Stählen, Titanlegierungen und auch elektrisch leitfähigen Keramiken, sind die funkenerosiven Bearbeitungsverfahren besonders interessant.

9.2.1
Physikalisches Prinzip

Unter den funkenerosiven Bearbeitungsverfahren werden die Verfahren verstanden, bei denen der Werkstoffabtrag an elektrisch leitfähigen Werkstücken durch elektrische Entladungen (Funken) in einer elektrisch nicht leitfähigen Flüssigkeit (Dielektrikum) stattfindet.

Die Funkenerosion ist ein abbildendes Formgebungsverfahren, bei dem sich die Form der Werkzeugelektrode unter Zugabe des Arbeitsspaltes in der Werkstückelektrode abbildet. Die Formgebung der Werkstückelektrode erfolgt durch räumlich und zeitlich voneinander getrennte, nicht stationäre elektrische hochdynamische Entladungen hoher Frequenz in einem Dielektrikum. In diesem Dielektrikum werden Werkstück- und Werkzeugelektrode einander genähert, so dass zwischen ihnen ein sehr geringer Arbeitsspalt verbleibt.

Beim Anlegen einer elektrischen Spannung kommt es bei genügend kleinem Abstand von Werkzeug- und Werkstückelektrode in Abhängigkeit von der Durchschlagsfestigkeit des verwendeten Dielektrikums zum Entstehen eines energiereichen Plasmakanals. Aufgrund der hohen Komplexität der physikalischen Vorgänge einer Funkenentladung und ihrer hohen Geschwindigkeit sind diese nur sehr schwer zu erfassen und zu beschreiben. Um den Abtragmechanismus der funkenerosiven Bearbeitung zu untersuchen und das Prozessverständnis zu erweitern, werden entsprechende Untersuchungen häufig an Einzelentladungen durchgeführt.

Der makroskopisch sichtbare Abtrag setzt sich aus der Summe der einzelnen Mikroabtragvolumina zusammen, die durch jede einzelne Entladung abgetragen werden. Die Einzelentladung beschreibt die Vorgänge, die sich zwischen dem Anlegen der Spannung an die Elektroden und dem Zusammenbruch des Dielektrikums vollziehen. Das Übertragen der Ergebnisse dieser Untersuchungen auf die funkenerosive Bearbeitung mit Folgeimpulsen ist leider nicht ohne weiteres möglich, da die Bearbeitungsbedingungen im Arbeitsspalt sehr komplex sind und sich mehrere Effekte überlagern. Von einer Vielzahl von Wissenschaftlern wurde daher eine Reihe von Theorien über die Mechanismen des Abtragprozesses der funkenerosiven Bearbeitung entwickelt. Diese führen allerdings oft zu widersprüchlichen Erklärungen der ablaufenden Vorgänge [Spur84], [Schö01]. Allgemein durchgesetzt zur Beschreibung der Abtragvorgänge hat sich die „elektrothermische Erosionstheorie", welche durch die russischen Wissenschaftler Lazarenko und Zolotych [Laza44], [Zolo55] entwickelt wurde. Diese Theorie geht davon aus, dass es aufgrund der hohen Temperaturen im Entladekanal zu Schmelz- und Verdampfungsvorgängen an der Werkstoffoberfläche der Elektroden im Gebiet der Kanalfußpunkte kommt. Für die Temperaturen im Entladekanal werden von verschiedenen Autoren Werte im Bereich von 2000 bis 100 000 Kelvin ermittelt. Durch das Ausschleudern des schmelzflüssigen Metalls wird ein Werkstoffabtrag am Werkstück erreicht. Eine singuläre Entladung wird nach der elektrothermischen Erosionstheorie in folgende drei Hauptphasen unterteilt: Aufbau-, Entlade- und Abbauphase [Mirn68], [Dijc73], [Dauw85]. In Abb. 9.2-1 sind die Vorgänge, die während einer singulären Entladung zwischen Anode und Kathode stattfinden, schematisch mit den zugehörigen Spannungs- und Stromverläufen dargestellt.

450 | 9 Alternative Verfahren der Mikrostrukturierung

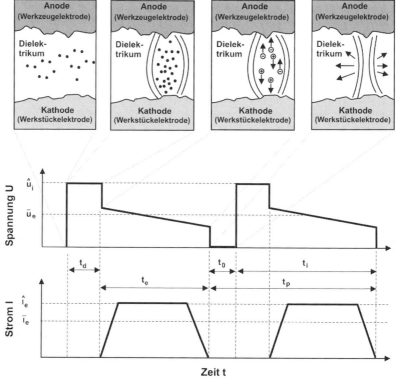

Abb. 9.2-1 Physikalische Vorgänge während einer Entladung mit den entsprechenden Strom- und Spannungsverläufen.

9.2.1.1 Aufbauphase

Die zur Ionisation der Entladestrecke und zur Bildung des Plasmakanals erforderlichen Vorgänge werden als Aufbauphase oder Zündphase bezeichnet. In dieser Phase erfolgen die Ionisation der Entladestrecke und die Kanalbildung bis zu dem Augenblick, in dem im Entladekanal der Stromdurchgang erfolgt [Spur84]. Das Dielektrikum isoliert die beiden Elektroden elektrisch voneinander. Wird eine Gleichspannung an Werkstück- und Werkzeugelektrode angelegt, herrscht an der schmalsten Stelle zwischen beiden die höchste elektrische Feldstärke. Wird die Durchschlagfestigkeit des Dielektrikums durch die im Arbeitsspalt angelegte Spannung überschritten, bildet sich ein Entladekanal [För79]. Die an der Kathode herausgelösten Elektronen werden durch den Einfluss des elektrischen Feldes in Richtung Anode beschleunigt. Durch Stoßionisation der Elektroden mit Molekülen im Dielektrikum wächst die Anzahl der Ladungsträger erheblich an. Durch die Bildung von Ionen entstehen sowohl ein anodengerichteter als auch ein kathodengerichteter Plasmakanalzweig. Die Elektronen treffen wesentlich früher auf die Anode als die positiven Ionen auf die Kathode. Die Anode verdampft teilweise durch das Auftreffen der Elektronen schon vor der eigentlichen Bildung des Plasmakanals. Die Kathode bleibt davon weitgehend unbeeinflusst. In dieser Phase liegt eine große zeitliche Strom- und Spannungsänderung vor [Köni90].

9.2.1.2 Entladephase

Während der anschließenden Phase, der Entladephase, bleiben Strom und Spannung weitgehend konstant. In dieser Phase findet nach der thermischen Erosionstheorie der Materialabtrag statt. Elektrische Energie wird in thermische Energie in der Entladezone umgewandelt. Die Energieumwandlung wird vor allem durch die physikalischen Eigenschaften (elektrische und thermische Leitfähigkeit, spezifische Wärme, Schmelz- und Siedetemperatur, spezifische Schmelz- und Verdampfungsenergie) der verwendeten Werkstück- und Werkzeugelektrodenwerkstoffe bestimmt [Jutz82]. Die Energieumwandlung in der Entladezone führt an den Grenzen zwischen dem Plasmakanal und der Werkstückelektrode zu sehr hohen Temperaturen. Dadurch schmelzen die Randzonen auf und Teile des Werkstoffes verdampfen. Das Verdampfen eines Teils der Materialvolumina führt zur einer ständig anwachsenden Gasblase, die sich mit einer Anfangsgeschwindigkeit von ca. 50 m/s ausdehnt [Köni90]. Bei angenommenen Temperaturen von weit über 10 000 Kelvin im Entladekanal kommt es zum Verdampfen, zur Dissoziation und Ionisation aller am Entladungsvorgang beteiligten Komponenten. Bei sehr kurzen Entladedauern können bereits bis zu 80 % des Kratervolumens verdampfen. Bei zunehmender Entladedauer verbrauchen die Schmelzvorgänge den größeren Energieanteil. Nach Förster kann der örtliche Druck hierbei bis auf 150 bar ansteigen [Förs79]. Für die Drücke im Plasmakanal bei Gasentladungen werden in der Literatur Werte von 1000 bar angegeben [Fink56].

9.2.1.3 Abbauphase

Während der dritten Phase, der durch das Abschalten des Stromes eingeleiteten Abbauphase, brechen Plasmakanal und Gasblase zusammen und das aufgeschmolzene und teilweise verdampfte Material wird aus der Entladezone herausgeschleudert [Köni90]. Eine elektrische Wiederverfestigung des Dielektrikums wird durch das Wegspülen der Abtragpartikel aus dem Arbeitsspalt erreicht. Um den folgenden Entladevorgang zu ermöglichen, wird der Arbeitsbereich durch das Arbeitsmedium weitgehend deionisiert. Der Funke erlischt nach Abschalten der Spannung und der Vorgang kann sich an anderer Stelle wiederholen [Köni90], [Kurr72], [Mirn65].

Ein Materialabtrag findet grundsätzlich immer an beiden Elektroden statt, sollte aber nach Möglichkeit überwiegend an der Werkstückelektrode erfolgen. Erst durch einen unterschiedlichen Werkstoffabtrag an Anode und Kathode wird eine wirtschaftliche Nutzung der funkenerosiven Bearbeitungsverfahren möglich. Bei sehr kurzen Entladedauern entstehen an der positiven Elektrode höhere Temperaturen als an der negativen Elektrode. Auf Grund der höheren Auslösegeschwindigkeit der Elektronen aus der Werkstoffoberfläche sind am

Anfang des Prozesses mehr Elektronen vorhanden. Da an der positiven Elektrode ein stärkerer Abtrag entsteht, werden das Werkzeug negativ und das Werkstück positiv polarisiert. Bei langen Entladedauern werden etwa gleich viele positive und negative Teilchen aus den Elektroden herausgelöst. Da ein positiv geladenes Teilchen eine deutlich größere Masse als ein negativ geladenes Teilchen aufweist, entstehen beim Aufprall auf die negative Elektrode höhere Temperaturen und dadurch ein stärkerer Abtrag. Aus diesem Grund werden bei langen Entladedauern die Werkzeugelektrode positiv und die Werkstückelektrode negativ polarisiert. Durch entsprechende Auswahl des Werkzeugelektrodenwerkstoffes und Variation der eingestellten Parameter ist es möglich, eine starke Asymmetrie des Abtrages an Werkstück und Werkzeug zu erreichen.

Bedingt durch den thermischen Abtragmechanismus entsteht an der Oberfläche des Werkstückes immer eine thermisch beeinflusste Zone, aufgrund ihres Aussehens auch als „white layer" bezeichnet. In diesem Bereich fanden Gefügeumwandlungen statt, diese Zone hat daher nicht mehr die mechanischen Eigenschaften des Grundwerkstoffes. Durch modernere Prozessenergiequellen und Mehrschnittbearbeitung kann die thermisch beeinflusste Zone auf einen Bereich mit einer Dicke unter 1 µm minimiert werden und hat damit keinen Einfluss mehr auf die Funktion des Werkstückes. Abb. 9.2-2 zeigt den Querschliff eines Werkstückes und die Abnahme der „white layer" durch die Reduktion der induzierten Energie.

9.2.2
Funkenerosive Bearbeitung keramischer Werkstoffe

Keramische Werkstoffe sind Festkörper aus Phasen, die Verbindungen von nichtmetallischen und/oder metallischen Elementen enthalten. Sie sind vollständig oder teilweise kristallin, wasserunlöslich und werden während der Herstellung oder im Gebrauch starken Temperaturen ausgesetzt. Keramische Werkstoffe werden in die drei Gruppen Silikatkeramiken, Oxidkeramiken und Nichtoxidkeramiken eingeteilt. Die letztere Werkstoffgruppe gewinnt aufgrund ihrer sehr guten chemischen Beständigkeit sowie sehr guten Verschleiß- und Korrosionsbeständigkeit für eine Reihe von Anwendungen im Maschinen- und Anlagenbau und auch in der chemischen Verfahrenstechnik an Bedeutung.

Neben einer Vielzahl von metallischen Werkstoffen werden auch elektrisch leitfähige Keramiken hinsichtlich ihrer funkenerosiven Bearbeitbarkeit untersucht. Im Vergleich zu Metallen erfolgt der Materialabtrag innhalb dieser Werkstoffgruppe nach anderen Mechanismen. Grundlegende Untersuchungen führte Panten zu diesem Thema durch [Pant90]. Der Abtragmechanismus einiger elektrisch leitfähiger Keramiken soll hier kurz beschrieben werden.

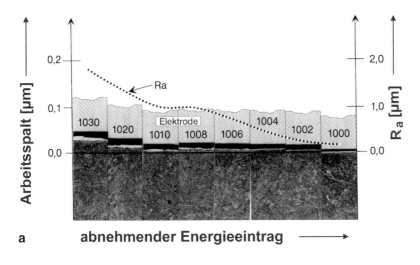

a abnehmender Energieeintrag →

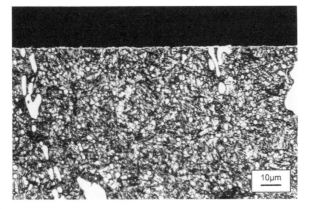

b

Abb. 9.2-2
a) Querschliff eines Werkstückes mit „white layer". Durch sukzessive Reduktion der induzierten Energie nimmt die Schichtdicke des „white layer" kontinuierlich ab.
b) Beispiel eines erodierten Stahlwerkstoffes ohne „white layer".
(Beide Bilder mit freundlicher Genehmigung der AGIE SA, Losone, Schweiz).

9.2.2.1 Siliziuminfiltriertes Siliziumcarbid (SiSiC)

Siliziuminfiltriertes Siliziumcarbid gehört zu der Gruppe der Nichtoxidkeramiken. SiSiC besitzt eine kovalente Bindung mit einer Härte von 21 000 HV und eine hohe Schmelztemperatur von ca. 2450 °C. SiSiC besteht aus einer SiC-Matrix mit eingebundenem reinen Silizium. Bei der Herstellung werden der SiC-Formkörper und Graphitpulver mit flüssigem Silizium zusammengebracht und stark erwärmt. Silizium dringt in die noch vorhandenen Poren und reagiert mit dem Graphit. Das so entstehende dichte und feste SiC hat einem Anteil von etwa 10% reinem Silizium. SiSiC besitzt eine gute Thermoschockbeständigkeit aufgrund des niedrigen Ausdehnungskoeffizienten und eine hohe Wärmeleitfähigkeit. Es weist eine hohe Verschleißfestigkeit gegen mechanische und chemische Einwirkungen auf.

Der Materialabtrag bei funkenerosiver Bearbeitung von SiSiC erfolgt durch das Herauslösen von ganzen Körnern. Im unbearbeiteten Zustand weist das Bruchgefüge einer SiSiC-Keramik einen dichten Werkstoff auf. Nach dem funkenerosiven Bearbeitungsprozess zeigt sich eine poröse Oberfläche, bei der einzelne SiC-Körner freigelegt sind. Die Bindungskräfte werden durch den Abtragprozess so weit reduziert, dass ganze Körner aus dem Grundwerkstoff ausgelöst werden können. Dieses Verhalten wird durch die größere elektrische Leitfähigkeit des Siliziums im Vergleich zum Gesamtwerkstoff erklärt.

Obwohl Silizium ein Halbleiter ist, wird dieser Werkstoff in Verbindung mit Verunreinigungen elektrisch verhältnismäßig gut leitend. Zwischen den Körnern existiert ein verunreinigtes, sehr gut elektrisch leitendes Silizium, da sich die Verunreinigungen bevorzugt an den Korngrenzen ablagern. Durch die Funkenentladung wird hauptsächlich das freie Silizium an den Korngrenzen abgetragen. Die SiC-Körner bleiben im Gefüge bestehen, bis sie durch den Verlust der Bindephase herausgelöst werden.

9.2.2.2 Siliziumnitrid (Si_3N_4)

Siliziumnitrid gewinnt aufgrund seiner hervorragenden mechanischen Eigenschaften bei hohen Temperaturen, seines geringen Ausdehnungskoeffizienten und seiner geringen Dichte überall dort neue Anwendungsgebiete, wo hochwarmfeste metallische Legierungen bei den erforderlichen Betriebstemperaturen an die Grenze ihrer Leistungsfähigkeit stoßen. Siliziumnitrid besitzt ein sehr gutes Korrosionsverhalten gegenüber Schmelzen der meisten Nichteisenmetalle [Berg91], [Spur89].

Der Materialabtrag während der funkenerosiven Bearbeitung von Si_3N_4 wird von Panten durch die Überlagerung von zwei Abtragmechanismen erklärt [Pant90]. Zum einen erfolgt der Abtrag durch Aufschmelz- und Ausschleudervorgänge, zum anderen führt das Wiedererstarren von schmelzflüssigem Material zu Rissen an der Oberfläche des Materials im Bereich des Entladekraters. Aufgrund dieser Risse sind die Bindungskräfte in diesem Bereich geringer. Das wiedererstarrte Material kann leichter abplatzen. Der Abtragprozess besteht bei Siliziumnitrid einerseits aus dem Ausschleudern von schmelzflüssigem Material und andererseits aus dem Abplatzen von wiedererstarrtem Material.

9.2.2.3 Elektrisch nicht leitfähige Keramiken

Untersuchungen zur Bearbeitung von elektrisch nicht leitfähigen Keramiken werden von Shin und Fukuzawa vorgestellt. Sie benutzen eine Assistenzelektrode und einen Kohlenwasserstoff als Dielektrikum. An der Keramikoberfläche bildet sich eine elektrisch leitfähige Schicht aus Kohlenstoff, die im Laufe des Erosionsprozesses ständig neu gebildet wird [Shin98], [Fuku98].

9.2.3
Verfahrensvarianten

Bei der funkenerosiven Bearbeitung haben sich verschiedene Verfahrensvarianten etabliert. Für die Mikrosystemtechnik sind besonders das funkenerosive Senken (engl.: Die Sinking) und das funkenerosive Drahtschneiden (engl.: Wire Electro Discharge Machining = WEDM) von Bedeutung.

9.2.3.1 Funkenerosives Senken
Das funkenerosive Senken ist dadurch gekennzeichnet, dass die mittlere Relativbewegung zwischen Werkzeugelektrode und Werkstück mit der Vorschubbewegung zusammenfällt. Diese Relativbewegung kann sowohl durch Bewegung der Werkzeugelektrode als auch durch die des Werkstückes erzeugt werden. Weiterhin kann dieser Relativbewegung eine Zusatzbewegung überlagert werden. Alle Verfahren, die beliebig geformte Durchbrüche oder veränderliche Querschnitte erzeugen, werden als funkenerosives Bohren bezeichnet. Die Werkzeugelektrode stellt dabei das umgekehrte Abbild des räumlichen Körpers abzüglich des Funkenspaltes dar (Abb. 9.2-3).

Das Gravieren wird als die einfachste Form des funkenerosiven Senkens bezeichnet, da die Werkzeugelektrode nur in einer Vorschubrichtung bewegt wird. Mit diesem Verfahren werden Raumformen erzeugt, bei denen die Werkzeugelektrode das Negativ zum auszuarbeitenden Raum darstellt und sich dabei unter Aufschlag des Funkenspaltes im Werkstück abbildet.

Eine bedeutende Erweiterung der Anwendungsbereiche der Funkenerosion stellt die so genannte *Planetärerosion* dar. Der konventionellen geradlinigen Einsenkbewegung wird eine räumliche Translationsbewegung der Werkzeugelektrode überlagert. Durch die Planetärtechnik wird die Anzahl der notwendigen Werkzeugelektroden verringert und die Spülbedingungen werden verbessert. Dadurch wird eine wirtschaftliche Fertigung möglich. Weitere Ableitungen des Senkverfahrens sind die Mehrkanalbearbeitung, die für die Strukturierung großer Flächen und die gleichzeitige Bearbeitung mehrerer Bauteile eingesetzt wird, die Bearbeitung mit rotierender Werkzeugelektrode und die Bahnerosion [Kips60], [Behm88], [Krac70], [Köni91], [Stae90].

Alle oben beschriebenen Verfahrensvarianten lassen sich prinzipiell auch für Strukturierungsaufgaben in der Mikrosystemtechnik nutzen. Erste Untersuchungen zur Mikrofunkenerosion wurden schon ab Mitte der sechziger Jahre von van Osenbruggen durchgeführt [Osen69]. Haupteinsatzgebiete der Mikrosenkbearbeitung sind die Fertigung von Kühlluftbohrungen in Turbinenschaufeln, Mikroreaktoren, Einspritzdüsen, Tintenstrahldruckerdüsen, Formeinsätzen für den Mikrospritzguss und Stanzwerkzeugen für Leadframes [Sato85], [Alle96], [Wolf97], [Alle99], [Grub99], [Wolf99]. In einer Reihe von Veröffentlichungen wird die Herstellung von komplexen dreidimensionalen Mikrostrukturen mit relativ einfach geformten Werkzeugelektroden beschrieben. Hierbei werden die Verfahren des funkenerosiven Fräsens mit rotierenden Stiften und Scheiben untersucht.

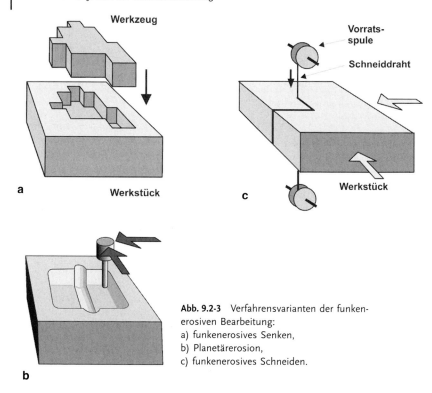

Abb. 9.2-3 Verfahrensvarianten der funkenerosiven Bearbeitung:
a) funkenerosives Senken,
b) Planetärerosion,
c) funkenerosives Schneiden.

Diese Verfahrensvarianten werden auch als Bahnerosion (engl.: ED-Milling) bezeichnet [Kane89], [Alle99], [Boll99], [Grub99], [Wolf99], [Krut00].

9.2.3.2 Funkenerosives Schneiden

Unter dem Begriff des funkenerosiven Schneidens werden alle Bearbeitungsverfahren zusammengefasst, bei denen Werkstücke ab-, ein- oder ausgeschnitten werden. Das funkenerosive Schneiden kann unterteilt werden in Schneiden mit Blatt, Schneiden mit Draht oder Band und Schneiden mit rotierender Scheibe. Bei diesem Verfahren kommt es in der Regel darauf an, mit einem möglichst kleinen Funkenspalt zu arbeiten, um auch sehr kleine Geometrien mit hoher Abbildungsgenauigkeit fertigen zu können.

Als selbstständige Verfahrensvariante hat sich das funkenerosive Schneiden mit ablaufender Drahtelektrode entwickelt. Dieses Verfahren wurde zwar schon 1947 von Rudorff als Verfahrensvariante vorgeschlagen, konnte aber erst 1969 in die industrielle Praxis überführt werden [Rudo48]. Für diesen Zweck werden speziell entwickelte Maschinen benutzt. Neben dem Teilen von Werkstücken ermöglicht dieses Verfahren auch die Herstellung sehr komplizierter Durchbrüche und komplexer Bauteile und wird sowohl im Prototypenbau, im Werkzeug- und Formenbau als auch in der Serienfertigung eingesetzt.

9.2 Mikrofunkenerosion

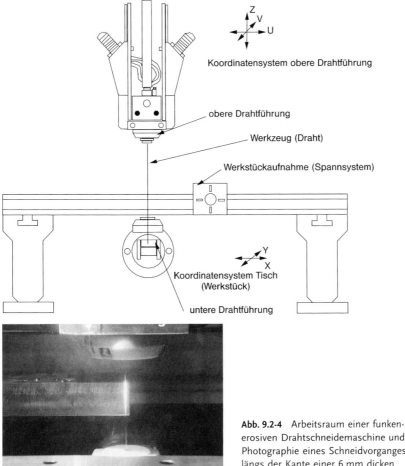

Abb. 9.2-4 Arbeitsraum einer funkenerosiven Drahtschneidemaschine und Photographie eines Schneidvorganges längs der Kante einer 6 mm dicken Stahlplatte mit einem Draht von 50 μm Durchmesser.

Beim funkenerosiven Schneiden mit ablaufender Drahtelektrode wird die zu fertigende Form durch eine numerisch gesteuerte Relativbewegung zwischen Werkzeugelektrode (ablaufender Draht) und der Werkstückelektrode hergestellt. Es können durch dieses Vorgehen Formen realisiert werden, die der Bewegung einer Geraden im Raum entsprechen, d. h., es können ausschließlich Regelflächen gefertigt werden [Schö92], [Bron99]. Abb. 9.2-4 zeigt schematisch den Arbeitsraum der Drahterodiermaschine Charmilles Robofil 2020SI, der Fa. Charmilles Technologies SA, Genf, Schweiz, mit den wichtigsten Bauteilen. Durch die Bewegung der oberen Drahtführung in Richtung der Achsen v und u können Koniken erzeugt werden. Mit dieser Verfahrensvariante ist es möglich, im Schnittwerkzeugbau Stempel und Matrizen ohne Teilung der Form herzustellen. Der Werkzeugverschleiß ist bei der Drahterosion relativ groß, jedoch ist der Einfluss auf

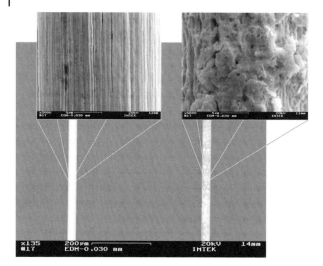

Abb. 9.2-5 Vergleich eines Drahtstückes, das zum funkenerosiven Schneiden verwendet wurde (rechtes Detailbild), mit einem unbenutzten Drahtsegment (linkes Detailbild). Der Drahtdurchmesser beträgt 30 μm.

den Prozess nahezu vernachlässigbar, da der Draht abtransportiert und dadurch permanent erneuert wird. In Abb. 9.2-5 ist ein unbenutzter 30 μm Draht, wie er auf modernen WEDM-Anlagen Verwendung findet, einem schon einmal im Bearbeitungsprozess befindlich gewesenen Draht gegenübergestellt. Es ist deutlich zu erkennen, welch einer enormen Beanspruchung die Drähte ausgesetzt sind.

Die Anforderungen an eine Vielzahl von Produkten und Bauteilen in einer Reihe von Industrien erforderten schon zu Beginn der achtziger Jahre die Verwendung von Drähten mit Durchmessern, die deutlich kleiner sind als die Durchmesser der Standarddrähte (100 bis 250 μm). In Abb. 9.2-6 sind die herkömmlichen Standarddrähte und im Vergleich dazu die in der letzten Zeit

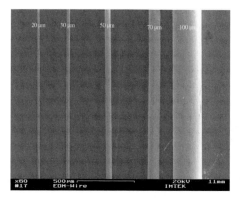

Abb. 9.2-6 Gegenwärtig verwendete Drahtdurchmeser beim funkenerosiven Drahtschneiden.

entwickelten und verwendeten Mikrodrähte dargestellt. Es ist erkennbar, dass sich bei der Verwendung dieser Drähte eine Vielzahl neuer Problemstellungen, insbesondere bei der Drahthandhabung, ergibt. Einsatzgebiete der Mikrodrahterosion sind insbesondere der Werkzeug- und Formenbau (Ziehprofile, Schnittwerkzeuge), die Uhrenindustrie und die Textilindustrie (Fertigung von Spinndüsen) [Chri99], [Grub99].

Durch die Weiterentwicklung der verwendeten Prozessenergiequellen, der Steuerungen und durch neue Erkenntnisse über den EDM-Prozess werden Oberflächenrauheiten in der Größenordnung von $R_a = 0{,}1$ µm erreicht. Die besten erzielten Abbildegenauigkeiten liegen im Bereich von wenigen Mikrometern [Dauw95], [Wolf99], [Grub99].

9.2.4
Anwendungsbeispiele

Die im Folgenden dargestellten Prototypen sollen sowohl einige Möglichkeiten, als auch die Probleme illustrieren, die bei der Verwendung der funkenerosiven Fertigungsverfahren für Mikrostrukturierungsaufgaben auftreten. Abb. 9.2-7 zeigt Zahnstangen, Zahnräder mit integrierter Welle und ein komplettes Mikrogetriebe. Das kleinste Zahnrad hat einen Außendurchmesser von 480 µm und besitzt sechs Zähne. Das mittlere Zahnrad weist acht Zähne, bei einem Außendurchmesser von 800 µm, auf. Das größte hier abgebildete Zahnrad besteht aus zehn Zähnen und hat einen äußeren Durchmesser von 1000 µm. Die Wellenenden haben einen Durchmesser von 200 µm und eine Länge an jeder Seite von 1 mm. Nach der Fertigung der Zahnstangen müssen diese aus der Aufspannung herausgenommen, in einer Drehvorrichtung ausgerichtet und eingespannt werden. Danach erfolgt das Abdrehen und Abstechen des Zahnrades mit den Wellen. Anschließend kann die Montage des Getriebes erfolgen. Vorteilhaft bei diesem Vorgehen ist insbesondere die Fertigung von Welle und Zahnrad ohne Fügestelle. Allerdings sind die notwendigen Umspannvorgänge mit einem hohen Zeitaufwand und auch mit Genauigkeitsverlusten verbunden.

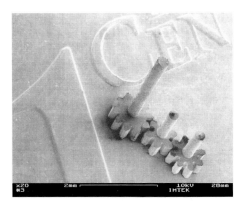

Abb. 9.2-7 Funkenerosiv gefertigtes Mikrogetriebe.

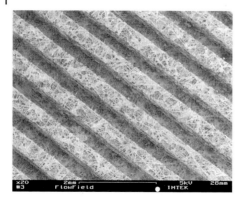

Abb. 9.2-8 Funkenerosiv bearbeitetes Kohlefaserpapier für eine Brennstoffzelle.

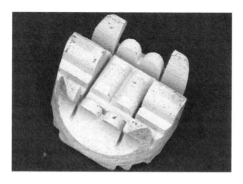

Abb. 9.2-9 Dreidimensionale durch µWEDM gefertigte Struktur aus Wolframkupfer (Durchmesser ca. 1 mm).

Ein weiteres interessantes Beispiel für die Möglichkeiten der Mikrofunkenerosion bietet das in Abb. 9.2-8 dargestellte Flow Field einer Mikrobrennstoffzelle. Es besteht aus einem Kohlefaserpapier, welches durch Mikrodrahtschneiden strukturiert wurde. Am Institut für Mikrosystemtechnik (IMTEK) wurde eine neuartige Mikrobrennstoffzelle entwickelt und ein Prototyp gefertigt [Müll03], [Müll02a], [Müll02b]. Für das erste Funktionsmuster dieser Brennstoffzelle wurden mehrere Flow Fields aus Kohlenfaserpapier benötigt.

Mit einem 70 µm dicken Wolframdraht konnte durch funkenerosives Drahtschneiden eine Fläche des Werkstoffes von $20 \cdot 50$ µm^2 bearbeitet werden. Die Kanäle besitzen eine Höhe und eine Tiefe von jeweils 500 µm. Schwierigkeiten bei der Bearbeitung diese Materials bestehen insbesondere in der sicheren Aufnahme und Ausrichtung des Bauteils und in der Wahl geeigneter Spülbedingungen, da der Werkstoff vergleichsweise inhomogen ist.

Ein weiteres Bauteil, welches durch funkenerosives Mikrodrahtschneiden gefertigt wurde, ist in Abb. 9.2-9 dargestellt. Dieser Prototyp aus Wolframkupfer hat ein Volumen von unter 1 mm^3. Probleme bestehen in der Umspannung, Ausrichtung und im Zusammenbau der Werkstücke.

Durch entsprechende Schrägführung des Drahtes können mit diesem Verfahren auch konische Strukturen hergestellt werden. Die Oberflächenrauigkeit

Tab. 9.2-1 Gegenwärtige Grenzen der Mikrofunkenerosion

	Mikrodrahterosion	*Mikrosenkerosion*
Abbildegenauigkeit [µm]	±1	±1
Positioniergenauigkeit [µm]	≤±1	≤±1
Arithmetischer Mittenrauwert R_a [µm]	0,08–0,1	0,2–0,3
Minimale Strukturbreite [µm]		
• Stege	20–40	20–40
• Nuten	50–60	20–40
Maximales Aspektverhältnis		
• Stege	20–30	15–25
• Nuten	60–80	10–25
• Bohrungen		10–25
Minimale Innenradien [µm]	20	10
Minimale Elektrodenabmessungen [µm]	20	10

hängt von den Maschinenparametern, wie Verfahrgeschwindigkeit, Ablaufgeschwindigkeit des Drahtes und der Stromstärke, ab. Man kann einen Schnitt mehrmals mit unterschiedlichen Parametern durchfahren und erhält so Schnittflächen mit einer Rauigkeit von $R_a < 0,1$ µm.

Die funkenerosive Mikrobearbeitung besitzt für viele Anwendungen in der Mikrosystemtechnik ein sehr großes Potential. Insbesondere das Handling sowohl der dünnen Drähte als auch der sehr kleinen Bauteile stellt die gesamte Fertigungsprozesskette noch vor eine Vielzahl zu lösender Aufgaben. Die gegenwärtigen Grenzen der Mikrofunkenerosion sind in Tab. 9.2-1 dargestellt.

9.3
Präzisionselektrochemische Mikrobearbeitung
R. Förster (IMTEK)

Die Fertigungsverfahren der elektrochemischen Bearbeitung (engl.: Electrochemical Machining, ECM) werden nach der DIN 8580 ebenfalls zu den abtragenden Fertigungsverfahren gezählt, wobei ein kathodisch gepoltes Formwerkzeug mit konstanter Vorschubgeschwindigkeit in ein anodisch gepoltes Werkstück eingesenkt wird. Zur Abfuhr der Reaktionsprodukte und der Wärme wird ein Elektrolyt mit hoher Strömungsgeschwindigkeit durch den entstehenden Spalt gedrückt.

Durch elektrochemische Reaktionen löst sich der Werkstoff an der Anode örtlich begrenzt auf und es können Durchbrüche oder Raumformen erzeugt werden. Ein besonderer Vorteil des Verfahrens ist das Bearbeiten von Werkstoffen beliebiger Härte aufgrund des nichtmechanischen Metallabtrags. Durch die Abbildung des Werkzeugs im Werkstück können außerdem komplizierte Geometrien realisiert werden. Typisch für das Verfahren ist die Fertigbearbeitung eines Werkstückes in einem Arbeitsgang. Im Gegensatz zu den funkenerosiven Fertigungsverfahren findet an der Werkstückoberfläche keine thermische Beeinflussung statt, da es sich hierbei nicht um einen thermischen Abtragprozess handelt.

Im Vergleich zu den funkenerosiven Fertigungsverfahren können mit Hilfe der elektrochemischen Bearbeitung höhere Abtragleistungen realisiert werden. Ist der elektrochemische Abtragprozess unter Kontrolle, treten keine oder vernachlässigbar kleine Verschleißerscheinungen an der Werkzeugelektrode auf. Die elektrochemischen Fertigungsverfahren werden schon seit Jahrzehnten erfolgreich in der industriellen Praxis eingesetzt. Durch die Weiterentwicklung der Steuerungstechnik konnte in den letzten Jahren die Abbildegenauigkeit der ECM-Fertigungsverfahren immer weiter erhöht werden, so dass die Fertigung sehr feiner Strukturen möglich wurde. Dadurch wurden die Voraussetzungen geschaffen, diesem Fertigungsverfahren eine breite Palette von Anwendungsmöglichkeiten in der Mikrosystemtechnik zu eröffnen.

Durch das neu entwickelte Verfahren des elektrochemischen Senkens mit oszillierender Werkzeugelektrode ist es möglich, die Vorteile dieser Technologie auch für mikrosystemtechnische Anwendungen zu nutzen. Das gesamte Aufgabengebiet der Mikrosystemtechnik, welches sich mit der Strukturierung von hoch und niedrig legierten Stählen und anderen Konstruktionswerkstoffen beschäftigt, macht es erforderlich, auch das komplexe Umfeld der eigentlichen Bearbeitungsverfahren zu betrachten und weiterzuentwickeln.

9.3.1
Vorgänge im Bearbeitungsspalt

Die Vorgänge im Bearbeitungsspalt und die Grundlagen für den elektrochemischen Abtragprozess sollen hier kurz dargestellt werden (Abb. 9.3-1).

9.3.1.1 Spannungsabfall

Der elektrochemische Bearbeitungsprozess beruht auf der anodischen Auflösung eines Werkstoffes in einem elektrisch leitfähigen Medium. In einer elektrochemischen Zelle wird eine Gleichspannung U von 5 bis 20 V angelegt. Der positive Pol der Spannungsquelle wird an den abzutragenden Werkstoff (Anode), der negative Pol (Kathode) an die abzubildende Werkzeugelektrode gelegt. Zwischen beiden Elektroden befindet sich ein elektrisch leitfähiges Medium, der Elektrolyt. Die angelegte Spannung fällt über der Werkzeug-, Werkstückelektrode und der Elektrolytlösung im Arbeitsspalt ab. Für die angelegte Spannung U gilt unter Verwendung des Ohm'schen Gesetzes:

$$U = U_A(j) + U_K(j) + U_{Ely}(j) \tag{9.1}$$

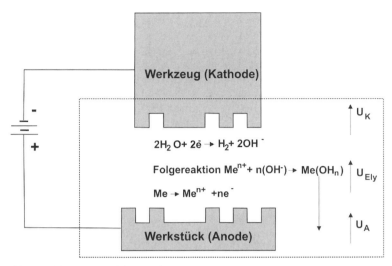

Abb. 9.3-1 Vorgänge im Arbeitsspalt.

Für den Spannungsabfall über der Elektrolytlösung gilt:

$$U_{Ely} = A \cdot R(j) \cdot j \tag{9.2}$$

Aus der Änderung der Galvani-Spannung über den Phasengrenzschichten ergibt sich der Spannungsabfall über der Anode (U_A) und der Kathode (U_K) [Fork66]. Der elektrische Widerstand der Elektrolytlösung kann aus der spezifischen elektrischen Leitfähigkeit des Elektrolyten, dem Elektrodenabstand s und der Elektrodenoberfläche A mit Hilfe der Gleichung:

$$R = \frac{s}{\chi \cdot A} \tag{9.3}$$

ermittelt werden. Wird für $U_A + U_K = U_D$ in Gleichung (9.1) eingesetzt, folgt mit Hilfe der Gleichungen (9.2) und (9.3):

$$U = U_D + U_{Ely} = U_D + \frac{s}{\chi} \cdot j \tag{9.4}$$

Für die Stromdichte j folgt daraus:

$$j = \frac{(U - U_D) \cdot \chi}{s} \tag{9.5}$$

Die Differenz U_D ist abhängig von der Werkstoff-Elektrolyt-Kombination der Anode und vom Material der Kathode [Degn84].

9.3.1.2
Anodische Metallauflösung

Wie in Abb. 9.3-1 schematisch dargestellt, sind in einer elektrochemischen Zelle zwei Elektroden mit einer Spannungsquelle verbunden und in eine neutrale wässerige Elektrolytlösung getaucht. Im Elektrolyten dissoziiert das Salz vollständig und liegt in Form getrennter Kationen Ki^{n+} und Säurerestionen Sr^{n-} vor. Weiterhin ist das Wasser in geringem Umfang in H^+- und OH^--Ionen dissoziiert. Bei der Elektrolyse wandern die Kationen (Ki^{n+}, H^+) zur Kathode und die Anionen (Sr^{n-}, OH^-) zur Anode. Es können folgende Phänomene beobachtet werden:

- An der Werkzeugelektrode (Anode) findet ein Metallabtrag statt, welcher durch Wiegen der Elektrode vor und nach der Bearbeitung bestimmt werden kann.
- An der Werkstückelektrode (Kathode) ist in Abhängigkeit vom verwendeten Elektrolyten Wasserstoffentwicklung nachweisbar.
- Auf dem Boden der Zelle lagert sich ein Belag ab, der chemisch als Metallhydroxid analysiert werden kann.

Diese Beobachtungen können durch folgende chemische Reaktionsgleichungen verallgemeinernd beschrieben werden: An der Anode gehen Metallionen unter Abgabe von Elektronen in Lösung:

$$Me \rightarrow Me^n + n \cdot e^- \tag{9.6}$$

An der Kathode wird durch Aufnahme von Elektronen Wasserstoff und Wasserstoffhydroxid gebildet:

$$2 \cdot H_2O + 2 \cdot e^- \rightarrow H_2 + 2 \cdot OH^- \tag{9.7}$$

Durch eine Folgereaktion wird Metallhydroxid gebildet, welches in Abhängigkeit vom verwendeten Elektrolyten ausfallen kann:

$$Me^{n+} + n \cdot OH^- \rightarrow Me(OH)_n \tag{9.8}$$

Die Gleichungen (9.6) und (9.7) und auch die Gesamtreaktionsgleichung (9.8) sind selbstverständlich immer abhängig vom verwendeten Elektrolyten und von dem zu bearbeitenden Werkstoff. Wird beispielsweise Natriumchlorid (NaCl) als Elektrolyt verwendet und nimmt man den Fall an, dass nur reines Eisen bearbeitet werden soll, ergibt sich aus Gleichung (9.6):

$$Fe \rightarrow Fe^{2+} + 2 \cdot e^- \tag{9.9}$$

Die Bruttoreaktionsgleichung lautet dann:

$$2 \cdot H_2O + Fe \rightarrow Fe(OH)_2 + H_2 \tag{9.10}$$

Für diesen Fall wird kein Elektrolyt, sondern nur Wasser verbraucht. Für andere Elektrolyte gelten diese Aussagen nicht. Beispielsweise wird für das so genannte STEM-Bohren (STEM = Shape Tube Electrolytic Machining) von Kühlbohrungen in Turbinenschaufeln Schwefelsäure eingesetzt. Für die Anoden- und Kathodenreaktionsgleichung gelten dann ebenfalls die Gleichungen (9.9) und (9.10), aber die Bruttoreaktionsgleichung lautet für diesen Fall:

$$H_2SO_4 + Fe \rightarrow FeSO_4 + H_2 \tag{9.11}$$

Es kann kein schwer lösliches Eisenhydroxid, sondern ein lösliches Eisensulfat entstehen, da an der Kathode aus OH^--Ionen und den H^+-Ionen der Schwefelsäure sofort Wasser gebildet wird. Das heißt, der Elektrolyt verbraucht sich und muss ständig überwacht und gegebenenfalls erneuert werden. Für den in der Praxis am häufigsten verwendeten Elektrolyten, Natriumnitrat, gelten weitere Besonderheiten. An der Anode findet in Abhängigkeit von der Stromdichte zunächst nur eine Sauerstoffentwicklung nach folgender Gleichung statt:

$$2 \cdot H_2O \rightarrow 4 \cdot H^+ + 4 \cdot e^- + O_2 \tag{9.12}$$

Die anodische Metallauflösung, wie in Gleichung (9.6) beschrieben, setzt erst bei höheren Stromdichten ein. Die Fe^{2+}-Ionen reduzieren aber die Nitrationen und oxidieren zu Fe^{2+}-Ionen, die dann als schwer löslicher Niederschlag in Form von Eisen(III)-hydroxid ausfallen:

$$4 \cdot Fe^{2+} + 2 \cdot NO_3^- + 4 \cdot H_2O + 2 \cdot e^- \rightarrow 2 \cdot NO_2^- + 4 \cdot Fe^{3+} + 6 \cdot OH^- + H_2 \tag{9.13}$$

An der Kathode wird keine bzw. nur eine sehr geringe Wasserstoffentwicklung beobachtet. Die stattfindende Hauptreaktion ist die Reduktion des Nitrations (NO_3^-) bis zum Ammoniumion (NH_4^+):

$$NO_3^- + 7 \cdot H_2O + 8 \cdot e^- \rightarrow NH_4^+ + 10 \cdot OH^- \tag{9.14}$$

Die Bruttoreaktionsgleichung bei der Verwendung von Natriumnitrat als Elektrolyt lautet unter Vernachlässigung der Sauerstoff- und Wasserstoffentwicklung:

$$4 \cdot Fe + 3 \cdot NO_3^- + 11 \cdot H_2O \rightarrow NH_4^+ + 4 \cdot Fe(OH)_3 + 2 \cdot NO_2^- + 4 \cdot HO^- + H_2 \tag{9.15}$$

Durch die Bildung der Hydroxidionen wird der Elektrolyt während des Prozesses alkalischer, außerdem wird Ammoniak gebildet [Degn84]. Diese grundlegenden Gleichungen stellen nur den Fall dar, dass ein reiner Werkstoff, in diesem Fall Eisen, bearbeitet werden soll. Für in der industriellen Praxis vorkommende Werkstoffe, das sind meistens Legierungen aus mehreren Elementen, also Stoffgemische, ist die Aufstellung der Reaktionsgleichungen sehr komplex bzw. nicht möglich, da es bisher nicht gelang, direkt aus dem Arbeitsspalt Werkstoffproben zu entnehmen und die Reaktionen zu beobachten. Um Aussagen über die Reaktionen während des Bearbeitungsprozesses zu treffen, kann auf viele Vorarbeiten der analytischen Elektrochemie zurückgegriffen werden, allerdings werden dort Prozesse betrachtet, die quasistationär ablaufen, weiterhin werden dort meist nur reine Stoffe untersucht. Insofern können viele Erkenntnisse über das Prozessverhalten und optimale Prozessparameter für entsprechende Werkstoffe nur durch Untersuchungen an diesen Legierungen gewonnen werden.

9.3.2
Elektrolytlösungen

Die Elektrolytlösungen müssen folgende Funktionen bei der elektrochemischen Bearbeitung erfüllen:

- Stromleitung (Transport der Ladungsträger),
- anodische Metallauflösung,
- Abtransport der Abtragpartikel und Reaktionsprodukte,
- Ableitung der erzeugten Wärme.

Weiterhin sollte bei der Auswahl von Elektrolyten neben prozessrelevanten Eigenschaften folgenden Gesichtspunkten Aufmerksamkeit geschenkt werden:

- physiologische Unbedenklichkeit,
- ökologische Neutralität (Abwasser),
- korrodierende Wirkung auf die Bearbeitungsanlage und deren Umfeld,
- wirtschaftliche Anforderungen (Preis, Verfügbarkeit),
- chemische Stabilität,
- universelle Anwendbarkeit.

Vorwiegend werden wässrige Lösungen der Neutralsalze Natriumchlorid, Natriumchlorat, Natriumnitrat, Kaliumnitrat eingesetzt, teilweise unter Zugabe von Komplexbildnern, wie Zitronensäure, um die Abtragprodukte in Lösung zu halten. Für Spezialanwendungen (z. B. EC-Bohren) wird Schwefelsäure und auch Natronlauge verwendet. Weiterhin wird eine Reihe von Elektrolytgemischen teilweise auch mit organischen Beimengungen verwendet, um Korrosion zu verringern oder die Oberflächenqualität zu verbessern.

Um mehrphasige Werkstoffe, die ein unterschiedliches Lösungsverhalten zeigen, zu bearbeiten, werden ebenfalls Elektrolytgemische verwendet. Anwendungen derartiger Gemische werden von Enke für Nickelbasislegierungen und von DeBarr für Wolframcarbid beschrieben [DeBa68], [Enke82]. Kenngrößen für den Elektrolyten sind die spezifische elektrische Leitfähigkeit, die Konzentration, die Temperatur, der Druck und der pH-Wert.

In der Literatur wird häufig eine Einteilung der Elektrolyte in passivierende und nichtpassivierende Elektrolyte vorgenommen. Die Unterscheidung in passivierende (z. B. NaNO₃) und nichtpassivierende (NaCl) Elektrolyte ist aber nur für Eisen und Nickel sinnvoll, da andere Metalle, wie Kupfer, Aluminium und Titan, qualitativ dasselbe Polarisationsverhalten in beiden Elektrolyttypen zeigen [Wals79], [Datt93]. Bei den meisten Anodenwerkstoffen wird durch die Wahl des Elektrolyten bestimmt, ob die Auflösung des Metalls im aktiven oder passiven Bereich stattfindet [Wals79]. Zum Auflösen von Passivschichten auf Eisenmetallen können Halogenionen verwendet werden, da sie korrodierend wirken [Schw66]. Die Auflösung der Passivschichten findet hierbei oberhalb eines kritischen Potentials durch Eintritt von Anionen in die Passivschicht statt. Meistens werden adsorbierte Wasserdipole oder chemiesorbierter Sauerstoff gegen die betreffenden Anionen ausgetauscht [Schw66]. Diese Vorgänge laufen an Stellen mit gestörter Ordnung im Kristallaufbau, wie z. B. Korngrenzen und Versetzungen, bevorzugt ab [Hoar68]. Die Ionen mit dem kleinsten Radius durchdringen die Passivschicht am schnellsten. Hoar ordnete diese Ionen nach der Wirksamkeit und erhielt folgende Klassifizierung: Cl^-, Br^-, I^-, CN^-, NO_3^-, ClO_4^-.

Die Halogenanionen Cl^-, Br^- und I^- werden von den Oberflächenatomen des Metalls schon bei einem sehr viel negativeren Potential adsorbiert als nach dem Oxidationspotential des Metalls zu erwarten wäre. Es unterbleibt daher bei Verwendung halogenhaltiger Elektrolyte die Passivierung [Evan65]. Besonders hohe Abtragleistungen werden bei der Verwendung von Cl^--Ionen aufgrund ihrer hohen chemischen Aggressivität beim Durchdringen von Passivschichten erzielt. DeBarr bezeichnet wegen seiner relativ geringen Anschaffungskosten Natriumchlorid als einen weit verbreiteten Elektrolyt bei der elektrochemischen Bearbeitung von Stählen und Nickelbasislegierungen [DeBa68].

Chloridhaltige Elektrolyte führen häufig zu Lochkorrosion, Riefen- und Grübchenbildung an der Oberfläche. Diese Defekte wirken sich wiederum negativ auf die mechanischen Festigkeitswerte und die Korrosionseigenschaften der Bauteile aus [LaBo71], [Powe70], [Effe77]. In der industriellen Praxis wird natriumchloridhaltiger Elektrolyt zurzeit fast ausschließlich für die Bearbeitung von Titan verwendet.

Bei der Bearbeitung mit Natriumnitrat setzt der Metallabtrag erst bei höheren Stromdichten ein. Wird die minimal erforderliche Stromdichte J_{min} erreicht, kann sich eine vorhandene Passivschicht örtlich auflösen. Charakteristisch bei der Verwendung von Natriumnitrat als Elektrolyt sind eine Sauerstoffentwicklung an der Anode, eine geringe bzw. nicht nachweisbare Wasserstoffentwicklung an der Kathode und geringere Stromausbeuten.

Als Zusätze zu Elektrolyten bzw. Elektrolytgemischen kommen Komplexbildner zum Einsatz. Typische Komplexbildner sind Oxalat-, Tartrat-, Citrat- und Thylendiamintetraacetat-Anionen [Beme70]. Komplexbildner verhindern das Ausfällen von Metallsalzen und damit die Bildung von Passivschichten im transpassiven Bereich. Da das Lösungsvermögen dieser Stoffe aber beschränkt ist, können sich im Falle der Sättigung die gelösten Metalle auf der Kathode niederschlagen. Derartige Elektrolytgemische müssen ständig überwacht und häufig ausgetauscht werden.

9.3.2.1 Kenngrößen der Elektrolytlösungen

Für die Beschreibung der Eigenschaften von Elektrolyten wird eine Reihe von Kenngrößen verwendet, die im Folgenden näher erläutert werden sollen.

Spezifische elektrische Leitfähigkeit der Elektrolytlösung

Wie oben beschrieben, besteht die Hauptaufgabe des Elektrolyten im Ladungs- bzw. Ionentransport. Das Vermögen, diese Aufgabe zu erfüllen, wird durch die spezifische elektrische Leitfähigkeit des Elektrolyten ausgedrückt. Die spezifische elektrische Leitfähigkeit ist der Kehrwert des Ohm'schen Widerstandes:

$$\chi = \frac{1}{\rho} \tag{9.16}$$

Für das Erreichen von hohen Abtragraten muss die Leitfähigkeit des Elektrolyten groß sein. Die spezifische elektrische Leitfähigkeit einer Elektrolytlösung ist abhängig von deren Konzentration und deren Temperatur. Typische spezifische elektrische Leitfähigkeiten von Elektrolytlösungen betragen zwischen 0,05 und 0,3 S/cm [Beme70]. Durch die Erwärmung des Elektrolyten können Gasblasen gebildet werden und zur Abnahme der elektrischen Leitfähigkeit führen. Eine steigende Verschmutzung durch Reaktionsprodukte und die damit verbundene Viskositätserhöhung bewirken einen geringen Abfall der elektrischen Leitfähigkeit. Sinkt die elektrische Leitfähigkeit, verringert sich auch der Arbeitsspalt und die Abbildegenauigkeit steigt. Aus diesem Grund wird teilweise Stickstoff gezielt dem Elektrolyten zugemischt [Dege72]. Die Gaskonzentration verhält sich umgekehrt proportional zur Leitfähigkeit der Elektrolytlösung. Allerdings kann dieses Zumischung auch zu Kurzschlüssen und zur ungleichmäßigen Auflösung der Werkstoffe führen [Land70].

pH-Wert der Elektrolytlösung

Der pH-Wert ist ein Maß für die H⁺-Ionenkonzentration in einer Lösung und errechnet sich nach folgender Formel:

$$\mathrm{pH} = -\log_{10} \cdot C_H \tag{9.17}$$

Ein Elektrolyt mit einem pH-Wert von 1 hat also eine hohe H$^+$-Ionenkonzentration und ist stark sauer. Eine starke Base besitzt einen pH-Wert von 14 bei einer geringen H$^+$-Ionenkonzentration. Für die elektrochemischen Bearbeitungsprozesse werden überwiegend Neutralsalze verwendet, deren pH-Wert auf 7 eingestellt wird. Als Nachteil wird die geringe Leitfähigkeit neutraler Elektrolyte im Vergleich zu stark sauren oder stark basischen Elektrolyten beschrieben [Klei63], [DeBa68]. Wird an der Kathode Wasserstoff gebildet, hat das negative Auswirkungen auf den Bearbeitungsprozess. Zum einen verringert die Bildung von Wasserstoff durch H$^+$-Ionen-Entzug die Leitfähigkeit der Elektrolytlösung, zum anderen begünstigt ein steigender pH-Wert die unerwünschte Abscheidung von Metall auf der Kathodenoberfläche [DeBa68]. Nach dem Faraday'schen Gesetz stellt sich ein dynamisches Gleichgewicht während des Bearbeitungsprozesses ein. Der pH-

Wert pegelt sich dann auf ein Niveau ein, bei dem die unlöslichen Metallhydroxide ausfallen und so verhältnismäßig leicht ausgefiltert werden können.

Konzentration der Elektrolytlösung
Die Angabe der Konzentration einer Elektrolytlösung erfolgt meist in Masse-Prozent und wird mit folgender Formel berechnet:

$$C_{Ely} = \frac{m_{Salz}}{m_{Salz} + m_{Wasser}} \tag{9.18}$$

Ein Anstieg der Konzentration der bei der EC-Bearbeitung verwendeten Elektrolytlösungen bewirkt generell eine Zunahme der Anzahl der Ladungsträger in der Lösung und damit eine höhere spezifische elektrische Leitfähigkeit.

Temperatur der Elektrolytlösung
Ionen sind massebehaftete Teilchen, die sich unter dem Einfluss der Arbeitsspannung in einer Elektrolytlösung bewegen. Durch die dabei auftretende Reibungswärme findet eine Erwärmung der Lösung statt. Die Leitfähigkeit von Ionenleitern nimmt durch die Erwärmung zu, da die Beweglichkeit der Ionen steigt. Andererseits bilden sich durch Erwärmung des Elektrolyten und daran anschließende Überhitzung Gasblasen. Das Auftreten von Gasblasen führt wiederum zur Abnahme der elektrischen Leitfähigkeit.

Eine weitere Erhöhung der Temperatur kann allerdings bei wasserlöslichen Elektrolyten zum Sieden der Lösung führen. Dabei verdampft Wasser, der Elektrolyt kristallisiert aus und es kommt zu einem Kurzschluss zwischen Anode und Kathode. Die bei hohen Stromdichten erzeugten Wärmemengen müssen von der Bearbeitungsstelle abgeführt werden. Neben einer guten Wärmeleitfähigkeit ist daher auch eine hohe spezifische Wärmekapazität des Elektrolyten erforderlich. Eine starke Erwärmung der Werkzeugelektrode kann zu Deformationen und damit zur Verringerung der Abbildegenauigkeit führen.

9.3.3
Untersuchungen verschiedener Werkstoffe

9.3.3.1 Eisen, Eisenlegierungen und Stähle
Die Modellvorstellung für den elektrochemischen Bearbeitungsprozess geht von einem homogenen, nur aus einem Metall bestehenden Werkstoff aus. Hierbei erfolgt eine gleichmäßige Metallauflösung in Vorschubrichtung. Industriell eingesetzte Werkstoffe bestehen aber aus mehreren Elementen mit unterschiedlichen Potentialen. Sind mehrere Elemente in einem zu bearbeitendem Werkstoff vorhanden, löst sich das unedlere Element schneller auf als das edlere. Beispielsweise löst sich Eisen (–0,44 V Standardpotential) schneller auf als Nickel (–0,25 V Standardpotential) [Lind77], [Neub84]. Benachbarte Gefügebereiche mit differierenden elektrochemischen Eigenschaften führen zu ungleichmäßigen Stromdichteverteilungen und damit zu lokal unterschiedlichen Abtraggeschwindigkeiten.

Wird die Stromdichte weiter erhöht, verlieren die durch Gefügeinhomogenitäten bedingten Potentialunterschiede mit dem gleichsinnig ansteigenden Elektrodenpotential ihren Einfluss auf die Stromdichteverteilung und damit auf das Abtragverhalten der unterschiedlichen Werkstoffbereiche [Neub84], [Lind77]. Die Konzentration der Stromlinien erfolgt in den Bereichen der unedleren Gefügephase. Diese Phasen lösen sich schneller auf als die edleren Gefügephasen [Wils71]. Lindenlauf weist nach, dass sich die Ferritphase (Fe+C) schneller als die Perlitphase (Fe+Fe$_3$C) auflöst [Lind77]. Beim Vorhandensein einer grobkörnigen Perlitphase in einer Ferritmatrix können ganze Körner ausgewaschen und abgetragen werden. Diese Vorgänge können dann zu Stromausbeuten von über 100% führen.

Bei Verkleinerung der Korngröße ist ein Anstieg der Stromdichte und des Metallabtrags zu beobachten. Dies kann durch die Betrachtung der Korngrenzen als Oberflächendefekte erklärt werden. Die Atome an den Korngrenzen lösen sich durch die unterschiedliche Orientierung der angrenzenden Körner leichter aus dem Gefüge. Die Atome eines Korns stellen also Orte erhöhter chemischer Aktivität dar. Je mehr Korngrenzen an der Oberfläche vorhanden sind, desto bessere Bedingungen ergeben sich für die Auflösung. Durch Verkleinerung der Korngröße steigen die absolute Korngrenzenlänge und der Materialabtrag [Kops76].

9.3.3.2 Titan und Titanlegierungen

Titan besitzt eine sehr hohe Affinität zum Sauerstoff. Aufgrund seiner Stellung in der elektrochemischen Spannungsreihe ist es ein sehr unedles Metall. In oxidierender Umgebung bilden sich auf der Titanoberfläche sehr fest haftende, chemisch sehr resistente Oxidschichten. Diese Oxidschichten bewirken die Korrosionsbeständigkeit von Titan und Titanlegierungen. Die Eigenschaften der Oxidschichten erschweren die elektrochemische Bearbeitbarkeit von Titan. Um eine Bearbeitung durchführen zu können, muss die Oxidschicht entfernt werden. Dies erfolgt mit chemisch aggressiven Elektrolyten und hat häufig Oberflächendefekte zur Folge [Thor92]. In unmittelbarer Umgebung der elektrochemisch abgetragenen Flächen wird Grübchenbildung beobachtet [Powe70]. Bei hohen Stromdichten liegen diese Grübchen so eng nebeneinander, dass sie nicht einzeln aufgelöst werden können.

9.3.3.3 Hartmetalle

Hartmetalle stellen für die elektrochemische Bearbeitung eine Herausforderung dar, da sie einerseits aus sehr unterschiedlichen Gefügekomponenten bestehen, die sich elektrochemisch unterschiedlich verhalten, andererseits entsteht bei der Bearbeitung von Wolframcarbid das unlösliche Wolframtrioxid, welches eine Metallauflösung verhindert [Beme70], [Kune77]. Durch kurzfristiges Umpolen, wobei das Werkstück dann kathodisch gepolt ist, können Deckschichten gezielt aufgelöst werden. Der an der Werkstückoberfläche entstehende Wasserstoff reduziert die aus Oxiden oder Hydroxiden bestehende Passivschicht zu niederwertigen und besser löslichen Oxiden oder Hydroxiden. Allerdings findet dann an der nun anodisch gepolten Werkzeugelektrode ein Materialabtrag statt. Dieser Werkzeugverschleiß führt zu einer Verschlechterung der Abbildegenauigkeit. Er ist abhängig von der Stromdichte, der Umpoldauer, dem zu entpassivierenden Hartmetall, dem Elektrodenmaterial und der Art der im verwendeten Elektrolyten an der Anode ablaufenden elektrochemischen Reaktionen [Kune77].

9.3.4
ECM-Senken mit oszillierender Werkzeugelektrode

Eine elektrochemische Bearbeitungsanlage, die mit einer oszillierenden Werkzeugelektrode arbeitet, ist in Abb. 9.3-2 dargestellt. Die Anlage PEM 1360 der Firma PEM Technologiegesellschaft für elektrochemische Bearbeitung, Dillingen/Saar, ist als Prototyp einer elektrochemischen Bearbeitungsanlage für erste experimentelle Untersuchungen konzipiert worden.

9.3.4.1 Prozesskenngrößen
Im Gegensatz zu den in Abschn. 9.2.1 dargestellten elektrochemischen Senkverfahren wird bei dem hier dargestellten Prozess mit einer oszillierenden Werkzeugelektrode und einer gepulsten Arbeitsspannung gearbeitet. Der grundsätzliche Bearbeitungsvorgang kann durch die in Abb. 9.3-3 schematisch dargestellten Verläufe des Stromes und der Position der Werkzeugelektrode beschrieben

Abb. 9.3-2 Versuchsanlage PEM 1360 für elektrochemische Bearbeitung mit oszillierender Elektrode.

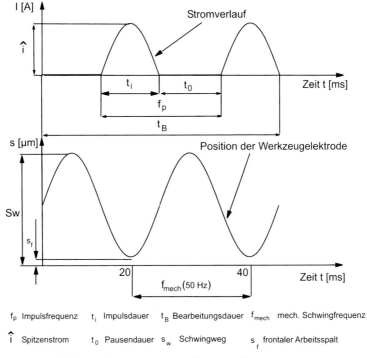

Abb. 9.3-3 Prinzip der Bearbeitung mit oszillierender Werkzeugelektrode.

werden. Die Werkzeugelektrode schwingt mit einer festen Frequenz von 50 Hz und einem festen Schwingweg von 400 µm.

Während der Annäherung der Werkzeugelektrode an die Werkstückoberfläche wird ein Stromimpuls hinzugeschaltet. Die Impulsdauer t_i kann im Bereich von 3–12 ms mit einer Schrittweite von 1 ms variiert werden. Ebenso kann die Arbeitsspannung U_W in einem Bereich von 5 bis 15 V in Abständen von 0,25 V variiert werden.

9.3.4.2 Darstellung der Vorgänge im Arbeitsspalt

Die Werkzeugelektrode bewegt sich, wie in Abb. 9.3-4 prinzipiell dargestellt, in Richtung der Werkstückelektrode mit einer Vorschubgeschwindigkeit v_f und einer überlagerten periodischen Schwingung. Bei Annäherung der Werkzeugelektrode an die Werkstückelektrode nimmt der Elektrolytdruck p_{Gap} im Arbeitsspalt zu, während der elektrische Widerstand R_{Gap} über dem Arbeitsspalt abnimmt. Die im Elektrolyten vorhandenen und sich während der elektrochemischen Bearbeitung entwickelnden Gasbläschen werden im Elektrolyten gelöst. Im Punkt der größten Annäherung zwischen WKZ-Elektrode und WST-Elektrode sind der Arbeitsspalt s und der elektrische Widerstand R_{Gap} am kleinsten und der Elektrolytdruck p_{Gap} erreicht sein Maximum. Wird die Werk-

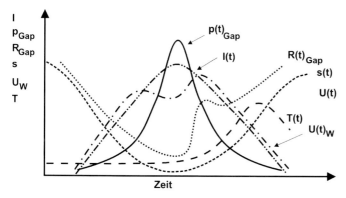

Abb. 9.3-4 Vorgänge im Arbeitsspalt bei der Bearbeitung mit oszillierender Werkzeugelektrode [Sema79], [Zait98].

zeugelektrode wieder von der zu bearbeitenden Oberfläche entfernt, vergrößert sich der Arbeitsspalt s. Dabei sinkt der Elektrolytdruck sprunghaft ab und die Kavitation im Elektrolyten bewirkt eine Änderung des elektrischen Widerstandes im Arbeitsspalt. Mit der weiteren Vergrößerung des Arbeitsspaltes wird dieser mit frischem Elektrolyten versorgt und der elektrische Widerstand nimmt wieder etwas ab.

Durch die weitere Öffnung des Arbeitsspaltes steigt der elektrische Widerstand weiter an und der Prozess kann wiederholt werden. Diese Änderungen des Widerstandes werden von der Maschinensteuerung aufgenommen, ausgewertet und zur Steuerung der Maschine verwendet.

9.3.4.3 Werkzeugelektrodenwerkstoffe

Als Werkstoff für Werkzeugelektroden werden vorwiegend Messing und Kupfer verwendet, da sich diese Werkstoffe verhältnismäßig leicht spanabhebend bearbeiten lassen. Allerdings sind für einige Anwendungen der elektrochemischen Senkbearbeitung die mechanischen Eigenschaften dieser Werkstoffe nicht ausreichend, d.h., die geringe mechanische Stabilität der Elektroden führt zu einer plastischen Verformung des Werkzeuges bei höheren Spüldrücken.

Messing kann in Fällen, bei denen die Geometrie der Werkzeugelektrode dies zulässt, durch Wolframkupfer substituiert werden. Wolframkupfer zeichnet sich durch eine hohe mechanische Belastbarkeit aus. Allerdings ist dieser Werkstoff spanabhebend auch deutlich schwerer zu bearbeiten.

Durch die sich in der letzten Zeit vollziehende stürmische Entwicklung der HSC-Bearbeitung (HSC = High Speed Cutting) gewinnt Graphit als Werkzeugelektrodenwerkstoff für die elektrochemische Bearbeitung an Bedeutung. Es wurden sehr feinkörnige Graphitvarianten entwickelt und dem Anwender zur Verfügung gestellt. Handelsübliche Feinkorngraphite besitzen Korngrößen von etwa 3 µm Durchmesser. Mit diesen Graphitsorten können sehr filigrane Strukturen in verhältnismäßig kurzer Zeit gefertigt werden. Durch den Einsatz von Graphit und der damit gegebenen Möglichkeit der Erzeugung der Form der Werkzeugelektroden mit Hilfe der HSC-Bearbeitung kann eine bis zu fünffach schnellere Fertigung von großen Formelektroden im Vergleich zu Kupferwerkzeugelektroden erfolgen [AGIE96]. Ein weiterer Vorteil dieses Werkstoffes ist seine hohe chemische Beständigkeit.

9.3.5
Elektrochemische Bearbeitungsverfahren in der Mikrosystemtechnik

Eine Reihe von Bearbeitungsaufgaben der Mikrosystemtechnik kann durch verschiedene Verfahrensvarianten der elektrochemischen Bearbeitung gelöst bzw. kostengünstiger gestaltet werden. Einige dieser Verfahrensvarianten, die noch für die Lösung einer Reihe weiterer fertigungstechnischer Aufgaben genutzt werden können, sollen hier im Folgenden kurz vorgestellt werden.

9.3.5.1 Elektrochemisches Mikrobohren

Ein Aufgabengebiet, das eine immer größere Bedeutung innerhalb der Fertigung mikrosystemtechnischer Komponenten gewinnt, ist die Herstellung kleiner Bohrlöcher mit einem möglichst hohen Aspektverhältnis. Neben Anwendungen aus dem Turbinenbau (Kühlluftbohrungen) besitzen kleine Bohrungen in hochwarmfesten Werkstoffen vor allem in der Automobilindustrie (Einspritzsysteme) ein hohes Potential für weitere Anwendungen. Auch im Werkzeug- und Formenbau besteht ein hoher Bedarf an kleinen Bohrungen, die für die Evakuierung und Entlüftung von Formen während des Spritzgussprozesses verwendet werden können.

Eine sehr interessante Möglichkeit, eine große Anzahl von Bohrungen gleichzeitig zu fertigen, besteht in dem Einsenken von dünnen Stift- oder Nadelarrays. In Abb. 9.3-5 ist eine REM-Aufnahme des erzeugten Bohrungsarrays und eine Aufnahme einer Bohrung aus diesem Array dargestellt.

9.3.5.2 Elektrochemisches Mikrodrahtschneiden

Wie in dem Abschn. 9.2.4 dargestellt, sind der Höhe von Strukturen, die mit dem funkenerosiven Mikrodrahtschneiden hergestellt werden können, Grenzen gesetzt. Es gibt eine Vielzahl von industriellen Anwendungen für schmale Nuten, die bei einer Breite von ca. 100 µm länger als einige Millimeter sind. Durch entsprechende EC-Bearbeitungsverfahren, die mit dünnen Drähten analog zur funkenerosiven Bearbeitung arbeiten, können derartige Strukturen erzeugt werden. Abb. 9.3-6 zeigt einen solchen Kanal. Man erkennt deutlich die sehr gute Flankensteilheit der erzeugten Struktur. Unter Verwendung eines 20-µm-Wolframdrahtes konnten Kanäle gefertigt werden, die eine Breite von etwa 80 µm bei einer Länge von 15 mm aufweisen.

9.3 Präzisionselektrochemische Mikrobearbeitung | 475

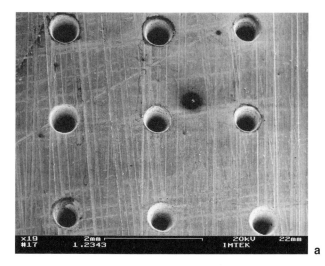

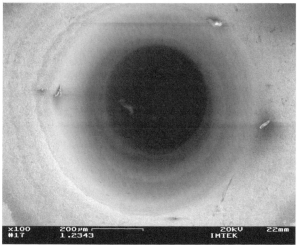

Abb. 9.3-5
a) REM-Aufnahme eines Bohrungsarrays.
b) Detailansicht einer Bohrung, hergestellt durch ECM.

9.3.5.3 Elektrochemisches Mikrofräsen

Für die Erzeugung von Präge- oder Spritzgießwerkzeugen muss die komplementäre Struktur der zu fertigenden Mikrostruktur in eine Stahlplatte eingearbeitet werden. Dies ist je nach Komplexität der Struktur auch für die elektrochemische Senkbearbeitung eine große Herausforderung. Eine Möglichkeit, den relativ großen Fertigungsaufwand bei der Herstellung der Werkzeugelektroden zu minimieren, ist die Verwendung einer einfachen rotationssymmetrischen Werkzeugelektrode. Diese wird entlang der zu fertigenden Werkstückkonturen verfahren, analog einem herkömmlichen Fräsprozess. Für derartige Anwendungen sind mehrere

Abb. 9.3-6 Einarbeitung einer Nut in eine Stahlstruktur mittels eines Wolframdrahtes. Zu beachten ist die sehr gute Flankensteilheit.

gesteuerte Bearbeitungsachsen erforderlich. In gegenwärtig kommerziell erhältlichen Anlagen steht diese Option allerdings noch nicht zur Verfügung.

9.3.5.4 Weitere Anwendungsbeispiele des Verfahrens in der Mikrosystemtechnik

Ein sehr breites Anwendungsfeld für Strukturierungsaufgaben in der Mikrosystemtechnik ist die Mikrostrukturierung von großen Flächen, insbesondere das Erzeugen von beispielsweise selbstreinigenden Oberflächen oder die Strukturie-

Abb. 9.3-7 Detailaufnahme einer Mikrostruktur. Durch Optimierung der Prozessparameter ließe sich die Oberflächenrauheit noch wesentlich verbessern.

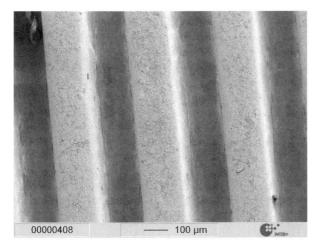

Abb. 9.3-8 Flow Field für Mikrobrennstoffzellen aus V2A hergestellt durch EC-Senken mit oszillierender Elektrode.

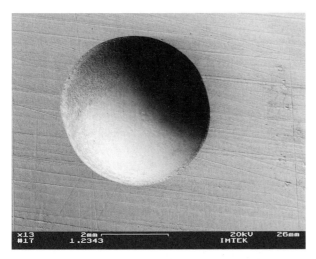

Abb. 9.3-9 Kugelkalotte von 2 mm Durchmesser aus Stahl, hergestellt durch elektrochemische Senkbearbeitung mit oszillierender Elektrode.

rung von Oberflächen, um deren strömungstechnische Eigenschaften und damit verbunden den Wirkungsgrad von komplexen Anlagen zu verbessern. Einige Beispiele für Strukturen, die mit dem Verfahren der elektrochemischen Senkbearbeitung mit oszillierender Werkzeugelektrode hergestellt werden können, sind in den folgenden Abbildungen dargestellt. Abb. 9.3-7 zeigt eine Struktur, die aus einer Vielzahl von Erhebungen, die auf einer Fläche von etwa $20 \cdot 30$ mm^2 regelmäßig angeordnet sind, besteht. Die bearbeitete Fläche kann durch technologische Varianten des EC-Prozesses noch deutlich erweitert werden.

In Abb. 9.3-8 ist das Flow Field einer Brennstoffzelle dargestellt, das aus einem rostfreien Stahl (V2A) durch elektrochemisches Senken mit oszillierender Werkzeugelektrode hergestellt wurde.

Für die Herstellung von Freiformflächen etwa zur Fertigung einer Kugelkalotte, wie sie in Abb. 9.3-9 dargestellt ist, ist das elektrochemische Senkverfahren ebenfalls gut geeignet. Die abgebildete Kugelkalotte mit einem Durchmesser von 2 mm illustriert deutlich die Möglichkeiten, die durch den Einsatz dieses Fertigungsverfahrens gegeben sind. Mit herkömmlichen Fertigungsverfahren ist es sehr schwierig, derartige Strukturen, deren Anwendungsgebiete in der Medizintechnik, der Lagertechnik und der Fluidtechnik zu sehen sind, zu erzeugen.

9.4 Replikationstechniken

9.4.1 Spritzgießen

Das Spritzgießen ist eine Kerntechnologie sowohl bei der LIGA-Technik als auch bei allen anderen Verfahren der Mikrosystemtechnik, bei der Kunststoffe mikrostrukturiert werden. Da das Spritzgießen ausführlich bereits im Abschn. 8.5.2 behandelt wurde, soll hier nur das Mikrospritzgießen kurz erläutert werden.

Konventionelle Spritzgießmaschinen sind für die Herstellung makroskopischer Produkte ausgelegt. Probleme bei der Handhabung dieser Teile gibt es im Allgemeinen nicht. Anders ist dies beim Mikrospritzguss. Hier werden individuelle Teile mit einem Gewicht von unter 0,001 g verarbeitet. Es ist unmittelbar einsichtig, dass in diesem Falle besondere Vorrichtungen zur exakten Positionierung des Werkzeugs, des Einspritzvorganges und des Auswerfens der fertigen Teile erforderlich sind. Abb. 9.4-1 zeigt das Photo einer Spritzgießmaschine Microsystem 50 der Firma Battenfeld, welche besonders für die Fertigung von Mikroteilen ausgelegt ist. Auf dieser Maschine wurden die Komponenten für die Bluttrennung gefertigt, deren Abformwerkzeug mittels SU-8-Resist, UV-Litho-

Abb. 9.4-1 Detailaufnahme einer für die Fertigung von Mikroteilen ausgelegten Spritzgießmaschine Mikrosystem 50 der Firma Battenfeld.

Abb. 9.4-2 Spritzgießteil, das auf der Microsystem 50 hergestellt wurde. Hierbei handelt es sich um eine Komponente zur Trennung des Blutplasmas von festen Bestandteilen an einer Blutprobe. Das Werkzeug wurde mittels SU-8-Resist hergestellt und in Nickel umkopiert.

graphie und anschließender Galvanik hergestellt wurde. In Abb. 9.4-2 ist ein Spritzgießteil aus dieser Entwicklung gezeigt.

Ein weiteres Beispiel für die Mikrofertigung auf dieser Maschine ist ein Teil für die Uhrenindustrie, das zusammen mit dem Abformwerkzeug in Stahl in Abb. 9.4-3 gezeigt ist. Dieses Werkzeug wurde zunächst auf der Ultrapräzisions-

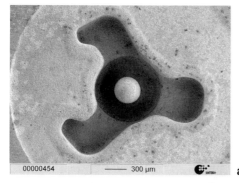

a

b

Abb. 9.4-3 Spritzgießwerkzeug einer Komponente für die Uhrenindustrie (a) und das gefertigte Produkt (b).

fräsmaschine als Master gefertigt und dann mittels elektrochemischer Mikrobearbeitung in Stahl umkopiert.

Besondere Aufmerksamkeit erfordern neben der Mikrostruktur des Werkzeuges, das möglichst in Stahl gefertigt werden muss, die Gestaltung der Einspritzkanäle und die Möglichkeiten der Entnahme der Mikrokomponenten aus der Spritzgießform.

9.4.2
Heißprägen

Das Heißprägen ist eine Technologie, die sich mehr für den Laborbetrieb und für kleine Stückzahlen eignet. Die Vorteile gegenüber der Spritzgießtechnik sind zum einen die geringeren Investitionen durch einfachere und kostengünstige Werkzeuge, da aufwendige Einspritzkanäle und Auswerfereinrichtungen fortfallen, zum anderen auch geringere Rüstzeiten. Das Heißprägen arbeitet grundsätzlich mit geringeren Drücken als das Spritzgießen, daher werden auch die Abformwerkzeuge nicht so stark belastet. Während man beim Spritzgießen überwiegend Stahlwerkzeuge einsetzt, kann man beim Heißprägen eine Vielzahl anderer Werkzeugmaterialien einsetzen, wie geätzte Silizium-Wafer, Glas oder Silikone, wie weiter unten noch erläutert wird.

In der Abformgenauigkeit steht das Heißprägen dem Spritzgießen auch nicht nach, einige Formen lassen sich sogar präziser beim Prägen darstellen. Werkzeuge, die durch galvanische Abformung von Reststrukturen hergestellt wurden, lassen sich bevorzugt beim Heißprägen verwenden. Da es nicht möglich ist, Stahl galvanisch abzuscheiden, kommen überwiegend Nickel oder Nickellegierungen zur Anwendung für Prägewerkzeuge. Das Abmustern von Spritzgießwerkzeugen lässt sich schnell und kostengünstig durch Heißprägen durchführen. Da das Heißprägen sehr häufig auch beim LIGA-Verfahren Anwendung findet, wird es dort in Abschn. 8.5.3 ausgiebig abgehandelt.

Wegen der reduzierten Prozesskräfte lassen sich auch empfindliche Substrate, die einen Spritzgießprozess nicht überstehen würden, einsetzen. In Abb. 8.5-9 ist ein Beispiel gezeigt, wie ein prozessierter Silizium-Wafer mit Auswerteelektronik nachträglich mit einer geprägten PMMA-Schicht versehen werden kann.

Beim Prägen wird eine thermoplastische Kunststoffschicht über den Glaserweichungspunkt erwärmt. Dann wird die metallische Prägeform abgesenkt und in den zähflüssigen Kunststoff gedrückt. Werkzeug und Kunststoffstruktur müssen im festen Eingriff auf eine Temperatur unterhalb des Glaspunktes abgekühlt werden, bevor das Prägewerkzeug wieder angehoben werden kann. Die Wahl der beiden Ecktemperaturen beim Prägen und Entformen muss sorgfältig erfolgen, um einerseits eine perfekte Abformung zu erreichen, andererseits aber auch mit wirtschaftlichen Zykluszeiten arbeiten zu können. Im Allgemeinen wird der Arbeitsraum evakuiert, um eine vollständige Befüllung der Kavitäten zu gewährleisten.

Da beim Prägen, im Gegensatz zum Spritzgießen, der Kunststoff nur relativ geringe Strecken fließt, haben die langen Molekülketten keine Möglichkeit, sich durch lange Strömungswege auszurichten. Das ist ein Vorteil, der beim Prägen

Abb. 9.4-4 Eine Heißprägemaschine zur Abformung von Mikrostrukturen.

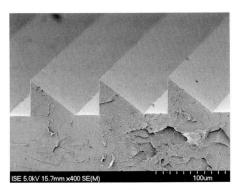

Abb. 9.4-5 Oberfläche einer Fresnel-Linse, die in Heißprägetechnik gefertigt wurde.

optischer Strukturen ins Gewicht fällt, da hier eine Anisotropie des inneren Gefüges optisch störend in Erscheinung treten würde.

Die Werkzeugbewegungen müssen beim Prägevorgang außerordentlich präzise verlaufen, da sonst die Mikrostrukturen zerstört werden würden. Prägemaschinen für die Mikrosystemtechnik werden daher meist auf Zugprüfrahmen aufgebaut, die mit entsprechender Präzision gefertigt werden, wie etwa die kommerziell verfügbare Heißprägemaschine von Jenoptik XEX03 [Heck99]. Die Abb. 9.4-4 zeigt eine Prägemaschine, die im IMTEK konzipiert und von der Firma Schmidt Maschinentechnik in Bretten-Bauerbach gefertigt wurde. Die Maschine kann bis zu einer Temperatur von 250 °C hochgeheizt werden. Die Zuführung der Maschinenoberhälfte zur Maschinenunterhälfte geschieht mit einer Präzision von <2 µm. Die Maschine ist mit einem Wegmesssystem, das eine Toleranz von 1 µm aufweist, ausgestattet. Die Gesamtwiederholbarkeit beim Prägen ist <10 µm.

Die Abb. 9.4-5 zeigt ein Beispiel einer geprägten Struktur, die zur Lichtlenkung in Fensterscheiben eingesetzt werden soll. Die optischen Flächen haben

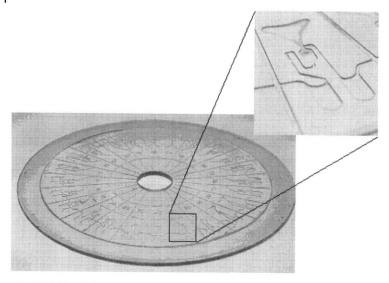

Abb. 9.4-6 Ein Biodisk in TOPAS 5013, geprägt mit einem Silikonmaster [Ducr04].

eine Rauigkeit von < 10 nm. In einem weiteren Beispiel ist eine Fresnel-Linse zu sehen, deren Abformwerkzeug zunächst als Negativform auf der Ultrapräzisionsmaschine in Messing gefertigt wurde.

Soft Embossing [Nara04] ist ein sehr schnelles Replikationsverfahren, das sich durch eine besonders einfache Herstellung des Prägemasters auszeichnet (Abb. 9.4-6). Anstelle eines konventionellen, galvanisch aufgewachsenen Masters wird ein Silikonelastomer verwendet. Dazu wird die Mikrostruktur mit zwei gemischten, flüssigen Basiskomponenten des Elastomers unter Vakuum ausgegossen. Nach dem Auspolymerisieren und Entformen des Elastomers erhält man einen Stempel, der das Negativ der Strukturen abbildet. Dieser Stempel wird nun analog zum Heißprägen mit Metallmastern in einen über die Glasübergangstemperatur erwärmten Kunststoff gepresst. Der Kunststoff fließt so in die Kavitäten des Stempels und wird nach Erkalten aus der Form gelöst. Da Silikone typischerweise temperaturstabil bis 250 °C sind, lassen sich alle relevanten Thermoplaste (PMMA, PC und COC) damit abformen. Die Stempel lassen sich für bis weit mehr als 20 Zyklen wiederverwenden.

9.5
Laserunterstützte Verfahren

In der Literatur wird eine Vielzahl von Verfahren vorgestellt, bei denen Material im Mikrobereich mit Ionen- und Laserstrahlen abgetragen wird. In Einzelfällen kann auch eine solche Technologie zu kostengünstigen Lösungen kommen, wenn sie in Kombination mit anderen Verfahren verwendet wird. Da es sich

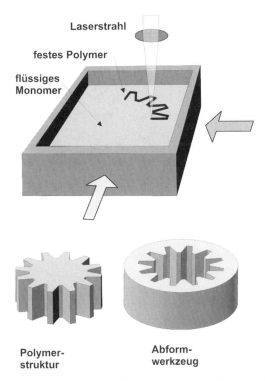

Abb. 9.5-1 Prinzipdarstellung des laserunterstützten Prototyping.

aber im Allgemeinen um seriell schreibende Verfahren handelt, bei denen die Struktur sozusagen Pixel um Pixel abgetragen werden muss, werden diese Verfahren in einer Mengenfertigung kaum Verwendung finden. Anders liegt der Fall, wenn es sich hier um die Bearbeitung eines Abformwerkzeuges handelt, mit dem dann mengenmäßig gefertigt werden kann. Allerdings wird man mit diesen Verfahren weder die laterale Auflösung eines Photolithographieschrittes, noch das Aspektverhältnis und die Seitenwandqualität des LIGA-Verfahrens erreichen können. Dennoch hat sich die Laserstrukturierung bei Produkten mit reduzierten Qualitätsansprüchen durchaus bewährt.

Bei der Entwicklung einer Komponente in einer komplexen Technologie stellt sich häufig die Frage, wie man schnell zu ersten Versuchsmustern kommen kann. In diesem Zusammenhang spricht man auch von „Rapid Prototyping". Eine interessante Möglichkeit bietet eine Technologie, bei der ein Monomer, das in flüssiger Form vorliegt, mittels eines UV-Lasers punktuell polymerisiert werden kann (Abb. 9.5-1). Der Laserstrahl wird mittels Schwingspiegel, rotierender Polygonprismen oder akustooptischer Scanner über den Flüssigkeitsspiegel des Monomers gelenkt. Er hinterlässt bei richtiger Wahl der Parameter eine feste Spur des UV-gehärteten Polymers. Wird nun diese Struktur bei laufendem Laserstrahl sukzessive in die Flüssigkeit abgesenkt, so kann man Schicht für

Schicht eine dreidimensionale Struktur aufbauen. Bei entsprechendem Eindringvermögen des Laserstrahls in das Monomer kann man bereits bei *einem* Schreibdurchgang Strukturen mit einer gewissen Höhe erhalten.

Der Vorteil dieser Methode besteht darin, dass keine Maske benötigt wird, da der Strahl direkt entsprechend der Information aus dem CAD-System gesteuert werden kann. Sofort nach dem Schreibvorgang kann die fertige Struktur entnommen werden. Das Auflösungsvermögen hängt dabei von der Form des Fokus und der Intensitätsverteilung des Laserstrahls sowie von der Streuung und dem Absorptionsverhalten in dem Monomer ab. Die so gefertigte Form kann natürlich auch durch Galvanoformung in eine komplementäre metallische Form umgewandelt werden.

Die Verwendung teurer Synchrotronstrahlung wird dem LIGA-Verfahren oft zum Nachteil angerechnet. Wenn es sich um die Herstellung einer Spritzgussform handelt, schlagen die Kosten der Synchrotronstrahlung bei der Fertigung von Mengenprodukten kaum zu Buche, da ein solches Werkzeug viele tausend Spritzgusszyklen übersteht. Heruntergebrochen auf das Einzelprodukt ist der Anteil der Bestrahlungskosten minimal und dürfte wohl kaum als Argumentation für oder gegen LIGA-Technik herangezogen werden. Anders liegen allerdings die Verhältnisse, wenn Produkte im Direktbestrahlungsverfahren hergestellt werden müssen. In diesem Falle ist die Suche nach einem kostengünstigen Ersatz der Synchrotronstrahlung durchaus angebracht. Hier kann der Laserstrahl bei reduzierten Anforderungen verwendet werden, um dicke Photoresistschichten bis zu 100 µm Dicke zu belichten. Die nachfolgenden Verfahren können dann wieder identisch mit den Prozessen der LIGA-Technik sein. Für die Herstellung von Abformwerkzeugen kann ein gewisser „Böschungswinkel" des Photoresists, der durch die Streuung des Laserlichtes im Photoresist bewirkt wird, sogar von Vorteil sein, weil dann auch die metallische Komplementärform konische Strukturen, die sich im Spritzgussprozess leicht entformen, aufweist. Wegen der kostengünstigeren Bestrahlungsquelle fällt auch dieses Verfahren unter die Verfahrensgruppe, die „Poor Man's LIGA" genannt wird.

10
Aufbau- und Verbindungstechniken

In der Mikrosystemtechnik bildet die Aufbau- und Verbindungstechnik (AVT) eine zentrale Rolle, ist es mit ihr doch möglich, Komponenten der Mikrostrukturtechnik und der Mikroelektronik, die in einer gemeinsamen Herstellungstechnologie nicht miteinander kompatibel sind, miteinander zu kombinieren. Die AVT muss vielseitige Probleme des Fügens und der Materialpaarung innerhalb eines Mikrosystems und zur Außenwelt lösen können. So etwa beim Einsatz im Kraftfahrzeug. Ein Mikrosystem muss dort unter Temperaturbedingungen von –40 bis 125 °C oder in speziellen Anwendungen bis 200 °C arbeiten können, es muss Schüttelbeanspruchungen bis etwa 50 g (z. B. an der Einspritzpumpe) widerstehen, es muss spritzwassergeschützt, salznebelfest und korrosionsfest gegen Öl, Benzin, Alkohol oder Waschlaugen sein. Außerdem erwartet man von solchen Systemen unter starkem Kostendruck eine Lebensdauer von über zehn Jahren. Hier werden also höchste Ansprüche an Material und Methoden der AVT gestellt.

Ähnlich schwierige Verhältnisse liegen in der Medizintechnik vor, da alle Systeme, die mit biologischer Materie in Berührung kommen, sterilisierbar sein müssen. Bei Implantaten spielen die biologische Kompatibilität und die Langzeitstabilität eine überragende Rolle. Man übersieht häufig, dass es auch wichtig ist, das System vor den korrosiven Einflüssen eines lebenden Organismus zu schützen. Blut etwa ist genetisch darauf programmiert, Fremdkörper aufzulösen oder, falls dies nicht gelingt, mit einer Passivierungsschicht zu versehen. Um dennoch Sensoren in einen Körper zu implantieren, muss mit Methoden, die im weitesten Sinne der Aufbau- oder Gehäusungstechnik zuzuordnen sind, der Organismus „überlistet" werden.

Bei der Fertigung von Mikrosystemen bildet die Aufbau- und Verbindungstechnik eine ausschlaggebende Rolle für eine kostengünstige, konkurrenzfähige Produktion. Man kann diesen Sachverhalt sogar noch schärfer formulieren:

Die AVT wird in der industriellen Verbreitung die Schlüsselrolle spielen. Gelingt es nicht, für die unterschiedlichsten Koppelstellen eines Mikrosystems geeignete fertigungsgerechte Verfahren zu entwickeln, wird die Mikrosystemtechnik industriell erfolglos bleiben.

Mikrosystemtechnik für Ingenieure, 3. Auflage. W. Menz, J. Mohr, O. Paul
Copyright © 2005 WILEY-VCH Verlag GmbH & Co. KGaA, Weinheim
ISBN: 3-527-30536-X

10.1
Hybridtechniken

Unter hybrider Schaltungsintegration versteht man den Aufbau und die Verknüpfung von Bauelementen aus unterschiedlichen Materialien und Herstellungstechnologien auf einem gemeinsamen Substrat. Eine wesentliche Technologie der mikroelektronischen Aufbau- und Verbindungstechnik ist die Dickschichttechnik. Dabei werden die Schichten vorzugsweise im Siebdruckverfahren auf keramische Träger aufgebracht und eingebrannt. Diese Technologie ist bereits relativ lange bekannt. Als Standardmaterialien werden Al_2O_3-Keramiksubstrate und diverse Siebdruckpasten, die weiter unten aufgeführt sind, verwendet.

10.1.1
Substrate und Pasten

Substrate sind dielektrische Trägermaterialien oder auch leitende Materialien, die mit isolierenden Schichten, auf denen sich die Schichtschaltung und die hybriden Bauelemente befinden, versehen sind. Auch heute werden für Dickschichtschaltungen noch überwiegend Aluminiumoxidkeramiken verwendet, nur im Bereich der Leistungselektronik werden vermehrt Substrate aus Aluminiumnitrid verwendet, seit die thermisch besseren Berylliumoxidkeramiken wegen ihrer Toxizität nicht mehr eingesetzt werden dürfen.

Eine Variante der „normalen" Keramiksubstrate sind die Mehrschichtsubstrate (multilayer ceramic = MLC). Diese werden vor allem in der Gehäusungstechnik als Verdrahtungsebenen von hochkomplexen integrierten Schaltkreisen eingesetzt. Sie bestehen aus alternierenden Lagen von Keramikmasse und Leiterbahnebenen. Ausgangspunkt in der Fertigung von Mehrschichtsubstraten ist ein Band aus „grüner" (d. h. ungebrannter) Keramik. Die einzelnen Lagen der Mehrschichtschaltung werden aus dieser grünen Keramik ausgestanzt, mit Durchgangslöchern und Führungslöchern versehen und noch im grünen Zustand mit einer Leiterbahnstruktur bedruckt. Die einzelnen Lagen werden dann mit Hilfe der Führungslöcher präzise übereinander gestapelt, verpresst und in einem Durchgang gebrannt.

Die Dickschichtpasten, die zum Drucken benutzt werden, bestehen aus anorganischen Pulvern, die mit einem pastösen organischen Trägermaterial vermischt sind. Die typischen Bestandteile einer Dickschichtpaste sind:

- Lösungs- und Netzmittel,
- organische Binder,
- Zusätze zum Einstellen der rheologischen Eigenschaften,
- Glaspulver.

Je nach Verwendungszweck kommen zu dieser Grundmischung spezifische Pastenzusätze hinzu:

- Metallpulver bei Leitpasten,
- Metalloxide bei Widerstandspasten,
- Glasfritte oder Keramiken bei Dielektrika.

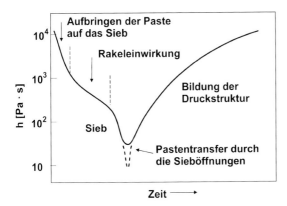

Abb. 10.1-1 Rheologische Eigenschaften einer Paste für den Siebdruck.

Die genaue Einstellung der rheologischen Eigenschaften einer Paste ist von elementarer Bedeutung, da das Druckergebnis von einer Vielzahl von Parametern abhängig ist, die direkt oder indirekt mit den rheologischen Eigenschaften verknüpft sind, wie etwa die Viskosität, die Oberflächenspannung zwischen Paste und Substrat sowie die innere Scherung, die während des Druckvorganges in der Paste entsteht. Unter Einwirkung der Rakelbewegung nimmt zunächst die Viskosität ab. Die Paste fließt dadurch leicht durch die Poren des Siebes und bleibt auf dem darunterliegenden Substrat haften. In der nun folgenden Ruhezeit nimmt die Viskosität der Paste wieder zu, während die zunächst übertragene „Feinstruktur" der Siebporen unter dem Einfluss der Oberflächenspannung verfließt. Der Effekt, dass sich die Viskosität einer Paste unter dem Einfluss von Scherkräften ändert, wird Thixotropie genannt. Sind die Parameter der Paste und des Druckvorganges nun optimal eingestellt, erhöht sich die Viskosität kurz nach diesem Verfließen dergestalt, dass die äußeren Umrandungen der gedruckten Struktur noch eine scharfe Kontur aufweisen (Abb. 10.1-1).

Leiterbahnen werden aus gut leitenden Materialien hergestellt. Die zurzeit gebräuchlichsten Leitpasten bestehen aus Gold oder Silber sowie Legierungen aus Gold oder Silber mit Platin oder Palladium. Durch den hohen Edelmetallpreis werden vermehrt Pasten, die auf Kupfer basieren, verwendet.

Typische Bestandteile der Leitbahnpasten sind:

- Metallpartikel (50–70%) mit einer Korngröße von 0,5–10 µm,
- Lösungsmittel (12–25%); bevorzugt werden Alkohole und Terpineol verwendet, damit stellt man die rheologischen Parameter der Paste ein,
- Glasfritte (10–20%); dies sind Glaspulver mit niedrigem Schmelzpunkt (Kupfer-Wismut-Oxide), sie bewirken die Pastenhaftung zum Substrat.

Der spezifische Widerstand der eingebrannten Leiterbahnen ist ca. 10-mal höher als jener der verwendeten Metalle, da die leitenden Partikel zusammen mit anderen Zusätzen im Glas dispergiert sind.

Obwohl reine Silberpasten von allen Pasten auf Edelmetallbasis die relativ preiswertesten sind und zudem eine hohe Leitfähigkeit aufweisen, werden sie selten verwendet. Nachteile sind geringe Haftfestigkeit auf dem Substrat und mangelnde Korrosionsfestigkeit. Goldpasten haben Eigenschaften, die sich gegenüber Silber positiv auf Leitfähigkeit und Korrosionsfähigkeit auswirken.

Wegen der hohen Kosten der Edelmetallpasten sucht die Hybridindustrie mit großem Aufwand nach billigeren Leiterpasten. Kupferpasten haben eine hohe Leitfähigkeit, ausgezeichnete Lötbarkeit und gutes Ablegierverhalten gegenüber Zinn-Blei-Loten bei niedrigem Preis. Allerdings müssen sie gut kontrolliert getrocknet werden und benötigen zum Einbrennen eine reduzierende oder Stickstoffatmosphäre.

Eine interessante Variante sind die Resinat-Pasten. Resinate sind Salze von Harzsäuren, die in einem aromatischen Öl gelöst sind. „Dickschicht"-Schaltungen mit Gold-Resinaten haben nach dem Einbrennen eine nur 0,1 bis 3 µm dicke Leiterbahnschicht. Analog dazu lassen sich auch Schichten aus Silber, Palladium, Platin, Iridium oder Rhodium herstellen. Der Flächenwiderstand hängt, bedingt durch die geringe Schichtstärke, stark von der Oberflächenrauigkeit des Substrates ab.

Widerstandspasten müssen in ihren Parametern sehr genau kontrollierbar sein, da geringe geometrische Abweichungen beim Drucken einen großen Einfluss auf die Toleranzbreite der gewünschten Widerstandswerte haben.

Das Einbrennen von Widerstandspasten ist ein kritischer Prozess in der Dickschichttechnik, da die Oxidationsvorgänge in der Paste, die die elektrischen Eigenschaften stark beeinflussen, im Bereich von 500 bis 800 °C relativ schnell ablaufen und eine präzise Kontrolle des Brennvorganges erfordern.

Als Gläser werden bei Dickschichtwiderständen hauptsächlich Wismut-Bor-Silikate und Zirkonate in Verbindung mit verschiedenen Oxiden verwendet. Als Lösungsmittel kommen Ethylzellulose und Terpineol zur Anwendung. Die heute üblichen Widerstandssysteme bestehen aus:

- Palladiumoxid/Silber,
- Iridiumoxid/Platin,
- Rutheniumoxid,
- Ruthinate.

Die dielektrischen Pasten können nach ihrem vorwiegenden Einsatzgebiet in folgende drei Gruppen eingeteilt werden:

- Pasten für Schutzglasuren,
- Pasten für Leiterbahnüberkreuzungen und Vielschichtschaltungen,
- Pasten für Kondensatoren.

Schutzglasuren sollten einen niedrigen Dielektrizitätskoeffizienten aufweisen und bei niedrigen Temperaturen schmelzen. Sie werden vorzugsweise dort eingesetzt, wo darunterliegende Strukturen vor Umwelteinflüssen geschützt werden sollen, z. B. bei Schaltelementen, wie Widerständen und Kondensatoren.

Pasten für Leiterbahnüberkreuzungen und Vielschichtschaltungen bestehen überwiegend aus Glas. Kristallisierbares Glas hat die Eigenschaft, dass es sich beim Einbrennen wie normales Glas verhält, aber mit zunehmender Temperatur seinen Glascharakter verliert und schließlich in eine kristalline Struktur übergeht. Dadurch erhöht sich der Schmelzpunkt um bis zu 100 °C bei nochmaligem Erwärmen. Da nachfolgende Schichten stets mit niedrigerer Temperatur eingebrannt werden müssen, um nicht die bereits eingebrannten Schichten wieder aufzuschmelzen, ist dies ein signifikanter Vorteil.

10.1.2
Schichterzeugung

Der Siebdruck ist eine Jahrtausende alte Technik zur Dekoration von Stoffen und anderen Unterlagen. Allerdings hat diese Technik nicht mehr viel Gemeinsames mit dem modernen Siebdruck, der im Zuge der Mikroelektronik zu hoher Perfektion entwickelt wurde. Mit dem Siebdruck werden Schaltungsstrukturen auf einer Keramikplatte erzeugt, deren laterale Abmessungen bis zu einigen Zentimetern reichen, während sich die Schichtdicke im Bereich von 0,30 bis 80 µm bewegt. Auf diesen Dickschichtschaltungen werden einzelne Siliziumchips (Integrierte Schaltungen oder IC = Integrated Circuits) aufgebracht und durch Drahtbonden oder andere Verfahren mit der Schaltung auf dem Substrat elektrisch kontaktiert.

Wie in Abb. 10.1-2 zu sehen ist, wird beim Druckprozess die Paste mittels einer Rakel (einer Art Gummilippe) durch eine Schablone auf das Substrat gepresst. Dieses feinmaschige Sieb, das dem Verfahren den Namen gegeben hat, wird zunächst vollständig mit einem lichtempfindlichen Lack getränkt. Der Lack bleibt in den Maschen des Siebes hängen. Durch eine anschließende Belichtung wird eine Struktur in den Lack abgebildet. Nach der Entwicklung ist

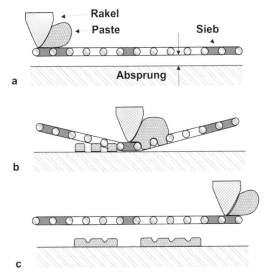

Abb. 10.1-2 Bewegungsablauf beim Siebdrucken.

das Sieb in den belichteten Partien für die Druckpaste transparent, während in den übrigen Teilen die Maschen durch den Lack verschlossen bleiben. So entsteht eine dem Sieb aufgeprägte Schablone. Auf dem darunterliegenden Substrat entsteht als Druck ein inverses Bild der Schablone.

Für viele Anwendungen werden mehrere Ebenen übereinander gedruckt, wenn wegen erhöhter Packungsdichte eine Ebene nicht mehr ausreicht. Für die Isolierung von sich überkreuzenden Leiterzügen müssen isolierende Zwischenschichten gedruckt werden. Durch Öffnungen in dieser Isolationsschicht und Durchkontaktierungen werden die Schaltkreisebenen elektrisch miteinander verbunden. Um nach jeder Leiterbahnebene wieder eine ebene Oberfläche zu erhalten, werden Isolationsschichten gedruckt, die zur Leiterbahnstruktur invers sind und so als Ausgleichsschichten dienen.

10.1.2.1 Trocknen und Einbrennen der Pasten

Nach dem Druck erfolgt eine Vortrocknung der Paste für ca. 10 Minuten bei Raumtemperatur. In dieser Zeit glättet sich die Paste an der Oberfläche und die zunächst sichtbare Maschenstruktur des Siebes verläuft aufgrund der Thixotropie (Abb. 10.1-2). Anschließend wird die Paste bei einer Temperatur zwischen 80 und 150 °C getrocknet. Beim Trocknen werden die leicht flüchtigen Lösungsmittel langsam verdampft.

Einer der wesentlichen Prozessschritte beim Herstellen einer Dickschichtschaltung ist der Einbrennprozess, da erst durch ihn die elektrischen (aber auch die mechanischen und chemischen) Eigenschaften der Schichten festgelegt werden. Damit die geforderten Temperaturen und Temperaturanstiegs- und abfallzeiten erfüllt werden können, kommen vorrangig Durchlauföfen zum Einsatz. Im Durchlaufofen werden auf einem Endlosförderband die Substrate mit gleichmäßiger Geschwindigkeit durch die verschiedenen Temperaturzonen bewegt. Beim Hochheizen der Paste zerfallen die Aktivatoren, bereiten die Oberfläche der Metallpartikel auf das spätere Zusammensintern vor und verdampfen dann aus der Paste. Bei Temperaturen über 800 °C findet der eigentliche Sinterprozess statt. Anschließend wird das Substrat abgekühlt, der Glasanteil erstarrt und bildet eine feste mechanische Verbindung zum Substrat.

10.1.3
Bestücken und Löten der Schaltung

Oberflächenmontierbare Bauteile (Surface Mounted Devices, SMD) sind heute in der Industrie allgemein etabliert. Dies sind miniaturisierte Bauelemente, die bereits mit vorverzinnten Kontaktflächen geliefert werden. Diese werden auf die ebenfalls vorverzinnten „Landeplätze" des Substrats platziert. Wenn es auch im Prinzip möglich ist, bei kleinen Versuchsserien die Komponenten von Hand auf der Schaltung zu platzieren, werden bei großen Serien doch ausschließlich Bestückungs- und Platzierungsautomaten eingesetzt. Die Komponenten werden zunächst mittels Kleber provisorisch fixiert und dann in einem anschließenden

Lötprozess endgültig in die Schaltung integriert. Dabei kommt heute fast ausschließlich das Reflow-Löten zur Anwendung.

Das Reflow-Löten mit einem beheizten Stempel oder Bügel ist ein häufig angewendetes Einzellötverfahren. Ein Lötstempel wird mit definierter Kraft auf die Lötstelle gepresst. Nach Erreichen des vorgewählten Anpressdrucks wird ein Stromimpuls ausgelöst, der den Stempel aufheizt und ihn für die Dauer des Lötvorganges auf Temperatur hält. Die Wärme wird durch Leitung übertragen.

Im Durchlaufofen werden nicht nur einzelne Lötstellen, sondern die ganze Schaltung wird kontinuierlich erwärmt. Gegenüber dem Einzellötverfahren mit Stempel oder Laser kann ein wesentlich höherer Durchsatz erreicht werden. Durch die Steuerung der Bandgeschwindigkeit und der Temperatur der einzelnen Heizzonen können präzise Temperatur-Zeit-Profile gefahren werden. Eine gleichmäßige Aufheizung ohne Temperatursprünge wird erreicht.

Eine interessante Variante des Durchlaufofens ist das Dampfphasenlöten (Abb. 10.1-3). Hierbei taucht das Förderband mit den zu lötenden Schaltungen in die gesättigte Dampfphase über einer siedenden Flüssigkeit ein. Durch Kondensation des Dampfes auf dem Substrat wird die Verdampfungsenthalpie frei und erhitzt das Substrat auf die notwendige Löttemperatur, die etwas unterhalb der Siedetemperatur der Flüssigkeit liegen muss. Sobald die Siedetemperatur der Flüssigkeit erreicht wird, verdampft diese und nimmt die Verdampfungsenthalpie wieder mit. Dadurch ist ein Erhitzen der Substrate über die Siedetemperatur der Flüssigkeit nicht möglich. Diese Flüssigkeiten bestehen aus organischen Verbindungen, die leider auch stark toxisch sind. Es müssen daher Vorkehrungen getroffen werden, dass der Dampf nicht in die freie Atmosphäre entkommt oder als dünner Belag auf den Substraten nach außen verschleppt wird.

Schwierigkeiten bereitet beim simultanen Löten die Höhendifferenz des Lötauftrages. Beim Tape Automated Bonden (TAB), das in Abschn. 10.3.1 eingehender behandelt wird, müssen hunderte von vorgefertigten Kontaktstellen

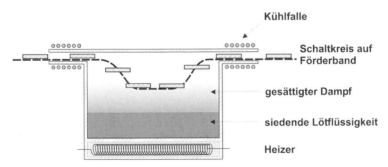

Abb. 10.1-3 Das Dampfphasenlöten. Das Förderband mit dem Lötgut wird in die gesättigte Dampfphase einer organischen Hilfsflüssigkeit abgesenkt. Durch Kondensation des Dampfes auf den Substraten werden diese auf den Siedepunkt der Flüssigkeit erhitzt. Weitere Erhitzung tritt nicht auf, weil dann wieder eine Verdampfung des Flüssigkeitsfilms auf den Substraten einsetzt. Damit lässt sich eine präzise Temperatur auf den Substraten einhalten.

gleichzeitig verbunden werden. Je geringer die Höhentoleranz ist, desto geringer und gleichmäßiger kann auch der Kontaktdruck auf die einzelnen Fügestellen eingestellt werden. Im anderen Falle muss der Lötstempel so stark aufgedrückt werden, dass die Gefahr der Beschädigung der Komponenten besteht. Für die kostengünstige Fertigung gleichmäßiger „Löthügel" oder „Bumps" waren umfangreiche Entwicklungsarbeiten notwendig.

Häufig ergibt sich das Problem, dass die Bumps nicht bereits in der Halbleiterfabrik aufgebracht werden, sondern erst beim Weiterverarbeiter. Dazu muss die prozessierte Siliziumscheibe noch einmal einem Photolithographie- und einem Galvanikprozess unterworfen werden, wie aus Abb. 10.1-4a ersichtlich ist [Zake90]. In Abb. 10.1-4b sind REM-Aufnahmen von Pb40Sn60-Solder-Bumps gezeigt, die für die Flip-Chip-Technik eingesetzt werden können [Wolf96].

Ein Fügeverfahren, das sich auf dem Markt allmählich durchsetzt, ist das Laserlöten. Hier wird mittels des Laserstrahles die zu lötende Stelle lokal auf-

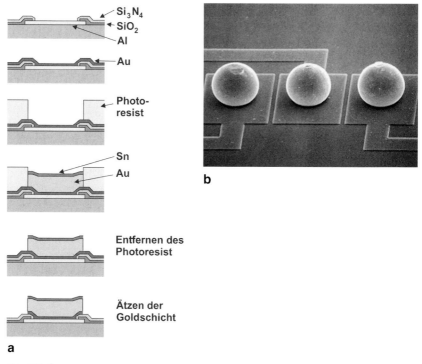

Abb. 10.1-4
a) Verfahrensschritte bei der Herstellung von Bumps auf einer prozessierten Siliziumscheibe. Im letzten Schritt wird durch kurzzeitiges Aufschmelzen der Lotstruktur eine sphärische Lotkugel gebildet.
b) REM-Aufnahme eines Arrays von Bumps. Zu beachten ist die hohe Reproduzierbarkeit der Strukturen. (Mit freundlicher Genehmigung des FhG-Instituts Zuverlässigkeit und Mikrointegration (IZM), Berlin).

geheizt. Die Fügestelle muss allerdings so konzipiert sein, dass sie mit dem Laserstrahl leicht erreicht werden kann. Für dieses Verfahren werden YAG-Neodym-Laser ($\lambda = 1064$ nm) oder besser noch CO_2-Laser ($\lambda = 10$ μm) eingesetzt. Der Vorteil des Verfahrens ist die geringe thermische Gesamtbelastung der Schaltung. Ein gewisser Nachteil liegt in der Tatsache begründet, dass es sich hier wieder um ein serielles Verfahren handelt, das vom Durchsatz her begrenzt ist. Allerdings lassen sich Laserstrahlen entweder zu Parallelbündeln aufteilen oder mit beweglichen Spiegeln sehr schnell über eine Fläche rastern.

10.1.4
Montage und Kontaktierung ungehäuster Halbleiterbauelemente

Im Gegensatz zu Halbleitern im Gehäuse, die beim Löten zugleich elektrisch und mechanisch mit dem Substrat verbunden werden, sind bei der Chip-and-Wire-Technik zwei Arbeitsgänge erforderlich. Der erste Arbeitsschritt dient zur mechanischen Befestigung des Halbleiters auf dem Substrat, die anschließende Drahtkontaktierung stellt die elektrischen Verbindungen her. Neben der mechanischen Festigkeit wird von der Chip-Substrat-Verbindung thermische und auch elektrische Leitfähigkeit gefordert, um Verlustleistungen abführen zu können und Rückseitenkontaktierungen herzustellen. Ein besonderes Problem der Halbleitermontage stellt die Anpassung an die unterschiedlichen Temperaturausdehnungskoeffizienten der Substratmaterialien dar. Die ganzflächige Verbindung eines Chips zum Substrat nennt man auch Die-Bonding. Hierbei hat das Wort „Die" die Bedeutung von „Stempel".

Auf Substrate mit Goldmetallisierungen können Siliziumhalbleiterchips auflegiert werden. Substratmetallisierung und Halbleitermaterial werden angeschmolzen und legieren in der Schmelze miteinander. Die Legierung wirkt als Lot zwischen den Partnern. Die Voraussetzung dafür ist die Existenz eines Eutektikums der beiden Werkstoffe. Die Verfahrenstemperatur beim eutektischen Si-Au-Die-Bonden ist 370 °C. Der Siliziumkristall wird mit definiertem Druck auf die Metallisierung gedrückt, eine niederfrequente reibende Bewegung des Kristalls unterstützt die Benetzung der Phasengrenzen und beschleunigt den Legierungsvorgang. Nach dem Legieren wird die Verbindung üblicherweise einige Stunden warm ausgelagert.

Im Anschluss an die mechanische Befestigung des Halbleiterchips auf dem Substrat erfolgt die Herstellung der elektrischen Verbindungen zwischen dem Halbleiter und den Leiterbahnen der Schichtschaltung.

10.2
Drahtbondtechniken

Das Drahtbonden ist eine Fügetechnik zur Herstellung diskreter elektrischer Verbindungen, im Allgemeinen vom Chip auf das Substrat, wobei neben der lateralen Überbrückung auch eine Höhendifferenz überwunden werden kann

[Lind89]. Zum Drahtbonden müssen die zu fügenden Komponenten geeignete Kontaktflächen (so genannte „Landeplätze" oder „pads") aufweisen. Die Forderungen an eine geeignete Fügetechnik für die Hybridtechnik waren neben einer guten, dauerhaften elektrischen Verbindung geringer Platzbedarf für die Fügestelle, geringe thermische und mechanische Belastung der Komponenten sowie Automatisierbarkeit und Integration in eine Reinraumumgebung. Bis zur Entwicklung einer ausgereiften Bondtechnologie waren aufwendige metallurgische Untersuchungen und die Entwicklung spezieller Geräte zur Handhabung der Verbindungsdrähte vonnöten. Die verwendeten Drähte bestehen überwiegend aus Gold oder Aluminiumlegierungen mit Durchmessern bis zu 10 µm herab. Alle Drahtbondverfahren haben gemeinsam, dass sie die Drähte nicht aufschmelzen, sondern durch Einleitung von Druck, Wärme und Ultraschallenergie die Oxidhäute der Drähte aufreiben und die Fügepartner (Draht – Kontaktfläche) in einen so engen Kontakt bringen, dass die Van-der-Waals-Kräfte wirksam werden und eine dauerhafte Verbindung ermöglichen. Zum Drahtbonden haben sich in der Praxis folgende Verfahren bewährt.

10.2.1
Thermokompressionsdrahtbonden (Warmpressschweißen)

Beim Thermokompressionsdrahtbonden oder Warmpressschweißen wird mit einer Elektrode Druck und Wärme in Fügepartner eingebracht. Mit der plastischen Verformung des Drahtes platzt der Oxidfilm, der üblicherweise stets vorhanden ist und ein „Kaltverschweißen" des Drahtes mit der Kontaktfläche verhindert, auf und bringt die reinen Oberflächen der Fügepartner auf atomare Distanz. Neben äußerster Reinheit der Oberflächen ist eine Temperatur von 280 °C an der Kontaktstelle erforderlich. Im Allgemeinen wird das Substrat mittels einer Heizplatte auf etwa 150 bis 170 °C vorgeheizt, während das Bondwerkzeug die Fügestelle impulsartig auf die geforderte Prozesstemperatur bringt. Als Material für das Werkzeug mit Impulsheizung haben sich Wolfram oder Wolfram- bzw. Titancarbid bewährt, bei Dauerbeheizung werden meist Werkzeuge aus Keramik verwendet, die sich durch niedrigen Preis und höhere Standzeit auszeichnen. Auch Rubin wird erfolgreich eingesetzt, da es trotz höheren Preises eine um Faktoren höhere Standzeit gegenüber Keramik besitzt.

Nur wenige Werkstoffe sind für das Warmpressschweißen geeignet, da Duktilität und Abwesenheit von dicken Oxidationsschichten auf der Oberfläche entscheidende Parameter sind. Deshalb benutzt man fast ausschließlich Gold, da hierbei ohne Schutzgasatmosphäre gearbeitet werden kann. Der hohe Preis spielt wegen der geringen Materialmenge, die für einen Bond benötigt wird, gegenüber anderen wirtschaftlichen Erwägungen eine untergeordnete Rolle. Kraft, Temperatur und Zeit sind die drei wichtigsten Parameter für eine zuverlässige Verbindung und müssen auf das plastische Fließverhalten der Werkstoffe abgestimmt sein. Typische Verfahrensparameter für einen Golddraht mit 25 µm Durchmesser sind 0,3 bis 0,9 N Schweißkraft (abhängig vom Werkzeug- bzw. Schweißquerschnitt), 280 bis 350 °C Schweißtemperatur, 240 bis 280 °C

Substrattemperatur und 0,3 bis 0,6 s Schweißzeit. Die Parameter beeinflussen sich gegenseitig und müssen durch Versuche optimiert werden. Die Härte des Werkstoffs geht dabei ebenso ein wie die Dynamik der Schweißmaschine und die Gestaltung des Werkzeugs (Kapillare, Keil) [Lind89].

10.2.2
Ultraschalldrahtbonden (Ultraschallschweißen)

Beim Ultraschalldrahtbonden spielen die Parameter Kraft und Reibung die entscheidende Rolle beim Fügevorgang. Durch eine Sonotrode wird die Ultraschallenergie in den sich überlappenden Bereich der Fügepartner eingeleitet. Die Schwingungskomponente steht dabei senkrecht (und damit tangential zur Substratoberfläche) zur Kraftrichtung. Der Frequenzbereich erstreckt sich je nach Material und Dicke des Drahtes sowie je nach Fabrikat des Bonders zwischen 15 und 60 kHz. Durch die Ultraschallschwingung werden die Oxidhäute auf der Oberfläche der Bondpartner aufgerissen und die zu verbindenden Flächen in atomaren Abstand zueinander gebracht. Dazu ist es nötig, dass die Oberflächen – bis auf die jederzeit vorhandene dünne Fremdbelegung durch Oxide und Gasschichten – sehr rein und kontrollierbar sein müssen. Diese Oxidschichten werden zwar aufgebrochen, verbleiben aber im Bereich der Fügestelle. Deshalb ist es von Bedeutung, dass diese Schichten nur einen kleinen Anteil im Fügebereich ausmachen. Die eingeleitete Kraft dient der plastischen Verformung des Drahtes und der Annäherung der Fügepartner auf atomare Dimensionen.

Die Schweißparameter (Ultraschallenergie, Zeit, Anpresskraft) müssen für gleichbleibende Ergebnisse sehr gut kontrolliert werden. Zur reflexionsfreien Einleitung der Ultraschallenergie in den Schweißbereich ist ein guter Kontakt zwischen Sonotrode und Werkstück ausschlaggebend. Außerdem spielen die Masse (Dicke) und Duktilität des Werkstückes eine wichtige Rolle. Sonotroden, bei denen die Oberflächen aufgeraut sind, können den Wirkungsgrad der Ultraschallübertragung verbessern. Zu hohe Anpresskraft schwächt die Bondverbindung, zu niedrige Kraft kann die Oberfläche von Sonotrode und Werkstück durch zu hohe Reibwärme beschädigen.

10.2.3
Thermosonicdrahtbonden (Ultraschallwarmschweißen)

Während beim Ultraschallschweißen Kraft, Ultraschallenergie und Zeit die wesentlichen Prozessparameter darstellen, wird beim Ultraschallwarmschweißen noch Wärme als weiterer Parameter hinzugefügt. Durch diese zusätzliche Erwärmung wird die Duktilität des Bonddrahtes erhöht, was sich als positiv für eine möglichst vollständige Ultraschalleinleitung erweist und die Fremdbelegung der Oberflächen durch Ausgasen zusätzlich gereinigt. Mit diesem Verfahren werden Golddrahtverbindungen geschaffen, die ohne zusätzliches Aufheizen nicht immer sehr zuverlässige Ergebnisse bringen.

Die Drahtbondverfahren lassen sich nicht nur nach Art der Prozessparameter klassifizieren, sondern auch nach Handhabung des Drahtes und des Werkzeugs unterscheiden.

10.2.4
Ball-Wedge-Bonden (Kugel-Keil-Schweißen)

Das Ball-Wedge-Schweißen ist das am häufigsten angewendete Verfahren. Der Bewegungsablauf ist in Abb. 10.2-1 dargestellt. Durch ein röhrchenförmiges Werkstück mit zentrischer Bohrung, „Kapillare" genannt, wird ein Draht (vorzugsweise Golddraht) zugeführt. Das Ende des Drahtes wird durch eine kleine Knallgas-Brennerflamme oder durch eine elektrische Entladung aufgeschmolzen. Aufgrund der Oberflächenspannung verformt sich das Ende des Drahtes zu einer Tropfenform mit einem zwei- bis dreifachen Durchmesser gegenüber dem des Drahtes. Bevor dieser Tropfen wieder erstarrt, wird er mit der Kapillare auf den Landeplatz gedrückt und dort mit der Oberfläche verschweißt. Darauf wird die Kapillare angehoben, wobei der Draht aus einer Vorratsspule nachgeliefert wird, und über den zweiten Landeplatz gefahren. Dort wird das Werkzeug wieder abgesenkt. Mit dem Rand der Kapillare wird der Draht auf den Landeplatz gepresst, plastisch verformt und durch Einleitung der notwendigen Parameter verschweißt. Durch die besondere Ausformung der Kapillare wird gleichzeitig eine Sollbruchstelle in den Bonddraht eingebracht. Beim Abheben der Kapillare reißt der Draht an dieser Stelle ab und die Verbindung ist fertiggestellt. Das abgerissene Ende des Drahtes an der Kapillare wird wieder aufgeschmolzen und der Bonder ist für einen weiteren Arbeitszyklus vorbereitet.

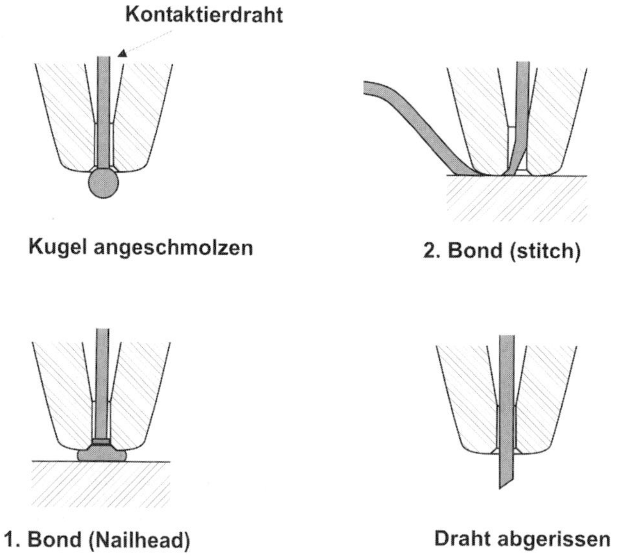

Abb. 10.2-1 Bewegungsablauf beim Ball-Wedge-Bonding.

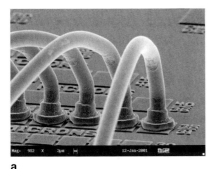 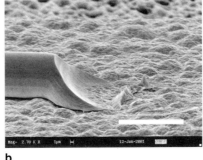

a b

Abb. 10.2-2 Rasterelektronenmikroskopische Aufnahmen von Ball-Bondverbindungen (a) und einer Wedge-Bondverbindung (b) auf einem Substrat.

Der Vorteil des Verfahrens liegt in der Tatsache, dass beim Setzen der ersten Bondstelle der Draht senkrecht auf der Oberfläche steht und die zweite Bondstelle durch Ziehen in beliebige Richtung angefahren werden kann. Bei einer Serienproduktion erweist sich das als vorteilhaft, da die Substrate nicht für jeden einzelnen Bondvorgang in der Ausrichtung verändert (gedreht) werden müssen. Nachteilig an dem Verfahren ist allerdings, dass im Wesentlichen nur Golddraht verwendet werden kann, weil etwa Aluminiumdraht beim Aufschmelzen zur Kugel unzulässig oxidieren würde, ein Arbeiten unter Schutzgas aber wieder eine weitere Verteuerung des Verfahrens bedeuten würde. Abb. 10.2-2 zeigt zwei elektronenmikroskopische Aufnahmen einwandfreier Ball-Bondverbindungen (a) und einer Wedge-Bondverbindung (b).

10.2.5
Wedge-Wedge-Bonden (Keil-Keil-Schweißen)

Eine weitere Möglichkeit der Drahtbondtechnik ist das Wedge-Wedge-Bonding (Abb. 10.2-3). Hierbei wird auch der erste Bond keilförmig gesetzt. Das hat zur Folge, dass mit dem ersten Bond bereits die Richtung des zweiten festgelegt ist, denn der Draht steht nun nicht mehr senkrecht von der Oberfläche des Substrates ab. Je nach Ausrichtung muss also das Substrat unter dem Bondwerkzeug gedreht werden, was natürlich Zeit kostet. Der Vorteil des Verfahrens ist, dass hierbei auch Aluminiumdrähte verwendet werden können, da der Draht nicht aufgeschmolzen wird. Weiterhin kommt dieses Verfahren mit kleineren Bondplätzen und kürzeren Drahtbögen aus. Bei sehr vielen Anschlüssen auf einem Chip und bei Anwendungen im Hochfrequenzbereich sind dies wichtige Verfahrensvorteile.

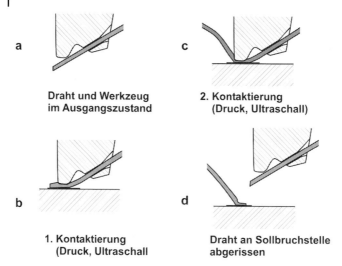

Abb. 10.2-3 Bewegungsablauf beim Wedge-Wedge-Bonding.

10.2.6
Vor- und Nachteile der einzelnen Drahtbondverfahren

Beim **Thermokompressionsdrahtbonden** kommt fast ausschließlich Golddraht zur Anwendung. Bei der Gestaltung der Bondverbindung ist zu beachten, dass durch die Prozesswärme die Härte des Drahtes vermindert wird, was sich insbesondere negativ auswirken kann, wenn mit dem Draht größere Distanzen oder Höhenunterschiede zu überwinden sind. Auch kann bei einem Werkstück mit sehr vielen Kontakten die Wärmebelastung zu einer Schädigung der Schaltung führen. Durch Impulsheizung kann man allerdings die allgemeine Wärmebelastung erheblich reduzieren.

Bei Schaltungen der Hochfrequenztechnik geht man auf das Keil-Keil-Verfahren über, da die Drahtbögen hier kleiner und kontrollierter gezogen werden können. Damit sind die parasitären Induktivitäten der Anschlüsse der Schaltung besser zu beherrschen. Die Landeflächen können beim Keil-Keil-Verfahren kleiner ausgelegt werden als beim Kugel-Keil-Verfahren (weniger als $50 \cdot 50\ \mu m^2$). Bei ICs mit einigen hundert Anschlüssen bringt dies eine erhebliche Platzersparnis auf dem Chip.

Ultraschallschweißung verwendet man überwiegend bei Aluminiumdrähten. Übliche Durchmesser bewegen sich im Bereich von 17 bis 500 μm. Sehr dünne Drähte aus Reinaluminium sind zu weich, deshalb werden allgemein Legierungen mit etwa 1% Si verwendet. Erst ab etwa 100 μm Drahtdurchmesser kommt Reinstaluminium Al 99,9 zur Anwendung, weil hier die Festigkeit zugunsten einer höheren Leitfähigkeit zurücksteht. Aufgrund der Richtungsabhängigkeit ist bei diesem Verfahren die Automatisierung aufwendiger.

Das **Thermosonicdrahtbonden** kommt hauptsächlich bei Golddrähten von 17 bis 100 μm Durchmesser zur Anwendung. Es stellt das Standardverfahren zur

Kontaktierung von ICs, Einzeldioden und Transistoren auf Keramiksubstraten mit Dickschicht- oder Dünnschichtschaltungen dar. Der Vorteil liegt in der Korrosionsfestigkeit dieser Kontakte, die teilweise aggressiver Atmosphäre ausgesetzt sind. Ein Nachteil dieses Verfahrens – allerdings auch aller anderen mit Kontakten zwischen Gold und Aluminium – ist die Migration bei höheren Temperaturen (mehr als 140 °C) von Goldatomen in das Aluminium. Dies kann soweit führen, dass durch das Fortwandern der Goldatome in der Kontaktfläche Hohlräume entstehen, die den Kontakt elektrisch und mechanisch entscheidend schwächen (Kirkendall-Voiding).

10.2.7
Prüfverfahren und Alternativen

Für diese Bondverfahren wurden zahlreiche zerstörende und nichtzerstörende Prüfverfahren entwickelt. Die meiste Information über die Qualität einer Bondverbindung erhält man durch optische Beurteilung der Form der Schleife, der Verformung des Drahtes an der Bondstelle und der Position des Bonds zur Landefläche unter dem Mikroskop oder dem Elektronenrastermikroskop. Daneben gibt es Mikro-Zug- und Mikro-Scher-Prüfungen, die teils zerstörend, teils nichtzerstörend arbeiten. Bei der Interpretation des Versagensmechanismus ist die Beurteilung der Bruchfläche ausschlaggebend. Hierfür steht natürlich das gesamte Instrumentarium der Oberflächenanalyse zur Verfügung. Für die Langzeitprüfung von Bondverbindungen werden verschärfte Lebensdauertests ausgeführt, bei denen unter Wärme-, Temperaturwechsel-, Stoß- und Vibrationsbelastungen sowie bei Lagerung unter extremer Feuchte oder aggressiver Atmosphäre die relativen Ausfallraten von Versuchsschaltungen oder Serienprodukten gemessen werden.

Die Drahtbondverfahren wurden speziell für die Mikroelektronik zu einem hohen Grad von Zuverlässigkeit und Wirtschaftlichkeit entwickelt. Diese Entwicklung ging mit einer Standardisierung der Parameter und Werkstoffe einher. Deshalb sind den Drahtbondverfahren, wie sie heute in der Fertigungsindustrie verfügbar sind, relativ enge Grenzen gesetzt. In der Mikrosystemtechnik, die sich noch am Anfang einer Produktentwicklung befindet, können diese Standardverfahren nicht in allen Fällen die anstehenden Probleme lösen. Daher müssen die Verfahren auch für Materialpaarungen und Anwendungen (etwa dem Kontaktieren dreidimensionaler Strukturen), die in der Mikroelektronik unüblich sind, weiterentwickelt werden. Neben dem Thermosonicschweißen sind auch das Laserstrahl- und Elektronenstrahlschweißen weiterzuentwickeln. Für die Belange der Mikrosystemtechnik sind aber auch völlig neue Verfahren des elektrischen, optischen und mechanischen Fügens zu entwickeln, wie sie im nächsten Abschnitt diskutiert werden.

10.3
Alternative Kontaktierungstechniken

Das Drahtbond-Kontaktierungsverfahren besitzt mehrere Nachteile, die sich beim Übergang zu größeren Integrationsdichten und höheren Signalfrequenzen zunehmend stärker auswirken. Zum einen limitiert die serielle Durchführung des Verfahrens den Durchsatz und wird bei hohen Anschlusszahlen sehr zeitaufwendig. Wenn auch das Drahtbondverfahren sehr zuverlässig arbeitet, bedeuten doch mehrere tausend Bonds auf einer Schaltung ein erhöhtes Risiko für die Zuverlässigkeit. Zum anderen kann die Größe der Bondflecken ein bestimmtes Maß nicht unterschreiten. Bei mehreren hundert Landeplätzen auf einem Chip nimmt die dafür bereitzuhaltende Fläche einen wesentlichen Anteil der Kosten eines Chips in Anspruch. Bei Hochfrequenzschaltungen machen sich die parasitäre Induktivität und Kapazität des Drahtbonds durch Signalverzerrungen störend bemerkbar.

Verfahren, die diese Nachteile vermeiden, sind das Tape-Automatic-Bonding (TAB) und die Flip-Chip-Technik, die im Folgenden kurz erklärt werden sollen.

10.3.1
TAB-Technik

Bei der TAB-Technik (Tape Automated Bonding, TAB) wird die Funktion des Drahtes beim Drahtbonden von Metallstreifen auf einem Kunststoffträger übernommen. Diese Metallstruktur wird als dünne Kupferfolie auf einen Polyimidträger aufgeklebt und photolithographisch strukturiert. Die Kontaktierung wird hier durch simultanes Bonden aller Anschlüsse eines Chips zum Keramiksubstrat oder zur Leiterplatte bewerkstelligt. Die technologische Schwierigkeit des Verfahrens liegt in der Herstellung möglichst gleichförmiger Bumps auf den bestehenden Landeplätzen des Chips. Dabei müssen die Bumps deutlich aus der Passivierungsschicht (P-Glas, Si_3N_4) herausragen, damit eine zuverlässige Kontaktierung mit den Metallstreifen des Filmträgers gewährleistet ist. Als Bump-Material wird vornehmlich Gold verwendet, um sowohl Thermokompressions- oder Lötverfahren anwenden zu können (Abb. 10.3-1).

Goldbumps dürfen nur mit Diffusionssperrschichten auf den Aluminiumpads abgeschieden werden, da an den Al-Au-Grenzflächen bei erhöhten Temperaturen Vorgänge ablaufen, die zu mechanischen Instabilitäten und zur Erhöhung des Kontaktwiderstandes bis zum vollständigen Öffnen des Kontaktes führen können (vgl. Abschn. 10.2.6).

Die Goldbumps werden galvanisch auf die mit Ti, W und Au beschichteten Aluminiumpads aufgebracht. Dazu wird eine Maske aus Photolack benötigt, die nur die Flächen über den Metallisierungen freilässt. Zur Erzielung einer hohen Kontaktdichte müssen die Kanten der Bumps annähernd senkrecht sein. Dazu muss eine relativ dicke Photolackbeschichtung erzielt werden. Bump-Geometrien von $20 \cdot 20 \cdot 12 \, \mu m^3$ (Bondpad-Mittenabstände 50 µm) werden derzeit entwickelt.

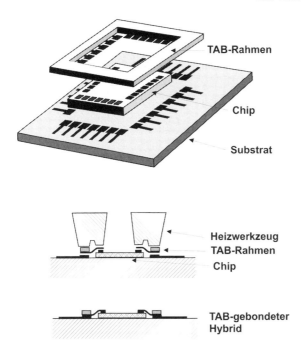

Abb. 10.3-1 Prinzipielle Darstellung des TAB-Verfahrens.

Als Kontaktierungsverfahren des Chips mit dem Tape (Inner-Lead-Bond) werden die eutektische Gold-Zinn-Lötung (Beschichtung des mit Kupfer metallisierten Polyimid-Tapes mit einer 0,75 µm dicken Zinnschicht, T = 280 °C) und das Thermokompressionsbonden angewandt. Die äußere Kontaktierung (Tape/Leiterplatte) erfolgt meist mit einer Weichlotverbindung.

Die Bump-Technologie eröffnet eine große Anzahl neuer Aufbautechniken und ist somit eine Schlüsseltechnologie. Für eine breite Anwendung ist eine Verbesserung der Infrastruktur (Technologie- und Gerätehersteller) notwendig. Die TAB-Technik eröffnet die Möglichkeit, Chips vor dem Einbau in ein System zu testen. Außerdem sind die Chipvorder- und -rückseite direkt zugänglich. Dies ist ein besonderer Vorteil beim Aufbau von Sensoren (z. B. thermische Kopplung). Eine automatische Bestückung von TAB-Schaltkreisen ist gewährleistet.

10.3.2
Flip-Chip-Technik

Die prinzipielle Anordnung der Flip-Chip-Kontaktierung ist in Abb. 10.3-2 dargestellt. Im Gegensatz zum TAB-Verfahren wird bei der Montage des Chips auf ein Zwischensubstrat (Film) verzichtet und der Chip kopfüber auf das Substrat gelegt. Mit Hilfe eines Infrarot-Mikroskops kann der Chip ausgerichtet (Silizium ist für infrarote Strahlung transparent) und direkt mit dem Substrat ver-

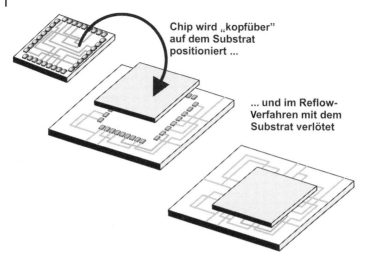

Abb. 10.3-2 Prinzipielle Darstellung der Flip-Chip-Technik.

Tab. 10.3-1 Vergleich verschiedener Kontaktierungstechniken.

Eigenschaften	C+W	FCT	TAB
Präparation erforderlich	nein	ja	ja
Hermetische Passivierung	nein	ja	ja
Zuverlässigkeit	unterschiedlich	sehr gut	sehr gut
Flächenbedarf	mittel	klein	mittel
Testbarkeit	nein	nein	ja
Optische Inspektion	ja	nein	ja
Eignung für ASICs	nein	nein	ja
Gehäuse notwendig	ja	nein	nein
Anschlusszahl	niedrig	hoch	hoch
Flexibilität	sehr gut	sehr gut	schlecht
Kosten	niedrig	hoch	sehr hoch

Abkürzungen:
C+W = Chip-and-Wire-Technik (Drahtbonden)
FCT = Flip-Chip-Technik
TAB = Tape Automatic Bonding

bunden werden. Um mechanische Spannungen aufgrund unterschiedlicher Wärmeausdehnungskoeffizienten ausgleichen zu können, müssen sehr weiche Lote, wie etwa PbSn-Legierungen, verwendet werden.

Auf dem passivierten Wafer werden die Bondpads geöffnet und die Bumps angebracht. Auf die Haft- und Diffusionsschichten (z. B. Ti/Cu, Cr/Cu oder Cr/Ni) werden eine Blei- und eine Zinnschicht abgeschieden. Beim Erwärmen des Chips über die Schmelztemperatur des Zinns ziehen sich die Schichtpakete über den Bondpads aufgrund der Oberflächenspannung zu kugelförmigen

Bumps zusammen. Die Substrate für die Flip-Chip-Technik müssen ebenfalls über eine lötfähige Metallschicht (z. B. AgPd) verfügen. Probleme beim Flip-Chip-Verfahren sind die unterschiedlichen Ausdehnungskoeffizienten der Verbundpartner und der schlechte thermische Kontakt zum Substrat. Eine Überhitzung des Chips hat große Scherspannungen an den Kontaktpads zur Folge, die zum Bruch der Verbindung und zum Totalausfall der Schaltung führen können. Vorteilhaft ist jedoch die äußerst platzsparende Kontaktierung, die auch nicht auf den Randbereich des Chips beschränkt werden muss. Substrate mit angepassten thermischen Ausdehnungskoeffizienten machen dieses Verfahren für Chips mit kleinen Verlustleistungen für eine kostengünstige Mengenfertigung wieder interessant.

In der Tabelle 10.3-1 ist der Versuch gemacht, die unterschiedlichen Verfahren untereinander zu bewerten [Reic88]. Aufgrund der Komplexität der Methoden kann damit allerdings nur ein orientierender Überblick gegeben werden. Für den Einsatz einer Methode an einem speziellen Problem muss die einschlägige Fachliteratur zu Rate gezogen werden.

10.3.3
Entwicklung neuer Kontaktierungssysteme

Additivtechniken, wie galvanische Verfahren durch Laser- oder Ionenstrahl induzierte Metallabscheidung, können zur platzsparenden elektrischen Kontaktierung von Chips untereinander oder von Chips mit einem Substrat in Betracht gezogen werden. Diese Verfahren haben allerdings noch nicht die Reife entwickelt, um als Fertigungsverfahren eingesetzt werden zu können.

Einbetttechniken erlauben eine planare Integration des Chips in ein Substrat. Dieses Verfahren ermöglicht damit einen flächensparenden Aufbau eines Mikrosystems mit sehr kurzen Zuleitungslängen. Mit der Einbettung eines Siliziumchips in ein Siliziumsubstrat können annähernd die Verhältnisse einer monolithischen Integration realisiert werden [Hahn96]. Dazu werden Chips in geätzte Substratöffnungen eingebracht und fixiert [Hahn96]. Die Kontaktierung kann mittels Dünnschichttechnik und photolithographischer Strukturierung erfolgen. Auf Grund der anisotropen Ätztechnik (Herstellung der Substratöffnung im Batch-Prozess) eignet sich Silizium hervorragend als Substratmaterial.

10.4
Kleben

Die Klebetechnik ist eine wesentliche Komponente der Aufbau- und Verbindungstechnik und hat sich im Bereich der SMD-Technik bestens bewährt [Kell92], [Habe90], [Henn92]. Inzwischen hat sich die Klebetechnik auch in der Mikrosystemtechnik etabliert. Zur Anwendung gelangen überwiegend ein- oder zweikomponentige Epoxidharz-Systeme.

10.4.1
Isotropes Kleben

Einkomponentige Systeme enthalten bereits alle für die Härtung notwendigen Bestandteile und werden durch Wärme aktiviert. Bei zweikomponentigen Systemen werden die Komponenten erst kurz vor dem Gebrauch gemischt. Es gibt kalt- und warmaushärtende Systeme. Die Epoxidharze werden als elektrisch leitende oder wärmeleitende Klebstoffe auf dem Markt angeboten.

Die elektrisch leitenden Klebstoffe sind meist mit Silber in Plättchenform (mittlerer Durchmesser 25 µm) gefüllt. Der Füllanteil liegt bei 60 bis 80 Gew.%. Entscheidend für die elektrische Leitfähigkeit ist die Kontaktfläche der einzelnen Partikel untereinander. Man erreicht spezifische Widerstände von 10^{-3} bis $2 \cdot 10^{-5}$ Ωcm. Einen großen Einfluss auf die elektrische Leitfähigkeit der Klebstoffschicht üben auch die Aushärtebedingungen aus. Da der polymerisierte Klebstoff die Matrix bildet, in der die Metallpartikel eingelagert sind, können mechanische Beanspruchungen dieser Matrix einen großen Einfluss auf die Leitfähigkeit des Systems haben.

Die wärmeleitenden Klebstoffe werden einerseits zur Fixierung von elektronischen Komponenten, andererseits zur Abführung von Verlustwärme aus dem Bauteil verwendet. Füllstoffe für diese Aufgaben sind meist Aluminiumoxid oder Bornitrid. Man erreicht damit eine Wärmeleitfähigkeit von 0,7 bis 1,5 W/mK, mit metallischen Füllstoffen 1,5 bis 3,5 W/mK (ungefüllte Epoxidharze haben eine Wärmeleitfähigkeit von ca. 0,3 W/mK).

Der Klebstoff wird mit Dosiereinrichtungen, Auftragsstempeln oder im Siebdruck aufgetragen. Die Aushärtung der Klebstoffe ist in einem gewissen Bereich bei unterschiedlicher Temperatur-Zeit-Kombination wählbar; typische Temperaturwerte liegen zwischen 80 und 150 °C.

Eine wichtige Anforderung an die Klebstoffschicht besteht darin, die über die angrenzenden Fügeteile einwirkenden mechanischen Kräfte auszugleichen. Dabei kommt dem Abbau bzw. der Reduzierung ggf. auftretender Spannungsspitzen, die durch unterschiedliche Wärmeausdehnungskoeffizienten von Fügeteilwerkstoff und Klebstoffschicht, durch Schwindung der Klebstoffschicht und durch unterschiedliche Temperaturverteilung oder Temperaturwechselbeanspruchung entstehen können, besondere Bedeutung zu.

Für die Abschätzung des spannungsmechanischen Verhaltens von Klebstoffschichten ist die Kenntnis der elastischen Eigenschaften eine wichtige Voraussetzung. Liegt die Beanspruchungstemperatur unterhalb der Glasübergangstemperatur des Klebstoffs, so existiert ein linearer Zusammenhang zwischen Elastizitätsmodul und Temperatur; es stellt sich eine relativ starre Strukturfixierung bei maximaler Festigkeit in der Klebstoffschicht ein. Wird der Klebstoff über die Glasübergangstemperatur hinaus beansprucht, so stellt sich ein viskoelastisches Verhalten des Klebstoffs ein.

Bei einem anderen Verfahren werden die Kapillarkräfte in einem Klebespalt nutzbar gemacht. Durch geeignete Konstruktion kann verhindert werden, dass Klebstoff an ungewünschte Stellen im Innern der Komponente gelangt. Eine

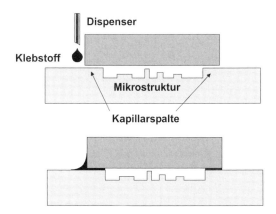

Abb. 10.4-1 Prinzip des Kapillarklebens. Der Kleber wird durch Kapillarkräfte in den Klebespalt gezogen. Um zu vermeiden, dass der Kleber in die Mikrostruktur läuft, müssen Nuten eingebracht werden, an denen der Klebfilm stehen bleibt.

Nut etwa verhindert das weitere Eindringen eines Klebefilms, wie dies in Abb. 10.4-1 skizziert ist. Der Klebstoff wird also nur in einem Tropfen in der Nähe des Spaltes abgelegt, die richtige Dosierung stellt sich durch die vorhandene Kapillarkraft und die Viskosität des Klebers von allein ein. Beide Verfahren, das Kanalverfahren wie das Kapillarkleben, verzichten also auf eine genaue, kostenintensive Dosierung.

10.4.2
Anisotropes Kleben

Beim anisotropen Kleben wird ein entsprechend präparierter Film zwischen die zu fügenden Partner gelegt [Shio94], [Schm94]. Dieser Film besteht aus einem organischen Träger, der mit leitfähigen Partikeln versetzt ist, die sich aber nicht gegenseitig berühren, so dass der Film nach außen als Isolator wirkt. Erst wenn der Film erhitzt und zusammengepresst wird, berühren sich die leitfähigen Partikel und der Film wird an dieser Stelle längs der Presskraft leitfähig. Da er nur in Richtung der Flächennormalen und nicht senkrecht dazu leitet, bezeichnet man diesen Film als anisotropen, leitfähigen Film (Anisotropic Conductive Film, ACF). In Abb. 10.4-2 ist die Prozessabfolge des anisotropen Klebens noch einmal skizziert.

Durch Variation der Materialparameter erreicht man eine Vielzahl von unterschiedlichen Produkten und Anwendungsmöglichkeiten. In großem Maße wird dieses Verfahren bereits bei der Kontaktierung von Flachbildschirmen (Liquid Cristal Display, LCD) angewendet, bei denen Tausende von Kontakten auf einem Glasträger zuverlässig mit der Peripherie verbunden werden müssen.

Die Verarbeitung geschieht dabei in zwei Schritten. Zunächst wird der ACF, der auf der Oberseite mit einem Schutzfilm versehen ist, passend zurecht-

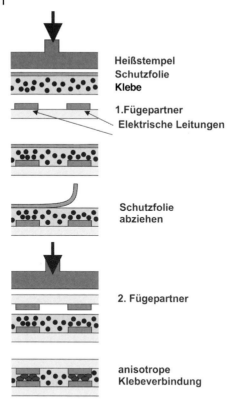

Abb. 10.4-2 Prozessstufen des anisotropen Klebens.

geschnitten und auf den einen Kontaktpartner aufgelegt. Mit einem Heißstempel wird der Film bei 100 °C und 1 N/mm² auf den Fügepartner geheftet. Anschließend werden der Schutzfilm entfernt und der zweite Fügepartner aufgelegt und positioniert. Dann wird der Bondvorgang in einem zweiten Prozessschritt bei 180 °C und 2 N/mm² fertiggestellt [Schm94]. Der Pressdruck muss allerdings so lange erhalten bleiben, bis der Träger unter den Glaspunkt abgekühlt ist.

Bei weniger kritischen Teilen kann der Prozess allerdings auch auf einen Teilschritt reduziert werden, wobei beide Fügepartner mit dem ACF dazwischen in einem Heißprägeschritt verbunden werden.

Das Rastermaß und die minimale Kontaktfläche werden durch die Größe der leitfähigen Partikel festgelegt. Sie ist im Mittel 10 μm. Da eine gewisse Verteilungsstatistik der Partikel im Polymerfilm zu berücksichtigen ist, sollte eine Leiterbahnbreite von 100 μm und eine Kontaktfläche von 0,025 mm² nicht unterschritten werden.

Als Polymerträger kommen Epoxidharz, Polyamid, Polyester-Urethan, Butadien-Styrol-Copolymer und andere zur Anwendung. Als leitfähige Partikel werden Agglomerate von Nickel, Kupfer, Zinn und Blei verwendet, ebenso aber auch Kunststoffkugeln, die mit Nickel oder Gold überzogen sind. Die Größe der Kugeln streut naturgemäß und schwankt zwischen 5 und 30 µm.

10.5
Anodisches Bonden

Das anodische Bond-Verfahren liefert eine große Anzahl von Möglichkeiten der Chipmontage. Da das Verfahren für die Mikrosystemtechnik noch relativ neu ist und nur vereinzelte Fertigungserfahrungen vorliegen, ist zu untersuchen, inwieweit die integrierte Schaltung innerhalb eines Mikrosystems mittels gesputterter Pyrex-Glasschichten gebondet und gleichzeitig kontaktiert werden kann. Der Aufbau dreidimensionaler Systeme mit integrierter Datenverarbeitung wäre damit möglich.

Mikrostrukturen sind nach Definition dreidimensionale Strukturen im Mikrometerbereich, die zum Teil flexibel, zum Teil frei beweglich sind. Diese Strukturen werden – wie in der Mikroelektronik – auf Substraten in großer Anzahl parallel oder im „Nutzen" hergestellt. Um sie einzeln verwenden zu können, müssen die Substrate, auf denen die Strukturen hergestellt wurden, vereinzelt, d.h. zersägt, gebrochen oder auf andere Weise getrennt werden. Damit sie diese Prozedur unbeschädigt überstehen können, müssen sie durch Deckschichten geschützt werden. Man stelle sich vor, wie etwa ein Beschleunigungssensor mit Strukturen und Spalten im Mikrometerbereich aussähe, nachdem das Substrat ungeschützt mit einer Diamantsäge unter Verwendung von „slurry" zersägt wurde.

Es ist jedoch nicht nur der Schutz vor Verschmutzung, der eine Abdeckung notwendig macht, sondern auch die Funktion der Mikrostruktur oder des Mikrosystems selbst, wenn es z.B. darum geht, hermetisch verschlossene Volumina zur Druckmessung oder Gegenelektroden zur kapazitiven Messung kleinster Auslenkungen von seismischen Massen herzustellen. Während also die Hauptaufgabe der in der Mikroelektronik üblichen Verbindungstechniken die ganzflächige Befestigung des Chips auf einem Substrat oder die elektrische Kontaktierung vom Chip zu einer Leiterbahnstruktur auf dem Substrat ist, ermöglichen die im Folgenden beschriebenen Verfahren die Herstellung von komplexen, dreidimensionalen mikromechanischen Elementen, Subsystemen und Systemen.

In der Silizium-Mikromechanik ergibt sich häufig das Problem, Siliziumstrukturen mit Glas abzudecken. Prinzipiell sieht der Lösungsweg recht einfach aus: Glasplatte und Siliziumscheibe werden im engen Kontakt miteinander auf eine Temperatur von ca. 400 °C erwärmt und mit einer Spannung von ca. 1000 V beaufschlagt. Aufgrund der Ionenleitfähigkeit von Glas bei diesen Temperaturen bewegen sich (positiv geladene) Na-Ionen, die im Glas in großer Zahl vorhanden sind, von der Grenzfläche Glas-Silizium weg, wandern zur Kathode an der äußeren Oberfläche des Glases und werden dort neutralisiert.

Als Folge der Wanderung dieser positiven Ionen entsteht ein Gebiet mit (negativen) Anionen (SiO_2^-) im Glas und insbesondere an der Grenzfläche Glas-

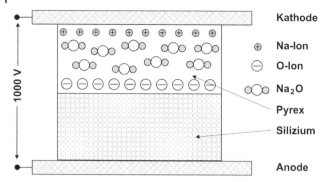

Abb. 10.5-1 Prinzip des anodischen Bondens von Silizium auf Glas.

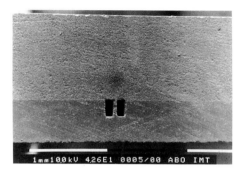

Abb. 10.5-2 Rasterelektronenmikroskopische Aufnahme einer anodischen Bondverbindung von Silizium auf Glas. In das Silizium wurden mechanisch zwei paralle Kanäle gesägt.

Silizium, da die Anionen wegen ihrer Größe eine wesentlich geringere Beweglichkeit haben. Dieser Überschuss von negativen Ladungen erzeugt ein starkes elektrostatisches Feld, welches die beiden Grenzflächen mit großer Kraft zusammenhält (Abb. 10.5-1) [Kell91]. Die elektronenmikroskopische Aufnahme einer solchen Bondverbindung ist in Abb. 10.5-2 gezeigt.

Um eine zuverlässige Verbindung zwischen Glas und Silizium zu erreichen, müssen gewisse Anforderungen bezüglich Reinheit und Ebenheit der beiden Oberflächen sowie eine Anpassung der unterschiedlichen thermischen Ausdehnungskoeffizienten erfüllt werden. Ein geeignetes Material ist Pyrex-7740-Glas, das dem Ausdehnungskoeffizienten von Silizium sehr nahe kommt.

Ebenso wie Silizium-Glas-Verbindungen sind auch Silizium-Silizium-Verbindungen in der Mikrosystemtechnik gefragt. Hierbei hilft man sich mit einer etwa 5 µm dicken Pyrex-Zwischenschicht, die auf eine der beiden Siliziumoberflächen aufgesputtert wird. Nach der Abscheidung muss die Schicht noch in feuchter oxidierender Atmosphäre getempert werden. Dabei wird eine SiO_2-Schicht erzeugt, die für die elektrostatische Bindung wichtig ist. Wegen der relativ dünnen Glasschicht darf die angelegte Spannung 50 V nicht übersteigen, um elektrische Durchbrüche zu vermeiden.

Noch einfacher in der Prozessführung ist die Realisierung von Silizium-Silizium-Verbindungen mittels thermisch gewachsener SiO_2-Schichten. Ein zusätzlicher Vorteil gegenüber den vorgenannten Methoden ist die Abwesenheit von Alkali-Ionen, die negative Auswirkungen auf die Funktion von MOS-Schaltungen haben. Die Verbindung geschieht hier durch Aufheizen der Wafer auf 1100 bis 1200 °C und Anlegen einer Spannung von 20 V. Der Aufbau des elektrostatischen Feldes wird durch migrierende H- und OH-Ionen erzeugt.

Eine weitere Vereinfachung ist die Methode von Lasky [Lask86]. Hierbei wird überhaupt kein elektrisches Feld mehr angelegt. Für die Entstehung der Verbindung wird folgender Mechanismus zugrunde gelegt: Die Sauerstoffatmosphäre, die zunächst zwischen den zu verbindenden Silizium-Scheiben bestand, wird bei den hohen Temperaturen durch Oxidationsvorgänge verbraucht. Der dadurch erzeugte Unterdruck drückt die beiden Scheiben zusammen und erzeugt die Bedingung dafür, dass eine chemische Verbindung zwischen den beiden Oberflächen nach folgender Formel zustande kommt:

$$2(Si-OH) \quad \rightarrow \quad Si-O-Si + H_2O \qquad (10.1)$$

Das bei der Reaktion entstehende Wasser führt zu einer Oxidation des Siliziums und erhöht damit geringfügig die Dicke der Oxid-Zwischenschicht.

Es konnte gezeigt werden, dass schon bei Raumtemperatur zwischen zwei Si-Scheiben nach einer geeigneten Oberflächenbehandlung erhebliche Adhäsionskräfte auftraten. Durch Tauchen der Scheiben in NH_4OH bilden sich Si-OH-Bindungen, die wiederum nach obiger Formel mit der Gegenoberfläche eine chemische Verbindung eingehen. Durch thermische Nachbehandlung steigt die Abzugskraft und erreicht nach einer Temperung bei 1000 °C die Bruchgrenze von einkristallinem Silizium (~ 5 kg/cm^2).

Eine längere Temperung bewirkt ein Aufbrechen der natürlichen Oxidschicht. Die Sauerstoffatome diffundieren in das Innere des Substrats und an den Oberflächen bildet sich eine reine Si-Si-Bindung.

11
Systemtechnik

11.1
Definition eines Mikrosystems

Im Wesentlichen war bisher nur die Rede von Mikrostrukturtechnik, also von den Grundprozessen, mechanische, fluidische, optische Einzelstrukturen mit sehr kleinen Dimensionen auf einem Substrat darstellen zu können. Die Mikrostrukturtechnik ist eine zwar notwendige, aber nicht hinreichende Voraussetzung für das Mikrosystem. Es sei daran erinnert, dass auch in der Mikroelektronik der technologische und wirtschaftliche Durchbruch nicht durch die Erfindung des Transistors, die natürlich Voraussetzung für die zukünftige Entwicklung war, bewirkt, sondern durch die Verfügbarkeit von Mikroprozessoren eingeleitet wurde. Der Mikroprozessor aber ist die Kombination von vielen Einzelelementen, die kostengünstig und in großer Packungsdichte auf einem Substrat hergestellt werden, um dann durch intelligente Verknüpfung dieser Einzelelemente zu einer Gesamtleistung zu kommen, die höher ist als die Summe der Leistung der Einzelelemente. Diese Tatsache muss auch bei der Konstruktion von Mikrosystemen Berücksichtigung finden. Also müssen auch hier Einzelkomponenten kostengünstig und in kleinen Dimensionen gefertigt werden können, um so viele Elemente durch intelligente Verknüpfung zu einem System zusammenfügen zu können. Damit lassen sich Anwendungen in allen Lebensbereichen denken, die mit konventionellen Methoden nicht oder nur unvollständig erfüllt werden können und die weit über das hinausgehen, was mit den Mitteln der Mikroelektronik erreichbar scheint. Allgemein gilt für ein Mikrosystem, dass eine mikroelektronische Schaltung durch die Fähigkeiten einer integrierten Sensorik und einer Mikroaktorik entsprechend erweitert werden. Entsprechend groß ist das zu erwartende Leistungsspektrum und damit das Anwendungspotential der Mikrosystemtechnik.

Wichtig ist die Tatsache, dass es mit Hilfe der Mikrostrukturtechnik gelingt, sowohl Sensoren als auch Aktoren herzustellen, die, da sie im weitesten Sinne mit den Methoden der Mikroelektronik gefertigt werden, auch von den Dimensionen, der Funktionsdichte und den Herstellungskosten her mit den Komponenten der Mikroelektronik kompatibel sind. So wie eine Vielzahl von an sich gleichartigen Bauelementen durch intelligente Verknüpfung die Mikroelektronik auf ein hohes Leistungsniveau gehoben hat, wird das um Sensoren und Aktoren bereicherte Mikrosystem auf eine neue Dimension im Leistungsniveau gebracht. Mit anderen Worten ließe sich auch formulieren: die Mikrosystemtechnik erweitert die Möglichkeiten der Mikroelektronik über die Elektronik hinaus auf alle anderen Gebiete der Physik, der Chemie und der Biologie. Hat schon die Mikroelektronik in einer Weise, die in der Technikgeschichte beispiellos ist, unser aller Leben nachhaltig verändert, so ist dies von der Mikrosystemtechnik in noch weiterem Maße zu erwarten.

Technologisch sind allerdings bis zur vollständigen Beherrschung der Mikrosystemtechnik noch einige Hürden in Forschung und Entwicklung zu nehmen. Ein Mikrosystem besteht in den meisten Fällen aus einer Anordnung von Komponenten und Subsystemen unterschiedlicher Technologien, die nicht miteinander kompatibel sind. Den Verfahren zum Fügen dieser dreidimensionalen Mikrokörper kommt technologisch wie wirtschaftlich in der Mikrosystemtechnik höchste Bedeutung zu. Die Wirtschaftlichkeit – und damit der industrielle Durchbruch der Mikrosystemtechnik auf breiter Front – wird daran gemessen werden, ob geeignete, kostengünstige Verfahren der Aufbau- und Verbindungstechnik zur Verfügung stehen. Hierzu ist es notwendig, geeignete Standardbauelemente mit ihren Schnittstellen zum System zu definieren und zu fertigen.

Eine internationale Kooperation auf diesem Gebiet scheint unerlässlich zu sein. Zur wirtschaftlichen Fertigung von Mikrosystemen muss sich eine Infrastruktur herausbilden, die Standardkomponenten auf dem Markt anbietet. Aus diesem Angebot heraus können dann durch geeignete Kombination spezielle

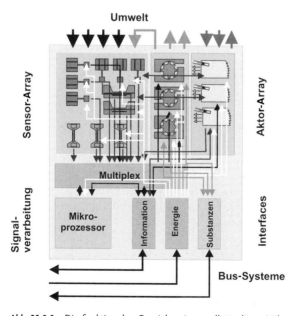

Abb. 11.1-1 Die funktionalen Bereiche eines vollständigen Mikrosystems.

Problemlösungen entwickelt und gefertigt werden. Auch wenn es heute noch zu früh, vielleicht sogar kontraproduktiv wäre, der Entwicklung Fesseln durch allzu strenge Standardisierung anzulegen, müssen doch rechtzeitig Absprachen über ein kostengünstiges Zusammenfügen unterschiedlicher Mikrokomponenten getroffen werden.

Nur in wenigen Spezialfällen mit großen Stückzahlen wird ein monolithisches Mikrosystem, also ein System, dass vollständig in einer Technologie auf einem Siliziumchip gefertigt ist, die wirtschaftliche Lösung sein. Die kleinen und mittelgroßen Unternehmen (KMU) wären von vornherein vom Markt ausgeschlossen und schnelle Problemlösungen in kleinen Stückzahlen wären praktisch nicht darstellbar.

Die Ansichten über die Definition eines Mikrosystems klaffen weit auseinander, die Diskussionen darüber werden aus den unterschiedlichsten Beweggründen heraus heftig geführt. Dennoch ist grundsätzlich festzustellen, dass ein Mikrosystem aus mehreren Blöcken besteht. Wie aus der Abb. 11.1-1 ersichtlich, hat ein vollständiges Mikrosystem einen Unterbereich von Sensoren, einen weiteren Unterbereich von Aktoren, eine Signalverarbeitung, evtl. weitere mechanische Strukturen, wie Justieranschläge, Haltevorrichtungen, Werkzeuge und dergleichen, und einen Bereich von Koppelstellen an das makroskopische Umfeld.

Im Folgenden sollen die vier Funktionsblöcke, aus denen das Mikrosystem besteht, eingehend diskutiert werden. Es handelt sich dabei um die Untereinheiten:

- Sensoren,
- Aktoren,
- Datenverarbeitung und
- Schnittstellen zur Umwelt.

11.2
Sensoren

Die neuartigen Möglichkeiten der Mikrosystemtechnik gegenüber konventionellen Techniken werden insbesondere in der Sensorik offenbar. Hier bewegt sich die Entwicklung vom hochgezüchteten Einzelsensor mit analoger Signalauswertung zum Sensorarray mit mikroprozessorgesteuerter Datenverarbeitung. Damit lässt sich die Qualität eines Messsystems wesentlich verbessern, etwa durch Anwendung statistischer Methoden oder durch Stufung der Sensoren in ihrem Empfindlichkeitsbereich, so dass innerhalb eines bestimmten Messbereiches für jede Messwertamplitude mindestens ein Sensorelement im optimalen Empfindlichkeitsbereich liegt. Letztlich kann man mittels eines Sensorarrays und nach Kenntnis der Parameterfunktion jedes einzelnen Sensorelementes die unbekannten Parameter durch Lösung eines Gleichungssystems mathematisch ermitteln [Poin89].

Ein Beispiel hierfür ist ein System, mit dem Beschleunigungen in Amplitude und beliebiger Richtung im Raum aufgenommen werden können. Die einzelnen

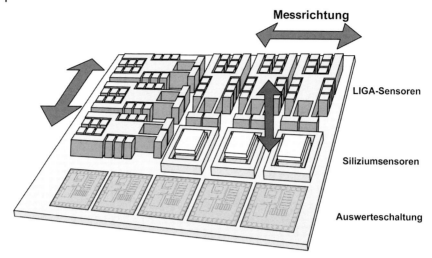

Abb. 11.2-1 Modell eines dreidimensionalen Beschleunigungssensors mit Redundanz für erhöhte Zuverlässigkeit.

Beschleunigungssensorelemente sind konstruktiv bedingt nur in einer Richtung empfindlich. Durch entsprechende Anordnung mehrerer Sensorelemente lässt sich eine aufgeprägte Beschleunigung komponentenweise, etwa nach x- und y-Richtung, aufteilen. Die Sensorelemente, die in LIGA-Technik gefertigt sind, können Beschleunigungen tangential zur Substratoberfläche messen. Durch eine Anordnung mehrerer Sensorelemente, die auf der Substratfläche gegeneinander um 90° versetzt sind, lassen sich Beschleunigungen, die tangential zur Substratoberfläche auftreten, nicht nur in ihrer Amplitude, sondern auch in ihrer Richtung bestimmen. Da alle Sensorelemente in einem Lithographieschritt auf dem Substrat positioniert werden, ist höchste Präzision in der Ausrichtung gewährleistet. Für ein dreidimensionales Beschleunigungssensorsystem muss man weitere Sensorelemente, die Beschleunigungen normal zur Substratfläche messen können, hinzufügen. Hierzu eignen sich insbesondere Sensoren in Silizium-Mikromechanik. Ein solcher Aufbau ist in Abb. 11.2-1 als Modell gezeigt.

Die Möglichkeiten, die sich aus dem Einsatz intelligenter Signalverarbeitung ergeben, werden anhand eines Demonstrationsaufbaus für ein Messsystem, das Beschleunigungen in zwei Raumrichtungen aufnehmen kann, demonstriert. Bei dem Demonstrator findet eine Signalverarbeitung auf zwei Ebenen statt. Zunächst werden mit den redundant aufgezeichneten Messdaten Plausibilitätstests durchgeführt, um defekte Sensoren zu erkennen und von der weiteren Signalverarbeitung auszuschließen. Anschließend werden die Messergebnisse der funktionstüchtigen Sensoren gemittelt und ein Beschleunigungswert für jede Raumrichtung ausgegeben. Abb. 11.2-2 zeigt den Vergleich von korrigierten und unkorrigierten Messergebnissen anhand eines Beispiels. Nach diesem Schritt werden die Messdaten in Mittelwerte für jede Beschleunigungsrichtung komprimiert.

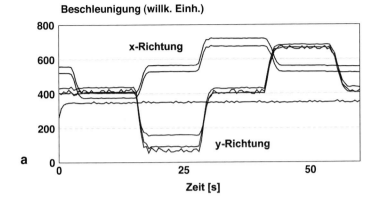

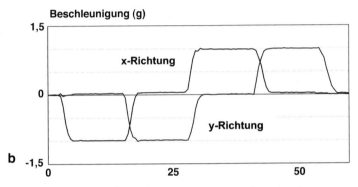

Abb. 11.2-2 Experimentelle Ergebnisse von einem zweidimensionalen Beschleunigungssensor mit jeweils drei redundanten Sensoren.
a) Direkte Rohdaten aus der experimentellen Anordnung.
b) Daten nach Eliminierung der fehlerhaften Sensoren und Mittelung der verbleibenden Sensoren.

Die so vorbereiteten Messdaten können in einer zweiten Signalverarbeitungsebene mit Hilfe von Fourier-Transformationen oder anderen, speziell an die Aufgabe angepassten Algorithmen, verarbeitet werden.

Dieses Beispiel zeigt deutlich die beiden Vorteile beim Einsatz von Sensorarrays gegenüber Einzelsensoren:

- Die Erhöhung der Zuverlässigkeit.
  Selbst beim Ausfall von zwei Sensoren aus einem Array von sechs ist die Funktionsfähigkeit des Systems nicht beeinträchtigt.

- Die Erhöhung der Messqualität.
  Mit dem Einsatz von je drei um 90° gegeneinander versetzten Sensoren kann man mit einer Messung nicht nur die Amplitude, sondern auch die Richtung der Beschleunigung im Raum bestimmen.

Wenn dies in Echtzeit vor Ort im Mikrosystem geschehen soll, werden allerdings erhebliche Anforderungen an Rechnerkapazität und rechnereffiziente Software gestellt. Auf diesem Gebiet ist noch ein erheblicher Nachholbedarf in Forschung und Entwicklung festzustellen. Auch bei der Entwicklung physikalischer und chemischer Sensoren müssen noch große Anstrengungen unternommen werden. Viele Anwendungen im chemischen, biochemischen und medizinischen Bereich scheitern heute noch an der mangelhaften Selektivität und Langzeitstabilität der verfügbaren Sensoren.

Ein Beispiel für die Fähigkeiten eines Arrays von chemischen Sensoren stellt die „elektronische Nase" dar. Chemische Sensoren auf der Basis von ionensensitiven Feldeffekttransistoren (ISFET) oder Leitfähigkeitssensoren sind üblicherweise nicht sehr selektiv. Mit nur einem Sensorelement ist ein unbekannter chemischer Stoff meist nicht zweifelsfrei zu identifizieren. Mit zwei Sensorelementen, die unterschiedliche Sensorcharakteristiken aufweisen, ist die Identifikation schon etwas sicherer. Hat man nun ein Array von zahlreichen Sensoren mit jeweils unterschiedlicher Sensorcharakteristik, so lassen sich auch komplexe chemische Stoffe einwandfrei „riechen". Daher wird ein solches Array in Verbindung mit einer geeigneten Auswerteelektronik auch „elektronische Nase" genannt. Das Potential für solche Nasen ist besonders in der Lebensmittelbranche zu sehen, wo etwa Reifegrade von Wein oder Käse oder auch ganz allgemein olfaktorische Qualitätskontrollen durchgeführt werden müssen. In Abb. 11.2-3 ist der experimentelle Aufbau einer solchen Messeinrichtung gezeigt [Alth96]. Das Mikrosystem besteht aus einem Array von Sensorelementen auf der Basis von beschichteten Metalloxid-Leitfähigkeitsdetektoren. Dabei werden 40 Sensorelemente auf ca. 100 mm^2 eines oxidierten Siliziumsubstrats untergebracht.

Die elektrische Leitfähigkeit gasempfindlicher halbleitender Metalloxide reagiert durch die Wechselwirkung oberflächennaher Sauerstoffionen mit Gasen aus der umgebenden Atmosphäre auf deren Zusammensetzung. Durch inhomogene Beschichtung und/oder durch inhomogene Beheizung erhalten die zu-

Abb. 11.2-3 Das Sensorarray einer elektronischen Nase besteht aus 40 Einzelelementen, die alle eine unterschiedliche Sensorcharakteristik haben. (Mit freundlicher Genehmigung des Instituts für Instrumentation Analysis, Forschungszentrum Karlsruhe).

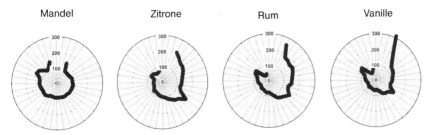

Abb. 11.2-4 Signalmuster für unterschiedliche Backaromen, die von der elektronischen Nase ermittelt wurden. (Mit freundlicher Genehmigung des Instituts für Instrumentelle Analytik, Forschungszentrum Karlsruhe).

nächst gleichartigen Sensorelemente unterschiedliche Gasempfindlichkeit. Dies führt bei Exposition mit der zu analysierenden Atmosphäre zu Signalmustern, die mit einem speziell entwickelten Neuronalnetzprogramm mit eingespeichertem Kalibriermustern verglichen und bestimmt werden können.

In Abb. 11.2-4 sind einige Signalmuster für Backaromen aufgezeichnet. Es zeigt sich eine hohe Selektivität zwischen den einzelnen Mustern.

Einige Anwendungsmöglichkeiten sind Luftqualitätsmessungen in Kraftfahrzeugen, Leckkontrolle von Gasleitungen, Steuerung von Mikrowellenherden und anderes mehr.

Mit größeren Arrays von Sensorelementen und weiterer Verfeinerung der Auswertung wird das Messspektrum in Zukunft sicher weiter verfeinert werden, obwohl es natürlich fraglich erscheint, dass der menschliche Geruchssinn in seiner Empfindlichkeit und Vielseitigkeit je durch eine solche Anordnung vollständig ersetzt werden kann.

11.3
Aktoren

Die zweite Funktionsgruppe eines Mikrosystems besteht aus einem oder mehreren Aktoren. Den Aktor kann man im Prinzip als eine physikalische Umkehrung des Sensors verstehen. Während der Sensor auf die Eingabe eines physikalischen oder chemischen Parameters mit der Ausgabe eines elektrischen oder optischen Signals „antwortet", gibt der Aktor bei Eingabe eines elektrischen, optischen oder thermischen Signals eine physikalische Größe, wie Kraft, Drehmoment, Dimensions- oder Phasenänderung. Mit Hilfe der Aktoren können bestimmte von den Sensoren gesteuerte Manipulationen oder rückwirkungsfreie Messungen durchgeführt werden. Nicht zuletzt kann das gesamte Mikrosystem fortbewegungsfähig gemacht werden, so dass lokal getrennte Mess- oder Überwachungsaufgaben, etwa beim Umweltschutz, selbstständig vom System nacheinander angefahren und abgearbeitet werden können.

Während in der wissenschaftlichen Literatur bereits eine große Anzahl von Sensoren vorgestellt und einige davon von der Industrie bereits in Mengen gefertigt werden, besteht in der Mikroaktorik noch ein erheblicher Rückstand. Vermutlich liegt das daran, dass zahlreiche Sensorprinzipien durch relativ geringe Modifikationen von mikroelektronischen Komponenten darstellbar sind, wie z. B. ISFETs, während Aktoren schwerlich aus mikroelektronischen Bauelementen heraus entwickelt werden können. Hinzu kommt, dass Silizium zwar hervorragende elektronische und mechanische Eigenschaften hat, in Bezug auf physikalische Prinzipien für Aktoren aber kein großes Potential darstellt. Prinzipien, die auf Ferromagnetismus, Ferroelektrizität, Phasenänderungen und dergleichen beruhen, müssen mit anderen Werkstoffen in anderen Technologien dargestellt werden. Auf die besonderen Möglichkeiten der LIGA-Technik zur Darstellung von Mikroaktoren wurde im Kap. 8 eingegangen.

Es sei an dieser Stelle noch einmal betont, dass bei Aktoren in Mikrotechnik besondere Voraussetzungen gelten. Bereits im Kap. 1 wurde darauf hingewiesen, dass die Mikrostrukturtechnik eine starke Dominanz in Oberflächeneffekten zeigt. Tribologische Probleme sind in der Mikrotechnik schwer in den Griff zu bekommen, Komponenten mit mechanischer Reibung sollten möglichst vermieden werden. Membranbewegungen oder besser noch resonante Schwingungen elastisch aufgehängter Bauelemente sind daher Komponenten mit rollender oder gleitender Reibung vorzuziehen.

Rufen wir uns noch einmal die Motivation der Mikrosystemtechnik in Erinnerung, nämlich die „Design-Philosophie" der Mikroelektronik auf nichtelektronische Systeme zu übertragen. In diesem Zusammenhang interessiert die Frage, welches Element der Mikrosystemtechnik denn letztendlich die Rolle des Transistors übernehmen könnte, also des Elementes, welches in vielfacher Wiederholung und in hoher Packungsdichte durch geeignete Verknüpfung zu hoher Systemleistung gebracht werden könnte.

In der Sensorik haben wir mehrere solcher Beispiele kennengelernt, in der Mikroaktorik existiert ein solches Analogon vermutlich nicht. Man denke sich ein Array von elektrostatisch angetriebenen Mikromotoren. Ein „intelligentes Verschalten" dieser Motoren, die zu einer höheren Systemleistung führen könnte, ist in diesem Falle kaum vorstellbar. Am ehesten ist ein solches Konzept mit fluidischen Elementen durchzuführen. Der fluidische Schalter, von dem eine Ausführung in LIGA-Technik in Abschn. 8.8.3 diskutiert wurde, hat einen fluidischen Eingang, zwei Steuerleitungen und zwei Ausgänge. Die Analogie zum elektronischen Schalter ist naheliegend. Durch Verbinden des Ausganges eines Elementes mit dem Steuereingang eines nachgeschalteten zweiten Elementes lässt sich ein linearer Verstärker aufbauen, während durch Rückkoppelung des Ausganges auf den Steuereingang desselben Elementes ein bistabiles Schaltelement entsteht. Im Prinzip lässt sich jedes logische Schaltelement der Mikroelektronik auch mit fluidischen Schaltern darstellen. In früheren Jahren gab es sogar Entwicklungen, die das Ziel hatten, mit solchen Schaltern fluidische Rechner aufzubauen.

Auch aus anderen Gründen haben fluidische Elemente, insbesondere Schalter, ihre unbestreitbaren Vorteile. Sie arbeiten ohne mechanische Reibung, können mit inerten Gasen oder Flüssigkeiten betrieben werden, was insbesondere in der Medizintechnik ein erheblicher Vorteil ist, sie besitzen eine hohe Leistungsdichte, und die erreichbaren Kräfte erstrecken sich kontinuierlich bis in den makroskopischen Bereich hinein.

11.4 Signalverarbeitung

Die dritte Funktionsgruppe eines Mikrosystems enthält die Datenverarbeitung. Die Aufgaben der Datenverarbeitung sind hierbei sehr vielfältig. Zunächst muss die Fülle von Messwerten aus dem Sensorarray parallel verarbeitet und zur Steuerung der Aktoren aufbereitet oder über die Schnittstelle nach außen gegeben werden. Bei der Datenverarbeitung im Mikrosystem öffnet sich ein weites Feld für Forschung und Entwicklung. Komplexe Probleme von Matrizenoperationen, Approximationen, Regressionen und Kennfeldanpassungen müssen mit höchster Rechnereffizienz und in Echtzeit mit den eingeschränkten Möglichkeiten des Mikroprozessors im System gelöst werden.

Für sicherheitsrelevante Aufgaben im Bereich der Kraftfahrzeugtechnik, der Luft- und Raumfahrt oder der Medizintechnik spielt die Zuverlässigkeit eines Systems eine entscheidende Rolle. Insbesondere für diese Anforderungen kann die Mikrosystemtechnik einen wesentlichen Beitrag leisten. Durch den Einbau von Selbsttest-Routinen, durch redundante Komponenten oder Subsysteme kann die Zuverlässigkeit derart gesteigert werden, dass Anwendungen diskutabel sind, die heute eben dieses Aspektes wegen noch nicht angegangen werden.

Biochemische Sensoren lassen allgemein in ihrer Langzeitstabilität zu wünschen übrig. Wird der Sensor aggressiven Medien, biologischer Materie oder thermischen Belastungen ausgesetzt, ändern sich die Parameter des Sensors und verkürzen die nutzbare Betriebszeit. Die „Intelligenz" des Mikrosystems ermöglicht ein Aufintegrieren der Belastungszeit oder das Mitschreiben der „thermischen Historie" für den Sensor. Aus eingespeicherten Kennfeldern können dann die der Betriebszeit entsprechenden Kompensationsfaktoren ausgelesen und zur Korrektur der Messwerte verwendet werden. Damit ließe sich die nutzbare Betriebszeit entsprechend verlängern.

In zunehmendem Maße werden auch neuronale Konzepte zur Informationsverarbeitung in Mikrosystemen diskutiert (siehe dazu Abschn. 11.4.2). Der Beweis dafür, dass dieses neuartige, von der Natur übernommene Konzept einmal die klassische Von-Neumann-Architektur gänzlich ablösen wird, ist im Augenblick nicht anzutreten, da es noch an leistungsfähigen „Neuro-Chips" auf dem Markt fehlt. Sicherlich sind aber Aufgaben, wie etwa die Mustererkennung, für neuronale Strukturen prädestiniert.

11.4.1 Signalverarbeitung für Sensoren in Mikrosystemen

Signalverarbeitung in Verbindung mit Mikrosystemen bedeutet die Entwicklung und die Anwendung von systemorientierten Lösungen zur Erfassung, Auswertung und Erzeugung von Signalen. Dabei steht nicht die Optimierung einzelner Aufgaben im Vordergrund, sondern die Optimierung des Gesamtsystems bezüglich Leistungsfähigkeit, Zuverlässigkeit und Kosten-Nutzen-Relation. Mit diesen Kriterien eng gekoppelt sind Fragen der Störgrößenkompensation, der Datenreduktion, der Berücksichtigung von Exemplarstreuungen, der Kalibrierung und der Selbstüberwachung. Besondere Bedeutung kommt hierbei auch der dezentralen Signalvorverarbeitung in den einzelnen Systemkomponenten zu, die als Subsysteme bestimmte Aufgaben der Signalverarbeitung übernehmen, um zu übersichtlicheren Systemstrukturen und einer einfacheren Testbarkeit zu kommen.

Die potentiellen Möglichkeiten eines Sensorarrays lassen sich nur mit einer leistungsfähigen Software, die auf die begrenzten Möglichkeiten des On-board-Rechners Rücksicht nimmt, voll ausschöpfen. Dazu gehört eine konsequente Hinwendung zur digitalen Signalverarbeitung aus folgenden Gründen:

- Abgleich und Kompensation von Alterung und Fremdeinflüssen in einem Sensorarray können über digital eingespeicherte Kennfelder erfolgen.
- Digitale Signalverarbeitung ermöglicht fehlertolerante, störsichere Datenübertragung über weite Distanzen und in elektromagnetisch stark gestörter Umgebung.

Die im Allgemeinen analog anfallenden Signale beim Sensor- oder Aktorelement müssen zunächst jedoch analog vorverstärkt und danach digitalisiert werden. Über einen Multiplexer wird der aus dem Array anfallende Signalstrom quasiparallel vom Mikroprozessor verarbeitet.

Durch Vergleich der Messdaten während einer Kalibriermessung mit den Soll-Daten, die aus einem Speicher (PROM) stammen können, können Fertigungsstreuungen der Sensoren individuell ausgeglichen, Einflusseffekte (z. B. Temperatureffekte) eliminiert und arithmetische Operationen durchgeführt werden (etwa die nichtlineare Verknüpfung von Messparametern bei komplexen chemischen oder biochemischen Messungen).

Viele Sensoren altern aufgrund thermischer Belastungen, d. h., Parameter, wie Empfindlichkeit und Selektivität, ändern sich gegenüber dem Neuzustand in mathematisch beschreibbarer Weise. Durch das Aufzeichnen der „thermischen Geschichte" eines Sensorelementes lassen sich entsprechende Kompensationsterme errechnen, um so die Langzeitstabilität eines Systems signifikant zu erhöhen.

Bei komplexen optischen und chemischen Messaufgaben lassen sich Methoden der Mustererkennung anwenden. Allerdings kann der Aufwand für die Datenverarbeitung hierbei sehr schnell in Größenordnungen kommen, die einen Rechner vor Ort nicht sinnvoll erscheinen lassen. Allerdings bieten neuronale Netze, wie sie in Abschn. 11.4.2 vorgestellt werden, eine aussichtsreiche Perspektive.

Im Folgenden sollen einige Prinzipien für die grundsätzliche Anordnung und Verschaltung von Sensoren diskutiert werden [Trän88].

Im einfachsten Fall enthält der Sensor neben dem eigentlichen Sensorelement die mikroelektronischen Schaltkreise zur Signalvorverarbeitung, d.h.

- den analogen Signalvorverstärker,
- die Analog-digital-Umsetzung,
- die digitale Signalvorverarbeitung im Mikroprozessor.

Die für Mikrosysteme geeignete Struktur ist zunächst die Kettenstruktur, bei der die oben erwähnten Funktionsbausteine sequenziell angeordnet sind (Abb. 11.4-1a). Die Signalvorverstärkung schließt sich unmittelbar an das Sensorelement an. Die Art der Signalvorverarbeitung hängt natürlich vom Typ des Sensors ab. Bei Sensoren, die als Messwert eine Spannung ausgeben, werden Spannungsverstärker und A/D-Konverter eingesetzt, häufig auch Spannungs-Frequenz-Umsetzer. Ladungsverstärker kommen bevorzugt bei piezoelektrischen Sensorelementen zur Anwendung. Das verstärkte Signal wird dann mit einem A/D-Konverter oder Spannungs-Frequenz-Umsetzer weiterverarbeitet. Sensorelemente, die ein Frequenzsignal abgeben, sind wegen des geringen Aufwandes der Signalaufbereitung, insbesondere wegen der einfachen Digitalisierbarkeit, besonders wünschenswert.

Im Allgemeinen werden Sensorsysteme in Mikrosystemen in Parallelstruktur betrieben (Abb. 11.4-1b). Bisweilen kann eine Kette auch im Differenzbetrieb zur Linearisierung und Unterdrückung von Fremdeinflüssen aufgebaut werden.

Eine spezielle Form der Sensor-Anordnung ist die Kreisstruktur (Abb. 11.4-1c). Dabei wird die physikalische Messgröße mit Hilfe eines Aktors rückgekoppelt. Man erhält damit sehr stabile, überlastsichere Systeme mit einem großen Messbereich. Technische Voraussetzung für Sensorsysteme in Kreisstruktur

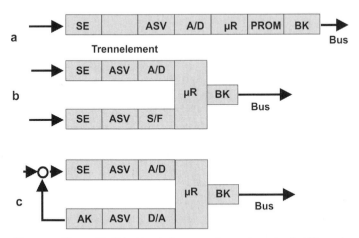

Abb. 11.4-1 Unterschiedliche Verschaltung von Sensorelementen in Mikrosystemen: a) Kettenstruktur, b) Parallelstruktur, c) Kreisstruktur mit aktiver Rückkopplung durch einen Aktor.
A/D = Analog-digital-Wandler, V/F = Voltage-Frequency-Wandler, BI = Bus-Interface, SE = Sensorelement, AE = Aktorelement.

ist die Verfügbarkeit zur Kompensation geeigneter Aktoren, z. B. elektrostatisch bewegte Schwingzungen für rückgekoppelte Beschleunigungssensoren oder auch mikromechanische Tauchspulsysteme, die sich in einem permanentmagnetischen Feld bewegen.

Die Sensoren und Signalverarbeitungselemente müssen auf einem integralen Mikrosystem vereinigt sein. Die Gründe hierfür sind:

- Die Signalverarbeitung muss der jeweiligen Sensorstruktur angepasst sein.
- Die Ankopplung an eine genormte digitale Schnittstelle ist nur möglich, wenn Signalabläufe und zugehörige Steuerbefehle genau eingehalten werden.
- Parallele Signalverarbeitung aus Sensorarrays ist nur möglich, wenn die breitbandigen Übertragungswege kurz sind.

Die Mikrosystemtechnik bildet die idealen Voraussetzungen für neuartige Messkonzepte unter optimaler Nutzung der Vorteile von Sensorarray-Anordnungen, verbunden mit den Möglichkeiten der Messfehlerkompensation, des elektronischen Kennfeldabgleichs, der Funktionsüberprüfung und anderer intelligenter Aufgaben zur Erhöhung der Zuverlässigkeit eines Mikrosystems der neuronalen Datenverarbeitung für Sensorarrays.

Der Wert von Sensorarrays in Mikrosystemen soll im Folgenden näher erläutert werden. Setzt man einen Einzelsensor einer Atmosphäre aus, die durch die Parameter a, b, c und d beschrieben werden kann, so wird das Messergebnis im Allgemeinen eine Funktion f (a,b,c,d), also aller unbekannten Parameter, sein. Ein Drucksensor hat z. B. auch eine Temperaturabhängigkeit oder ist von der Dichte oder Zähigkeit des umgebenden Gases abhängig. Daher ist es nicht möglich, nur den Druck allein zu messen, wenn nicht noch weitere Sensoren zum Messen verwendet werden. Um die n Parameter eines Mediums zu messen, braucht man n Sensoren, die voneinander unabhängige Sensorfunktionen haben:

$$W_1 = f_1 (a,b,c,d, \ldots, n)$$
$$W_2 = f_2 (a,b,c,d, \ldots, n)$$
$$W_3 = f_3 (a,b,c,d, \ldots, n)$$
$$\ldots$$
$$W_n = f_n (a,b,c,d, \ldots, n)$$

mit W_i als dem Messwert des i-ten-Sensors.

Um das Gleichungssystem zu lösen, müssen allerdings die Parameterfunktionen der einzelnen Sensoren exakt bekannt sein, was meist nicht der Fall ist. Durch Kalibrierung kann man jedoch das Problem einschränken und bei Systemen mit wenigen Parametern zu befriedigenden Ergebnissen kommen (Abb. 11.4-2).

Bei komplexen Medien mit sehr vielen Parametern wird die begrenzte Rechnerleistung der Mikrosysteme nicht ausreichen, dieses Gleichungssystem zu lösen. Das Problem, große Datenmengen mit vielen Unbekannten zu bearbeiten, muss in der Natur alltäglich gelöst werden. Auch hier müssen die Datenströme, die von den Augen und Ohren geliefert werden, schnell interpretiert werden, um daraus Konsequenzen abzuleiten, die für das Überleben in einer

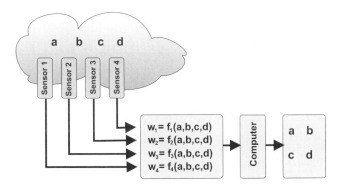

Abb. 11.4-2 Das Prinzip des Sensorarrays und seine Auswertung.

feindlichen Umgebung wichtig sind. Die Evolution hat deshalb geeignete Strategien entwickelt, die sich wesentlich von der binären Von-Neumann-Architektur, die die Grundlage für alle unsere Rechner bildet, unterscheiden. Unsere Rechner arbeiten grundsätzlich seriell, während unser Gehirn, soweit wir die Prozesse darin verstehen, die hereinkommenden Datenströme prinzipiell parallel verarbeitet. Dabei kommt es nicht auf mathematische Genauigkeit an, sondern darauf, wie schnell Entscheidungen für das Überleben getroffen werden können. Viele Aufgaben in der Technik sind aber ähnlich gelagert, deshalb wird auch hier versucht, die Strategien der Natur – die neuronale Datenverarbeitung – in bescheidenen Anfängen nachzuvollziehen.

11.4.2
Neuronale Datenverarbeitung für Sensorarrays

Auf der einen Seite bietet die Mikrosystemtechnik die Möglichkeit, ganze Arrays von Sensoren für eine Messaufgabe bereitzustellen, auf der anderen Seite stellt die sinnvolle Verwaltung und Auswertung des Datenstromes aus dem Array schwer zu erfüllende Anforderungen an die Datenverarbeitung. Wie immer bei komplexen Aufgaben der Signalverarbeitung, hat die Natur im Laufe der Evolution optimale Konzepte entwickelt, die auf technischem Level nachzuahmen sich lohnen würde [Krev91].

Die Informationsverarbeitung durch das Nervensystem von Lebewesen ist grundsätzlich verschieden von der digitalen technischen Datenverarbeitung, wie sie heutzutage üblich ist, organisiert.

Die Informationseinheit im Gehirn ist das Neuron. Es besteht aus den drei Hauptkomponenten Dendritenbaum, Zellkörper und Axon (Abb. 11.4-3a). Über die Dendriten, welche man als Dateneingabeeinheit in einem Analogon zur technischen Datenverarbeitung sehen kann, werden von anderen Neuronen über komplexe physiologische Prozesse Signale als elektrische Potentiale übertragen. Ein aus den verschiedenen Eingangssignalen aufsummiertes Potential wird auf den Zellkörper übertragen. Überschreitet das integrierte Potential

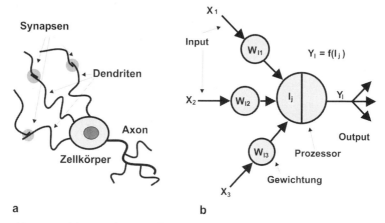

Abb. 11.4-3 Schematische Darstellung eines biologischen Neurons (a) und seine mikroelektronische Realisation (b).

einen bestimmten Grenzwert, so „feuert" das Neuron, d.h., der Zellkern erzeugt einen elektrischen Impuls, der über die Ausgabeleitung, das Axon, an die Dendritenstruktur anderer Neurone weitergegeben wird. Die Übertragung geschieht dabei nicht über feste elektrischen Kontakte, sondern über so genannte Synapsen, zunächst nichtleitende Kontaktpunkte, die durch eingeschossene Übertragerstoffe elektrolytisch leitend gemacht werden. Ein vereinfachtes Analogon zu einem technischen Bauteil wäre ein Koppelkondensator, dessen Verschiebestrom durch ein zeitlich veränderliches Dielektrikum zu steuern wäre. Diesen „neuronalen Verschiebestrom" nennt man auch „Synapsenstärke". Die Steuerung der Synapsenstärke ist die Voraussetzung für die Lernfähigkeit eines neuronalen Systems. In der Natur sind diese neuronalen Netze von außerordentlicher Komplexität. Die Gesetzmäßigkeiten in diesen Netzen sind noch weitgehend unbekannt. Das menschliche Gehirn hat 10^{11} Neuronen. Ein Neuron hat bis zu 10^4 Verbindungen mit einer Gewichtstiefe von 4 Byte. Verglichen mit dem Hauptspeicher eines leistungsfähigen Rechners, besitzt das Hirn eine Kapazität, die etwa 10^9 mal größer ist! Wie kann man nun eine solche biologische Struktur auf technisch gelagerte Probleme übertragen?

Das Analogon zum biologischen System ist in Abb. 11.4-3b dargestellt. In einfacher Form kann man das Modell mathematisch beschreiben:

$$Y_i = f\left(\sum_i W_{ij} X_i\right) \qquad (11.1)$$

Dabei sind:

Y_i = Ausgangssignale des Neurons
X_j = Eingangssignale des Neurons
W_{ij} = Synapsenstärken, mit denen die Eingangssignale multipliziert werden

f ist die Transferfunktion, die Auskunft darüber gibt, bei welcher Signalhöhe das Neuron „feuert", also einen Impuls bestimmter Höhe aussendet. Dieses Ausgangssignal Y_i kann nun wieder vielen anderen Neuronen als Eingangssignal zugeführt werden.

Üblicherweise werden technische neuronale Netze in Schichten dargestellt (Abb. 11.4-4). Die einfachste Konfiguration besteht aus einer Eingabeschicht, einer Ausgabeschicht und einer dazwischen liegenden inneren Schicht („hidden layer"). Eine bestimmte Signalfolge, die auf die Eingabeschicht gelegt wird, resultiert in einem Signalmuster auf der Ausgabeschicht. Dabei transformiert die innere Schicht durch Verteilung und Gewichtung das Eingabesignal auf das Ausgabemuster. Da die Information bei der Transformation auf das ganze Netzwerk verteilt wird, ist das System relativ unempfindlich gegen Fehler oder gar den Ausfall einzelner Sensoren.

Durch „Trainieren" der inneren Schicht, d.h., durch Einstellen der Gewichtungsfaktoren W_{ij}, kann man das System auf bestimmte Aufgaben optimieren.

Zum Trainieren der inneren Schicht gibt es Regeln, von denen drei herausgegriffen werden sollen [Hopf82], [Koho88], [Amit89]:

Delta-Lernregel

$$\Delta W_{ij} = \varepsilon \cdot (Y_{solli} - Y_i) \cdot X_j \tag{11.2}$$

Dabei ist:

X_j = Eingangswert
Y_{solli} = gewünschter Ausgangswert
Y_i = tatsächlicher Ausgangswert
ε = so genannter Lernparameter, wobei gilt: $0 < e < 1$

Lernregel von Hopfield

Der Ausgang jedes Prozessorelementes wird allen anderen wieder als Eingang zugeführt:

$$\Delta W_{ij} = (2X_i - 1) \cdot (2X_j - 1) \tag{11.3}$$

Es wird so lange gelernt, bis sich keine Zustandsänderung durch weitere Durchläufe ergibt. Nebenbedingung dabei ist:

$W_{ij} = W_{ji}$

Backpropagation

Lernregel für den Fall, dass mehrere Neuronenschichten hintereinander geschaltet sind, zur Minimierung des quadratischen Abbildungsfehlers E, wobei über alle p Muster summiert wird:

$$E = 0,5 \cdot \sum_{v}^{p} \sum_{i} (Y_{solli}^{v} - S_i(X^v))^2 \tag{11.4}$$

$S_i(X^v)$ ist das Ausgangssignal der Ausgabeschicht, wenn der Eingabeschicht das Muster X^v zugeführt wird. Für die Änderung der Gewichte in der l-ten Schicht gilt dann:

$$dW^l = -\varepsilon \cdot \frac{dE}{dW_{ij}^l} \tag{11.5}$$

Im Folgenden sollen nun anhand eines relativ einfachen Beispiels die Vorteile einer neuronalen Auswertung gezeigt werden. In der Praxis sind Sensorarrays Störungen unterworfen, die sich prinzipiell in zwei Gruppen unterteilen lassen:

- Verfälschung der Sensorsignale durch zeitlich veränderliche Störsignale,
- Fehlfunktion der Sensoren aufgrund von Fertigungsfehlern oder Totalausfall.

Eine Sensoranordnung zur Messung der Beschleunigungen in x- und y-Richtung ist in Abb. 11.4-4 angegeben. Durch sechs Sensoren, die im Kreis angeordnet sind, erhält man eine gewisse Redundanz der Messanordnung.

Als Fallbeispiel sei hierbei der Totalausfall des Sensors Nr. 1 betrachtet, der nur die x-Komponente einer Beschleunigung misst. Der Fehler bei konventioneller Mittelung der Daten aller Sensoren ergibt dann einen Fehler von 33,3% für alle Beschleunigungen in x-Richtung. Signale einer Beschleunigung nur in y-Richtung bleiben von diesem Fehler verschont. Der über alle Sensoren gemittelte Fehler durch Totalausfall eines Sensors beträgt somit 17%.

Das neuronale Netz interpoliert nun dieses (Fehler)-Muster zwischen den bekannten angelernten Mustern, wodurch der Fehler über das gesamte Netz verteilt wird. Der über die Gesamtmenge aller möglichen Muster gemittelte Fehler wird im Falle, dass sich zwei Neuronen in der Zwischenschicht befinden, auf 24% reduziert. Dieser Fehler ist zwar größer als bei einer konventionellen Mittelung, aber der größte Fehler eines Einzelergebnisses wird, wie in Abb. 11.4-5 zu sehen, deutlich reduziert.

Ebenso wie ein Totalausfall oder ein sonstiger „Hardware"-Fehler lässt sich auch das Rauschen eines Systems durch neuronale Methoden reduzieren. Das

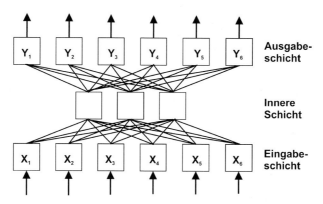

Abb. 11.4-4 Typische Struktur eines einfachen neuronalen Netzes.

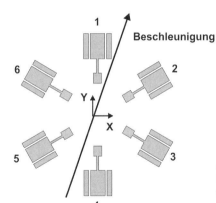

Abb. 11.4-5 Testanordnung für ein Array von Beschleunigungssensoren, die kreisförmig angeordnet sind.

Netzwerk wird in diesem Falle dergestalt trainiert, dass ein gegebenes Eingangssignal ein gleiches Ausgangssignal produziert. Trainiert wird mit dem Backpropagation-Algorithmus so lange, bis sich am Ausgang keine Verbesserung des Musters mehr ergibt. Nach dem Austrainieren werden dem Netzwerk verrauschte Eingangssignale zugeführt. Wie gut nun diese verrauschten Eingangssignale vom Netzwerk geglättet werden, hängt von der Anzahl und dem „Training" der Neuronen in der inneren Schicht ab.

Für erste Erfahrungen zum Aufbau neuronaler Netze sind so genannte Neuro-Chips käuflich zu erhalten. Diese Schaltungen haben die Fähigkeit, Eingangswerte mit veränderlichen Gewichtungen zu belegen und aufzuaddieren. Diese so gewonnenen Werte können wiederum an andere Speicherbausteine übergeben werden. Solche Neuro-Chips werden gegenwärtig mit 256 Neuronen angeboten. Die Takt-

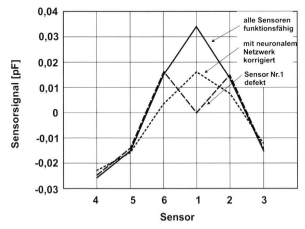

Abb. 11.4-6 Ergebnis der neuronalen Bearbeitung. Der Ausfall eines Sensors wird durch die verbleibenden Sensoren teilweise kompensiert.

rate liegt dabei im 20-MHz-Bereich. Da bei solchen Netzwerken die Neuronen einer jeden Schicht parallel arbeiten, ist für die Bearbeitungszeit eines Messproblems, unabhängig von der Komplexität, nur die Anzahl der Schichten ausschlaggebend. Zudem kann, sobald eine Operation in die nächsthöhere Schicht abgegeben wurde, die untere Schicht bereits wieder einen neuen Parametersatz bearbeiten.

Aus Gründen der Übersichtlichkeit wurde für das Anwendungsbeispiel eine sehr einfache Konstellation von Sensoren gewählt. Die großen Vorteile neuronaler Netze werden jedoch erst bei größeren und komplizierteren Systemen deutlich. Somit liegt eine künftige Arbeitsrichtung in dem Entwurf und der Analyse des Verhaltens neuronaler Netze für die Signalverarbeitung bei Systemen mit einer größeren Anzahl von Sensoren. Damit die Signale optimal von den Neuro-Chips ausgewertet werden können, müssen geeignete Anordnungen und Verschaltungen und effiziente Methoden zum Trainieren dieser Netze gefunden werden. Dies muss von einem Rechner durchgeführt und überwacht werden, d. h., die Chips sind in diesem Stadium an einen Rechner gekoppelt. Nach der Festlegung der Netzwerkkonfiguration und der Trainingsphase können die Chips wieder vom Rechner abgekoppelt werden und ihre Aufgaben selbstständig erfüllen.

Durch intensive Entwicklungsarbeiten auf diesem Gebiet haben sich auch einige Anwendungen für neuronale Netze herausgebildet, wie Sortieren von Verpackungsmüll, Entdecken von Sprengstoff bei der Abfertigung an Flughäfen, Wechselkursprognosen an der Börse und anderes [Frey96].

Trotz aller Erfolge in den oben genannten Anwendungen gibt es auch eine Reihe von kritischen Stimmen. Bei bestimmten Aufgaben, in denen ein deterministisches, also im Voraus bestimmbares Verhalten erwartet wird, ist der Einsatz neuronaler Netze nicht oder nur in begrenztem Umfang möglich. Eine Analyse, was sich tatsächlich innerhalb einer Netzstruktur abspielt, ist nur in Ausnahmefällen durchführbar. Alle Aufgaben, die eine 100%ige Genauigkeit erfordern, etwa Sicherheitsaufgaben in komplexen Industriebereichen, wie in Kernkraftwerken, scheiden daher für neuronale Methoden aus.

11.5
Schnittstellen eines Mikrosystems

Als letzte Funktionsgruppe eines Mikrosystems ist die Schnittstelle nach außen zu nennen. Die Schnittstelle kann zum Beispiel eine fehlertolerante Datenschnittstelle sein. Bei bestimmten Anwendungen sind die Anforderungen an eine Datenübertragung äußerst anspruchsvoll, denken wir etwa an die elektromagnetisch „verschmutzte" Umgebung eines Verbrennungsmotors bei Systemen für den Kraftfahrzeugbereich oder die perkutane Übertragung von Daten bei intelligenten Implantaten im Medizinbereich. Die Vielzahl von theoretisch möglichen Schnittstellen eines Mikrosystems nach außen ist in Abb. 11.5-1 skizziert.

Fassen wir diese Schnittstelle aber noch weiter, so müssen wir hier allgemein den Übergang zur Makrowelt verstehen. Jedes Mikrosystem bewegt sich in ei-

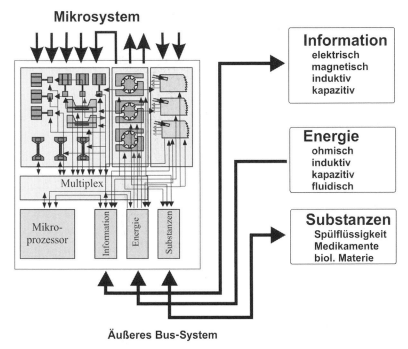

Abb. 11.5-1 IES-Übertragung zwischen Mikrosystem und Makroumgebung.

ner Makrowelt. Es müssen dabei nicht nur Daten und Informationen ausgetauscht werden, sondern auch physikalische Parameter, etwa die Ankopplung an externe Energiequellen thermischer, optischer, mechanischer und fluidischer Art. In der Mikroelektronik sind diese Schnittstellen, über die nur elektrische Signale übertragen werden müssen, noch vergleichsweise einfach realisierbar, in der Mikrosystemtechnik jedoch sind noch viele Probleme zu lösen. Besonders in der Medizintechnik spielen diese Schnittstellen eine übergeordnete Rolle, da hier das Mikrosystem mit dem hochkomplexen „Makrosystem" Mensch kommunizieren muss.

Jedes Mikrosystem besteht also aus der zweidimensionalen Mikroelektronik, der dreidimensionalen Mikrostruktur und der Schnittstelle, der Ankopplung an die Makrowelt. Im Folgenden sollen die verschiedenen Methoden der Mikrostrukturierung beschrieben werden und diskutiert werden, worin jeweils die spezifischen Stärken und Schwächen einer Technologie liegen. Es werden die drei Verfahren skizziert, die am weitesten verbreitet sind. Daneben ist eine Reihe von Alternativen bekannt, denen aber meist das breite Anwendungspotential fehlt und die auch nur für Spezialaufgaben entwickelt wurden.

Die Konzeption von Anschlüssen und Kopplungen mit Makrogeräten der Mikrosystemumgebung ist ein wichtiger Bestandteil beim Entwurf von Mikrosystemen. Mikro-/Makroankopplungen umfassen alle Arten der Kommunika-

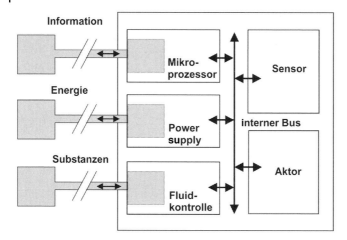

Abb. 11.5-2 Typische Schnittstellen eines Mikrosystems mit der Umgebung. Die Schnittstellen sind gruppiert im Informations-, Energie- und Substanzschnittstellen.

tion zwischen Mikrosystemen und ihrer Makroumgebung, ihre Aufgabe besteht in einer definierten Übertragung von Information, Energie oder Substanz (IES).

Dieser Zusammenhang wird in Abb. 11.5-2 veranschaulicht. Schematisch dargestellt ist ein typisches Mikrosystem bestehend aus Sensor-, Aktor- und verschiedenen Kontrolleinheiten, die über ein internes Bussystem miteinander verbunden sind. Die zur Gewährleistung der IES-Übertragung erforderlichen Komponenten sind durch die schraffierten Bereiche innerhalb und außerhalb des Mikrosystems angedeutet. Aus dieser Betrachtungsweise folgt, dass der Entwurf der Mikro-/Makroankopplung von Mikrosystemen sowohl den Entwurf der Übertragungskomponenten innerhalb und außerhalb des Mikrosystems als auch deren Anschluss durch geeignete Aufbau- und Verbindungstechniken (AVT) zum Ziel hat. Hinzu kommt die Berücksichtigung vorhandener Standards, die beispielsweise beim Anschluss an bereits existierende Bussysteme zu beachten sind, oder Richtlinien z. B. aus dem Bereich der elektromagnetischen Verträglichkeit (EMV).

Für Mikrosysteme ist es geradezu charakteristisch, dass die Aufgaben ihrer Mikro-/Makroankopplungen auf Prinzipien unterschiedlichster Disziplinen der Mikroelektronik, Mikromechanik oder Mikrooptik, aber auch der Chemie oder Biologie beruhen können. Die systematische Erfassung aller IES-Prinzipien stellt eine wesentliche Hilfe bei der Konzeption von Mikro-/Makroankopplungen dar. Die Realisierbarkeit der Mikro-/Makroankopplungen wird vom gegenwärtigen Stand der Technik bestimmt. Ein Auszug einiger technisch realisierbarer Übertragungsprinzipien und entsprechender Übertragungskomponenten ist in Tabelle 11.5-1 zusammengestellt.

Weitere Hilfen für Mikrosystementwürfe sind systematische Zusammenstellungen sowohl von Grundoperationen und physikalischen Effekten, vorhande-

Tab. 11.5-1 IES-Übertragungsprinzipien und Übertragungskomponenten.

Übertragungsprinzip		Quelle	Medium	Empfänger
I	Elektrisch	Treiber	Leiter	Register
	Magnetisch	Treiber	Magnetband	Lesekopf
	Elektromagnetisch	HF-Sendeantenne	Raum	HF-Empfängerantenne
	(Optisch)	Laser, LED	Glasfaser	Photozelle
	Mechanisch	Ultraschallsender	Materie	Ultraschallempfänger
E	Elektrisch	Ladungs-/Spannungsquelle	Leiter	Power Supply
	Magnetisch	Stromschleife, Ladungsträgerspins	Raum	Stromschleife, Ladungsträgerspins
	Elektromagnetisch	HF-Sendeantenne	Raum	HF-Empfängerantenne
	(Optisch)	Laser, LED	Glasfaser	Photozelle
	Mechanisch	Werkzeug	Raum	Objekt der Umgebung
	Thermisch	Wärmequelle	Materie, Raum	Wärmesenke
S	Fluidisch	Mikropumpe	Schlauch	Reservoir, Mikroturbine
	Teilchenstrahl	Strahlquelle	Raum	Oberfläche

nen Technologien und Materialdaten, als auch von Auswahlkriterien und Verfahren zur Auffindung optimaler Lösungen. Das typisch mikrosystemspezifische Problem stellt hier der Umfang des erforderlichen Expertenwissens dar, das aufgrund der Vielfalt an beteiligten Disziplinen in einer Person nicht mehr vereinbar ist. Die Entwicklung wissensbasierter Methoden ist daher eine wichtige Voraussetzung für Mikrosystementwürfe.

Weitere mikrosystemspezifische Probleme resultieren aus der Kleinheit der geforderten Ausmaße und Abstände der IES-Übertragungskomponenten, die zu gegenseitigen Kopplungen mit anderen Mikrosystemkomponenten in einem noch nie dagewesenen Ausmaß führen können. Aufgrund der Vielfalt an Methoden und Werkzeugen zum Entwurf der IES-Übertragungskomponenten sind heterogene Entwurfsumgebungen erforderlich, die einheitliche Datenformate zu deren Einbindung in den Mikrosystementwurf voraussetzen. Da die Optimierung des Gesamtsystems im Vordergrund steht, muss die Konzeption der Mikro-/Makroankopplung vom Gesamtentwurf unterstützt und koordiniert werden. Der Entwurfsablauf erfolgt zwangsläufig iterativ. Aus diesem Grund sind reine Top-down-Entwürfe genauso wenig sinnvoll wie reine Bottom-up-Entwürfe. Die tatsächliche Entwurfsstrategie für Mikrosysteme muss vielmehr in der Mitte liegen (Meet in the Middle).

11.5.1
IE-Übertragung

11.5.1.1 Elektrische Mikro-/Makroankopplungen
Unter elektrischen Mikro-/Makroankopplungen werden hier alle Ankopplungen zwischen Mikrosystemen und ihrer Makroumgebung verstanden, bei denen die

IE-Übertragung mittels elektrischer Verbindungsleitungen erfolgt. Von besonderem Interesse für elektrische Mikro-/Makroankopplungen sind bereits realisierte Schnittstellen der Mikroelektronik. Hier stellen die gerade in der Entwicklung befindlichen intelligenten Sensoren und Aktoren mit ihrer Fähigkeit zur Kommunikation über Bussysteme einen wichtigen Ausgangspunkt für die Entwicklung von Mikrosystemen und ihre elektrischen Mikro-/Makroankopplungen dar.

Heutzutage werden analoge Signale in der Regel in digitalen Rechnern weiterverarbeitet. Die Konversion analoger Signale erfolgt mit Hilfe von A/D-Wandlern, die Rückkonversion mit D/A-Wandlern, die somit zu einem festen Bestandteil elektrischer Schnittstellen geworden sind. Die I-Übertragung geschieht hier oftmals mit Gleichspannungssignalen zwischen 0 und 10 V. Die Übertragung von Spannungssignalen hat gegenüber der Übertragung von Stromsignalen zwar den Vorteil eines geringeren Leistungsverbrauchs, einen wesentlicher Nachteil stellt jedoch die Einstreuung von Störspannungen dar, die je nach Eingangswiderstand problematisch werden kann. Deutlich bessere Eigenschaften hinsichtlich Rauschimmunität erzielt man durch FM- bzw. PDM-Übertragung frequenz- bzw. zeitanaloger Signale, die man durch Signalkonversion mit entsprechenden Wandlern erzeugen kann.

Der schematische Aufbau heutiger und in Entwicklung befindlicher mikroelektronischer Systeme ist in Abb. 11.5-3 gegenübergestellt.

Durch Einsatz der Multiplexer-Technik können mehrere Analogsignale in einer Leitung übertragen werden, wodurch die Zahl der A/D- und D/A-Wandler und zugehöriger Leiterverbindungen reduziert wird. In herkömmlichen zentralisierten Systemen (siehe Abb. 11.5-3 a), befinden sich A/D-, D/A-Wandler und vorgeschaltete Multiplexer bzw. Demultiplexer im Bereich des Zentralrechners. Heutzutage gewinnen dezentrale Systeme, durch Reduktion von Größen, Kosten und Leistungsverbrauch, zunehmend an Bedeutung. Dabei werden Teile der Signalverarbeitung aus dem Zentralrechner in die Prozessperipherie verlagert. Dieses Kon-

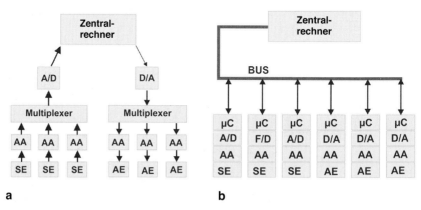

Abb. 11.5-3
a) Schematischer Aufbau heutiger Mikrosysteme,
b) Aufbau zukünftiger Mikrosysteme.

zept führt, wie in Abb. 11.5-3b schematisch dargestellt, zur Entwicklung intelligenter Sensoren und Aktoren, die zusätzlich mit analogen Signalverarbeitungseinheiten, A/D- bzw. D/A-Wandlern und Mikrorechnern ausgestattet sind und über Bussysteme kommunizieren können.

11.5.1.2 Optische Mikro-/Makroankopplungen

Zu optischen Mikro-/Makroankopplungen werden hier alle Ankopplungen gezählt, bei denen die IE-Übertragung durch elektromagnetische Wellen erfolgt. Die Übertragung kann sowohl über ein transparentes Lichtwellenleiter-Medium als auch kabellos durch den Raum erfolgen. Insbesondere die IE-Übertragung über Lichtwellenleiter gewinnt zurzeit zunehmend an Bedeutung.

11.5.1.3 Lichtwellenleiter-Ankopplungen

Die IE-Übertragung durch Lichtwellenleiter besitzt eine Reihe inhärenter Vorteile gegenüber elektrischen Übertragungsprinzipien, die für viele Anwendungsbereiche zukünftiger Mikrosysteme sehr attraktiv erscheinen. Dazu gehören:

- große Signalbandbreiten,
- hohe Signalübertragungsraten,
- Transmissionssicherheit,
- elektromagnetische Rauschimmunität,
- elektromagnetische Interferenzimmunität,
- ideale elektrische Isolation,
- großer Temperatureinsatzbereich,
- geringer Platzbedarf.

Wichtige Ausgangspunkte für die Entwicklung von Mikro-/Makroankopplungen, basierend auf Lichtwellenleitern, stellen in Entwicklung befindliche mikrooptische Komponenten, integriert-optische Systeme und optische Bussysteme dar. Ihre Funktionalität, Qualität und Wirtschaftlichkeit hängen entscheidend von der Weiterentwicklung von Aufbau- und Verbindungstechnologien (AVT) ab, um die sich ergebenden hohen Anforderungen an Justier- und Fixiergenauigkeiten zu erfüllen. Darüber hinaus kommt der Entwicklung und dem Einsatz leistungsfähiger Simulationswerkzeuge eine zunehmend wichtige Bedeutung zu, um den Entwurf komplexer, auf die übrigen Mikrosystemkomponenten abgestimmter, optischer Ankopplungen zu ermöglichen.

11.5.1.4 Mechanische Mikro-/Makroankopplungen

Der Begriff mechanische Mikro-/Makroankopplung schließt alle Komponenten zur mechanischen IE-Übertragung zwischen Mikrosystemen und ihrer Makroumgebung ein. Mechanische IE-Übertragungen erfolgen zum einen durch direkten Kontakt mit Hilfe von Bewegungseinheiten, wie z.B. Mikrowerkzeugen zur Manipulation von Objekten der Makroumgebung, Mikrofortsätzen zur Positionierung, Fortbewegung und Navigation oder Mikrofühlern bzw. -tastern. Andere mechanische Konzepte der Mikro-/Makroankopplung basieren auf akustischen Prinzipien, wie die I-Übertragung durch Ultraschall.

Die Entwicklung mechanischer Mikro-/Makroankopplungen befindet sich derzeit noch im Anfangsstadium. Als Ausgangsbasis steht jedoch ein umfangreicher Erfahrungsschatz aus der Makromechanik zu Verfügung. Es ist daher naheliegend, makroskopische mechanische Konzepte durch Skalierung auf kleine Dimensionen zu übertragen. Die Anwendung dieses Verfahrens auf ganze Systeme ist für Dimensionen im Mikrometerbereich (10 bis 100 µm) jedoch nur mit Vorbehalt durchführbar, da Modifikationen, wie Änderungen in der Hierarchie der Kräfte, eine Änderung der Systemeigenschaften herbeiführen können. Miniaturisierungen bis in Dimensionen im Submikrometerbereich sind prinzipiell fragwürdig.

Aus diesen Gründen müssen zusätzlich neuartige Konzepte, die speziell für kleine Dimensionen zugeschnitten sind, entwickelt werden. Ideen und Ansatzpunkte dazu kann beispielsweise die Bionik liefern, die das Studium biologischer Systeme und die technische Umsetzung biologischer Prinzipien zum Ziel hat.

11.5.1.5 Ultraschallübertragung

Für Mikrosystemanwendungen mit schwierigem physikalischen Zugang, z. B. Implantaten der Medizintechnik, sind kabellose IE-Übertragungsprinzipien interessant. Eine Möglichkeit zur kabellosen I-Übertragung stellt die Ultraschallübertragung dar. Die E-Übertragung durch Ultraschall ist dagegen kaum möglich. Bislang realisierte Ultraschallübertragungssysteme, die beispielsweise in der industriellen Kommunikation in Maschinen erfolgreich eingesetzt werden, können als Ausgangspunkt für Weiterentwicklungen in der Mikrosystemtechnik dienen. Zur Simulation der spezifischen Schallfeldcharakteristika wurden hierfür zugeschnittene FEM-Modelle entwickelt.

Mögliche Prinzipien der Ultraschallübertragung basieren auf der piezoelektrischen, elektromagnetischen oder magnetostriktiven Schallwandlung. Piezoelektrische Schallstrahler und -empfänger können durch Leiterbahnen auf piezoelektrischen Substraten mit Standard-Planartechnologie hergestellt werden und erscheinen daher am einfachsten auf Mikrosystemanwendungen übertragbar zu sein. Typische Frequenzen liegen im Bereich von 20 kHz bis 1 GHz. Je nach Ultraschallfrequenz sind entsprechend große I-Übertragungsraten möglich, die zusätzlich durch Dämpfungs- und Dispersionsmechanismen auf der Übertragungsstrecke bestimmt werden. Ein Vorteil ist die hohe Störsicherheit im Vergleich zur elektromagnetischen I-Übertragung, da akustische Störungen in dem verwendeten Frequenzbereich in der Regel ausgeschlossen werden können. Die Ultraschallübertragung ist mit allen Modulations- und Codierungsverfahren kompatibel.

Ein Vorteil der transkutanen I-Übertragung zu implantierten Mikrosystemen besteht in der geringen Dämpfung auf der Übertragungsstrecke. Im Weichgewebe beträgt die mittlere Ultraschalldämpfung 1 dB/(cm·MHz), so dass bei einer typischen Ultraschallfrequenz im Gewebe von einem bis einigen MHz die Ausbreitung nur schwach gedämpft wird. Als Sender und Empfänger können preiswerte piezokeramische Wandler verwendet werden, deren akustische Impedanz gut an das Gewebe angepasst ist. Durch eine gerichtete Sende- und Empfangscharakteristik der Ultraschallwandler wird eine hohe Energieausbeute bei der Übertragung ermöglicht. Die Miniaturisierung der Wandler wird lediglich durch die minimal benötigte Signalleistung im Empfänger begrenzt. Minimale Abmessungen bislang realisierter Wandler liegen in der Größenordnung von 1 cm. Eine mittlere Intensität bis 0,1 W/cm^2 gilt im Gewebe als unbedenklich. Bei der gerichteten Ultraschallübertragung über kurze Distanz genügen geringe Spannungen von einigen Volt am piezoelektrischen Wandler, um auf der Empfangsseite hinreichend große Signale zu empfangen.

11.5.2
S-Übertragung

11.5.2.1 Fluidische Mikro-/Makroankopplungen

Als fluidische Mikro-/Makroankopplungen werden hier alle Ankopplungen bezeichnet, bei denen eine S-Übertragung durch Gase oder Flüssigkeiten erfolgt. Ein wichtiger Spezialfall ist die beim Substanztransport gleichzeitig erfolgende E-Übertragung, z. B. in hydraulischen oder pneumatischen Systemen, in denen Druckkräfte oder kinetische Kräfte der Fluide ausgenutzt werden. Als mögliche Substanzen zur Übertragung kommen prinzipiell alle Fluide in Frage, die mit dem Übertragungssystem nicht oder in besonderen Fällen definiert durch chemische Reaktionen, Adsorption oder Desorption wechselwirken. Neben reinen Fluiden, z. B. Kühlmitteln, sind insbesondere kolloiddisperse Systeme zur Übertragung von Festkörperpartikeln, z. B. Körperflüssigkeiten, von Interesse.

Die Entwicklung fluidischer Mikro-/Makroankopplungen befindet sich derzeit noch im Anfangsstadium. Im Mittelpunkt der Entwicklungsarbeiten steht die Bereitstellung geeigneter Übertragungskomponenten und deren Aufbau durch ebenfalls noch zu entwickelnde AVT.

11.5.2.2 Fluidische Mikrokomponenten

Bislang sind nur wenige fluidische Mikrokomponenten kommerziell erhältlich. Eine Ausnahme bilden Mikrokapillarschläuche aus Polyimid und Mikroröhren aus Edelstahl. Minimale Innendurchmesser liegen hier derzeit jeweils bei 80 bzw. 150 µm. Zum Aufbau fluidischer Mikro-/Makroankopplungen müssen Basiskomponenten, wie Mikropumpen, Mikroventile oder Mikroschalter, entwickelt werden.

Der Entwurf fluidischer Mikrokomponenten umfasst sowohl die Material- und Technologieauswahl als auch die Simulation und Optimierung fluidischer Strömungsverhältnisse. Für fluidische Anwendungen kommen nur solche Materialien in Betracht, die mit den zu übertragenden Substanzen nicht oder nur in definierter Weise durch chemische Reaktionen, Adsorption oder Desorption wechselwirken. Insbesondere für medizinische Anwendungen ungeeignete Materialien sind z. B. typische LIGA-Werkstoffe, wie Kupfer und Nickel, ionenhaltige Gläser und quellende Klebstoffe, wie z. B. Cyanacrylate. Für nahezu alle Anwendungen geeignet sind dagegen nur Gold und Titan, Quarzglas und bestimmte Klebstoffe auf Epoxidharzbasis.

Zur Realisierung fluidischer Mikrokomponenten und deren Anschlüsse sind hybride Aufbauten erforderlich. Der typische Aufbau von Mikromembranpumpen oder -ventilen besteht z. B. aus einer oder mehreren Aktorkammern, Mikromembranen und horizontalen bzw. vertikalen Strömungskanälen. Um derartige 3D-Strukturen mit Hilfe bereits entwickelter 2D-Strukturierungstechnologien zu erzeugen, ist es sinnvoll, mehrere 2D-strukturierte Substrate übereinander anzuordnen und anschließend zu fixieren. Ein Problem bei diesem Verfahren stellen Anforderungen an die Dichtheit der so realisierten Hohlräume dar. Als 2D-Strukturierungstechnologien kommen entweder Siliziumtechnologien, wie Photolithographie, Depositionsverfahren oder Ätzverfahren auf der Wafervorder- und -rückseite, oder das LIGA-Verfahren in Frage.

Um alle oben genannten Aspekte bei Konzeption und Bau eines Mikrosystems berücksichtigen zu können, müssen entsprechende Designwerkzeuge zur Verfügung gestellt werden. Für die optimale Lösung muss zunächst das Mikrosystem systemtheoretisch beschrieben werden. Ausgehend von diesem Gesamtkonzept

Tab. 11.5-2 Vereinfachter Entwurfsablauf für konventionelle Systeme.

Entwurfsphase	*Aktion*
Aufgabenstellung	Erstellung einer Zweckbeschreibung, Festlegung von Anforderungen und Randbedingungen.
Anforderungsspezifikation	Festlegung der Eigenschaften und Zustände von Ein- und Ausgangsgrößen und deren Zuordnung durch physikalische, algebraische und logische Funktionen, Berücksichtigung einschränkender Randbedingungen.
Systemstudie	Ersetzen der Gesamtfunktion durch eine äquivalente Verknüpfung definierter Teilfunktionen (Komponentenfunktionen) und Grundoperationen.
Komponentenspezifikation und -entwurf	Effektalternativen: Realisierung von Teilfunktionen oder Grundoperationen durch physikalische Effekte oder Effektketten. Effektträgeralternativen: Selektion geeigneter Materialien (fest, flüssig, gasförmig) zur Realisierung eines in Frage kommenden Effektes. Prinziplösungen: Variation von Effekten und Effektträgern zur Darstellung verschiedener Prinziplösungen.
Systemintegration	Variantendesign: Kombination der einzelnen Prinziplösungen zu Systemvarianten.
Systemrealisierung und Test	Gestaltung: Überführung der Systemvarianten in herstellbare technische Gebilde, Verifikation und Test von Prototypen.

sind dann die Designkonzepte der Mikrostrukturierung, der Informationsverarbeitung, der mikroelektronischen Ausrüstung und schließlich der Aufbau- und Verbindungstechnik zu entwickeln. Die Entwurfssystematik ist in Tab. 11.5-2 dargestellt. Mit Hilfe dieses Schemas lässt sich auch veranschaulichen, dass die Entwicklung der Mikrosystemtechnik ein aufwendiges multidisziplinäres Arbeitsgebiet ist, das über die Fähigkeiten eines einzelnen Instituts oder einer speziellen Fachdisziplin weit hinausgeht. Ein solches Entwicklungssystem muss national, möglichst sogar europaweit konzipiert und bearbeitet werden.

11.6
Entwurf, Simulation und Test von Mikrosystemen

Der Ausgangspunkt innovativer Lösungen für Mikrosysteme ist die Analyse und Synthese von Prinzipien und Funktionen mit dem Ziel, neue mikrosystemfähige Funktionsprinzipien zu finden. Dazu sind Simulationsverfahren von großer Bedeutung. Es müssen damit die Verhaltensweisen verschiedener elektrischer und nichtelektrischer gekoppelter Feldgrößen in komplexen dreidimensionalen Geometrien zeitabhängig berechnet werden. Für die Synthese von Systemen und für Problemoptimierungen sind geeignete Rechenverfahren und Vorgehensweisen zu entwickeln sowie Schnittstellen zu den Entwurfswerkzeugen zu bilden. Einzubeziehen sind Mikrosystem-Technologie-Simulationsprogramme, die eine Verbindung von fertigungs- und werkstoffgerechter Gestaltung mit den funktionellen Forderungen herstellen [BMFT92].

Gegenüber dem konventionellen Systementwurf, etwa bei der Mikroelektronik, ist der Entwurf von Mikrosystemen gekennzeichnet durch die Notwendigkeit zur Berücksichtigung einer Vielzahl physikalischer, chemischer und biochemischer Größen, unterschiedlicher Wirkmechanismen und parasitärer Querempfindlichkeiten.

Ein integraler Mikrosystementwurf ist wegen der hohen Komplexität für Entwurf, Verifikation und Test ohne Einsatz rechnergestützter Verfahren nicht wirtschaftlich durchführbar. Derzeit existieren lediglich Werkzeuge, die für den Entwurf einzelner Mikrosystemkomponenten geeignet sind, jedoch nicht für den Entwurf eines kompletten Mikrosystems.

Wegen der Vielzahl möglicher Lösungen und der nur schwer zu durchschauenden gegenseitigen Unverträglichkeiten beim Einsatz verschiedener technologischer Prozesse kommt der Unterstützung der frühen Phase des Mikrosystementwurfs, nämlich der Studien-, Spezifikations- und Planungsphase, eine stark wachsende Bedeutung zu.

Wegen der parasitären Querempfindlichkeiten der einzelnen Mikrosystemkomponenten ist es notwendig, das Mikrosystem in seiner Gesamtheit unter funktionalen, elektrischen, physikalisch-chemischen, zeitlichen und einsatzabhängigen Gesichtspunkten zu simulieren. Dazu sind Digital-, Analog- und Leitungssimulation zusammenzuführen mit der Simulation für mechanische, optische, chemische, thermische und andere Komponenten.

Entwurfssysteme für Mikrosysteme müssen aber auch für neue Methoden und Werkzeuge offen sein. Auch in der Grundlagenentwicklung muss daher von Anfang an der Einsatz eines offenen Frameworks mit normierten Schnittstellen eingeplant werden. Nur so sind Zeit und Kosten für die Einbindung existierender und neuer Entwurfswerkzeuge in Grenzen zu halten.

Ein gravierendes Problem für die Entwicklung und Fertigung stellen der Test und die Diagnose von Mikrosystemen dar. Im Gegensatz zur Mikroelektronik wird es wegen der erforderlichen nichtelektrischen Größen bei der Stimulierung und der Signalauswertung schwierig sein, standardisierte Testsysteme zu definieren. Daraus folgt, dass im Allgemeinen die Entwicklung einer geeigneten Test-Diagnoseumgebung parallel zu der eigentlichen Mikrosystementwicklung betrieben werden muss. Im Rahmen der Grundlagenentwicklung müssen dazu einheitliche Schnittstellen zu Geräten, Testbeschreibungssprachen, Kopplungen der Entwurfs- und Testwerkzeuge sowie Regelbasen für den testfreundlichen Entwurf und den Test von Mikrosystemen erarbeitet werden.

Die Aufgabe für einen Systementwurf besteht also darin, die Komponenten so zu konzipieren und zu platzieren, dass eine Systemleistung möglich ist, die nach funktionellen und ökonomischen Gesichtspunkten optimiert ist, also gewissermaßen ein Energieminimum einnimmt. Darin unterscheidet sich zunächst ein Mikrosystementwurf nicht von dem eines makroskopischen Entwurfs. Es gibt zwei Extrema in der Vorgehensweise, um zu einem Resultat zu kommen: Der Bottom-up-Entwurf und der Top-down-Entwurf.

Beim Bottom-up-Entwurf startet man mit dem (optimierten) Element, etwa einem Sensorelement, baut dieses zu einem Funktionsmodul, etwa einem Sensorarray, auf und fügt mehrere Funktionsmodule (Sensorarray, Aktorarray und Mikroprozessor) zu einem System zusammen. Der Vorteil dieser Vorgehensweise liegt darin, dass der Simulationsaufwand verhältnismäßig gering ist, da man zusammengefasste Elemente oder Funktionsgruppen als Black Box betrachten kann, deren „Sprungantwort" gemessen oder analytisch berechnet werden kann. Nachteilig beim Bottom-up-Entwurf ist, dass das resultierende System weder funktionell noch ökonomisch optimiert werden kann. Ein Element kann zwar für eine vorgesehene Aufgabe optimiert sein, z. B. bei einem Sensor höchste Empfindlichkeit für eine Messaufgabe, doch heißt das noch lange nicht, dass damit das Gesamtsystem optimiert ist. Durch gegenseitige Beeinflussung der Elemente untereinander, etwa durch elektromagnetische oder thermische Kopelung, mag gerade die beabsichtigte Wirkung (nämlich höchste Messgenauigkeit des Gesamtsystems) vereitelt werden.

Der theoretisch richtige Ansatz für einen optimalen Systementwurf wäre das Top-down-Konzept. Hierbei werden zunächst die Systemspezifikationen definiert, daraus folgen die Spezifikationen für die Funktionsgruppen und schließlich die für die Elemente. Da ein solcher Ansatz im Prinzip auch bei der Mikroelektronik verfolgt wird und die entsprechenden Simulationswerkzeuge zur Verfügung stehen, hatte man zunächst auch die Hoffnung, Mikrosysteme nach den gleichen Prinzipien zu entwickeln.

Leider liegen die Voraussetzungen bei der Mikrosystemtechnik aber grundsätzlich anders als bei der Mikroelektronik. Bewegt man sich bei Letzterer im Wesentlichen im „elektronischen Regime", so müssen wir bei der Ersteren Mechanik, Thermodynamik, Optik, Akustik, Chemie und Biochemie berücksichtigen und die entsprechenden Koppelungen – gewollte und parasitäre – der unterschiedlichen Regime berücksichtigen. Diese Vielfalt ist jedoch mit unseren heutigen Möglichkeiten an Rechenkapazität und Simulationsmodellen nicht in ihrer Gesamtheit zu bewältigen.

Schon die unterschiedliche physikalische Anordnung der Komponenten führt zu unübersehbaren Lösungen für eine Systemleistung. Man bedenke die Schwierigkeit, etwa aus der Systemspezifikation eines dreidimensionalen Beschleunigungssensor-Systems im Top-down-Verfahren die mechanisch, elektromagnetisch und thermisch optimierte Struktur des Einzelsensors herausrechnen zu wollen.

In verschiedenen Verbundprojekten, die vom Bundesministerium für Bildung, Erziehung, Forschung und Technologie (BMBF) finanziert werden, kam man zu dem Ergebnis, dass eine „Meet-in-the-Middle"-Strategie beim Systementwurf der einzig gangbare Weg ist.

Hierbei arbeitet man mit Makromodellen, d.h. mit vereinfachten Modellen der Komponenten, die das Verhalten in den unterschiedlichen physikalischen Regimen soweit beschreiben, dass eine Simulation auf Systemebene mit vertretbarem Aufwand möglich ist. Neben der eigentlichen, etwa elektronischen, Funktion einer Komponente muss dieses Makromodell auch thermische und mechanische Rückwirkungen beschreiben können.

Die Systemsimulation muss dann diese Makromodelle verarbeiten können und die entsprechenden Koppelungen berücksichtigen. Je nach Lage der Komponenten zueinander wird man zu unterschiedlichem Systemverhalten kommen. Man kann nun Optimierungsroutinen einsetzen, um die Komponentenplatzierung nach vorbestimmten Kriterien zu optimieren. Diese Kriterien könnten sein:

- Minimierung des Flächenbedarfs,
- Minimierung der Leiterbahnlängen,
- Minimierung der „Hot spots",
- Minimierung der parasitären Koppelungen.

Einige dieser Optimierungsroutinen insbesondere bezüglich des Flächenbedarfs und der Leiterbahnlängen und -überkreuzungen können aus der Mikroelektronik übernommen werden, andere müssen speziell für die Mikrostrukturtechnik neu entwickelt werden. Hohe Anforderungen stellt die Entwicklung eines Simulationsprogrammes, bei dem parasitäre Koppelungen in den verschiedenen physikalischen Regimen berechnet werden können.

Unter Systemintegration versteht man das Zusammenfügen unterschiedlicher Funktionseinheiten, wobei Probleme der Montage, der Schnittstellen, der Gehäusung, der Kontaktierung zu lösen sind. Allen diesen Aktivitäten übergeordnet ist die Motivation, dass das System mehr sein sollte, als die Summe seiner

Teile. Es genügt also nicht, die Funktionseinheiten summarisch zusammenzufügen, sondern das Zusammenwirken einzelner Einheiten in elektrischer, mechanischer und thermischer Hinsicht muss berücksichtigt werden. Mit der Integration gehen aufgrund der räumlichen Nähe immer Beeinflussungen der Funktionselemente einher, deren Wirkung mit wachsendem Integrationsgrad steigt. Wenn auch bereits die einzelnen Funktionseinheiten mit unterschiedlichen Maßnahmen optimiert worden sind, so muss doch das Gesamtkonzept stets im Vordergrund bleiben.

Die Systemintegration kann monolithisch oder hybrid durchgeführt werden. In beiden Fällen muss die Aufbau- und Verbindungstechnik die Ankopplung von Eingangs- und Ausgangsgrößen ermöglichen und eine hohe Zuverlässigkeit des Mikrosystems garantieren. Dabei ist die Verwendung neuer Werkstoffe in hybriden Kombinationen (Metall, Keramik, Glas, Halbleiter, Polymere, biologische Materialien) von besonderer Bedeutung.

Die Mikrosystemtechnik ist durch eine breite Anwendungspalette von eher moderaten Stückzahlen gekennzeichnet. Daher spielen neben den Herstellkosten in der industriellen Anwendung auch Fragen der Entwicklungs- und Fertigungsflexibilität eine große Rolle. Es muss also stets eine kostengünstige, monolithische Massenfertigung mit einer hochflexiblen Hybridfertigung verglichen werden.

11.7
Modulkonzept der Mikrosystemtechnik

Bei der Integration von Mikrokomponenten zu Mikrosystemen müssen nicht nur Bauelemente, die in verschiedenen Technologien gefertigt sind, sondern auch Komponenten aus verschiedenen physikalischen Regimen gefertigt werden. Es müssen also im Einzelfall fluidische Komponenten mit optischen oder mechanische mit elektrischen verbunden werden. Die hierzu nötige Aufbau- und Verbindungstechnik nimmt gegenüber der aus der Mikroelektronik andere Dimensionen an, wobei eine Vielzahl unterschiedlicher Kenntnisse und Verfahren bei der Fertigung solcher Systeme benötigt wird. Der Entwicklungs- und Fertigungsaufwand hierfür ist so groß, dass er im Allgemeinen die Möglichkeiten der kleinen und mittelständischen Industrie übersteigt. Hinzu kommt noch, dass die Mikrosystemtechnik, durch eine vielfältige Produktpalette bei jeweils kleinen oder mittelgroßen Stückzahlen geprägt, eine rationelle Mengenfertigung erschwert.

Ein Ausweg aus diesem Problemkreis zeigt sich in der Konzeption eines Baukastens für Mikrosysteme. Ein Vorbild für ein solches Konzept ist in der Mikroelektronik in der Gatearray-Technik zu sehen. Auch in der Mikroelektronik bestand das Problem, dass sich kleine Betriebe oder Hersteller kleiner Stückzahlen eines Produktes eine individuelle Entwicklung eines anwenderspezifizierten Integrierten Schaltkreises (ASIC) nicht leisten konnten. Daher wurde die Entwicklung von Gatearrays vorangetrieben, bei denen die individuelle Funktion erst in einem letzten Prozessschritt eingestellt werden konnte, oder die überhaupt als fertiges Produkt erst auf eine bestimmte Aufgabe hin programmiert werden konnten. Der Nachteil, den man sich damit einhandelte, war eine gewisse Reduzierung in der Rechenleistung oder in der erreichbaren Kompaktheit der Gesamtschaltung. Durch die möglich gewordene Mengenfertigung wurde der Nachteil aber durch günstigere Fertigungskosten zumindest teilweise wieder ausgeglichen.

Nach einem solchen Konzept müssen auch Funktionseinheiten der Mikrosystemtechnik aufgebaut werden. Häufig wiederkehrende Untergruppen können in großen Stückzahlen gefertigt werden und nach geringfügigen Modifikationen für zahlreiche unterschiedliche Anwendungen eingesetzt wird. In Abb. 11.7-1 ist vom Prinzip her der Entwicklungsweg aufgezeigt. Nach einer Phase der Technologieentwicklung der Mikrostrukturverfahren wird heute schon eine große Anzahl von Komponenten – meist Sensoren – angeboten. In der nun einsetzenden Integrationsphase werden diese Komponenten zu Systemen zusammengefügt, allerdings mit den Schwierigkeiten, die weiter oben erwähnt wurden. Der konsequente nächste Entwicklungsschritt muss sein, diese Systeme in funktionale Untereinheiten als „mikromechanische Gatearrays" aufzulösen, die dann in unterschiedlichen Kombinationen mit relativ einfachen Mitteln zu Mikrosystemen gefügt werden können.

In diesem Konzept sind die hohen Entwicklungskosten für Mikrosysteme mit einer großen Anwendungspalette auf viele Schultern verteilt: auf die der Anbieter von Systemmodulen oder Funktionsbausteinen und auf die der Hersteller von anwendungsorientierten Mikrosystemen. Die Voraussetzungen dazu sind die Entwicklung einfacher Fügetechniken für die Funktionsbausteine und eine frühzeitige Standardisierung der Schnitt- oder Fügestellen.

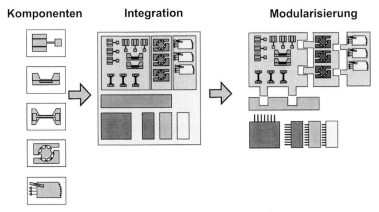

Abb. 11.7-1 Das Entwicklungskonzept von der Einzelkomponente zum Mikrosystem. Bauelemente werden zu Arrays arrangiert, um dann wieder in funktionelle Untergruppen aufgeteilt zu werden. Diese Subsysteme lassen sich dann für unterschiedliche Anwendungen zu Systemen zusammenfügen.

Das Modulkonzept soll im Folgenden an einem Beispiel der chemischen Verfahrenstechnik herausgegriffen werden. Die Aufgabe bestehe darin, dass zwei flüssige Komponenten volumetrisch abgemessen und mittels Pumpen in eine gemeinsame Misch- und Reaktionskammer gefördert werden sollen. In der Reaktionskammer findet eine Reaktion statt. Das Produkt wird vermessen und schließlich aus der Anlage herausbefördert.

In Abb. 11.7-2a ist das Ablaufschema einer solchen Anlage skizziert. Mit Hilfe eines Systembaukastens könnte man nun die Einzelkomponenten, wie Pumpe, Flussmesser, Mischkammer, Messkammer, aus genormten Modulen zusammensetzen, wie in Abb. 11.7-2b skizziert. Ändert sich die Aufgabe im Laufe der Zeit, wenn etwa drei Komponenten zu einem Produkt zusammengeführt werden müssen oder das Produkt sehr stark exotherm reagiert, so dass es gekühlt werden muss, können weitere Standardelemente hinzugefügt werden, ohne dass die alte Prozessanlage verschrottet werden muss. Voraussetzung dazu ist natürlich immer, dass sich die Einzelmodule wieder voneinander trennen lassen, um weitere Module hinzufügen zu können.

Mit einem ähnlichen Satz von Bauelementen kann man aber auch ein Analysesystem aufbauen, das für ganz andere Messaufgaben konzipiert ist. Der Vorteil dieses Konzeptes ist unmittelbar einsichtig. Nur relativ wenige Komponen-

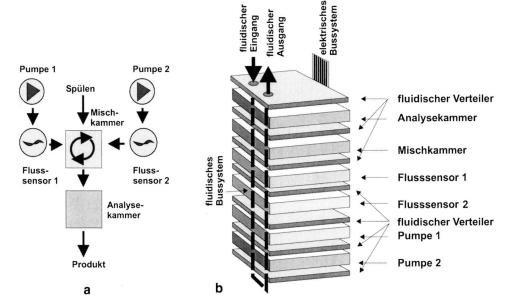

Abb. 11.7-2 Beispiel eines Modulkonzeptes in der chemischen Verfahrenstechnik.
a) Das Ablaufschema einer Prozessanlage, bei der zwei Komponenten abgemessen, in eine Reaktionskammer gefüllt werden und das Produkt analysiert wird.
b) Das Modulkonzept zur Realisierung dieser Aufgabe. Jedes Modul ist durch eine fluidische Verteilerplatte mit einem „fluidischen Bus" verbunden.

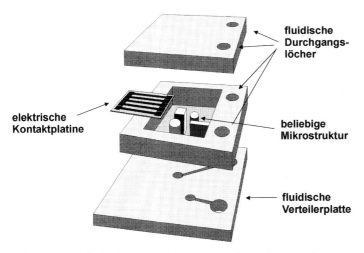

Abb. 11.7-3 Das fluidische Standardmodul setzt sich aus dem eigentlichen Subsystem, einer elektrischen Schnittstelle und einer fluidischen Verteilerplatte zusammen.

ten müssen speziell für diese Anwendung entwickelt werden. Ein größerer Teil kann als Standardbauelement übernommen werden. Diese Standardbauelemente können somit in einer kostengünstigen Mengenfertigung „auf Vorrat" hergestellt werden.

Ein Standardmodul könnte im Prinzip aufgebaut sein, wie in Abb. 11.7-3 gezeigt. Das Gehäuse muss so konzipiert sein, dass es sich nach Art eines Lego-Bausteines zu einem Gesamtsystem fügen lässt. Standardschnittstellen sorgen für die Verbindung zu anderen Modulen, wobei je nach Verwendungszweck fluidische, mechanische, optische und elektrische Schnittstellen erforderlich sind. Im Innern eines solchen Gehäuses befindet sich das eigentliche Mikrosystem, das durch die Schnittstellen innerhalb des Stapels mit anderen Modulen und mit der Außenwelt kommunizieren kann.

Das Fraunhofer Institut für Zuverlässigkeit und Systemintegration (IZM) in Berlin und Chemnitz hat ein solches System bereits realisiert (Abb. 11.7-4). In dem hier gezeigten Beispiel können bis zu vier Ventilbausteine übereinander gestapelt werden, wobei der Stapel Dimensionen von $10 \cdot 10 \cdot 30 \text{ mm}^3$ erreicht. Die Ventile halten einem Druck von 8 bar stand und besitzen eine Schaltzeit von 20 ms bei einem Durchfluss von 2 sl/min.

Im Systemkonzept müssen entsprechend elektrische, optische oder fluidische Bussysteme vorgesehen sein. Das ist sicherlich keine triviale Aufgabe, wenn man voraussetzt, dass die Schnittstellen international standardisiert sein müssten, damit der Systemhersteller aus einer Vielzahl von Modulen auswählen kann. Vorbild ist dabei wieder die Halbleiterindustrie, die Kataloge solcher standardisierter Module (Logik-Bausteine, Prozessoren, Speicher) anbietet.

Standardisierung ist aber nur eine von mehreren Voraussetzungen für einen erfolgreichen Modulbaukasten. Die Module müssen so gefügt werden, dass die-

Abb. 11.7-4 Ein Mikrofluidikbaustein in Leiterplattentechnologie. (Mit freundlicher Genehmigung des Fraunhofer Instituts für Zuverlässigkeit und Mikrointegration (IZM)).

se Arbeit beim Systemanbieter ausgeführt werden kann, also in einer Umgebung, die ohne Reinraum und speziell geschultes Personal auskommen muss. Es müssen also Konzepte entwickelt werden, die es erlauben, die Module mit einfachsten Mittels zuverlässig (und je nach Aufgabe permanent oder nichtpermanent) zueinander zu fügen.

Ein Systemhersteller aus der kleinen oder mittelständischen Industrie wird nicht auf Verdacht Komponenten bestellen, um dann feststellen zu müssen, dass sich sein Systemkonzept mit diesen Komponenten nicht verwirklichen lässt. Es müssen also Simulationswerkzeuge bereitgestellt werden, die es dem Anwender erlauben, ein beliebiges Systemkonzept auf dem Rechner zu simulieren.

Sicherlich sind die oben genannten Voraussetzungen für ein Modulkonzept nicht auf einfache Weise zu erledigen. Die Halbleiterindustrie ist aber auch hier wieder der Schrittmacher, an dem sich die Mikrosystemtechnik orientieren sollte, wenn man eine wirtschaftlich erfolgreiche und breitgestreute Mikrosystemindustrie aufbauen will.

Literatur

[Abe95] T. ABE, W.C. MESSNER, M.L. REED: Effective Methods to Prevent Stiction During Post-Release-Etch Processing; Proc. MEMS 95 Workshop, Amsterdam, Netherlands, Jan. 29–Feb. 2, 1995, pp. 94–99.

[Abel95] S. ABEL, W. EHRFELD, H. LEHR, H. MÖBIUS, F. SCHMITZ: Proc. MicroMat '95, Berlin, Germany, 1995.

[Ache00] S. ACHENBACH, F.J. PANTENBURG, J. MOHR: Optimierung der Prozessbedingungen zur Herstellung von Mikrostrukturen durch ultratiefe Röntgenlithographie (UDXRL); wiss. Berichte FZKA 6576, Forschungszentrum Karlsruhe (2000); Dissertation S. Achenbach, Universität Karlsruhe.

[Ache95] J.H. ACHE et al.: Three-dimensional microsensor technology; in: W. GÖPEL (ed.): Sensors: A Comprehensive Series, Vol. 8: Micro and Nanosensor Technology, VCH, Weinheim, 1995, pp. 81–133.

[AGIE96] N.N.: AGIE Experience of the Best No. 9; AGIE SA, CH-6616 Losone, Via dei Pioppi, 1996.

[Akut89] T. AKUTA: Proc. 10th Intl. Workshop on Rare-Earth Magnets and their Applications, Kyoto, Japan, 1989, pp. 359–368.

[Alle96] D. ALLEN, A. LECHEHEB: Micro electro-discharge machinig of ink jet nozzles: optimum selection of material and machining parameters, Journal of Materials Processing Technology, 58, pp. 53–66, 1996.

[Alle99] D. ALLEN et al.: Typical Metrology of Micro-Hole Arrays Made in Stainless Steel Foils by Two- Stage Micro-EDM, Annals of the CIRP, 48.

[Alth96] P. ALTHAINZ, J. GOSCHNICK, S. EHRMANN, H.J. ACHE: Multisensor microsystem for contaminants in air; Sens. Actuators, Vol. B33, Nos. 1–3, July 1996, pp. 72–76.

[Amit89] D.J. AMIT: Modeling Brain Function; Cambridge University Press, 1989.

[Ande88] B. ANDERER, W. EHRFELD, D. MUENCHMEYER: Proc. SPIE Micro-Optics, SPIE Proc., Vol. 1014, 1988, p. 17.

[Arbe04] Arbeitsgruppe Atomphysik ECR Ionenquelle; http://www.physik.tu-dresden.de/apg/apgecr1.htm.

[Armb03] S. ARMBRUSTER, F. SCHÄFER, G. LAMMEL, H. ARTMANN, C. SCHELLING, H. BENZEL, S. FINKBEINER, F. LÄRMER, P. RUTHER, O. PAUL: A novel micromachining process for the fabrication of monocrystalline Si-membranes using porous silicon; Digest Tech. Papers, Transducers 2003, Boston, June 2003, pp. 246–249.

[Arx98a] M. v. ARX, L. PLATTNER, O. PAUL, H. BALTES: Micromachined Hot Plate Test Structures to Measure the Heat Capacity of CMOS IC Thin Films; Sensors and Materials, Vol. 10, No. 8, 1998, pp. 503–517.

[Arx98b] M. v. ARX: Thermal Properties of CMOS Thin Films; PhD Thesis No. 12743, ETH Zurich, 1998.

[Asha99] M. ASHAUER, Institut für Mikro- und Informationstechnik (IMIT), Villingen-Schwenningen, private communication (1999).

Mikrosystemtechnik für Ingenieure, 3. Auflage. W. Menz, J. Mohr, O. Paul
Copyright © 2005 WILEY-VCH Verlag GmbH & Co. KGaA, Weinheim
ISBN: 3-527-30536-X

[Aske96]   D. R. Askeland: Materialwissenschaften, Spektrum Verlag, 1996.
[Bach91a] W. Bacher, K. Feit, M. Harmening, A. Michel, J. Mohr, W. Stark, J. Stoelting: LIGA-Abformtechnik zur Fertigung von Mikrostrukturen, KfK-Nachrichten, 23 (1991), S. 84–92.
[Bach91b] W. Bacher, P. Bley, H. Hein, U. Klein, J. Mohr, W. K. Schomburg, R. Schwarz, W. Stark: Herstellung von Röntgenmasken für das LIGA-Verfahren; KfK-Nachrichten, Vol. 23, 1991, S. 76–83.
[Bach92]   W. Bacher, R. Ruprecht, A. Michaelis, J. W. Schultze, A. Thies: Dechema-Monographienband 125; VCH Verlagsgesellschaft, 1992, p. 459.
[Balt94]   H. Baltes, R. Castagnetti: Magnetic Sensors, in: S. M. Sze: Semiconductor Sensors; Wiley, 1994, pp. 205–269.
[Balt96]   H. Baltes, O. Paul, D. Jaeggi: Thermal CMOS Sensors – An Overview, in Sensors Update 95, Weinheim, VCH, 1996, pp. 121–142.
[Balt98]   H. Baltes, O. Paul, O. Brand: Micromachined, thermally-based CMOS microsensors, IEEE Proceedings, Spezialausgabe über MEMS (1998), S. 1660–1678.
[Bart04]   J. Bartholomeyczik, P. Ruther, O. Paul: Multidimensional CMOS in-plane stress sensor, Book of Abstracts IEEE Sensors 2003 Conference, Oct. 2003, Toronto, Kanada, pp. 50–51; ausführlicher Artikel in: IEEE Sensors Journal (2005), im Druck.
[Bart83]   A. F. M. Barton: CRC Handbook of Solubility Parameters and other Cohesion Parameters, CRC Press Inc., Boca Raton, Florida (1983).
[Base95]   P. Basedau, Q. Huang, O. Paul, H. Baltes: Isolating Analog Circuits from Digital Interferences; Fourth International Conference on Solid-State and Integrated-Circuit Technologies ICSICT '95, Beijing, China, 1995, pp. 656–658.
[Beam46]   J. W. Beams, J. L. Young, J. W. Moore: J. Appl. Phys., Vol. 17, 1946, p. 886.
[Beck56]   E. W. Becker, K. Bier, W. Henkes: Zeitschrift für Physik, Vol. 146, 1956, p. 333.
[Beck82]   J. W. Becker, W. Ehrfeld, D. Münchmeyer, H. Betz, A. Heuberger, S. Pongratz, W. Glashauser, H. J. Michel, R. v. Siemens: Production of separation nozzle system for uranium enrichment by a combination of X-ray lithography and galvanoplastics; Naturwissenschaften, Vol. 69, No. 11, Nov. 1982, pp. 520–523.
[Beck86]   E. W. Becker, W. Ehrfeld, P. Hagmann, A. Maner, D. Münchmeyer: Fabrication of microstructures with high aspect ratios and great structural heights by synchrotron radiation lithography, galvanoforming, and plastic moulding (LIGA process); Microelectronic Engineering, Vol. 4, No. 1, May 1986, pp. 35–36.
[Behm88]   U. Behmer: Untersuchung kinematischer Einflüsse beim funkenerosiven Senken mit überlagerter Planetärbewegung, TH Aachen, 1988.
[Beme70]   N. J. Bemelmans: Untersuchung zur elektrochemischen Bearbeitung von Metallen und Metallcarbiden durch anodische Auflösung bei hohen Stromdichten (Elektrochemisches Senken), TH Aachen, 1970.
[Berg90]   P. Bergveld: Development of an Ion-Sensitive Solid State Device for Neurophysiological Measurements; IEEE Trans. Biomed. Eng. BME-17, 70, 1990.
[Berg91]   W. Bergmann: Werkstofftechnik, Teil 2: Anwendung, Carl Hanser Verlag, München, Wien, 1991.
[Bier88]   W. Bier, K. Schubert: Herstellung von Mikrostrukturen mit großem Aspektverhältnis durch Präzisionszerspanung mit Formdiamanten; KfK-Report No. 4363, Kernforschungszentrum Karlsruhe, Feb. 1988.
[Bier90]   W. Bier, W. Keller, G. Linder, D. Seidel, K. Schubert: ASME Symposium, DSC-Vol. 19, Nov. 1990.
[Bier91]   W. Bier, G. Linder, D. Seidel, K. Schubert: Mechanische Mikrotechnik; KfK-Nachrichten, Vol. 23, 1991, pp. 165–173.

[Bier92]   W. Bier, A. Guber, U. Koehler, G. Linder: Alternative Methoden der Siliziumbearbeitung: Plasmaloses Ätzen mit halogenhaltigen Gasen. Mikrostrukturierung mit Diamantwerkzeugen; Kongress Gerätetechnik und Mikrosystemtechnik, Chemnitz, 16.–18. März 1992, VDI Report 960, Vol. 2, VDI-Verlag, Düsseldorf, S. 735–740.

[Bier93a] W. Bier, A. Guber, H.-J. Fernholz, H. Magnus, K. Schubert, R. Wittgruber: Herstellung und Test von mikrostrukturierten Röntgenverstärkerfolien; Zeitschrift für medizinische Physik, Bd. 3, 1993, S. 141–144.

[Bier93b] W. Bier, W. Keller, G. Linder, D. Seidel, K. Schubert, H. Martin: Gas to gas heat transfer in micro heat exchangers; Chemical Engineering and Processing, Vol. 32, 1993, pp. 33–43.

[Bier94]   W. Bier, A. Guber, K. Schubert, H. Riesemeyer: Mikrostrukturierte Röntgenverstärkerfolien für die Röntgendiagnostik; KfK-Nachrichten, Vol. 26, 1994, pp. 3–9.

[Bley91]   P. Bley, W. Menz, W. Bacher, K. Feit, M. Harmening, H. Hein, J. Mohr, W. K. Schomburg, W. Stark: Application of the LIGA process in fabrication of three-dimensional mechanical microstructures; Proc. MicroProcess Conference, Kanazawa, Japan, June 15–18, 1991; JSAP Cat. Nr. AP 911120, p. 18, and Jap. J. Appl. Physics, Series 5, 1991, p. 547.

[Bloo97]   D. M. Bloom: IS&T/SPIE Symposium on Electronic Science and Technology 1997.

[BMFT92]   Untersuchung zum Entwurf von Mikrosystemen; BMFT-Förderkennzeichen 13 MV 0157, 1. Statusbericht (1992).

[Bock98]   J. O. Bockris, A. K. Ready: Modern Electrochemistry; Plenum Publishing Corp., Jan 1998.

[Boer81]   F. J. Boerio, J. W. Williams: Structure and properties of organosilane primers for adhesive bonding; Applications of Surface Science, Vol. 7, Nos. 1–2, Jan.–Feb. 1981, pp. 19–31.

[Bogd00]   A. L. Bogdanov, S. S. Peredkov: Use of SU-8 photoresist for very high aspect ratio x-ray lithography; J. Microelectron. Eng. 53 (2000), pp. 493–496.

[Boll84]   D. Bollinger, S. Ida, O. Matsumoto: Solid State Technology, 1984, p. 111.

[Boll99]   K. Bollen, W. van Dijck: Development of machining strategies for complex (3D) surfaces with EDM milling, K. U. Leuven, 1999.

[Bozo68]   R. M. Bozorth: Ferromagnetism; Van Nostrand Company, Inc., 1968.

[Bran97]   O. Brand, M. Hornung, H. Baltes, C. Hafner: Ultrasound Barrier Microsystem for Object Detection Based on Micromachined Transducer Elements; J. Microelectromechanical Syst., Vol. 6, No. 2, June 1997, pp. 151–160.

[Bren90]   K.-H. Brenner et al.: H^+-Lithography for 3D-integration of optical circuits, Applied Optics, Vol. 29, No. 26 (1990), pp. 3723–3724.

[Brod82]   I. Brodie, J. Muray: The Physics of Microfabrication; Plenum Press, New York, 1982, p. 81.

[Bron99]   I. N. Bronstein et al.: Taschenbuch der Mathematik, Verlag Harri Deutsch, Frankfurt am Main, Thun, 1999.

[Burb91]   C. Burbaum, J. Mohr, P. Bley, W. Ehrfeld: Fabrication of capacitive acceleration sensors by the LIGA technique; Sens. Actuators, Vol. A27, Nos. 1–3, May 1991, pp. 559–563.

[Cham98]   A. Chambers, R. K. Fitch, B. S. Halliday: Basic Vacuum Technology; Institute of Physics Publishing, Bristol, UK, 1998.

[Chan75]   H. P. Chang: J. Vac. Sci. Technol., Vol. 12, No. 6, 1975, p. 1271.

[Chan95]   F. I. Chang, R. Yeh, G. Lin, P. B. Chu, E. Hoffman, E. J. J. Kruglick, K. S. J. Pister, M. H. Hecht: Gas-Phase Silicon Micromachining with Xenon Difluoride. Microelectronic Structures and Microelectromechanical Devices for Optical Processing and Multimedia Applications; SPIE Proc., Vol. 2631, pp. 117–128.

[Chan96]   C. Y. Chang, S. M. Sze: ULSI Technology; McGrawHill, 1996.

[Chap80]   B. Chapman: Glow discharge processes; John Wiley & Sons, New York, 1980.

[Chau95] H.-L. CHAU, S.R. LEWIS, Y. ZHAO, R.T. HOWE, S.F. BART, R.G. MARCHESELLI: An Integrated Force-Balanced Capacitive Accelerometer for Low-G Applications; Proc. Transducers 95/Eurosensors IX, Vol. 2, Stockholm, Sweden, June 25–29, 1995, pp. 593–596.

[Chri99] H. CHRISTMANN: Mikroschneidenerosion in der Anwendung, Fachtagung: Funkenerosion-Zukunftstechnologie im Werkzeug- und Formenbau, 1999, ADITEC gGmbH, Aachen, 1999.

[Clar80] A.E. CLARK: Magnetostrictive rare-earth-Fe_2-compounds; in: Ferromagnetic Materials; Chap. 7, WOHLFARTH (ed.); North Holland, 1980, pp. 531–589.

[Clea04] MEMS and Nanotechnology Clearinghouse, www.memsnet.org/material.

[Cole95] B.E. COLE, C.J. HAN, R.E. HIGASHI, J. RIDLEY, J. HOLMEN: Monolithic 512x512 CMOS Microbridge Arrays for Infrared Scene Projection; Proc. Transducers 95/ Eurosensors IX, Vol. 2, Stockholm, Sweden, June 25–29, 1995, pp. 628–631.

[Cole98] B.E. COLE, R.E. HIGASHI, R.A. WOOD: Monolithic Two-Dimensional Arrays of Micromachined Microstructures for Infrared Applications; Proceedings of the IEEE, Vol. 86, No. 8, Aug. 1998, pp. 1679–1686.

[Comp83] C. COMPTON, R.C. MACPHEDRAN, G.H. DERRICK, L.C. BOTTON: Infrared Physics, Vol. 23, 1983, p. 239.

[Cowi91] J.M.G. COWIE: Polymers Chemistry and Physics of Modern Materials; Chapman & Hall, 1991.

[Cox74] P. COX: Environmental Monitoring Device and System; U.S. Patent 3831432, 1974.

[Cris62] J.M. CRISHAL, A.L. HARRINGTON: A Selective Etch for Elemental Silicon; Electrochemical Soc. Extended Abstracts, Vol. 109, Abstract No. 89, Spring Meeting, Los Angeles, CA, USA, 1962, p. 71C.

[Cros98] F. CROS, M.G. ALLEN: High Aspect Ratio Structures Achieved by Sacrificial Conformal Coating; Technical Digest of the 1998 Solid-State Sensor and Actuator Workshop, Hilton Head, SC, USA, 1998, pp. 261–264.

[Csep83] L. CSEPREGI, R. HAUK, R. NIESSL, H. SEIDEL: Technologie dünngeätzter Siliziumfolien im Hinblick auf monolithisch integrierbare Sensoren; BMFT Research Report T 83-089, Fachinformationszentrum Karlsruhe, 1983.

[Datt93] M. DATTA: Anodic dissolution of metals at high rates, IBM J. Res. Develop, Vol. 37, March, 1993.

[Dauw85] D.F. DAUW: On-Line Identification and Optimization of Electrodischarge Machining, KU Leuven, 1985.

[Dauw95] D.F. DAUW, B. v. COPPENNOLLE: On the Evolution of EDM Research, Part 2: From Fundamental Research to Applied Resaerch, Procceedings of ISEM XI, Lausanne, 1995, pp. 133–142.

[DeBa68] A.E. DEBARR: Electrochemical Machining, MacDonald, London, 1968.

[Dege72] H. DEGENHARDT: Elektrochemische Senkbarkeit metallischer Werkstoffe, RWTH Aachen, 1972.

[Degn84] W. DEGNER: Elektrochemische Metallbearbeitung, VEB Verlag Technik, Berlin, 1984.

[Diem93] B. DIEM, M.T. DELAYE, F. MICHEL, S. RENARD, G. DELAPIERRE: SOI (SIMOX) as a substrate for surface micro machining of single crystalline sensors and actuators; Proc. Transducers 93, Yokohama, Japan, June 7–10, 1993, pp. 233–236.

[Dijc73] F. VAN DIJCK: Physico-mathematical analysis of the EDM process, Dissertation KU Leuven, 1973.

[DIN8580] N.N.: DIN 8580; DIN 8590, Fertigungsverfahren Einteilung, Beuth Verlag, Berlin, 1974.

[Dobo85] K. DOBOS, G. ZIMMER: Performance of CO-Sensitive MOSFETs with Metal Oxide Semiconductor Gates; IEEE Trans. Electron Devices, Vol. ED-32, 1985, p. 1165.

[Doel04] M. DOELLE, C. PETERS, P. GIESCHKE, O. RUTHER, O. PAUL: Two-dimensional high density piezo-FET stress sensor arrays for in-situ monitoring of wire bonding processes; Tech. Digest IEEE MEMS 2004 Conference, Jan. 2004, pp. 829–832.

[Ducr04] J. DUCREÉ, R. ZENGERLE: Bio-Disk: A centrifugal platform for integrated point-of-care diagnostics on whole blood, www.bio-disk.com.

[Effe77] P. H. EFFERTZ, P. FORCHHAMMER: Die Lochkorrosionsanfälligkeit des Vergütungsstahles X20Cr13 in NaCl-Lösungen, Werkstoffe und Korrosion, Bd. 28, S. 809–816, 1977.

[Ehma02] M. EHMANN, P. RUTHER, F. SCHUBERT, O. PAUL: Thermally activated ageing of polysilicon; Proc. IEEE Sensors 2002 Conference, Vol. 1, Orlando, June 12–14, 2002, pp. 602–606.

[Eich92] J. EICHER, R. P. PETERS, A. ROGNER: VDI Report No. 960, VDI-Verlag, Düsseldorf, 1992, p. 683.

[Elde47] F. R. ELDER, A. M. GUREWITSCH, R. V. LANGMUIR, H. C. POLLOCK: Phys. Rev., Vol. 71, 1947, p. 829.

[Elkh00] A. EL-KHOLI, K. BADE, J. MOHR, F. J. PANTENBURG, X.-M TANG: Alternative resist adhesion and electroplating layers for LIGA process, J. Microsystem Technol. 6 (2000), pp. 161–164.

[Elkh93] A. EL-KHOLI, P. BLEY, J. GOTTERT, J. MOHR: Examination of the solubility and the molecular weight distribution of PMMA in view of an optimised resist system in deep etch X-ray lithography; Microelectronic Engineering, Vol. 21, Nos. 1–4, April 1993, pp. 271–274.

[Elli86] D. J. ELLIOTT: Microlithography; McGraw-Hill, New York, 1986.

[Elwe97] M. ELWENSPOEK: The form of etch rate minima in wet chemical anisotropic etching of silicon; J. Micromech. Microeng., Vol. 6, 1997, pp. 405–409.

[Elwe98] M. ELWENSPOEK, H. JANSEN: Silicon micromachining; Cambridge University Press, 1998.

[Enke82] C. G. ENKE: Elektrochemische Metallbearbeitung, Technica, Bd 19.

[Ehrf87] W. EHRFELD, P. BLEY, F. GOTZ, P. HAGMANN, A. MANER, J. MOHR, H.-O. MOSER, D. MÜNCHMEYER, W. SCHELB, D. SCHMIDT, E. W. BEKKER: Fabrication of microstructures using the LIGA process; Proc. IEEE Micro Robots and Teleoperators Workshop. An Investigation of Micromechanical Structures, Actuators and Sensors. IEEE, New York, NY, USA, 1987, pp. 11/1–11.

[Ehrf88] W. EHRFELD, H. J. BAVING, D. BEETS, P. BLEY, F. GÖTZ, J. MOHR, D. MÜNCHMEYER, W. SCHELB: J. Vac. Sci. Technol., Vol. B6, No. 1, 1988, p. 178.

[Ertl04] S. ERTL: Untersuchungen zur Herstellung und zum Einsatz mikrotechnisch gefertigter Diamantwerkzeuge, Dissertation Universität Freiburg, 2004.

[Esas95] M. ESASHI, M. TAKINAMI, Y. WAKABAYASHI, K. MINAMI: High-rate directional deep dry etching for bulk silicon micromachining; Journal of Micromechanics & Microengineering, Vol. 5, No. 1, March 1995, pp. 5–10.

[Evan65] U. R. EVANS: Einführung in die Korrosion der Metalle. Verlag Chemie, Weinheim, 1965.

[Fedd96] G. K. FEDDER, S. SANTHANAM, M. L. REED, S. C. EAGLE, D. F. GUILLOU, M. S.-C. LU, L. R. CARLEY: Laminated High-Aspect-Ratio Microstructures in a Conventional CMOS Process; Proc. IEEE Micro Electro Mechanical Systems MEMS 96 Workshop, San Diego, CA, USA, 1996, pp. 13–18.

[Feie95] G. FEIERTAG, W. EHRFELD, H. FREIMUTH, H. KOLLE, H. LEHR, M. SCHMIDT, M. M. SIGALAS, G. KIRIAKIDIS, T. PEDERSEN, C. SOUKOULIS: Fabrication of photonic crystals by deep X-ray lithography; Applied Physics Letters, Vol. 71, No. 11, 1997, pp. 1441–1443.

[Fink56] W. FINKENBURG, H. MAECKER: Elektrische Bögen und thermische Plasma, Handbuch der Physik Band 22, Springer-Verlag, Berlin, Göttingen, Heidelberg, 1956.

[Finn67] R. M. FINNE, D. L. KLEIN: A Water Soluble Amine Complexing Agent System for Etching Silicon; J. Electrochem. Soc., Vol. 114, 1967, p. 965.

[Fork66] W. FORKER: Elektrochemische Kinetik, Akademie Verlag, Berlin, 1966.

[Förs79] K. Förster: Untersuchung der technologischen und physikalischen Zusammenhänge beim funkenerosiven Drahtschneiden, Dissertation TU München, 1979.

[Fran94] W. F. X. Frank et al.: Passive optical devices in polymers; SPIE Proc., Vol. 2042, 1994, pp. 405–413.

[Frem82] J. K. Fremery: Vacuum, Vol. 32, 1982, p. 685.

[Fren96] P. J. French, P. T. J. Gennissen, P. M. Sarro: New Micromachining Techniques for Microsystems; Proc. Eurosensors X, Vol. 2, Leuven, Belgium, Sep. 8–11, 1996, pp. 465–472.

[Frey92] H. Frey: Ionenstrahlgestützte Halbleitertechnologie; VDI-Verlag, Düsseldorf, 1992.

[Fuch90] E. Fuchs, H. Oppolzer, H. Rehme: Particle beam microanalysis; VCH Verlagsgesellschaft mbH, Weinheim, 1990.

[Fuku98] Y. Fukuzawa, H. Katougi, N. Mohri, K. Furutani, T. Tani: Machining Properties of Insulating Ceramics with an Electric Discharge Machine-Machining of Oxide Ceramics, Proceedings of 12th International Symposium for Electromachining (ISEM), Aachen, 1998, pp. 445–453.

[Gait93] M. Gaitan, M. Parameswaran, R. B. Johnson, R. Chung: Commercial CMOS Foundry Thermal Display for Dynamic Thermal Scene Simulation; SPIE Proc. Vol. 1969, 1993, pp. 363–369.

[Gebh96] U. Gebhard, R. Günther, E. Just, P. Ruther: Proc. MICRO SYSTEM Technologies 96, 1996, p. 630.

[Gerl02] A. Gerlach, G. Knebel, A. E. Guber, M. Heckele, D. Herrmann, A. Muslija, Th. Schaller: Microfabrication of single-use plastic microfluidic devices for high-throughput screening and DNA analysis, J. Microsystem Techn., Vol. 7, No. 5–6, 2002, pp. 265–268.

[Gött91] J. Göttert, J. Mohr: ECO 4 – The Intl. Congress on Optical Science and Engineering, SPIE Micro-Optics II, SPIE Proc. Vol. 1506, The Hague, Netherlands, March 14–15, 1991, p. 170.

[Gött92] J. Göttert, J. Mohr, C. Müller, H. Sauter: Coupling elements for multimode fibers by the LIGA process; H. Reichl (ed.) MICRO SYSTEM Technologies 92, 3rd Internat. Conf. on Micro, Electro, Opto, Mechanic Systems and Components, Berlin, October 21–23, 1992, vde-Verlag, Berlin, 1992, pp. 297–307.

[Gött95] J. Göttert, M. Fischer, A. Müller: High-Aperture surface relief microlenses fabricated by X-ray lithography and melting, EOS Topical Meetings Digest Series, D. Daly (ed.), 1995.

[Gött95a] J. Göttert, M. Fischer, A. Müller: LIGA-Mikrolinsen und ihre Anwendung in der Medizin- und Informationstechnik, FZKA Bericht 5670 (1995) S. 169–174.

[Graf03] M. Graf, S. Taschini, P. Käser, C. Hagleitner, A. Hierlemann, H. Baltes: Digital MOS-transistor-based microhotplate arrays for simultaneous detection of environmentally relevant gases; Tech. Digest of IEEE MEMS Conference 2004, Maastricht, Niederlande, Jan. 2004, pp. 351–354.

[Gree75] J. S. Greeneich: Developer characteristics of poly-(methyl methacrylate) electron resist; J. Electrochem. Soc., Vol. 122, No. 7, July 1975, pp. 970–976.

[Grub99] H. P. Gruber: Elektro-Erosion in der Mikrobearbeitung, ADITEC GmbH Aachen, Fachtagung: Funkenerosion-Zukunftstechnologie im Werkzeug- und Formenbau, 1999.

[Guck95] H. Gukkel, T. Earles, J. Klein, J. D. Zook, T. Ohnstein: Electromagnetic linear actuators with inductive position sensing for micro relay, micro valve and precision positioning applications; Proc. Transducers95/Eurosensors IX, Vol. 1, Stockholm, Sweden, 1995, pp. 324–327.

[Guck96] H. Gukkel, T. Earles, J. Klein, J. D. Zook, T. Ohnstein: Electromagnetic linear actuators with inductive position sensing; Sens. Actuators, Vol. A53, Nos. 1–3, May 1996, pp. 386–391.

[Habe90]	E. HABERSTROH: Spritzgießprozess und Formteilqualität. VDI-K-Buch 1990, VDI-Verlag, Düsseldorf, 1990, p. 87.
[Häbe96]	A. HÄBERLI, O. PAUL, P. MALCOVATI, M. FACCIO, F. MALOBERTI, H. BALTES: CMOS Integration of a Thermal Pressure Sensor System. Proceedings of IEEE ISCAS 96, Atlanta, 1996, Vol. 1, pp. 377–380.
[Haef87]	R. A. HAEFNER: Oberflächen- und Dünnschicht-Technologie, Teil I: Beschichtung von Oberflächen; Springer-Verlag, Berlin, Heidelberg, 1987.
[Hage91]	O. F. HAGENA, G. KNOP, R. RIES: Silber-Clusterstrahlen zur Erzeugung dünner Schichten; KfK-Nachrichten, Vol. 23, Nos. 2–3/91, 1991, pp. 136–142.
[Hage98]	U. HAGENDORF, M. JANICKE, F. SCHÜTH, K. SCHUBERT, M. FICHTNER: A Pt/Al_2O_3 Coated Microstructured Reactor/Heat Exchanger for the Controlled H_2/O_2-Reaction in the Explosion Regime; Proc. 2nd Intl. Conf. on Microreaction Technology, New Orleans, LA, USA, March 8–12, 1998.
[Hama04]	K. HAMAGUCHI, T. TSUCHIYA, K. SHIMAOKA, H. FUNABASHI: 3-nm gap fabrication using gas phase sacrifial etching for quantum devices; Tech. Digest IEEE MEMS 2004 Conference, Maastricht, Niederlande, Jan. 2004, pp. 418–421.
[Hand04]	Handbook of Chemistry and Physics, 85. Ausgabe (oder älter), CRC Press, Boca Raton, FL, USA, 2004.
[Harm90]	M. HARMENING, W. EHRFELD: Untersuchung zur Abformung von galvanisierbaren Mikrostrukturen mit großer Strukturhöhe aus elektrisch isolierenden und leitfähigen Kunststoffen; Dissertation, Universität Karlsruhe, Report des Kernforschungszentrums Karlsruhe, KfK-4711, Mai 1990.
[Hars88]	S. HARSCH, W. EHRFELD, A. MANER: Untersuchungen zur Herstellung von Mikrostrukturen großer Strukturhöhe durch Galvanoformung in Nickelsulfamatelektrolyten; Report des Kernforschungszentrums Karlsruhe, KfK-4455, Aug. 1988.
[Heck99]	M. HECKELE, K. D. MÜLLER, W. BACHER: Microstructured plastic foils produced by hot embossing, HARMST, Kisarazu, Japan, 1999, pp. 84–85.
[Heck04]	M. HECKELE, W. K. SCHOMBURG: Review on micro molding of thermoplastic polymers: Topical review. J. Micromech. and Microeng. 14 (2004), pp. R1–R14.
[Hein92]	H. HEIN, P. BLEY, J. GOETTERT, U. KLEIN: Elektronenstrahllithographie und Simulationsrechnungen für die Herstellung von Röntgenmasken beim LIGA-Verfahren; Congress Gerätetechnik und Mikrosystemtechnik, Chemnitz, 16.–18. März, 1992, VDI-Verlag, Düsseldorf, Report Nr. 960, 1992, S. 75–86.
[Henk89]	P. R. W. HENKES, R. KLINGELHOFER: Micromachining with cluster ions; Vacuum, Vol. 39, No. 6, 1989, pp. 541–542.
[Henk91]	R. W. HENKES, R. KLINGELHOFER, B. KREVET: Strukturieren und Polieren von Festkörperflächen mit Clusterionen; KfK-Nachrichten, Bd 23, 1991, S. 133–135.
[Henr98]	S. HENRY, D. V. MCALLISTER, M. G. ALLEN, M. R. PRAUSNITZ: Micromachined Needles for the Transdermal Delivery of Drugs; Proc. IEEE Micro Electro Mechanical Systems MEMS 98 Workshop, Heidelberg, Jan. 25–29, 1998, pp. 494–498.
[Henz04]	P. HENZI, D. G. RABUS, K. BADE, U. WALLRABE, J. MOHR: Low Cost Single Mode Waveguide Fabrication Allowing Passive Fiber Coupling using LIGA and UV flood exposure, Proc. SPIE 5454 Photonics Europe, Strasbourg (2004).
[Herw86]	A. W. VAN HERWAARDEN, P. M. SARRO: Sens. Actuators 10, 1986, 321–346.
[Herw94]	S. VAN HERWAARDEN, G. C. M. MEIJER: Thermal Sensors, in: Semiconductor Sensors, S. M. SZE (ed.); John Wiley & Sons Inc., 1994.
[Heub91]	A. HEUBERGER (ed.): Mikromechanik, Springer-Verlag, Berlin, Heidelberg, 1991.
[Hier96]	C. HIEROLD, A. HILDEBRANDT, U. NÄHER, T. SCHEITER, B. MENSCHING, M. STEGER, R. TIELERT: A pure CMOS surface micromachined integrated accelerometer; Proc. IEEE Micro Electro Mechanical Systems MEMS 96 Workshop, San Diego, CA, USA, Feb. 11–15, 1996, pp. 174–179.
[Hilb86]	W. HILBERG: Mikroelektronik; Physik in unserer Zeit 17, S. 18–28 (1986).

[Hilb87] W. HILBERG: Ein einheitliches und anschauliches Modell für die genaue Berechnung der Chipausbeute; AEÜ, Bd 41, Heft 5, S. 301–306 (1987).

[Himm92] M. HIMMELHAUS, P. BLEY, J. MOHR, U. WALLRABE: Integrated measuring system for the detection of the revolutions of LIGA microturbines in view of a volumetric flow sensor; J. Micromech. Microeng., Vol. 2, No. 3, Sept. 1992, pp. 196–198.

[Hiro87] Y. HIROSE et al.: Macromolecules, Vol. 20, 1987, pp. 1342–1344.

[Hoar68] T. P. HOAR: Passivierende Schichten, Oberfläche, Bd 9, Heft 1, S. 18–24, 1968.

[Hoff95] E. HOFFMAN, B. WARNEKE, E. KRUGLICK, J. WEIGOLD, K. S. J. PISTER: 3D Structures with Piezoresistive Sensors in Standard CMOS; Proc. IEEE Micro Electro Mechanical Systems MEMS 95 Workshop, Amsterdam, Netherlands, Jan. 29–Feb. 2, 1995, pp. 288–293.

[Hofm98] W. HOFMANN, C. S. LEE, N. C. MACDONALD: Monolithic-Three-Dimensional Single-Crystal Silicon Microelectromechanical Systems; Sensors and Materials, Vol. 10, No. 6, 1998, pp. 337–350.

[Holl61] L. HOLLAND: Vacuum Deposition of Thin Films; Wiley, New York, 1961.

[Hopf82] J. J. HOPFIELD, D. W. TANK: Computing with neural circuits: a model; Science, Vol. 233, No. 4764, 8. Aug. 1986, pp. 625–633.

[Hopk98] J. HOPKINS, H. ASHRAF, J. K. BHARDWAJ, A. M. HYNES, I. JOHNSTON, J. N. SHEPHERD: The Benefits of Process Parameter Ramping During the Plasma Processing of High Aspect Ratio Silicon Structures; Proc. Fall Meeting of the Mat. Res. Soc., Boston, MA, USA, Nov. 1998.

[Howe95] R. T. HOWE: Polysilicon Integrated Microsystems: Technologies and Applications; Proc. Transducers 95/Eurosensors IX, Vol. 1, Stockholm, June 25–29, 1995, pp. 43–46.

[Imai91] T. IMAI, N. OHKAWA, Y. HAYASHI, Y. ICHIHASHI: Polarization diversity detection performance of 2.5-Gb/s CPFSK regenerators intended for field use; Journal of Lightwave Technology, Vol. 9, No. 6, June 1991, pp. 761–769.

[Jaeg96] D. JAEGGI: Thermal Converters by CMOS Technology; Ph. D. Thesis No. 11567, ETH Zurich, 1996.

[John87] R. G. JOHNSON, R. E. HIGASHI: A Highly Sensitive Chip Microtransducer for Air Flow and Differential Pressure Sensing Applications; Sens. Actuators, Vol. 11, 1987, pp. 63–72.

[Jone95] C. JONES, M. NIELD, K. COOPER, R. WALLER, J. RUSH, P. FIDDYMENT, J. COLLINS: An optical transceiver on a silicon motherboard; Proc. 7th European Conference on Integrated Optics ECIO 95, Vol. 1, Delft University Press, 1995, pp. 591–594.

[Jutz82] W.-I. JUTZLER: Funkenerosives Senken – Verfahrenseinflüsse auf die Oberflächenbeschaffenheit und die Festigkeit des Werkstücks; Dissertation RWTH Aachen, 1982.

[Kade87] K. KADEL: Diplomarbeit Universität Karlsruhe, unveröffentlicht (1987).

[Kane89] T. KANEKO, M. TSUCHYA, T. FUKUSHIMA: Improvement of 3D NC Contouring EDM Using Cylindrical Electrodes, 9th International Symposium for Electromaching (ISEM IX), Nagoya, Japan, pp. 49–52, 1989.

[Kell91] W. KELLER, D. MAAS, D. PLESCH, D. SEIDEL: Aufbau- und Verbindungstechnik; KfK-Nachrichten 23 (1991), S. 143–147.

[Kess98] P. F. VAN KESSEL, L. J. HORNBECK, R. E. MEIER, M. R. DOUGLASS: A MEMS-Based Projection Display; Proceedings of the IEEE, Vol. 86, No. 8, Aug. 1998, pp. 1687–1704.

[Kies88] L. KIESEWETTER; Proc. 2nd Intl. Conf. on Giant Magnetorestrictive Alloys, their Impact on Actuator and Sensor Technology, Marbella, Spain, 1988.

[Kips60] P. KIPS: Die funkenerosive Metallbearbeitung mit rotierender Werkzeugelektrode; Dissertation TH Aachen, 1960.

[Kitt95] C. KITTEL: Introduction to Solid State Physics, 7th edition; John Wiley & Sons, New York, 1995.

[Kitt02] C. KITTEL: Einführung in die Festkörperphysik, Oldenburg Verlag, 2002.

[Klaa96a] E. H. KLAASSEN, R. J. REAY, C. STORMENT, J. AUDY, P. HENRY, A. P. BROKAW, G.T.A. KOVACS: Micromachined Thermally Isolated Circuits; Technical Digest of the 1996 Solid State Sensor and Actuator Workshop, Hilton Head, SC, USA, June 3–6, 1996, pp. 127–131.

[Klaa96b] E. H. KLAASSEN, R. J. REAY, G. T. A. KOVACS: Diode-Based Thermal R.M.S. Converter with On-Chip Circuitry Fabricated Using CMOS Technology; Sens. Actuators, Vol. A52, Nos. 1–3, March–April 1996, pp. 33–40.

[Klei63] W. B. KLEINER: Which cutting fluid for ECM?, Metalworking Production, pp. 61–64, 8. Mai, 1963.

[Klei94] R. KLEIN, A. NEYER: Silicon micromachining for micro-replication technologies; Electronics Letters, Vol. 30, No. 20, Sept. 1994, pp. 1672–1674.

[Kloe89] B. KLOECK, S. COLLINS, N. DE ROOIJ, R.L. SMITH: Study of Electrochemical Etch-Stop for High-Precision Thickness Control of Silicon Membranes; IEEE Trans. Electron Devices, Vol. 36, No. 4, April 1989, pp. 663–669.

[Koba92] D. KOBAYASHI, T. HIRANO, T. FURUHATA, H. FUJITA: An Integrated Lateral Tunneling Unit; Proc. IEEE Micro Electro Mechanical Systems MEMS 92 Workshop, Travemünde, Germany, 1992, pp. 214–219.

[Koch87] E. E. KOCH (ed.): Handbook on Synchrotron Radiation, Vol. 1; North-Holland, Amsterdam, 1987.

[Köhl96] U. KÖHLER, A. E. GUBER, W. BIER, M. HECKELE: Fabrication of microlenses by plasmaless isotropic etching combined with plastic moulding; Sens. Actuators A53, 1996, pp. 361–363.

[Koho88] T. KOHONEN: in: Computer Simulation in Brain Science, R.M.J. COTTERILL (ed.); Cambridge University Press, 1988.

[Koku91] E. KOKUFATA, Y.-Q. ZHANG, T. TANAKA: Saccharide-sensitive phase transition of a lectin-loaded gel; Nature, Vol. 351, 23 May 1991, p. 302.

[Koll99] A. KOLL, A. SCHAUFELBÜHL, N. SCHNEEBERGER, U. MÜNCH, O. BRAND, H. BALTES, C. MENOLFI, Q. HUANG: Micromachined CMOS Calorimetric Chemical Sensor with On-Chip Low Noise Amplifier; Proc. IEEE Conference on Micro Electro Mechanical Systems MEMS 99, Orlando, FL, USA, Jan. 17–21, 1999, pp. 547–551.

[Köni90] W. KÖNIG: Fertigungsverfahren, Bd 3: Abtragen; VDI-Verlag Düsseldorf, 2. Auflage, 1990.

[Köni91] W. KÖNIG, K. WASSENHOVEN: Bahnerosion als Alternative – Mehrachsiges Erodieren mit einfachen Elektrodenformen; Industrie-Anzeiger, 90 Nr. 113, S. 22–26, 1991.

[Köni97] W. KÖNIG, F. KLOCKE: Fertigungsverfahren 3, Abtragen und Generieren; Springer-Verlag, Berlin, Heidelberg, New York, 1997.

[Kops76] L. KOPS: Effect of Pattern of Grain Boundary Network on Metal Removal Rate in ECM; Annals of the CIRP, Vol. 25, No. 1, pp. 125–130, 1976.

[Kova98] G. T. A. KOVACS: Micromachined Transducers Sourcebook; WCB/McGraw-Hill, 1998.

[Krac70] E. W. KRACHT: Grundlagen der funkenerosiven Mehrkanalbearbeitung; TH Aachen, 1970.

[Krän98] J. KRÄNERT, C. DETER, T. GESSNER, W. DÖTZEL: Laser Display Technology; Proc. IEEE Micro Electro Mechanical Systems MEMS 98 Workshop, Heidelberg, Jan. 25–29, 1998, 99–104.

[Kres94] H.-J. KRESS, K. HAECKEL, O. SCHATZ, J. MUCHOW: in: Micro System Technologies '94, H. REICHL, A. HEUBERGER (eds.); VDE-Verlag GmbH Berlin, Oct. 19–21, 1994, pp. 695–702.

[Krip99] P. KRIPPNER, J. MOHR: Electromagnetically driven microchopper for integration in microspectrometers based on LIGA technology; SPIE Symp. on Micromachining and Microfabrication 99, Santa Clara, CA, USA, Sept. 20–22, 1999.

[Krip00] P. KRIPPNER, T. KÜHNER, J. MOHR, V. SAILE: Microspectrometer system for the near infrared wavelength range based on the LIGA technology; Photonics West 2000, SPIE Conf. on Micro- and Nanotechnology for Biomedical and Environmental Applications, San Jose, CA, USA, Jan. 20–28, 2000.

[Krut00] J.-P. KRUTH, P. BLEYS: Machining curvilinear surface by NC electro discharge machining; The Institute of Metal Cutting, 2nd International Conference on Machining and Measurements of Sculptured Surfaces, Krakau, Poland, pp. 271–294, Sept. 2000.

[Kufn93] M. KUFNER, S. KUFNER, M. FRANK, J. MOISEL, M. TESTORF: Microlenses in PMMA eith high relative aperture: a parameter study; J. Pure and Appl. Opt. 2 (1993), pp. 9–19.

[Kune77] G. KUNERT, E. SCHWIEGER: Probleme und Möglichkeiten der Bearbeitung von Sinterhartmetallen; Wissenschaftliche Zeitschrift der Technischen Hochschule Otto von Guericke Magdeburg, Bd. 21, Heft 1, S. 141–147, 1977.

[Kunz79] C. KUNZ (ed.): Synchrotron radiation; Springer-Verlag, Berlin, 1979.

[Kurr72] R. KURR: Grundlagen zur selbsttätigen Optimierung des funkenerosiven Senkens; Dissertation TH Aachen, 1972.

[LaBo70] M.A. LaBODA, J.P. HOARE, S.E. BEACOM: The importance of the Electrolyte in ECM; Collection Czechoslov. Chem. Commun., Vol. 36, pp. 680–688, 1971.

[Laer96] F. LAERMER, A. SCHILP: Method of Anisotropically Etching Silicon; U.S. Patent 5501893, 1996.

[Lamm01] G. LAMMEL, S. SCHWEIZER, P. RENAUD: MEMS infrared spectrometer based on a porous silicon tunable filter; Tech. Digest IEEE MEMS 2001 Conference, Interlaken, Jan. 2001, pp. 578–581.

[Land70] D. LANDOLT: Crystallographic factors in high-rate anodic dissolution of copper. The Electrochemical Society, Fundamentals of Electrochemical Machining, pp. 316–337, 1970.

[Lang99] D. LANGE, C. HAGLEITNER, O. BRAND, H. BALTES: CMOS Resonant Beam Gas Sensor with Integrated Preamplifier; Proc. Transducers 99, Vol. 2, Sendai, Japan, 1999, pp. 1020–1023.

[Laza44] B.R. LAZARNEKO, N.I. LAZARENKO: Elektrische Erosion von Metallen; Cosenergoidat, Moskau, 1944.

[Lee95] K.Y. LEE, N. LaBIANCA, S.A. RISHTON, S. ZOLGHARNAIN, J.D. GELORME, J. SHAW, T.H.-P. CHANG: Micromachining applications of a high resolution ultrathick photoresist; J. Vac. Sci. Technol. B 13(6), 1995, pp. 3012–3016.

[Lehm02] V. LEHMANN: Electrochemistry of Silicon; Wiley-VCH, Weinheim, 2002.

[Lehm91] V. LEHMANN, U. GÖSELE: Porous Silicon Formation: A Quantum Wire Effect; Appl. Phys. Lett., Vol. 58, No. 8, Feb. 25, 1991, pp. 856–858.

[Lehm96] V. LEHMANN: Porous Silicon – A New Material for MEMS; Proc. IEEE Micro Electro Mechanical Systems MEMS 96 Workshop, San Diego, CA, USA, Feb. 11–15, 1996, pp. 1–6.

[Lehr96] H. LEHR, W. EHRFELD, B. HAGEMANN, K.-P. KÄMPER, F. MICHEL, CH. THÜRINGEN: VDI Report No. 1269, 1996, pp. 77–87.

[Leng94] R. LENGGENHAGER, D. JAEGGI, P. MALCOVATI, H. DURAN, H. BALTES, E. DOERING: CMOS Membrane Infrared Sensors and Improved TMAHW Etchant; Technical Digest of the IEEE International Electron Devices Meeting IEDM 1994, San Francisco, CA, USA, Dec. 11–14, 1994, pp. 531–534.

[Leve82] M.D. LEVENSON, N.S. VISWANATHAN, R.A. SIMPSON: Improving resolution in photolithography with a phase-shifting mask; IEEE Trans. Electron Devices, Vol. 29, No. 12, Dec. 1982, pp. 1828–1836.

[Leye95] K. LEYENDECKER, W. BACHER, K. BADE, W. STARK: Forschungszentrum Karlsruhe, Scientific Report, FZKA-5594, 1995.

[Lin95]	G. Lin, C.-J. Kim, S. Konishi, H. Fujita: Design, Fabrication and Testing of a C-Shape Actuator; Proc. Transducers 95/Eurosensors IX, Vol. 2, Stockholm, June 25–29, 1995, pp. 416–419.
[Lind77]	P. Lindenlauf: Werkstoff- und elektrolytspezifische Einflüsse auf die elektrochemische Senkbarkeit ausgewählter Stähle und Nickellegierungen; RWTH Aachen, 1977.
[Liuz97]	Z. Liu: Lithographie profonde par rayons-X sur rayonnement synchrotron; Dissertation, Université de Paris-Sud (1997).
[Lore97]	H. Lorenz, M. Despont, N. Fahrni, N. LaBianca, P. Renaud, P. Vettiger: SU-8: a low-cost negative resist for MEMS; J. Micromech. Microeng. 7 (1997), pp. 121–124.
[Lore98]	H. Lorenz, M. Despont, P. Vettiger, R. Renaud: Fabrication of photoplastic high-aspect ratio microparts and micromolds using SU-8 resist; J. Microsystem Techn. 4 (1998), pp. 143–146.
[Lund75]	I. Lundstrom, M. Shivaraman, C.M. Svensson: A Hydrogen Sensitive Pd-Gate MOS Transistor; J. Appl. Phys. 46, 1975, p. 3876.
[Lund81]	I. Lundstrom, D. Sodeberg: Hydrogen Sensitive MOS Structures, Part 2: Characterization; Sens. Actuators, Vol. 2, 1981/1982, pp. 105–138.
[Maas94]	D. Maas, B. Büstgens, J. Fahrenberg, W. Keller, D. Seidel: Application of adhesive bonding for integration of microfluidic components; Conference Proc. Actuator 94: 4th Internat. Conf. on New Actuators, H. Borgmann (ed.), Bremen, Germany, June 15–17, 1994, pp. 75–78.
[Maco89]	C.W. Macosko: RIM, fundaments of reaction injection molding; Hanser, München, 1988.
[Mado97]	M. Madou: Fundamentals of Microfabrication; CRC Press, Boca Raton, London, New York, Washington, 1997.
[Mado02]	M.J. Madou: Fundamentals of Microfabrication: The Science of Miniaturization, Second Edition; CRC Press, 2002.
[Mama90]	A. Mamada, T. Tanaka, D. Kungwatchakun, M. Irie: Macromolecules 23, 1990, pp. 1517–1519.
[Mane88]	A. Maner, W. Ehrfeld, R. Schwarz: Galvanotechnik 79(4) (1988), S. 1101.
[Manj87]	J. Manjkow, J.S. Papanu, D.S. Soong, D.W. Hess, A.T. Bell: An in situ study of dissolution and swelling behaviour of poly-(methyl methacrylate) thin films in solvent/nonsolvent binary mixtures, Journal of Applied Physics, Vol. 62, No. 2 (1987) pp. 682–688.
[Maye97]	F. Mayer, A. Häberli, G. Ofner, H. Jacobs, O. Paul, H. Baltes: Single-Chip CMOS Anemometer; Technical Digest of the IEEE Intl. Electron Devices Meeting IEDM 97, Washington DC, USA, 1997, pp. 895–898.
[Maye98]	F. Mayer, G. Ofner, O. Paul, H. Baltes: Flip-Chip Pakkaging for Smart MEMS; SPIE 1998 Symposium on Smart Structures and Materials, San Diego, USA, SPIE Proc. Vol. 3328, 1998, pp. 183–193.
[Maye00]	M. Mayer: Microelectronic bonding process monitoring by integrated sensors; Dissertation No. 13685, ETH Zurich, 2000.
[Meij94]	G.C.M. Meijer, A.W. van Herwaarden: Thermal Sensors; Institute of Physics Publishing, Bristol, 1994.
[Mich92]	A. Michel, R. Ruprecht, M. Harmening, W. Bacher: Abformung von Mikrostrukturen auf prozessierten Wafern; wiss. Berichte KfK 5171 (1993), Dissertation A. Michel, Universität Karlsruhe (1992).
[Micro03]	Datenblatt der Firma MicroChem, Nano SU-8 Negative Tone Photoresist Formulations.
[Midd94]	S. Middelhoek, S.A. Audet: Silicon Sensors; Delft University Press, 1994.

[Mila97]   V. Milanovic, M. Gaitan, E. D. Bowen, N. H. Tea, M. E. Zaghloul: Design and Fabrication of Micromachined Passive Microwave Filtering Elements in CMOS Technology; Proc. Transducers 97, Vol. 2, Chicago, IL, USA, June 16–19, 1997, pp. 1007–1010.

[Mirn65]   N. Mirnoff: Die Elektroerosion – ihre physikalischen Grundlagen und industriellen Anwendungen); Microtechnic 19, 1965.

[Mirn68]   N. Mirnoff: Einführung in das Studium der Elektroerosion (Physikalische Grundlagen und praktische Anwendungen, Microtec (Hrsg.), Lausanne, Schweiz, 1968.

[Mohr03]   J.A. Mohr, A. Last, U. Hollenbach, T. Oka, U. Wallrabe: A modular fabrication concept for microoptical systems; J. Lightwave Techn. 21 (2003), pp. 643–647.

[Mohr88]   J. Mohr, W. Ehrfeld, D. Munchmeyer: Requirements on resist layers in deep-etch synchrotron radiation lithography; J. Vac. Science Technol., Vol. B6, No. 6, Nov.–Dec. 1988, pp. 2264–2267.

[Mohr89]   J. Mohr, W. Ehrfeld, D. Münchmeyer, A. Stutz: Resist technology for deep-etch synchrotron radiation lithography, Die Makromolekulare Chemie/Macromolecular Symposium Series.

[Mohr90]   J. Mohr, C. Burbaum, P. Bley, W. Menz, U. Wallrabe: in: Micro System Technologies '90, H. Reichl (ed.); Springer-Verlag, Berlin, Heidelberg, 1990, p. 529.

[Mohr94]   J. Mohr, M. Strohrmann, O. Fromhein, K. Lindemann: Spektrum der Wissenschaft, 1994, S. 99.

[Monk94b] D.J. Monk, D.S. Soane, R.T. Howe: Hydrofluoric Acid Etching of Silicon Dioxide Sacrificial Layers. II. Modeling; J. Electrochem. Soc., Vol. 141, 1994, pp. 270–274.

[More88]   W.M. Moreau: Semiconductor lithography; Plenum Press, New York, London, 1988.

[Mori95]   S. Morishita, Y.K. Au, T. Tsuchiya, Y. Matsumura: Proc. Intl. Symp. on Microsystems, Intelligent Materials and Robots, Sendai, Japan, Sept. 27–29, 1995.

[Mose93]   D. Moser: CMOS Flow Sensors; Ph.D. Thesis, ETH Zurich, No. 10059, 1993.

[Movc69]   B.A. Movchan, A.V. Demchishin: Study of the structure and properties to thick vacuum condensates of nikkel, titanium, tungsten, aluminium oxide and zirconium dioxide; Fiz. Metal. Metalloved, Vol. 28, 1969, pp. 653–660.

[Mulh93]   G.T. Mulhern, D.S. Soane, R.T. Howe: Supercritical Carbon Drying of Microstructures; Proc. Transducers 93, Yokohama, Japan, June 7–10, 1993, pp. 269–299.

[Müll02a] M. Müller: Polymermembran-Brennstoffzellen mit mikrostrukturierten Strömungskanälen, Albert-Ludwigs-Universität Freiburg, 2002.

[Müll02b] M. Müller, C. Müller, R. Förster: Mikrostrukturierte Flow-Fields aus Kohlefaserpapier; Albert-Ludwigs-Universität Freiburg, Patent PCT-Nr. EP03/04562, 2002.

[Müll03]   M.A. Müller, C. Müller, R. Förster, W. Menz: Carbon Paper Flow Fields Made by WEDM for Small Fuell Cells; Proccedings of the HARMST 2003, Monterey, CA, USA, June 15–17, 2003.

[Müll95a] M. Müller, W. Budde, R. Gottfried-Gottfried, A. Hübel, R. Jähne, H. Kück: A Thermoelectric Infrared Radiation Sensor with Monolithically Integrated Amplifier Stage and Temperature Sensor; Proc. Transducers 95/Eurosensors IX, Vol. 2, Stockholm, Sweden, 1995, pp. 640–643.

[Müll95b] C. Müller, J. Mohr: Miniaturisiertes Spektrometersystem in LIGA-Technik; wiss. Report des Forschungszentrums Karlsruhe, FZKA-5609, June 1995, Dissertation (C. Müller), Universität Karlsruhe, 1994,.

[Müll95c] C. Müller, P. Krippner, T. Kühner, J. Mohr: Wiss. Report des Forschungszentrums Karlsruhe, Nr. 5670, 1995, S. 175.

[Müll96]   A. Müller, J. Goettert, J. Mohr: Aufbau hybrider mikrooptischer Funktionsmodule für die optische Nachrichtentechnik mit dem LIGA-Verfahren; wiss. Report des Forschungszentrums Karlsruhe, FZKA-5786, May 1996, Dissertation (A. Müller), Universität Karlsruhe, 1996.

[Müll98]	T. MÜLLER, T. FEICHTINGER, O. BRAND, M. BRANDL, H. BALTES: Industrial Fabrication Method for Arbitrarily Shaped Silicon N-Well Micromechanical Structures; Proc. IEEE Micro Electro Mechanical Systems MEMS 98 Workshop, Heidelberg, Jan. 25–29, 1998, pp. 240–245.
[Müll99]	T. MÜLLER: An industrial CMOS process family for integrated silicon sensors; Dissertation No. 13463, ETH Zurich, 1999.
[Münc84]	D. MÜNCHMEYER: Dissertation Universität Karlsruhe, 1984, und E.W. BEKKER, W. EHRFELD, D. MÜNCHMEYER: KfK Report 3732, Kernforschungszentrum Karlsruhe, 1984.
[Münc97]	U. MÜNCH, D. JAEGGI, K. SCHNEEBERGER, O. PAUL, H. BALTES, J. JASPER: Industrial Fabrication Technology for CMOS Infrared Sensor Arrays; Proc. Transducers 97, Vol. 1, Chicago, IL, USA, 1997, pp. 205–208.
[Naja94]	K. NAJAFI, K.D. WISE, N. NAJAFI: Integrated Sensors; in: Semiconductor Sensors, S.M. SZE (ed.), John Wiley & Sons, New York, 1994.
[Nara04]	J. NARASIMHAN, I. PAPAUTSKY: Polymer embossing tools for rapid prototyping of plastic microfluidic devices; J. Micromech. Microeng. 14 (2004) 96–103.
[Nath99]	A. NATHAN, H. BALTES: Microtransducer CAD – Physical and Computational Aspects; Springer, 1999.
[Nazm04]	V. NAZMOV, L. SHABELNIKOV, F.J. PANTENBURG, J. MOHR, E. REZNIKOVA, A. SNIGIREV, I. SNIGIREV, S. KOUZNETSOV, M. DIMICHIEL: Kinoform X-ray lens creation in polymer materials by deep X-ray lithography; J. Nuclear Instruments and Methods in Physics Research B, 217 (2004), pp. 409–416.
[Neub84]	J. NEUBAUER: Untersuchung deckschichtbestimmender Reaktionsmechanismen und ihrer Auswirkungen auf die ECM, Dissertation TH Aachen, 1984.
[Nguy93]	C.T.-C. NGUYEN, R.T. HOWE: Microresonator Frequency Control and Stabilization Using an Integrated Micro Oven; Proc. Transducers 93, Yokohama, Japan, June 7–10, 1993, pp. 1040–1043.
[Nguy98]	C.T.-C. NGUYEN: Micromachining Technologies for Miniaturized Communication Devices; SPIE 1998 Symposium on Micromachined Devices and Components, SPIE Proc. Vol. 3514, Santa Clara, CA, USA, 1998, pp. 24–38.
[Nöke92]	F. NÖCKER, E. BEYER: Keramische Zeitschrift, Bd 44, S. 1, 1992.
[Nöls91]	C. NÖLSCHER: VDI Report No. 935, VDI-Verlag, Düsseldorf, 1991, p. 61.
[Nye85]	J.F. NYE: Physical Properties of Crystals – Their Representation by Tensors and Matrices, Oxford Science Publications, 1985.
[Ober86]	E. OBERMEIER, P. KOPYSTYNSKI, R. NIESSL: Characteristics of Polysilicon Layers and their Application in Sensors; Technical Digest of the 1986 Solid State Sensor Workshop, Hilton Head, SC, USA, 1986.
[Oka03]	T. OKA, H. NAKAJIMA, M. TSUGAI, U. HOLLENBACH, U. WALLRABE, J. MOHR: Development of a micro-optical distance sensor; Sensors and Actuators A, 102 (2003), pp. 261–267.
[Osen69]	C. OSENBRUGGEN: Mikrofunkenerosion; Phillips Technische Rundschau 6/7, 1969.
[Otte02]	H. OTTEVAERE, B. VOLCKAERTS, J. LAMPRECHT, J. SCHWIDER, A. HERMANNE, I. VERETENNICOFF, H. THIENPONT: Two dimensional plastic microlens arrays by deep lithography with protons: fabrication and characterization; J. Opt. A: Pure and Appl. Opt. 4 (2002), pp. 22–28.
[Pant90]	U. PANTEN: Funkenerosive Bearbeitung von elektrisch leitfähigen Keramiken; RWTH Aachen, 1990.
[Pant94]	F.J. PANTENBURG, J. CHLEBEK, A. EL-KHOLI, H.-L. HUBER, J. MOHR, H.K. OERTEL, J. SCHULZ: Adhesion problems in deep-etch X-ray lithography caused by fluorescence radiation from the plating base; Microelectronic Engineering, Vol. 23, Nos. 1–4, Jan. 1994, pp. 223–226.

[Pant95] F. J. Pantenburg, J. Mohr: Influence of secondary effects on the structure quality in deep X-ray lithography; Nuclear Instruments & Methods in Physics Research Section B – Beam Interactions with Materials & Atoms, Vol. B97, Nos. 1–4, May 1995, pp. 551–556.

[Paul04a] O. Paul: Dünnschicht-Materialdaten für die Mikrotechnik; VDI-Berichte, Vol. 1829, 2004, pp. 823–832.

[Paul04b] O. Paul, P. Ruther: Material Characterization; Chapter 2 in: CMOS-Based Micro and Nano Electro Mechanical Systems, O. Brand and G. Fedder (eds.); Wiley-VCH, 2004.

[Paul95a] O. Paul, H. Baltes: Novel Fully CMOS Compatible Vacuum Sensor; Sens. Actuators, Vols. A46–47, 1995, pp. 143–146.

[Paul95b] O. Paul, O. Brand, R. Lenggenhager, H. Baltes: Vacuum Gauging with CMOS Microsensors; J. Vac. Sci. Technol., Vol. A130(3), 1995, pp. 503–508.

[Paul97] O. Paul, D. Westberg, M. Hornung, V. Ziebart, H. Baltes: Sacrificial Aluminum Etching for CMOS Microstructures; Proc. IEEE MEMS 1997 Workshop, Nagoya, Japan, 1997, pp. 523–528.

[Paul98] O. Paul, N. Schneeberger, U. Münch, M. Waelti, A. Schaufelbühl, H. Baltes, C. Menolfi, Q. Huang, E. Doering, K. Müller, M. Loepfe: Thermoelectric Infrared Imaging Microsystem by Commercial CMOS Technology; Proc. 28th European Solid-State Device Research Conference ESSDERC 98, Bordeaux, France, Sept. 8–10, 1998, pp. 52–55.

[Pete82] K. E. Petersen: Silicon as a mechanical material; Proc. of the IEEE, Vol. 70, No. 5, May 1982, pp. 420–457.

[Plöß99] A. Plössl, G. Krauter: Material Science and Engineering Review, 1999.

[Poin89] P. Pointner, H.-R. Tränkler: Sensorsysteme; in: Mikroperipherik, 4. Jahrgang. VDI/VDE-Technologiezentrum Informationstechnik GmbH, Berlin, 1989.

[Popo91] R. S. Popovic: Hall Effect Devices: Magnetic Sensors and Characterization of Semiconductors; The Institute of Physics, 1991.

[Pots95] G. Potsch, W. Michaeli: Injection Molding: An Introduction; Hanser-Gardner Publ., 1995.

[Powe70] R. Powers, J. Wilfore: Some observations on the anodic dissolution of titanium at high current; The Electrochemical Society, Fundamentals of Electrochemical Machining, pp. 135–152, 1970.

[Proc98] Special Issue on Micromechanical Systems; Proceedings of the IEEE, Vol. 86, No. 8, 1998.

[Putt94] M. Putty, K. Najafi: A Micromachined Vibrating Ring Gyroscope; Technical Digest of the 1994 Solid State Sensor and Actuator Workshop, Hilton Head, SC, USA, June 13–16, 1994, pp. 213–220.

[Ranb75] B. Ranby, J. Rabek: Photodegradation, Photooxidation and Photostabilization of Polymers; Wiley, New York, 1975, p. 143.

[Raym92] W. Raymond et al.: Photocurable Epoxy composition with sulfonium salt photoinitiator; U.S. Patent No. 5, 102722, 7. April 1992.

[Reay95] R. J. Reay, E. H. Klaassen, G. T. A Kovacs: A Micromachined Low-Power Temperature-Regulated Bandgap voltage Reference; IEEE J. Solid-State Circuits, Vol. 30, No. 12, 1995, pp. 1374–1381.

[Reic88] H. Reichl (ed.): Hybridintegration; Dr. Alfred Hüthig Verlag, Heidelberg, 1988.

[Reuh91] M. E. Reuhman-Huisken, J. O'Neil, F. A. Vollenbroek: Improvement of the DESIRE process using PROMOTE technology; Microelectronic Engineering, Vol. 13, Nos. 1–4, March 1991, pp. 41–46.

[Reyn97] D. Reynaerts, P.-H. Heeren, H. van Brussel: Microstructuring of silicon by electro-discharge machining (EDM). I. Theory; Sens. Actuators, Vol. A60, Nos. 1–3, May 1997, pp. 212–218.

[Rezn04] E. F. Reznikova, J. Mohr, H. Hein: Deep photo-lithography characterization of SU-8 resist layers, J. Microsystem Techn. 10 (2004).
[Rist94] Lj. Ristic: Sensor Technology and Devices; Artech House, 1994.
[Ritt99] Z. M. Rittersma, W. Benecke: A novel capacitive porous silicon humidity sensor with integrated thermo- and refresh resistors; Proc. Eurosensors XIII, Den Haag, Niederlande, Sept. 1999, pp. 371–374.
[Robb59] H. Robbins, B. Schwartz: Chemical Etching of Silicon. I; J. Electrochem. Soc. 106, 1959, pp. 505–508.
[Robb60] H. Robbins, B. Schwartz: Chemical Etching of Silicon. II; J. Electrochem. Soc. 107, 1960, pp. 108–111.
[Rodg98] M. S. Rodgers, J. J. Sniegowski: 5-Level Polysilicon Surface micromachine Technology: Application to Complex mechanical Systems; Technical Digest of the 1998 Solid-State Sensor and Actuator Workshop, Hilton Head, SC, USA, 1998, pp. 144–149.
[Rogg96a] B. Rogge, J. Schulz: Magnetische LIGA-Mikroaktoren; F und M – Feinwerktechnik, Mikrotechnik, Messtechnik, Vol. 104, 1996, S. 278–280.
[Rogg96b] B. Rogge, J. Schulz: Scientific Report of the Forschungszentrum Karlsruhe FZKA-5793, 1996.
[Rogge04] T. Rogge, Rummler, W. K. Schomburg: Polymer micro valve with a hydraulic piezo-drive fabricated by the AMANDA process.
[Rudo48] D. W. Rudorff: Improvements in methods and apparatus for cutting electrically conductive materials, GB Patent No. 637872, 1948.
[Runy90] W. R. Runyan, K. E. Bean: Semiconductor Integrated Circuit Processing Technology; Addison-Wesley, 1990.
[Rupr91] R. Ruprecht, W. Bacher: Untersuchungen an mikrostrukturierten Bandpassfiltern für das Ferne Infrarot und ihre Herstellung durch Röntgentiefenlithographie und Mikrogalvanoformung; KfK-Report 4825, Kernforschungszentrum Karlsruhe, 1991.
[Ruth02] P. Ruther, U. Schiller, W. Buesser, R. Janke, O. Paul: Influence of the junction field effect on the offset voltage of integrated Hall plates; Proc. Eurosensors XVI, Prag, Sept. 2002, pp. 1209–1212.
[Ruth03a] P. Ruther, W. Buesser, R. Janke, U. Schiller, O. Paul: Thermomagnetic residual offset in integrated Hall plates; IEEE Sensors Journal, Vol. 3, No. 6, 2003, pp. 693–699.
[Ruth03b] P. Ruther, M. Ehmann, T. Lindemann, O. Paul: Dependence of the temperature distribution in micro hotplates on heater geometry and heating mode; Digest Tech. Papers Transducers 2003, Boston, Juni 2003, pp. 73–76.
[Ruth04] P. Ruther, J. Bartholomeycik, A. Buhmann, A. Trautmann, K. Steffen, O. Paul: Microelectromechanical HF resonators fabricated using a novel SOI-based low temperature process; Book of Abstracts IEEE Sensors 2003 Conference, Oct. 2003, Toronto, Canada, pp. 249–250; ausführlicher Artikel in: IEEE Sensors Journal (2005), im Druck.
[Ruzz00] A. C. M. Ruzzu, U. Wallrabe, J. Mohr: Entwicklung einer opto-elektro-mechanischen 2×2 Schaltmatrix in LIGA-Technik für die optische Telekommunikation; wiss. Berichte FZKA 6514, Forschungszentrum Karlsruhe (2000); Dissertation A. C. M. Ruzzu, Universität Karlsruhe.
[Ruzz03] A. C. M Ruzzu, D. Haller, J. A. Mohr, U. Wallrabe: Optoelectromechanical switch array with passively aligned free-space optical components; J. Lightw. Techn. 21 (2003), pp. 664–671.
[Ryu95] S. Ryu: Coherent Lightwave Communication Systems; Artech House, 1995.
[Sarr92] P. M. Sarro: Sensor Technology Strategy in Silicon; Sens. Actuators, Vol. A31, Nos. 1–3, 1992, pp. 138–143.

[Sato03] K. Sato, M. Shikida: Nanometer physics in microsystem research – reversed anisotropy observed in wet chemical etching of silicon; Proc. 2003 Intl. Symposium on Micromechatronics and Human Science (MHS 2003), Nagoya, Japan, Oct. 2003, pp. 33–38.

[Sato85] T. Sato, T. Mizutani, K. Kawata: Electro-discharge machine for micro hole drilling; National Technical Report 31, pp. 725–733, 1985.

[Sato97] K. Sato, M. Shikida, Y. Matshushima, T. Yamashiro, K. Asaumi, Y. Iriye, M. Yamamoto: Characterization of Anisotropic Etching Properties of Single-Crystal Silicon: Effects of KOH Concentration on Etching Profiles; Proc. IEEE Micro Electro Mechanical Systems MEMS 97 Workshop, Nagoya, Japan, Jan. 26–30, 1997, pp. 406–411.

[Scha99] Th. Schaller, L. Bohn, J. Mayer, K. Schubert: Microstructure grooves with a width of less than 50 µm cut with ground hard metal micro end mills; Precision Engineering, Vol. 23, No. 4, 1999, pp. 229–235.

[Sche96] R. Schenk, O. Halle, K. Müllen, W. Ehrfeld, M. Schmidt: Proc. MNE 96, 1996.

[Schm94] J. Schmidt: Intl. Electronics Packaging Conference, Atlanta, GA, USA, 1994.

[Schn78] W. Schnabel: in: H. H. G. Jellinek (ed.): Aspects of Degradation and Stabilisation of Polymers; North-Holland, Amsterdam, 1978, p. 149.

[Schn81] W. Schnabel: Polymer Degradation; Hanser International, München, 1981.

[Schn83] W. Schnabel, H. Sotobayashi: Polymers in electron beam and X-ray lithography; Progress in Polymer Science, Vol. 9, No. 4, 1983, pp. 297–365.

[Schn90] U. Schnakenberg, W. Benecke, B. Löchel: NH_4OH-Based Etchants for Silicon Micromachining; Sens. Actuators, Vol. A23, Nos. 1–3, 1990, pp. 1031–1035.

[Schn91] U. Schnakenberg, W. Benecke, B. Löchel, S. Ullerich, P. Lange: NH_4OH-Based Etchants for Silicon Micromachining: Influence of Additives and Sability of Passivation Layers; Sens. Actuators, Vol. A25, Nos. 1–3, 1990/91, pp. 1–7.

[Schn98] N. Schneeberger: CMOS microsystems for thermal presence detection; Ph.D. Thesis, ETH Zurich, No. 12675, 1998.

[Schö01] M. Schoepf: ECDM Abrichten metallgebundener Diamantschleifscheiben; ETH Zürich, 2001.

[Scho91] W. K. Schomburg, H. J. Baving, P. Bley: TI- and BE-X-ray masks with alignment windows for the LIGA process; Microelectronic Engineering, Vol. 13, Nos. 1–4, March 1991, pp. 323–326.

[Schö92] J. Schönbeck: Analyse des Drahterosionsprozesses; Dissertation TU Berlin, 1992.

[Scho99] W. K. Schomburg, R. Ahrens, W. Bacher, J. Martin, Z. Rummler, V. Saile: Microfluidic sensors and actuators from polymers fabricated by the AMANDA process; Proc. Transducers 99, Sendai, Japan, June 7–10, 1999.

[Schu88] K. Schubert, W. Bier, G. Linder, D. Seidel: Herstellung und Test von kompakten Mikro-Wärmeüberträgern; VDI-Gesellschaft Verfahrenstechnik und Chemieingenieurwesen BVC: Jahrestreffen der Verfahrensingenieure, Hannover, Sept. 21–23, 1988; Chemie-Ingenieur-Technik, Vol. 61, 1989, pp. 172–173.

[Schu89a] K. Schubert, W. Bier, G. Linder, D. Seidel: Industrie Diamanten Rundschau IDR, Vol. 23, No. 4, 1989, p. 204.

[Schu89b] K. Schubert, W. Bier, G. Linder, D. Seidel: Chem.-Ing.-Tech., Vol. 61, No. 2, 1989, p. 172.

[Schu98a] K. Schubert: Entwicklung von Mikrostrukturapparaten für Anwendungen in der chemischen und thermischen Verfahrenstechnik; Forschungszentrum Karlsruhe, Report FZKA 6080, 1998, S. 53–60.

[Schu98b] K. Schubert, W. Bier, J. Brandner, M. Fichtner, C. Franz, G. Linder: Realization and Testing of Microstructure Reactors, Micro Heat Exchangers and Micromixers for Industrial Applications in Chemical Engineering; Proc. of the 2nd Int. Conf. on Microreaction Technology, New Orleans, IL, USA, March 8–12, 1998.

[Schw61] B. Schwartz, H. Robbins: Chemical Etching of Silicon. III; J. Electrochem. Soc. 108, 1961, p. 365.

[Schw66] K. Schwabe: Über die Passivität der Metalle, Angewandte Chemie, Bd. 78, Heft 4, S. 253–266, 1966.

[Schw76] B. Schwartz, H. Robbins: Chemical Etching of Silicon. IV; J. Electrochem. Soc. 123, 1976, p. 1903.

[Schwi03] J. Schwizer, W. H. Song, M. Mayer, O. Brand, H. Baltes: Packaging test chip for flip-chip and wire bonding process characterization; Digest of Technical Papers of Transducers 2003, Boston, USA, Juni 2003, pp. 440–443.

[Seid87] H. Seidel: The Mechanism of Anisotropic Silicon Etching and its Relevance for Micromachining; Proc. Transducers 87, Tokyo, Japan, June 2–5, 1987, pp. 120–125.

[Seid90] H. Seidel, L. Csepregi, A. Heuberger, H. Baumgärtel: Anisotropic Etching of Crystalline Silicon in Alkaline Solutions I: Orientation Dependence and Behavior of Passivation Layers; J. Electrochem. Soc., Vol. 137, No. 11, Nov. 1990, pp. 3612–3626.

[Sema79] A. P. Semashko et al.: Verfahren zur elektrochemischen Bearbeitung von Metallen und Anlage zur Durchführung des Verfahrens. Patentschrift, 1979 CH 670209 A5, 1979.

[Sens04] www.sensirion.com

[Shao03] P. Shao, Z. Rummler, W. K. Schomburg: Dosing system for the nanolitre range fabricated with the AMANDA process; J. Micromech. Microeng. 13 (2003) pp. 85–90.

[Shaw96] K. A. Shaw, N. C. MacDonald: Integrating SCREAM Micromachined Devices with Integrated Circuits; Proc. IEEE Micro Electro Mechanical Systems MEMS 96 Workshop, San Diego, CA, USA, Feb. 11–15, 1996, pp. 44–48.

[Shew03] Bor-Yuan Shew, Jui-Tang Hung, Tai-Yuan Huang, Kun-Pei Liu, Chang-Pin Chou: High resolution x-ray micromachining SU-8 resist; J. Micromech. Microeng. 13 (2003), pp. 708–713.

[Shim86] M. Shimbo, K. Furukawa, K. Fukuda, K. Tanzawa: Silicon-to-silicon direct bonding method; J. Appl. Phys., Vol. 60, No. 8, 1986, pp. 2987–2989.

[Shin98] T. Shin, N. Mohri, H. Yamada, M. Kosuge, K. Furutani, Y. Fukuzawa, T. Tani: Machining Phenomena in EDM of Insulating Ceramics – Effect of Condenser Electrical Discharges, Proceedings of 12th International Symposium for Electromachining (ISEM), Aachen, 1998, pp. 437–444.

[Shio94] N. Shiozawa, K. Isaka, T. Ohta: Intl. Electronics Packaging Conference, Atlanta, GA, USA, 1994.

[Sieg94] R. Siegel: Funkenerosives Feinstschneiden – Verfahrenseinflüsse auf die Oberflächen- und Randzonenausbildung; VDI-Verlag, Düsseldorf, 1994.

[Simo90] J. Simon, E. Zakel, H. Reichl: Electroless deposition of bumps for TAB technology; 1990 Proceedings 40th Electronic Components and Technology Conference IEEE, New York, NY, USA, Vol. 1, 1990, pp. 412–417.

[Solf03] C. Solf, J. Mohr, U. Wallrabe: Miniaturized LIGA Fourier transformation spectrometer, Book of Abstracts, 2nd IEEE Internat. Conf. on Sensors, Toronto, Canada, Oct. 22–24 (2003), pp. 224–225.

[Solf04] C. Solf: Entwicklung von miniaturisierten Fouriertransformations-Spektrometern und ihre Herstellung mit dem LIGA-Verfahren; wiss. Berichte FZKA 6964, Forschungszentrum Karlsruhe (2004); Dissertation C. Solf, Universität Karlsruhe.

[Some76] S. Somekh: Introduction to ion and plasma etching; J. Vac. Sci. Tech., Vol. 13, No. 5, Sept.–Oct. 1976, pp. 1003–1007.

[Spar97] D. R. Sparks, S. R. Zarabadi, J. D. Johnson, Q. Jiang, M. Chia, O. Larsen, W. Higdon, P. Castillo-Borelley: A CMOS Integrated Surface Micromachined Angular Rate Sensor, Its Automotive Applications; Digest of Technical Papers of Tansducers 97, Chicago, USA, June 16–19, 1997, Vol. 2, pp. 851–854.

[Sper92]   L. H. Sperling: Introduction to Physical Polymer Science; John Wiley & Sons, 1992.
[Spur84]   G. Spur, T. Stöferle: Handbuch der Fertigungstechnik, Bd. 4/1; Hanser-Verlag, München, 1984.
[Spur89]   G. Spur: Keramikbearbeitung; Hanser-Verlag, München, 1989.
[Stae90]   F. Staelens: Overall on-line optimization of planetary Electro Discharge Machining, KU Leuven, 1990.
[Stei99]   R. Steiner, F. Kroener, T. Ulbrich, B. Baresch, H. Baltes: Trench-Hall Device with Deep Contacts; Proc. Transducers 99, Vol. 1, Sendai, Japan, 1999, pp. 80–83.
[Stöc89]   D. Stöckel: VDI Report No. 796; VDI-Verlag, Düsseldorf, 1989, p. 287.
[Stro95]   M. Strohrmann, J. Mohr, J. Schulz: Intelligentes Mikrosystem zur Messung von Beschleunigungen basierend auf LIGA-Mikromechanik; (M. Strohrmann, ed.), Dissertation Universität Karlsruhe, 1994, wiss. Report des Forschungszentrums Karlsruhe, FZKA-5561, Feb. 1995.
[Suh95]   J. W. Suh, C. W. Storment, G. T. A. Kovacs: Characterization of Multi-Segment Organic Thermal Actuators; Proc. Transducers 95/Eurosensors IX, Vol. 2, Stockholm, June 25–29, 1995, pp. 333–335.
[Suzu90]   A. Suzuki, T. Tanaka: Phase transition in polymer gels induced by visible light; Nature, Vol. 346, No. 6282, 26 July 1990, pp. 345–347.
[Swar93]   N. R. Swart, M. Parameswaran, A. Nathan: Optimisation of the Dynamic Response of an Integrated Silicon Thermal Scene Simulator; Proc. Transducers 93, Yokohama, Japan, June 7–10, 1993, pp. 750–753.
[Sze81]   S. M. Sze: Physics of Semiconductor Devices; Wiley Interscience Publications, 1981.
[Sze85]   S. M. Sze: Semiconductor Devices, Physics and Technology; John Wiley & Sons, New York, 1985.
[Sze88]   S. M. Sze: VLSI Technology; McGraw-Hill Book Company, 1988.
[Sze94]   S. M. Sze: Semiconductor Sensors; John Wiley & Sons, New York, 1994.
[Taba95]   O. Tabata: pH-Controlled TMAH Etchants for Silicon Micromachining; Proc. Transducers 95/Eurosensors IX, Vol. 1, Stockholm, June 25–29, 1995, pp. 83–86.
[Taba99]   O. Tabata, K. Terasoma, N. Agawa, K. Yamamoto: Moving mask LIGA (M^{2}LIGA) process for control of side wall inclination; Twelfth IEEE Int Conf Micro Electro Mechanical Systems (1999) pp. 17– 21, 252–256.
[Taba02]   O. Tabata, H. You, N. Matsuzuka, T. Yamaji, S. Uemura, I. Dama: Moving mask deep X-ray lithography system with multi stage for 3-D microfabrication; Microsystems Technologies 8 (2002), pp. 93–98.
[Tach91]   S. Tachi, K. Tsujimoto, S. Arai, T. Kure: Low-temperature Dry Etching; J. Vac. Science & Techn. A, Vacuum, Surfaces & Films, Vol. 9, No. 3, 1991, pp. 796–803.
[Take91]   N. Takeshima, K. J. Gabriel, M. Ozaki, J. Takahashi, H. Horiguchi, H. Fujita: Electrostatic Parallelogram Actuators; Proc. Transducers 91, San Francisco, USA, June 24–27, 1991, pp. 63–66.
[Thom95]   A. Thommes, W. Stark, W. Bacher: Die galvanische Abscheidung von Eisen-Nickel in LIGA-Mikrostrukturen; wiss. Berichte FZKA 5586, Forschungszentrum Karlsruhe (1995); Dissertation A. Thommes, Universität Karlsruhe.
[Thor74]   J. A. Thornton: Influence of apparatus geometry and deposition conditions on the structure and topography of thick sputtered coatings; J. Vac. Sci. Technol., Vol. II, 1974, pp. 666–670.
[Thor92]   R. F. Thornton: Electrochemical Machining of a Titanium Article; U.S. Patent No. 5 171 408, Dec. 15, 1992.
[Tong99]   Q.-Y. Tong, U. Gösele: Semiconductor Wafer Bonding: Science and Technology; John Wiley & Sons, New York, 1999.
[Toul70]   S. Touloukian, R. W. Powell, C. Y. Ho, P. G. Klemens: Thermophysical Properties of Matter; Plenum, New York, NY, USA, 1970.
[Trän88]   H.-R. Tränkler: Signalverarbeitungskonzepte in Technologietrends in der Sensorik; VDI/VDE-Technologiezentrum Informationstechnik GmbH, Berlin, 1988.

[Trau03] A. Trautmann, P. Ruther, O. Paul: Microneedle arrays fabricated using suspended etch mask technology combined with fluidic through wafer vias; Proc. MEMS 2003 Conference, Kyoto, Jan. 2003, pp. 682–685.

[Trim97] W. Trimmer: Micromechanics and MEMS: Classic and Seminal Papers to 1990; IEEE, Piscataway, USA, 1997.

[Ulri68] R. Ulrich: J. Appl. Optics, Vol. 7, 1968, p. 1987.

[Ulri96] J. Ulrich, M. Stehr, R. Zengerle: Simulation of a Bidirectional Pumping Microvalve Using FEM; Proc. Eurosensors X, Leuven, Belgium, Sept. 8–11, 1996, pp. 1241–1244.

[Völk04] F. Völklein, T. Zetterer, O. Mildenberger: Einführung in die Mikrosystemtechnik, Vieweg Verlagsgesellschaft, 2004.

[Volc01] B. Volckaerts, H. Ottevaere, P. Vynck, C. Debaes, P. Tuteleers, A. Hermanne, I. Verentennicoff, H. Thienpont: Deep Lithography with Protons: a generic fabrication technology for refractive micro-optical components and modules; Asian Journal of Physics, Vol. 10, No. 2 (2001), pp. 195–214.

[Volc02] B. Volckearts, R. Krajewski, P. Vynck, H. Ottevaere, J. Watté, D. Daems, A. Hermanne, H. Thienpont: Deep Lithography with Protons as an alternative fabrication technology for high-precision 2D fiber connector components; Proc. SPIE No. 5455 Photonics Europe, Strasbourg (2004).

[Volc03] B. Volckaerts et al.: Basic aspects of Deep Lithography with Particles for the fabrication of micro-optical and micro-mechanical structures; Proc. SPIE No. 5454 Photonics Europe, Strasbourg (2004).

[Voll93] J. Vollmer, H. Hein, W. Menz, F. Walter: Proc. Transducers 93, Yokohama, Japan, June 7–10, 1993.

[Walk90] J.A. Walker, K.J. Gabriel, M. Mehregany: Thin-film processing of TiNi shape memory alloy; Sens. Actuators, Vol. A21, Nos. 1–3, Feb. 1990, pp. 243–246.

[Wall91] U. Wallrabe, M. Himmelhaus, J. Mohr, P. Bley, W. Menz: VDI Report No. 933; VDI-Verlag, Düsseldorf, 1991, p. 327.

[Wall92] U. Wallrabe, P. Bley, B. Krevet, W. Menz, J. Mohr: Theoretical and experimental results of an electrostatic micro motor with large gear ratio fabricated by the LIGA process; Proc. IEEE Micro Electro Mechanical Systems MEMS 92 Workshop, Travemünde, Germany, Feb. 4–7, 1992, pp. 139–140.

[Wall96] U. Wallrabe, J. Mohr, I. Tesari, K. Wulff: Power characteristics of 3-D operated microturbines for minimally invasive therapy; Proc. IEEE Micro Electro Mechanical Systems MEMS 96 Workshop, San Diego, CA, USA, 1996, pp. 462–466.

[Wall01] U. Wallrabe, H. Dittrich, G. Friedsam, T. Hanemann, J. Mohr, K. Müller, V. Piotter, P. Ruther, T. Schaller, W. Ziessler: RibCon: Micromolded easy-assembly multi-fiber connector for single- and multimode applications; Proc. of SPIE, Vol. 4408, 2001, pp. 478–485.

[Wals79] G. Walsch: Elektrochemische Metallbearbeitung – Die Spalt- und Oberflächenausbildung beim elektrochemischen Senken von Stählen mit Natriumnitratlösung; Dissertation, Universität Stuttgart, 1979.

[Wang04] J. Wang, J.E. Butler, T. Feygelson, C.T.-C. Nguyen: 1.51-GHz nanocrystalline diamond micromechanical disk resonator with material-mismatched isolating support; Tech. Digest IEEE MEMS 2004 Conference, Maastricht, Niederlande, Jan. 2004, pp. 641–644.

[Wang97] K. Wang, C.T.-C. Nguyen: High-Order Micromechanical Electronic Filters; Proc. IEEE Micro Electro Mechanical Systems MEMS 97 Workshop, Nagoya, Japan, Jan. 26–30, 1997, pp. 25–30.

[Wehn70] G.K. Wehner, G.S. Anderson: The nature of physical sputtering; in: Handbook of thin film technology, L.I. Maissel, R. Glang (eds.); McGraw-Hill, New York, 1970.

[West96] D. Westberg, O. Paul, G. I. Andersson, H. Baltes: Surface Micromachining by Sacrificial Aluminium Etching; J. Micromech. Microeng., Vol. 6, 1996, pp. 376–384.

[West97a] D. Westberg, O. Paul, G. I. Andersson, H. Baltes: A CMOS-Compatible Device for Fluid Density Measurements; Proc. IEEE Micro Electro Mechanical Systems MEMS 97 Workshop, Nagoya, Japan, Jan. 26–30, 1997, pp. 278–283.

[West97b] D. Westberg, G. I. Andersson: A Novel CMOS-Compatible Inkjet Head; Proc. Transducers 97, Vol. 2, Chicago, IL, USA, 1997, pp. 813–816.

[Whyt99] W. W. Whyte (ed.): Cleanroom Design; John Wiley & Sons, New York, 1999.

[Wies97] G. Wiessmeier, K. Schubert, D. Hönicke: Monolithic Microstructure Reactors Possessing Regular Mesopore Systems for the successful Performance of Heterogeneously Catalyzed Reactions; Proc. 1st Conf. on Microreaction Technology, Frankfurt, Feb. 23–25, 1997.

[Will96] K. R. Williams, R. S. Muller: Etch Rates for Micromachining Processing; J. Microelectromechanical Syst., Vol. 5, No. 4, Dec. 1996, pp. 256–269.

[Wils71] J. F. Wilson: Practice and Theory of Electrochemical Machining, Wiley-Interscience, New York, 1971.

[Wint83] H. F. Winters, J. W. Coburn, T. J. Chung: J. Vac. Sci. Technol., Vol. B1, No. 2, 1983, p. 469.

[Wise98] K. D. Wise: Micromachined interfaces to the cellular world; Sensors & Materials, Vol. 10, No. 6, 1998, pp. 385–395.

[Wolf87] S. Wolf, R. N. Tauber: Silicon Processing for the VLSI Era. Vol. 1: Process Technology, 1987, Vol. 2: Process Integration, 1990, Vol. 3, The Submicron MOSFET, 1995. Lattice Press.

[Wolf97] A. Wolf: Feine Sache. Die Mikrofunkenerosion ermöglicht beim Präzisionsspritzguss sehr filigrane Strukturen; Der Zuliefermarkt, April 1997.

[Wolf99] A. Wolf, W. Ehrfeld, H. P. Gruber: Mikrofunkenerosion für den Präzisionsformenbau; Werkstatttechnik 89, Nr. 11/12, 1999, S. 499–502.

[Wutz89] M. Wutz, H. Adam, W. Walcher (eds): Theory and Practice of Vacuum Technology; Vieweg, Braunschweig (marketed in UK and USA by Wiley), 1989.

[Yeh95] E. Yeh, J. J. Kruglick, K. S. J. Pister: Microelectromechanical Components for Articulated Microrobots; Proc. Transducers 95/Eurosensors IX, Vol. 2, Stockholm, June 25–29, 1995, pp. 346–349.

[Yoon92] E. Yoon, K. D. Wise: An integrated Mass Flow Sensor with On-Chip CMOS Interface Circuitry; IEEE Trans. Electron Devices, Vol. 39, No. 6, 1992, pp. 1376–1386.

[Zait98] A. N. Zaitsev et al.: Performing Holes of Small Diameter in Steel Foil Using Method of Multi-Electrode Precise ECM; VDI-Berichte, ISIM, 12th Internat. Symp. for Electromachining, Tagung, Aachen, Bd 1405, 11.–13. Mai, 1998, pp. 555–564.

[Zdeb94] M. J. Zdeblick, R. Anderson, J. Jankowski, B. Kline-Schoder, L. Christel, R. Miles, W. Weber: Thermopneumatically Actuated Microvalves and Integrated Electro-Fluidic Circuits; Technical Digest of the 1994 Solid-State Sensor and Actuator Workshop, Hilton Head, SC, USA, June 13–16, 1994, pp. 251–255.

[Zeng95] R. Zengerle, J. Ulrich, S. Kluge, M. Richter, A. Richter: A Bidirectional Silicon Micropump; Sens. Actuators, Vol. A50, 1995, pp. 81–86.

[Zeng96] R. Zengerle; FuM, Vol. 104, No. 4, 1996, p. 241.

[Zieg99] P. Ziegler, J. Wengelink, J. Mohr: Aufbau von optisch-elektrischen Funktionsmodulen mit Hilfe des LIGA-Verfahrens für die optische Übertragungstechnik; wiss. Berichte FZKA 6344, Forschungszentrum Karlsruhe (1999); Dissertation Universität Karlsruhe.

[Zieg99a] P. Ziegler, J. Wengelink, J. Mohr; Forschungszentrums Karlsruhe; wiss. Report FZKA-6344, 1999.

[Zieg99b] P. Ziegler, J. Wengelink, J. Mohr; Proc. 3rd Int. Conf. on Micro Opto Electro Mechanical Systems MOEMS'99, 1999, p. 186.

[Zolo55] B. N. Zolotych: Physikalische Grundlagen der Elektrofunkenbearbeitung von Metallen; SVT 175 VEB-Verlag, Berlin, 1955, S. 127–130, 1999.

Stichwortverzeichnis

a

Abbildungsfehler 208
Ablenksystem 208
Abscheidung, galvanische 69 ff., 356 ff.
– Beweglichkeit, elektrische 70
– Dissoziationsenergie 69
– Hydratation 69
– Solvatation 69
– Tank, elektrolytischer 70
– von Nickel 357 ff.
– Widerstand, elektrolytischer 72
Abstandssensor, mikrooptischer 432 ff.
Advanced Silicon Etching (ASE) 180
Aktivkohlereinigung 360
Aktoren 517 ff.
AMANDA-Verfahren 416
Ammoniumhydroxid-Ätzlösungen 259
Anemometer 310
Angussplatte, metallische 377 f.
Anisotropic Conductive Film (ACF) 505
Anisotropie 250 f.
Äquatorebene 53
Atome und Moleküle, Geschwindigkeit 87 ff.
Atomic Force Microscope (AFM) siehe Rastertunnelmikroskop
Atom-Strukturfaktor 65
Ätzen 35
– rein physikalisches 175
Ätzformen, grundlegende 261 f.
Ätzgruben 262 f.
Ätzkontrolle 268
Ätzlösungen 252, 255 ff.
– anisotrope 250
Ätzmaske 257
Ätzrate 250 f.
Ätzstoppmechanismen 268 ff.
Aufbau- und Verbindungstechnik 37 f., 485 ff.
Aufdampfen 147
Aufdampfquelle 148
Auger-Elektronenspektroskopie (AES) 186 f.
Austenit-Martensit-Umwandlung 142

b

Backpropagation 525
Bandlücke 133
Bariumtitanat 136
Barrel-Ätzen (Barrel Etching, BE) 181 ff.
Basis 50
Bauelemente, Standardbauelemente 543
Bauteile, magnetische 319 ff.
Bayard-Alpert 101
beam-step-size 210
Bearbeitungsspalt, Vorgänge 462 ff.
Bedeckungsgrad 86
Beschichtung 36
Beschichtungstechniken, chemische 154 ff.
– physikalische 147
Beschleunigungssensoren 295, 298 ff., 382, 404 ff.
– kraftkompensierte 299
Bestücken 39 f.
Betatronschwingung 353
Beugungsbild 59
Bohren, funkenerosives 455
Bohrungsarray 474
Bonden, anodisches 507 ff.
Borätzstopp 269
Bosch-Prozess 180
Bragg-Methode 63
Braggsche Bedingung 59
Brennstoffzelle 477
Bridgman-Verfahren (HBV), horizontales 28
– Brücken 267 f.
Bump-Technologie 501
Bypass-Schaltung, mikrooptische 426 f.

c

CAD-Entwurf 200 ff.
channeling 57
Cantilever 266
CHEMFET 321
chemische Bindung 107
Chopper, elektromagnetischer 410
Clustern, Fehler 47
Coanda-Effekt 416
Computer Aided Design (CAD) 199 ff.
Coriolis-Kraft 301
CVD-Verfahren 154
CVD-Zahl 156

d

Datenverarbeitung, neuronale 523 ff.
Debye-Scherrer-Kamera 66
Debye-Scherrer-Methode 64
Deep Reactive Ion Etching (D-RIE) 180
Delta-Lernregel 525
DESIRE-Prozess 226
Diazonaphthochinon (DNQ) 124, 196
Diboran 23
Dickschichtpasten 486
Dickschichttechnik 38
– Siebdruck 39
dielektrische Konstante 116
Diffusion 35, 80, 165 ff.
– Fick'sches Gesetz 80
– Nernst'sche Diffusionsschichtdicke 80
Diffusionsbegrenzung 156
Diffusionsfeld
– lineares 81
– sphärisches 81
Diffusionsgrenzstromdichte 81, 357
Diffusivität, thermische 114
Digital Light Projection (DLP) 316
Digital Micromirror Device (DMD) 316
Doppelschicht, diffuse 75
Dotierstoffkonzentration 19, 269
Downstream-Ätzer 183
Drahtbondtechniken 493 f.
– Ball-Wedge-Bonden (Kugel-Keil-Schweißen) 496 f.
– Thermokompressionsdrahtbonden (Warmpressschweißen) 494 f., 498
– Thermosonicdrahtbonden (Ultraschallwarmschweißen) 495 f., 498
– Ultraschalldrahtbonden (Ultraschallschweißen) 495, 498
– Wedge-Wedge-Bonden (Keil-Keil-Schweißen) 497

Drahterodiermaschine 457
Drahtsäge 26
Drehratensensoren 300 ff.
Druckmessdose 99
Drucksensoren 296 ff., 311 ff.
– CMOS-Drucksensor 312
Dunkelabtrag 345
Dünnschichtenanalyse 184 f.
Durchflusssensoren 308 ff.

e

ECM-Senken mit oszillierender Werkzeugelektrode 471 ff.
EDM-Abbauphase 451 f.
– Materialabtrag 451
– white layer 452
EDM-Aufbauphase 450 f.
EDM-Entladephase 451
Einbetttechniken 503
Eindringtiefe 394
Einwegeffekt 141
Eisenlegierungen 469 f.
Elastizitätsmodul 119
Electron Probe Microanalysis (EPM) *siehe* Elektronenstrahl-Mikroanalyse
Electron Spectroscopy for Chemical Analysis (ESCA) *siehe* Photoelektronenspektroskopie
elektrochemisches Potential 72
– Adsorptions-Überpotential 77
– Diffusions-Überpotential 77
– Doppelschicht, elektrische 72
– Elektronen-Transfer-Überpotential 77
– Galvani-Potential 72
– Gleichgewichtspotential 76
– inneres 72
– Kristallisations-Überpotential 77
– Oberflächenpotential 72
– Potentialfunktion 74
– Reaktions-Überpotential 77
Elektrolytlösungen 466 ff.
– Kenngrößen 468
– Konzentration 469
– Leitfähigkeit, spezifische elektrische 468
– pH-Wert 468
– Temperatur 469
Elektronenprojektor 206
Elektronenstrahlbeugung 67 ff.
Elektronenstrahllithographie 205 f., 336
Elektronenstrahl-Mikroanalyse (Electron Probe Microanalysis, EPM) 185 f.
Elektronenstrahlschreiber 198, 206, 336
Elektronenstrahlverdampfung 149

Elektronen-Zyklotron-Resonanz (ECR) 173 f.
elektronische Nase 516
Elektrophoresechips 416
elektrorheologische Flüssigkeiten (ER) 129 ff.
elektrostatische Bindung 106
Elementarzelle 50
Elementhalbleiter 16
Entformungsprozess 367
Entladekanal 450
Epitaxie 160 ff.
– GaAs-Epitaxie 163
– Hetero-Epitaxie 162 f.
– Homo-Epitaxie 161 f.
Ethylendiamin-Brenzkatechin-Ätzlösungen 260 f.
Ethylendiamin-Pyrazin-Brenzkatechin 252
Ewald-Konstruktion 62

f

Faserstrecker 387
1. Fick'sches Diffusionsgesetz 155
2. Fick'sches Diffusionsgesetz 166
Filter
– Bandpassfilter 400
– für das Ferne Infrarot 400 ff.
– – Gitter, resonantes 400
– – Hochpassfilter 400
– – mikroelektromechanischer 327
– – Transmissionskurve 400
Flip-Chip-Technik 501 ff.
Flow Field
– einer Brennstoffzelle 478
– einer Mikrobrennstoffzelle 460
Fluidplatten, mikrostrukturierte 416
Fluoreszenzstrahlung 354
Fluoroboratelektrolyt 363
Flüssigkristalle 124 f.
Flüssigkristalline Polymere (LCP) 125 ff.
– Hauptketten-LCP 125
– Seitenketten-LCP 125
Formeinsatzherstellung 361 f.
Formgedächtnis, unterdrücktes 143
Formgedächtnis-Legierungen 140 ff., 144
– Eigenschaften 145
– Einwegeeffekt 141
– Zweiwegeeffekt 142
Fourier-Transformations-Spektrometer, miniaturisiertes (FTIR) 429 ff.
Fowler-Nordheim-Gleichung 207
Freeze-Verfahren (HGV) 29

Freiformflächenherstellung 478
Fresnel-Beugung 351 f.
Fresnel-Reflexion 432
Funktionsmodule mit optisch aktiven Elementen 431 f.
– Aufbaukonzept, modulares 431

g

GaAs-Eiskristalle, Herstellung 28 ff.
GaAs-Epitaxie 163
Galvanisierstromdichte 357
Galvanoformung 337
– zweite 377, 381 f.
Gasballast-Ventil 92
Gasdynamik 89
– Knudsen-Zahl 89
– Molekularstrahl-Theorie 89
GASFET 321
Gasflusssensor 308
Gastheorie, kinetische 89
Gatearrays, mikromechanische 541
Gauß'scher Strahl 206 ff.
– Raster-Scan-Verfahren 209
– Schreibstrategie 209
– Vector-Scan-Verfahren 209
Gele 127 ff.
Geschwindigkeit, mittlere 87
Getterung, extrinsische 21
GHz-Elektronik 327
Gitter 50
– reziprokes 58 ff.
Gittertypen 50 ff.
– kubisch einfache 52
– kubisch flächenzentrierte 52
– kubisch raumzentrierte 52
– nach Bravais 51
Gittervektoren 61
– Translationsvektor 61
Glasbereich 122
Glasübergangstemperatur 122, 388
Gleichgewichts-Segregationskoeffizient 23
Goldelektrolyt 362
Goldgalvanik 337 ff.
Grabenüberdeckung 159
Gradient, horizontaler 29
Gradient-Freeze-Verfahren (VGF), vertikales 29
Grenzdosis 350
Grenzschicht, hydrodynamische 80
Grenzwerte
– Grenzdosis 350
– Oberflächendosis 350
G-Werte 344

h

Haftfestigkeit der Schicht 106 ff.
– Bindung
– – chemische 107
– – elektrostatische 106
– Bindungsenergie 106
– Van der Waals-Bindung 106
Halbleiter 131 ff.
– Eigenschaften 133
Halbleiterbauelemente
– Ausbeute 45
– Ausbeuteformel 47
– ungehäuste, Montage und Kontaktierung 493
Halbleiterbauelemente, ungehäuste, Kontaktierung 40
Hall-Platte 320
Hall-Sensor 320
Hartmetalle 470 f.
Hauptkettenbruch 344
Heißfilmprinzip 308
Heißprägen 480 ff.
– Abformgenauigkeit 480
– Glaserweichungspunkt 480
Heißprägemaschine 481
Heißprägeverfahren 374 f.
Helmholtz-Ebene
– äußere 74
– innere 75
Heterodyne-Empfänger 424 ff.
hidden layer 525
Hitzdrahtanemometrie 308
– HNA-Ätzlösungen 253 ff.
Hopfield-Lernregel 525
Hotplates 323
Hybridtechnik 38, 486

i

IES-Übertragung 530
IE-Übertragung 531 ff.
Inductive Coupled Plasma (ICP) 172
Infrarotbolometer 316
Infrarotdetektorarray 315
Infrarotdetektoren 313 ff.
Inhibitoren 79
Innenloch-Sägeverfahren 26
Intensitätsschwächung 64
Ion Beam Etching (IBE) *siehe* Ionenstrahlätzen
Ion Etching (IE) *siehe* Sputterätzen
Ionenätzen, reaktives (Reactive Ion Etching, RIE) 178 f., 337
Ionenimplantation 35, 167 f.
Ionenplattieren 153 f.
Ionenstrahlätzen (Ion Beam Etching, IBE) 177
– reaktives (Reactive Ion Beam Etching, RIBE) 179
Ionenstrahllithographie 231 f.
Ionen-Streuspektroskopie (ISS) 189
Ionisationsvakuummeter 100
ISFET 321

j

Justiermarken 202

k

Kammstruktur 407
Kapillarkleben 505
Kathodenzerstäuben *siehe* Sputtern
Keimkristall 19
Keramik 134
– als Material für Aktoren 135
– als Material für Gassensoren 135 f.
– als Substrat 134
– Eigenschaften 134
– elektrisch nicht leitfähige 454 f.
Kleben
– anisotropes 505 ff.
– isotropes 504
Klebetechnik 503
KOH-Ätztechnik 257
KOH-Lösungen, Reaktion 256
Kohlefaserpapier 460
Kompensationsstrukturen 264
Komponenten, mikrofluidische 324 ff.
Konvektion 80 ff.
Konzentrationsprofile 166
Kristalle 49 ff.
Kristallographie 49 ff.
Kristallstrukturanalyse 58 ff.
Krumm-Ätzlösung 291
Kryo-Ätztechniken 179 f.
Kunststoffabformung 364 ff.
– Formeinsatz 364
Kunststoffe 120 ff.
– elektrisch leitfähige 379 ff.
– polymere 120

l

Lab-on-Chip 324
Langzeitstabilität 323
Laue-Methode 63
Leckage 102
Leckrate 102
Lecksuche 102

Stichwortverzeichnis

LEC-Verfahren (Liquid Encapsulated Czochralski) 30 ff.
Leitfähigkeit, elektrische 115 f.
Leitungsband 131
Lichtmodulator 318
Lichtschalter 316 ff.
LIGA-Formeinsätze 362
LIGA-Mikrostrukturen, bewegliche 382
LIGA-Strukturen für optische Anwendungen 419 ff.
– optische Elemente, einfache 420 ff.
– Strahlteiler für Multimodefasern 420
– Zylinderlinsen 420
LIGA-Verfahren 329 ff.
Linearaktor
– elektromagnetischer 408 ff.
– mikrofluidischer 417 ff.
Linearantrieb, elektrostatischer 406 ff.
Lithographie 191 ff.
– Abbildungsqualität 221
– Ganzscheibenbelichtung 222
– Kontaktbelichtung 218
– Masken 217 f.
– Maskenreparatur 218
– Modulationstransferfunktion (MTF) 221
– optische 216 ff., 335 ff.
– Projektion, abbildende 221
– Proximity-Belichtung 219
– Röntgentiefenlithographie
– Schattenprojektion 218 ff.
– Spiegelobjektiv 222
– Verfahren 198 ff.
Lithographie-Maschinen 223
Löten 39 f.
– Reflowlöten 39
LPCVD (Low Pressure CVD) 157
Luftgleitlager 412

m

Magnetostriktion, Anwendungen 139 f.
Makromoleküle 121
Marangoni-Konvektion 23
Masken 198
Maskenentwurf
– Entwurfssystematik 536
– – Bottom-up-Entwurf 538
– – Top-down-Entwurf 538
Maskenherstellung 192, 331 ff.
– Absorber 331
– Arbeitsmaske 332
– – Herstellung 339
– Aufbau einer Maske 331 f.
– Goldabsorber 332, 337

– Titanschicht 337
– Trägerfolie 332 f., 337
– – Herstellung 334 f.
– Zwischenmaske 332, 335
Materialeigenschaften 111 ff.
– mechanische 119 f.
– rheologische 487
– thermische 112 f.
Meet-in-the-middle-Strategie 539
Membranen 264
Mesas 264 f.
Metallabscheidung, kathodische 77 ff.
Metallauflösung, anodische 464 ff.
Metalle 136 ff.
– magnetostriktive 137 ff.
Metallurgic Grade Silicon 18
Methylmethacrylat (MMA) 342
Micro Total Analysis System (μTAS) 324
Microoptoelectromechanical Systems (MOEMS) 289
Migration 79
mikrooptische Bank 423
Mikro-/Makroankopplungen 529
– elektrische 531 ff.
– fluidische 535
– Lichtwellenleiter-Ankopplungen 533
– mechanische 533 f.
– optische 533
Mikro-„Origami" 289
Mikrobauteile, thermische 304
Mikrobearbeitung, präzisions-elektronische (PEM) 461 ff.
Mikrobohren, elektrochemisches 474
Mikrodrahtschneiden, elektrochemisches 474
Mikrofertigung, mechanische 437
– Ultrapräzisionstechnik 437
mikrofluidische Schalter 416
Mikrofräsen, elektrochemisches 475 f.
Mikrofräser 412
Mikrofunkenerosion 448 f.
– Bearbeitung, funkenerosive 449
– Electro Discharge Machining (EDM) 448
– Erosionstheorie, elektrothermische 449
– Plasmakanal 449
Mikrogetriebe 403
Mikromotoren 295, 413 ff.
– elektrostatische 289
Mikronadelarrays 283
Mikropumpen 325, 416 f., 447 f.
Mikroreaktoren 445 f.
– Kreuzstromwärmetauscher 445
– Mischer 445

Mikro-Scher-Prüfung 499
Mikrosensoren, chemische 321 ff.
Mikrospektrometer 432 ff.
Mikrospektrometersystem 435
Mikrospulen 401 f.
Mikrostrukturen
– fluidische 416
– starre metallische 400
Mikrostrukturierung, alternative Verfahren 437 ff.
Mikrosystem
– Baukasten 540
– Definition 511 ff.
– Entwurf 537 ff.
– Schnittstellen 528 ff.
– Simulation 537 ff.
– Test 537 ff.
Mikrosystemtechnik
– Materialeigenschaften 111 ff.
– Materialien 109 ff.
– Modulkonzept 540 ff.
Mikroturbine 412
Mikroventil 324
Mikrowandler 294 f.
Mikrowärmeübertrager 443 ff.
– Wärmedurchgangskoeffizient 444
– Wärmeübertragung 443
Mikrozahnräder 403
Millersche Indices 55
Molekulargewicht 343, 347
Molekulargewichtsverteilung von PMMA 348
Monoschicht 86
Monozeit 86
Movchan und Demchishin 104
Moving Mask LIGA (M²LIGA) 390

n

Nassätzmittel, anisotrope, Charakterisierung 274 f.
– Menisphären-Methode 275
– Wagenrad (wagon wheel) 275
needle-eye technique 22 f.
Netz, neuronales 526
Netzmittel 360
– anionenaktive 358
Neuro-Chips 527
Nickelbasislegierungen 467
Nickelsulfamatelektrolyt 358
NIR-Spektrometer 433

o

Oberflächenanalyse 184 f.
Oberflächen-Analyse-Methoden 184
Oberflächendiffusion 104
Oberflächendosis 350
Oberflächenmigration 78, 159
Oberflächenmikromechanik (Surface Micromachining) 285 ff.
– Opferschicht 285
– Opferschichtätzung 286
oberflächenmontierbare Bauteile (SMD) 39
Oberflächenrauigkeit 259
Oberflächenspannung 293, 358
Objektive 193
Oligomere 121
Opferaluminiumätzung (Sacrificial Aluminium Etching, SALE) 290
Opferaluminium-Mikromechanik 290 ff.
Opferpolymere 292
Opferpolymer-Mikromechanik 292
Opferschichttechnik 382 ff.
Oszillator 417
Oxidation 34
– thermische 164 f.

p

„Pancake"-Reaktor 160
Parallelepiped 50
Parallelplatten-Reaktor 172
Passivschichten 467
Pasten 486
– Einbrennprozess 490
– Trocknen und Einbrennen 490
Peltier-Effekt 117
Penning-Prinzip 101
Permalloy 363, 408
Phase
– cholesterische 124
– nematische 124
– smektische 124
Phasengrenze Elektrode-Elektrolyt 72 ff.
Phasenmasken 224 f.
Phosphin 23
Phosphorsilikatglas (PSG) 288
Photoelektronen 351 f.
Photoelektronenspektroskopie (Electron Spectroscopy for Chemical Analysis, ESCA) 187 f.
Photolithographie 34
photolithographischer Prozess 195
physical vapor deposition (PVD) siehe Beschichtungstechniken, physikalische

Piezoresistivität 117 ff.
- Effekt, transversaler piezoresistiver 118
„Pizza"-Wafer 27
Planetärerosion 455
Planetengetriebe 403
Plasma 157
Plasma Enhanced CVD (PECVD) 158
Plasma Etching (PE) 178
Plasmaätzen 178
Plasmapolymerisation 163 f.
Plasmaquellen 172 ff.
PMMA-d8 392
Polarisation 75 ff.
Polymere für die Lithographie 122 ff.
polymere Kunststoffe 120 ff.
Polymethylmethacrylat (PMMA) 123, 196, 342
Poly-N-isopropylacrylamid (P-NIPA) 128
Polysilizium-Mikromechanik 287 ff.
Polysilizium-Temperatursensor 306
Polysulfon 448
Positionsmesseinrichtung 208
Postprozessor 213 f.
Protonenlithographie 398
Proximity-Effekt 214 ff.
Prozesskompatibilität 251 f.
Pseudo-Hall-Spannung 303
PTAT-Schaltung 305
Pumpen für Grob- und Feinvakuum 91 ff.
- Absorptionspumpe 96, 98
- Diffusionspumpe 95
- Drehschieber-Vakuumpumpe 92
- Gasballast-Ventil 92
- Getterpumpe 98
- Hochvakuumpumpe 93 ff.
- Ionengetterpumpe 98
- Kryopumpe 97
- Treibmittel-Vakuumpumpe 95 ff.
- Turbomolekularpumpe 93
- Ultrahochvakuumpumpe 93 ff.
- Vakuumpumpe, gasbindende (Sorptionspumpe) 96 ff.
- Verdränger-Vakuumpumpe 91
Pyrex-7740-Glas 508

q
Quadrupol-Magnet 238
Quelle, induktiv beheizte 148

r
Rakel 489
Rastertunnelmikroskop (Atomic Force Microscope, AFM) 190
Reactive Ion Beam Etching (RIBE) siehe Ionenstrahlätzen, reaktives
Reactive Ion Etching (RIE) siehe Ionenätzen, reaktives
Reaktionen, strahleninduzierte 343 ff.
Reaktionsbegrenzung 157
Reaktionsgießverfahren 365 ff.
- Reaktionsharzgießen (Reaction Injection Moulding, RIM) 365
- Vakuum-Reaktionsgießverfahren 366
Reaktionsschwund 367
Reflexionsgitter, selbstfokussierendes 432
Reibungsvakuummeter 100
Reinigung 33 f.
Reinraum
- Klassifizierung 42
- Partikelmessung 45
Reinraumtechnik 41
- Grauraum 41
Reluktanzmotor, elektromagnetischer 415
Replikationstechniken 478 ff.
Resinat-Pasten 488
Resist 34
- Quellen des 356
Resist-/Entwickler-System 346
Resists 196 ff.
Resistschichten, dicke, Herstellung 341 ff.
Resisttechnologien, spezielle 225 f.
Retrospiegel 446
Richardson-Gleichung 206
Ringgyroskop 301
Röntgenarbeitsmasken, Justieröffnungen 340 f.
Röntgenlichtquellen 234 f.
Röntgenlinse, refraktive 388
Röntgenlithographie 194, 232 f.
- Masken 233
Röntgenstrahlbeugung 65
Röntgentiefenlithographie 329, 341
Rutherford-Rückstreuungsspektroskopie (Rutherford Backscattering Spectroscopy, RBS) 189

s
Sacrificial Aluminium Etching (SALE) siehe Opferaluminiumätzung
Sättigungsmagnetisierung 364
Schalter
- fluidische 518
- mikrofluidische 417
Schaltkreis, integrierter, Herstellung 33 ff.
Schaltmatrix, elektrostatische 427
Schaltung, Bestücken und Löten 490 ff.

- Bauteile, oberflächenmontierbare 490
- Dampfphasenlöten 491
- Laserlöten 492
- Reflow-Löten 491

Schichtabscheidung 31 f., 147 ff.
- Aufdampfen (Physical Vapor Deposition, PVD) 31
- chemische Abscheidung (Chemical Vapor Deposition, CVD) 31
- Diffusion 32
- Epitaxie 31
- Ionenimplantation 32
- thermische Oxidation 32

Schichtabtragung (Ätzen) 32 f., 168 ff.
- Direktionalität 169
- Selektivität 169

Schichterzeugung 489 f.
Schichtmodifikation 164 ff.
Schichtstrukturierung (Lithographie) 32
Schmelzzone 23
Schneiden, funkenerosives 456 ff.
Schutzglasuren 488
SCREAM-Prozess 281
Seebeck-Koeffizient 116, 307
Segregation 23 ff.
Segregationskoeffizient
- effektiver 24
- Gleichgewichts- 23

Seitenwandpassivierung 279
Sekundärelektronen 354 ff.
Sekundärionen-Massenspektrometrie (SIMS) 188
Sekundär-Neutralteilchen-Massenspektrometrie (SNMS) 188 f.
Selbsttest-Routinen 519
Selbstüberwachung 520
Selektivität 251
Sende- und Empfangsmodul, bidirektionales 423 f.
Senken, funkenerosives 455 f.
Sensoren 513 ff.
- Beschleunigungssensoren 514

Sextupol-Magnet 238
Shape Memory Alloys siehe Formgedächtnislegierungen
Shaped-Beam-Maschinen 212
Si-Au-Die-Bonden 493
- Sicherheitsaspekte 252

Siebdruck 489
Signalauswertung 299
Signalmuster 517
Signalverarbeitung 326 ff., 519 ff.
- intelligente 514

Silizium
- nanoporöses 273
- physikalische Eigenschaften 16

Siliziumätzen, elektrochemisches 271 ff.
- Borätzstopp 273
- Drei-Elektronen-Aufbau 272
- Siliziumätzen, nasschemisches 253
- Siliziumätzraten 251

Silizium-Bulk-Mikromechanik 248 ff.
Siliziumcarbid, siliziuminfiltriertes (SiSiC) 453 f.
Silizium-Einkristall 56 ff.
- Herstellung 17 ff.

Silizium-Glas-Verbindungen 508
Silizium-Mikromechanik 241 ff.
Siliziumnitrid (Si_3N_4) 454
Siliziumporosifizierung, elektrochemische 273 f.
Silizium-Silizium-Verbindungen 508
Siliziumtechnologie 242 ff.
- Bipolar-IC 246
- CMOS-Technologie 242, 244
- Feldeffekttransistor (FET) 243
- Foundry-Technologien 247 f.
- IC-Prozesse und -Substrate 243 ff.
- LOCOS-Prozess 245
- SIMO-Wafer 246
- Zwischenmetallisolierung 245

Soft Embossing 482
Speicherring 238
Spritzgießen 478 ff.
Spritzgießverfahren 368 ff.
- Duroplaste 368
- Einspritzvorgang 371
- Elastomere 368
- Formfüllvorgang 370
- Spritzgießmaschine 368, 478
- Sprungbrett 266
- Thermoplaste 368
- Volumenschwindung 371

Sputterätzen (Ion Etching, IE) 153, 175 f.
Sputtern (Kathodenzerstäuben) 150 ff.
- Hochfrequenz-Sputtermethode 153
- Magnetronsputtern 151
- Self-Bias-Verfahren 153

Standardbauelemente 542
Standardmodul 543
stereographische Projektion 52 ff.
Sticking 293 f.
Stofftransportvorgänge 83
Strahl, geformter 211 ff.
Strahlendosis, absorbierte 347 ff.
Strahlrohre 237

Strahlungsdetektor 313
Strahlungsdivergenz 353
Stresssensorarray 304
Stresssensoren 302 ff.
Streuamplitude 65
Strömungsgrenzschicht 156
Strömungssensoren 412
Struktur
– columnare 105
– dendritische 104
– geneigte 387 f.
– gestufte 385
– Kammstruktur 406
– konische 388 f.
– lichtleitende 391 ff.
– mit beweglicher Maske, Herstellung 389 f.
– mit sphärischer Oberfläche 388 f.
– pyramidenartige 390
– Wellenleiterstrukturen 392
Strukturanalyse 58
3D-Strukturierung 385
Strukturqualität 350 f.
Strukturübertragung 193
Strukturzonen-Modelle 103 ff.
SU-8 Resist 197, 226 f.
– Kontrastkurve 229
S-Übertragung 535 ff.
Substrate 486
Surface Micromachining *siehe* Oberflächenmikromechanik
Sutherland-Korrektur 85
Synapsenstärke 524
Synchrotronstrahlung 235 ff., 330, 339, 349, 353
– Erzeugung 236
Systemtechnik 511 ff.
Szenensimulatoren, thermische 316

t

Tape Automated Bonding (TAB) 310, 500
tautozonal 54
Temperaturmessung 304 ff.
Teststrukturen 202
Tetraethylammoniumhydroxid (TEAH) 259
Tetramethylammoniumhydroxid (TMAH) 259
thermische Geschichte 520
Thermistoren 305
thermoelektrische Effizienz 117
Thermoelektrizität 116
Thermoelement 116, 306

thermopneumatischer Effekt 324
Thermosäule 307
Thixotropie 487
Thomson-Effekt 117
Thornton 104
Tiegelziehverfahren (Czochralski-Verfahren) 19 ff.
– Ziehgeschwindigkeit 20
Titan 383, 470
Titanlegierungen 470
Titan-Opferschicht 384
Torsionsspiegel 319
Translationsvektor 59
Treibmittelrückströmung 96
Triangulationsprinzip 432
Trichlorsilan ($SiHCl_3$) 18, 155
Tri-Level-Prozess 225
Trockenätzen 276 ff.
– XeF_2-Ätzen 276 ff.
Trockenätzverfahren, physikalische und chemische 170 ff.
– Barrel-Ätzen (barrel etching, BE) 172
– Deep Reactive Ion Etching (D-RIE) 171
– Ionenätzen, reaktives (Reactive Ion Etching, RIE) 171
– Ionenstrahlätzen (Ion Beam Etching, IBE) 171
– – reaktives (Reactive Ion Beam Etching, RIBE) 171
– Plasmaätzen (Plasma Etching, PE) 171
– Sputterätzen (Ion Etching, IE) 171
Trocknung, superkritische 294

u

Übergalvanisieren 83
Überspannung 75 ff.
Ultrapräzisions-Mikrobearbeitung 438 ff.
– Diamantschichten, hochorientierte (HOD) 440
– Diamantwerkzeug 438
– Fingerfräser 442
– Hochfrequenzspindel 440
– spanabhebende 438
Ultraschallübertragung 534 f.
Unterätzung 264

v

Vakuum 84
Vakuum, technisches, Einteilung 89 ff.
– Feinvakuum 90
– Grobvakuum 90
– Hochvakuum 90
– Ultrahochvakuum 90

Vakuum-Erzeugung 91
Vakuummessung 99 ff.
– Ionisationsvakuummeter 100
– Wärmeleitungsvakuummeter 99
Vakuumtechnik, Grundlagen 84 ff.
Valenzband 131
Verbindungshalbleiter 16
Verbindungstechniken 37 f., 485 ff.
Verdoppelungstemperatur 86
Verfahren, laserunterstützte 482 ff.
– poor man's LIGA 484
– rapid prototyping 483
Vernetzung 345
Verschiebestrom, neuronaler 524
V-Graben 262
Volumendiffusion 105

W

Wabennetz 380
Wafer
– Kodierung 25
– „Pizza"-Wafer 27
Wandler, mechanische 295
Wärme
– latente 114
– spezifische 113

Wärmeausdehnungskoeffizient 114 f.
Wärmeleitfähigkeit 113
– elektrische 115 ff.
Wärmeleitungsvakuummeter 99
Wärmestrahlungsmessung 313
Wasserstoffabscheidung 359
Weglänge, mittlere freie 84 ff.
Wellenvektor 59
Werkstoffe, keramische, funkenerosive Bearbeitung 452
Werkzeugelektrodenwerkstoffe 473 f.
Widerstandsquelle
– direkt beheizte 148
– induktiv beheizte 148
Wiederbedeckungszeit 86 ff.
Wigner-Seitz-Zelle 50
Wobblemotor 427
Wolff-Umwandlung 196
Wulffsches Netz 54

Z

Zahnräder 459
Zirkoniumoxid 136
Zonenziehverfahren (Float-Zone-Verfahren) 21 ff.
Zylinderreaktor 161